工程监理文件编写指南

苑芳圻　编著

中国建筑工业出版社

图书在版编目（CIP）数据

工程监理文件编写指南/苑芳圻编著．—北京：中国建筑工业出版社，2008
ISBN 978-7-112-10084-2

Ⅰ．工…　Ⅱ．苑…　Ⅲ．建筑工程-监督管理-文件-编制-指南
Ⅳ．TU712-62

中国版本图书馆 CIP 数据核字（2008）第 065112 号

本书针对工程监理的实际，重点介绍了与其业务密切相关的 11 个法定公文和 19 个日常应用文的编写，并附有 100 个典型案例，对每个范文或实例进行了点评。全书共分 4 章，第 1 章为工程监理文件编写的基础知识，第 2 章总结了工程监理文件编写中的常见错误，第 3 章介绍了工程监理法定公文的编写与案例，第 4 章介绍了工程监理日常应用文的编写与案例。附录部分为国家行政机关公文处理办法及国家行政机关公文格式，供读者查阅。

本书可供城市房建、市政建设、公路交通等土木工程监理执业人员使用，也可供工程监理咨询公司、工程项目业主、施工单位的工程管理人员参考，还可作为大中专院校工程监理咨询、工程试验检测等专业的教学参考书。

*　　*　　*

责任编辑：封　毅
责任设计：董建平
责任校对：孟　楠　王金珠

工程监理文件编写指南
苑芳圻　编著
*
中国建筑工业出版社出版、发行（北京西郊百万庄）
各地新华书店、建筑书店经销
北京千辰公司制版
北京二二〇七工厂印刷
*
开本：787×1092 毫米　1/16　印张：29¼　字数：727 千字
2008 年 7 月第一版　2008 年 7 月第一次印刷
印数：1—3000 册　定价：**59.00** 元
ISBN 978-7-112-10084-2
（16887）

前　言

工程监理文件，从广义上讲是指在工程监理过程中形成的各种形式的信息记录。从狭义上讲是指监理工程师编写、经监理机构印发的法定公文、日常应用文。

工程监理单位、现场监理机构和监理工程师在编写工程监理文件时，既要符合国家现行的公文处理办法、法定公文格式的规定，又要符合土木工程的设计标准、施工规范、监理规范等行业要求。本书具有以下五个突出特点：

第一，编写内容全面，注重实用性、系统性的统一。全书共分 4 章，第 1 章为工程监理文件编写的基础知识，第 2 章总结了工程监理文件编写中的常见错误，第 3 章介绍了工程监理法定公文的编写与案例，第 4 章介绍了工程监理日常应用文的编写与案例。附录部分为国家行政机关公文处理办法及国家行政机关公文格式。

第二，编写体例新颖，注重科学性与完整性的统一。对每一文种均给出公文的含义、种类、特点和写作要点、编写的注意事项，同时给出了范文、实例及其点评。

第三，借鉴党政机关最新公文处理法规，强调依法制文。本书从整体结构到具体提法，均严格按照 1996 年版《中国共产党机关公文处理条例》、2001 年版《国家行政机关公文处理办法》和 2000 年版《国家行政机关公文格式》等法规、标准的规定编写，强调公文内容的合法性、文件作者的法定性、文种选用的规定性、行文格式的规范性和制作发布的程序性，从而充分体现现代工程监理文件必须依法编写的严肃性。

第四，根据国家最新版本的工程建设技术标准、施工监理规范，强调规范行文，收集、整理了房屋建筑工程、市政道路工程、公路桥隧工程的监理工作请示、通知、报告、通报等公文案例以及第一次工地会议、工地例会、监理月报、监理日志、监理规划、交工验收报告、质量评估报告等方面的最新实例，并结合新版监理规范进行了适当修改，具有规范性、实用性。

第五，介绍文种多，列举案例多，便于现用现查。针对工程监理的实际，本书重点介绍了与工程建设监理业务密切相关的 11 个法定公文和 19 个日常应用文的编写，附有 100 个典型案例。读者可从点评中进一步鉴别文件编写的方法和文件质量的高低，便于领会公文写作技法，部分范文和实例亦可仿效套用。

本书在编写过程中，参考了北京、山东、山西、安徽、浙江等省、市部分房屋建筑工程、水利工程、公路工程监理单位和现场监理机构的监理文件实例，参照了部分公文写作书刊，得到了山东恒建工程监理咨询有限公司蔡军旺董事长的关心和中国建筑工业出版社的鼎力支持，在此一并表示诚挚的谢意。

因作者水平有限，书中错漏诚望监理同仁赐教，以便再版时修改。

作者邮箱：fangqiyy@ 163. com
责任编辑邮箱：fengyi@ cabp. com. cn

目　　录

1 工程监理文件编写的基础知识

1.1 工程监理文件的含义、内容与编写要求

一、工程监理文件的含义

一般地说，工程监理文件包括红头文件（法定公文）和非红头文件（非法定公文）。

驻地监理办或总监办印发的、带有红色版头的文件可称为监理公文。

工程监理机构印发的和监理工程师个人签发的、填写的非红头文件包括工程监理规划、监理实施细则、监理月报、监理日志、监理总结报告、监理工作报告、监理备忘录、监理约见施工单位法人代表的信函、监理讲话稿、会议汇报材料和监理检测报告、质量抽检记录、质量评定表等等，一般称之为监理资料。

监理公文和监理资料合称为监理文件或监理文件与资料。

二、工程监理文件的内容

（一）建设部对监理文件与资料的规定

1.《建设工程监理规范》中的规定

国家标准《建设工程监理规范》（GB 50319—2000）第7章“施工阶段监理资料的管理”中规定施工阶段的监理资料应包括下列28项内容：

1. 施工合同文件及委托监理合同；
2. 勘察设计文件；
3. 监理规划；
4. 监理实施细则；
5. 分包单位资格报审表；
6. 设计交底与图纸会审会议纪要；
7. 施工组织设计（方案）报审表；
8. 工程开工/复工报审表及工程暂停令；
9. 测量核验资料；
10. 工程进度计划；
11. 工程材料、构配件、设备的质量证明文件；
12. 检查试验资料；
13. 工程变更资料；
14. 隐蔽工程验收资料；
15. 工程计量单和工程款支付证书；

16. 监理工程师通知单；
17. 监理工作联系单；
18. ____报验申请表；
19. 会议纪要；
20. 来往函件；
21. 监理日记；
22. 监理月报；
23. 质量缺陷与事故的处理文件；
24. 分部工程、单位工程等验收资料；
25. 索赔文件资料；
26. 竣工结算审核意见书；
27. 工程项目施工阶段质量评估报告等专题报告；
28. 监理工作总结。

2.《建设工程文件归档整理规范》中的规定

国家标准《建设工程文件归档整理规范》(GB/T 50328—2001) 第二章“术语”中给出了“建设工程文件”的定义，今摘用如下：

建设工程文件——在工程建设过程中形成的各种形式的信息记录，包括工程准备阶段文件、监理文件、施工文件、竣工图和竣工验收文件，也可简称为工程文件。

工程准备阶段文件——工程开工以前，在立项、审批、征地、勘察、设计、招投标等工程准备阶段形成的文件。

监理文件——监理单位在工程设计、施工等监理过程中形成的文件。

施工文件——施工单位在工程施工过程中形成的文件。

竣工验收文件——建设工程项目竣工验收活动中形成的文件。

《建设工程文件归档整理规范》(GB/T 50328—2001) 的附录 A“建设工程文件归档范围和保管期限表”中将“监理文件”划分为 10 大项 27 个细目：

1. 监理规划

(1) 监理规划（建设单位长期保存，监理单位短期保存，城建档案管理部门保存)；

(2) 监理实施细则（建设单位长期保存，监理单位短期保存，城建档案管理部门保存)；

(3) 监理部总控制计划等（建设单位长期保存，监理单位短期保存)。

2. 监理月报中的有关质量问题

监理月报中的有关质量问题（建设单位长期保存，监理单位长期保存，城建档案管理部门保存)。

3. 监理会议纪要中的有关质量问题

监理会议纪要中的有关质量问题（建设单位长期保存，监理单位长期保存，城建档案管理部门保存)。

4. 进度控制

(1) 工程开工/复工审批表（建设单位长期保存，监理单位长期保存，城建档案管理部门保存)；

(2) 工程开工/复工暂停令（建设单位长期保存，监理单位长期保存，城建档案管理部门保存）。

5. 质量控制

(1) 不合格项目通知（建设单位长期保存，监理单位长期保存，城建档案管理部门保存）；

(2) 质量事故报告及处理意见（建设单位长期保存，监理单位长期保存，城建档案管理部门保存）。

6. 造价控制

(1) 预付款报审与支付（建设单位短期保存）；

(2) 月付款报审与支付（建设单位短期保存）；

(3) 设计变更、洽商费用报审与签认（建设单位长期保存）；

(4) 工程竣工决算审核意见书（建设单位长期保存，城建档案管理部门保存）。

7. 分包资质

(1) 分包单位资质材料（建设单位长期保存）；

(2) 供货单位资质材料（建设单位长期保存）；

(3) 试验等单位资质材料（建设单位长期保存）。

8. 监理通知

(1) 有关进度控制的监理通知（建设单位、监理单位长期保存）；

(2) 有关质量控制的监理通知（建设单位、监理单位长期保存）；

(3) 有关造价控制的监理通知（建设单位、监理单位长期保存）。

9. 合同与其他事项管理

(1) 工程延期报告及审批（建设单位永久保存，监理单位长期保存，城建档案管理部门保存；

(2) 费用索赔报告及审批（建设单位、监理单位长期保存）；

(3) 合同争议、违约报告及处理意见（建设单位永久保存，监理单位长期保存，城建档案管理部门保存）；

(4) 合同变更材料（建设单位、监理单位长期保存，城建档案管理部门保存）。

10. 监理工作总结

(1) 专题总结（建设单位长期保存，监理单位短期保存）；

(2) 月报总结（建设单位长期保存，监理单位短期保存）；

(3) 工程竣工总结（建设单位、监理单位长期保存，城建档案管理部门保存）；

(4) 质量评价意见报告（建设单位、监理单位长期保存，城建档案管理部门保存）。

（二）交通部对监理文件的规定

1. 行业标准《公路工程施工监理规范》中的规定

截止新版《公路工程施工监理规范》2007 年 1 月 1 日实施之前，有关公路工程监理规范、公路工程监理教科书也没有明确“工程监理文件”的含义。

新版《公路工程施工监理规范》第 8.2 条“监理文件与资料内容”中规定监理文件与资料的内容包括如下：

1. 工程监理的管理文件与资料，包括监理规划、监理细则等；

2. 质量监理文件与资料；

3. 施工安全监理、环保监理文件与资料；
4. 费用监理文件与资料；
5. 进度监理文件与资料；
6. 合同其他管理事项的文件与资料；
7. 工程监理月报、监理工作报告；
8. 监理日志、会议纪要、巡视记录、旁站记录、监理工作指令、工程变更指令；
9. 工程开工的申请批复、试验抽检的原始记录、天气记录等。

2. 交通部公路工程交工验收办法中的规定

交通部于2004年8月13日以“交公发〔2004〕446号”文件印发的《关于贯彻执行公路工程竣交工验收办法有关事宜的通知》中第二部分“关于竣工文件编制工作”规定：竣工文件的编制应完整、规范、科学，竣工文件的主要内容按照“公路工程竣工档案目录”编写。

“公路工程竣工档案目录”共分五部分，主要内容如下：

第一部分　综合文件

一、竣（交）工验收文件

1. 竣工验收文件
2. 交工验收文件
3. 各参建单位总结报告

二、单项工程验收文件

1. 机电工程验收文件
2. 房建工程验收文件
3. 环保工程验收文件
4. 档案验收文件

…………

第二部分　决算和审计文件

…………

第三部分　监理资料

一、监理管理文件

二、工程质量控制文件

1. 质量控制措施、规定及往来文件
2. 材料试验、检测资料
3. 监理独立抽检资料
4. 交工验收工程质量评定资料

三、工程进度计划管理文件

四、工程合同管理文件

五、其他文件

六、其他资料

监理日志，会议记录、纪要，工程照片，音像资料；

监理机构及人员情况，各级监理人员的工作范围、责任划分、工作制度等。

第四部分　施工资料

一、竣工图表

1. 变更设计一览表

2. 变更图纸

3. 工程竣工图

二、工程管理文件

三、施工质量控制文件

（一）工程质量文件

1. 工程质量往来文件

…………

四、施工安全及文明施工文件

…………

五、进度控制文件

…………

六、计量支付文件

七、合同管理文件

八、施工原始记录

1. 施工日志

2. 天气、温度及自然灾害记录

3. 测量原始记录

4. 各工序施工原始记录

5. 会议记录、纪要

6. 施工照片、音像资料

7. 其他原始记录

第五部分　科研、新技术资料

一、科研资料

二、新技术应用资料

（三）某建筑工程监理文件的内容实例

工程监理文件与资料的内容既有规范规定，又随着工程施工项目的不同、建设单位的不同、总监理工程师的不同而变化。今摘录某建筑工程监理文件与资料的主要内容如下，供监理工程师参考。

1. 合同文件

（1）委托监理合同（包括监理招投标文件）

（2）建设工程施工合同（包括施工招投标文件）

（3）工程分包合同，各类建设单位与第三方签订的涉及监理业务的合同

（4）有关合同变更的协议文件

（5）工程暂停及复工文件

（6）费用索赔处理的文件

（7）工程延期及工程延误处理文件

（8）合同争议调解的文件

（9）违约处理文件

2. 勘察、设计文件

(1) 可行性研究报告

(2) 设计任务书、扩大初步设计

(3) 工程测绘资料、地形图

(4) 工程地质、水文地质勘察报告

(5) 测量基础资料

(6) 施工图及说明文件

(7) 图纸会审有关记录

(8) 设计交底有关记录及会议纪要

(9) 工程变更文件

3. 监理工作指导文件

(1) 工程项目监理大纲

(2) 工程项目监理规划

(3) 监理实施细则

(4) 工程监理机构编制的工程进度控制要点、质量控制要点、造价控制要点等其他有关资料

4. 施工组织设计指导文件

(1) 施工组织设计（总体或分阶段）

(2) 分部工程施工方案

(3) 季节性施工方案

(4) 其他专项（分项工程）施工方案

5. 资质资料

(1) 总包单位资质资料及人员上岗证

(2) 分包单位资质资料及人员上岗证

(3) 材料、构配件、设备供应单位资质资料

(4) 工程试验室（包括有见证取样送检试验室）资质资料

6. 工程进度文件

(1) 工程开工报审文件

(2) 工程进度计划报审文件

(3) 工程竣工报审文件

(4) 其他有关工程进度控制的文件

7. 工程质量文件

(1) 建筑材料、构配件、设备报审文件

(2) 施工测量放线报审文件

(3) 施工试验报审文件

(4) 有见证取样送检试验报审文件

(5) 分项工程质量报审文件

(6) 分部/单位工程质量报审文件

(7) 工程质量问题处理记录及质量事故处理报告

(8) 其他有关工程质量控制的文件

8. 工程造价审批文件
(1) 工程施工概（预）算报验资料
(2) 工程量报审及审批资料
(3) 工程预付款报批文件
(4) 工程款报批文件
(5) 工程变更费用报批文件
(6) 工程竣工结算报批文件
(7) 其他有关工程造价控制的资料
9. 会议纪要
(1) 第一次工地会议纪要及监理交底会议纪要
(2) 监理例会会议纪要
(3) 专题工地会议纪要
(4) 其他会议纪要文件
10. 监理报告
(1) 监理周报
(2) 监理月报
(3) 专题报告
11. 监理工作函件
(1) 监理工程师通知单、监理工程师通知回复单
(2) 监理工作联系单
12. 工程验收文件
(1) 工程基础、主体结构等中间验收文件
(2) 设备安装专项验收记录
(3) 工程竣工预验收报验表
(4) 人防工程验收记录
(5) 消防工程验收记录
(6) 其他有关工程的验收记录
(7) 单位工程验收记录
(8) 工程质量评估报告
(9) 工程竣工验收备案表及竣工移交证书
13. 监理日记
(1) 项目监理机构的监理日志
(2) 监理人员的监理日记
14. 监理工作总结
(1) 阶段工作小结
(2) 监理工作总结
15. 监理工作记录文件
(1) 监理巡视记录、旁站记录
(2) 旁站检查记录
(3) 监理抽检记录

(4) 监理测量资料

(5) 工程照片及声像资料

16. 工程管理往来函件

(1) 建设单位函件

(2) 施工单位函件

(3) 设计单位函件

(4) 政府部门函件

(5) 其他部门函件

17. 监理内部文件

(1) 技术性文件

(2) 法规性文件

(3) 管理性文件

三、工程监理文件的编写要求

国家标准《建设工程监理规范》2000 年版第 7 章“施工阶段监理资料的管理”、行业标准《公路工程施工监理规范》2006 年版第 8.1 条“监理文件与资料管理”要求监理机构应建立健全监理文件与资料的管理制度，要求认真编写、及时整理监理文件与资料。

(一) 工程监理文件的编写过程，涉及施工监理全过程

一般地，工程施工项目的工程量大、施工期长，工序、分项工程、分部工程和单位工程多。凡是与工程施工、工程监理有关的事项和活动都要按照有关标准、规范、程序、办法的规定去落实。在落实过程，监理工程师离不开阅审来文、阅批来文，更离不开编印监理工作通知、通报、会议纪要等，这些文件涉及工程施工准备阶段、施工阶段、交工验收阶段、缺陷责任期阶段和工程竣工验收阶段。

(二) 工程监理文件的内容，涉及施工监理各个环节的工作

土木工程施工项目小到一座水电泵房，大到一条高速公路、一座特大桥梁（隧道）和高楼大厦，其中包括的工程项目繁多。一条高速公路包括路基土方工程、路基石方工程、路基挖方、路基填方，包括路面底基层、基层、下中上面层，包括钢筋工程、混凝土工程，包括涵洞、通道、匝道，包括钢结构、照明、通风、防火系统，包括中央分隔带钢护栏、路侧隔离栅、标志、标线、防眩板，包括收费站（岛）、机电安装等等，在这些工程项目施工前、中、后，监理工程师实施监理就必然要编印文件与资料去管理、去指导、去控制、去总结。

(三) 工程监理文件与资料具有原始性、真实性的要求

工程监理文件与资料是施工监理过程中形成的，有的公文是主动行文（如发现问题，为解决问题而发文），有的公文是被动行文（如施工方、下属监理机构来文请示等）。但是，不论怎样，都是在施工监理过程中一天一天地编写、打印、分发的，不存在事后追补、剔除和更改现象，具有原始性、真实性的要求。

(四) 工程监理公文的格式，必须符合国家公文格式标准

工程监理公文属于国家行政机关公文的范畴。工程监理过程中涉及合同事项、技术事

项的请求、报告等上行文，涉及监理工作的通知、通报、指令、工地会议纪要等下行文，涉及监理工作的意见、函等平行文，监理机构和监理工程师只要拟发，就会发送给某一方，让对方或知晓或执行或答复或备忘。因此，监理工程师拟写公文必须符合国家规定的公文格式标准，而且必须依据国家行政机关的、最新版本的公文处理办法和公文格式的国家标准。

（五）工程监理文件与资料的内容，必须符合合同、规范的要求

工程施工监理活动本身就是一个工程专业性、技术性活动，是一个合同管理过程，从事这一活动的监理工程师必须严格依据国家法律法规、依据交通部颁发的《合同文件范本》、《技术规范》、《试验规范》、《质检评定标准》、《工程交（竣）工验收办法》等行业标准、规范和《工程施工承包合同》、《工程施工监理服务合同》。

在具体记录监理工作过程、编写监理公文时，每一个标题、每一段文字、每一个附表都应符合国家标准和交通建设行业标准、合同条件、技术规范的规定。在引用行业标准、部颁规范时，更要仔细核对，不可误引误导。

监理机构和每一个监理工程师都应该切记的是万万不可突破行业标准、合同条件、技术规范、监理规范等法规条文规定去印发所谓的“红头文件”指挥施工、指导监理，红头文件必须合法、符合规范、符合合同、符合建设单位的合法要求等等。

工程监理资料的填写内容与格式，必须符合国家标准、部颁规范和具体项目建设单位的合同规定。

（六）工程监理文件与资料的形成具有时效性、时限性的要求

工程施工监理过程中发生的法定公文、日常应用文是随着施工进展而同步形成的。不论是下达监理通知、监理工作指令，还是批复施工方的请示，或是召开工地例会、编印会议纪要，都有个工作效率、工作作风问题，都涉及时效性和时限性，及时印发的公文会对工程施工、监理活动起到推动作用，时过境迁的提示、指令、会议、通报等只能影响正常工作，甚至给施工方、业主方、监理总公司造成经济或信誉上的损失。

（七）工程监理文件与资料属于工程档案资料的一部分，具有长期（永久）存档的要求

工程施工监理过程中，监理工程师编写的、监理机构收发的法定公文、日常应用文是施工文件、监理文件的重要组成部分。

国家重点建设工程档案管理办法、交通部《公路工程竣工文件材料立卷归档管理办法》等档案管理法规、文件都规定了监理过程中形成的技术文件、合同文件、管理文件的立卷要求和存档期限。例如，“监理通知、开（停/复）工指令”由建设单位永久保管，“监理备忘录、会议纪要”由建设单位长期保管。可见，工程监理公文是长期（永久）存档的重要档案材料之一。

（八）工程监理文件的编写质量，工程监理资料的填写质量，代表着监理机构的工作质量，影响着监理行业的社会形象

工程监理行业是一个靠竞标取胜而生存的新兴行业，现场监理机构的工作作风、监理工作质量直接影响着监理单位的生存。监理工程师编写、印发、阅处公文是贯穿施工监理全过程的一项内业工作，这项内业工作的重视程度、质量如何，直接影响到监理机构的相关机构——建设单位、施工单位对监理的评价程度。试想，如果一份监理工作指令，文不对题、引据不当、指令错位，施工单位如何执行？建设单位如何评价？可以说，工程监理文件的编印质量代表着监理机构的工作质量，反映着监理单位的管理水平，影响着监理项目投标的取胜。

（九）工程监理文件的编写要保持前后一致，注意决策的连贯性

工程施工合同文件包括技术规范、合同条款、工程量清单、施工图纸等，覆盖工程项目实施的各个工序和全过程，工程监理文件互相关联、互为补充。因此，监理工程师下达一个监理工作指令性文件或记录性文件时，一定要照顾到涉及横向其他各个方面的规定，某一个方面处理不当就可能引起合同纠纷、费用索赔、工期补偿。另外，监理工程师在作出决定、批准某事时一定要照顾到以前类似的决定事项，并注意现在和今后工作的连续性。

（十）工程监理文件的编写要程序化、标准化，不能越权

监理工程师编写、签发的通知、指令、会议纪要等监理文件是合同文件的解释和延伸，监理工程师应当在项目业主的授权范围内编写和签发。各级监理机构拟写、编印的监理法定公文、日常应用文和监理记录资料，在格式上、行文规范上、标准化上都要保持良好的文风和实事求是的态度，主送、抄送单位要认真推敲，结论和评语都要符合规范和统一的标准，需要盖监理机构公章的要盖公章，需要总监（驻地）签字的要签字；需要既盖公章又要签字的，则也盖章也签字。

四、工程监理行业常见文件与资料的种类

新中国实行建设工程监理制度二十年来，工程监理制度已被国人普遍认可和接受，而且监理工程师在社会主义市场经济的发展中也起到了极大的推动作用。可以说，工程监理行业已成为一个“朝阳行业”。

据统计，在工程施工阶段的监理与工程管理过程中，监理工程师常用的法定公文和日常应用文主要有以下三十多种。

（一）监理机构常用的法定公文

1. 上行公文，包括监理请示、报告
2. 下行公文，包括监理通知、批复、通报、决定、指令、提示
3. 平行公文，包括函
4. 通行公文，包括监理工地会议纪要和监理例会会议纪要、监理工作意见等

（二）监理工程师常用的日常应用文

1. 工程监理大纲
2. 工程监理规划
3. 工程监理（实施）细则
4. 工程监理月报（和季度报告）
5. 工程监理日记（日志）
6. 工程监理备忘录
7. 工程监理工作总结
8. 工程监理约见信函
9. 工程监理贺信

10. 工程监理慰问信
11. 工程监理规定
12. 工程监理办法
13. 工程监理制度
14. 工程监理工作要点
15. 工程监理大事记
16. 工程监理工作汇报稿、讲话稿、会议发言材料类会议文件
17. 工程监理会议记录
18. 工程监理述职报告
19. 工程交工验收报告
20. 工程质量评估报告等

1.2 工程监理文件的起草

新中国的工程建设监理制度作为国家的一项基本制度已经被越来越多的人们接受，实施监理制度的工程项目，其工程质量、进度、费用、安全、环保得到了明显的控制，工程监理行为也越来越规范，越来越重视监理工作记录，而且监理工作记录越来越离不开书面文件。

开展工程监理工作有一定的程序，同样，工程监理文件写作也有一定的程序。工程监理人员只有按照一定的程序运作，才能编写出高质量的、合乎公文规范和监理规范要求的文件，其编写运作程序大体包括：文件的拟稿——→草稿的修改——→文件的核稿——→文件的定稿——→文件的签发——→文稿的打印与校对——→文稿的用印——→发文登记——→文件的发送——→发文文稿的存档管理等十个步骤。

一、拟制文稿的基本要求

文件的拟稿，就是起草文件，也称“撰稿”。拟稿应掌握以下基本要求：

重要的、综合性的文件和专业性较强的文件资料，应由监理负责人（工程监理机构中的总监理工程师、驻地监理工程师、总监理工程师代表、副驻地监理工程师、监理试验室主任等）亲自动笔撰写；一般日常文件由监理办公室或专业工程师负责拟稿；对于政策性强、指导面广、问题复杂、文字量大的文件（如工程监理实施细则）可以组织专门的班子共同起草。

草拟的文件要符合国家的现行方针政策法律和法规，要符合公路交通业务部门的技术标准、规范和管理办法等，要符合工程施工设计图纸和工程地质实际情况等。

对于监理工作提示、通知类文件，必须符合技术规范、设计图纸、合同条件等，引用要准确；对于监理工作指令、方案批复类文件，因要求下级单位执行，必须情况属实、观点明确、结构严谨、层次清楚、直述不曲、符合逻辑、标点正确。

二、正确使用拟文稿纸

拟制红头文件和公函，必须使用拟文稿纸。

拟文稿纸的主要内容包括公文形式、发文字号、标题、主送单位、附件、成文时间、主题词、抄送单位和拟稿部门、拟稿人、核稿部门、核稿人、会签部门，以及签发人、签发意见、秘密等级、保密期限、紧急程度等。下面给出拟文稿纸的常见样式，如表 1. 2-1、表 1. 2-2 所示，可供参考。

1. 样式之一

（机关名称）**拟稿纸**　　**表 1. 2-1**

签发人： 年　月　日	核稿人： 年　月　日
会签人：	拟稿部门： 拟稿人：　年　月　日
发文字号：　〔20　〕　号	20　年　月　日　共印　份
标题：	附件：
主送单位：	主题词： 抄　送：

第　　页

2. 样式之二

（机关名称）**拟稿纸**　　**表 1. 2-2**

签发意见： 签发人签字：　年　月　日	核签人： 年　月　日 核稿人： 年　月　日 拟稿部门： 拟稿人签字：　年　月　日
发文字号：　字〔20　〕　号	急缓程度：
标题：	
主送：	
附件：	
主题词：	
抄送：	
××××××××××（单位名称）	年　月　日印发

共印　　份

三、文件起草的准备工作

党的机关、国家行政管理机关、企事业单位中的领导同志，特别是工程监理机构中的总监理工程师、驻地监理工程师，在工程管理过程中发现了某种情况，产生了某种想法，提出了某种要求，并且想把这些情况、想法、要求通过文字来上传、下达的时候，便产生了制发文件的动机，于是确定撰写者。作为文件起草人，应准确领会领导意图，按照领导的交待和日常工作、现场实际情况等开始撰写草稿。

工程监理文件同党政机关、企事业单位、社会团体的公文一样，只要是一篇完整的公文，就应由五个要素组成，即应由主题、材料、结构、表达方式和语言组成。

（一）文件主题的准备

文件必须有明确的主题，必须有正确的主题。主题决定着写作材料的取舍，支配着文件的层次与段落、过渡与照应，制约着文件的叙述、议论和说明方式。文件主题需要一定数量的语言来表现。

（二）文件材料的准备

草拟文件要根据文件的受文对象、文件种类和内容、行文规则来写作。要充分占有基础材料，做到“厚积薄发”；要注意提炼观点，不要讲“套话”；要注意“直述不曲”、“力求简短”，不要“八方照顾”；要正确使用数目字，要正确使用标点符号。

没有客观实际材料的文件是空洞的文件。文件必须用一定的材料来实现，包括事实性材料、观念性材料。事实材料指客观存在的现实事物，如人物、事件、统计数字，如现实材料和历史资料，如正面材料和反面材料，如直接材料和间接材料等。

写作材料要靠观察、调查、交流、检索、查阅、记录等方式采集。采集的大量写作材料要经过审查，去伪存真地选择、加工方可使用。

（三）文件结构的准备

文件的结构由三大块组成，包括开头、主体、结尾。

一般地，开头写行文的目的、根据；主体部分叙述基本事实、阐明性质意义，或者提出措施、要求；结尾则写对上级的请求或对下级的要求等。

1. 文件结构的完整性、连贯性、严密性

从结构上讲，一篇文件应达到三个条件，即完整、严密、连贯。

公文写作要做到开头部分、主体部分、结尾部分齐全完整、不可缺头少尾，就如朱光潜先生所说的公文“第一须有头有尾有中段，第二是头尾和中段各在必然的位置，第三是有一股生气贯注于全体”。

公文的完整性就是一篇文章有开头、主体、结尾三部分，各个部分要相对饱满、不空洞、不残缺、不干瘪。不能像艺术创作那样，讲究点到为止，只写残缺不写全，让读者去回味和思考。

公文的严密性就是公文的各个部分之间有很好的逻辑性，各个层次段落之间要么是因果关系，要么是主次关系，要么是并列关系等。各个段落之间不能互不相干，也不能互相矛盾。

公文的连贯性就是公文的各个部分之间在内容上井然有序、互相连贯，在外部形式上或者采用序号连接或者采用自然过渡，都要自然流畅。

2. 过渡和照应

一篇文章的结构，一是要达到段落层次清楚。二是要处理好层次、段落之间的过渡和照应，正确设置过渡段、过渡句、关联词，做到首尾照应、序列照应。

段落就是我们常说的自然段，它有着段首空两字、段尾另起行的外部标志。段落的划分要注意段落大意的完整性、单一性、关联性，注意段落的长短适度，便于阅读理解。

过渡就是在段落之间、层次之间进行衔接的形式。可用过渡句、过渡段、关联词等三种形式过渡，也可以用"因此"、"但是"、"总之"、"综上所述"等。

照应就是文章前后内容之间的关照和呼应。常用首尾照应、序列照应，如"首先，其次，再其次，最后，……"；"一是，二是，三是，再是，……"。

3. 开头和结尾

大凡书面文字材料都有开头和结尾，只是是否单独成为一句或一段的问题。开头和结尾的概括程度、格式化程度，反映着文件的质量高低，决定着文件的可读性、可记忆性，从而影响到文件的执行程度。

（1）文件的开头

开头是一篇文件的重要组成部分，是全篇内容的高度概括和主旨思想的集中反映。一般地说，文件的开头要开门见山，开头的常见写法有以下几种：

——根据式开头。多用"根据……"、"按照……"等词说明行文的依据，以保证发文的法定权威。

——目的式开头。多用"为了……"、"为……"等介词标引行文的目的，以使收文单位明确发文单位的意图，以便于贯彻执行。

——原因式开头。多用"鉴于……"、"因为……"、"随着……"等介词开头讲明制发文件的原因、背景，以证明发文的必要性和重要性、合理性。

——引经据典式开头。文件开头首先引用领导讲话、红头文件、会议要求、技术规范、法律法规等文中的句子作为引言或点明主旨，之后再写正文强调问题或布置工作。

例如，驻地监理工程师起草的加强台背回填控制一文，开头写明"桥梁的台背回填是桥梁施工后期的一项重要工作，台背回填的质量如何直接决定着通车后的行车舒适问题，而且《招标文件》第二卷《施工技术规范》第200章也作出了明确规定。但是，从目前情况看，台背回填的施工质量不容乐观。为此，今就台背回填的开始时间、回填的范围、回填的材料、压实机具、质检标准、质检报表等事项强调如下：……"。

——时间式开头。文件开篇即点明具体时间的年月日，或用模糊时间的"最近"、"近一个月来"、"××会议之后"、"在迎接××到来之际"等词渲染气氛、强调重要性。

——混合式开头。即用以上五种写法的混合。

（2）文件的结尾

从形式上讲，文件的结尾就是文件行文的收束；从内容上讲，文件的结尾就是对全文的总结。文件的结尾有以下几种写法：

——总结式结尾。即对全文的主要内容做出概括，以加深收文者的认识，进一步明确行文意图，常用"总之、综上所述、据此、为此、鉴于此"等。

——展望式结尾。即用希望和充满激情的文字对美好的未来进行展望，激励或要求人们为着目标继续努力。多用于领导讲话、报告、总结文件。

——号召式结尾。即说明今后一个时期的工作重点或工作目标，号召人们积极努力。

——要求指令式结尾。即对文件中的主要措施、意见、办法提出明确的落实要求。

——固定格式式结尾。如请示文件常用“当否，请审批”，批复文件常用“特此批复”，通知文件常用“特此通知”，指令文件常用“特此指令”，报告文件常用“特此报告，如有不妥，请批示”等固定的、法定的格式。

——自然式结尾。即随着正文结束、意尽言止，自然收尾结束，不拖泥带水。

——说明补充式结尾。即正文结束后再予以说明。如“以上意见，请结合《技术规范》的有关规定进行落实”等。

4. 小标题

标题是一篇文章的标志、题目，用来标明文章的主要内容，表示这篇文章的突出之处。

有的文章中每一部分也写一个标题，即“小标题”。

“标题”和“小标题”都分别标明了文章整体的和部分的主要内容。编列小标题应注意以下几个问题：

(1) 要认真布局谋篇，列好写作提纲，要事先明确分几部分、每个部分重点写什么等。

(2) 正确地划分段落是列小标题的前提，每段文字有一个中心思想，这个中心思想就可提炼为小标题。

(3) 提炼小标题的方法是把本段的段意压缩成意义鲜明的一个短语或一个词，也可以从本段中摘录出最能代表主要内容的一个句子。

(4) 小标题是段落的题目，可以概括本段的主要内容，也可以不是主要内容的概括，而只是本段的标志。

(5) 小标题的字数、语态、语序等尽可能前后一致，格式一致，排列整齐。

(四) 文件语言的准备

1. 正确地用字、造句

正确地用字、用词、造句，使字词准确，使句子成分完整、搭配恰当、符合语法逻辑，不出现错字、错词和病句。

2. 语言简练、质朴

语言简练、质朴，不生造字词，多用短句、少用长句，不过分夸张、适当使用固定格式语言，如“特此函复”、“来函收悉”。

3. 工程专业文件使用专业术语

工程专业技术文件必须使用专业性的、规范化的、通用的标准术语，不可使用习惯性的、太通俗的、口语化的专业术语。

4. 字词、语气与文种必须和谐

(1) 下行文种主要由命令、指示、通知、决定、通报等组成，一般使用肯定的语气、斩钉截铁的语气，也常用禁止语气以示否定。常用的词语包括必须、坚决、努力、要求、全面、认真、要、应、务必、严禁、禁止、不准、不应、一定、一律、不得、均应、严格等等。

(2) 上行文种主要由请示、报告、建议意见等组成，是下级向上级请示、汇报、交流，行文时必须尊重上级，不得威逼上级；要把事情说清楚，把理由说完整，把问题提全面，以求上级研究表态。常用的词语包括请、希、望、建议、盼望等，不宜请求或者限制上级几天内必须批复等。

（3）平行文种主要是函，要用平等协商的语气，以争取对方理解与支持，以便于问题得以解决。常用的词语包括为荷、呈蒙、关照、望、特请、给予、感谢等。

5. 文件中的数字规范

在文件中正确使用数字介绍情况，说明工作成绩，给人以具体、直观、简练、定量的感觉。规范的数字能起到一般文字所不能替代的作用。

（1）汉字与阿拉伯数字通用的表达

——结构层次序数的要求。法定公文中的结构层次序数是具有严格规定的，它要求第一层为“一、”，第二层为“（一）”，第三层为“1.”，第四层为“（1）”。如果一份文件的正文中只有两个层次时，可以略去第二层和第四层。

——文件中除发文序号、统计表和计划表的序号、百分比以及其他必须使用阿拉伯数字者外，一般使用汉字标识。在同一份文件中，数字的表达方式应前后一致。

——文件标题中应回避数字百分比，能不用则不用，尽量换另一种表达方式或另外一个标题。

——表示章、节、条款、段落、序数的数字，只要同一文件中前后统一，小写汉字和阿拉伯数字均可。

（2）汉字数码的表达

——除百分数、分数和施工混合料配合比外，使用比例时应用小写汉字表达。如“专业技术人员与施工总人数的比例为十比一”，而不能写成“10∶1”。

——文件中的成文日期、星期几，一律使用小写汉字。

——邻近两个数字并列使用，表示概数，应用小写汉字，在小写汉字之间不用顿号。如“七八公里”、“相差三四百元”。

（3）确数、约数的表达

确数反映确切的认识，如请示批准事项、核准统计资料时要用确数。约数（大概数）反映粗略的认识和数量的近似值，常在数字前面写上“近、约、大约、时值”等词，也有的在数字后面加上“上下、左右”等词。在说明基本情况、进展动态或预测分析时常用约数。

在需要使用“以上、以下”等数字分界语时，要说明是否包括本数字。如“30岁以上（包括30岁）的同志应××”。

（4）“零”的表达

凡是汉字并加位数词的数字，除年份可以用“〇”，如“二〇〇七年”外，其余一律使用“零”。如“三百零八公里”不能写成“三百〇八公里”，反过来，年份中的“〇”也不能写作“零”。

（五）文件表达方式的准备

公务文件属于应用文，表达方式上应综合应用叙述、议论和说明三种文体。

1. 叙述

公文中的叙述常用第一人称（如请示、报告、计划、总结）和第三人称（如调查报告、下行公文），且多用按时间顺序或工作进展过程、事件处理过程的顺序顺叙，一般不用倒叙、插叙。

叙述时的六大要素，即时间、地点、人物、事件、原因、结果，不得无故残缺，但可详可略。

例如，对时间这一要素，可详写成“2005 年 7 月 29 日上午 10 时 53 分”，也可写成“近一个时期、近来、钻孔灌注桩工程开工一个月来、进入雨季后、春季恢复施工以来……”等等。对人物的叙述，对内可准确写为“刘东利”，对外则可能写为“刘某某”等。

2. 议论

公文中也并非不用议论方式，通过议论可以明确公文的重要性、印发的必要性等。例如，一个总监办强调工程质量必须从源头抓起的通知中有这样一段议论：

> 在工程施工准备阶段，各合同项目经理部必须切实重视工程质量的源头控制工作。
>
> 第一，必须抓好原材料的料源考察与取样试验工作。没有合格的原材料，就不可能有合格的工程；合格的原材料，没有一定的储备数量，将会影响着工程施工的正常进行……
>
> 第二，必须抓好水准点、导线点的复测、平差计算。水准点、导线点的精度如何，直接影响着工程项目的平面位置和立面位置……
>
> 第三，必须抓紧熟悉施工图纸、复核图纸工程数量……

论证的基本方法有例证法、引证法、比较法、因果推论法等。

3. 说明

说明就是用简明扼要的文字，交待事物的特性、事件的过程、问题的严重性等。

公文中的说明，一要态度客观，不以执笔者本人的好恶或主观偏见而歪曲数字、事实等。二要内容科学，符合法律、法规或技术标准、规范、图纸等，如不能写出“下达总体工程开工令十一天后，我们又相聚在这里召开第一次工地会议……”。三要文字清晰，符合语法逻辑，不发生异议或歧义。不能写成“一定要提前早安排……”、“神舟六号航天员费俊龙、聂海胜，祖国人民期待着你们胜利凯旋归来”、“车速开得很快”等。

四、拟稿的注意事项

拟稿即起草文件，这是一项政策性强、业务要求高的办公室工作。文件的起草工作应由熟悉公文写作格式、熟悉技术业务的同志承办，领导应提出基本思想和重要观点，指出解决问题的原则和措施。

在工程监理过程中，重要公文和特殊文件的起草，应由总监理工程师或驻地监理工程师、专业监理工程师亲自动手写作，成文后要经集体研究，并在适当范围内征求意见，如工程监理规划、关于加强预应力连续箱梁桥工程质量控制的通知、停工指令等。

1. 要符合国家的法律法规

要符合国家的法律法规，符合党和政府的方针政策及有关规定，如果提出新的政策规定，应加以说明。

2. 要正确使用结构层次序数

文件的结构层次序数最多为四层，超过四层就应该重新归类分段。

2000 年版的《国家行政机关公文格式》明确规定第一层为“一、”，第二层为

“（一）”，第三层为“1.”，第四层为“（1）”。

应该注意层次序号后的标点符号的正确使用，而不是“一、”、“（一）、”、“1、”、“（1）、”；也不是“（一）、”、“（1）、”；也不是“一、”、“（1）、”等。

3. 条理要清楚，层次要分明

情况要确实，观点要明确，条理要清楚，层次要分明，文字要精练，书写要工整，标点要准确，篇幅要简短。

4. 语言的运用要达到准确、简练、质朴的要求

陈子展在《应用文作法讲话》中说“求其事理有当而已。尚简约不尚冗长，尚朴实不尚浮华。要一词不虚设，一字不苟下”。

第一是遣词造句要准确。首先，要搞清楚每个词的确切含义，不可望文生义。其次，注意近义词在语义、色彩等方面的细微差别。例如：毛泽东同志在《愚公移山》中写到：“中国古代有个寓言，叫做‘愚公移山’。说的是古代有一位老人，住在华北，名叫北山愚公……有个老头子名叫智叟……”“位”与“个”，“老人”与“老头子”，意思是一样的，但感情色彩不同。再次，造句要符合事实、避免两歧。由于观察不细、思维欠周密、忽视技术规范的规定等，导致句子不符合事实、产生歧义等。例如：“一九五五年一月十四日，周恩来总理在他的办公室会见了著名地质学家李四光和钱三强。”钱三强是原子弹专家，不是地质学家。另外，要遵守语法规则。做到句子成分完整、搭配合适、语序合理、关联恰当。例如：“最近，李莉被评为全国交通系统三八红旗手奖。”句中动宾搭配就不当，被评为之后能搭配模范、精英、红旗手等奖的名称，不应加个“奖”字。

第二是简明扼要。禁止空话、废话，含蓄而不朦胧，反对意到笔不到，该明确要求的要明确说透。

5. 人名地名数字引文要准确

人名、地名、数字、引文要准确，时间应写明具体的年月日。

6. 正确使用数字

文件中的数字，除发文字号、成文日期、统计表和计划表的序号、百分比、专用术语和其他必须用阿拉伯数字者外，一般用小写汉字书写。在同一公文中，数字的使用格式应前后一致。

7. 正确引用

引用文件应注意发文时间、标题、主送机关和文号，应先引用标题，后引发文字号。

1.3　工程监理文件的修改

一、草稿的修改

草稿是供讨论、征求意见、审核、审批用的非正式的文稿，内容未正式确定，不具备正式公文的效用。草稿写出后，拟稿人自己首先要认真自我检查，一修再修。

（一）修改的必要性

一个公文作者，也许其公文写作知识很全面、实践经验很丰富、思路很敏捷、相应的

技术业务水平很高，于是“下笔如有神”。但是，一个人的智慧总是有限的，撰写的文件草稿总难免有思虑不周、疏漏失误之处。另外，草稿只是文件的“毛坯”，为减少错误、改正错误、弥补疏漏、树立公文拟制单位的形象、正确地指导工作，文件草稿的修改是十分必要的。

（二）修改的方面

文件的修改贯穿于写作过程的始终。

第一是文件格式的修改。改变错误的格式、修正不适当的格式，使其格式完全符合公文的标准格式、文件的通用格式。

第二是文件标题的修改。标题是一篇文件的“眼睛”。好的标题能一下子引起读者阅读的强烈愿望。因此，应该努力用最简洁、最鲜明的语言来拟定标题，把文件的内容确切地传达出来。

第三是文件内容的修改。改主旨隐约、中心散漫、观点片面、逻辑混乱，改情况叙述抽象、局限、数据罗列，使之明确、全面、符合逻辑、数据表达简明。改要求不明、措施空洞、文题矛盾、意见不一，使之具体明确、措施有力、文题相称、意见统一。

第四是文件结构的调整。改层次颠倒、结构松散，使之结构严谨、文气顺畅、合理紧凑。改段落层次不明、详略不当，使之层次分明、分段匀称、前后呼应、过渡自然。

第五是文件表述的修改。改语气过于严厉或过于柔弱，使之角度得体、身份适宜。改啰嗦重复、穿靴戴帽、节外生枝，使之言简意赅、直截了当、简洁实在。改语句过长、语序颠倒、搭配不当、句子成分残缺，使之句长适度、符合语法、文句畅快、朗朗上口。改用词冷僻、词不达意、夹杂古文言，使之通俗易懂、词意搭配、语体一致。

（三）修改的方式

文稿修改的方式包括调、删、增、换四种。

1. 调整

调整结构，重新安排各层次、段落的顺序，使之切合文件内在逻辑和主旨表达需要。调整叙述，改变同一段文字的表达顺序，如结论前置、先总后分等，以吸引阅文者注意，便于理解和阅办处理。

下面举一个工程监理文件的实例，这是一个驻地监理组长拟写的一份草稿和其上级监理机构——总监办公室的负责人修改的正式稿。下面先介绍这个驻地监理组长拟写的一份草稿：

关于加强四月份施工管理的通知

第一合同：

四月份正是工程大干的季节，为加强工程施工管理，今通知如下：

1. 台背回填台阶必须接到硬茬，并且实测压实度是否和原路基一样。台背回填必须分层填筑，灰剂量要严格控制，对水消解石灰应过筛，拌合均匀，保证灰土的宽度、长度、平整度、路拱度等。

2. 对桥式通道的台背回填要梁板安装完毕后进行，防止台背回填的侧压力影响薄壁台的质量。

3. 现浇箱梁。用土牛胎做的在底模贴的薄钢板要牢固，薄钢板缝要处理严密，防止水泥浆进入薄钢板底，造成底部外观质量差，计算出每孔的预拱度，预留位置要准确。

4. 对支架施工的现浇箱梁。K11+604、K18+654天桥地面处理要认真，可用灰土压实20cm，或都用砂砾回填40cm等，保证地面有足够承载力、压实度。并且略高于两边原地面，以免积水，对支架施工的现浇箱梁，要报预压方案。

5. 上跨天桥要保证设计高度，认真测量。

6. 上跨天桥的钢筋焊接要重点检查，必须保证焊缝饱满、长度合格，并检查焊条的型号是否与焊接钢筋相匹配。

7. 梁板已开始安装，应注意并重点检查垫石的质量，支座的高程、位置，梁板顶面的高程，相邻梁板顶面的高差。梁板安装完毕，每片梁应检查支座顶面与板底是否密贴，不密贴的支座，可用钢板垫平，钢板必须除锈，并有防锈措施。

8. 由于4月份气温回升，应加强对混凝土的养护工作，并且对混凝土的养护有切实可靠的措施，不要摆样子，否则，对达不到养护条件的工程，将暂停施工。

9. 对K18梁场、料场要严格控制。控制好梁板的底模要除锈干净，梁板钢筋焊接安装符合规范要求，钢筋根数绝不能减少，对箱梁混凝土的拌合严格按配合比施工，注意梁底振捣，因为以前所完成的梁底板麻面严重。

10. 4月份部分桥梁安装完毕。企口缝隙钢筋要调整好，并且对企口缝内的杂物要清理干净，并且在浇筑混凝土前要对企口缝隙进行洒水湿润，混凝土浇筑的顶面高程略低于板顶1~2cm为宜，便于养护。

11. K8料场要加强管理。砂、石材料要堆放整齐，所进砂的用途已全部为C30以上混凝土，要求K8料场的砂必须进合格的中砂，进场检测合格的过筛后再用。

12. 30m箱梁的预制已准备开始。重点要控制好波纹管的位置，坐标必须要准确，负弯距波纹管的位置、高程严格控制。对负弯距的锚垫板位置要加强振捣，必须保证该处混凝土的密实度、强度，并且对锚垫板位置的高程严格控制。对梁端伸出的负弯距波纹管要保护好，避免施工时折断，一般负弯距波纹管安装完成后可在伸出位置伸入钢筋或木条加固。

特此通知。

二〇〇五年三月二十六日

总监理工程师审核时认为其文稿是有内容的，要求施工单位落实处理的问题也表达出了意思。但是，公文的格式隐约，主送单位不明确，公文的内容和结构散乱，没有归类强调，层次不分明。总监理工程师将第1、2条归类为桥涵台背回填工程，将第3、4、5、6条归类为现浇箱梁桥工程，将第7、10条归类为空心板桥梁的安装与桥面系工程，将第8、9、11条归类为混凝土拌合场与混凝土构件的养护，将第12条归类为30m预应力箱梁预制工程，另外修改了其他错误。请看其调整修改后的文稿：

关于加强四月份工程施工管理的通知

第一合同项目经理部：

即将到来的四月份，将是路基、桥梁工程施工的黄金时间。为加强工程施工管理，确保4月份施工的路基填土、桥涵台背回填、现浇混凝土箱梁、天桥和预应力梁板预制的工程质量，今结合招标文件《技术规范》的有关规定，提出以下要求：

一、关于路基填筑与路槽验收

1. 路基填土工程应针对春季风大的特点施工，注意取土场中原状土的挖掘晾晒和增加路基现场松铺土的翻晒遍数，以加快超过最佳含水量的水分的蒸发。对局部翻浆路段，应注意及时换填含水量适中的土，做到当天上土、当天碾压完毕、当天检测完毕。

2. 路槽验收应以200m长度以上的连续成品路基为主，你部自检合格后应形成完整的质量检测资料方可报驻地监理组长，驻地监理组长组织抽检和验收，高级驻地监理办将组织再次抽检。

二、关于桥涵台背回填工程

1. 台背回填的台阶必须挖到硬茬，并且实测压实度，达到合格标准。台背回填必须按不厚于15cm的分层厚度填筑，对消解石灰应过10mm筛，石灰剂量要严格控制，拌合均匀，保证灰土的宽度、长度、平整度和压实度等。

2. 对桥式通道的台背回填，应在梁板安装完毕后对称进行，防止台背回填的侧压力影响薄壁台的质量。

三、关于现浇箱梁桥工程

1. 现浇箱梁。可以使用土牛胎做地膜，贴在底模之上的薄钢板要牢固，薄钢板缝要处理严密，防止水泥浆进入薄钢板底。应计算出每孔的预拱度，预留位置要准确。

2. 采用支架施工的现浇箱梁。K19+604、K28+654天桥地面处理要认真，可用8%的石灰土压实20cm，或用砂砾回填40cm以保证地面有足够承载力、密实度。其纵断面高程应略高于两边原地面，以免积水。对支架施工的现浇箱梁，应提前14天向驻地监理组长报预压技术方案。

3. 上跨天桥要保证设计高度，认真测量。

4. 上跨天桥的钢筋焊接要重点检查，必须保证焊缝饱满，长度合格，并检查焊条是否与焊接钢筋相匹配。

四、关于30m预应力箱梁预制工程

30m箱梁的预制即将开始，你部应重点控制好波纹管的位置，坐标必须要准确，负弯距波纹管的位置、高程严格控制。对负弯距的锚垫板位置要加强振捣，必须保证该处混凝土的密实度、强度，并且对锚垫板位置的高程严格控制。对梁端伸出的负弯距波纹管要保护好，避免施工时折断，一般负弯距波纹管安装完成后可在伸出位置伸入钢筋或木条加固。

五、关于空心板桥梁的安装与桥面系工程

1. 4月份空心梁板将开始安装，应重点检查垫石的质量，支座的高程、位置，梁板顶面的高程，相邻梁板顶面的高差。梁板安装完毕，应检查每片梁的支座顶面与板底是否密贴，不密贴的支座，可用钢板垫平。钢板必须除锈，并有防锈措施。

2. 企口缝隙钢筋要调整好，并且对企口缝内的杂物要清理干净。在浇筑混凝土前要对企口缝隙进行洒水湿润，浇筑的顶面高程略低于板顶1~2cm为宜，便于养护。

六、关于混凝土拌合场与混凝土构件的养护

1. 对K18预制梁场、混凝土料场要严格控制。梁板的底模要除锈干净，梁板钢筋焊接安装符合规范要求，钢筋根数绝不能减少。对箱梁混凝土的拌合严格按配合比施工，注意梁底振捣，因为以前所完成的梁底板麻面严重。

2. 由于4月份气温回升，应加强混凝土的养护工作，并且对混凝土的养护要有切实可靠的措施，不要摆样子，否则，对达不到养护条件的工程，将暂停施工。

特此通知，希结合《招标文件》第二卷《技术规范》的规定和现场实际情况予以落实。

二〇〇五年三月二十七日

2. 删除

删除多余的字句是文稿修改的一项重要工作，它能使文件更加简洁、精炼、明确，而且节约办公纸张和时间。毛泽东同志就非常赞许鲁迅先生所说的“竭力将可有可无的字、句、段删去，毫不可惜”的名言。

文稿的删改要点，一是剪枝蔓，将与主旨无关或联系不紧密的分支观点删去；二是割冗滥，将不具体、平淡、罗列的文字和数据图表删去；三是去闲文，删除一切可有可无的字、句、段，不管是管理文件还是技术业务文件，以务实为主，不要哗众取宠，不要炫耀文采。

毛泽东同志和鲁迅先生都是精于造句的大师，他们所写下的每一句话都有千锤百炼、一字不易的特点。1946年延安《解放日报》社论《新四军的胜利出击与中国的救国事业》草稿的第一句是：三年半前被国民党军事当局及蒋介石加以“军令军纪”名义宣布为“叛军”的新四军，不仅一直坚持着华中的抗战，而且最近半年来胜利出击，取得了异常辉煌的胜利。

毛泽东同志在审阅时，将“国民党军事当局及”几个字删去，这就把矛头集中在蒋介石一人身上，适应了当时“团结抗战”的策略；又把“加以‘军令军纪’名义宣布为”改为“以所谓破坏‘军令军纪’名义宣布为”。这一改，不仅改正了原文中语法不通的错误，而且使意思更为周密；最后将“胜利出击”改成“屡次出击”，不仅避免了两个“胜利”的重复，而且换上“屡次”一词强调了新四军抗战的坚韧性。可见，修改文章时斟词酌字的效果。

3. 增补

在文件写作过程中，凡是原稿有疏漏、不全和词不达意的地方，都应增补。增补，可以是字词的，也可以是句子和段落的，甚至是小段和大段落的。

文稿的增补要点，一是充实，文中观点、例证虽都正确但缺乏融会贯通，要适当增加符合逻辑的推理、论述，使理由坚实、充分。二是丰润，对结论要增加分析、对原因要进行分析、对例证要引经据典、对事件过程要有详有略地描述。三是照应，对转折生硬之处增加过渡词、句、段，对应该交代清楚的事项作出必要的说明等。

4. 替换

在文件写作过程中，应注意使用更加妥切、更加准确的字句去替换那些内容和文字不够准确、不够全面的地方。

文稿的换改要点是深化主旨、文意合并、例证更换、词语更换、句段更换，使之语气得体、语言润色、文字精炼、表达或生动或严谨。

下面举一个实例，证明监理文件中部分内容的更换的重要性。让我们先看一看专业监理工程师拟写的这份文件的前半部分：

关于八合同段两桥头质量问题处理方案的审核报告

总监办：

目前，××公路路基路面主体工程已基本完成，通车在即，但由于八合同段施工单位在武杜大桥、和鹿大桥施工过程中管理不到位，未按规范认真组织施工。又加之我办个别现场监理人员旁站不到位、把关不严，即将交工的八合同段出现了一些质量问题，施工单位呈报了处理方案，现将出现的问题和初步的审查意见上报，请总监办进一步审批。

1. K24 +745 和鹿大桥 0 号台右侧台后距路肩 3.6m 处出现长 28m 的纵向裂缝；路基边坡出现沉陷，搭板下有空隙。我办认为八合同所报施工方案可行。

2. K26 +890 武杜大桥锥坡填土松散，坡度陡于设计，台前填土沉降，……。

特此报告，当否，请审批。

附件：关于八合同段两桥头质量问题处理方案的请示

专业监理工程师拟写的这个开头，似乎有不回避质量问题、主动检讨监理失职之意，也有对个别现场监理人员不满之感。

总监理工程师审稿时认为事实不是这样，八合同部分桥梁出现质量问题，主要原因是八合同段施工单位在武杜大桥、和鹿大桥施工过程中管理不到位，未按规范认真组织施工，不是个别监理人员工作不细、把关不严造成的。所以，在项目建设办、质量监督站没有追究责任的情况下，驻地监理组没有必要在问题处理方案的审核报告上自责并表明承担监理责任。于是，在签发前提笔将第一段文字进行了更换（如下）。应该说更换前后的文件，对监理责任的描述绝对不一样。可见，总监理工程师对现场的熟悉和监理经验的丰富。

目前，××市政大道的路基路面主体工程已基本完成，通车在即，但由于八合同段施工单位在武杜大桥、和鹿大桥施工过程中管理不到位，未按规范认真组织施工，台背回填未报经监理旁站检查，又加之台背回填材料为砂砾，导致今年八、九月份大雨过后台背回填范围出现下沉现象。我办针对这一质量问题，要求八合同项目经理部立即进行全线调查并上报处理方案。现将出现的问题和初步的审查意见上报，请总监办审批。

1. K24 +745 和鹿大桥 0 号台右侧台后距路肩 3.6m 处出现长 28m 的纵向裂缝……

特此报告，当否，请审批。

附件：关于八合同段两桥头质量问题处理方案的请示

二、文件的核稿

核稿即文件起草成型送交领导人审批签发之前，分管领导和有关人员对文件的观点、内容以及体式、文字、语法、标点等作出全面的审核，既提高文件质量，又节约领导的办公时间。另外，通过核稿人核签文件，使得核稿人知晓本单位近期又印发了一个什么文件，便于协同执行和处理。这一点是实践经验的总结，尤其是公路工程施工和监理工作属于野外分散作业，总监办、驻地监理办的负责人针对当时的某些情况认为应该立即发文安排、发文强调、发文制止等，可能自己亲自拟稿、可能安排副总监、副驻地或桥梁专业监理工程师起草文件，而且接着签发和印发了，于是，监理机构内的有关部室、有关专业监理工程师可能就不知道。而实行文件核稿制度则就解决了此问题。

（一）文稿审核的方法

1. 通读审核法

审稿人应细致地对文稿中的每一个字进行通读一遍或两遍，努力把握全文的中心思想、结构层次。之后根据发文的目的、原因去推敲文稿的思路、结构、逻辑性等。

有的审稿人包括个别领导接到文件初稿后就边看边改，结果看到后来发现前边刚才增加的内容在这里写着，结果又重新修改，以致事倍功半。所以，修改文稿一定要先通读至少一遍后再动笔。

2. 审阅审核法

审稿人接到文稿后，从标题、主送单位、正文的每一段到结尾、成文日期、附件、附注、主题词、抄送单位等乃至全文的层次、结构进行认真审核阅读，发现问题随时做好标记，待全文阅读完毕，再从头开始对有关问题动笔修改。

3. 讨论审核法

对于内容复杂、重要、篇幅较长的文件初稿，机关负责人或工程项目的总监理工程师、驻地监理工程师应组织有关人员集体讨论修改，以集思广益，确保或提高文件的质量，体现监理机构的工作水平和能力。

4. 特约修改法

对于一些政策性强、技术难度大、责任重大、存在争议的公文文稿，机关负责人或工程项目的总监理工程师、驻地监理工程师应邀请或者委托熟悉政策、熟悉业务、所处机关单位层次较高的权威人士、高层领导对文稿进行阅审把关。

（二）文稿审核的重点

文稿的审核者应根据公文写作格式、公文处理办法、业务技术和行业管理要求等重点审核。审核这一篇文稿是否需要制发，是以什么名义行文，主送单位的合理性、抄送单位的范围如何。审核是否符合国家法规、部颁标准规范要求。审核是否体现了上级要求，与上级文件、部门权力等有无矛盾之处，与平行单位和本部门已有的规定是否矛盾，与先前下达的文件是否冲突。审核文件中的措施是否妥当、办法是否有效；怎样执行，由谁执行，执行的时限是否适中。审核文件的结构是否合理，语言是否符合语法和公文的特点。审核文件的体式是否合体，特别是行文规则，审核党的发文是否符合党的机关公文的规定格式，审核业务行政发文是否符合国家行政机关公文的规定格式等。

（三）文稿审核的步骤

1. 初审

初审就是初步审阅，不是急于动笔修改。先初步了解这篇文稿的结构层次、主要内容、行文的紧急程度等，亦即通览通读。

2. 复审

复审就是正式审核稿件，也就是对文稿从头至尾、逐字逐句逐段认真阅读推敲，而后动笔修改字、词、句、段和标点符号等。

三、文件的定稿

根据核稿意见，采取退回、补充、修改等方式进一步提高公文的质量，直至定稿。

文件的定稿工作，一般由机关领导、临时组织的负责人负责。

定稿是内容已经确定，已履行法定程序的最后完成稿，具备正式公文的效用，是制作公文正本的依据。定稿已经确定，如不经法定责任者的认可，其他人不得再对文稿进行修改。

1.4 工程监理文件的签发

一、文件的签发

文件的签发是指领导人对文稿的最后审批，文件经签发后，文件的草稿即为定稿，文件就可据以生效。签发文件是领导人的职责更是职权的表现。

（一）签发的原则

1. 按职权划分的原则

由于领导人在工作上有分工，因而，只有属于自己职权范围内的有关文件才有权签发。

2. 集体负责的原则

对于事关全局的、长期性、关键性的文件，必须由领导班子集体讨论通过，共同负责，最后由单位主要负责人签发。

3. 授权代签原则

文件的法定签发人因公外出或其他原因不能签发时，他可以授权或委托其他领导人代为签发，事后法定签发人应再阅签。

4. 会签的原则

当文稿内容涉及两个及其以上业务主管部门的职权时，必须经相关部门的负责人共同协商，并在发文稿纸的“会签”栏内签署具体的核准意见。会签后的文稿，发放形式有两种：一是以业务主管部门的名义联合发文，会签后即成定稿。二是以领导机关的名义发文，会签后仍是草稿，经机关主要负责人签发后才能成为定稿。

（二）签发前审阅的重点

在签发文件时，各级领导必须坚持的操作程序是先审后签。签发人对自己核准的文件从政治内容到语法词章都要负完全责任，如果未经过目就签字同意，那是很危险的，也就失去了“签发”的实际意义。领导人在签发前审阅的重点是：

1. 看是否需要行文，该以谁的名义行文

关于是否需要行文，应该掌握的原则是：可发可不发的公文坚决不发；凡在会议上已经部署了的工作，或在报刊上已经发布过的公文，除印刷少量供存档的文本外，一般不再重复行文；凡是能够通过口头汇报、请求或可以当面协商解决的问题，不要行文，涉及责任分担的除外。

2. 看是否符合国家的法律、法规

看是否符合国家的法律、法规及有无与上级机关的同类文件不协调或相抵触的地方，做到准确、严谨、滴水不漏。

3. 看是否需要与有关部门协商、会签

看是否需要与有关部门、地区协商、会签，是否经主管部门负责人先行审核，是否经办公室审核、登记。如发现文稿内容涉及其他部门的职责范围或相关地区的管理权限，又没有协商、会签时，应暂不签发，责承主办单位组织协商、会签后再送审。

4. 要尊重主办单位或拟稿人付出的劳动

审阅文稿时要尊重主办单位或拟稿人已经付出的劳动，只要文稿在大的方面没有问题，就不必吹毛求疵。但发现有问题，需作修改时，就不要迁就，甚至可以推倒重来。

（三）签发的格式

公文签发的格式包括核准意见、签发人姓名、签发日期三项，缺一不可。

1. 签发意见样式

签发公文的核准意见必须具体，写明同意与否、是速发还是缓发等。常见的核准意见有："同意印发"、"同意，从速印发"、"同意，请×××同志负责印发"、"同意，请抄清后印发"等。如果认为文稿还应送其他领导同志审阅，应写明"请×××同志审阅后印发"。

2. 圈阅问题

在实际工作中，党政机关中有的领导人习惯于用圈阅的形式代替签发。圈阅，指审批文件的领导人阅毕文件后，在送阅、送审单内自己的姓名周围画一个圆圈，把自己的姓名圈在中间，表示对文件的内容已阅知或同意。2001年版《国家行政机关公文处理办法》首次对"圈阅"赋予了特定含义："审批公文，主批人应当明确签署意见，并写上姓名和审批时间。其他审批人圈阅，应当视为同意。"就是说，圈阅是有条件的：

（1）主批人——对文件内容负主要责任的领导人，不能圈阅了事，必须签署具体意见。

（2）其他审批人——对文件内容承担次要责任的其他领导人，在没有不同意见（即同意主批人意见）的前提下，才可以圈阅。

（3）签发人姓名要写全。有的领导人在签发公文时，只写姓，不写名；或写名不写姓；甚至仅写一个字母，一个代号，让人猜测，引起误解，都是应当避免的。

（4）签发日期不缺项。签发日期应年、月、日都有。有的领导人习惯于只写月、日，而不写年份，时间一长，会影响文件生效日期的认定和查考。

核准意见、签发人姓名、签发日期均应写在专用发文稿纸左上侧"签发"栏内，不要直接写在文稿首页或尾页空白处，以利立卷归档。

总之，那种只签核准意见不签名，或只签名不写核准意见，甚至以画圈代签发，都是不允许的。

（四）做好签发工作应注意的问题

做好签发工作必须注意以下几方面：

1. 任何人不得越权签发公文

任何人不得越权签发公文。各级机关的领导者只能对属于自己职权范围内的公文负责，就是说只能签发自身权限所及的公文。

2. 必须“先核后签”

必须“先核后签”。需核稿的公文必须审核完毕后再签发，不得先签发后核稿，确保公文有效。

3. 联合行文做好会签工作

联合行文时，必须做好会签工作，使各机关或部门领导人均履行签发手续。

4. 必须在“发文稿纸”的相应栏目内签署意见

必须在“发文稿纸”的相应栏目内批注定稿及发出意见并签注完整的姓名与日期，不要只签姓或只签名，不要只签姓名不批注意见。如为代签应标注“代”、“代签”等字样，用圆括号表示，如“王军（代）”。

二、文稿的打印与文字校对

文件原稿经领导签发后、正式打印之前，机关的文秘部门或者工程监理办公室的文秘人员、合同管理工程师要进一步检查一下文件的起草、审核、签发的手续是否齐全完备，附件材料是否齐全，检查公文的文种是否正确，格式是否规范统一，以及发文字号、紧急程度、主送抄送单位的正确性和覆盖范围及印发份数等。

必须按照签发人签发的文稿进行打印或印刷，之后进行校对。以起草者校对为主、打印者校对为辅。

打印稿的文字校对，主要校对有无与原稿不相符的字词或符号，包括体例，一般要校对2~3遍。校对的方法有对校、折校、读校三种。对校法即将原稿和校样对比着进行校对。折校法即将原稿轻折，使其每一行文字压在校样上要校的那行文字上，逐字、逐行进行校对。读校法即一人朗读原稿，一人看校样并修改。

校对工作的主要内容是：校正与文稿不符的各种错字、别字、漏字；校正与文稿不符的被颠倒的字句、行段；删除多余部分，补正被遗漏部分；校正标点符号、公式、图表方面的错漏；纠正格式方面的差错；解决统行、缩面等一般版式的问题，以及图表与正文的相符性，发现问题及时提交有关领导或撰稿人处理，注意不要擅自修改。

三、文件的用印

公文的用印是指在打印校对合格的公文上加盖合法的发文机关的公章。

文件加盖印章，是文件有效性、权威性、凭信作用的重要标志，也是文件格式的组成部分。文件用印应注意以下三个问题：

一是公文用印要端正、清晰，不得模糊歪倒。盖印的位置要准确，要端正地盖在成文日期上方，上不压正文、下要骑年盖月。

二是印章名称要与制发文件的机关、部门或单位的名称一致，重要文件的用印后要填写“用印登记表”。

三是文件的制作、签发等手续不全者不予盖章。超过规定印发数量的文件不能盖章。

四、发文登记

文件的登记与分发是发文处理工作中的最后环节，如有失误，前功尽弃，所以必须善始善终地认真进行这一环节的工作。

文件的发文登记，即把拟发出的文件中的信息和发送对象、范围等情况登录在案。

发文登记时应依次登记发文序号、发往单位及其份数等。发文登记簿（表）的形式有卡片式登记、簿册式登记、联单式登记、电脑登记。

1. 卡片式登记

卡片式登记是使用单张卡片，每张卡片只登记一份公文的登记形式。其优点：一是可以根据公文管理和工作的需要，将登记好的卡片灵活地进行分类排列存放，不仅可按发文机关、发文月份，而且还可按公文内容、承办单位、是否清退等分类排放，并可随时调整排列位置；二是只要在卡片上加填一项归入的卷号，移交档案室就可作为检索档案公文的工具。缺点：一是容易丢失，保密性差；二是如果分类排放时插错，会给查找公文带来困难。

2. 簿册式登记

簿册式登记是采用事先装订成册的登记本进行登记的形式。一般按时间顺序依次编号登记，可分为合簿登记和分簿登记。

合簿登记是不分发（收）文件的种类，一律按发出的（接收到的）时间顺序统一登记。分簿登记是将发出的或收到的文件分簿进行登记，如来文按党政部门、上级机关、下级机关及其他单位分薄登记。

今将某工程建设项目第三监理办的发文登记表示例如下，如表 1.4-1 所示，表中标下划线的字为登记时的手写字。

第三驻地监理办发文登记表（2006 年度）　　**表 1.4-1**

序　号	发文字号	发往单位名称	主抄送	份　数	签收人签字及收到时间	
31	××工程 三监〔2006〕31 号	项目建设单位	抄送	1	王××	3 月 7 日
		总监办	抄送	2	李××	3 月 7 日
		五合同项目经理部		/		月　日
		六合同项目经理部	主送	1	王××	3 月 8 日
32	××高速公路 三监〔2006〕32 号	项目建设单位		/		月　日
		总监办	主送	2	李××	3 月 9 日
		五合同项目经理部				月　日
		六合同项目经理部				月　日

簿册式登记的优点：一是不容易散失，便于保管，这个优点在簿登记中表现得尤为突出；二是管理方便，便于查找，不管是谁要查找公文，无论管理人员是否在场，只要有登记簿就能知道所需的公文在何处。特别是分簿登记，由于根据来文机关不同将公文分类登记，知道发文机关单位或文号，查找起来尤为方便。

3. 联单式登记

联单式登记是用比较软而薄的纸张印刷联单，采取一次复写两联或多联的方式登记。其优点是可以减少重复登记，文秘人员只要在登记时一次复写几联，既可自己保存备查，又可将另外几联和公文一道送承办部门或在归档时送档案室，并可按需要灵活装订成册。联单式登记的缺点是由于张数较多，容易发生散失，且由于是比较薄的纸张复写，不利于长期保管。

4. 电脑登记

电脑登记就是将需要登记的公文目录乃至全文通过一定的形式输入计算机。电脑登记一般采取两种形式：一是图文输入，即将需要登记的公文目录或全文进行摄像或用电子扫描仪扫描下来，通过图文信号与数字信号的转换，最终将信号输入计算机储存；二是键盘输入，即在收发室的微机上由文书处理人员通过键盘将公文目录输入计算机储存。

电脑登记的优点很多，首先是容量大，如果用光盘或移动存储盘代替磁盘，储存就更方便，储存量就更大，可以大大地压缩档案库房；其次，便于保存，将公文目录保存在磁盘或移动存储盘上，可以保存许多年，如果储存在光盘上便可永久保存；第三，便于查找，只要知道文号、发文机关单位或文件标题中的任何一种，通过计算机检索，便可以很容易地查到公文的去处与公文的全部内容。

5. 登记应注意的事项

发文要根据其内容分别在发文本上编号登记，逐项填写发文时间、发文字号、发往单位、发文份数、成文日期、公文标题和签收处理情况等。

(1) 校对无误且已用印的公文，应于打印、盖章完毕的当日立即登记处理。所以，发文日期应登记发文当日的日期，不要误登为公文的成文日期。

(2) 发文字号的登记，根据工作的需要，可以全登（包括机关代字、年号和序号），也可以只登记序号，不登记机关代字和年号。

(3) 发文号即本机关发文登记的顺序号，登记发文号切记不要漏号或重号。

(4) 收文单位的登记应注意以下几点：一是要准确，特别要防止随意简化。例如建设单位办公室收“第二总监办的来文”，不能简略为“监理办”，因为这样就看不出是驻地监理办，还是总监办，或第几总监办。二是部门简称要规范化。如“省对外经济贸易厅”简称“省外经贸厅”，不要登记为“省外厅”，要做到统一、规范。用微机管理公文的部门，这一点尤为重要。三是几个部门联合发出的公文，可只登记主要部门和联合发文的机关数，如“省计委、经贸委、财政厅等七部门”。

(5) 公文标题登记，是发文登记中的一个重要项目。如公文标题过长，可在不影响主要内容的情况下简略登记。对没有标题的来文，可视公文内容自拟标题，而不应只登记“通知”、“函”，以免题不达意，日后难以查找。

(6) 公文份数的登记，应注意分清公文的主件、附件，以主件的份数作为登记的收文份数。

(7) 秘密公文，均应注明秘密等级及保密期限。

五、文件的发送

将已经打印合格的文件装入信封，经过登记后以多种方式传递给收文单位，发送的具体方法有：

1. 普通邮寄。适用于无保密要求的文件，这是比较传统的方式。

2. 专人送达。机关的机要通信员向对方机关投送文件，也可以设文件交换站，定时到交换站交换文件。工程建设项目监理机构的文秘或合同、计量人员专门送到收文单位，驻地监理、总监理工程师等专业监理人员到收文单位检查、巡视、开会等方便时也可以捎带送到。专人送达时，为节约办公费用，也可以不装信封，而是用铅笔在文件首页左上角或背面写明收文单位。

3. 机要通信。由机要通信部门寄送，用于秘密文件。

4. 机要交通。通过专设机要系统传递，用于机密文件。

传递秘密公文，必须采取保密措施，确保安全。绝密级公文不得利用计算机、传真机传输。

六、发文文稿的存档管理

保存完好的文件文稿，对全面准确地反映公文的形成过程十分重要。相关人员在工作中应注意以下几点：

1. 底稿的保存

有的文稿，几经修改后形成几个修改稿，对于重要的政策性文件的修改稿、领导审改稿，要保存好原件，与正式文件一并归档。

2. 会签意见的保存

在会签时，有的部门会附上专门的会签意见；有的会在送请会签的文稿上修改，这些都必须原貌保存，防止缺漏。

3. 签发及审签意见的保存

要将有关审核、审签、签发的全部材料保存齐全，特别是签发人的签字件，要确保完好。如遇特殊情况需传真到外地请领导同志签发公文时，事后要请其正式补签，不可只保存传真复印件。

4. 联合发文的文稿保存

联合发文的文稿原件应保存在主办单位，会办单位可保存复印件。

5. 送印文稿的管理

发文文稿送印时，印制部门应保管好文稿。公文印制完毕后，随正文一起送办文部门文书人员保存。文书人员应负责检查文稿是否完整，无误后保存，以备归档。未经办文部门允许，不得将文稿和印成件交给其他人员取走或捎转。

6. 文稿与印成件一并保存

公文印成件要与正文、附件及有关材料一并整理，按档案管理的要求归档。

1.5 工程监理机构设置模式及其行文关系

一、工程监理机构设置的有关规定

（一）建设部《建设工程监理规范》的规定

建设部2000年颁发的《建设工程监理规范》的第3.1节即为“项目监理机构”，其中规定“项目监理机构的组织形式和规模，应根据委托监理合同规定的服务内容、服务期限、工程类别、规模、技术复杂程度、工程环境等因素确定”，同时规定“监理单位应于委托监理合同签订后的十天内将项目监理机构的组织形式、人员构成及对总监理工程师的任命书通知建设单位。”至于设置一级还是两级监理机构没有明确规定，主要是根据委托监理合同规定的服务内容、服务期限的长短、工程类别、规模大小、技术复杂程度、工程环境等因素确定。一般地设置一级监理机构，即总监理工程师办公室。

（二）交通部1995年版《公路工程施工监理规范》的规定

根据交通部1995年4月颁发的第一版《公路工程施工监理规范》的规定，工程监理组织机构的设置模式可分为以下三种：

1. 一级监理模式

在工程监理招标时，工程建设单位即明确规定其招标监理合同只设一个监理合同包，即一个总监办（有的称总监代表处）或者一个高级驻地监理办（有的称驻地监理办、监理部），由其负责完成全线的工程监理任务，主要包括路基、路面、桥涵、交通安全设施、机电安装工程、收费房建工程等监理工作。例如，虎门大桥、黄石大桥、中梁山隧道工程等。

另外，也有的建设单位在监理招标时即明确规定其招标监理合同设若干个监理合同包，即设若干个总监办（有的称总监代表处）或者设若干个高级驻地监理办（有的称驻地监理办、监理部），由其分别完成相应合同段内的工程监理任务，或者完成路基、路面、桥涵、交通安全设施、机电安装工程、收费房建工程等监理工作，或者分别完成其中的某一部分、某一方面的工程监理工作。

2. 二级监理模式

在工程监理招标时，工程建设单位即明确规定其招标监理合同设若干个监理合同包，即设一个统管全线的总监办（有的称总监代表处）和若干个高级驻地监理办（有的称驻地监理办、监理部、监理组），由他们共同完成全线的工程监理任务，主要包括路基、路面、桥涵、交通安全设施、机电安装工程、收费房建工程等监理工作。

3. 三级监理模式

在工程监理招标时，工程建设单位即明确规定其招标监理合同设若干个监理合同包，即设一个总监办（有的称总监代表处）和若干个高级驻地监理办（有的称驻地监理办、监理部）和若干个驻地监理组，由他们共同负责完成全线的工程监理任务，主要包括路基、路面、桥涵、交通安全设施、机电安装工程、收费房建工程等监理工作。

例如，1989年第三批世界银行贷款公路项目的成渝高速公路，因跨越四川省内的成都、重庆两地区，成渝高速公路设置了一个总监理工程师办公室（简称总监办），成都、重庆两地又分别设置了代表处，各个施工合同段设高级驻地监理办。同为1989年第三批世界银行贷款公路项目的济南至青岛高速公路，因跨越山东省内的济南市、滨州地区、淄博市、潍坊市、青岛市五个地市，时任山东省交通厅厅长的李××担任总监理工程师，山东省政府、山东省交通厅成立了“山东省济青公路工程监理处”，相当于总监理工程师办公室，五地市又分别成立了地（市）工程监理处，在8个施工合同段对应设置了8个驻地监理处，其中，潍坊市工程监理处包括五驻地监理处（全长约42km）、六驻地监理处（全长约46km）、七合同驻地监理处（全长约58km）。

这两条高速公路的监理机构设置模式也是三级监理模式，只是称谓不一。

工程建设单位可以组织多家监理单位投标竞争一个或多个监理合同包，各个高级驻地监理办下设的监理组个数不一定相等，如有的两个，有的三个，有的四个甚至五六个或更多，一家监理单位可以投标竞争一个或多个监理合同包。

（三）交通部2006年版《公路工程施工监理规范》的规定

交通部2006年11月发布的第二版《公路工程施工监理规范》第3.0.1条规定：

> 高速公路和一级公路可设置二级监理机构，即总监理工程师办公室（简称总监办）和驻地监理工程师办公室（简称驻地监理办）。开工里程在20km以下的，宜设置一级监理机构，即总监办。
>
> 二级及二级以下公路和养护工程可根据工程规模、难易程度、合同工期安排、现场条件等因素设置一级或二级监理机构。
>
> 公路机电工程可设置一级监理机构。

根据这一规定和监理实践情况，监理组织机构的设置可分为一级、二级监理机构两种：

1. 一级监理机构

2006年版《公路工程施工监理规范》第3.0.1条的规定，工程建设单位在招标时即明确规定其招标监理合同只设一个合同包的、开工里程在20km以下的高速公路和一级公路以及公路机电工程可设置一级监理机构，即总监办。由其负责完成开工路段或者项目的工程监理任务，主要包括路基、路面、桥涵、防护工程、交通安全设施、机电安装工程、公路收费站房建设工程等监理工作。

2. 二级监理机构

2006年版《公路工程施工监理规范》第3.0.1条的规定，工程建设单位在招标时即明确规定其招标监理合同设若干个合同包的、开工里程在20km以上的高速公路和一级公路，以及二级及二级以下公路和养护工程可设置二级监理机构，即总监办和驻地监理办。由他们共同负责完成开工路段或者项目的工程监理任务，主要包括路基、路面、桥涵、防护工程、交通安全设施、机电安装工程、公路收费站房建设工程等监理工作。

3. 两级监理机构的规范化名称

2006年版《公路工程施工监理规范》第3.0.1条明确规定并统一了两级监理机构的名称，即总监理工程师办公室（简称总监办）和驻地监理工程师办公室（简称驻地监理办）。

（四）实例——京津塘高速公路工程监理组织机构的设置

1. 背景情况

1987年第二批世界银行贷款公路项目的京津塘高速公路，跨越两市一省（北京市、天津及河北省）全长142km，分四个土建合同，一合同在北京、河北境内，二、三、四合同在天津境内。两市一省为修建高速公路分别成立了分公司，负责各自段落的建设管理。总监理工程师代表处（简称总监代表处）由交通部公路司组建，原公路司司长担任总监理工程师，两市一省所辖路段各设一个高级驻地监理工程师办公室（简称驻地监理办），以下各个施工合同段设驻地监理工程师办公室（简称驻地监理办），形成了一个标准的三级监理机构。图1.5-1为三级监理机构模式，图1.5-2为总监理工程师代表处人员结构图。

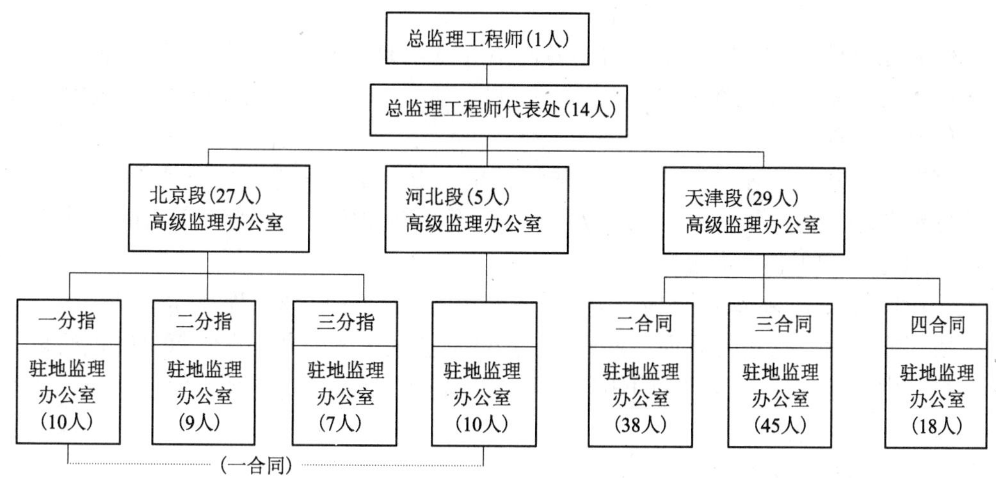

图 1.5-1 京津塘高速公路的三级监理机构图

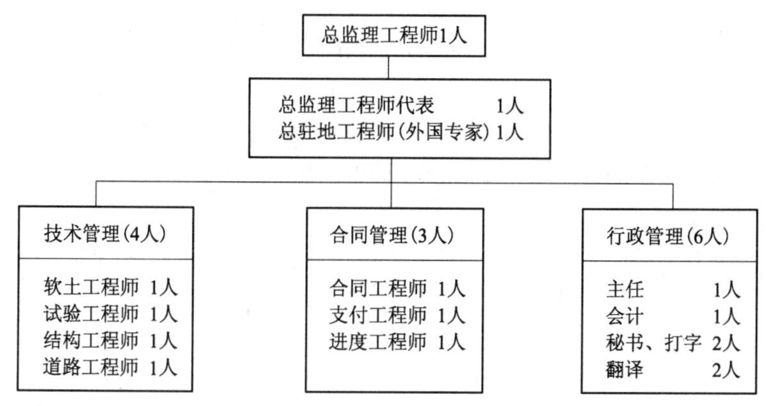

图 1.5-2 总监理工程师代表处人员机构图

2. 北京段的监理机构

北京段高级驻地监理工程师办公室，承担第一合同中 34.4km 高速公路的工程监理，图 1.5-3 为北京段高级驻地监理工程师机构图。

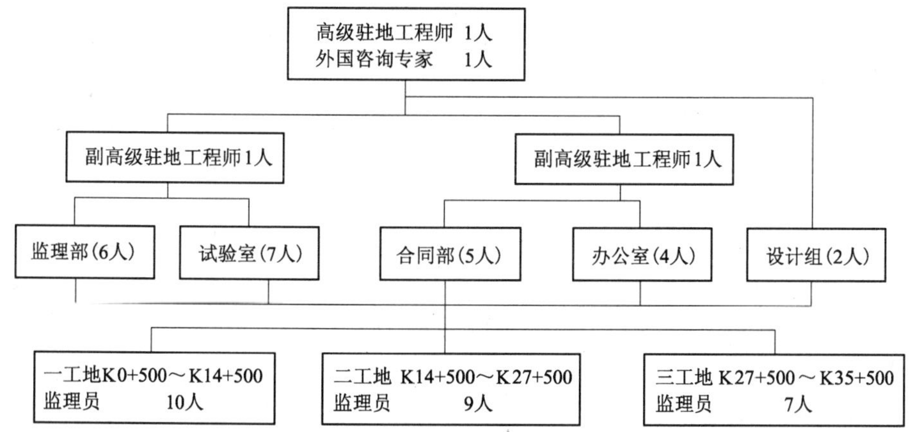

图 1.5-3 北京段高级驻地监理工程师机构图

（1）高级驻地监理工程师办公室机构

高级驻地监理工程师办公室，由一名高级驻地监理工程师和一名外国监理工程师负责，并配备2名副高级驻地监理工程师。下设监理部、试验室、合同部、办公室及设计组，分管有关监理工作。

北京段高级驻地监理工程师办公室的设计组，由原参加高速公路设计单位人员组成。在高级驻地监理工程师领导下，参加合同管理工作，负责审查工程变更项目的设计。

（2）驻地监理工程师办公室机构

北京段监理负责34.4km路段，分成三个施工段。驻地监理工程师办公室按照承包商的施工段，亦分为三段进行监理。设置了三个驻地监理工程师办公室。每个驻地监理工程师办公室，由高级驻地监理工程师任命一名驻地监理工程师负责全面工作，并根据监理工程量配备相应的监理人员。

3. 河北省段的监理机构

河北省段的监理机构，只承担第一合同中河北段6.8km路段的监理工作。但是，也同样设置了高级驻地监理工程师办公室与驻地监理工程师办公室两级监理机构。

由于河北省段监理工程范围较小，两级监理机构职能有所不同，例如，高级驻地监理办公室主要负责合同管理，并对重大技术问题进行决策；驻地监理工程师办公室主要是对现场进行监理。但采取两级监理人员兼任的办法，高级驻地监理工程师兼任驻地监理工程师。副高级驻地监理工程师兼任副驻地工程师和结构工程师。

4. 天津段的监理机构

天津段高级驻地监理工程师办公室，负责京津塘高速公路第二合同、第三合同、第四合同等三个合同的监理工作。监理道路总长为100.8km。

（1）高级驻地监理工程师办公室

天津段高级驻地监理工程师办公室，设置一名高级驻地监理工程师，四名副高级驻地监理工程师和三名外国监理工程师。高级驻地监理工程师办公室，仅由一名高级驻地监理工程师和二名副高级驻地监理工程师主持日常工作，下设工程部、经营部和行政办公室。经营部负责合同方面的管理，并配有计算机中心室，工程部负责技术方面的管理，配有中心试验室。

另外，有二名副高级驻地监理工程师和三名外国监理工程师担任驻地监理工程师，加强驻地监理办公室的力量。图1.5-4为天津段监理机构设置图。

（2）驻地监理工程师办公室

天津段的驻地监理工程师办公室，承担的工作量远远大于河北省段及北京段的驻地监理。其中，二合同段道路长度43.6km；三合同段道路长度53km；四合同段道路长度4.2km（其中4km为高架桥工程）。因此，天津段驻地监理工程师办公室，虽然亦属于驻地监理一级，但由于承担的监理范围较大，所以天津段驻地一级监理的机构实际上是一个完整的监理体系。每个驻地监理工程师办公室，设置一名驻地监理工程师和一名副驻地监理工程师。此外，还有一名外国监理工程师协助工作。

同时，每个驻地监理工程师办公室还设置一个试验室，承担各项试验工作。另设一个办公室负责文档管理和有关行政事宜。为便于管理，驻地监理工程师办公室，还下设若干监理段，每个监理段一般为5~6人，包括道路、结构、试验及计量支付方面人员，承担

7～10km的监理任务。

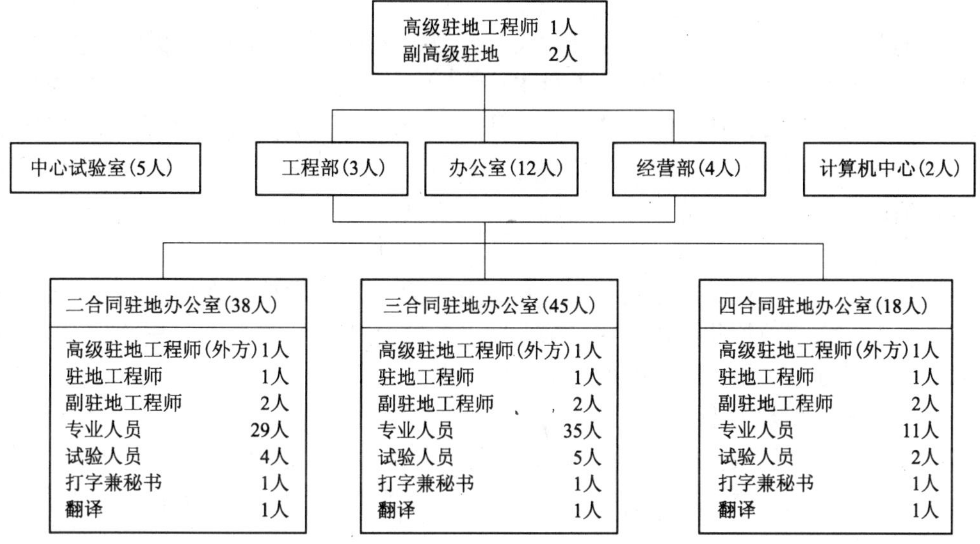

注：二、三号合同驻地监理工程师由副高级驻地监理工程师兼任

图 1.5-4　天津段监理机构设置图

天津段的两级监理机构的设置又与北京段、河北省段有所不同。

二、监理机构收发文件的有关单位

建设部2000年12月发布的《建设工程监理规范》的第二章“术语”部分，将“项目监理机构”定义为“监理单位派驻工程项目负责履行委托监理合同的组织机构”。

交通部2006年11月发布的《公路工程施工监理规范》的第二章“术语”部分，将“监理单位”定义为“具有法人资格并取得交通主管部门颁发的公路工程施工监理资质证书的企业”，将“监理机构”定义为“由监理单位派出并代表监理单位履行监理合同的现场监理组织”。

工程现场监理机构中的总监办、驻地监理办应该主送、或可能收到的工程文件的单位有以下6种：

1. 建设单位（业内人员习惯上称为项目业主、业主代表，计划经济时期称为指挥部、指挥部办公室等）。

2. 设计单位（或驻工地设计代表）。

3. 施工总承包单位（施工单位、工程总承包项目经理部、合同段项目经理部）、指定分包商、分包商（分包人）。

4. 交通建设质量监督站。

5. 监理单位（即监理公司、咨询公司及其领导层）。

6. 相对应的监理业务单位（如驻地监理办对上对应的总监办、对下对应的现场监理组）等。

三、监理机构开展监理工作的主要内容

一般情况下，在参与工程项目监理的投标、拟定监理方案（大钢）以及与建设单位商签委托监理合同时，即应选派称职的人员主持该项工作。在监理任务确定并签订委托监理合同后，该主持人即可为项目的总监理工程师。这样，项目的总监理工程师在承接任务阶段即早已介入，从而更能了解建设单位的建设意图和其对监理工作的要求，并与后续工作能更好地衔接。总监理工程师是工程监理工作的总负责人，他对内向监理单位负责，对外向建设单位负责。

监理机构的人员构成是监理投标书中的重要内容，是建设单位在评标过程中认可的，总监理工程师在组建项目监理机构时，应根据监理工作内容和签订的委托监理合同组建，并在具体实施计划过程中进行及时的调整。

（一）编制工程监理规划

建设部2000年版《建设工程监理规范》将“监理规划”定义为“在总监理工程师的主持下编制、经监理单位技术负责人批准，用来指导项目监理机构全面开展监理工作的指导性文件”。

交通部2006年版《公路工程施工监理规范》，较1995年版《公路工程施工监理规范》增加了“监理规划”和“监理细则”，并将“监理规划”定义为“由总监理工程师主持编制、在监理合同期内开展监理工作的指导性文件”。

（二）制定各专业工程项目的施工监理实施细则

建设部2000年版《建设工程监理规范》将“监理实施细则”定义为“根据监理规划，由专业监理工程师主持编写，并经总监理工程师批准，针对工程项目中某一专业或某一方面监理工作的操作性文件”。

交通部2006年版《公路工程施工监理规范》将“监理细则”定义为“根据监理规划，针对技术复杂、专业性较强的分项、分部工程或监理工作的某一方面，由驻地监理工程师主持编写、经总监理工程师批准的操作性文件”。

（三）规范化地开展监理工作

监理工作的规范化体现在以下四个方面：

1. 工作的时序性

这是指监理工程师的各项工作都应按一定的逻辑顺序先后展开，并在规定的时间内完成，从而实现监理工作的目标。

2. 职责分工的严密性

工程监理工作是由不同技术专业、不同知识层次的专家群体共同来完成的，他们之间严密的职责分工是协调进行监理工作的前提和实现监理目标的重要保证，要求监理工程师尽职尽责，用好合同条件、监理规范赋予的监理权力，但不要越权行事。

3. 工作目标的确定性

在职责分工的基础上，每一项监理工作的具体目标都应是确定的，完成的时间也应有明确的规定，从而能通过报表资料对监理工作及其效果进行检查和考核。

4. 工作内容的明确性

工程施工项目的监理工作内容包括监理工作提示、旁站、巡视、检查、审查、审批、

试验、计量、支付、指令、报告、总结等若干工作。一个具体的工程施工项目的整个监理工作内容具有明确性、复杂性、繁重性。

根据交通部2006年版《公路工程施工监理规范》的规定，监理机构、监理工程师应编制的、调查的、审查的、审核的、审批的、旁站、巡视的、抽查的、确认的、签认的、参加的、主持的、记录的、报告的、总结的事项等大约有20条。笔者整理了一个合格的监理机构、一个称职的监理工程师应予完成的监理工作内容摘要表，可供监理人员参考。如表1.5-1所示。

工程施工阶段主要监理工作一览表 **表1.5-1**

监理工作要点	监理工作内容摘要	规范条款编号	备　注
（1）编制	1. 监理规划 2. 监理细则 3. 监理月报 4. 监理工作报告 5. 监理其他文件与资料	4.1.4 4.1.5 8.2.8 8.2.9 8.2	
（2）调查	1. 施工环境条件 2. 违约事件 3. 争端事件	4.1.3 5.6.9 5.6.10	
（3）审查	1. 工程分包 2. 施工组织及人员 3. 机械设备 4. 分项施工方案及工艺 5. 施组中的安全措施 6. 分包中的安全责任 7. 环保措施 8. 工程分包计划和协议 9. 交工验收申请	5.1.1 5.1.4 5.1.5 5.1.6 5.2.1 5.2.2 5.3.1 5.6.7 6.0.1	
（4）审核	1. 工地试验室 2. 工程量清单 3. 工程变量 4. 工程延期 5. 工程索赔	4.2.4 4.2.9 5.6.1 5.6.2 5.6.3	
（5）核定	1. 价格调整 2. 计日工	5.6.4 5.6.4	
（6）审批	1. 施工组织设计 2. 专项施工方案 3. 复测结果 4. 工程划分 5. 测量放线 6. 原材料与混合料 7. 分项、分部开工申请 8. 总体进度计划 9. 月进度计划	4.2.2 4.2.2.5 4.2.5 4.2.7 5.1.2 5.1.3 5.1.7 5.5.3 5.5.3	总监批 总监批 驻地批
（7）检查	1. 质保、安全、环保体系 2. 安全施工 3. 环保 4. 实际进度检查与评价 5. 工程保险办理情况	4.2.3 5.2.3 5.3.2 5.5.4 5.6.8	
（8）巡视	1. 是否已批准开工 2. 质量检测、安全人员到岗 3. 持证上岗 4. 原材料、半成品	5.1.9	

续表

监理工作要点	监理工作内容摘要	规范条款编号	备注
(9) 旁站	1. 试验工程 2. 隐蔽工程 3. 混凝土浇筑工序	5.1.10	
(10) 抽捡	1. 地面线、测量放线 2. 主要原材料 3. 混合料 4. 构配件 5. 实体质量	5.1.2 5.1.8 5.1.11 5.1.8 5.1.11	
(11) 确认	1. 占地计划 2. 有争议的计量	4.2.8 5.4.5	
(12) 签发	1. 开工预付款支付证书 2. 合同工程开工令 3. 中期支付证书 4. 工程暂停令/复工令 5. 缺陷责任终止证书	4.2.10 4.2.13 5.4.7 5.6.5/6 6.0.6	
(13) 签认	1. 关键工序质量 2. 交工结账证书 3. 最后支付证书	5.1.12 6.0.4 6.0.7	 总监签
(14) 参加	1. 设计交底会 2. 交工验收 3. 竣工验收	4.2.1 6.0.3 6.0.8	 监理工程师参加 监理单位参加
(15) 主持	1. 监理交底会 2. 第一次工地会议 3. 工地例会（若干次） 4. 工地专题会议（若干次）	4.2.11 7.2.1 7.3.1 7.4.1	总监 总监 总监或驻地 监理工程师
(16) 验收	1. 地面线 2. 构件、配件或设备 3. 中间交工验收	4.2.6 5.1.8 5.1.14	
(17) 台账	1. 质量事故处理台账 2. 安全监理台账 3. 计量支付台账	5.1.13 5.2.5 5.4.4	
(18) 记录	1. 巡视 2. 旁站 3. 质量事故 4. 工地会议记录和会议纪要 5. 五监一管记录	5.1.9 5.1.10 5.1.13 7.1 ……	
(19) 报告	1. 合同文件错误 2. 施工单位拒绝整改时 3. 环保不达标时 4. 文物发掘 5. 实际进度明显滞后，指令加快进度后无明显改进，难于完成时 6. 延期、索赔 7. 暂停施工 8. 发现非法分包	4.12. 5.2.3 5.3.3 5.3.4 5.5.5.3 5.6.2、5.6.3 5.6.5 5.6.7	
(20) 提示	1. 监理认为违约事件可能发生时，应及时提示施工单位和建设单位	5.6.9	
(21) 指令	1. 旁站发现问题应责令改正 2. 发生质量缺陷、隐患时，停工指令 3. 违反环保规定，示落实环保措施 4. 实际进度明显滞后，指令加快进度 5. 发现非法分包、转包时，指令纠正	5.1.10 5.1.13 5.3.3 5.5.5 5.6.7	

（四）参与工程交（竣）工验收，签署监理意见

合同工程施工完成以后，监理机构应在业主正式验交前组织交工预验收，在预验收中发现的问题，应及时与施工单位沟通，提出整改要求。

监理机构应参加建设单位组织的工程交工验收，监理工程师视项目建设单位的要求签署监理意见。

监理单位应参加建设单位组织的工程竣工验收，监理工程师视项目建设单位的要求签署监理意见。

（五）向建设单位提交工程监理档案资料

合同工程监理工作完成后，监理机构向建设单位提交的监理档案资料应在委托监理合同文件中约定。如在合同中没有作出明确规定，监理机构一般应提交设计变更、工程变更资料，监理工作指令性文件，各种签证资料等档案资料。

（六）编写监理工作总结报告

工程施工阶段的监理工作完成后，项目监理机构应及时从两方面进行监理工作总结。一是为交工验收而向建设单位提交的监理工作总结，其主要内容包括：委托监理合同履行情况概述，监理任务或监理目标完成情况的评价，由建设单位提供的供监理活动使用的办公用房、车辆、试验设施等的清单，表明监理工作终结的说明和对设计单位、施工单位、建设单位的评价等。二是向监理单位提交的监理工作总结，其主要内容包括：监理工作的经验，可以是采用某种监理技术、方法的经验，也可以是采用某种经济措施、组织措施的经验，以及委托监理合同执行方面的经验或如何处理好与建设单位、施工单位关系的经验等；以及监理工作中存在的问题及改进的建议。

四、工程施工监理的原则

监理单位受建设单位委托对工程施工项目实施监理时，应遵守以下基本原则：

（一）公正、独立、自主的原则

监理工程师在工程监理过程中必须尊重科学、尊重事实，组织各方协同配合，维护有关各方的合法权益。为此，必须坚持公正、独立、自主的原则。建设单位和施工单位虽然都是独立运行的经济主体，但他们追求的经济目标有差异，监理工程师在按合同约定的权、责、利关系的基础上，协调双方的一致性。只有按合同的约定建成工程，建设单位才能实现投资的目的，施工单位也才能实现自己生产的产品的价值，取得工程款和实现盈利。

（二）权责一致的原则

监理工程师的职责应与建设单位在监理服务合同中授予的权限相一致。监理工程师的监理职权，依赖于建设单位的授权。这种权力的授予，除体现在建设单位与监理单位之间签订的委托监理合同之中，而且还应作为建设单位与施工单位之间工程合同的内容之一。因此，监理工程师在明确建设单位提出监理目标和监理工作内容要求后，应与建设单位协商，明确相应的授权，达成共识后明确反映在委托监理合同中及工程施工承包合同中。据此，监理工程师才能开展监理活动。

总监理工程师代表监理单位全面履行建设工程委托监理合同，承担合同中确定的监理单位所承担的义务和责任。因此，在委托监理合同实施过程中，监理单位应给总监理工程师充分授权，体现权责一致的原则。

（三）总监理工程师负责制的原则

建设部规定总监理工程师是土木工程监理工作的总负责人。监理企业必须根据工程监理合同的规定建立和健全总监理工程师负责制，要明确权、责、利关系，健全项目监理机构，具有科学的运行制度、现代化的管理手段，形成以总监理工程师为首的高效能的决策指挥体系。总监理工程师负责制的内涵包括以下两个方面：

1. 总监理工程师是工程监理的责任主体

责任是总监理工程师负责制的核心，它是总监理工程师的工作压力与动力，也是确定总监理工程师权力和利益的依据。所以，总监理工程师应是向建设单位和监理单位同时负责任的承担者。

2. 总监理工程师是工程监理的权力主体

根据总监理工程师承担责任的要求，总监理工程师应全面组织工程的监理工作，包括组建项目监理机构，主持编制建设工程监理规划（计划），组织实施监理活动，进行监理工作总结、监督、评价等。

（四）严格监理、热情服务的原则

严格监理，就是各级监理人员严格按照国家的、部门的政策、法规、规范、标准和合同文件控制建设工程的目标，依照既定的程序和制度，认真履行职责，对施工单位的履约行为和工程施工过程、结果进行严格监理。

监理工程师还应热情为建设单位提供服务，应运用合理的技能，谨慎而勤奋地工作。由于建设单位不十分熟悉建设工程管理与技术业务，监理工程师应按照委托监理合同的要求多方位、多层次地为建设单位提供良好的服务，维护建设单位的正当权益。但是，不能因此而一味向各施工单位转嫁风险，从而损害施工单位的正当经济利益。

（五）综合效益的原则

工程监理活动，既要考虑建设单位的经济利益，也必须考虑社会效益和环境效益。

五、监理组织机构设置的具体形式

工程监理项目的监理组织机构形式是指工程监理机构具体采用的管理组织结构，应根据合同工程的特点、建设工程组织管理模式、建设单位委托的监理任务以及监理单位自身情况而定。常用的组织结构形式包括以下四种：

（一）直线制监理组织形式

直线制监理组织形式要求总监理工程师博晓各种业务、掌握各种业务技能，成为“全能式”人物，而且要长时间靠驻工程施工现场，如有的建设单位要求总监理工程师每月工地出勤不少于 22 天。其优点是组织机构简单，权力集中，命令统一，职责分明。

这种组织形式适用于若干个相对独立的子项目（合同包）的大、中型建设工程。

这种组织形式的特点是项目监理机构中任何一个下级只接受唯一一个上级（直线上级）的命令，即命令源是唯一的，一级服从一级，一级指挥一级，下一级为上一级负责，如图 1.5-5 所示。

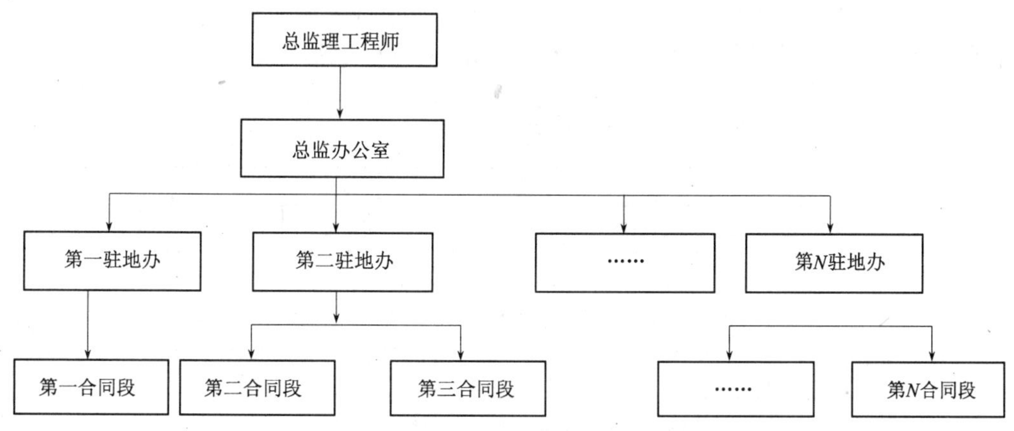

图 1.5-5　直线制监理组织形式图

（二）职能制监理组织形式

职能制管理组织机构形式是在监理机构内设立一些职能部室，把相应的监理职责和权力分配给职能部室，各职能部室在本职能范围内有权力直接指挥下级，有义务协调上下级关系，其命令源有若干个，如图 1.5-6 所示。

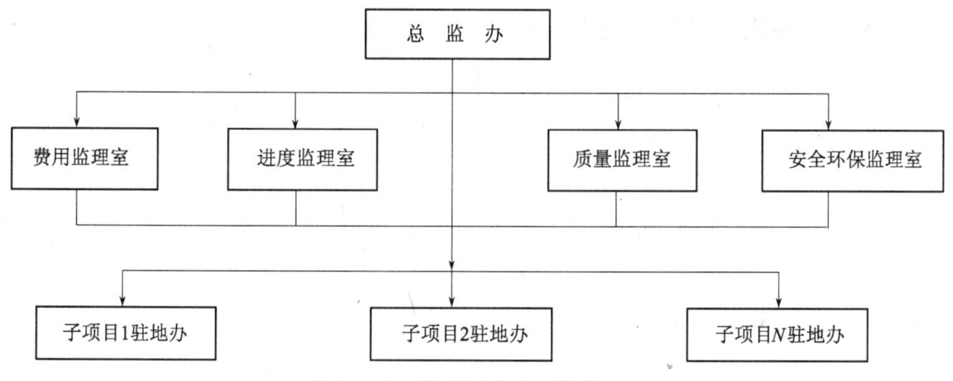

图 1.5-6　职能制监理组织形式图

这种组织形式适用于大、中型建设工程。对公路工程而言，适用于路线长、跨地市或跨省市、施工合同段多、路桥隧项目兼有的工程监理机构形式。

职能制监理组织形式要求各职能部室为总监理工程师当好参谋、助手，认真负责，工作不推委扯皮，善于协调，为工程建设与监理的目标而集中精力工作。另外，适当解脱了总监理工程师的工作压力，总监理工程师可从繁杂的事务性工作中解脱出来，多做巡视调查、解决重大技术问题，靠驻工地的时间不似直线制监理组织形式的总监那样紧张。其缺点是职能部的指令可能会发生矛盾，会使下级监理人员（如驻地监理工程师等）穷于应付或无所适从。

（三）直线职能制监理组织形式

直线职能制监理组织形式是吸收了直线制监理组织形式和职能制监理组织形式的优点而形成的一种组织形式。这种组织形式把管理部门和人员分为两类：一类是直线指挥部门的人员，他们拥有对下级实行指挥和发布命令的权力，并对该部门的工作全面负责；另一类是职能部门和人员，他们是直线指挥人员的参谋，他们只能对下级部门进行业务指导，而不能对下级部门直接进行指挥和发布指令。如图 1.5-7 所示。

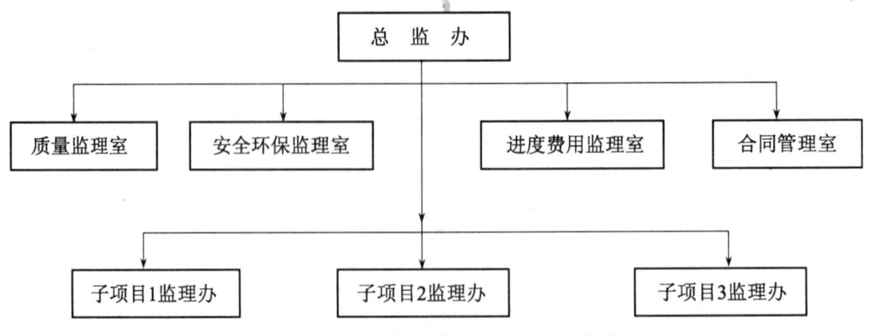

图 1.5-7 直线职能制监理组织形式

这种形式保持了直线制组织实行直线领导、统一指挥、职责清楚的优点，另一方面又保持了职能制组织目标管理专业化的优点。其缺点是职能部门与指挥部门易产生矛盾，信息传递路线长，不利于互通信息。

（四）矩阵制监理组织形式

矩阵制监理组织形式是由纵横两套管理系统组成的矩阵性组织结构，一套是纵向的职能系统，另一套是横向的子项目系统，如图 1.5-8 所示。

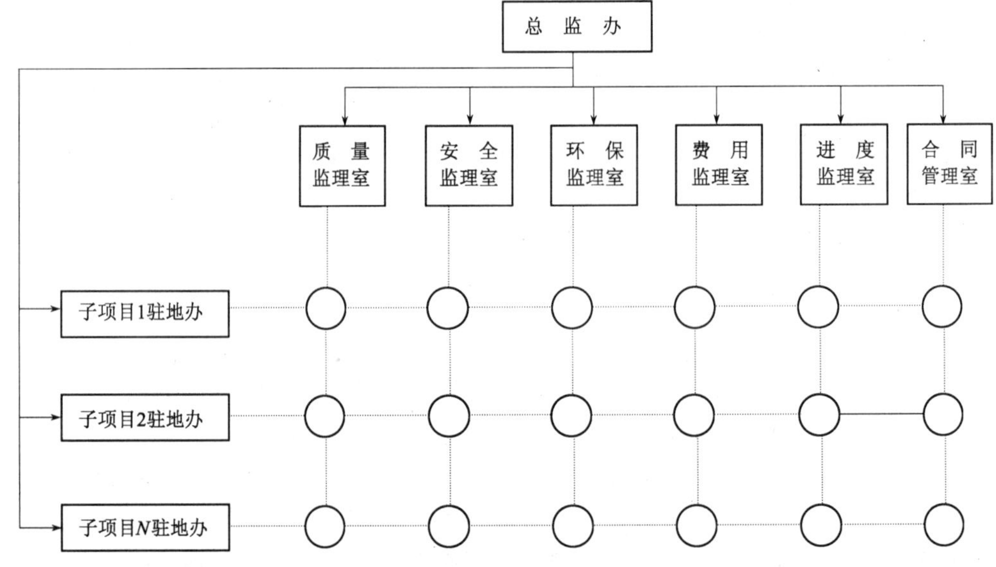

图 1.5-8 矩阵制监理组织形式

这种形式的优点是加强了各职能部门的横向联系，具有较大的机动性和适应性，把上下左右集权与分权实行最优的结合，有利于解决复杂难题，有利于监理人员业务能力的培养。缺点是纵横向协调工作量大，处理不当会造成扯皮现象，产生矛盾。

六、工程监理相关各方的文件主送、抄送关系

在土木工程施工阶段，现场监理机构的相关方至少包括八个方面，即工程项目建设单

位（业主）、业主代表（视工程项目不同而设）、施工单位（施工联营体）、分包人和工程设计单位及其驻现场代表、省市级建设工程质量监督站以及施工单位的法人代表、监理单位的法人代表等。

（一）施工阶段监理机构相关方的文件主送、抄送关系

在工程施工阶段，与工程监理机构工作相关的各方之间的文件存在着主送、抄送关系。

今用“●”表示主送关系、用“○”表示授权时可以主送、用“△”表示抄送关系，如表 1.5-2 所示。

施工阶段工程监理机构相关方的文件主送、抄送关系表　　表 1.5-2

收文方 发文方	业主	业主代表	总监办	驻地监理办	监理组	施工单位	设计单位	质监站	施工单位法人	监理单位法人
业　主	/////////	●△	●△	△	—	●△	●△	●△	●△	●△
业主代表	●△	////////	○△	△	—	○△	△	△	○△	○△
总监办	●△	●△	////////	●△	—	●△	—	—	●△	●△
驻地监理办	○△	○△	●△	////////	●△	●△	—	—	○△	●△
监理组	—	—	○	●△	////////	○	—	—	—	●△
施工单位	●△	●△	●△	●△	—	////////	—	—	●△	●△
设计单位	●	—	—	—	—	—	////////	—	—	—
质监站	●	●	△	—	—	—	—	////////	●△	●△

（二）设计、施工总承包模式下，工程监理机构相关方的文件主送、抄送关系

在工程设计、施工总承包模式下，工程监理机构的相关方，一是包括工程项目建设单位，视工程项目特点不同而设建设单位代表，二是包括设计和施工总施工单位、建设单位指定分包人，三是包括工程质监站，四是包括设计施工方的上级企业法人代表和监理单位的法人代表等。

（三）案例

1. 京津塘高速公路工程监理文件的传递关系

1987 年获得第二批世界银行贷款公路项目之一的京津塘高速公路施工监理阶段，总监理工程师代表处就编制了如下的往来文件主送、抄送关系表，如表 1.5-3 所示。

京津塘高速公路工程监理文件主送、抄送关系表　　表 1.5-3

收文方 发文方	总监理工程师	总监代表处	高级驻地监理办	驻地监理组	业主	承包商	世界银行办	交通部	地方政府
总监理工程师	//////	●△	●△	—	●△	●△	●△	●△	—
总监代表处	●△	/////	●△	—	●△	●△	●△	●△	—
高级驻地监理办	●△	●△	//////	●△	●△	●△	—	—	—
驻地监理组	—	—	●△	/////	—	●△	—	—	—
业主	●△	●△	●△	—	/////	△	●△	●△	●△
承包商	●△	●△	●△	●△	△	//////	—	—	—

续表

收文方 发文方	总监理工程师	总监代表处	高级驻地监理办	驻地监理组	业主	承包商	世界银行办	交通部	地方政府
世界银行贷款项目办	●△	●△	—	—	●△	—	//////	●△	—
交通部	●△	●△	—	—	●△	—	●△	//////	●△
地方政府	—	—	—	—	●△	—	—	●△	//////
符号说明	●—主送文件，△—抄送文件。								

2. 江西南昌大桥施工监理文件的传递关系图表

江西省南昌大桥全长8982m，总投资1.8亿元人民币，其中利用世界银行贷款3000万美元，于1989年6月底开工建设，合同工期为36个月。

监理机构设总监理工程师办公室，总监理工程师一名，副总监理工程师两名，其中一名为外籍（丹麦专家顾问）。总监理工程师办公室于开工之初制定了监理业务文件的报传流程，他们将监理业务文件归纳为15类，即：

（1）业主、项目办函件；

（2）承包商一般函件；

（3）单项工程施工组织设计；

（4）施工图纸；

（5）单项工程开工申请；

（6）试验报告；

（7）计量申请；

（8）支付申请；

（9）材料采购申请；

（10）工程索赔申请；

（11）工程索赔审批；

（12）工程变更申请；

（13）月工程进度报表；

（14）工程进度季度报表；

（15）工地会议纪要等。

总监理工程师办公室对这些文件在各个科、室、部门传递的顺序、传阅的时间制定了一个流程图表，一目了然，便于操作，今摘录如表1.5-4所示。

表中“A、B、C…”为文件传递顺序，表中“0.5、1、2、3、4…”为传阅时间的天数，传阅办法为“由综合科传送给A之后按字母顺序传递，最后传阅者送交综合科存档”。

江西南昌大桥工程监理文件传递关系图表 **表1.5-4**

序号	文件名称	报传范围							
		总监	副总监	驻地监理办	质检	计量室	技术室	综合办	外籍顾问
1	业主、项目办函件	A/1	B/1	C/0.5	D/0.5	E/0.5	F/0.5	G/0.5	
2	施工单位一般函件	A/1	B/1	C/2	D/2	E/1	F/1	G/1	A

续表

序号	文件名称	报传范围							
		总监	副总监	驻地监理办	质检	计量室	技术室	综合办	外籍顾问
3	现场会议纪要		C/1	B/1				A/2	
4	工程施工组织设计	D/1	C/1	A/2	B/2	B/2	A/3		C
5	施工图纸	D/1	C/1	A/4	B/2	B/2	A/4		A
6	单项工程开工申请	C/0.5	B/0.5	A/1					A
7	试验报告	C	C/1	B/1	A/2			D/2	
8	计量申请		D/0.5	A/2	B/1	C/2			D
9	支付申请	C/0.5	B/0.5			A/2			
10	材料采购计划申请	E	D/1	A/2	B/1			C/1	
11	索赔申请单	C/2	F/2	A/7	B/3	C/3	D/3	E/3	A
12	索赔审批	A/2							
13	工程变更宴请	D/2	C/2	B/3			A/7		C
14	月进度报表	F/1	D/1	A/1	B/1	C/1		E/1	
15	季度报告	C/2	B/2						A

2 工程监理文件编写中的常见错误

建设部、国家质量技术监督局联合发布的国家标准《建设工程监理规范》、交通部颁发的行业标准《公路工程施工监理规范》，都规定在工程建设项目的施工阶段承担工程施工监理任务的监理单位、现场监理机构和监理工程师必须依据下列法规、合同文件开展监理工作：

1. 国家和地方法律、法规；
2. 国家和行业、地方有关标准、规范、规程；
3. 建设单位（国内俗称“业主”、FIDIC 合同条件称“雇主”）和监理单位签订的工程施工监理合同；
4. 建设单位和施工单位签订的工程施工合同；
5. 工程建设前期有关文件；
6. 工程设计文件、施工图纸；
7. 工程实施过程中有关的函件等。

现阶段，我国工程监理机构应认真履行《工程监理服务合同》、《工程监理岗位职责》，认真执行《工程施工招标文件》、《工程监理规范》、《工程施工技术规范》和《工程施工监理程序》等规范性文件；注册监理工程师的岗位职责、岗位执业行为包括工程项目开工之前要向施工单位提出书面的监理工作提示；包括工程施工过程中现场督促检查、旁站、见证、巡视、抽检量测、平行试验、签署证书报表、下达指令、协调各方关系等；包括工程交（竣）工验收阶段提交监理工作总结、审核交工验收申请、参与建设单位组织的工程交（竣）工验收并签署监理意见等。

在工程施工监理的实际工作中，监理工程师普遍重视工程技术知识、工程经济知识、法律法规知识、合同管理知识的学习和运用，但对监理的法定公文和日常应用文的写作知识，以及整理工程施工监理资料的能力没有引起足够的重视。一部分工程监理人员尤其是专业监理工程师、驻地监理工程师，甚至包括个别的总监理工程师不注意学习和运用中文的语法知识和公文写作常识，不注意收集、借鉴优秀的工程建设管理公文范例和工程监理文件实例，其文件写作能力不强，文件写作质量不高。在工程监理文件的编写过程中突出地表现为“三个字”：

愁——不想写；

难——不会写；

错——拟写和印发的监理文件错误百出。

作者参考 2001 年 1 月 1 日正式实施的《国家行政机关公文处理办法》、2000 年 1 月 1 日实施的国家标准《国家行政机关公文格式》和公文写作专家的论著，结合在我国 1988 年正式实施工程监理制度时即亲身参与或主持工程施工监理工作的实践和体会，列举工程监理文件编写过程中常见的八种问题和错误，并予以适当分析，以此说明提高工程监理文件编写能力的重要性，强调正确编写、印发工程监理公文的必要性。

2.1　法定公文的文种不分问题

文种是公文的基本分类单位，是公文中具有共同内涵、共同使用范围、共同行文格式和最能体现公文内容、表明公文名称的基本分类单位。

现行的《国家行政机关公文处理办法》是2000年8月24日国务院办公厅以“国发〔2000〕23号”文件发布、自2001年1月1日起实施的，以下统称为2001年版《国家行政机关公文处理办法》。其中，规定国家行政机关公文有13个文种。

现行的《中国共产党机关公文处理条理》是1996年5月3日发布并执行的，以下统称为1996年版《中国共产党机关公文处理条理》。其中，规定党的机关公文有14个文种。

国家行政机关和党的机关的现行公文，共有27个文种。其中，重复的9个，即党的机关和国家行政机关的法定文种共有18个。

任何一级党政机关、一个企事业单位在行文时必须根据行文目的、公文内容和行文关系以及发文机关的职权、具体文种的适用范围而合理选择文种。但是，在实际工作中却有许多错误，主要表现在呈发不分、函呈不分、函发不分、报告请示不分、通告通报不分、通报通知不分、批复决定不分、通报决定不分、批复复函不分等九个方面。

一、呈发不分

“呈”指将公文呈报上级，通常代表上行文。

“发”指将公文印发所属单位，通常代表下行文。所谓“呈发不分”，主要表现为以下四种情况：

（一）将呈报上级的公文错用了“通知”、“决定”等下行文种

（二）将“通知”、“决定”等下行文主送给了上级机关

例如，某高速公路工程的第二合同段驻地监理办将召开第三次工地例会的“通知”主送给了业主单位、总监理工程师办公室、第二合同段施工单位及其一家材料供应单位，显然不妥。“通知”是下行文，不应该主送上级单位，但是，内容重要的通知应该抄送上级单位。

（三）将主送所属下级单位的公文错用“报告”、“请示”等上行文种

（四）将“报告”、“请示”类上行文件主送或抄送给了下属单位

总监理工程师办公室或者工程施工单位编制的“请示”、“报告”类文件属于法定公文的上行文种，上行文种只能主送具有党政领导关系的上级领导机关和具有业务指导协调工作关系的业务指导部门，不得主送、不得抄送给自己的下属单位或内部部门。

二、函呈不分

“函”指公函。2001年版《国家行政机关公文处理办法》规定“函适用于不相隶属机关之间商洽工作、询问和答复问题，请求批准和答复审批事项。”

“呈”代表请求、报告两种上行文和用于上行文的“意见”。

所谓函呈不分，主要表现为以下四种情况：

（一）商洽“函”误用为“请示”或“报告”

不相隶属机关之间商洽工作、询问和答复问题，应用“函”，而误用“请示”或“报告”等上行文种。

（二）请批“函”误用为“请示”

某一单位向本来没有行政、技术业务等隶属关系的有关主管部门请求批准，不用“函”，而误用“请示”等上行文种。

（三）答复询问的“报告”误用为“函”

下级单位答复上级机关就某一事项的询问，不用“报告”回复，而误用“函”这一文件形式，显得没有隶属关系一样，使得上级机关不满意。

（四）请求指示误用为“函”

个别下级单位认为向具有隶属关系的上级机关请示重要问题、重大的事项时才能用“请示”，请求指示、批准比较具体、甚至细小的问题时可以用“函”，这种认识是错误的。

三、函发不分

所谓函发不分，主要表现为以下两种情况：

（一）超越职权范围向不相隶属的单位发通知

在工程监理工作中，常见个别机关或企事业单位、工地监理组织超越职权范围向不相隶属的单位印发通知，而且要求对方遵照办理或执行。例如，某工程设计单位就某高速公路边坡处置，发出的变更文件的标题是《关于印发××高速公路第三合同段边坡设计变更图纸的通知》：

第三合同段项目经理部：

根据××高速公路工程建设指挥部办公室转来的你部 K37 +.609 ~ K39 + 967.5 段右侧（长 358.5m）挖方边坡……，今将变更图纸印发给你们一式三份（附后）。

请严格按照此变更设计图纸施工，确保工程质量。

二〇〇五年×月×日

（二）上级机关把向下级单位印发的指示性、事项性通知以“函”发出

上级机关把向下级单位印发的指示性、事项性通知以“函”发出。例如，某总监办要求各合同驻地监理办编审年度工程施工计划而印发的文件是《关于抓紧编审 2006 年度工程施工计划的函》，很明显应该使用“通知”文种。

四、报告和请示不分

所谓报告和请示不分，主要表现为以下三种情况：

（一）应该用“请示”的却用了“报告”

例如，某合同段施工单位主送给监理办的《关于呈报路面工程上下基层摊铺厚度调整的报告》。

（二）请示”与“报告”并用

例如，《关于增加工程施工运输车辆的请示报告》，《关于两年来工业普查准备工作情况和今后意见的请示》。再如，某合同项目经理部上报的《关于增加一道圆管涵的请示报告》。

（三）请示类公文写作中无请示事项或者没有期复请求

请示类公文，在写作中没有写清楚请示的事项，或者没有书面向上级机关提出批复的要求。报告和请示同属上行公文，但在行文目的、内容和时间等方面是不同的。其主要区别如表2.1-1所示。

报告和请示文种区别一览表　**表2.1-1**

文种 比较项目	报告	请示
1. 行文目的不同	以陈述情况为主，不要求上级批复	以请求指示或批准为主，应明确要求上级给与批复
2. 行文内容不同	不能有请求批准事项	可围绕请示事项反映情况，陈述意见、说明理由
3. 规范性用语不同	报告多用“以上报告，如有不妥，请指示”、“特此报告”等	多用“当否，请批复”等
4. 成文日期不同	多是事后行文，至少是事中行文报告情况，为过去完成时或正在进行时	必须是事前请示，待上级批复后才能执行
5. 主送单位的数量不同	可视工作性质或上级要求，不限一个主送单位，可同时主送几个上级机关	只能主送一个上级机关

五、通报和通告不分

所谓通报与通告不分，主要表现为一般机关、团体和企事业单位在传达重要精神或情况时不用“通报”而错用“通告”，或者将“通报”错误地升格为“通告”。例如，××市建工局印发的《关于上半年工程施工全面检查情况的通告》一文，“通告”应为“通报”。

“通报”用于表彰先进、批评错误、传达重要精神或情况。“通告”适用于公布社会各有关方面应该遵守或者周知的事项。通报和通告的主要区别，如表2.1-2所示。

通报与通告文种区别一览表　**表2.1-2**

文种 比较项目	通报	通告
1. 适用性不同	适用于表彰先进、批评错误、传达重要精神或情况	适用于公布社会各有关方面应该遵守或周知的事项
2. 作用不同	告知、学习借签或要求整改	传达和告知的作用，要求遵守或执行
3. 特性不同	具有较强的典型性和褒贬性	具有较强的制约性和约束力，具有政策性、法令性
4. 发文范围不同	只对下级单位和相隶属的所属单位	社会各有关方面，既对群众也对机关团体，强调社会性
5. 行文方式不同	多用红头文件下发	很少用红头文件下发，多用于张贴、登报和广播
6. 写作方法不同	以叙事为主，情况介绍并加以分析，也可引出结论、提出执行要求，篇幅可长可短	政论性强，原因、意义与要求等简明扼要，便于张贴
7. 使用者不同	一般机关和企事业单位及其派出机构	政府及其行政主管部门

六、通知与通报不分

所谓通知与通报不分，主要表现为以下两种情况：

（一）缩小“通报”的使用范围

缩小“通报”的使用范围，只是批评错误时使用。无形中用“通知”代替“情况通报”、用“决定”代替“表彰通报”等。

（二）将指示性“通知”错为“通报”

例如，某总监办印发的《关于加强桥梁台背回填工程质量控制的通报》。要么将“通报”改为“通知”，要么将“加强”两字删去，在“控制”后加“情况”两字，形成真正的情况“通报”。

通知与通报的主要区别，如表2.1-3所示。

通知与通报文种区别一览表 **表2.1-3**

比较项目 \ 文种	通知	通报
1. 适用性不同	适用于批转下级单位的公文、转发上级机关和不相隶属机关的公文，要求下级单位办理、执行或周知的事项、任免人员等	适用于表彰先进、批评错误、传达重要精神或情况 适用范围小于通知
2. 目的不同	要求做什么、怎么做、何时做完等等	要求收文单位了解、借鉴典型或知晓重要精神，沟通
3. 特性不同	多具有较强的约束力	一般不具有较强的约束力
4. 内容的时态不同	多具有“未然性”，要求今后完成什么	多具有“已然性”，已经完成的情况
5. 发文范围不同	可以是一个单位，也可以是多个单位	一般是多个单位

七、批复和决定不分

所谓批复与决定不分，主要表现为以下三种情况：

（一）上级机关处理下级单位的“请示”文件，不用“批复”而错用“决定”或“通知”

例如，某工程监理办针对第三合同段施工单位请示台背回填因砂砾料缺乏，变更为8%石灰土一事，本来应该使用“批复”文种行文，表示是否同意，却使用了“决定”这一文种：“经审核，决定仍用砂砾回填……”。

（二）下级单位将“决定”文件主送上级机关，要求“批复”

例如，某成片开发的住宅楼工程施工项目，建设单位招标监理时设置了五个总监办的招标合同包，其中，2006年底第三总监办将《关于表彰2006年度优秀监理人员的决定》一文，主送给了项目开发建设办公室，文中列举了名单，请项目建设办公室审批。本来，总监办有权力表彰属内和下属监理机构的优秀监理人员，也许其本意是请建设办公室主持表彰，若如此，就应向建设办公室报送《关于表彰2006年度优秀监理单位和优秀监理人员的请示》。

（三）上级机关“批复”下级单位上报的“处理意见”或“处分决定”

例如，某工程项目第七驻地监理办就第九合同施工单位的项目副经理李大林殴打现场监理员王晓晓一事，向总监办提出了“处理意见”，而总监办据此“批复”同意就不妥。总监办应根据《土木工程施工合同条件》第15条的规定“决定”驱逐此项目副经理，即根据下级的“处理意见”作出“处理决定”，以总监办红头文件的形式印发《关于驱逐第九合同段项目经理部李大林项目副经理的决定》。

批复与决定的主要区别，如表2.1-4所示。

批复与决定文种区别一览表 **表2.1-4**

比较项目＼文种		批复	决定
相同点	行文方向相同	是上级机关对下级单位的行文，属下行文	
不同点	1. 适用性不同	适用于对下级单位的“请示”予以答复	将本机关的决定告知下级单位
	2. 目的不同	答复下级单位的请示	告知下级单位上级机关的重大事项决定
	3. 行文的主动性不同	只能被动行文	可以主动行文，也可以被动行文
	4. 发文范围不同	一般只发请示事项的直接下级单位	一般是针对多家下级单位，也可能是只针对一家下级单位
	5. 特性不同	不具有较强的强制力，但要求下级单位执行	具有较强的强制力和约束力

八、通报与决定不分

在工程监理过程中，监理工程师拟写的“通报”与“决定”文件不分，主要表现为以下两种情况：

（一）乱用“决定”，以示监理工程师之威严，以示监理机构的地位“高于”施工单位

例如，监理办印发的《关于K170+363.5~K170+937段路面上基层厚度不合格的返工决定》。监理工程师发现工程质量不合格，用印发专门的“监理工作指令单”、“监理通知单”或“通知”文件的方式要求施工单位返工即可，用“决定”文种就显不妥。

（二）“通报”与“决定”不分，表彰性质、种类不清

例如，《关于授予×××等同志十佳监理员称号的通报》一文，应该是“授予××××称号的决定”，或者是“表彰什么什么的通报”。再如，《关于公布×××等同志为优秀监理员的决定》一文，应该是公布什么什么的通知。表彰通报中应叙述表彰什么人或单位以及为什么要表彰，即应用一定的文字篇幅写出受表彰的人或单位的先进事迹；而表彰决定规格应高于表彰通报，可以只写出受表彰的先进人物和单位的名称。

通报与决定的主要区别，如表2.1-5所示。

通报与决定文种区别一览表 表2.1-5

比较项目 \ 文种		通报	决定
相同点	1. 功能相同	都具有一定的表彰奖励功能和惩戒功能	
	2. 行文方向相同	都属于下行文	
不同点	1. 适用性不同	适用于表彰先进、批评错误、传达重要精神或情况。对重要精神或情况进行传达，而不是安排、决策	适用于对重要事项或重大行动作出安排、决策。属决策性、指挥性、表彰处分性文件
	2. 发文范围不同	可以在一定行政区域内、一个业务系统内发文。通报全省、全国的文件少	可以在一定行政区域内、一个业务系统内发文，也可以根据事项性质、公示范围等发至全省、全国

九、批复和复函不分

在工程监理过程中，“批复”与“复函”不分，主要表现为以下两种情况：

（一）上级机关针对直属下级单位的请示，不用批复文种而用复函的形式

例如，某建设单位给总监办《关于K7+997~K9+604段路基边坡防护砌石厚度变更的审核意见》一文的批复，使用的题目是《关于对一合同K7+997~K9+604段路基边坡防护砌石厚度变更的回复》，其“回复”应改为“批复”，以示正式行文。

（二）主管部门对询问问题或请批事项的不相隶属的单位错用“批复”行文

批复和复函的主要区别，如表2.1-6所示。

批复与复函文种区别一览表 表2.1-6

比较项目 \ 文种		批复	复函
相同点	行文的主动性相同	都属于被动行文，批复或回复请求事项	
不同点	1. 行文对象不同	工作相隶属的上级机关对下级单位请示的答复	工作不相隶属的单位之间请示问题的答复
	2. 行文必要性的不同	请示类文件必须一文一批	来函不一定都回复

2.2 行文关系方面的错误

一、随意请报问题

在城市市政道路和高速公路、一般路网改建工程的监理技术管理和业务检查过程中，发现工程监理机构的个别驻地监理办或总监办将“请示”、“上报意见”、“报告”等上行文随意报送，表现为主送给领导个人或多头主送，甚至越级上报。

（一）主送个人

“请示”、“上报意见”和“报告”等上行文，由于是上级领导授意或暗示行文，或由于急于解决基层问题而想引起领导重视，或是出于尊敬上级领导等原因，个别工程项目的监理机构出现了主送总监、建设单位领导个人的上行文。

下例是一条城市主干道工程施工阶段的一个驻地监理监理工程印发的一份文件的前半部分，文中主送单位就主送了“总监办”和“李××总监理工程师”：

关于第七次工程协调会后三、四合同段工程进展情况的报告

总监办并李××总监理工程师：

自2006年8月9日建设单位、总监办共同在第二监理办召开了三、四合同段的第七次工程进度调度会之后，我监理办要求三、四合同段全面落实调度会议精神，督促其加大施工资源投入，三合同项目经理部……，四合同项目经理部……。今根据李总监的电话要求，将近一个月来三、四合同段的工程进展情况报告如下：

（二）多头主送

多头主送的现象或者错误，主要表现在上行文中，主要表现在以下三个方面：

1. 政府行政机关的个别主管部门，一文并送上级的党委、政府机关。

2. 工程建设项目的现场监理机构，一文并送总监办、建设单位（业主）、业主代表等。例如，某施工合同段驻地监理工程师将《关于第4期工程支付报表的审核意见》一文的主送单位写为“××总监办、市建设局××项目办公室、市建设局”。

3. 主送上级机关的同时，主送上级机关的若干部门。例如，一条高速公路的某合同段驻地监理办的上行文在主送总监办的同时，还主送了总监办的中心试验室，将主送单位写成“总监办、总监办中心试验室：”等。

（三）越级上报，主要是越级主送上级机关

2001年版《国家行政机关公文处理办法》规定“向上级机关行文，应当主送一个上级机关，如需其他相关的上级机关阅知，可以抄送。”

但是，实际工作过程中也发现个别施工项目经理部或驻地监理部越级上报文件。如某一高速公路的某一个施工合同段项目经理部将某一工程变更请示文件，主送总监办，抄送驻地监理工程师，这就不妥，即使驻地监理工程师无工程变更审批权，也有阅知权。

目前，国内公路工程实行工程监理制度的项目，一般情况下各工程项目的总监办都授予下属各驻地监理办有工程变更的初步审核权，并要求驻地监理办提供详细的基础数据和事实、证据材料。

二、抄送混乱

上行文、下行文、平行文的主送单位是有严格规定要求的，同样，抄送单位也是有严格规定的。但是，工程监理实施过程中发现以下三种乱抄现象：

（一）所印发的全部文件都有抄送

施工单位的项目经理或工程监理机构的驻地监理工程师不分有无必要，随意将文件抄送上级和下级单位，不分重要工作和一般工作，凡是印发的一切工作提示、通知文件，一律抄送总监办，既浪费驻地监理办的财力又浪费总监办的时间。

（二）向上请示的文件却抄送下级单位

监理工程师把向总监办“请示”的文件抄送给合同段施工单位。如施工单位提出的工程单价变更文件，驻地监理工程师审核后提出的审核意见，本来主送总监办即可（视工程项目建设单位或总监办的管理程序规定，可以决定是否另行抄送项目建设单位），却又抄

送给了该施工单位。要知道，合同段驻地监理工程师初审工程单价变更时，应该与合同段施工单位的项目经理、合同管理人员、计量支付人员沟通、交换意见，并尽可能协商一致，但形成的初审意见文件却无必要书面抄送施工单位。

（三）抄送给个人

已经抄送给上级机关或下级单位的文件，却又抄送给上级机关或下级单位的负责人个人。

2.3 公文格式方面的错误

公文格式专指法定公文外形结构的组织安排，包括组成要素及其在页面上的标识构成。

公文格式是公文具有法定权威和组织约束力在形式上的表现，是区别于一般文章的重要标志，也是保证公文质量和提高办文效率的重要手段。

现行的《国家行政机关公文格式》是1999年12月27日由国家质量技术监督局发布的国家标准，自2000年1月1日起实施，以下统称2000年版《国家行政机关公文格式》。

2000年版《国家行政机关公文格式》和2001年版《国家行政机关公文处理办法》中规定公文的组成要素包括3个部分18个项目，即：

一是眉首部分（即文头部分）：公文份数序号、秘密等级和保密期限、紧急程度、发文机关标识、发文字号、签发人。

二是主体部分：公文标题、主送机关、公文正文、附件、发文机关署名、成文日期、印章、附注。

三是版记部分（即文尾部分）：主题词、抄送、印发机关和印发时间。

以上18个项目中，有的是必须项目，有的是选择项目，视公文的制发机关、公文的性质和内容而定。但是，在土木工程建设活动和监理工作过程中，部分监理工地没有认真地学习、没有很好地理解和执行2001年版《国家行政机关公文处理办法》、2000年版《国家行政机关公文格式》关于公文格式的规定。主要表现在以下三个大的方面：

一、公文组成要素残缺不全

（一）缺公文版头

版头即“文件头”，一般由发文机关全称或规范化的简称加“文件”两字套红印成。带有红色版头的文件给人以庄重、醒目、正规之感，即有“红头文件的感觉”。应该有版头的法定公文若没有版头，就成了“无头文件”；应该有红色版头的法定公文若没有红色版头，就成了“黑头文件”，很不严肃。

在监理单位组织的半年和年终监理工作检查时，发现个别监理工地竟然没有红头文件纸，一直印发着“无头文件”，而文尾却又加盖着红色的大公章，这不是个节约监理办公费的问题，而是个监理工作不严谨的问题。

同时，也发现个别的工程监理办公室的红头文件纸在红色版头下的红色反线中间加印了一个红“☆”，与中国共产党机关公文的版头一致，不符合行政机关的红头文件纸格式，这也是错误的。

（二）缺发文字号

按2000年版《国家行政机关公文格式》规定，发文字号是公文的必备项目，不可缺少。但是，个别工地刚进场时，印发的部分文件就没有编号，主要是红头文件纸尚没印制好。这可以原谅，但应在印制出红头文件纸后立即更换。

（三）缺签发人

2000年版《国家行政机关公文格式》规定，上行文（注意：只是国家行政机关公文中的上行文种）应当注明“签发人”和签发人的“姓名”，而一部分监理工地没有如此做，要不就是所有的上、下行文均标识“签发人”和签发人的“姓名”。

（四）缺公文标题

在工程监理工作中，这种情况不是没有，只是少见而已，作为监理单位的管理者应该注意。

（五）缺主送机关

在工程监理工作中，个别监理工地的个别文件就没有标明“主送单位”，也许是打印时漏掉了，校对者没有校对出来，应该说，很不严肃。

（六）发文机关署名，时无时有，或者一直署名

同一个总监办印制的公文，今天这个文件在正文之后、成文日期之前署了发文机关的名称，明天那个文件又不署名，或者一直署名。这三种情况都是不对的。2000年版《国家行政机关公文格式》明确规定“单一机关制发的公文，在落款处不署发文机关名称，只标识成文日期”。同时，还规定“当联合行文需加盖三个以上印章时，为防止出现空白印章，应将各发文机关名称排在正文和成文日期之间”。

（七）缺成文日期

公文的成文日期关系到公文的时效，是公文的必备项目。2000年版《国家行政机关公文格式》规定“成文日期用汉字将年、月、日标全”，即使用小写汉字标识，如“二〇〇七年八月七日”，而不是“二零零七年八月七日”，更不是“贰零零柒年捌月柒日”。

（八）缺发文机关印章

2000年版《国家行政机关公文格式》称为“公文生效标识”，规定“除会议纪要和印制的有特定版头的普发性公文以及以电报形式发出的公文外，均应加盖发文机关的印章”。但是，监理工作检查中发现，有的监理工地一开始的文件没有盖章，原因是印章还没有刻好，刻好后应及时补上印章。也有的监理工地正常开展监理工作后的个别文件没盖章。其原因，一是发文时管印章的监理人员休班了，二是一时疏忽将存档的文件忘记了盖章等。

（九）缺附注

附注，党的机关公文指“印发传达范围”；行政公文指“需要说明的其他事项”。2001年版《国家行政机关公文处理办法》规定：“请示”类公文应当在附注处注明联系人的姓名和电话。这一规定，许多行政业务单位没有做到，常年在野外工作的工程现场监理组织机构，更没有做到。

（十）缺主题词

2001年版《国家行政机关公文处理办法》规定：“公文应当标注主题词，上行文按照上级机关的要求标注主题词。”

在工程监理过程中，主题词的词类上表现为混乱、前后不一致。另外，表现为有的时候标注，有的时候不标注，建设单位或总监办等上级机关表现为没有事先给出主题词表等。

（十一）缺抄送单位

公文忌乱抄滥送，但该抄的不抄、漏抄漏送也是不正确的。在工程监理过程中，主要表现为：

1. 驻地监理办印发给项目经理部的下行文，其中重要的文件，没有抄送直接上级机关（如总监办、建设单位、建设单位代表）知晓或鉴别指正。

2. 受总监办、建设单位双重领导的驻地监理办向上级某一单位请示报告工作，其中的重要文件没有抄送另一上级机关阅备。如驻地监理办的工程变更文件、质量控制文件、暂时停工指令文件、驱逐不合格的施工技术负责人等，只是主送了总监办，没有抄送给建设单位。

3. 建设单位主送给总监办、需要全线落实的文件，应该抄送而没有抄送给各施工合同段项目经理部、工程监理办。或者，建设单位发给各合同项目经理部的工程质量管理文件、工程进度管理文件、工程环保管理文件、工程安全管理文件等没有抄送驻地监理办、总监办（涉及征地拆迁、农民工工资的文件除外）。

（十二）缺印制版记

即缺印发机关名称和印发日期，表现为无印制版记，或者印制版记残缺。

二、公文组成要素位置不当

（一）公文版头位置不当

2000年版《国家行政机关公文格式》规定，版头的套红大字应横向居中印在公文首页上部。其中规定：上行文的版头的套红大字应距版心上边缘80mm，下行文的版头的套红大字应距版心上边缘25mm。其位置不当，主要表现在版头文字偏上或偏下，或者没有区分上行文和下行文的版头。

（二）发文字号位置不当

2001年版《国家行政机关公文处理办法》和2000年版《国家行政机关公文格式》都规定，文件的发文字号标注于发文机关标识下空2行，居中排布。其中，上行公文需标识文件签发人的姓名，发文字号居左空1字排印。发文字号位置不当，主要表现为以下四种情况：

1. 下行文，该居中没居中；

2. 上行文，该偏左没有偏左；或已偏左，但没有居左空1字，而是空多个字；

3. 置于标题下端或右下端；

4. 置于红色间隔线下右上角等。

（三）公文标题位置不当

2000年版《国家行政机关公文格式》规定，公文标题应“位于发文字号下方”，在“红色反线下空2行”排印，“可分一行或多行居中排布”。公文标题位置不当，主要表现为不居中或偏上、偏下等。

（四）主送机关位置不当

除决议、决定、条例、规定、会议纪要外，公文的主送机关应置于公文标题之下、正文之前，标题下空1行，主送机关左侧顶格标识。主送机关位置不当，主要表现为以下三种情况：

1. 主送偏右，即主送机关未顶格标识，突出表现为空2个字；
2. 主送前置，即将主送机关置于公文标题之上或者直接在标题之下、但没有空1行；
3. 主送后移，即将主送机关单独或连同抄送机关一并置于文尾处的抄送机关区域。

（五）附件说明位置不当

2000年版《国家行政机关公文格式》规定：公文如有附件，在正文下空1行，左侧空2字用仿宋字标识“附件”，后标全角冒号和名称。附件如有序号使用阿拉伯数码，附件名称后不加标点符号。附件说明位置不当，主要表现为以下三种情况：

1. 不空2字，顶格排列；
2. 空格过多，位置偏右；
3. 不空1行或者空多行，标注下移等。

例如，某监理文件的结尾部分如下：

本月第7号住宅楼的工程施工计划……混凝土浇筑工程的实际进度滞后于监理部批复的月计划6.3个百分点……

特此报告。

附表：

一、混凝土浇筑工程进度一览表；

二、砂石材料进场数量与质量检验情况表；

三、土地机械设备数量表。

正确的写法如下：

本月第7号住宅楼的工程施工计划……混凝土浇筑工程的实际进度滞后于监理部批复的月计划6.3个百分点……

特此报告。

附表：

1. 混凝土浇筑工程进度一览表
2. 砂石材料进场数量与质量检验情况表
3. 土地机械设备数量表

（六）落款位置不当

2000年版《国家行政机关公文格式》规定：单一机关发文，正文后不署发文机关名称，直接印成文日期，右空4字；两个机关联合行文，正文后不署发文机关名称，将成文日期拉开，左右各空7字；三个以上机关联合行文，发文机关署名，成文日期在最后一排印章之下右空2字标识。

落款位置不当，主要表现为以下两种情况：

1. 纵向偏上或偏下；
2. 横向偏左或偏右。

（七）印章位置不当

2000年版《国家行政机关公文格式》规定：加盖印章应上距正文1行之内，约2～4mm；单一印章应端正、居中，下压成文日期；两个印章均压成文日期，互不相交或相切，但相距不超过3mm；多印章每排最多3个，两端不超出版心，最后一排余一个或两个时均居中排布。印章位置不当，主要表现出为以下四种情况：

1. 印章不端正；
2. 不居中，不是上大下小地骑年盖月；
3. 印章上压正文部分；
4. 联合行文，印章相切甚至相交等。

（八）主题词位置不当

主题词应位于抄送机关上方，居左顶格标识。其位置不当主要表现为偏右，居左空2字或多字标识以及不用黑体字标识等。

（九）抄送机关位置不当

抄送机关应位于主题词下的一行，用3号仿宋体字标识，左空1字标识“抄送”，其后用全角冒号，此冒号与主题词后的冒号上下对齐。其位置不当，主要表现为以下三种情况：

1. 前置，即将抄送机关连同主送机关置于公文标题之下；
2. 颠倒，将主送单位写在抄送机关处，将本来的抄送单位印在正文之前；
3. “抄送”两字的左侧不空字标识，而是在“抄”和“送”的中间空1字，即“抄送”。

（十）印制版记位置不当

印制版记应位于抄送机关之下（无抄送机关时在主题词之下），印发机关左空1字，印发时间右空1字。其位置不当，主要表现为以下三种情况：

1. 靠近落款，使文尾下端空白太大；
2. 位置偏低，即公文末页版记下端空白（下白边）过小；
3. 越位前置，即在有附件的公文中，将印制版记（或同主题词、抄送机关）放在了“附件”前面、主件末页下端，造成主件和附件分离。

三、其他错误

（一）非法定文种直接上报下发

我们常说的非法定文种即党和国家公文法规中没有包括的文种，它们大到工作总结、计划、规划、调查报告，小到专用书信、备忘录。它要上报下发就必须从法定文种中寻找合法的载体来运行，对上通常使用“报告”作载体，对下应用“通知”作载体，对平级要用“函”作载体。而在工程监理工作中却常见直接上报下发。

（二）直接发送会议纪要

在工程监理、工程建设的管理过程中，常见监理单位、现场监理机构或建设单位直接将会议形成的“会议纪要”印发给有关单位。例如，总监理工程师主持召开的第一次工地会议而形成的会议纪要，三方签字认可后就直接发送。

会议纪要是法定文种，法定文种可以直接发送。但是，对于指示性的“会议纪要”包括监理工程师主持召开的工地会议纪要，因不同于“通知性会议纪要”使用固定的、红色的会议纪要专用版式，一般应复体行文，即在上报下发时分别用“报告”、“通知”作为“文件头”，而“会议纪要”则作为附件随之运行。

（三）下级转报来更下一级的“请示”，上级机关直接批复给了编报“请示”的单位甚至是把下属几级单位一并列为主送单位

例如，某城市主干道项目第三合同项目经理部的一份《关于水泥稳定碎石上下基层施工厚度调整的请示》，经第二监理办初审同意，转报总监办后，总监办同意并直接批复给了第三合同项目经理部，同时抄送第二监理办，这是不正确的。正确的批复方法是批复给直属下级，即转报“请示”的单位——第二监理办，抄送第三合同项目经理部。

（四）附件啰嗦

例如，某省的山河高速公路第三总监办主送给总监办的一份工程进度分析报告文件，其附件是这样写的：

附件：山河高速公路工程第三总监办《关于加强第二季度工程施工进度管理的通知》。

其中，“山河高速公路工程第三总监办”是啰嗦，书名号也是错误，句号多余，都应删去。

（五）主送机关重复标识

有的单位印发的文件，已经按规定格式将“主送单位”印在了标题之下，却又在主题词之下、抄送单位之上再次印上“主送单位”，或者在抄送单位之下再次印上“主送单位”。

（六）仍使用“抄报、抄发”字样

“抄报”是公文处理过程中的一个旧称，用以表示对上级机关的尊重之意。但随着公文处理实践的发展，特别是为了适应机关作风民主化的需要，早在1993年11月21日国务院办公厅即明确规定不再使用“抄报”的方式。之后，1996年5月3日，中共中央办公厅也废弃了“抄报”的方式。

党政机关公文法规都明确规定“抄送机关指除主送机关外，需要执行或知晓公文的其他上级、下级和不相隶属机关”。然而，十多年之后的今天，仍见部分下行公文还习惯地“抄报”给上级机关、“抄发”给本单位内部的部室，这是错误的。

（七）单一机关制发的公文添加了发文机关署名

有的监理单位、个别监理工地对2000年版《国家行政机关公文格式》关于“单一机关制发的公文，在落款处不署发文机关名称，只标识成文日期”的规定不清楚，在实际发文中仍在正文之后、成文日期之上署发文机关名称。

（八）批复文件将请示文件作为附件

批复下级单位报来的请示文件时，将下级单位的请示文件又作为附件一并复印装订下发。

（九）版记印上“打字：×××，校对：×××”字样

印制版记下面，错误地加印上“打字：×××，校对：×××”字样。

（十）对下级单位的请示，不同意的就不批复

在实际工作中，有时也遇到“请示”上报后，上级机关不同意请示的事项，就没有正式行文批复。有的上级机关打个电话口头通知不同意、不批复，这是不妥当的。

（十一）红头文件抄送自己单位的负责人

个别文件在向外单位主送、抄送及所属内部机构抄送的同时，还抄送给本单位的负责人甚至部室负责人，其目的是供领导人方便使用。例如，总监办印发的监理工作通知，主送给各个驻地监理办公室，同时抄送给了总监理工程师、总监代表甚至技术室主任等。正确的做法是通过划分文件的“正本”、“副本”、“存本”来处理，即发文时留出“副本”若干份，单独造册登记分发给总监理工程师、总监代表、技术室主任等领导同志，过一定时间再予以收回，也可以使用复印件。

（十二）引用不规范

引用，是公文写作中常用的修辞方式之一。恰当地引用，能够使文件的观点更为突出，理据更为充分，从而增强说服力。公文中常见的引用错误有以下三种：

1. 引用的格式不规范

例如，一份文件的开头是“根据总监办〔2006〕41 号文件的规定，你部应如何如何……”。根据 2001 年版《国家行政机关公文处理办法》第 25 条第 5 款的规定，引用公文“应当先引标题，后引发文字号”。请看正确的范文，建设部 2006 年 12 月 4 日印发的《关于建筑施工安全专项整治督察情况的通报》(建办质〔2006〕87 号）文件的开头部分：

> 按照国务院安全生产委员会办公室《关于开展建筑施工安全专项整治工作联合督察的意见》(安委办函〔2006〕57 号）和建设部《关于开展建筑施工安全专项整治督查工作的通知》(建办质函〔2006〕599 号）要求，我部于 2006 年 9 月下旬、10 月中旬对陕西、江苏、河北、内蒙古、辽宁、吉林、安徽、山东、湖南、云南等十个地区建筑施工安全专项整治工作进行了督查。现将督查情况通报如下：

另外，一份监理文件中有这样的描述“……《技术规范》规定桥面沥青的……”。其中，“《技术规范》”的表示就很不规范，《技术规范》有多种版本，本句话中的《技术规范》应表示为“《公路桥涵施工技术规范（JTJ 041—2000)》”。

2. 引用的内容不完整或者错误

主要表现为监理文件引用施工技术规范、试验规程、质量检验评定标准等内容时，拟稿人不认真查对，引用不完整或者错误，导致以误传误，影响工作和信誉。

3. 引用的文件或者规范已经作废

国家的法律法规时常修改，交通部、建设部的部门规章层出不穷，常年工作在公路工程野外第一线的负责人、工作人员不知晓是常见现象，工程监理单位应采购新的规范、新的标准，并分发、通知各监理工地，各监理办在引用时应注意查对，以免误导。

2.4 发文字号方面的错误

发文字号，一般简称为“文号”，由机关代字、年份和顺序号组成，此为发文字号的“三要素”。

在机关代字和年份中间常用“发”或“字”作连接词，也可以不用连接词。其中，“发”字，代表机关发文的意思，一般在机关统发文中使用；“字”，多用在业务主管部门的公文中，一般在大机关的业务部门分类文中使用。机关代字一般为两字或在两字以上、五字以下。

例如，“国办发〔1999〕16 号”文件中的“1999”属年份；“16”为顺序号。其中，“国办”代表国务院办公厅，属机关代字。再如，“鲁潍莱一监〔1999〕57 号”文件即是山东省潍坊至莱阳高速公路第一监理办的 1999 年的第 57 号文件。

但是，在工程建设领域、工程监理过程中，发现部分建设单位、监理单位、施工单位在公文的发文字号方面存在以下六种错误，今分类说明如下。

一、发文字号要素不全

（一）缺少机关代字

例如，某高速公路的钢护栏、隔离栅等交通安全设施工程项目经理部的一份文件的发文字号是这样标识的：“〔2006〕7 号”。

（二）机关代字不准确

例如，山东省烟台市河滨大道建设工程第二驻地监理办公室的一份文件的发文字号是这样的：“监字〔2006〕77 号”。如果只看这个“监字〔2006〕77 号”文件，看不出是什么工程的监理文件，也看不出是哪一级监理机构的文件？是若干个监理办中的哪一个监理办？如果是总监办就应标识为“鲁烟河滨路总监字〔2006〕77 号”，如果是第二驻地监理办就应标识为“鲁烟河滨路二监〔2006〕77 号”或者标识为“鲁烟河滨路二监字〔2006〕77 号”等。

（三）缺少发文年份

例如，“山交路政发 366 号”、“维岚路监理字 24 号”。

（四）缺少机关代字和发文年份

命令、公告、通告类公文多只有发文序号，无机关代字和年份，其他公文不应缺少机关代字和年份。如“函字 66 号”。

二、发文字号代字的错误

（一）机关代字过分简明，使得地域性不分、上下级不分等

例如，“青银路总监字”就没有示出哪个省、市，因为青岛至银川高速公路上千公里，沿线经过山东、河北、山西、宁夏等几个省份。

（二）机关代字复杂、不简练

例如，“鲁××高速公路××项目办发〔2006〕××号”文件。

三、发文字号衔接不妥

（一）机关代字后没用“发”或“字”联结

例如，“山交计划〔2006〕××号”文件。

（二）在年份后加“字第”字

例如，“同三线日汾段四监〔2006〕字第××号”文件。

四、发文字号不规范

2000 年版《国家行政机关公文格式》规定：序号不排虚位、不加“第”字，即 1 不编为 001。

发文字号不规范，主要表现在发文字号中乱加不必要的字，如加“字”、“第”和“0”、“00”等。

（一）在年份后加“第”

例如，“山交发字〔2006〕第××号”文件。

（二）在年份前加“字第”

例如，“××发字第〔2006〕××号”文件。

（三）在年份和序号中间加“字第”

例如，“××发〔2006〕字第××号”文件。

（四）发文顺序编虚位

例如，“烟栖三监办〔2001〕009号”文件的“009”应为“9”，虚位“00”应删去。

（五）发文年份前置

例如，“〔2001〕维莱路三监71号”文件。

（六）发文年份简化

例如，“烟栖路一监〔99〕466号”文件的“〔99〕”应为“〔1999〕”，意即1999年。

（七）发文年份用汉字标识

例如，“东日路一监字〔一九九九〕××号”文件。

五、发文字号的括号错误

2000年版《国家行政机关公文格式》规定发文字号的年份应用“六角括号‘〔　〕’括入”。但实际应用中，主要存在以下错误：

（一）年份错用圆括号

例如，“××一监字（1999）7号”文件。

（二）年份仍延用方括号

例如，“××××一监［2006］9号”文件。

（三）发文顺序号错加括号

例如，“济青大修二项〔2006〕（31）号”文件。

六、发文字号的序号错误

2000年版《国家行政机关公文格式》规定“年份、序号用阿拉伯数码标识。”但实际应用中，主要存在以下错误：

（一）序号用汉字标识

例如，“××路一监〔1997〕十三号”文件。

（二）序号编排超常规

例如，“民政字第261/281号”文件，“烟大路一监字〔2006〕37-2号”文件，“市政南路五项字〔2005〕27A号”文件。

（三）发文序号相同

同一机关的不同时间的两个文件的发文序号相同。

（四）发文序号的递增与成文日期的递增不对应

例如，个别监理工地2006年8月9日印发的文件序号为17号，2006年8月12日印发的文件序号为18号，而2006年8月27日印发的文件序号却为16号。经询问得知，这个16号文件起草于2006年8月8日，送呈总监理工程师审签时进行了几次修改，至2006年8月27日才签发。在这里，这个监理办公室的文秘人员或合同工程师忽视了文件是主要领导签发后再编发文件序号的公文处理常识。

（五）序号不连续

由于文秘人员、监理办合同工程师不注重发文编号的管理或者人员经常更换或者休班不进行交接班等而导致序号不连续。

（六）新的年度的发文序号继上年度流水编排

例如，某改建工程第三合同段项目经理部2006年12月31日下午印发的2006年的最后一个文件的编号为"××三项〔2006〕397号"，而其在2007年1月2日印发的2007年的第一个文件的编号却流水编号为"××三项〔2007〕398号"。

2.5 公文标题方面的错误

公文标题是标明公文主旨或事由的概括性名称，除会议纪要外，一般由发文机关（即行文单位名称）、公文主要内容（即事由）和文种三部分组成。这三部分也称作公文标题的"三要素"。另外，标题常用的两个虚词是介词"关于"（联结发文机关和事由）和助词"的"（联结事由和文种）。因此，公文标题的一般形式即标准形式一般由五部分组成，即为：

发文机关+"关于"+事由+"的"+文种

2001年版《国家行政机关公文处理办法》规定"公文标题应当准确地、简要地概括公文的主要内容并标明公文种类，一般应当标明发文机关。"据此，可以理解为有时可以省略发文机关，即带有版头的公文可以省略发文机关。

作为公路工程设计、施工与监理单位，根据专业技术管理的需要和惯例，公文标题中可以不标识发文机关，常用形式为：

"关于"+事由+"的"+文种

下面，结合工程监理工作实践列举公文标题方面的错误，指出错误的目的是为了改正错误、避免再发生类似错误。

一、公文标题的文种错误

（一）将日常应用文误作法定公文，使得标题无文种

例如，《关于二〇〇六年基础工程施工的计划》一文。再如，《关于近期工程监理过程中应注意的几个问题》一文。

（二）并用文种

最典型的情况是将"请示"和"报告"两文种合并使用。例如，《关于××××的请示报告》。其次是同时使用两个文种，如《关于三月份工程计划执行情况的报告和四月份工程计划的请示》一文。

（三）错用文种

将"通知"印成"通报"，将"通知"印成"决定"，将"请示"写成"申请"，将

“批复”写成“批示”、“批文”等。

二、公文标题的事由错误

公文标题的事由，即公文的主要内容，大多由几个词组组成。公文标题的事由，可分为名词性词组和动词性词组。

（一）标题不简练、不准确

1. 转发多份文件时，把每一份文件的标题一一列出，没有采用主要文件后加“等文件”的形式。

2. 转发多部门联合发文，把每一部门都列出。

3. 层层转发公文时，有若干个“关于”、“的”和“通知”。

4. 没有准确概括事由。例如，某监理办的《关于举办竣工资料培训班研讨竣工资料编制的通知》一文。再如某驻地监理办的《关于上报二合同底基层二灰稳定土试验结果初审意见的报告》一文，应改为《关于二合同二灰稳定土底基层配合比试验结果的审核报告》。

（二）简而不明、过于笼统

例如，《关于转发总监办两个文件的通知》一文，请问转发的两个文件是什么文件？又如，《关于加强台背回填的通知》，请问“加强台背回填的什么”？

（三）词语搭配不当

例如，一驻地监理办要求施工单位建立台账的文件却印为《关于开展台背回填质量控制台账的通知》。又如，《关于坚决制止和清理分包人分包工程的通告》一文，是制止分包还是制止分包工程？是清理分包人还是清理分包工程？是“制止和清理分包人分包工程”还是“制止和清理再分包”？另外，使用“通告”文种也不对。

（四）语序不当

例如，《关于明确审批高标号混凝土配合比权限的通知》一文，改为《关于明确高标号混凝土配合比审批权限的通知》就显得通顺得多，因为“明确……审批权限的通知”比“明确审批……权限的通知”语序适当。

（五）成分残缺

例如，《关于严格控制30m箱梁张拉、压浆的指令》一文，“控制”之后缺宾语，应加上“质量”或“工序质量”变为《关于严格控制30m箱梁钢绞线张拉、孔道压浆质量的指令》则准确得多，因为“箱梁张拉、压浆”是意思明白、表达不准。再如，荣乌高速公路××省砖×至土×段项目建设办公室的上报省公路局的一份报告文件的标题是《关于对荣乌线砖×至土×段高速公路第六监理办人员调整的报告》，题中“对××××调整”缺少“进行”，或者将“调整”移至“对”处作谓语，并删去“对”字。

（六）概念的内含和外延不清

例如，《关于请求批准××××的请示》一文，应删去“请求批准”四个字。又如，《关于切实加强台背回填的石灰剂量和质量控制的通知》一文，石灰剂量控制是工程质量控制中的一项内容，重复多余，应删去（包括“和”字）。

（七）句式糅杂

例如，《关于严禁擅自施工的处罚规定》的制度标题，要么将“严禁”删去，要么删去

"处罚"。再如某高速公路第五驻地监理办在审核完第十合同段施工单位呈报的高填方路基沉降观测报告后给总监代表处的报告文件标题是《关于十合同呈报高填方路基沉降观测报告的审核意见》，应将"呈报"删去，最好改为《关于第十合同段高填方路基沉降观测的审核报告》。

三、公文标题中介词"关于"的错误

（一）缺少介词"关于"

例如，《加强路基填土质量控制的监理提示》。又如，《对 K23+609～K27+631 段零填挖路段换填石灰土的批复》，此句用"对"起引进对象作用，语句通顺。但是，严格的说也不规范，因为公文标题要求用"关于"分割发文机关和事由，起提示标题的作用。

（二）"关于"错位

例如，××××总监办的一份文件《召开关于真空压浆技术研讨会的通知》中的"关于"错位，显得口语化。

（三）介词重叠使用

例如，《关于对二灰碎石基层上下层连续铺压的批复》，"对"字可删去。又如，《关于对台背回填工程质量和进度进行全面检查的通知》，题中"对……进行检查"是搭配的，"关于对……"比较准确，只是"质量和进度"与"全面"显得重复、不简练。

四、公文标题中结构助词"的"的错误

公文标题中结构助词"的"是标题中心词——文种前面定语成分的标志，"的"字不可缺少、不可乱用。

（一）缺少助词"的"

例如，《关于进行第二季度工程质量大检查通知》。再如，《关于二〇〇六年度监理工作总结报告》。

（二）"的"字错位，不在文种前而是用在了事由前

例如，《关于第二次工程质量检查的情况通报》，应改为《关于第二次工程质量检查情况的通报》。

五、公文标题中的标点符号错误

2001 年版《国家行政机关公文处理办法》规定，公文标题中除法规、规章名称加书名号外，一般不用标点符号。但是，某些表示特定意义的缩略语、专用语可使用引号，需加注释或补充说明词语的地方可用括号等。在可用可不用的情况下，尽量不用。

（一）批转、转发、颁发法规、规章等法规性公文，不用书名号而错用引号

例如，《关于印发"工程竣工文件编制办法"的通知》。

（二）批转、转发或批复非法规性公文（如通知、报告、意见、请示等）用书名号

（三）使用顿号等其他标点符号

例如，《关于进一步加强桥涵台背回填、路面二灰碎石基层质量控制的通知》。其中的顿号不如改为"和"字，而且此文最好改为两个文件分别印发。

（四）标点符号错位

例如，关于《印发××工程计划统计管理办法》的通知。正确的写法是"关于印发

《××工程计划统计管理办法》的通知”。

六、公文标题中的说明性词语位置不当

公文的标题中涉及“草稿”、“征求意见稿”、“讨论稿”、“试行稿”、“暂行稿”、“一稿”、“二稿”等说明性词语，用括号括在了书名号之外，即位置不当。例如“《××工程总监办2007年监理工作要点》(征求意见稿)”这一标题就是错误的，正确的写法应为《××工程总监办2007年监理工作要点（征求意见稿)》。

七、公文标题的排印错误

公文标题在排印时应左右居中，醒目鲜明，排列得当，美观大方。但是，实际行文中也发现部分公文的标题印制不对称、不美观：

（一）红色反线、标题与主送单位之间上下无空行，标题不突出

（二）排列左右不居中，顶格或偏右

（三）标题过长，该转行不转行

（四）转行不当，或拆词或不对称

主要是没有保持词、词组的完整性以及字数搭配上的上下行匀称。例如：

关于进一步加强路面二灰碎石基 层质量抽检的通知	关于进一步加强路面二灰碎石基层质 量检查的通知

2.6　标点符号方面的错误

1996年6月1日起实施的中华人民共和国国家标准《标点符号用法》(GB/T 15834—1995)，发布的标点符号共16种，分点号和标号。在监理文件中标点符号方面的错误表现为以下几种：

一、将逗号错成句号

例如：

为了加强路基填土的层厚、压实度等指标的质量控制，切实提高雨期路基填土的质量。今根据《技术规范》第200章的规定……

该句中的第一个句号应改为逗号，因为话没说完，意思尚不完整。再如：

因此，监理办要求项目经理部必须加强路基填土的料场考察。必须严格控制填土松铺厚度。必须确保碾压遍数。必须严格自检压实度。

该句中除最后一个句号外，其余句号都应改为逗号，均是监理办提出的一系列要求，属于并列句。

二、该用句号却错为逗号

例如：

(三合同段) 3月份路基工程、路面工程和桥梁工程的实际施工进度均超过了计划指标，在全线八个合同中是完成计划最好的一个合同段，根据总监办月底检查分

析，第三合同段……

该句中第二个逗号应为句号，因为前后是两层意思的两句话。另外还有如下错误：

招标文件范本《技术规范》卷第 102.05 节“施工方法与质量控制”规定：“施工单位开工前，必须按《公路工程质量检验评定标准（JTJ 071—98）》的规定，并结合工程特点进行分项、分部和单位工程划分，经建设单位和监理工程师批准执行”。“施工单位应组织试验路、试验工程，总结施工工艺，指导规模生产”。

这是某工地监理办印发给施工单位的一份“关于执行《公路工程国内招标文件范本（2003 年版）》的有关提示”中的一段话，在连续引用的独立语句中间错用句号，即“批准执行”后面的句号应为逗号；要不，在第二句独立语句前加“同时，还规定：”

三、顿号错用

在句子内并列词语之间，该用顿号而错用逗号。例如，“在时间紧，任务重，条件艰苦的情况下……”。又如，报告类、总结类、计划类文件分几个小标题写作时，序号与小标题内容之间的顿号错用：

一，质量控制情况

二，进度控制情况

三，费用控制情况

正确的写法应为：

一、质量控制情况

二、进度控制情况

三、费用控制情况

再如，“工程具有下列特点：三合同重视合同管理工作、四合同工程进度快、七合同狠抓了现场文明施工、……”。本例中独立句子之间应用逗号，而不是顿号。

再如，“首先、……其次、……再次、……”，“第一、……第二、……第三、……”。这些顿号是不正确的，表示次序的语句应用逗号而不用顿号。

四、分号错用

例如：

本月全线共完成路基填土 28.37 万 m^3，其中，一合同段本月完成 7.2 万 m^3；二合同本月完成 6.37 万 m^3；三合同本月完成 3.11 万 m^3；四合同本月完成 11.69 万 m^3……

同一层次的分句之间用逗号即可，句中分号应改为逗号。

五、冒号错用

例如：

《技术规范》第 300 章规定，混合料应在料场集合拌合，含水量适当，无粗细颗粒离析现象。

文中“《技术规范》第 300 章规定”之后应该用冒号，如引用的原文，内容还应加引号。又如：

“……深刻体会到：监理人员实施工程质量抽检的重要性”。

文中"……深刻体会到"之后不该用冒号等标点符号。

六、引号、书名号错用

例如，关于《印发工程计量与支付管理办法》的通知。题中，"印发"两字应在书名号之外，不应放在书名号里面。又如：

根据公路工程国内招标文件范本第200章路基工程施工技术规范的规定，你部应……

文中"根据"之后至"第200章"之前应加书名号，却没加上。再如：

《公路工程国内招标文件范本》第405节《灌注水下混凝土》规定《混凝土灌注过程中，如发生故障应及时查明原因，并提出补救措施，报请监理工程师经研究后进行处理。补救费用由施工单位承担》。

此段话中的第一个书名号使用正确，第二个书名号应改为引号，"规定"之后加冒号，第三个书名号应删去。

七、标点符号多余的错误

1. 不该停顿的地方用了逗号等表示停顿

例如：

总监代表处技术室李主任，先后实测了……

会议认为：应进一步加强砌石施工队伍的质量意识……

这两个例句中的第一个标点符号均为多余。

2. 在连词前面加顿号等

例如：

石灰、或粉煤灰等原材料必须先自检合格……、以及第五合同段的K66+703(1—2×2)箱涵……

文中"或"和"以及"前的顿号多余。

3. 在并列连用表示概数的邻近数中间加顿号

例如：

3月下旬完成土方填筑达五、六万立方米，

下午二、三点钟，与驻地监理工程师到沥青拌合站……

以上例句中的顿号均多余。

4. 在"等"或"等等"前或后加省略号

例如：

已经全部浇完混凝土的箱通有K7+606、K9+300、K11+107.5、K11+697、K12+511等……

5. 公文中的章节标题或某些不该用标点符号的段标题上加了句号或分号或冒号，甚至上下标题后的标点符号不统一

例如：

一、工程质量控制情况。

二，工程进度控制情况：

再如：

（一）工程原材料检查情况：

（二）工程试验人员资质检查情况；

（三）试验仪器标定情况。

（四）试验台帐建立情况。

6. 公文附件中误加书名号或分号、句号

例如：

附件：一、《关于4月份工程施工计划的批复》；

二、3月份工程完成情况统计表；

三、4月份工程进度调查表。

7. 省略一段话只用了两个三连点而少另两个三连点

例如：

第二、严格执行《技术规范》，切实加强台背回填的质量控制。

……

第五、必须认真制取砂浆试件，并标准养生28天。

正确的省略方式应为：

第二、严格执行《技术规范》，切实加强台背回填的质量控制。

…………

第五、必须认真制取砂浆试件，并标准养生28天。

2.7 技术性错误和监理职责错位问题

一、监理岗位职责错位

在工程监理过程中，发现应由施工单位申报、监理审查（审批）的文件，监理工程师越位处置。请看下面这个监理通知的标题和正文部分：

关于下发单位、分部及分项工程划分的通知

第一、二合同段项目经理部：

为了便于今后工程资料的整理、质量评定归档，驻地监理办根据《公路工程质量检验评定标准》并结合本项目的特点，对单位、分部与分项工程进行了划分，希你部根据驻地监理办划分的单位、分部及分项工程一览表做好资料的整理、质量的评定工作。

特此通知。

附件：单位、分部及分项工程划分一览表

二〇〇四年二月十二日

［点　评］：从题目看，这个文件标题就有错误，即印发的通知内容不明确，应修改为

《关于印发分项工程、分部工程和单位工程划分结果的通知》。但是，这不但是一个典型的标题错误问题，而且是一个典型的监理角色错位、越俎代庖的案例。

因为，交通部2003年3月27日以“交公路发〔2003〕94号”文件发布的《公路工程国内招标文件范本》的第5篇《技术规范》的第102.05条明确要求施工单位在工程开工前，必须按《公路工程质量检验评定标准》的规定，并结合工程特点进行分项、分部和单位工程划分，经建设单位和监理工程师批准后执行。

另外，交通部2006年版《公路工程施工监理规范》第2.3.7条规定“总监理工程师应于总体工程开工前，对施工单位依据有关规定，结合本合同工程特点进行的分项、分部、单位工程的划分予以批复并报建设单位备案，审批结果应作为全过程管理的依据”。

所以，该工地的驻地监理办的文件要么以《关于认真划分分项工程、分部工程和单位工程的监理提示》，要么以《关于抓紧划分分项工程、分部工程和单位工程的通知》，要么以《关于分项工程、分部工程和单位工程划分结果的批复》为题印发施工单位，要么以《关于分项工程、分部工程和单位工程划分结果的审核意见》为题上报建设单位审批。

二、监理提示与监理指令不分方面的问题

在工程监理过程中，监理工程师的主动监理表现为超前提示等，严格监理表现为下达监理工作指令等。但是，在印发监理工作提示、下达监理工作指令时常常发生错误。表现为监理工作指令与监理提示不分、下达时间不当、用语不当、表述不清等。例如：

关于加强工地管理人员责任心的提示

××××路项目经理部：

在2006年8月2日摊铺K15+000~K15+450段二灰碎石的过程中，我监理办现场监理口头要求你部工地负责人运料车必须将料覆盖以及摊铺前将下承层清理干净后才能进行摊铺，你部工地负责人对我监理办监理人员的口头指令的执行很不积极，在现场监理屡次提示后才将此工作做好。

在下一步的施工中，监理提示你部必须加强对工地管理人员的教育，增强他们的工作责任心，以保证本工程的质量和顺利开展。

二〇〇六年八月二日

[点　评]：这是某独立的二级公路改建项目的驻地工程师下达的一份监理提示，本次引用未做修改。今指出其中的错误，（1）文件标题就存在着词语不搭配问题，即“加强……责任心”应改为“关于加强……责任心教育的指令”。(2）文中“我监理办现场监理口头要求你部工地负责人运料车必须将料覆盖以及摊铺前将下承层清理干净后才能进行摊铺”是典型的长句，其意思有三个：一是监理要求运二灰碎石的车辆应覆盖，二是摊铺上一层前应将下一层清扫干净，三是监理已经明确提出了要求；但是读起来很费劲。(3）文中“在现场监理屡次提示后才……”，用词不准确，应将“提示”改为“督促检查”。(4）文中“在下一步的施工中，监理提示你部必须加强……”一段，应将“监理提示你部必须加强”改为“监理工作指令你部必须加强”方文题相对。

三、不符合《路基工程施工技术规范》的质量控制要求

某一改建工程路面底基层设计为二石灰土，建设单位招标文件中允许使用路拌法，驻地监理办下达了一份《关于加强二灰土底基层质量控制的通知》，文中主要内容如下：

1. 恢复中线：工程开工前，施工单位应在监理的旁站下恢复中线……

2. 备土：根据二灰土的石灰剂量计算每 $1m^2$ 实际用土数量，用 10t 运输车运土，并推平初压……

3. 备石灰：根据二灰土的石灰剂量，计算每平方米的用灰量，测定熟石灰的松方容量，在土层上堆码灰带，灰带顶宽为××m、高为××m，计算过程如下：

…………

4. 拌合：为保证拌合质量，采用稳定土拌合机进行拌合，严禁损坏下承层，拌合深度保持在下承层顶面 5~10mm，随拌随检查拌合深度……

5. 整平：洒水闷料 4~8h 后，用平地机整平，全路段均由两侧路肩向路中心进行刮平……

6. 碾压：整形后，当混合料的含水量接近最佳含水量时，按规定压路机进行碾压。直线和平曲线段，由两侧路肩向路中心碾压，设超高的平曲线段，由外侧路肩向内侧路肩碾压……

7. 自检：……

[点　评]：这份文件至少有 3 处与《公路工程施工招标文件范本》中的《技术规范》不符：(1) 第 4 条“拌合”，《技术规范》规定路拌法必须略破坏下承层，以保证上下层的粘结，以防止素土夹层。(2) 第 5 条“整平”，直线段应从两侧路肩向路中心进行刮平，曲线段应从内侧向外进行刮平。(3) 第 6 条“碾压”，设有超高的平曲线段，应由内侧路肩向外侧路肩碾压。作为一名驻地监理工程师，下达如此水平的技术管理通知，一个合格的施工单位会怎样评价？一个糊涂的施工单位执行后结果又是如何？

四、违背《公路桥涵施工技术规范》(JTJ 041—2000) 的技术规定

北方某高速公路 C7 合同段西沟河大桥为 8 孔—30m 后张法预应力先简支后连续箱梁，2005 年 9 月 17 日预制全部完成。安装完成 5 孔后，准备张拉固结端钢绞线。这时施工单位以 2005 年 33 号文件行文请示可否用一台千斤顶从一端张拉，以加快工程进度。负责监理这个施工合同段的驻地监理办收到后，桥梁专业工程师拟文如下：

关于同意西沟河大桥箱梁固结端钢绞线一端张拉的批复

C7 合同项目经理部：

你部从一端张拉固结端钢绞线的请示一文收悉，经审核研究，同意你部提出的从一端张拉西沟河大桥 30m 箱梁固结端钢绞线的方案。

希你部以应力、伸长值为控制指标，在确保张拉质量的前提下加快工程进度，以确保桥面铺装在冬季到来前全面完成。

二〇〇五年九月二十四日

［点　评］：本批复文件从标题、主送单位到正文、结尾，应该说是比较规范的，文字也通畅，态度也明确。但是，高级驻地监理工程师审签时细看发现有两处重大技术错误：（1）不应该同意从一端张拉固结端钢绞线的要求，因为，部颁《公路桥涵施工技术规范》（JTJ 041—2000）第12.10.3条关于“张拉”第4款规定：“对于曲线预应力筋或长度大于等于25m的直线预应力筋，宜在两端张拉；对于长度小于25m的直线预应力筋，可在一端张拉”。而本例中30m后张法预应力箱梁固结端的钢绞线有的长于25m、有的短于25m，而且不论长于还是短于25m，均应视为在曲线上。所以，应将标题中的“同意”两字删去，将正文中的“同意”前加一个“不”字。（2）结尾“希望”部分准确地说也有技术错误，应将“以应力、伸长值为控制指标”改为“以应力控制为主、以伸长值作校核指标”。

五、违背监理职业道德、无意之中损害他人名誉和经济利益方面的问题

在国外，监理工程师的职业道德准则由其协会组织制定并监督实施。国际咨询工程师联合会（FIDIC）于1991年在慕尼黑召开会议讨论并通过了FIDIC通用道德准则，规定了监理工程师对社会和职业的责任、能力、正直性、公正性、对他人的公正。我们国家也有监理职业守则。因此，在工程监理过程中，涉及工程材料、产品的监理检测、试验和确认文件，监理工程师应十分慎重。

实际工作中，也常听到或者遇到这样的案例：有的总监办抽检沥青路面使用的石灰岩碎石、玄武岩碎石时，若干个碎石生产厂家的不同规格的材料有的压碎值超标，又有的生产工艺达不到要求，于是，总监办印发红头文件《关于明确使用张家石料厂的石灰岩碎石和××石料厂的玄武岩碎石的通知》，文件中说明经试验和考察，张家石料厂生产的石灰岩碎石各指标合格，××石料厂生产的玄武岩碎石各指标合格，推荐各施工单位选用。之后，又明确指出严禁采购李家石料厂的石灰岩碎石，因为其质量不合格等。几天后，李家石料厂到这个总监办闹事了，打官司了，因为这个总监办损害了他的名誉和经济利益。还有，桥梁使用的橡胶支座，生产厂家很多，质量也参差不齐，个别总监办下文禁止使用某产地的某型号的，没想到又惹祸了，官司又来了。可见，监理工程师在行文推荐、批准使用何种原材料、何种产品时，必须慎之又慎，要注意仅推荐使用什么，仅批准使用什么，不要去禁止使用什么。

3 工程监理法定公文的编写与案例

第一部分　关于上行文

行文是指一个机关给另一个机关发文，这一发一收之间就构成了一对行文关系。

机关单位之间的行文关系，有三种情形。第一种是上下级之间系领导与被领导的关系，第二种是上下级之间系业务指导与被指导的关系，第三种是平行或不相隶属的关系。

公文的行文关系必须根据隶属关系、职权范围确定，一般不得越级请示和报告，这是公文行文的基本原则。

公文行文一般有三种方向、六种方式。其中，下级单位主送给上级机关的行文称之为上行方向的文件，简称“上行文”，包括两种方式：逐级向上行文和越级向上行文。

上行文主要包括请示和报告。意见文种中的建议性或报批性意见也属于上行文，将在本章第三部分中介绍。

3.1 工程监理请示文件的编写

一、请示的含义

请示，是公文写作中最典型的上行文之一，也是公文写作中最常用的文种之一。国家行政机关公文和党的机关公文都把“请示”列为法定文种。

请示是下级单位向上级机关请求指示、请求批准事项时使用的法定公文。请示是一种请求性的上行文。

2001 年版《国家行政机关公文处理办法》将请示定义为：

请示适用于向上级机关请求指示、批准。

1996 年版《中国共产党机关公文处理条例》给请示的定义是：

用于向上级机关请求指示、批准。

二、请示的特点

请示类文件属于常用的上行公文之一，具有以下特点：

（一）期复的双向性

在公文体系中，多数文种无双向性、对应闭和性，而请示文种的含义就决定了它是自下而上、又自上而下的，即下级单位有一份请示送上去，上级机关就应有一份批复发下来。

请示具有行文目的的求复性。请示是下级单位决定不了的事项，批复必须是上级机关对下级单位每件行文的书面答复。

（二）请示事项的单一性

请示文件必须按“一事一请示”的原则进行写作，不得在一份请示文件中罗列几个或若干个请求事项，要求上级一次性指示、批准。

（三）请示内容的针对性

请示问题必须针对本单位没有对策、没有能力解决的重要事件和问题，或者针对自己有对策、有能力解决，但是，受到权力的限制应由上级批准、授权解决的问题。在权限范围内，应由自己解决的，不论是否有能力，都要由自己去想办法解决，去勇于承担责任。

（四）请示时间的超前性

请示涉及的问题一般是某个时段内必须解决的问题，时过境迁就可能影响工作，必须及时发现问题、及早请示问题，以便于依据及时的批复去及时地解决问题。因此，请示具有很强的时效性，必须事前请示，不可事中、事后请示，更不可等待观望贻误时机或者根本就不请示。

下级单位对有关政策和上级文件有疑问，需要上级机关给予解答时，或下级单位之间在问题的处理上存在着意见分歧，需要上级机关裁决时，都要及时请示。

三、请示的种类

下级单位向上级机关或业务主管部门请示的目的是请求上级机关明确指示和批准。下级单位之所以向上级机关请示，一方面是工作中遇到了难题、新问题或个别性问题需要上级予以解答执行；另一方面是受权力的限制、有些政策或做法必须经上级机关批准后方可实施或执行；再一方面就是自己对下属单位的指示、文件予以批准并转发、请求上级机关支持的工作。因此，请示可分为三类：

（一）请求批准的请示

1. 请求批准有关规定、方案、计划

依据有关规章制度和管理权限的划分，下级监理机构制定的监理规划（计划）、监理实施细则、施工技术方案、工程变更方案、监理职业行为规范和月监理工作计划等等，需要经过总监办或建设单位等上级部门的审查批准。

2. 请求审批项目、指标、资金

主要是增减变更工程的质量或数量控制指标等。如高速公路施工过程中增加一座圆管涵或平移一座通道桥，驻地监理办就需要向总监办请示。再如，路基原地面清表碾压后出现“翻浆”，需要做石灰土换填处理，处理的面积、厚度、石灰剂量的多少等指标都要请示备案。

3. 请求批准有关办法、措施

在工程监理过程中，主要是请示某一分项工程或者工序的施工采用的工艺方法、机械设备、技术措施和工艺流程等。如基础开挖施工中发现地下坟墓，开挖并分层填筑砂砾后，施工单位请示再用强夯进行处理以确保工程质量。

（二）请求解答、指示的请示

1. 遇到新情况、新问题，在有关方针、政策、规章和部门标准、规范、规程上无据可查、无章可循，需要上级机关给予指示、明确等。

2. 对有关方针、政策和上级机关发布的规定、指示有疑问，要求上级机关给予解释和说明。

3. 下级单位之间或协作单位之间（如监理单位与施工单位之间）在某一问题上出现意见分歧，需要上级（总监办、建设单位）裁决等。

（三）批转性的请示

业务主管部门就某一全局性的问题提出解决办法，请示上级机关批转各地执行的请示即为批转性请示。

四、工程施工监理活动中的主要请示事项

工程施工监理活动中的请示文件，从大的方面讲，包括工程施工质量、进度、费用、安全、环保和合同其他事项方面的请示；从具体的内容讲，根据工程监理规范的规定，具体包括以下若干种：

1. 工程施工准备阶段结束时提交的总体工程的开工申请，多使用监理规范给定的固定表格，如建设监理规范中的A1表——工程开工/复工报审表，交通部的工程开工申请批复单；

2. 监理工作指令停工后的复工请示；

3. 施工组织设计（方案）审批前的请示，如建设监理规范中的A2表——施工组织设计（方案）报审表；

4. 工程分包单位的资格报告申请，如建设监理规范中的A3表——分包单位资格报审表；

5. 主要施工机械设备报审中的申请，如建设监理规范中的A4表——“______报验申请表”；

6. 施工测量放样报验单中的申请，如建设监理规范中的 A4 表——“______报验申请表”；

7. 分项和分部工程质量报验单中的申请，如建设监理规范中的 A4 表——“______报验申请表”；

8. 工程款支付申请，如建设监理规范中的 A5 表——工程款支付申请表；

9. 工程临时延期报审表中的申请，如建设监理规范中的 A7 表——工程临时延期申请表；

10. 费用索赔报审表中的申请，如建设监理规范中的 A8 表——费用索赔申请表；

11. 工程材料/构配件/设备报审表中的申请，如建设监理规范中的 A9 表——工程材料/构配件/设备报审表；

12. 试验室资格报审表中的申请；

13. 工程计量报审表中的申请；

14. 工程变更费用报审表中的申请；

15. 工程质量事故处理方案报审表中的申请；

16. 工程施工计划（调整计划）报审表中的申请；

17. 合同管理其他事项的申请；

18. 现场监理机构（如工程监理办公室）向项目建设单位的工作请示文件等。

五、请示的编写要点

请示文件的写作内容包括签发人、标题、主送单位、开头、正文和发文日期和备注等六部分。

（一）发文字号与签发人

由于上行文要求“眉首区”标识“签发人”和签发人的姓名，便于上级领导了解该文是谁签发的。为此，把签发人和签发人姓名放置在发文字号同一条水平线上（当只有一个签发人时），把发文字号位置由中间向左移到版心线左边缘空一个字的位置，把“签发人”和签发人的姓名放置在右边缘空一个字的位置标识，如：“签发人：×××”。签发人姓名采用3号楷体标识，签发人与签发人姓名之间用全角冒号分开，“签发人”三字用3号仿宋体。

（二）文件标题

请示类文件的标题多用省略式标题，其中“事由”应高度概括请示事项的内容。即：关于+事由+的+文种（请示）。例如：

关于增加监理工作用车的请示

关于 K56+300—650 零填零挖路段换填 8% 石灰土的请示

（三）主送机关

主送机关是指应该作出批准、解答的机关或上级业务主管部门，即本单位的直接上级机关。

例如，某土建工程施工项目的第一驻地监理办的直接上级机关是项目总监办和其所在监理单位。一般地说，建设单位不是合同段驻地监理办的直接上级行文单位。除非涉及征地、拆迁、民事纠纷等问题时，施工单位请示驻地监理办，驻地监理办初审后可行文主送建设单位。

（四）正文

请示的正文一般由四部分组成，即请示的原因、请示的事项、请示问题的初步处理意见和请示的期复要求。

1. 请示的原因

请示的原因，就是写为什么要请示、请示的背景依据是什么等，是上级机关批复的主要依据。之后用“为此，特请示如下:”，转入主体部分。

2. 请示的事项

请示的事项，就是写向上级机关请示什么事项，有什么具体要求。如请求指示或批准的工作事项、技术问题、管理问题等。

3. 请示者的初步处理意见

请示者的初步处理意见，就是请示人要写本单位认为应该如何做？同时提出本单位解决问题的初步意见和方案等。

4. 请示的期复要求

请示的期复要求，就是要求上级机关对请示的事项进行具体的答复、批复的意见。这是必须有的一部分内容。

（五）结尾

请示类公文和其他公文一样必须有结尾，其格式相对固定，单独一行。常用的结束词有以下四种或者其组合：

1. 当否，请批复；
2. 当否，请审批；
3. 妥否，请审批；
4. 以上请示当否，请批复。

在这里需要注意的是“当否，请审批”、“当否，请批复”不可写成“当否，请批示”，因为“批示”不是法定文种，是领导对文件、简报、其他书面材料进行批阅后的表示同意、认可、推广、赞赏、批驳的话。

（六）成文日期

成文日期即文件生效日期。请示类文件的成文日期的确定原则是以领导签发的日期为准；或以会议通过的日期为准；如是联合行文，以最后一个签发机关的领导签发日期为准。

（七）附注

2001 年版《国家行政机关公文处理办法》规定，对于“请示”公文应当在“附注”处注明联系人的姓名和电话，这是“请示”公文的特别要求。

六、编写请示的注意事项

（一）单头请示

只能有一个主送机关，且只能主送给直接上级机关，不得送给领导者本人，更不能多头请示。

（二）逐级请示，不得越级请示

只有在第二次或三次请示直接上级而未能答复解决，在同时抄送直接上级的前提下才可以越级请示。

（三）坚持一事一请示

即一份请示文件只向上级机关请示批准一个或一类问题，请示的事项要清楚，自己的意见要明确，以便上级及时、专一地进行调研和审批。

（四）确有必要才请示

请示需要上级机关批准、解决的问题，上级机关已有明确规定的事项或者已经授权的事项，不得再向上级请示，不得通过请示提交问题、回避矛盾、推脱责任、踢皮球。必须是本单位无权、无力、无人、无时间解决的事才请示。

例如，专业监理工程师向总监办请示桥梁涵洞台背回填的压实度根据回填的高度分93%、94%、96%控制可否，就属于明知故问或者是不称职。

（五）请示必须在事前进行

请示必须在事前进行，时过境迁的请示只能影响工作。不准事中请示、严禁事后请示（即先斩后奏）、严禁斩了也不奏。

（六）其他

1. 规范行文，请示不能用报告来表示，请示与报告必须区别，不可混淆。

2. 简洁明了，说明为什么要请示，理由要充分；说明请示什么问题，要点到为止，必要时利用附件说明。

3. 请示文件不得抄送下级单位。特别是监理机构中的驻地监理办，在审核施工单位的请示文件，提出初步的意见报总监办批复时更要注意。

七、案例

【案例3.1-1】项目经理部主送监理部的请示

工程开工报审表

工程名称：××市世纪泰华园3号住宅楼　　　　编　号：03—001

致××监理公司驻世纪泰华园3号住宅楼监理部

我项目经理部承担的世纪泰华园3号住宅楼工程施工项目的施工准备工作已经完成，具备了开工条件，特此申请施工，请核查并签发开工指令。

附：1. 施工许可证的批复件；

2. 征地拆迁工作能满足工程施工进度之需；

3. 施工组织设计已经总监批准；

4. 现场施工管理人员已经到位，机具、施工人员、主要材料已经进场；

5. 进场道路及水、电、通信等已经全通；

6. 已经建立质量管理、技术管理、安全管理、环保管理的保证体系和机构；

7. 质量、安全、技术等管理制度已经健全；

8. 实验室的房建已经完成，试验仪器、人员、材料已经到位，仪器已经标定；

9. 专职管理人员和特种施工人员已经取得资格证书和上岗证书等。

承包单位：（章）××建筑有限公司泰华园3号住宅楼项目经理部

项目经理：×××　　　　日　期：2007年4月3日

续表

审查意见： 经对上述资料和施工现场的检查、审核，申请开工的9个附件资料准确、真实，现场准备就绪，已具备开工条件，同意本工程于2007年4月5日开工。施工过程中加强自检，配合监理人员做好质量、安全、环保、进度、费用控制。 项目监理机构：（章）××监理公司泰华园3号住宅楼监理部 总监理工程师：×××　　日　期：2007年4月4日

［点　评］本报审表是世纪泰华园3号住宅楼工程的承包单位向监理工程师报送的开工申请，是建设监理规范中的基本表式。其行文格式符合上行文的写作规定，符合建设监理规范的规定，具有格式化、标准化的特点，简单明了，易于操作。可供建设工程施工监理人员参考。

【案例3.1-2】 总监办向建设单位的请示

××总监发〔2005〕149号　　　　签发人：赵××

关于第七合同段K217+940涵洞基底变更的请示

××项目建设办公室：

第三监理办上报的××三监字〔2005〕46号《关于对七合同K117+940涵洞基底变更的审核意见》的文件，总监代表处审查意见如下：

在K117+940通道基础施工期间，发现1#台左侧5.4m深度范围内为土质，与设计不相符，项目办、总监代表处、设计代表、第三监理办、第三合同项目部有关人员现场办公，经协商确定，将该段土质全部挖至石质，超挖部分用浆砌片石补齐，并签署了《××工程七合同工程变更设计备忘录》(DL07-007)。经计算，共增加基础挖方107m^3，M7.5浆砌片石基础68.7m^3。建议采用该合同段《工程量清单》中404-1-a项的基础挖方单价和413-1-a-2项的M7.5浆砌片石单价，此变更共增加人民币9057元，大写：玖仟零伍拾柒元整。

当否，请审批。

附件：1. 总监代表处《工程变更设计汇总表》
　　　2. ××三监字〔2005〕46号文件

二〇〇五年十一月十九日

（联系人：王××，联系电话：××××—××××××）

说明：主题词等略去，以下案例同此。

［点　评］本请示是某总监代表处向建设单位提交的一份工程变更审查意见的请示实例，其行文格式符合上行文的写作规定，特别是执行了2001年版《国家行政机关公文处理办法》关于"请示"公文应当在"附注"处注明联系人的姓名和电话的规定，这是部分监理机构做不到的，他们甚至认为没有必要。

但是，经过认真审阅，应该说本实例也存在着以下几处不足：(1) 标题不够明确，应为增加费用的请示方与正文内容更相符。(2) 引用第三监理办的文件有不当之处，应为"第三监理办上报的《关于对七合同K167+940涵洞基底变更的审核意见》(××三监字〔2005〕46号)收悉，总监代表处审查后提出如下意见:”。(3)“签署了《××工程七合同工程变更设计备忘录》(DL07-007)”中的“(DL07-007)”系说明性词语，应标识在书名号之内，即“《××工程七合同工程变更设计备忘录(DL07-007)》”。(4)文中“建议采用该合同段《工程量清单》中404-1-a项的基础挖方单价和……”一句中的“建议”不妥，请示问题不需要谦虚，应明确而且直接地提出自己的主张，应改为“我处认为可以采用该合同段《工程量清单》中404-1-a项的基础挖方单价和413-1-a-2项的M7.5浆砌片石单价……”。

引用工程监理过程中的文件实例，且引用时未做修改，其目的是与大家一起点评和分析，从点评和分析中体会监理文件的写作要求和注意事项，吸取正确的写法，规避错误的写法。

【案例3.1-3】 费用索赔的申请表

费用索赔申请表

工程名称：××房地产丽景小区住宅楼　　　　编　号：2—10

<table>
<tr><td>
致：××工程监理公司丽景小区住宅楼监理部
根据施工合同条款第34条的规定，由于设计变更增加钢筋混凝土⑥轴、③轴基础梁的原因，我方要求索赔金额(大写)肆仟陆佰零柒点伍壹元，请予以审批。

索赔的详细理由及经过：(略)

索赔金额的计算：(略)

附：证明材料(略)

承包单位：(章)××××工程公司
项目经理：×　×
日　　期：2006年5月23日
</td></tr>
</table>

[点　评] 本申请表是××房地产丽景小区住宅楼工程的承包单位向监理工程师报送的第10号费用索赔申请，是建设监理规范中的基本表式。其行文格式既符合上行文的写作规定，又符合建设监理规范的规定，具有格式化、标准化的特点，简单明了，易于操作。可供建设工程施工监理人员参考。

【案例3.1-4】 工程交工验收的请示

关于N5合同交工验收的请示

××项目建设管理处：

我单位负责施工的××安居工程N5合同所有工程项目于2003年10月5日已经全部完成，并且按照《建筑工程质量检验评定标准》及相关规定的要求对工程质量自检合格，竣工文件已编制完成，具备交工验收的条件，现提出申请进行交工验收。

一、交工验收申请范围

本次申请的验收范围为安居工程5号楼的土建工程和水电暖安装工程。

二、自检评定结果

我单位按照《工程质量检验评定标准》及相关规定的要求对工程质量进行了自

检评定，共划分为6个单位工程。在对每个分项工程、分部工程、单位工程进行检查、评定后，汇总得出自检评定得分为97.9分，工程质量等级为合格。

三、工程量清单

（1）N5合同费用汇总表（略）

（2）N5合同工程量及费用明细表（略）

（3）N5合同单位工程投资额一览表（略）

四、尾留工程计划

本合同所有工程均已完成，无尾留工程，计划安排专人进行交工验收的准备工作。

附件：1. N5合同工程质量自检报告

2. N5合同施工总结报告

2003年10月14日

［点　评］本实例格式基本符合“请示”公文的写作格式。但是，存在着几个问题：（1）第一段中“按照《工程质量检验评定标准》及相关规定的要求对工程质量自检合格”有两个问题，一是《工程质量检验评定标准》应在标准之后用括号表明标准号和年代，二是“对工程质量自检合格”不通，应为“对工程质量进行了自检，自检结果表明质量合格”。（2）作为“请示”文件，本文无结尾用语，即无期复性词语。（3）附件的标注位置不当，应在正文后空一行。（6）成文日期“2003年10月14日”表示错误，应使用小写汉字。

【案例3.1-5】增加监理费的请示

关于增加工程监理费用的请示

204国道××段工程建设指挥部：

自2002年3月4日签定204国道大修工程施工监理合同以来，总监代表处及第1~5合同驻地监理办全体监理人员在省局、市局和大修工程指挥部的关怀、指导下，本着“严格监理、热情服务、秉公办事、一丝不苟”的监理原则，努力进行全过程、全方位的监理工作，较好地完成了质量、进度、费用监控和合同管理、工程协调工作。

204国道大修工程，大修里程长、交通量大、半幅施工半幅通车，又加之争创全国文明样板路，指挥部将第1~5合同内路面大修、绿化交通工程项目交与我们负责监理外，在工程中后期随着创建文明样板路高潮的掀起，6月28日建设单位和监理单位的专题会议上又将原监理委托中没有的、而且必须实行监理制的几个工程项目交与我们实施监理。为完成这些监理合同之外的监理工作，我们根据会议纪要的要求增加了一部北京213吉普车和三名监理技术人员、一名驾驶员，并延长了全体监理人员的监理服务时间（由原合同3月4日~8月4日，变更为3月4日~9月10日），由此，增加了一部分监理费用。今按交通部工程预算定额中“监理费用为工程费用的1.5%”的规定，将增加的监理费分别计算如下：

1. 增加隔离墩的监理费

为创建全国文明样板路，在今年大修工程路段之外的K82+000－K107+000段增加了隔离墩预制与安装工程，由我单位监理，应增加监理费用为：

$$(204+159)\times 1.5\% = 5.45\text{ 万元}$$

2. 增加防护眩设施的监理费

为创建全国文明样板路，在上述隔离墩上增设防眩网，加工与安装等由我单位监理，应增加监理费用为：

$$(91.9+91.2)\times 1.5\% = 2.72 \text{ 万元}$$

3. 边坡固化美化工程的监理费

为创建全国文明样板路，在监理合同工期终止日的8月4日之后，又增加了边坡挂网喷浆、挡墙表面美化彩喷工程等，应增加监理费用为：

$$34.3\times 1.5\% = 0.51 \text{ 万元}$$

4. 东喜城西路段罩面工程的监理费

204国道东喜城西路段增加罩面工程3.4km，由某某公路公司施工，由我单位负责监理，专门安排监理人员和车辆，时间计20天，应增加监理费用为：

$$150\times 1.5\% = 2.25 \text{ 万元}$$

5. 沥青大碎石试验段工程的监理费

今年大修工程中第一合同段设计有沥青大碎石基层试验段，长2.5km，除正常的工程质量监理任务之外，为配合省公路局、省交通科研所进行科学试验，监理全过程、全方位提供监理服务，从检测旧路面弯沉、回弹模量到铺筑过程的应力、应变检测均付出了大量的劳动，较好地完成了科学试验工作，要求增加监理费用0.5万元。

6. 去年已大修路段遗留标志牌工程的监理费

去年大修路段中不便于安装的标志牌工程，在今年大修工程中实施，由工程二处施工，由我单位负责监理，应增加监理费用为：

$$(132.77-40)\times 1.5\% = 1.39 \text{ 万元}$$

7. 204国道（除今年大修段）全线边坡、边沟等整修工程的监理费

204国道××段边坡、边沟等整修由我单位负责质量、进度、工程数量监理，应增加监理费用2.0万元。

8. 省道孙寨路大修工程的监理费

省道孙寨路大修工程（2.6km）于9月1日开工，约至9月30日竣工，由我单位派驻现场2名监理人员，应增加监理费用为：

$$250\times 1.5\% = 3.75 \text{ 万元}$$

以上8项额外监理工作，共计应增加监理费18.6万元。

特此请示，请审批。

附件：增加监理工作任务的会议纪要

二〇〇二年九月十日

[点 评] 本实例是一个现场监理机构向建设单位提出的一份请示，文件格式符合“请示”公文的写作格式，内容明确、条项清楚，要求增加附加监理费用的理由客观存在，费用计算标准有依据，要求审批的意见明确。

实事求是地讲，目前个别工程项目的业主没有很好地执行招投标法和合同条件，随意增加工程数量和小型施工项目，但是不另外支付监理费，即常说的“加活不加钱”，给监理单位增加了监理费用风险。本文可供监理机构向建设单位申请增加监理费用时行文参考。

3.2　工程监理报告文件的编写

一、报告的含义

报告，是公文写作中最常用的上行文之一。国家行政机关和党的机关把“报告”列为法定文种。

2001 年版《国家行政机关公文处理办法》规定：

> 报告适用于向上级机关汇报工作，反映情况，提出意见或建议，答复上级机关的询问。

1996 年版《中国共产党机关公文处理条例》给报告的定义是：

> 报告用于向上级机关汇报工作，反映情况、提出建议，答复上级机关的询问。

二、报告的特点

（一）单向性

报告是下级单位主动地向上级机关汇报工作、反映情况、提出建议时使用的单方向上行文，而不需要上级机关给予批复、批准。另外，报告也是下级单位被动地应上级机关要求报告情况或答复上级的询问的上行文，只是上报，请上级机关查收，不需要答复。

（二）陈述性

报告就是下级单位主动向上级机关报告本单位依据上级的指示，做了什么工作，什么时间、什么人、用什么方法做的，有什么结果与体会建议等，都要一一向上级陈述，供上级机关和领导知晓或决策参考。

（三）事后性

日常工作中有“早请示、晚汇报”之说，意即工作前请示、工作完成后汇报，这就是报告的事后性。但建议报告因类同请示，应事前建议，避免木已成舟、先斩后奏。

三、报告的种类

（一）工作报告

工作报告包括综合性工作报告、专题性工作报告两种，用来向上级汇报已经完成的工作情况或向群众报告工作。其中，综合性汇报工作又可分为年度、季度、月份等工作报告。编好工作报告的目的是为了让上级机关了解下级单位的阶段工作情况和动态，掌握全局，指导工作，建立上下级之间的正常工作关系。例如，工程施工监理项目完工交工前，建立机构编写的监理工作总结报告就属于工作报告。

（二）情况报告

如果本单位出现了正常工作秩序之外的情况，有异常情况或新情况，对工作产生了一定的影响或损失时，作为下级单位应及时编写报告，以使上级机关掌握和决策。情况报告是报告阶段工作中的突出“情况”，工作报告则注重阶段工作的“全过程”。如施工监理过程中发生的质量事故报告、工程阶段性施工进度报告就属于情况报告。

（三）建议报告

在工作实践过程中，下级单位结合工作实践和当时当地的实际情况，认为工作应如何做、做到何种程度、何时去做、何人去做比较合适时，应形成建议报告，期望上级重视或采纳，这是下级实施建议的权力。但应正确对待上级机关是否采纳、批准的问题，绝不能逼迫或要挟上级机关采纳和批准，摆出一副不采纳就“罢工”的态度。有时，建议性报告随有关文件报送，这类建议的正文就比较简单，只要说明报送理由即可，建议的内容全部在附件中。建议报告一经上级批准，即具有权威性和约束力，下级单位应予落实。

（四）答复报告

答复上级机关询问的报告，称为答复报告，属于被动性报告行文。这种报告的针对性强，上级机关询问什么就回答什么，回答前要认真调查研究、掌握第一手材料，写成真实的报告，按时报送上级机关。

（五）报送报告

工程现场监理机构向上级机关报送监理规划、监理实施细则、年度监理工作总结等文件、材料、物品时使用报送报告，标题通常为“关于报送×××的报告”，正文内容比较简单，一般只写“今将×××报上，请查收”，或“根据××××××，今将×××呈上，请阅审”等。然后空行，另起一行字写“附件：××××”即可结束。

四、报告的编写要点

（一）报告的标题和主送机关

1. 报告的标题

报告类文件的标题有两种写法。一种是标准式，在党的机关中常用，即“发文机关+关于+主要内容+的+文种（报告）”。例如，《中共中央纪律检查委员会关于清理党政干部违纪违法建私房和用公款超标准装修住房的报告》。

另一种是省略式，在行政企事业单位的业务工作中常用，即“关于+主要内容+的+文种（报告）”。例如，总监理工程师签发的《关于第二季度工程施工计划执行情况的专题报告》。

2. 主送机关

党政机关的报告，主送机关只有一个，直接报告自已的直接上级机关。如需其他相关的上级机关阅知，可以抄送。一般情况下不要越级报告。

技术业务部门的报告，同样只能主送一个单位，即直接上级业务部门。例如，某高速公路合同段驻地监理办的报告只能主送总监办，一般不应同时主送总监办、建设单位项目办，可以主送总监办、抄送建设单位项目办。

（二）报告的正文

报告类文件的正文由两部分组成，即导语部分、主体部分。

1. 报告的导语

报告的开头部分起着引导全文的作用，所以称为导语。不同类型的报告有着不同的导语。如背景式导语、根据式导语、叙事式导语和目的式导语等。

（1）目的式导语。将发文的目的明确写出来作为报告的第一段，例如，某省建设质量监督站写给省建设厅的报告的第一段是这样的：

为了宣传和认真执行部颁新的《工程质量检验评定标准》，我站近日组织省建工局、省监理公司、检测中心等单位对在建住宅工程项目进行了专项检查，今将在建项目执行部颁新的《工程质量检验评定标准》的情况报告如下：

（2）背景式导语。交代报告写作的原因背景的导语。例如，某总监理工程师办公室在省交通质监站检查后，就问题的整改落实情况写的报告的开头是这样的：

6月下旬，省交通质量监督站对绕城高速公路的工程质量和内业资料进行了全面的、认真的检查，发现第二合同段项目经理部负责的河西大桥的钢筋加工场地混乱，发现第三监理部负责监理的两座通道桥的前后4个台背回填的石灰土压实度不合格、一段二灰碎石下基层（长度约190m）的压实厚度不够，发现第五监理部的部分监理抽检资料与施工单位的雷同等四个大的问题。贵站检查过后，我总监办由副总监带队组织技术室、中心试验室及相关监理部的驻地监理工程师于6月30日开始利用4天的时间共同进行了现场检查和整改。今将检查、整改情况报告如下：

（3）根据式导语。第一段交代根据什么而写的报告。例如：

根据××水利工程施工项目的《监理工作程序》和第二季度的监理工作计划，我监理办四月二十日至二十六日集中对一至四合同段项目经理部提交的土方工程、涵洞、通道、桥梁桩基的工程数量复核结果，结合施工图纸、变更图纸和总监办下发的《工程量复核规定》进行了详细审核、计算和汇总，今将审核汇总结果报告如下：

（4）叙事式导语。在开头第一段说明情况的大体过程和结果，以便于上级领导阅读。例如，某驻地监理办就施工队擅自施工情况写给总监办的一份报告的开头：

9月23日上午10时许，我监理办桥梁专业监理工程师李××巡视工地时发现河岸沟大桥13m先张预应力空心板施工队未报请现场监理旁站，擅自放张钢绞线一槽（计5片板），今将事件的调查情况和处理的初步意见报告如下：

2. 报告的主体

报告的内容包括前一阶段的主要工作情况，存在的问题与经验教训、今后打算等，根据不同种类的报告，内容有所侧重。

综合性报告一般分为三部分，开头写前一阶段的工作情况，包括工作计划、开展的过程、采取的措施、取得的成绩等。中间部分写存在的问题或经验教训或收获体会等，可简写。最后一部分写今后打算，可详可略。如果专门报告下一阶段工作意见，前一阶段工作情况应简写，重点写今后做什么、如何做、何时做完、需要什么支持条件等。

专题性报告的正文要针对专题而写，不能写成综合式、总结式报告，要么写清工作进展情况，取得的经验、存在的问题，要么写清事情的起因、经过、性质和处理意见、处理情况，要么将询问的事项交待清楚，要么将报送的文件、物品的缘由和名称报告清楚。

（三）报告的结尾

1. 呈报性报告的结尾

呈报性报告的结尾用“特此报告”，“以上报告，当否，请批示”，“特此报告，请审阅（请查收）”，“特此报告。如有不妥，请指正”等。

2. 呈转性报告的结尾

呈转性报告的结尾用“以上报告，如无不妥，请批转相关部门执行”等。

五、编写报告的注意事项

1. 报告是一种陈述性文件，陈述的事实要完整清楚，要具备时间、地点、人物、事件、结果等基本要素。

2. 综合性、专题性报告的侧重点不同。报告的材料要真实、重点要突出、数据要真实，不要面面俱到、拖泥带水。

3. 报告也有个主送、抄送问题，而不是凡是上级机关都主送。

4. 报告中不得夹带请示事项。报告、请示的适用范围完全不同，报告以陈述情况为主，领导无需答复；请示以请求为主，领导必须答复，所以，报告的结尾不要用明显期复的语句，如“以上报告，请审批”。

5. 监理规范的附录表格中没有“报告”表式，监理机构向上级监理单位、建设单位、质量监督站等部门报告情况时应使用“报告”这一法定文种的规定格式行文，不可因为监理规范中无“报告”表式而不编写情况报告。国家《建筑法》、《工程建设质量管理条例》中都规定监理人员发现设计错误、质量问题时应及时报告建设单位，也就是说，监理人员没有发现问题是监理能力问题，发现问题不报告是职业行为失职问题。

六、案例

【案例 3.2-1】 工程进度专题报告

关于 V1 合同工程进展计划执行情况的专题报告

总监办：

自 2004 年 5 月 18 日总监理工程师主持召开第一次工地会议之后，各合同项目经理部普遍加强了调度、加大了施工资源的投入，工程进展较快。但由××工程建设集团中标承建的 V1 合同，工程进展迟缓，滞后于建设单位下达的总体目标计划、更滞后于自我编制的进度计划。为尽快扭转被动局面、采取有效措施加快工程进度，第一驻地监理办在总监办的指导下会同第一监理组对 V1 合同现场情况进行了初步调查和分析，今报告如下：

一、工程进展情况

1. 工作量完成情况

6 月份计划完成工作量 917 万元，实际完成 199 万元，占月计划的 20%。

7 月上旬计划完成工作量 160 万元，实际完成 140 万元，占旬计划的 87.5%。

2. 截止 7 月 10 日工程形象进度情况

① 路基冲击压实，累计完成 7.9km，占设计数量 13km 的 60.7 %。

② 构造物强夯，累计完成 9 个，占应实施强夯个数 27 个的 33%。

③ 路基填土，累计完成 140.1 万 m^3，占累计计划 2801.4 万 m^3 的 5%，占合同数量 19131.4 万 m^3 的 0.7%。

④ 桩基工程，开始钻（挖）孔的桥梁 2 架、占基础为桩基的桥梁 18 架的 11%，

成孔桩基0个、灌注桩基成品0个。其中，正在挖孔的桥1座、计12根桩、无一成孔；正在钻孔的桥1座，只有一台钻机且无成孔。V1合同桩基总数量为448根1667延米。

⑤ 箱构，完成强夯9个、占应强夯构造物27个的33%；灰土垫层开工3个、占应施工灰土垫层构造物31个的10%；灰土垫层完成2个、混凝土底板完成0个。

3. 截止7月10日施工资源投入情况

① 技术力量：全线技术人员数量为32人；

② 压路机械：4台振动、8台静压，总计12台；

③ 平地机：2台；

④ 钻机：5台；

⑤ 混凝土拌合站：5个$50m^3$、1个75 m^3，计325 m^3；

⑥ 冲击压路机6台、强夯机8台；

⑦ 运土车50台。

二、进度滞后的原因

V1合同实际进度严重滞后于自定计划、滞后于建设单位总体目标计划，已成为不争的事实。与V2、V3等合同段相比，不是滞后一个月的问题，而是滞后两个月的问题。我第一驻地监理办分析其原因有以下几点：

1. 客观（外界）原因

① 工程地处的××县为农业种植县，工地沿线多为水浇地，沟渠多、地下水管多，增加了施工难度。另外，村民以食为天、视地如命，公路占地就是损他的命根子，所以，干扰施工现象时有发生；

② 取土场由施工方自协，村委与村民内部矛盾的存在和百姓视粮食为生命的思想导致难于协调成功；

③ 县指挥部协调力度虽然较大，但与村民之干扰不相称；

④ 马家水库协调时间长，施工便道未能及时打通；

⑤ 施工路段外围的乡村道路或修或阻，导致机械、砂石料进场困难；

⑥ 工程资金问题和导线、水准点成果提交时间滞后等。

2. 主观（内部）原因

① 项目部技术力量不足，业务水平不高、组织能力不强。标书中的人员只有项目经理到位，无路基桥梁工程师，总工程师年龄大、身体健康状况差，副经理有3位但均系毕业3年左右的年轻人，质检工程师、计划工程师、计量支付工程师多为兼职。

② 项目部管理力度差、计划性差。突出表现在内部分公司队伍、劳务队伍的确定、进场滞后。

③ 土方施工队伍少且投入不足。运输车辆为临时拼凑，车况差、载重量小，不能流水和突击作业。至今开工3段土方，均系填一层土就转移至另一段，而不是在一层土上填第二、三层土，以确保填一段高于原地面一段。

④ 桥梁队伍少且力量不足、进场晚。至今，全线18座桩基桥梁只有1个在挖孔、1个在钻孔。

⑤ 力排干扰的能力不足。一个村民、一根水管就能阻挡住施工作业……

⑥ 试验“先行”不先行。土场的最大干密度、三七灰土的最大干密度、挖（钻）孔桩的混凝土配合比等试验报批有等靠现象；

⑦ 过分考虑施工成本。突出表现在土场的单价确定、强夯机的进场数量，三七灰土垫层的拌合采用装载机拌合等。空心板预制场地建设至今没有行动，也是缺乏统筹安排的表现。

三、应采取的措施与建议

1. 第一步措施

先由V1项目部提交一个第三季度工作计划与保证措施，之后建设单位、监理、施工方三家共同研究审定，对V1合同实行日报制度和旬检制度。每日按第一驻地监理办暂定格式统计上报进展情况，以利各方掌握和决策、调度。

根据旬检情况，对V1合同下达每旬工程施工计划，要求其7月底必须完成建设单位下达的第一阶段考核目标（如土方完成20%以上等）。否则，实施第二步措施。

2. 第二步措施

约见V1合同施工单位的法人代表到工地现场进行调研、解决进展滞后问题：

① 增加技术力量、机械设备和施工队伍，或调换项目部主要组成人员，或法人代表常驻工地等；

② 进行工程分割，由建设单位指定分包人施工。

特此报告。

二〇〇四年七月十日

［点　评］ 本报告属于专题性报告的实例，文中统计了工程计划的实际执行情况，分析了进度滞后的原因，提出了整改措施和建议，格式符合国家公文规定格式。但也有几处不足：(1) 文件标题“关于V1合同工程进展计划执行情况的专题报告”有误，应将“进展”两字删去。(2)“6月份计划完成工作量917万元，实际完成199万元，占月计划的20%”有误，应为“占月计划的21.8%”。(3)“2. 截止7月10日工程形象进度情况”和“3. 截止7月10日施工资源投入情况”中的每一个小问题的描述后，前者用了句号，后者用了分号，应统一使用分号。可供监理工程师参考。

【案例3.2-2】 驻地监理办的建议性报告

关于马家水库大桥工程进度的调查与分析报告

总监办：

根据建设单位、总监办确定的工程最后合同时间可延迟到2005年8月底的意见，30m箱梁的预制和安装作为马家水库大桥的关键工程。马家水库大桥作为V1合同的制约工程，其施工质量的合格与否、施工进度的快慢如何将直接决定着V1合同能否如约交工问题。为此，8月21日，第一驻地监理办高级驻地根据总监办工管处的要求，会同驻地监理办主任、V1合同监理组、V1合同项目部及其马家水库大桥施工队的相关负责人进行了现场调研。经调查，马家水库大桥整体工程进度严重滞后、后续工程进度不容乐观，工程建设各方必须高度重视，必须加强调度，必须一手抓质量、一手促进度。今将马家水库大桥工程进度的调查情况和进度分析意见报告如下：

一、工程进展情况

1. 预制

截止8月21日，共预制完成60片，其中K38+654天桥以东预制场（以下称第一预制场）预制11片、K38+654天桥以西预制场（以下称第二预制场）预制49片（自6月2日正式预制第一片）。

2. 张拉

截止8月21日，共张拉18片，其中第一预制场张拉11片、第二预制场张拉7片（6月2日正式预制后两个半月后的8月18日才开始张拉）。

3. 压浆

截止8月21日，共压浆11片，其中第一预制场压浆4片、第二预制场压浆7片（自8月19日压浆第一片）。

4. 安装

截止8月21日，共安装1片（7月16日开始安装并安装在第8跨上），另具备安装条件者3片。

二、存在的进度问题

1. 预制底座问题

建设单位多次组织V1合同30m箱梁进度协调会，其中第一次会议于4月29日召开，确定自5月15日在K38+654天桥以西设第二预制场并开始生产，设40个底座，其余用V1合同第一预制场的底座11个周转两次。至今，现预制梁施工队在第二预制场地已设底座47个（比原计划多设7个底座），在第一预制场地已设11个，底座共设58个。与第一预制场原11个底座周转一次计69片。即现预制梁施工队目前最大能力只能预制自设底座的58片梁和第一预制场地已移开底座的3片梁，即第一预制场地的另外8个底座暂无法使用，如8月23日压浆完成至少也要于9月2日方可移梁、方可交出底座。

2. 预制进度问题

截止8月21日，第二预制场地施工队应使用底座69个，可以利用的底座为61个。已预制49片，另有8片已绑焊钢筋可浇混凝土，有4片有底座但缺ϕ10、ϕ12钢筋暂停施工，有8片等待底座移交。

截止8月21日，按正常进度每2天预制3片计，总剩余20片梁，约需15天，将于9月5日完成。自8月22日起，8天后第二预制场总计预制57片，即8月30日起因4片缺钢筋、8片无底座将处于停工状态。

3. 安装进度问题

30m箱梁的移梁和安装，《技术规范》规定压浆48h后方可移梁，但在施工设计图纸上规定压浆强度应达到100%时方可移运，而且，合同文件的优先次序中规定“图纸优先于规范”，即应按100%强度控制移梁的时间。

截止8月21日，已安装完成1片。

第一预制场地，没安装的10片中，有3片梁已压浆两个月以上时间，2片梁没完全压完浆，有5片梁没有开始压浆。已压浆合格的3片具备移梁强度条件，但因在第7跨中现没法架设。

第二预制场地，已预制49片，压浆于8月19日开始，至8月21日已压浆7片，按10天压浆强度达到100%计，尚待8月29日方具备移梁强度条件，即8月底方才有7片梁应能安装，这还要看V1合同的移梁设备、架梁队伍情况。

三、制约工程进度的因素

1. 资金问题

据调查了解，截止8月21日，第二预制场尚缺钢绞线40t、缺ϕ8与ϕ10钢筋约20t、缺ϕ12钢筋约50t、约有350t水泥款没拨付水泥厂家导致水泥供货紧张。

2. 人力设备问题

现第二预制场地的预制、张拉、压浆等人员约为110人，张拉设备为1套（即1次只能张拉一片）、压浆设备为1套，而且，张拉和压浆的人员为1组人员。

3. 材料与运输道路

砂、石等地材采购困难，运往工地的道路因雨时而中断。

4. 移梁和安装队伍问题

第一预制场地已安装1片，尚有10片没安装。其中4片在第8跨、5片在第7跨、1片在第6跨，或因跨的问题或因资金的问题导致安装队伍没有再进场。

第二预制场地负责69片梁的预制。其中在K38+654天桥以西已制47片，其余22片在K38+654天桥以东场地。在K38+654天桥以西预制的47片梁的移梁、运梁至少需要两台60t吊车和移梁炮车移梁，运过K38+654天桥后再移到架桥机上，但目前安装的方案、设备、队伍和施工计划尚未向监理报批。

四、加快工程进度的意见

建设单位根据工地天气等情况确定V1合同的合同工期到8月底，但从目前马家水库大桥的工程进度实际看，具有很大的难度，必须加快工程进度。

1. 必须加快已预制梁的张拉与压浆

第一预制场地，2片梁没有完全压完浆、5片没有开始压浆，监理已书面指令V1合同必须于8月24日压浆完毕。

第二预制场地已预制49片、已压浆7片，剩余42片没张拉压浆，一高驻8月21日已书面指令相关负责人必须于8月22日开始张拉和压浆，施工方承诺自8月22日开始每天张拉、压浆不少于5片、计划8月30日张拉压浆累计完成49片。

2. 必须加快移梁、安装

按第二预制场地负责人的承诺，8月30日前可张拉、压浆完49片梁。按压浆强度约10天达到100%估计进度，8月29日即有7片梁可移、可运、可安装上桥，之后每天陆续有5片可移、可运。按每天安装3片计，从理论上讲9月12日应安装完左半幅，3天的架桥机调整时间，9月16日右半幅应开始安装第一片梁。

3. 必须加快桥面系施工

从最快进度上讲，在资金保证到位、天气少雨多晴的情况下，9月12日应安装完左半幅（计40片），9月13日即可开始固结端的施工、9月20日即可开始负弯矩的张拉等、10月20日即可完成左半幅的桥面铺装，右半幅桥面铺装的最快速度有望于11月20日完成。

4. 加快工程进度的支持措施

经上分析，V1合同马家水库大桥的实际进度，8月28日全部完成已成为一句空话。

施工方必须高度重视施工资源（时间、人力、机械设备、材料、资金）的调度和投入，不可信马由缰，要知道履行合同是严肃的法律行为，亚行贷款的合同条件更是严肃的合同条件。

监理方应积极配合、及早提示和督促、及时检验和旁站，严格质量控制、避免停工和返工，停工和返工的进度是零甚至比零还要糟。

建设单位应加强合同管理、及时调拨资金、加强施工方项目法人调度、对施工单位的违约应有合同措施。建议总监办和建设单位尽早组织一次调度会议，专题研究V1合同马家水库大桥及V1合同的整体进度问题。建议总监办和建设单位考虑V1合同马家水库大桥的桥面系的施工队伍问题，应由有负弯矩、固结段、湿接缝、桥面铺装施工经验和施工设备的施工队伍承建。

以上报告，如有不妥，请批评指正。

二〇〇五年八月二十二日

［点　评］本实例是一篇建议性报告，其格式基本符合“报告”公文的写作格式。高级驻地监理工程师根据对马家水库大桥工程进度滞后的现场调查和平时掌握的情况，分析了工程进展的实际情况，提出了与预制箱梁有关的预制底座问题、预制进度问题、安装进度问题，向总监办提出了加快工程进度的四条意见。总监办特别是总监理工程师收到并看到这篇报告后，应该引起高度的重视。因为高级驻地监理工程师认为V1合同马家水库大桥的工程进度不能令人放心，而且仅靠基层监理机构难于扭转被动局面，高级驻地监理工程师建议总监办、建设单位尽早组织一次调度会议扭转被动局面，以加快工程施工进度、以确保工程质量。

【案例3.2-3】 报送报告

关于报送2006年度监理工作总结的报告

总监办：

根据《工程监理管理办法》的规定和总监办的要求，为总结成绩、找出问题、更好地完成2007年的监理工作任务，今将我驻地监理组编写的《2006年度监理工作总结》报上，请审阅。

二〇〇六年十二月三十日

［点　评］本实例是一篇报送文件（物品）性的报告，其格式基本符合“报告”公文的写作格式，行文一段式，简单扼要。特别肯定的是本报告没有犯报送报告的常见病——在正文后另起一行将报送的物品、文件作为“附件”（国家行政机关公文处理办法规定，报送类报告的正文述明报送的内容即可，不应加附件）。本实例代表报告的一个类型，可供监理同仁参考。

七、工程索赔报告文件的编写

（一）索赔报告的含义

索赔报告是工程建设合同的一方向另一方提出涉及费用、工期（时间）补偿的书面文件，它全面反映了一方当事人对客观存在的索赔事件的要求和主张，合同另一方也是通过对索赔文件的审核、分析和评价来作认可、要求修改、反驳甚至拒绝的回答。索赔报告也是双方进行索赔谈判或调解、仲裁、诉讼的依据。

（二）索赔报告的种类

在工程施工过程中，工程索赔可分为以下四种：

1. 从索赔的内容上分

从索赔的内容上分，可分为工程费用索赔和工期索赔。

2. 从索赔的方向上分

从索赔的方向上分，可分为索赔和反索赔。例如，在工程施工过程中承包人向建设单位的索赔是常见的，我们称之为正索赔，于是，建设单位向承包人的索赔就是反索赔。

3. 从索赔的内外部区分

从索赔的内外部区分，可分为建设单位向承包人的索赔、承包人向分包人的索赔、分包人向劳务队伍的索赔，以及监理机构与建设单位之间的索赔等。

4. 从索赔的起因上分

从引起索赔的原因上分，可分为工程设计变更导致的费用索赔和工期索赔，恶劣天气引起的索赔，建设单位决定工期提前使得承包人赶工增加投入引起的索赔等等。

（三）索赔报告的写法

索赔意向的提出和索赔报告的及时上报，对索赔的解决有重大影响，索赔方必须认真编写索赔文件。

在合同履行过程中，一旦出现索赔事件，施工单位应该按照索赔文件的构成内容，及时地向建设单位提交索赔文件。单项索赔文件的一般格式如下：

1. 标题

索赔报告的标题应该简要、准确地概括索赔的中心内容，如“关于……事件的索赔报告”。

2. 事件

详细描述事件过程，主要包括事件发生的工程部位、发生的时间、原因和经过、影响的范围以及施工单位当时采取的防止事件扩大的措施、事件持续时间、施工单位已经向建设单位或工程师报告的次数及日期、最终结束影响的时间、事件处置过程中的有关主要人员办理的有关事项等。

3. 理由

是指索赔的依据，主要是法律依据和合同条款的规定。合理引用法律、法规和工程合同文件的有关规定，建立事实与损失之间的因果关系，说明索赔的合理、合法性。

4. 结论

指出事件造成的损失或损害及其大小，这部分只需列举各项明细数字及汇总数据，主要包括要求补偿的金额及工期。

5. 详细计算书（包括损失估价和延期计算两部分）

为了证实索赔金额和工期的真实性，必须指明计算依据及计算资料的合理性，包括损失费用、工期延长的计算基础、计算方法、计算公式及详细的计算过程及计算结果。

6. 附件

包括索赔报告中所列举的事实、理由、影响等各种附有编号的证明和证据、图表。

对于一揽子索赔，其格式比较灵活，它实质上是将许多未解决的单项索赔加以分类和综合整理。一揽子索赔文件往往需要很大的篇幅来描述其细节。一揽子索赔报告的主要组成部分如下：

（1）索赔致函；

（2）总情况介绍（叙述施工过程、对方失误等）；

（3）索赔报表（将索赔总数细分、编号，每一条目写明索赔内容的名称和索赔额）；

（4）索赔事件详述；

（5）索赔事件结论；

（6）合同细节和事实情况；

（7）分包人索赔；

（8）工期延长的计算和损失费用的估算；

（9）各种证据材料等。

（四）索赔报告的编写要点

编写索赔报告需要实际工作经验。索赔报告的起草不当，会失去索赔的有利地位和条件，使正当的索赔要求得不到合理解决。对于重大索赔或一揽子索赔，最好能在律师、索赔专家或合同管理专家的指导下进行。编写索赔报告有以下基本要求：

1. 必须符合实际

索赔事件要真实、证据要确凿。索赔的根据和款额应符合实际情况，不能虚构和扩大，更不能无中生有，这是索赔的基本要求。这既关系到索赔的成败，也关系到施工单位的信誉。一个符合实际的索赔文件，可使审阅者看后的第一印象是合理的，不会立即予以拒绝；相反，如果索赔要求缺乏根据，不切实际地漫天要价，使对方一看就极为反感，甚至连其中有道理的索赔部分也被置之不理，不利于索赔问题的最终解决。

2. 必须有说服力

（1）符合实际的索赔要求，本身就具有说服力，但除此之外索赔报告中责任分析应清楚、准确。一般索赔所针对的事件都是由于非施工单位责任而引起的，因此，在索赔报告中要善于引用法律和合同文件中的有关条款，详细、准确地分析并明确指出对方应负的全部责任，不应包含任何估计或猜测。

（2）强调事件的不可预见性和突发性。说明即使一个有经验的施工单位对该事件也不可能有预见或有准备，并且施工单位为了避免和减轻该事件的影响和损失已尽了最大的努力，采取了能够采取的措施，从而使索赔理由更加充分，更易于被对方接受。

（3）论述要有逻辑。明确阐述由于索赔事件的发生和影响，使施工单位的工程施工受到严重干扰，并为此增加了支出，拖延了工期。应强调索赔事件、对方责任、工程受到的影响和索赔之间有直接的因果关系。

3. 计算必须准确

索赔报告中应完整列入索赔值的详细计算资料，指明计算依据、计算原则、计算方法、计算过程及计算的合理性，必要的地方应作详细说明。计算结果要反复校核，做到准确无误，要避免高估冒算。计算上的错误，尤其是扩大索赔款的计算错误，会给对方留下恶劣的印象，并认为提出的索赔要求太不严肃，其中必有多处弄虚作假，从而直接影响到索赔的成功。

4. 必须简明扼要

索赔报告在内容上应组织合理、条理清楚，各种定义、论述、结论要正确，逻辑性要强，既能完整地反映索赔要求，又要简明扼要，使对方能很快地理解索赔的本质。索赔文件最好采用活页装订，印刷清晰。同时，用语应尽量婉转，避免使用强硬、不客气的语言。

5. 必须按合同规定的时间和格式编写

一般地说，合同条件都规定索赔的申请时间，首次索赔事件发生时，要求承包人必须在合同规定的时限内向监理工程师先提交索赔意向书，再在规定的时间内提交正式的索赔报告及其补充报告。索赔报告的格式及其表格，应按照本工程的规定编写、报送。

对于城市建设工程施工索赔，建设监理规范规定了费用索赔、延期报审的专用表格，即A7表“工程临时延期申请表”、A8表“费用索赔申请表”以及B4表“工程临时延期审批表”、B5表“工程最终延期审批表”、B6表“费用索赔审批表”。对于公路工程施工索赔，在1995年版的《公路工程施工监理规范》中规定了两种表格（监表8索赔申请单；监表9索赔时间/金额审批表），可以作为索赔报告采用的格式；在具体工程的管理中，也可以规定索赔报告格式或补充一些表格，以能更好地反映索赔和审批情况。

（五）案例

【案例3.2-4】 工程索赔报告

关于补充图纸延误请求费用补偿和工期补偿的报告

致：×××驻地工程师

我项目经理部所施工的F合同段内K72+250~K72+400段属软土地基，原施工图未对其进行特殊设计处理，施工到此路段后经有关各方协商，初步确定为换填砂砾石的处理方案，并确定了提供补充施工图的最后期限为2006年7月10日（见6月29日会议纪要），我方根据会议纪要精神对施工工作面进行了调整，并在第3次工地例会上提出过需要尽快提供该路段的补充设计图纸，否则，可能导致施工队伍闲置的问题。但7月17日监理工程师通知“软土地基处理方案改为砂桩，原该路段土石方施工队伍按正常退场处理，砂桩施工队伍由施工单位另行调遣”，由于补充设计图纸的延误提交，共造成我方土石方施工力量闲置7天。

7月18日，我方提出了对此事件的索赔意向书，按合同文件要求提交了人员、机械设备闲置清单，并经监理工程师核实、确认（具体数量见我方的申报表和监理工程师的核实、签证单）。

鉴于本事件的责任在建设单位方（甲方），现我方根据合同通用条款6.3款的规定，按投标文件和部颁及本省补充规定的有关费用计算及取值情况，以监理工程师核定的人员、设备闲置的数量为准进行计算，请求补偿费用55164元（费用计算清单见附件1，证据资料见附件2）；请求补偿工期7天。

同时，对监理工程师指示另行调遣砂桩施工队伍所涉及的费用和工期问题，我方保留要求补偿费用和工期的权利；对砂桩施工的计价问题，由于属变更工程，原工程量清单中无此细目和单价，我方要求协商确定单价，以便在施工期中进行计量支付。

致礼！

××公司×合同段项目经理部

2006年7月21日

［点　评］本实例是施工单位编写的一份因图纸延误而请求费用补偿和工期补偿的索赔报告。从报告文件看，项目经理部在首次索赔事件发生后的21天内提交了索赔意向书，按合同文件要求提交了人员、机械设备闲置清单，7月21日又依据合同条款的有关规定正式提交了请求费用补偿和工期补偿的索赔报告，要求补偿费用55164元、补偿工期7天。应当说施工单位的索赔是正当的、是按合同规定程序进行的。但就一篇公文来讲，其行文格式不是很规范，如主送单位的写法就有点似外籍监理工程师的写法，应该将“致：×××驻地工程师”改写为“第××驻地监理办:”。再是，最后写作“此致!”，应删除改写为“特此报告，请审批。”，后加附件1、2。另外，文件的正文之后不应有行文单位的署名，即应将“××公司×合同段项目经理部”删去，成文日期写为数字也不对，应改为小写汉字式。仅供监理同仁参考。

【案例3.2-5】索赔的审查报告

关于第×合同段补充设计图纸延误造成的费用和工期索赔的审查报告

致：××工程建设开发公司

××公司×合同段项目经理部于×年×月×日按规定格式向驻地监理报送了《索赔申请单》(监表8)、《关于补充图纸延误请求费用补偿和工期补偿的报告》及其附件一：索赔费用及索赔工期计算书；附件二：闲置人员、设备申报核定表；附件三：×年×月×日会议纪要；附件四：施工记录；附件五：总进度计划和索赔依据、索赔证据等书面资料。在正式索赔申请（报告）递交前，索赔事件发生后的规定时间内，施工单位向驻地高监报送了《索赔意向书》。

经审查，其索赔符合合同文件规定的索赔程序和索赔时效，索赔依据符合合同通用条款第6.2款（工程进度受影响）、6.3款（图纸或指示延误和延误造成的费用）、第53条（索赔程序）的规定，客观地讲对施工单位的确造成了一定额外费用的增加，因此对其索赔申请应予以受理。

在接到施工单位的《索赔意向书》后，驻地监理办安排监理人员对施工单位现场受影响的范围和程度进行了如实核对、记录，保持了同期监理记录；施工单位也保持了同期施工记录以便查证。

在收到施工单位的正式索赔申请（报告）后，经驻地监理、计量支付监理工程师、有关的现场监理人员一道根据同期监理记录，对施工单位提出的索赔依据和证据进行了认真审查和核定；对索赔费用和工期的计算方法和参数的取值对照合同文件和施工单位的原报价单进行了逐一核定。经过审查后认为，施工单位的费用索赔，其计算有的数据取值偏高，予以核减，施工单位提出索赔额 55164 元，核定为补偿 21904 元，核减 33260 元；施工单位提出的 7 天工期索赔，由于当前路段的路基施工不在关键线路上，因此不予批准延期（详细核定情况见后附件一）。

总监办认为驻地监理办对索赔的评估、复查属实。同意驻地监理办的评估意见，补偿施工单位费用 21904 元，不予批准延期。

特此报告，请审批，并请签署索赔金额/时间审批表。

附件：监表 9——索赔时间/金额审批表

×××高速公路总监办

××××年××月××日

［点　评］ 本实例是监理机构针对施工单位提出的一份因图纸延误而请求费用补偿和工期补偿的索赔报告而写的审查报告。总监办提出了审查意见，向建设单位报告了审查过程和结论，并请建设单位审批和签署索赔金额/时间审批表，内容完整、文笔简练、意见明确、态度明确。

但是，就一篇公文来讲，本实例的行文格式不是很规范，如主送单位的写法、附件与正文之间没空一行、正文之后行文单位的署名等错误。仅供监理同仁参考。

第二部分 关于下行文

行文是指一个机关给另一个机关发文，这一发一收之间就构成一对行文关系。

机关单位之间的行文关系，有三种情形：一是上下级之间领导被领导的关系；二是上下级之间系业务指导与被指导的关系；三是平行或不相隶属的关系。公文的行文关系必须根据隶属关系、职权范围确定，一般不得越级请示和报告，这是公文行文的基本原则。

公文行文一般有三种方向、六种方式。其中，上级机关主送给下级单位的行文称之为下行方向的文件，简称“下行文”，包括三种方式：第一是逐级向下行文；第二是多级向下行文；第三是党政领导机关必要时直接传达到人民群众和社会的普发性行文。

下行文的种类包括多种，常见的有通知、批复、通报、决定、指示、指令、监理工作提示、意见、会议纪要、公告、通告等。

3.3 工程监理通知文件的编写

一、通知的含义

通知，是公文写作中最常用的下行文之一。国家党、政机关都把“通知”列为法定文种。2001 年版《国家行政机关公文处理办法》将“通知”定义为：

> 适用于批转下级单位的公文，转发上级机关和不相隶属机关的公文；发布规章；转达要求下级单位办理和有关单位需要周知或者共同执行的事项；任免和聘用干部。

1996 年版《中国共产党机关公文处理条例》给“通知”的定义是：

> 用于发布党内法规、任免干部、传达上级机关的指示、转发上级机关和不相隶属机关的公文、批转下级单位的公文、发布要求下级单位办理和有关单位共同执行或者周知的事项。

二、通知的特点

通知类公文具有较强的时效性、一定的指导性等特点：

（一）多样性

在众多下行文中，通知的功能是最为丰富的。它可以用来布置工作、传达指示、晓谕事项、发布规章、批转和转发文件、印发会议纪要、任免干部等等。总之，下行文的主要功能，它几乎都具备。但是，通知在下行文中的规格，要低于命令、决议、决定、指示等文体。用它发布的规章，多是基层的，或是局部性的、非要害性的；用它布置工作、传达指示的时候，文种的级别和行文的郑重程度，明显不如决定、指示和监理工作指令。

（二）广泛性

通知的发文机关，几乎不受级别的限制。大到国家党政机关，小到基层的企事业单位和独立的社会团体组织，都可以印发通知。

通知的受文对象也比较广泛。在基层工作的干部和职工，接触最多的上级公文就是通知。通知虽然从整体上看是下行文，但部分通知（如晓谕事项的通知）也可以发往不相隶属的单位。

（三）指导性

通知这一文种，从字面上看不出指导的姿态，但事实上，多数通知都具有一定程度的指导性。用通知来发布规章、布置工作、传达指示、转发文件，都在实现着通知的指导功能，受文单位对通知的内容要认真学习领会和传阅，并在规定时间内完成通知布置的任务。

（四）时效性

通知是一种制发比较快捷、运用比较灵便的公文文种。它要求下级单位办理的事项，一般都有比较明确的任务内容和时间要求，受文机关要在规定的时间内完成办理事项，不得拖延，以便于上级机关适时检查通知的落实情况或汇总有关情况等。

（五）中转性

通知可以转发，具有“中转性”，即指用于批转下级单位的公文，转发上级机关和不相隶属机关的公文。具体分为三种情形：“上转下”，即将某一下级单位的文件批转给所属下级单位；“平转平”，即将平级单位或不相隶属单位的来文转发给所属下级单位。“下转上”，即中间管理单位将上级机关的文件转发给其下属单位。其中，“上转下”称为“批转性通知”，“下转上”和“平转平”称为“转发性通知”。

三、通知的种类

一般情况下，作为法定公文之一的通知可分为发布指示的通知、颁布规章的通知、批转文件的通知、晓谕性的通知、任免通知、会议通知等六种。

（一）发布指示的政策性通知

这类通知用来发布工作指示、布置工作。凡是需对某一事项进行处理、对某问题作出指示，又不适合用命令、决定、指示的形式行文的时候，均可用通知的形式进行办理。

例如，国务院办公厅以“国办发〔1999〕102号”文件印发的《关于进一步做好治理开发农村“四荒”资源工作的通知》。再如，某总监办印发的《关于加强箱型构造物基底强夯质量控制的通知》。

（二）颁发规章的通知

除重要的法律性文件用命令颁布之外，多数法规和规章性文件，如条例、制度、规定、规划、计划、办法、细则、实施方案等，都适合用通知颁发、发布、印发。其中，比较重要的规章、文件用“颁发、发布”。例如，2000年12月7日建设部以“建标〔2000〕277号”文件的形式印发了“关于发布国家标准《建设工程监理规范》的通知”。再如，2000年8月24日交通部以“交公路发〔2000〕434号”文件的形式印发了“关于发布《公路桥涵施工技术规范》(JTJ 041—2000）的通知”。

一般的规章、办法、细则等文件用“印发”。例如，国防科工委“科工字〔1999〕215号”文件：“关于印发《武器装备科研生产许可证管理暂行办法》的通知”。再如，某市城市绿化景观工程项目建设单位就工程变更管理问题下发的通知：“关于印发《绿化景观带工程设计变更管理办法》的通知”。

这类通知的正文，内容通常十分简短。如国土资源部等五部门联合发布的“关于颁布《矿产资源储量评审认定办法》的通知”的正文：

为维护矿产资源国家所有权益，加强矿产资源储量管理，确保矿产资源储量合理可靠，根据《矿产资源法》，制定了《矿产资源储量评审认定办法》，现予发布。

全文由目的、根据、发布对象、发布决定组成。

有时还可以更简短，如国务院、中央军委“关于印发《中国人民解放军士官退出现役安置暂行办法》的通知”的正文：

现将《中国人民解放军士官退出现役安置暂行办法》印发给你们，请遵照执行。

由发布对象、发布决定、执行要求组成。

这类通知是复合体公文，被发布的规章全文附在通知之后，但不作为附件处理，而是正件的组成部分。

（三）批转、转发文件的通知

上级机关将某一下级单位抄送来的文件（主要是建议性报告、工作报告或重要工作通知、监理工作指令等）转发给有关的下级单位，叫做“批转”。下级单位将上级机关发下来的文件，或不相隶属机关发来的文件（主要是指示、意见、通知等）印发给再下一级单位，叫做“转发”。

批转、转发文件的通知，正文有时十分简短，如“国务院办公厅转发国家经贸委等部门《关于清理整顿小炼油厂和规范原油成品油流通秩序的意见》的通知”的正文：

国家经贸委等部门《关于清理整顿小炼油厂和规范原油成品油流通秩序的意见》已经国务院同意，现转发给你们，请认真贯彻执行。

主要由转发对象、转发决定、执行要求组成。但这类通知的正文并不总是这样简短，如《国务院关于批转全国物价大检查总结报告的通知》一文，在批转对象和批转决定表述完毕之后，还对时代背景、现实状况、性质意义、原则要求、基本任务等进行了说明和论述。

（四）晓谕性通知

这类通知一般只有告知性，没有指导性，其用途较广泛。机构变化、人事调整，启用公章、作废公章，机构名称变更，机关隶属关系变更，迁移办公地址，安排假期等，都可使用这种通知。如《中华人民共和国国务院公报》2000年第6号就刊有两则这类通知，一则是“国务院关于更改新华通讯社香港分社、澳门分社名称的通知”，另一则是“国务院办公厅关于成立国家信息化工作领导小组的通知”。稍前的2000年第1号，刊登的有“国务院办公厅关于12月20日放假的通知”。

（五）任免通知

任免领导干部的职务，根据职务的重要程度的不同，可分别采用不同的文种，最高可用任免令，其次可以用决定，再次用通知，最低用公布任免名单的方式。由此可见，任免基层干部时，通常用通知。

任免通知，只需写明什么会议决定，或直接任命什么人担任什么职务，免去什么人的什么职务即可，不必说明原因。

（六）会议通知

这是一种常见的通知，既可用于下行，也可用于平行。一般包括如下内容：

1. 召开会议的名称、时间、地点；
2. 会议的中心议题、主要程序和与会的主要领导；
3. 对与会人员的人数、级别层次的要求；
4. 对与会人员会前准备工作的要求（如准备会议材料等）；
5. 会议报到的时间、地点及联络人的联系电话、传真、地点等；
6. 其他需要事先说明的事项，如会务费、接送站或订返程车船机票等。

四、建设部《建设工程监理规范》中规定的监理通知

（一）监理通知的含义

建设部2000年版《建设工程监理规范》中规定监理单位、施工单位之间的一般业务工作联系，应多采用通知的形式，并给定了“监理工程师通知单”的格式。

监理通知是指监理机构认为需要让建设单位、设计单位、施工单位、材料供应单位等各个方面知道并办理的事项而发出的通知。主要是由于施工过程中出现了与设计图不符、

与规范不符的问题后由监理单位向施工单位、材料供应单位等发出的监理工作通知，说明违背设计、规范、合同、监理程序的内容、程度和处理要求、改正措施等。例如，监理工程师通知单、监理工作联系单、监理工程师通知回复单，均属于建设工程施工阶段监理工作的基本表式，具有格式化、标准化、专业化的特点。

（二）监理通知包括的内容

1. 建设单位组织协调确定的事项，需要施工单位、材料供应单位等实施，且需要监理发出通知的具体内容。

2. 监理在旁站、巡视过程中发现的问题需要纠正、整改、返工时。

3. 工程抽检、验收、质量认可的通知。

4. 工程计量、见证、试验的通知。

5. 工地会议的通知等。

（三）建设工程监理工程师通知单的表样

建设工程监理规范规定了监理工作用表的基本样式，其中“监理工程师通知单”属于监理单位用表，即现场监理工程师用表，对施工单位发出工程暂停令和各种报审表之外的一切要求均采用此表，监理工程师发出的口头指令及要求也应采用此表。“监理工程师通知单”是项目监理机构签发的责任文件，项目监理机构应加盖公章、总/专业监理工程师应亲自手签，不得代签和加盖手章。

监理工程师通知单

工程名称： 编 号：

致： 事由： 内容： 项目监理机构：________ 总/专业监理工程师：________ 日 期：________

（四）监理工程师通知单的发送份数

建设工程监理规范规定“监理工程师通知单”由总监理工程师或者专业监理工程师签发，本表一式四份，主送施工项目经理部两份，抄送建设单位一份，项目监理单位存档一份。

（五）公路交通工程施工监理的通知

公路交通建设工程由于路线长、工程量大，自京津塘高速公路工程监理开始使用红头文件的形式印发监理通知，类似于一般机关、企事业单位的正式公文，至今公路建设项目的建设单位、施工单位、监理单位之间工作往来联系时还是如此管理。使用正式的红头文件印发工程监理工作通知，就必须严格执行国家行政机关公文处理办法的规定格式。

五、通知的编写要点

由于通知的功能多，种类多，写法彼此有较大的区别，在上述分类时已经有意识地对各种不同通知的写法作了一些介绍，这里只能概括介绍一些通知写作的基本方法。

（一）标题

通知的标题，一般采用公文标题的全称写法，即“发文机关名称＋关于＋主要内容＋的＋文种（通知）”。例如：

中共中央办公厅、国务院办公厅关于严禁公费变相出国（境）旅游的通知

带有红色版头的通知，也可以省略发文机关名称，由“关于＋主要内容＋的＋通知”组成标题，即“关于……的通知”。如“关于印发《规范国有土地租赁若干意见》的通知（国土资发〔1999〕222号）”。

发布规章的通知，所发布的规章名称要出现在标题的主要内容部分，注意使用书名号。

批转和转发文件的通知，所转发的文件内容要出现在标题中，不要求使用书名号，但也没有禁止使用书名号。例如，《国务院办公厅批转教育部等部门关于进一步加快高等学校后勤社会化改革意见的通知》一文的标题。

（二）主送机关

通知的发文对象比较广泛，主送一个单位的情况比较少，主送多个单位的情况比较多。因此，要注意主送机关排列的次序及其规范性。

级别相对较高的单位排列在先，同级单位之间用顿号排列，不同级和不同类的单位之间用逗号或者分号分隔排列，最后用冒号。例如，国家人事部印发的《关于解除国家公务员行政处分有关问题的通知》的主送机关是这样排列的：

各省、自治区、直辖市人事（人事劳动）厅（局）、监察厅（局）；国务院各部委、各直属机构人事（干部）部门、监察局（室）：

由于级别、各称不同，主送单位的称法和排列非常复杂，这个序列显然是经过深思熟虑后确定下来的。

作为工程监理工作来讲，监理工程师办公室印发的监理工作通知的主送单位可能就比较简单。例如，某高速公路工程总监代表处印发的《关于加强桥涵台背回填质量控制的通知》的主送单位有两类单位，简单地写是这样的：

各合同段项目经理部、各驻地监理办：

如果要详细地写，该工程有五个施工合同段、三个驻地监理办，通知的主送单位也可以写成：

第一、二、三、四、五合同段项目经理部，第一、二、三驻地监理办：

（三）正文

通知的正文，一般包括通知的缘由、通知的具体事项、执行的具体要求等三部分。

1. 通知的缘由

发布指示、安排工作的通知，这部分的写法与决定、指示的开头很接近，主要用来表述有关背景、根据、目的、意义等。

晓谕性的通知，也可参照上述写法。如《国务院关于更改新华通讯社香港分社、澳门分社名称问题的通知》，采用了根据与目的相结合的开头方式。再如，《国务院办公厅关于成立国家信息工作领导小组的通知》，采用的是以“为了”领起的“目的式”开头方式。

批转、转发文件的通知，根据情况可以在开头表述通知缘由，但多数直接表达转发对象和转发内容、要求，无需说明缘由。

发布规章的通知，多数情况下篇段合一，无明显的开头部分，一般也不交代缘由。

通知开头的写法，请看交通部办公厅2006年4月25日以“厅体法字〔2006〕126号”文件印发的下例通知的开头，开头中首先强调了重要性，之后又以“根据……”引领开头语，将意义、根据、背景等交代得十分清楚：

关于2006年交通产品质量监督抽查工作的通知

各省、自治区、直辖市、新疆生产建设兵团交通厅（局、委），天津市市政工程局、上海市市政工程管理局：

加强交通产品质量监督是贯彻落实科学发展观、推进交通事业又快又好发展的一项重要措施。根据《国家高速公路网规划》、《农村公路建设规划》和2006年全国交通工作会议精神，2006年交通产品质量监督抽查的重点仍是公路建设所用材料、产品、设施等。按照国家质监总局《关于同意交通部2006年度行业产品质量抽查计划的函》（质监办监督函〔2006〕122号），部定于2006年5~12月对道路用沥青（包括农村公路用）、道路用标线涂料等6类产品进行监督检查。现将有关事宜通知如下：

再如，华新房地产丽都小区住宅楼工程监理部发出的一份《工程质量整改通知》的开头：

致：市宏昌建筑公司丽都住宅楼项目部（承包单位）

检验表明2号住宅楼二层①-⑨轴砖砌体部位的质量不符合GB 50203—2002规范第5.1.4、5.1.11、5.2.1、5.3.2条的规定，现通知你部，监理要求：××××××××。

2. 通知的具体事项

这是通知的主体部分，所发布的指示、安排的工作、强调的事情、工作的方法、措施和步骤等，都在这一部分中有条理地组织表达。内容复杂的知照性通知、政策性通知、指挥性通知需要分条详列。

晓谕性的通知，有时需要列出新成立的组织的成员名单，以及改变名称或隶属关系之后职权的变动等。

3. 执行的具体要求

发布指示、安排工作的通知，一般在结尾处提出贯彻执行的有关要求。如无必要，也可以没有这一部分，另起一行，写“特此通知”即可结尾。

六、编写通知的注意事项

1. 通知的标题应准确而又简短

因通知类文件印发得比较多，一般人接触得也比较多，所以常见通知的标题不准确、不简练。例如，交通部1995年7月31日以“交基发〔1995〕670号”文件印发的一则通知的标题是《关于在编制水运工程总估算和总概算时把“工程监理费”和“工程质量监督费”从“建设单位管理费”中剔出单独计列的通知》，这个标题长达55个字，属于典型的啰唆标题。

2. 通知只能主送下级单位

通知的主送单位必须正确，发给下级执行单位，而不是上级领导机关。

3. 通知的内容应具体且互不矛盾，便于下级单位执行。

印发监理工作通知的目的是为了完成某项工作，因此，通知中的工作内容、工作要求必须明确具体，不得自相矛盾。

4. 时过境迁的通知只能是公文旅行

及时下达通知，及早落实和完成，时过境迁的通知只能是公文旅行。同样，要求下级单位落实或完成的时限不能过紧。

5. 不可越权、更不可越俎代庖

下达通知要根据自己的职责和权力下达，不可越权，不可超越职责，不可越俎代庖。

下面举一个反面的实例。某省某地区的某一独立特大桥工地的总监理工程师在第一次工地会议之前向施工单位发出了一个《关于印发分项工程、分部工程和单位工程的通知》。正文中说根据部颁质量检验评定标准的规定，今将分项工程、分部工程和单位工程的划分一览表印发给你们，希按此划分结果填写质检表、评定质量等级和整理竣工资料等等。文后的附件附上了分项工程、分部工程和单位工程的划分结果一览表。

从题目看，这个文件标题就有错误，即印发的通知内容不明确，应修改为《关于印发分项工程、分部工程和单位工程划分结果的通知》。但是，这不是一个典型的标题错误问题，而是一个典型的监理角色错位、越俎代庖的案例。因为，交通部2003年3月27日以“交公路发〔2003〕94号”文件发布的《公路工程国内招标文件范本》的第5篇《技术规范》卷的第102.05条明确要求施工单位在工程开工前，必须按《公路工程质量检验评定标准》的规定，并结合工程特点进行分项、分部和单位工程划分，经建设单位和监理工程师批准后执行。所以，上述独立特大桥工地总监办的通知文件要么以《关于认真划分分项工程、分部工程和单位工程的监理提示》，要么以《关于抓紧划分分项工程、分部工程和单位工程的通知》，要么以《关于分项工程、分部工程和单位工程划分结果的批复》为题印发施工单位，要么以《关于分项工程、分部工程和单位工程划分结果的审核意见》为题上报建设单位审批。

6. 通知中的执行要求，不宜附加“否则”之类的惩罚用语

通知中要求执行、落实的事项虽然十分重要，但其结束语以正面地提出执行要求为主，不宜附加“否则”之类的惩罚用语。如“……否则，总监办将全线通报”，再如“如果6月20日前不能整改合格，将暂缓支付本月工程款”等。

七、案例

【案例3.3-1】住宅楼工程监理通知单

监理工程师通知单

工程名称：画廊富华小区7号住宅楼　　　　　　　　　　　　　　　　编　号：监7—34

致：世纪泰华施工有限公司画廊富华小区7号住宅楼施工项目部

事由：关于保证基础工程混凝土质量事宜

内容：为保证7-2住宅楼基础工程混凝土现场浇注质量，现提出如下要求：

1. 在钢筋工程报验合格后，应报监理审批工程材料/设备表，以确保混凝土原材料的全部合格、机械设备的数量足够和良好运转。

2. 加强模板安装质量的自检，支撑必须牢固，稳定性好，拼接严密不致于漏浆，注意清除模内的不洁物，并注意浇注前的洒水湿润。

3. 水泥应具有合格证、试验报告。不得中途更换另一品牌的水泥。

4. 质量检查员、试验室主任、生产副经理必须在场跟班检查和调度，配合监理员旁站，并落实监理随时发出的指令。

5. 加强混凝土的振捣工序控制，严禁漏振和过振。严禁施工人员在已经浇注、振捣密实的作业面上行走。

6. 混凝土浇筑过程中，注意按照技术规范的规定和监理工程师的要求制作和留取混凝土强度试件，并标注编号。

7. 由于本工程的混凝土浇筑数量大，需要连续进行，应注意收听天气预报，做好防雨准备。

项目监理机构：××东方建设监理公司富华住宅工程监理部（章）

专业监理工程师：李××

日　　期：2007年6月23日

［点　评］本实例是一篇非指令性的监理通知，格式符合建设监理规范，内容完整明确，便于执行。监理工程师应注意事前下达，及时下达，通知内容应符合技术规范、试验规程等，要具有针对性，重要的内容由总监理工程师签发和签字，一般性的监理通知单可以由专业监理工程师拟稿和签发。这种监理通知单实质上就是公文写作中的通知文件，签发者要为此负责。

【案例3.3-2】 发布性通知

关于发布《公路工程国内招标文件范本（2003年版）》的通知

各省、自治区交通厅，北京、重庆市交通委员会，天津市市政工程局，上海市市政工程管理局，各计划单列市交通局（委），新疆生产建设兵团交通局：

为加强公路工程施工招标投标管理，规范招标文件编制和评标工作，我部组织有关单位对1999年出版的《公路工程国内招标文件范本》进行了修订，现予发布，于2003年6月1日起施行。

自施行之日起，公开和邀请招标的二级以上公路和大型桥梁、隧道建设项目，必须使用《公路工程国内招标文件范本（2003年版）》。为便于各有关单位熟悉招标文件，减少印刷和出版差错，各招标单位不得翻印招标文件范本。在具体项目招标过程中，项目法人可以根据项目实际情况，编制项目专用合同条款并补充有关技术规范内容，与范本共同使用。

二级以下公路项目可参照执行《公路工程国内招标文件范本（2003年版）》；外资贷款项目有特殊规定的，可以适用其规定。

在工程实施过程中，各地交通主管部门应注意收集范本使用情况的意见和建议，及时反馈部公路司。

二〇〇三年三月二十七日

[点 评] 本实例是一篇发布性的通知，格式十分规范，内容完整明确，便于执行。监理工程师应认真体会其主送机关、目的式开头的写法，认真体会其发布文件的强调语气和指导意义。

【案例 3.3-3】 指示性通知

国务院办公厅关于加强车辆超限超载治理工作的通知

各省、自治区、直辖市人民政府，国务院各部委各直属机构：

近年来，车辆超限超载违法运输现象十分严重，不仅损坏公路基础设施，引发大量的道路交通事故，而且直接导致道路运输市场的混乱。根据国务院的统一部署，从2004年6月开始，交通部、公安部、发展改革委、中宣部、工商总局、质检总局、安全监管总局和法制办等八部门联合在全国范围内集中开展了车辆超限超载治理工作，取得了初步成效。但是，目前超限超载车辆数量依然较大，暴力抗法野蛮闯关事件时有发生，个别地方工作出现松懈，超限超载有所反弹，治理超限超载的长效机制亟待建立和完善。为巩固和扩大治理工作成果，从根本上解决车辆超限超载运输问题，经国务院同意，现就进一步做好车辆超限超载治理工作通知如下：

一、加强领导，落实治理工作责任

……

二、明确重点，坚决遏制车辆超限超载运输

……

三、标本兼治，加强治理超限超载长效机制建设

……

四、加强舆论引导，充分发挥新闻媒体的作用

……

五、规范执法行为，确保道路运输畅通

……

二〇〇五年六月一日

[点 评] 本实例是一篇指示性的通知，格式规范，正文开头部分“根据”和目的明确，全文内容完整，便于执行。监理工程师应认真体会其主送机关的排列，体会其说明事实和现状、紧迫性、目的性的开头的写法，认真体会其文件小标题的结构统一和概括性。

【案例 3.3-4】 部署工作通知

关于开展交通工程环境监理工作的通知

各省、自治区、直辖市、计划单列市交通厅（局、委），部属单位，各有关沿海和长江干线主要港口，交通企事业单位：

随着我国社会、经济的不断深入发展，环境保护工作日益受到社会各界的广泛关注。自20世纪70年代末以来，全国交通行业认真贯彻执行国家环境保护方面的法律法规和方针政策，积极落实环境影响评价制度和环境保护“三同时”制度，取得了显著成效，为水路、公路交通运输事业的快速健康发展提供了有力保障。但是，长期以来，我国在建设项目环境保护管理工作中，比较重视工程前期的环境影响评价工作和工程的竣工环境保护验收工作，对工程施工期所带来的生态环境、水土流失、景观影响及环境污染等问题，管理上相对薄弱。为了有效地控制工程施工阶段的生态环境影响和环境污染，从2002年开始，部先后组织开展了洋山深水港区一期工程、宁夏银川至古窑子段高速公路工程、贵州三穗至凯里段高速公路工程和湖南邵阳到怀化段高速公路工程环境监理试点工作，有效地解决了施工期的环境问题，受到了社会各界的好评。

根据工程环境监理所试点工作经验，部决定在交通行业内广泛开展工程环境监理工作，并作为工程监理的重要组成部分，纳入工程监理管理体系。工程环境监理工作，主要依据国家和地方有关环境保护的法律法规和文件、环境影响报告书、有关的技术规范及设计文件等，工程环境影响报告书、有关的技术规范及设计文件等，工程环境监理包括生态保护、水土保持、地质灾害防治、绿化、污染物防治等环境保护工作的所有方面。为开展好这项工作，部制定了《开展交通工程环境监理工作实施方案》(以下简称《实施方案》，见附件)。

各部门、各单位要高度重视工程环境监理工作，充分认识到这一工作对保障交通建设项目的顺利进行、对实现交通新的跨越式发展的重要性和紧迫性。加强领导，明确职责，抓紧建立制度，按照《实施方案》的要求认真抓好落实。各单位在执行中，应及时总结经验，并将有关问题和意见及时向部反映，共同推动交通工程环境监理工作逐步制度化、规范化和标准化。

附件：开展交通工程环境监理工作实施方案

［点　评］ 本通知文件是2004年6月15日交通部以“交通部交环发〔2004〕314号”文件印发的，属于部署工作性通知。

文件开头首先用“随着我国社会、经济的不断深入发展，环境保护工作日益受到社会各界的广泛关注”叙述环境保护工作的实际情况，然后用“但是”转折，叙述“对工程施工期所带来的生态环境、水土流失、景观影响及环境污染等问题，管理上相对薄弱”说明开展交通建设工程环境保护的必要性和目的。正文部分要求各部门、各单位要高度重视工程环境监理工作，要按照部定《开展交通工程环境监理工作实施方案》的意见执行。既是一篇部署性通知的范文，又可作为工程监理人员学习交通部的部门法规的材料。

【案例 3.3-5】指导性通知

关于贯彻执行公路工程竣（交）
工验收办法有关事宜的通知

各省、自治区交通厅，北京、重庆市交通委员会，天津市市政工程局，上海市市政工程管理局，各计划单列市交通局（委），新疆生产建设兵团交通局：

《公路工程竣（交）工验收办法》（交通部2004年第3号令，以下简称《办法》）已经发布，将于2004年10月1日起施行。为贯彻执行该《办法》，做好公路工程竣（交）工验收工作，现将有关要求通知如下：

一、关于工程质量检测鉴定工作

客观、真实地评价工程质量是竣（交）工验收工作的核心内容。质量监督机构应按照《公路工程质量检验评定标准》的要求和《公路工程质量鉴定办法》（见附件1）规定的抽查项目，在交工验收前进行检测，竣工验收前对关键抽查项目进行复测，检测结果和复测结果共同作为竣工验收质量评定的依据。

二、关于竣工文件编制工作

竣工文件的编制应完整、规范、科学，竣工文件的主要内容按照“公路工程竣工档案目录”（见附件2）编写。交工验收前，项目法人应组织有关单位完成“公路工程竣工档案目录”中第三、四、五部分的文件编制工作。竣工验收前，完成“公路工程竣工档案目录”要求的全部文件编制工作。

三、关于交工验收工作

公路工程各合同段符合交工验收条件后，经监理工程师同意，由施工单位向项目法人提出申请，项目法人应及时组织交工验收。对于若干合同段完工时间相近的，质量监督机构可一并进行质量检测，项目法人合并组织交工验收。工程（合同段）通过交工验收后应及时颁发“公路工程（合同段）交工验收证书”（格式见附件3）。各合同段全部验收合格后，项目法人应及时完成项目交工验收报告（格式见附件4）。

四、关于参建单位总结报告

为真实反映工程实施情况，全面总结建设管理经验，竣工验收前，建设单位、设计单位、施工单位、监理单位和质量监督机构应分别编写工作总结报告（格式见附件5），竣工验收时，委派代表向竣工验收委员会报告。

五、关于竣工验收工作

1. 对参建单位评价。竣工验收委员会应对参建单位的工作进行综合评价（评价表见附件6）。对项目法人建设管理的综合评价在竣工验收时进行，对设计单位、监理单位、施工单位的评价分两步进行，交工验收时进行初步评价，竣工验收时进行综合评价。

2. 对于规模较小、等级较低的小型项目，交工验收和竣工验收可合并进行。验收前，质量监督机构按附件1的要求对工程进行检测，其质量评分占60%，监理对工程的质量评分占20%，竣工验收委员会对工程的质量评分占20%，加权平均后，作为工程质量评定得分。

3. 通过竣工验收的建设项目，由竣工验收委员会议定《公路工程竣工验收鉴定书》(格式见附件7)，负责组织竣工验收的交通主管部门发文确认。质量监督机构依据竣工验收结论对各参建单位签发工作综合评价等级证书（格式见附件8）。

自2004年10月1日起，各级交通主管部门要严格按照《办法》和本通知要求组织竣（交）工验收工作，及时总结经验，提高建设水平，保障公路安全运营。

二〇〇四年八月十三日（注：交通部交公路发〔2004〕446号文）

[点　评] 本实例是一篇指导性的通知，格式十分规范，内容完整明确，便于执行。监理工程师应认真体会其主送机关的排列，体会其说明事实、目的性的开头的写法，认真体会其文件中五个小标题的结构统一和概括性。既是一篇指导性通知的写作范文，又可作为工程监理人员学习交通部的部门法规的材料。

【案例3.3-6】会议通知

关于召开第7次驻地监理工程师会议的通知

第1~7驻地监理办、第1~16标段项目经理部：

经研究，定于2006年9月1日上午8:30在总监办一楼会议室召开第7次驻地监理工程师会议，现将会议有关事项通知如下：

一、会议主要目的

本次会议的主要目的是汇总、检查第6次驻地会议以来（截止8月25日）的工程进展情况，研究和部署下步监理工作重点。

二、参加单位与人员

参加本次会议的单位与人员为各驻地监理办正、副驻地监理工程师；各施工合同段项目经理部经理、总工；会议将邀请××市项目办领导同志参加。

三、准备材料及内容

各驻地监理办和项目经理部必须准备书面汇报材料，各印30份，主要内容包括：

1. 自总监办上次工地会议以来的工程进展情况及存在的问题；
2. 截止8月25日，工程施工人员、材料、设备进场情况；
3. 需由监理、建设单位解决的技术问题和拆迁、环境问题；
4. 9月上、中、下旬工程施工计划与监理工作打算。

本通知由各监理办转发所辖施工单位。希各方按时与会。

二〇〇六年八月二十九日

［点　评］这是××工程的总监办印发的一份会议通知，基本符合“会议类通知”公文写作的要求，可供大家参考。但是，笔者认为文中不足的是：① 总监办召开“驻地监理工程师会议”，为什么要求施工合同段的项目经理、总工参加，而且他们也要准备书面汇报材料？② 文中“本通知由各监理办转发所辖施工单位”应删去，因为本通知已主送施工项目经理部。如果是转交捎送，不需要写在红头文件上。③ 文中“1～16 标段”应改为“1～16合同段”。

3.4　工程监理批复文件的编写

一、批复的含义

批复，是公文写作中最常用的下行文种之一。“批复”是上级机关答复下级单位请示事项时使用的法定公文。

批复属于被动性的下行文，它依赖于请示而存在。批复也是行政公文和党的机关公文中都有的文种。

2001 年版《国家行政机关公文处理办法》将“批复”定义为：

适用于答复下级机关的请示事项。

1996 年版《中国共产党机关公文处条例》对“批复”功能的界定几乎与上完全相同：

用于答复下级机关的请示。

二、批复的特点

（一）行文的被动性

批复是用来答复下级请求事项的，下级有请示，上级才会有批复。一般地说，有请示就有批复，下级有多少份请示呈报上来，上级就应该有多少份批复回转下去。

下级单位有请示，上级领导不一定都批复；但是，上级机关印发批复文件，必须是因请示而批复。批复不是主动的行文，是公文中惟一的纯粹被动性文种。另有两种公文也可以是被动性的，就是报告和函。不过，报告只有在答复上级机关询问时才是被动的，函只有复函才是被动的，所以说，纯粹的被动性公文只有批复。

（二）针对性和闭合性

批复的针对性极强，下级单位请示什么事项或问题，上级机关的批复就指向这一事项或问题，决不能答非所问，也无需旁牵他涉。

下级有请示，上级给批复，谓之闭合。

（三）集中性和明确性

由于下级单位的请示是一事一报，请示内容十分集中，相应的批复也是一文一批，答复的内容也十分集中。因此，批复的篇幅一般都不长。

批复的态度和观点必须十分明确。对于请求指示的请示，批复要给以明确的指示；对于请求批准的请示，批复或者同意，或者不同意。有时，由于情况的复杂性，可以原则同意，但对某些个别环节提出不同的意见和要求，这是允许的。但是，如果观点不明，态度含混，令下级单位无所适从，就不符合基本要求了。

（四）政策性和权威性

对于撰写批复的上级机关而言，不管是发出指示还是批准事项，都必须有法规政策依据，不能随意为之。对于发出请示的下级单位而言，批复文件一旦到达，上级批复的意见就具有权威性，就是行动的依据，不得改变，不得违背。在这些方面，批复和指示的特点是一致的。

三、批复的种类

按照批复的内容和作用不同，可将批复分为指示性批复和表态性批复两种。

（一）指示性批复

这类批复除明确答复请示事项外，还对有关问题进行原则性的概括和提示，即针对请示事项如何执行提出指导性意见，要求请示机关贯彻执行。

（二）表态性批复

这类批复是表态性的，是对请示事项表态同意或不同意，是批复者按照公文写作的原则和要求去履行请示事项的法定运作程序，是上级机关履行职责的表现。

四、建设部《建设工程监理规范》中规定的监理审批文件

（一）监理审批文件的种类

工程建设施工阶段，建设部监理规范规定承包单位编报、需要监理工程师审批文件的种类主要包括以下 8 种：

1. 工程开工/复工报审；
2. 施工组织设计（方案）报审；
3. 分包单位资格报审；
4. 工程材料/构配件/设备报审；
5. 工程竣工报验单；
6. 工程临时延期审批；
7. 工程最终延期审批；
8. 工程费用索赔审批等。

（二）监理审批文件的格式

工程建设施工阶段，建设部《建设工程监理规范》规定工程施工项目需要施工单位申请、监理机构审批的一些文件表格，今摘引 A9 表“工程材料/构配件/设备报审表”、B6 表“费用索赔审批表”。这些报审表、审批表的特点是格式化、统一固定，便于填写，便于提高请示、批复的工作效率，符合工程施工、监理项目的工作实际。其中的格式实际上也是国家法定公文中的“请示、批复”的格式，只是同一个问题的申请、批复在一页纸上处理即可完毕，便于查找和存档。另外的优点就是，格式化的填空方式处理文件，有条件的单位可以打印，没有条件的或比较急促时可以手写印发。

工程材料/构配件/设备报审表（A9 表）

工程名称： 编号：

致：________________（监理单位） 我方于_____年___月___日进场的工程材料/构配件/设备数量如下（见附件）。现将质量证明文件及自检结果报上，拟用于下述部位：____ _____。请予以审核。 附件：1. 数量清单 2. 质量证明文件 3. 自检结果 承包单位：____________（章） 项目经理：____________ 日 期：____________
审查意见： 经检查上述工程材料/构配件/设备，符合/不符合设计文件和规范的要求，准许/不准许进场，同意/不同意使用于拟定部位。 项目监理机构：____________（章） 总/专业监理工程师：____________ 日 期：____________

费用索赔审批表（B6 表）

工程名称： 编号：

致：________________（承包单位） 根据施工合同条款________________条的规定，你方提出的__________费用索赔申请（第______号），索赔（大写）________________________元，经我方审核评估： ☐ 不同意此项索赔。 ☐ 同意此项索赔，金额为（大写）____________________________元。 同意/不同意索赔的理由： 索赔金额的计算： 项目监理机构：____________（章） 总监理工程师：____________ 日 期：____________

五、批复的编写要点

批复由标题、主送机关、正文和落款等构成。

（一）标题

为体现权威性，批复的标题一般采用公文常规模式的完整性标题，即发文机关＋关于＋批复主要内容＋的＋文种。略有不同的是，批复往往在标题的主要内容一项中，明确表示对请示事件的意见和态度，即常在发文机关的介词“关于”之后加“同意”二字，而一般公文标题中的主要内容部分一般只点明文件指向的中心事件或问题，多数不明确表示态度和意见。如《国务院关于同意陕西撤销榆林地区设立地级榆林市的批复》，其中"同意"两字就是用来表明态度和意见的。如果不批准请求事项，标题中可以不出现态度和意见，到正文中再表态。如果是答复请求指示的请示，也无须在标题中表态。

另外，标题的写法中也常见批复机关加上原件标题再加文种的。如《国家财政部关于××省财政厅×××××请示的批复》。

还有，上级机关收到下级单位的请示文件后，经审核认为不需要以单位的名义批复，上级机关的领导如总监理工程师可以安排其职能部门予以回复，回复的文件以便函为主，一般不使用红头文件格式。例如，××房建工程总监办对施工单位因图纸延误而提出的索赔申请书的处理，就是先以总监办合同管理室的名义进行了回复，全文如下：

关于因补充图纸延误导致费用增加和工期延长的索赔报告的回复

××项目经理部：

你项目经理部关于补充图纸延误请求费用补偿和工期补偿的报告（索赔申请）于××月×日收悉，经对照合同文件、现场客观实际、监理工程师的同期记录进行审查，认为符合合同通用条款第××款的规定，决定受理。

由你项目经理部所施工的×合同段内K72+250~K72+400段属软土地基，原施工图未对其进行特殊设计，补充处理的设计方案又经变动，致使补充设计图纸延误提交，导致项目经理部施工计划调整和费用增加，对此，监理表示遗憾。

根据项目经理部的索赔计算和驻地监理部的初审意见，并与建设单位协商，同意补偿费用21904元。鉴于该分项工程不在施工进度计划的关键线路上，因此，不予批准延期（具体核定见监表5—工程最终延期审批表），特此回复。

此致！

××总监办合同管理室（章）

××××年××月×日

（二）主送机关

批复的主送机关就是拟写请示文件的那个发文机关。

（三）正文

批复的正文由三部分组成，分别是批复依据、批复的意见、执行要求等。

1. 批复依据

批复依据又叫批复缘由、批复引语，主要涉及两个方面：一是对方的请示，二是与请求事项有关的方针政策和上级规定。

对方的请示是批复最主要的论据，一般要完整引用下级请示的日期、请示的标题并加括号注明其请示的发文字号，使收到批复的下级单位一看就知道批复的哪个文件。

2001年版《国家行政机关公文处理办法》规定：引用公文应先引标题，后引发文字号，加小括号标识。规范的写法示例如下：

你省二〇〇六年七月十一日《关于变更北宁市行政区域范围的请示》(北政发［2006］49号)收悉。经研究，……。

上级有关的文件规定是答复请示的政策和理论依据。可表述为：“根据××关于××的规定，现批复如下”。必要时，可标引文件名、文件编号和条款序号。如果下级请示的事项在上级文件或规定中找不到依据，这样的文字便不需出现了。

2. 批复的意见

针对下级单位请示所发出的指示，做出的批准决定，以及补充的有关内容，都属于批复事项。如果内容复杂，可分条表述，但必须坚持一文一批的原则，不得将若干个请示文件合在一起用一个文件、用列条的方式分别给以答复。

如果完全同意请示要求的，就应直接写明肯定性意见。例如，经研究，同意你们关于××××的请示。如果不同意或部分性同意，在明确写明的同时，一般应在否定意见后写明理由或根据，即适当解释为什么不批准。

3. 执行的结语

对下级单位执行批复的要求可写在结尾处，文字要简约。

如果只是批准事项，无需提出执行要求，在结尾处可免写执行要求，只写“特此批复”、“此复”等。但是，一般地要写明执行的要求或注意事项。例如，《国务院关于同意陕西省撤销榆林地区设立地级榆林市的批复》的结尾：“榆林市的各级机构均应按照‘精简、效能’的原则设置，所需人员编制和经费由你省自行解决。”

在工程监理过程中，常见批复文件的结尾无执行要求，实事求是地说，这不是一种提倡的现象。

例如，多数监理办批复施工单位月工程施工计划的文件，只是同意或者增减了其工程施工计划，行文就结束了，没有针对工程实际情况、天气情况、料源情况、施工机械短缺情况等给施工项目经理部提出执行计划、完成计划的保证措施、注意事项等。这是值得监理工程师注意的，这就要求监理工程师特别是总监、专业监理人员要深入施工现场调查研究，掌握网络技术，要计算施工资源（人力、材料、机械、资金、时间等）与施工进度的平衡性、相适应性，即应懂得施工流程、施工方法等。

4. 成文日期

正文结束后，书写发文日期。

六、编写批复的注意事项

1. 态度要明确。同意什么、不同意什么，根据是什么，有何具体要求，都要十分明确，不可含糊其辞。

2. 用语规范，言简意赅。不能避而不答，更不能错误批复。

3. 撰写、印发批复要注意及时、迅速，急下级单位所急，使得下级单位尽早收到批复文件，便于尽早执行，不至于等待观望，浪费时间。

4. 坚持一文一批。即接到下级单位的一个请示文件，就必须及时形成一个批复文件，不可几个请示文件合并一起批复。

七、案例

【案例 3.4-1】

工程临时延期审批表

工程名称：×××××3 号住宅楼　　　　编　号：3—09

致：市诚信建设工程公司××小区 3 号住宅楼经理部（承包单位）

根据施工合同条款第 13.1.（2）条的规定，我方对你方提出的由于建设单位支付工程款不到位工程暂停 6 天的工程临时延期申请（第 3－09 号）要求延长工期 6 日历天的要求，经过审核评估：

☐ 暂时同意工期延长 5 日历天。使竣工日期（包括已指令延长的工期）从原来的 2006 年 10 月 23 日 延迟到 2006 年 10 月 28 日。请你方执行。

☐ 不同意延长工期，请按约定竣工日期组织施工。

说明：

建设单位支付工程款不及时，影响了水泥材料的进场，从而影响了混凝土工程的施工，混凝土工程属于关键线路上的工程。由于你方工人数量不能满足混凝土开盘需要，影响工期 1 天，由你方自负。

项目监理机构：×××监理公司××监理部（章）
总监理工程师：黎××
日　期：2006 年 9 月 7 日

［点　评］本批复文件实例的格式符合《建设工程监理规范》基本表式的规定，其突出特点是格式化、标准化，监理批复的理由通过说明，清楚明了，公正合法，便于施工单位、建设单位接受，不失为审批表格的典范。可供监理人员尤其是合同管理人员参考。

【案例 3.4-2】 总监办对年度计划的批复

关于第十二合同段 2003 年度施工进度计划的批复

第六驻地监理办：

按照合同通用条款第 14.3 条、《招标文件》（专用本）第 43.1 条的规定和“××总监字〔2002〕103 号”文件的要求，总监办对你监理办上报的第十二合同段 2003 年度施工进度计划的审查意见批复如下：

一、同意你办上报的第十二合同段 2003 年度施工进度计划的审查意见和十二合同段 2003 年度施工进度计划的安排意见。

二、在实施计划中，要注意各项工程阶段性目标控制，路基交验要确保其连续性，并使交验路基范围内的结构物同步完成。

请促督第十二合同段项目部以该计划为基础，编制 2003 年实施性施工组织设计，并在总监办要求的时间内上报。编制实施性施工组织设计的具体要求，参照 12 月 17 日驻地监理工程师会议纪要的要求。

特此批复。

二〇〇二年十二月二十五日

［点　评］本批复文件的实例格式符合1999年版的《国家行政机关公文格式》的规定，其突出特点是标题完整清楚、合同条件引用正确，批复同意的同时提出了要求，结束语简练标准。只是文印校对不认真，文尾的“特此此复”应为“特此批复”。可供监理同仁参考。

【案例3.4-3】交通部对省厅的设计批复

关于泰和至井冈山公路初步设计的批复

江西省交通厅：

你厅《关于审批泰和至井冈山高速公路初步设计的请示》(赣交计字〔2004〕90号）和初步设计文件收悉。根据国家发展和改革委员会《印发国家发展改革委关于审批江西省泰和至井冈山公路可行性研究报告的请示的通知》(发改交运〔2004〕1206号）确定的建设规模、技术标准和总投资，经审查，批复如下：

一、建设规模和技术标准

（一）泰和至井冈山公路起于泰和县南溪，接已建成的昌傅至赣州高速公路，止于井冈山新城区厦坪，路线全长62.001km。另同步实施厦坪至茨坪连接线20.628km、厦坪连接线1.550km。

全线在泰和、机场、禾市、碧溪和厦坪五处设置互通式立体交叉。

（二）全线按四车道高速公路标准建设，计算行车速度80km/h，路基宽度24.5m，桥涵与路基同宽。……

二、路线

……

三、路基路面

……

四、桥梁涵洞

……

五、隧道

……

六、互通立交

……

七、交通工程及沿线设施

……

八、概算

……

请你厅与相关城镇建设计划、水利、环保、林业、管线、电力电讯及其他建筑设施的主管部门签订责任明确的书面协议，确保项目顺利实施。应加强环境保护意识，与沿线环保和水保部门充分协调，深化环保、水保工程措施，保护沿线自然生态环境。

请你厅监督项目法人单位严格按照基本建设程序办事，认真按照本批复意见要求编制施工图设计和招标文件，防止建设过程中的人为设计变更和概算调整。施工图设计文件由你厅负责组织审查，审查意见报部备案。应做好开工前的各项准备工作，择优选定施工、监理队伍，加强工程管理，确保工程质量。项目总工期（自开工之日起）三年。

附件：泰和至井冈山公路初步设计概算汇总表（略）

二〇〇四年九月十六日

［点 评］本批复文件的实例各项格式均符合1999年版的《国家行政机关公文格式》的规定，其突出特点是标题清楚、引文标题与文号标引规范，批复的事项逐条列项表述明确，批复的执行要求既原则又严格，多处使用“请”字，让下级倍感温暖。

【案例3.4-4】总监办对施工方案的批复

关于对第八合同段冬季施工技术方案的批复

第四驻地监理办：

你监理办以“××四监〔2005〕22号”文上报的《关于第八合同段冬季施工技术方案的请示》收悉，经审核，认为该方案可行，但在实施过程中应注意以下事项：

一、路基方面

1. 冬季土方路基，不安排施工。

2. 冬季石方路基的弃方、挖方可以考虑施工。

3. 涵洞内片石的砌筑可以考虑，但砂浆应掺入防冻剂，不准勾缝。

4. 路堑边坡光面爆破，原则上不予施工。

5. 不允许用雪保温，应用风化砂或黏土覆盖保温。

二、结构方面

1. 冬季施工的主要内容是采用蒸汽加温法生产的空心板和T型梁，在施工过程中要特别注意下面几个问题：

① 空心板混凝土的浇筑从入模开始到混凝土初凝时，必须保持在5℃以上的温度；T型梁应不低于8℃的温度。

② 混凝土应连续浇筑，应尽量减短混凝土的浇筑时间。

③ 采用蒸汽加温时，要特别注意升降温的速度，升温时应不大于10℃/h，降温时不得超过5℃/h。

④ 要掌握好拆模时间，当混凝土强度达到10MPa时，（以随梁同条件试件为准），并且混凝土冷却至5℃以后，方可拆除；当混凝土与外界气温相差大于20℃时，拆除模板后混凝土表面应加以覆盖，使其缓慢冷却。

⑤ 预应力钢筋张拉时的温度不宜低于－10℃，而且张拉设备及仪表工作油应根据实际使用时的环境温度选用，并应在使用时的环境温度条件下配套校验。

⑥ 压浆仍按《桥规》14.2.3.5规定执行。

2. 其他方面

① 总监办要求项目部加强对冬季施工的管理，一定要派责任心强、有一定冬季施工经验的人员负责施工；严格控制施工质量，必须先进行试生产，确实有把握时

再进行规模化生产；项目部应尽快完善落实冬季施工材料的准备和设备的安装工作，并将冬季施工人员、质量控制和材料准备、设备安装情况报监理办备案。

② 总监办要求监理办选派责任心强、有一定冬季施工经验的监理人员进行全过程旁站，发现问题及时处理。若发现冬季施工的产品存在质量问题，应立即停止施工，查明原因，确实因气温原因，现有的设备和工艺不能保证工程质量，而施工单位又无法满足要求，应立即停止冬季施工。

3. 安全生产方面

① 本合同段采用高压锅炉生产蒸汽，要求所用锅炉必须通过有关部门的技术鉴定，确实安全可靠，并出具相关的证明文件，方可使用。

② 锅炉操作人员必须有国家劳动部门的司炉证，其他人员不得操作（监理应认真检查）。

③ 以上两点由监理办审核认定，总监办进行抽查。

此复。

（注：本文抄送项目部，以下内容略去）

［点　评］本批复文件的实例各项格式均符合1999年版的《国家行政机关公文格式》的规定，其突出特点是标题清楚、引文标题与文号标引规范，批复的事项逐条列项表明。作为实例，也有几处不足，一是批复的内容的第二部分“结构方面”，它不应包含“2. 其他方面”和“3. 安全生产方面”。二是两处小括号中的第一处使用不当。

冬季施工属于不利季节施工，作为监理工程师应在不利季节来临之前，根据路基施工技术规范、桥涵施工技术规范和合同文件等规定要求施工单位编报特殊施工技术方案，并及时审批；监理工程师也可以在不利季节来临之前主动印发监理工作提示，提示施工单位注意什么、什么项目可以冬季施工、应采取什么措施、达到什么要求等。

【案例3.4-5】总监办对配合比的批复

关于第一合同段路面基层水泥稳定碎石配合比的批复

第一驻地监理办：

你处报来的《关于第一合同段水泥稳定碎石基层配合比的审核意见》（××路一监〔2006〕89）号一文收悉，总监办依据《无机结合料稳定材料试验规程》、《路面基层施工技术规范》以及招标文件的有关规定，结合平行试验结果，批复如下：

一、配合比及选定的材料

1. 同意水泥稳定碎石基层的配合比：

10～30mm碎石：5～10mm碎石：石屑＝38：28：34

水泥剂量为4.5%

其最大干密度$\rho_{max}=2.33g/cm^3$，最佳含水量$W=5.0\%$

2. 同意选定的原材料：

水泥：曲力牌P.O 32.5

碎石：平孙区麻家三号石料厂

水：地下饮用水

二、施工过程中应注意的事项

1. 对于批复的基层配合比，监理办和项目部需根据基层试验段的摊铺过程中，粗细集料的离析情况进行调配，并根据7～10d后的取芯芯件的成型情况，在基层试验段总结报告中确认调配，用于指导今后基层施工。

2. 要严格控制进场的材料，对不同种类不同规格的材料必须分隔存放、堆放整齐。

3. 施工过程中，水泥剂量按5.0%控制，同时要严格控制碾压含水量，应以最佳含水量加1%时及时碾压。

4. 要严格控制从加水拌合到碾压成型的时间不得大于经试验确定的延迟时间4h。

5. 洒布乳化沥青透层时要特别注意沥青的洒布量，确保形成完整的油膜，起到保温养生的作用。

特此批复。

二○○六年七月九日

（注：本文抄送施工单位，以下内容略去）

［点　评］这是批复文件的一个实例，各项写作格式均符合2001年版的《国家行政机关公文处理办法》的规定，其突出特点是标题清楚、批复内容明确、具有层次性，而且批复文件中提出了注意事项，体现了监理工程师较高的工作能力和良好的工作态度。可供监理工程师参考。

【案例3.4-6】总监办对工程计划的批复

××总监〔2007〕1号

关于二○○七年度施工进度计划的批复

各驻地监理办、各合同项目经理部：

根据××总体工程施工进度计划的要求，结合2006年度工程完成情况和总监代表处“总监〔2006〕484号”文的提示要求，各合同段项目经理部分别提交了《2007年度工程施工进度计划的报告》，各驻地监理办依据合同文件和总体施工计划的要求对其进行了认真审核，我处也组织有关人员结合工程实际进行了审查，现批复如下：

一、工程施工计划的批复意见

1. 各单位编报的2007年度工程施工进度计划充分考虑到了工程施工的实际，符合总体工程施工计划的安排要求，我处同意各单位编报的进度计划安排意见。即2007年度全线计划完成工作量109423.33万元，占合同价252197.753万元的43.39%，其中××段计划完成工作量12123.1万元，占合同价30685.263万元的39.51%；××段计划完成工作量79392.694万元，占合同价185510.063万元的42.8%；××段计划完成工作量17907.536万元，占合同价36002.427万元的49.74%。截至2007年底，全线计划完成工作量224551.676万元，占合同价的89%。

2. 工程施工进度计划编制中充分考虑了2006年度工程施工的实际进展情况和各

单位的实际施工能力，并考虑了2007年雨季施工组织安排。

3. 2007年是××工程施工的关键一年。因此，各单位在组织工程施工过程中应切实加强管理。在形象进度上，要确保五月底完成路基土方施工和大、中桥工程的收尾工作，实现路基的分段连片；七月底完成路面底基层施工；九月底完成路面基层的施工；十月底完成500m以上大桥、特大桥和互通立交桥的一切施工任务，实现全线贯通；十一月底完成沥青中下面层和防护工程施工，力争完成部分沥青上面层。

二、落实工程施工计划应注意的问题

各单位2007年度施工计划安排较为合理，但应看到下一步随着路面、防护和附属工程施工的相继展开，沿线收费站、服务区、停车区等房建工程也将陆续开工，施工交叉作业、相互干扰，再加上增加的沥青大碎石柔性基层工程量大、技术含量高，施工时间短，施工管理难度大。

为确保工程施工的顺利进行，各单位在计划实施过程中尚应抓好以下几项工作：

1. 切实提高诚信履约的自觉性，严格按照计划工程量组织人员、设备进场，特别是路面工程施工机械和人员要根据工程施工需要加大投入，合理组织现场施工，加快工程施工进展，各驻地监理办要加强监督检查，确保工程施工的顺利进行。

2. 抓住今冬明春空闲时间加快路面工程施工准备工作，重点是材料储备和配合比设计，为路面工程施工的顺利进行创造条件。

3. 要进一步加大协调工作力度，积极配合地方协调部门，充分利用冬闲，重点解决尚未落实的土场和管线的拆除等制约工程施工的突出问题，确保春节过后工程施工的迅速启动。

4. 路面面层施工重点要抓好已完成品的保护，控制好层间结合质量。对于沥青大碎石基层要尽量避开雨季施工，并注意与沥青下面层的连续施工，确保路面工程的整体施工质量。

特此批复。

附件：1. 2007年度计划工作量一览表，
　　　2. 2007年度工程施工进度计划安排一览表，
　　　3. 各合同2007年度施工计划安排的报告。

二〇〇七年一月十六日

[点　评] 这是××总监代表处2007年1月批复全线工程计划文件的一个实例，各项写作格式均符合2001年版的《国家行政机关公文处理办法》的规定，其突出特点是标题清楚、批复内容明确、具有层次性，而且在批复文件中提出了工程施工计划的阶段目标、关键性工程的施工计划和工程质量控制的注意事项，体现了监理工程师实事求是的工作作风、超前的预控能力和为工程项目业主负责的工作态度。

本实例的不足是附件的标注不规范，其位置应在正文之后空一行，每一个附件内容之后不应加标点符号。可供监理工程师参考。

3.5 工程监理通报文件的编写

一、通报的含义

通报，是公文写作中最常用的下行文之一。“通报”是国家党、政机关公文体系共有的一种法定文种。

2001 年版《国家行政机关公文处理办法》将通报定义为：

适用于表彰先进、批语错误，传达重要精神或者情况。

1996 年版《中国共产党机关公文处理条例》为通报功能下的定义与上几乎相同：

用于表彰先进、批语错误、传达重要精神、沟通重要情况。

二、通报的特点

（一）题材的典型性

通报的题材，不论是表彰性的、批评性的，还是通报情况的，都要求有典型意义。典型就是既有普遍性、代表性，又有个性和新鲜感的事实。只有普遍性没有个性的题材，不能给读者以深刻印象；只有个性没有普遍意义的题材，缺乏广泛的指导价值。通报的题材，要做到个性与共性的统一。

（二）思想的引导性

通报的内容，不论是肯定性的，还是否定性的，其价值并不仅仅在于宣布对事件的处理结果，而是要树立学习的榜样，或者提供鉴戒的案例，使读者能够总结经验、汲取教训，思想上受到启迪，得到教益。

（三）制发的时效性

通报所涉及的事实比较具体，针对性强，写作时对发生的时间、地点等要素都要进行交代，而且这些具有典型意义的事件，总是跟特定的时代背景，跟某一时期中普遍存在的问题和现象有着紧密的联系。人们对当下发生的事实兴趣较高，对发生已久的事实缺少了解的热情。

例如，某总监办 8 月 25 日至 30 日对全线八个施工合同段的工程质量、进度、计量支付和内业资料等进行了全面巡查，其检查情况通报的红头文件在 9 月 3 日发出和一个月之后的 9 月 25 日发出，其效果是绝对不一样的。因为，通报的写作和传播都应该是迅速的、及时的，以便于受通报者及时落实有关问题。

三、通报的种类

对于成片开发的住宅区的建设单位，应该每月（旬、周）对工程施工、监理情况进行检查并形成通报的红头文件，其中的一个监理部可以不编写检查通报。对于公路工程尤其是高速公路工程，因路线长、施工合同段多、驻地监理办多，建设单位和总监办为履行岗位职责，应定期组织全线的工程质量、进度、费用、安全、环保、合同管理、廉政建设等情况的检查并形成通报的红头文件印发各个下级单位。因通报的文字一般较长，监理规范没有给出表格形式，意即监理工程师认为有必要下达通报时应使用法定文种中的“通报”

格式。法定文种中的“通报”可分为以下几种：

（一）表彰通报

用来表彰先进人物或先进集体，介绍先进事迹、推广正面典型经验的通报，就是表彰通报，这是从上级机关到基层单位都广泛采用的常用通报类型。

（二）批评通报

批评通报是针对某一错误事实或某一代表性的错误倾向、工程质量事故、工程安全事故等而发布的通报，有针砭、纠正、惩戒的作用。

（三）情况通报

情况通报在传达情况、沟通信息时使用，包括综合性的、专题性的通报。

四、通报的编写要点

（一）标题

通报的标题，大多采用“发文机关名称＋关于＋主要内容＋的＋文种”的常规写法。例如，国务院办公厅《关于江苏省吴江县红星玻璃钢厂擅自制作和出售国徽的通报》。

带有红色版头的通报，也可以略去发文机关名称。

（二）主送机关

通报的主送机关，一般都比较多，以体现“通”的特点。有时，也可不写主送机关而直接行文。

（三）正文

通报的正文的写法因类而异，一般由通报事实、分析评价、有关决定说明和希望要求等四部分组成，下面分别进行介绍。

1. 表彰通报的写法

用于表彰的通报，从规格上说，当然要低于嘉奖令、表彰决定。但是，以发公文的方式对个人或集体的先进事迹进行表彰，这本身就是一个很郑重、严肃的事情，所以，从写作态度上说，不能掉以轻心。

一般地讲，表彰通报的正文分为四个部分。

（1）第一部分：介绍先进事迹

这一部分用来介绍先进人物或模范集体的主要事迹、行动及其效果，要写清时间、地点、人物、事件过程、结果。表达时使用概括叙述的方式，只要将事实讲清楚即可，不能绘声绘色地描绘，不能写成“通讯”或“报告文学”，篇幅也不可过长。例如：

随着改革开放的不断深化，我国在技术、资金、设备等方面的引进必将日益增多。因此，在这项工作中，做到既能引进先进的技术设备，又能在付款方式、利率选择等方面精心考虑，为国家节约外汇，这是所有对外经济交往的部门和单位都应该十分重视的。19××年，中国技术进出口总公司与日本签订的××××厂成套设备的引进合同，是完全符合这种精神的。他们不仅在合同中规定了对我方较为有利的灵活还款条件，而且密切注视国际金融利率的变化。主动取得国家计委、财政部、外经委、冶金部和中信实业银行的支持和帮助。经过与日方的艰苦谈判，终于改变了还贷方式，按当时的利率折算，可为国家节约外汇××亿日元，约合××××万美元，成绩十分显著。

这段文字篇幅不长，但要素完备，事实十分清楚，体现了公文叙事的特点。

（2）第二部分：先进事迹的性质和意义

鉴于通报的导向性，这部分主要采用言论的写法，但并不要求有严谨的推理，而是在概念清晰的前提下，以判断为主。针对有关事实进行分析，或揭示意义或总结经验。例如：

第一监理办这种严格监理、一丝不苟的敬业精神、认真负责的工作态度，以及与有关部门密切协作、团结一致的全局观念，是值得提倡和表彰的。

这部分评价性的文字，要注意措辞的分寸感和准确性，不能出现过誉或夸饰的现象。

（3）第三部分：表彰决定

这部分写什么会议或什么机构决定，给予表彰对象以什么样的表彰和奖励。例如，总监办决定授予王××、李××、孙×等三名驻地监理工程师“优秀监理工程师”称号。

再如，“据此，总监办、建设单位共同研究决定：对第二驻地监理办通报表彰，奖励人民币5000元。”

如果表彰的人是若干个人，或者有具体的奖励项目，可分别列出，例如：

省人民政府决定：

授予金牌获得者占旭刚“浙江省劳动模范”称号，给予通报嘉奖，晋升工资两级，奖励住房（三室一厅）一套；

给银牌获得者吕林、曹棉英和铜牌获得者刘坚军各记大功一次，晋升工资一级；

给占旭刚的教练陈继来记大功一次，晋升工资两级；给曹棉英的教练周琦年、刘坚军的教练王小明各记功一次、晋升工资一级。

这部分在表达上的难度不大，需要注意的主要是清晰、简练，用词适当的问题。

（4）第四部分：希望号召

这是表彰通报必须有的结尾部分，用来提出希望、发出号召，这是通报主旨的具体体现。例如：

在××改建工程监理过程中，第二监理办全体监理人员坚守工作岗位，认真执行《监理规范》、《技术规范》，严格按总监办制定的《监理程序》开展监理工作，较好地控制了工程质量和计划进度，在全线做出了榜样，总监办号召各监理办向第二监理办学习，在各自的监理岗位上为××改建工程的建设监理作出贡献；希望全体监理人员再接再励，为圆满完成××改建工程的全部监理工作而努力。

希望号召部分表述的是发文的目的，也是全文的内容落脚点，要写得完整、得体，富有逻辑性。

2. 批评通报的写法

批评通报是针对某一错误事实或某一代表性的错误倾向而发布的通报，有针砭、纠正、惩戒的作用。它可以是针对某一个人所犯的错误事实而发，如××省××高速公路总监办印发的《关于第八监理组长王××擅离工作岗位的通报》。也可以针对某一部门、单位的不良现象而发，如《关于一份国务院文件周转情况的通报》；还可以针对普遍存在的某种问题而发，如《关于第一驻地监理办部份监理抽检资料与施工单位自检资料雷同的批评通报》。

一般地说，批评通报的正文内容分为四个部分：

（1）第一部分：基本情况介绍

如果是对个人的错误进行处理的通报，这部分要写明犯错误人的基本情况，包括姓名、所在单位、职务等，然后是对错误事实的叙述，要写得简明扼要、完整清晰。

如果是对基层单位的错误进行处理的通报，这部分要写明犯错的基层单位的基本情况，包括单位名称、主要负责人等，然后是对错误事实、不良现象进行叙述，这部分内容要占较大的篇幅。如《国务院关于一份国务院文件周转情况的通报》，将广东省政府转发国务院的一份文件用了七十天时间，而广州市政府又用了一百多天才将这份文件转发到各个区县的情况，进行了比较详细的叙述，占全文篇幅的一多半。

如果是针对普遍存在的某一问题进行通报，这部分要从不同地方、不同单位的许多同类事实中，选择一些有代表性的问题、倾向或错误进行综合叙述。如《中共中央纪律检查委员会关于立即刹住用公款请客送礼歪风的通报》，综合叙述了上海、长沙等省市若干单位请客送礼、吃请受礼的事实，列举了大量的统计数字。

（2）第二部分：错误性质或危害性的分析

处理单一错误事实的通报，这部分要对错误的性质、危害进行分析，一般都写得比较简短。

对综合性的不良现象或问题进行通报，这部分的分析性文字可能要复杂一些，例如下面这段文字：

> 用公款请客送礼、吃请受礼的歪风，是与党的艰苦奋斗、勤俭建国的优良传统和正在开展的增产节约、增收节支活动背道而驰的。它不仅浪费国家资财，影响经济建设，而且严重损害党和政府的声誉，败坏党风和社会风气，发展下去，势必会腐蚀葬送一批党员干部。对此，党中央、国务院、中央纪委曾三令五申，明令禁止。但为什么这股歪风屡禁不止、反复发作以至会愈演愈烈呢？重要的原因是：一方面，我们有些党组织，特别是党员领导干部，对此认识不足，重视不够，没有看到这个问题的严重性、危害性，思想认识上没有解决问题，所以，或纠而不力，或根本没有认真纠正，因而不能根除；另一方面，是由于在这个问题上执纪不严，违纪未究，或者时紧时松，致使一些人认为这方面的规定不过是表面文章，没有什么约束力，任你三令五申，吃喝我自为之，看你可奈我何？因此，中央纪委认为，现在的问题已经不是再多说什么，而是要坚决执行党中央、国务院、中央纪委已有的规定，并对违犯者严格执纪。

上述文字，对请客送礼、吃请受礼的性质和原因，分析得全面、深刻，为下文提出纠正措施打下了基础。

（3）第三部分：惩罚决定或治理措施

对个人单一错误事实进行处理，要写明根据什么法规制度，经什么会议讨论决定，给予什么处分等。

对普遍存在的错误现象或问题，在这部分中要提出治理、纠正的方法措施。内容复杂时，这部分可以分条列项。如中央纪委关于请客送礼、吃请受礼的通报，就提出了五条严厉措施来制止这股歪风。这些方法措施，跟指示的写法相似。

（4）第四部分：提出要求

在结尾部分，发文机关要对受文单位提出希望和要求，以便受文单位能够高度重视、认清性质、汲取教训、采取整改或防范措施。例如：

目前，全国人民正在努力开创各项事业的新局面，国务院要求作为上层建筑各级国家机关，必须适应新的形势，认真改进工作。国务院办公厅要带头提高办事效率。……各省、市、自治区政府和国家机关各部门都要结合机构改革，认真改进工作作风，改进工作方法，提高办事效率，努力开创机关工作的新局面。

如果针对一些违纪比较严重的现象进行通报，结尾部分的措辞还可以更严厉一些，譬如提出如再有类似情况，将严惩、要登报公布或予以罚款等警告。

3. 情况通报的写法

用来传达重要精神、沟通重要情况的通报就是情况通报。为了让下级单位对一些重要事件或全局性的情况有所了解，上级机关应该适时发布情况通报。关于党的建设、关于“三个代表”的宣传教育活动、关于工业经济效益、关于工程进展、关于工程质量检查情况等等，都可以成为这种通报的主要内容。

情况通报的正文由缘由与目的、情况及其分析、希望与要求等三个部分构成。

（1）第一部分：缘由与目的

情况通报的开头，要首先叙述基本事实，基本情况，阐明发布通报的根据、目的或原因等。情况通报的开头，文字不宜过长，要综合归纳、要言不繁。例如：

针对我市书刊市场近来销售淫秽色情读物又有回潮的情况，市文化局最近会同工商、公安、出版、邮电等部门对市区部分书刊摊点进行了重点检查，现将检查情况通报如下：

（2）第二部分：情况及其分析

主体部分主要用来叙述有关情况、传达某些信息，通常内容较多，篇幅较长，要注意梳理归类，合理安排结构。例如，《国家统计局、国家计委、国家经贸委关于上半年全国工业经济效益情况的通报》的主体部分，分为两大部分来写。第一部分通报的是上半年工业经济效益总体状况好转的主要表现，共有三条：一、产销衔接好，资金周转加快；二、利税增长快，亏损面缩小；三、工业经济效益综合指数稳步提高。第二部分通报上半年经济效益构成出现的四个新变化，一是工业经营改善成为效益提高的主要因素；二是重工业效益明显高于轻工业；三是各地工业经济效益普遍上升；四是国有工业及大中型企业综合效益水平高于非国有工业。以上各项都列举了大量统计数据。

（3）第三部分：希望与要求

在明确情况的基础上，对受文各单位提出一些希望和要求。这部分是全文思想的归结之处，写法因文而异，总的原则是抓住要点，切实可行，要求具体、全面、简练。

五、编写通报的注意事项

（一）行文要及时

通报的时间性较强，编写要及时迅速，以利于指导当前工作。否则，就起不到学习、指导、教育、纠偏、警示的作用。

（二）事例要真实、要典型

通报所据事例应当是真人真事，不能有半点虚假。否则，不但影响教育效果，还会有损发文单位的声誉。因此，写通报前，要认真调查、核对事实。还要注意事例的典型性，要让下级单位感到确实值得学习或者引以为戒。如果某人犯了一点小错误，就将其通报批评甚至处罚，这就会给人以小题大做的印象。

（三）详略要得当

通报的事例、情况是写作的重点，要具体描述，但要注意材料取舍、详略得当。若过于简单，变成抽象的描述，人们难于受到教育。若过于详细，将“通报”写成“通讯”或“报告文学”，又会让人难于把握要点。

（四）表彰或处罚的额度要符合政策、法规，要符合工程建设合同、技术规范的规定

通报与决定不同，不是一种行政命令，主要侧重于先进事迹的表彰或错误问题的批评，奖励和处罚要注意符合国家的现行政策法规。对工程施工、工程监理单位而言，要注意符合工程建设合同、各种《技术规范》、《招标文件》等，尤其是批评类通报。如工程质量检查中发现路基填土翻浆而施工单位正在填筑上一层，在检查过程中监理工程师可以要求施工单位立即返工、暂停施工进行整顿，但不可写罚款三万元。因为，合同条件、技术规范中没有给监理工程师罚款的权力，监理人员不要步入乱罚款之列。

六、案例

【案例 3.5-1】 情况通报

关于2004年上半年水运经济运行情况及下半年形势分析的通报

2004年上半年我国国民经济仍在高位运行，国家宏观调控政策初见成效，经济增长幅度已越过峰顶，显现适度回落，并开始从数量型向质量型转化。上半年，过快的经济增长态势逐步得到遏制，固定资产投资增幅比去年下半年回落9.3个百分点。下半年，我国经济发展态势依然看好，投资过热现象将进一步消除，经济运行开始步入数量型与质量型协调的过程，水运经济运行紧张的局面将会有所缓解。

一、上半年水运经济运行情况分析

在国民经济持续高速增长的带动下，2004年上半年我国水运各项指标继续保持强劲增长势头，水路货运量、港口货物吞吐量快速增长。国内沿海运输需求强劲，市场运力供应紧张，运价有所上升，港航企业经济效益普遍继续转好。

1～6月全国水路货运量完成8.42亿t，同比增长20%，周转量18780亿t·km，同比增长33%；客运量完成8899万人，同比增长12.3%。全国规模以上港口货物吞吐量完成15.67亿t，同比增长26%，其中外贸完成5.58亿t，同比增长23%。累计完成集装箱吞吐量2766万TEU，同比增长27.3%。

1. 港口货物吞吐量保持较高速度增长

上半年，由于对外经济贸易运输和国内煤炭、原油、矿石大宗物资运输需求保持强劲，沿海、内河港口内外贸货物吞吐量增势迅猛。沿海规模以上港口吞吐量完成11.78亿t，同比增长25.1%，其中外贸完成5.16亿t，同比增长23.5%；内河规模以上港口完成3.9亿t，同比增长29.7%，其中外贸完成4142万t，同比增长21.2%。沿海规模以上港口货物吞吐量完成2600万TEU（标准箱），同比增长27.7%；内河规模以上港口集装箱吞吐量完成166万TEU，同比增长20.6%。从经济

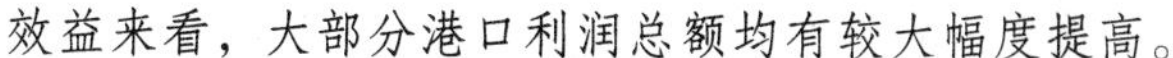
效益来看，大部分港口利润总额均有较大幅度提高。

2. 水路货运量稳步增长，水路客运量平稳回升

…………

3. 运输需求增长迅猛，港航企业全力确保

…………

4. 国家宏观调控措施初见成效，煤矿油运输形势良好

…………

二、上半年水运经济发展中存在的主要问题

国民经济的高速发展，对于水运运输提出了新的挑战。主要表现在：

（一）煤炭资源依然紧张，货源不均衡，压船压港现象严重

…………

（二）矿石进口过猛，港口疏运困难

…………

（三）甬沪宁管道对国内水运造成明显冲击

…………

（四）运力结构有待进一步调整

…………

（五）三峡船闸通过能力不足，影响船舶营运效率

…………

三、下半年水运经济形势展望

（一）煤炭运输

…………

（二）铁矿石运输

…………

（三）石油及其制品

…………

（四）集装箱运输

…………

2004 年，全年世界集装箱增长有望达到 9.4%，远东—欧洲贸易继续稳定增长，太平洋航线东行增幅可达 7%。总体上，下半年全国外贸增长会依然强劲。进出口贸易的稳定增长，对于我国外贸集装箱运输市场健康发展起到积极支撑。预计今年全国港口完成集装箱吞吐量突破 5000 万 TEU。下半年全球新船交付量将达到 48.5 万 TEU，全年总运力将增长 10%。新增运力将进一步集中在亚欧、北美两大主干航线上，市场供求关系发生一定变化，供求趋于平衡，运价基本稳定。

二〇〇四年七月二十六日

［点　评］本文件是交通部印发的一份情况通报的实例，其行文格式符合 2000 年版《国家行政机关公文格式》的规定，其突出特点是标题醒目、层次结构分明，对上半年经济发展的主要特点、存在问题分析透彻，对下半年经济运行形式分析到位。摘录如此，仅

供大家体会和欣赏。

【案例 3.5-2】工程质量检查通报

关于主桥工程质量大检查情况的通报

五月十七号，我总监办对主桥工程悬浇箱梁、索塔、斜拉索施工质量进行了一次全面检查，检查的主要内容有已浇筑箱梁混凝土质量（包括每节段混凝土箱梁底、顶标高、结构尺寸、表面质量、缺陷处理、各节段试件抗压各项原始记录）；有纵、横、竖向预应力和斜拉索张拉完成情况（包括完成数量、张拉存在问题、张拉吨位、施工工艺控制、压浆质量、张拉压浆施工记录等）；有索塔质量（包括索塔垂度、几何尺寸、索道管定位偏差、钢筋焊接质量、混凝土质量等）；有工程材料抽检频率（包括钢筋、钢绞线、水泥、砂、石、减水剂材料，按施工规范要求频率的检验情况、记录及合格情况）；有工程施工现场控制、安全生产、文明施工等。

监理检查分三个专业组，配备相应仪器、设备，逐一按要求进行严格检查并作好记录，提报了检查资料及记录。

检查利用了一天的时间，上午分头检查，下午由施工单位汇报。最后由总监、建设单位根据检查情况提出了加强施工管理、确保工程质量的要求。检查后建设单位、设计单位、监控检测方均参加了讲评会议。今将有关情况通报如下：

一、工程质量检查情况

自二〇〇六年三月一日监理下达整体工程复工指令后，主桥共浇筑箱梁十二个梁段。

1. 已浇筑箱梁混凝土工程质量情况

已浇箱梁混凝土的强度，试验室制作的7d、28d试件共计152组，强度均符合设计要求。纵、横、竖向预应力钢筋张拉前，3d强度均达到设计强度的85%以上。

悬浇箱梁底层标高，经检测符合设计要求。箱梁的框架结构尺寸符合设计要求。但也有质量问题，突出表现在三室内的腹板厚度局部不足、混凝土平整度差、有涨模跑模现象，梁段之间接缝不顺，梁段混凝土局部漏振情况，蜂窝、麻面较多。斜腹板混凝土光洁度差；桥面混凝土横坡不顺，凹凸现状突出，个别梁段桥面有露筋现象。以上质量缺陷以七号墩较为突出。

2. 纵、横、竖向预应力工程质量情况

纵向预应力。已施工箱梁段，纵向预应力应张拉106束，已张拉106束，压浆全部完成，张拉吨位、真空辅助压浆质量均符合规范要求。

横向预应力。按施工进度应张拉横向预应力252束，已张拉250束，占可张拉数量的99%。压浆219束，压浆施工滞后，并有24束压浆不通。张拉吨位符合设计要求，部分束伸长量与设计不符（已按吨位控制施工）。

竖向预应力。已浇箱梁段，按施工要求应张拉竖向预应力1184束，已张拉854束，占可张拉数量的72%，压浆滞后4个梁段，并有20根压浆不通，有2根因锚固原因不能张拉。

纵、横、竖向预应力钢绞线张拉、压浆的原始记录整理不及时。

3. 索塔、斜拉索工程质量情况

两索塔施工平面位置、偏位、倾斜度、外部几何尺寸，均符合设计要求，偏差在《施工规范》允许范围之内，混凝土质量表面光洁度较好，无蜂窝现象。按规定做了57组混凝土试件，强度全部符合设计要求。

钢筋焊接质量合格，并经监理确认。索道管预埋设置，塔柱固定端符合规范要求，梁上张拉端有四道索道管偏差略超出允许值。

斜拉索第一道（8根）已张拉完毕，张拉索力与监控索力同设计索力差异均符合设计允许值之内。

7号墩第一道斜拉索（4根）因夜间施工和其他原因未有实现同步张拉，不同步索力已超过允许值（10t）。

钢筋、钢绞线、水泥、减水剂材料按规范要求和实际的品种、批次、数量委托了质检部门，应检各项指标均符合国标及规范要求。

这次检查，总的评价是主桥悬浇箱梁施工工艺符合设计要求，已完工程的混凝土强度符合设计要求，纵向预应力质量控制较好。横、竖向预应力进度严重滞后，有多道压浆困难。已完索塔工程各项位移、几何尺寸符合设计要求及规范标准。施工工艺、施工程序、工程质量、试件处理，受监理、设计监控方控制，未出现失控状态。

二、存在的问题

（1）悬浇箱梁混凝土表面涨模、跑模严重；现场施工操作振捣较差，梁段接缝不平；已浇桥面混凝土平整度差，拆模后混凝土缺陷修饰质量差，施工秩序混乱，随意性大，粗制滥造现象遏制不住，以上情况尤以7号墩施工最为严重。

（2）横向预应力管道埋设位置不规范，任意切断钢筋的情况经常发生。横、竖向预应力钢绞线张拉、管道压浆进度严重滞后，多个管道堵塞，压浆困难，若不及时解决将影响箱梁进度。

（3）斜拉索出厂前缺少监督，工地交货验收手续不严密，客观上流于形式。拉索锚管完工后位置有偏差，张拉工艺不规范，四道索同步张拉程序控制不严格。

对埋置的监控设施，保护不好，损坏现象时有发生，并未引起施工方的重视。

（4）计划进度严重滞后，自今年开工以来没有一个月能够完成计划目标，今春三至五月份施工的有利季节即将过去，欠账较多，完成年度目标无较大积极措施。

（5）安全生产措施不全面、不强制。高空落物，缺少防护设施；挂篮移位、架工技术不熟练，缺少施工常识，不安全事件苗头时有发生。

（6）工程施工资料整理不及时，继续下去将影响工程的正常计量支付。

三、总监发言并提出了整改意见

（1）项目经理部要认真进行各管理层次的整顿。经理部工程技术人员不少，但责任心不强，控制能力不行，施工中失控的情况要有果断措施限期解决。要如实向总部报告长期存在的“老大难”问题，以取得上面的支持和解决。劳务队伍特别是预应力钢绞线张拉队伍及时设备配备，7号墩施工队伍要有切实可行的措施，必须整顿，不能束手无策。对他们的有关责任人要坚决清除出场。对故意造成质量问题的人员，要追究责任。

（2）要研究施工工艺，按设计部位、工艺要求添置小型机具，更换小块模板和旧模板，改变混凝土外观质量。对箱梁直腹板、横隔梁、桥面的混凝土施工要添置充足的附着式、平板振捣器和桥面路拱找平设备。从工艺上、设备上确保混凝土的振捣质量及平整度。

(3) 要严格执行监理程序，按合同要求办事。项目经理部是施工的主体，必须接受监理的控制，并按施工规范要求，监控数据，严格施工。对送达的各项监理工作指令要认真实施，不能拖而不办。监理人员也要加强内部管理，明确各项分工及责任制，对发现的问题及时书面向有关方面报告，及时处理。

(4) 监理部要求施工单位在五月二十日之前，对这次检查标记的混凝土外观跑模、涨模、箱梁接缝错台、凹凸不平等质量问题进行修整。在五日之内将横、竖向预应力钢绞线张拉、压浆滞后的索束完成，以确保结构施工中的安全及箱梁进度。

四、最后，指挥部李××局长强调

建设单位、施工、监理等各方一定要坚定信心，咬定今年九月底大桥合拢的目标不放松，决不能变。在实现总目标的前提下作好施工的各项安排。要处理好四个方面的关系，即质量与进度的关系；工程进度与安全生产之间的关系；施工单位主包与分包的关系；内部质量与外观的关系；把大桥工程干的又快又好。

同时，要求中铁×局×公司项目经理部抓紧解决项目部内部技术、施工人员的管理松弛问题，对长期由于管理不到位影响施工的质量问题要及时向总公司报告，取得上级领导的支持，若不及时解决，建设单位、监理将向总公司报告解决。

关于悬浇梁段标高的监控测量问题，由谁办，建设单位应抓紧研究，应五日内解决。

项目经理部赵××经理最后表态，这次会议检查出的问题，是实事求是的，是存在的，提出的意见是中肯的，有的问题确系长期得不到纠正，成了“老大难”，经理部有信心在五日内进行认真整顿，将这次检查出的问题，明确责任到人，认真进行落实。

二〇〇六年五月十八日

[点　评] 这是××斜拉桥工程施工项目的总监办对主桥施工进行的一次月度例行检查的情况通报，共分三大部分，一是说明检查情况，二是肯定成绩与指出存在的问题，三是提出整改要求。其写法基本符合“通报”的写作要求。

但是，该通报的写作中也存在着一些不妥之处，本次引用未做大的修改，今指正如下：(1) 用词口语化的错误，如“五月十七号”、“干活秩序混乱”、“突出存在的问题”、“计划进度严重拖后”等，本文中部分已经修改。(2) 第三、四个大标题和最后两段话的“问题由谁办”和施工单位项目经理的“表态”部分所写的内容不符合通报的写法，似乎是开会的会议记录或会议纪要，应将第三个大标题删改为“三、问题的整改与下一阶段的工作要求”，删去原第四个大标题，将第三、四个大标题和最后两段话的内容做一些修改。(3) 文中倒数第四段中的几个“分号”应改为“逗号”。(4) 原文中第四个大标题后的内容中写到“咬定今年九月底大桥合拢的目标不放松”，其中的“合拢”应为“合龙”。(5) 本文的结构层次为两层，比较简洁，但是，结构层次序号标识不统一，第一大部分使用了“1.”式，第二、三大部分使用了“(1)”式。

【案例 3.5-3】 内业资料检查情况通报

关于路面工程内业资料检查情况的通报

各合同项目经理部、各监理办：

4月22日，总监代表处会同指挥部共同对全线一至五合同的工程施工资料填写、整理、存档情况和往来文件管理情况进行了全面检查，今将检查情况通报如下：

一、应予肯定的方面

1. 204国道××段大修工程开工初期，各单位对内业资料的重视不够，4月上旬之后，各单位普遍提高了对内业资料管理的认识，大多数单位设专人管理工程检测资料，并购买了档案盒档案柜，为工程竣工文件的收集整理存档打下了基础。

2. 五合同段旧路面病害挖除与回填现场处理认真彻底，断面尺寸与面积记录规范准确清晰，值得在全线推广。

3. 三合同段各种检表的"表头栏"均严格按照总监代表处已确定的分项工程划分路段进行了填写，为下一步分项工程质量评定打下了基础。

4. 四合同段在档案盒中加列了所存资料的临时目录，便于查找且一目了然。

二、存在的问题

1. 各合同段普遍没有在各种检表试表的表头栏中注明结构层次（如下基层）、左（右）幅、桩号等内容。

2. 签字不齐全，评语前后不统一，签字时间不填写等。

3. 检验方法不规范，如厚度指标有的写挖验、有的写钻芯、有的写测量。

4. 试验指标的取样方法不规范，如下基层混合料的筛分记录中的"试样来源"填写为"拌合站"。

5. 检查桩号不是随机抽样，多为25m或50m的整倍数，个别合同段的桩号填写顺序由大到小。

6. 压实度与厚度的检测，频率不一，桩号不一。纵断高程与横坡度的检测，结果不对应。

7. 工程变更资料收集不全面，没有建立工程变更台账。

8. 个别合同段的检测、试验资料记录填写不及时，签字不及时，甚至有涂改现象。

9. 应保留小数点的没保留或保留不规范，如压实度结果不是保留一位小数，而是保留了两位小数。

10. 部分指标的检测数据记录不真实，误差特别小或精度特别高等。

三、下一步的工作要求

1. 各合同项目经理部必须提高内业资料重要性的认识，从现在起像抓工程现场施工那样抓内业资料，切实提高各种检表、试表的填报质量，为竣工文件的编制打好基础。应安排相应专业技术人员分管检验资料、往来文件和施工图纸、工程计划、工程支付等资料，继续增加文件柜、档案盒，项目经理要经常督促、项目总工要亲自检查。

2. 各驻地监理工程师必须克服重工程质量控制、轻内业资料管理的思想，在日常工作中拿出一定的精力去指导施工单位、现场监理填写检（试）表，拿出一部分时间去审查内业资料的填报质量和进度，决不允许再出现违背规范、忽视频率、填报不全的现象发生，否则，总监代表处将坚决追究驻地监理工程师的失职责任。

3. 需要立即整改和必须注意的几个问题：

① 准确填写“表头栏”的内容，达到填写齐全、位置固定、表述统一。如“下基层右幅，K71 +000 ~ K71 +800”。

② 编号，要填写已经确定的分项工程编号。

③ 签字栏必须齐全，自检评语和监理评语必须标准、前后统一，如填写“符合设计及技术规范要求”。签字时间为施工当天，即当天施工、当天检验，现场监理必须严格把关。

④ 检查桩号应随机抽样，不应为20m或50m的整倍数，桩号填写必须从小到大排列。

⑤ 严格控制检查方法，必须按照《技术规范》的规定方法检查压实度、平整度、纵断高程、宽度、厚度、横坡度和强度等7个指标：

检表6，纵断高程，允许偏差+5、-10mm，每20延米1个断面，每个断面3~5个点，精确至5mm。

检表7，横坡度，允许偏差±0.3%，每100延米3处，宜与纵断高程检测断面相结合。

检表8，宽度及中心线，规定不小于设计值，用钢尺量，每40延米1处，宜与纵断高程检测断面相结合。

检表9，平整度，规定值≤8mm，用3m直尺检测，每200m测2处×10尺，填写10尺测得的数据，并选出最大值。

检表13，厚度，规定值-8mm，采用挖验方法（第7天取芯法厚度单独记录）。每一作业路段或≤2000m^{2}检查6个点以上。今规定每幅150m检查6个点。厚度检测宜与压实度检测同步。

检表3，压实度，规定值≥98%，用灌砂法实测，每一作业路段或≤2000m^{2}检查6个点以上。今规定每幅150m检查6个点。压实度$K = q_d / r_d \times 100\%$，不得连续计算。$q_d$保留三位小数，$K$保留一位小数。

检表15，基层检验汇总表，每一作业段必须汇总，每一分项工程路段必须汇总。下基层厚度指标可不参与评分。各种检表必须严格按照分项工程划分路段进行整理记录和存档。

试表11、试表25，试样来源应填写“施工现场”并填写桩号。筛分表头前，应填写“碎石”或“基层混合料”，表内“标准范围”应填写清楚。

⑥ 检表装订必须按检表15、3、6、7、8、9、13的顺序进行，其中检表15中各点数及其平均值必须与后续表对应。

⑦ 必须加强旧路面病害处理的原始记录，包括表格记录、图示记录和照片记录等>厚度测量和记录必须真实。否则，不予计量。

⑧ 必须加强防护砌石工程的检测和记录。

⑨每次填报工程计量单时，必须附各种质检、试验表格以及变更文件，驻地监理、计量支付项目工程师审查无误后方可签署工程计量单。凡现场质量不合格、内业资料不齐全或有错误的分项工程，坚决不予计量。

⑩工程计量单必须有清单编号、起止桩号、数量计算公式和必要的图示等，亦

可列表或增加附页。

希各单位认真学习本通报，从现在起切实抓好工程内业资料工作，以达到工程现场施工合格、内业资料填报合格，工程现场施工结束、竣工文件编制结束的目的。

二〇〇四年四月二十四日

[点 评] 本实例是一篇路面工程内业资料检查情况的通报，分三部分，思路清楚，肯定了成绩、指出了存在的问题、提出了整改要求，让人读来很受启发。可作为通报的范文来阅读。

【案例3.5-4】工程安全检查情况通报

关于十一月份工程安全生产情况的检查通报

第1~7监理办、第1~15合同段：

2005年11月20日至11月26日，总监代表处对各监理及所辖施工单位的工程质量、进度、安全生产、文明施工等情况及监理工作进行检查。在安全生产、文明施工方面，各施工单位本着“安全第一，预防为主”的原则开展安全生产、文明施工活动，十一月份没有发生安全生产事故。在肯定成绩的同时，应该清醒地看到，和前阶段安全生产情况相比，一些施工单位在安全生产管理方面有懈怠的趋势，一些工程施工还存在着安全隐患。安全生产意识不提高，安全隐患不消除必然要影响工程的正常进展，各施工单位必须引起高度重视。本次检查主要发现以下几方面问题：

1. 施工用电不规范。动力线未按规范要求架设，有的架线杆用方木、竹竿、钢管代替，有的线杆倾斜，未设固定拉线，有的动力线悬垂度大、成束并行，未设置横担及转向横担。配电箱安装不符合规范要求，有的用木板，胶合板钉制配电箱，很多配电箱没有箱门，没有上锁，箱内断路器、闸刀、漏电保护器布设密度大，有的线路未按“一机一闸”设置，未设漏电保护器，有的闸刀没有罩盖，存在用钢筋代替二次回线的现象。有的切割锯未设置手控开关。

2. 高空作业未按规定要求搭设踏板、扶手、围栏、安全防护网。

3. 石方爆破作业中未严格按要求进行警戒。

4. 便道临空面，便道与被交道未按要求设置警示标志及防护栏，部分便桥防护栏不牢靠。

5. 隧道未按要求通风，有些隧道施工排水不畅，行车道道路泥泞，凹凸不平。隧道照明亮度和照度不足，锚喷现场粉尘大，洞内物品存放混乱，湿环境用电不规范。

6. 设备管理不规范，龙门吊操作室配设不规范，有的用钢筋及彩棚布简单搭设，控制箱未上锁。空压机、切割锯、剪断机、摇臂钻、砂轮机、电焊机未按要求进行保养和维修，维修和保养记录不全。

7. 现场原材料如钢筋原材料、成品、半成品等存放不规范，预埋钢筋笼未设缆索固定。

8. 挖孔桩作业不规范，未按施工组织设计进行护壁，桩孔未罩盖，渣料未及时清除，没有通风设施等。

9. 施工作业人员未按要求佩戴和使用劳动保护用品。

10. 冬季施工防火、防电、防煤气中毒工作未引起足够重视。

希望各施工单位针对施工中存在的问题，查缺补漏，认真整改，各监理单位做好监督检查工作，狠抓管理，重在落实，为实现“安全、优质、高效”的目标而努力。

二〇〇五年十一月二十七日

[点　评] 本实例是摘录自某总监代表处对十一月份安全生产情况检查情况的通报，因为安全监理是监理机构的主要监理工作内容，所以摘录此文。请大家注意这个工地施工单位存在的安全问题，从中引起高度重视。牢记没有安全施工就没有工程质量；牢记监理工程师承担安全监理责任。

3.6 工程监理决定文件的编写

一、决定的含义

决定，是公文写作中运用最广泛的下行文种之一。“决定”是国家党、政机关公文中都在使用的法定文种。

2001 年版《国家行政机关公文处理办法》对“决定”的功能作如下阐述：

适用于对重要事项或者重大行动做出安排，奖惩有关单位及人员，变更或者撤销下级机关不适当的决定事项。

1996 年版《中国共产党机关公文处理条例》对“决定”功能的阐述是：

用于对重要事项做出决策和安排。

“决定”这一公文形式在工程建设管理、工程监理过程中较少使用。因为，决定的内容是重大问题、重要事项以及有影响的人物，它的使用比“通知”、“通报”显得更严肃和郑重，其约束力、影响力也更大。

二、决定的特点

（一）权威性

决定虽然没有命令那么浓的强制色彩，但也是一种权威性很强的下行文。决定是上级机关针对重要事项和重大行动，经重要会议或领导班子研究通过后，对所辖范围内的工作所做的安排等。决定一经发布，就对受文单位具有很强的约束力，下级单位必须遵照执行。例如，《中华人民共和国国务院公报》2000 年第 1 号中的《国务院关于全面推进依法行政的决定》就要求：

各省、自治区、直辖市人民政府和国务院各部门要根据全国依法行政工作会议精神和本决定的要求，结合本地方、本部门的实际，全面、深入、扎实地推进依法行政进程，保证改革开放和社会主义现代化建设健康、顺利发展。各地方、各部门要将贯彻实施全国依法行政工作会议精神和本决定的情况于今年 12 月 31 日前送国务院法制办公室，由国务院法制办公室汇总后向国务院报告。

可以说，决定中的这段话，从内容到口气都坚定确凿，不容置疑，体现了决定的权威性特点。

（二）指挥性

决定在对重要事项进行决策时，同时也提出工作任务、具体措施和实施方案，要求受文单位依照执行。例如，《中华人民共和国国务院公报》2000 年第 6 号中的《国务院关于成立国务院西部地区开发领导小组的决定》，对西部开发领导小组办公室主要职责做了如下安排：

> 研究提出西部地区开发战略、发展计划、重大问题和有关政策、法规的建议，推进西部地区持续快速健康发展；研究提出西部地区农村经济发展、重点基础设施建设、生态环境保护和建设、结构调整、资源开发以及重大项目布局的建议，组织和协调退耕还林（草）计划的实施和落实；研究提出西部地区深化改革、扩大开放和引进国内外资金、技术、人才的政策建议，协调经济开发和科教文化事业的全面发展；承办领导小组交办的其他事项。

决定通过原则、任务、措施、方案的确定和安排，指挥下属单位统一思想、统一行动，从而保证工作的顺利开展，并取得预期效果。

（三）全局性

决定一般不是向某一个单位发出的，行文对象多为两个及其以上单位的全部下级单位，有一定的普遍性。这是由于决定所涉及的事项和解决的问题都有全局性的意义。类似依法行政、西部开发、表彰先进、事故处分决定，都是事关全局的重要问题。即使有时涉及的事件比较具体，其意义也必然是全局性的。例如，1981 年 5 月 15 日《中共中央关于接收宋庆龄同志为中国共产党正式党员的决定》一文，就不能简单地看作接受一个人入党的具体事务性文件，它表达了党中央对宋庆龄同志一生的评价，也传达了中央的统战政策和组织路线，在宣传党的路线、政策方面，有着相当普遍的意义。

三、决定的种类

工程监理规范没有给出“监理决定”表格形式，意即监理工程师认为有必要下达“决定”时可以使用监理规范表格中的“监理工程师通知单”，也可以使用法定文种中的“决定”格式。

对于成片开发的住宅区、国家重点工程的建设单位和总监办为履行岗位职责，有权力和义务决定工程质量、进度、费用、安全、环保、合同管理、廉政建设的特殊情况以及施工现场管理、监理人员管理的特殊情况，并形成决定的红头文件印发各个下级单位。中小型建设项目的总监理工程师尽量少下达除“工程暂停令”之外的决定文件。法定文种中的“决定”可分为以下几种：

（一）法规政策性决定

关于建立、修改某项法规的决定，关于贯彻、落实某一法律的决定，关于对某一领域犯罪行为进行专项打击的决定，都属于法规政策性决定。例如，《全国人民代表大会常务委员会关于修改〈中华人民共和国大气污染防治法〉的决定》、《全国人大常委会关于惩治侵犯著作权的犯罪的决定》、《关于惩治虚开、伪造和非法出售增值税用发票犯罪的决定》等。

（二）重要事项和重大行动安排的决定

对重要事项或事关全局的重大行动做出的决定，具有决策的性质。一般要阐述基本原则，提出工作任务、方案、措施、要求。例如，《国务院关于全面推进依法行政的决定》、《国务院关于成立国务院西部开发领导小组的决定》、《中共中央关于加强党同人民群众联系的决定》、《中共中央关于恢复沈雁冰同志党籍的决定》等。

（三）奖惩性决定

决定也可以对一些事迹突出、有典型意义的先进个人或集体进行表彰，或者对一些影响较大、群众关心的事故、错误进行处理。前者如《国务院关于授予赵春娥、罗健夫、蒋筑英全国劳动模范称号的决定》、《中共沈阳市委、沈阳市人民政府关于表彰沈阳黎明服装集团公司的决定》等。后者如《国务院关于处理“渤海二号”事故的决定》、《国务院关于大兴安岭特大森林火灾事故的处理决定》等。

奖惩性决定跟用于奖惩的命令和通报作用接近，但层次规格不同。决定从规格上看低于命令，但高于通报。一般性的奖惩或者基层单位的奖惩活动，用通报即可。

四、决定的编写要点

决定的写作结构与其他公文相比有明显的不同，主要包括标题、日期、正文三部分，一般不写主送单位。发文生效日期不在正文之后、主题词之前，而是在标题之下、正文之前。

（一）标题

决定的标题一般采用公文标题的常规模式，即“发文机关 + 关于 + 主要内容 + 的 + 文种（决定）”的写法，例如，《国务院关于进一步加强产品质量工作若干问题的决定》。标题有时可在主要内容部分加书名号，例如，“全国人民代表大会常务委员会关于批准《中华人民共和国、俄罗斯联邦和哈萨克斯坦共和国关于确定三国国界交界点的协定》的决定”一文。

（二）日期

决定的日期是写公布此项决定的时间，一般写在标题之下，用括号标识。若是会议通过的决定需要写明什么时间、什么会议通过的。有的决定，通过的日期与发布的日期不是一个时间，就要写上什么时间发布的。

另外，决定的日期也可以写在正文之后。

（三）正文

正文采用公文常用的结构基本型，由开头、主体、结尾三部分组成。

1. 开头

开头，一般是写发布决定的背景、根据、目的、意义等。例如，《国务院关于进一步加强产品质量工作若干问题的决定》的开头：

> 为认真贯彻落实党的十五大精神和十五届四在全会通过的《中共中央关于国有企业改革和发展若干重大问题的决定》，全面实施《中华人民共和国产品质量法》和《质量振兴纲要（1996 年—2010 年）》，提高我国产品质量总体水平，促进国民经济持续快速健康发展，现就进一步加强产品质量若干问题作如下决定：

如果是批准某一文件的决定，则写明批准对象的名称。

如果是表彰、惩戒性的决定，开头部分则要叙述基本事实，也就是先进事迹或事故情况，篇幅要比一般决定长一些。

2. 主体

主体写决定的具体事项。

用于指挥工作的决定，这部分要提出工作任务、措施、方案、要求等，内容复杂时要用小标题或条款显示出层次来。

用于批准事项的决定，这部分要表达批准意见，如有必要，还可对批准此事项的根据和意义予以阐述。

用于表彰或惩戒的决定，这部分要写明表彰决定的项目，或处分决定、处罚方式和程度等。

3. 结尾

结尾比较简单，主要用来写执行要求或希望号召。

五、编写决定的注意事项

1. 决定的事实根据必须是经过核实和认定的。

2. 正文的主体部分，对事实的分析评价应中肯、扼要而有针对性，使人信服。

3. 表述要准确，语言简练，不可长篇大论。

4. “决定”文种使用于重大事项的行文，工程施工监理机构、监理工程师慎重使用“决定”文种，一般情况可以使用“监理工程师通知单”、“工程暂停令”、“监理工作联系单”等监理规范给定的表式。工程现场监理机构使用“决定”文种印发红头文件时，必须经过总监理工程师审核签发。

六、案例

【案例 3. 6-1】法规政策性决定

国务院关于进一步加强安全生产工作的决定

(2004 年 1 月 9 日)

各省、自治区、直辖市人民政府，国务院各部委、各直属机构：

安全生产关系人民群众的生命财产安全，关系改革发展和社会稳定大局。党中央、国务院高度重视安全生产工作，建国以来特别是改革开放以来，采取了一系列重大举措加强安全生产工作。颁布实施了《中华人民共和国安全生产法》(以下简称《安全生产法》等法律法规，明确了安全生产责任；初步建立了安全生产监管体系，安全生产监督管理得到加强；对重点行业和领域集中开展了安全生产专项整治，生产经营秩序和安全生产条件有所改善，安全生产状况总体上趋于稳定好转。但是，目前全国的安全生产形势依然严峻，煤矿、道路交通运输、建筑等领域伤亡事故多发的状况尚未根本扭转；安全生产基础比较薄弱，保障体系和机制不健全；部分地方和生产经营单位安全意识不强，责任不落实，投入不足；安全生产监督管理机构、队伍建设以及监管工作亟待加强。为了进一步加强安全生产工作，尽快实现我国安全生产局面的根本好转，特作如下决定。

一、提高认识，明确指导思想和奋斗目标

1. 充分认识安全生产工作的重要性。搞好安全生产工作，切实保障人民群众的生命财产安全，体现了最广大人民群众的根本利益，反映了先进生产力的发展要求和先进文化的前进方向。做好安全生产工作是全面建设小康社会、统筹经济社会全面发展的重要内容，是实施可持续发展战略的组成部分，是政府履行社会管理和市场监管职能的基本任务，是企业生存发展的基本要求。我国目前尚处于社会主义初级阶段，要实现安全生产状况的根本好转，必须付出持续不懈的努力。各地区、各部门要把安全生产作为一项长期艰巨的任务，警钟长鸣，常抓不懈，从全面贯彻落实"三个代表"重要思想，维护人民群众生命财产安全的高度，充分认识加强安全生产工作的重要意义和现实紧迫性，动员全社会力量，齐抓共管，全力推进。

2. 指导思想。认真贯彻"三个代表"重要思想，适应全面建设小康社会的要求和完善社会主义市场经济体制的新形势，坚持"安全第一、预防为主"的基本方针，进一步强化政府对安全生产工作的领导，大力推进安全生产各项工作，落实生产经营单位安全生产主体责任，加强安全生产监督管理；大力推进安全生产监管体制、安全生产法制和执法队伍"三项建设"，建立安全生产长效机制，实施科技兴安战略，积极采用先进的安全管理方法和安全生产技术，努力实现全国安全生产状况的根本好转。

3. 奋斗目标。到2007年，建立起较为完善的安全生产监管体系，全国安全生产状况稳定好转，矿山、危险化学品、建筑等重点行业和领域事故多发状况得到扭转，工矿企业事故死亡人数、煤矿百万吨死亡率、道路交通运输万车死亡率等指标均有一定幅度的下降。到2010年，初步形成规范完善的安全生产法治秩序，全国安全生产状况明显好转，重特大事故得到有效遏制，各类生产安全事故和死亡人数有较大幅度的下降。力争到2020年，我国安全生产状况实现根本性好转，亿元国内生产总值死亡率、十万人死亡率等指标达到或者接近世界中等发达国家水平。

二、完善政策，大力推进安全生产各项工作

4. 加强产业政策的引导。制定完善产业政策，调整和优化产业结构。逐步淘汰技术落后、浪费资源和环境污染严重的工艺技术、装备及不具备安全生产条件的企业。通过兼并、联合、重组等措施，积极发展跨区域、跨行业经营的大公司、大集团和大型生产供应基地，提高有安全生产保障企业的生产能力。

5. 加大政府对安全生产的投人。加强安全生产基础设施建设和支撑体系建设，加大对企业安全生产技术改造的支持力度。运用长期建设国债和预算内基本建设投资，支持大中型国有煤炭企业的安全生产技术改造。各级地方人民政府要重视安全生产基础设施建设资金的投人，并积极支持企业安全技术改造，对国家安排的安全生产专项资金，地方政府要加强监督管理，确保专款专用，并安排配套资金予以保障。

6. 深化安全生产专项整治。坚持把矿山、道路和水上交通运输、危险化学品、民用爆破器材和烟花爆竹、人员密集场所消防安全等方面的安全生产专项整治，作为整顿和规范社会主义市场经济秩序的一项重要任务，持续不懈地抓下去。继续关闭取缔非法和不具备安全生产条件的小矿小厂、经营网点，遏制低水平重复建设。开展公路货车超限超载治理，保障道路交通运输安全。把安全生产专项整治与依法落实生产经营单位安全生产保障制度、加强日常监督管理以及建立安全生产长效机制结合起来，确保整治工作取得实效。

7. 健全完善安全生产法制。对《安全生产法》确立的各项法律制度，要抓紧制定配套法规规章。认真做好各项安全生产技术规范、标准的制定修订工作。各地区要结合本地实际，制定和完善《安全生产法》配套实施办法和措施。加大安全生产法律法规的学习宣传和贯彻力度，普及安全生产法律知识，增强全民安全生产法制观念。

8. 建立生产安全应急救援体系。加快全国生产安全应急救援体系建设，尽快建立国家生产安全应急救援指挥中心，充分利用现有的应急救援资源，建设具有快速反应能力的专业化救援队伍，提高救援装备水平，增强生产安全事故的抢险救援能力。加强区域性生产安全应急救援基地建设。搞好重大危险源的普查登记，加强国家、省（区、市）、市（地）、县（市）四级重大危险源监控工作，建立应急救援预案和生产安全预警机制。

9. 加强安全生产科研和技术开发。加强安全生产科学学科建设，积极发展安全生产普通高等教育，培养和造就更多的安全生产科技和管理人才。加大科技投人力度，充分利用高等院校、科研机构、社会团体等安全生产科研资源，加强安全生产基础研究和应用研究。建立国家安全生产信息管理系统，提高安全生产信息统计的准确性、科学性和权威性。积极开展安全生产领域的国际交流与合作，加快先进的生产安全技术引进、消化、吸收和自主创新步伐。

三、强化管理，落实生产经营单位安全生产主体责任

10. 依法加强和改进生产经营单位安全管理。强化生产经营单位安全生产主体地位，进一步明确安全生产责任，全面落实安全保障的各项法律法规。生产经营单位要根据《安全生产法》等有关法律规定，设置安全生产管理机构或者配备专职（或兼职）安全生产管理人员。保证安全生产的必要投入，积极采用安全性能可靠的新技术、新工艺、新设备和新材料，不断改善安全生产条件。改进生产经营单位安全管理，积极采用职业安全健康管理体系认证、风险评估、安全评价等方法，落实各项安全防范措施，提高安全生产管理水平。

11. 开展安全质量标准化活动。制定和颁布重点行业、领域安全生产技术规范和安全生产质量工作标准，在全国所有工矿、商贸、交通运输、建筑施工等企业普遍开展安全质量标准化活动。企业生产流程的各环节、各岗位要建立严格的安全生产质量责任制。生产经营活动和行为，必须符合安全生产有关法律法规和安全生产技术规范的要求，做到规范化和标准化。

12. 搞好安全生产技术培训。加强安全生产培训工作，整合培训资源，完善培训网络，加大培训力度，提高培训质量。生产经营单位必须对所有从业人员进行必要的安全生产技术培训，其主要负责人及有关经营管理人员、重要工种人员必须按照有关法律、法规的规定，接受规范的安全生产培训，经考试合格，持证上岗。完善注册安全工程师考试、任职、考核制度。

13. 建立企业提取安全费用制度。为保证安全生产所需资金投入，形成企业安全生产投入的长效机制，借鉴煤矿提取安全费用的经验，在条件成熟后，逐步建立对高危行业生产企业提取安全费用制度。企业安全费用的提取，要根据地区和行业的

特点，分别确定提取标准，由企业自行提取，专户储存，专项用于安全生产。

14. 依法加大生产经营单位对伤亡事故的经济赔偿。生产经营单位必须认真执行工伤保险制度，依法参加工伤保险，及时为从业人员缴纳保险费。同时，依据《安全生产法》等有关法律法规，向受到生产安全事故伤害的员工或家属支付赔偿金。进一步提高企业生产安全事故伤亡赔偿标准，建立企业负责人自觉保障安全投入，努力减少事故的机制。

四、完善制度，加强安全生产监督管理

15. 加强地方各级安全生产监管机构和执法队伍建设。县级以上各级地方人民政府要依照《安全生产法》的规定，建立健全安全生产监管机构，充实必要的人员，加强安全生产监管队伍建设，提高安全生产监督工作的权威，切实履行安全生产监管职能。完善煤矿安全生产监察体制，进一步加强煤矿安全生产监察队伍建设和监察执法工作。

16. 建立安全生产控制指标体系。要制订全国安全生产中长期发展计划，明确年度安全生产控制指标，建立全国和分省（区、市）的控制指标体系，对安全生产情况实行定量控制和考核。从2004年起，国家向各省（区、市）人民政府下达年度安全生产各项控制指标，并进行跟踪检查和监督考核。对各省（区、市）安全生产控制指标完成情况，国家安全生产监督管理部门将通过新闻发布会、政府公告、简报等形式，每季度公布一次。

17. 建立安全生产行政许可制度。把安全生产纳入国家行政许可的范围，在各行业的行政许可制度中，把安全生产作为一项重要内容，从源头上制止不具备安全生产条件的企业进入市场。开办企业必须具备法律规定的安全生产条件，依法向政府有关部门申请、办理安全生产许可证，持证生产经营。新建、改建、扩建项目的安全设施必须与主体工程同时设计、同时施工、同时投入生产和使用（简称“三同时”），对未通过“三同时”审查的建设项目，有关部门不予办理行政许可手续，企业不准开工投产。

18. 建立企业安全生产风险抵押金制度。为强化生产经营单位的安全生产责任，各地区可结合实际，依法对矿山、道路交通运输、建筑施工、危险化学品、烟花爆竹等领域从事生产经营活动的企业，收取一定数额的安全生产风险抵押金，企业生产经营期间发生生产安全事故的，转作事故抢险救灾和善后处理所需资金。具体办法由国家安全生产监督管理部门会同财政部研究制定。

19. 强化安全生产监管监察行政执法。各级安全生产监管监察机构要增强执法意识，做到严格、公正、文明执法。依法对生产经营单位安全生产情况进行监督检查，指导督促生产经营单位建立健全安全生产责任制，落实各项防范措施。组织开展好企业安全评估，搞好分类指导和重点监管。对严重忽视安全生产的企业及其负责人或建设单位，要依法加大行政执法和经济处罚的力度。认真查处各类事故，坚持事故原因未查清不放过、责任人员未处理不放过、整改措施未落实不放过、有关人员未受到教育不放过的“四不放过”原则，不仅要追究事故直接责任人的责任，同时要追究有关负责人的领导责任。

20、加强对小企业的安全生产监管。小企业是安全生产管理的薄弱环节，各地要高度重视小企业的安全生产工作，切实加强监督管理。从组织领导、工作机制和安全投入等方面入手，逐步探索出一套行之有效的监管办法。坚持寓监督管理于服务中心，积极为小企业提供安全技术、人才、政策咨询等方面的服务，加强检查指导，督促帮助小企业搞好安全生产。要重视解决小煤矿安全生产投入问题，对乡镇及个体煤矿，要严格监督其按照有关规定提取安全费用。

五、加强领导，形成齐抓共管的合力

21. 认真落实各级领导安全生产责任。地方各级人民政府要建立健全领导干部安全生产责任制，把安全生产作为干部政绩考核的重要内容，逐级抓好落实。特别要加强县乡两级领导干部安全生产责任制的落实。加强对地方领导干部的安全知识培训和安全生产监管人员的执法业务培训。国家组织对市（地）、县（市）两级政府分管安全生产工作的领导干部进行培训；各省（区、市）要对县级以上安全生产监管部门负责人，分期分批进行执法能力培训。依法严肃查处事故责任，对存在失职、渎职行为，或对事故发生负有领导责任的地方政府、企业领导人，要依照有关法律法规严格追究责任。严厉惩治安全生产领域的腐败现象和黑恶势力。

22. 构建全社会齐抓共管的安全生产工作格局。地方各级人民政府每季度至少召开一次安全生产例会，分析、部署、督促和检查本地区的安全生产工作；大力支持并帮助解决安全生产监管部门在行政执法中遇到的困难和问题。各级安全生产委员会及其办公室要积极发挥综合协调作用。安全生产综合监管及其他负有安全生产监督管理职责的部门要在政府的统一领导下，依照有关法律法规的规定，各负其责，密切配合，切实履行安全监管职能。各级工会、共青团组织要围绕安全生产，发挥各自优势，开展群众性安全生产活动充分发挥各类协会、学会、中心等中介机构和社团组织的作用，构建信息、法律、技术装备、宣传教育、培训和应急救援等安全生产支撑体系。强化社会监督、群众监督和新闻媒体监督，丰富全国“安全生产月”、“安全生产万里行”等活动内容，努力构建“政府统一领导、部门依法监管、企业全面负责、群众参与监督、全社会广泛支持”的安全生产工作格局。

23. 做好宣传教育和舆论引导工作。把安全生产宣传教育纳入宣传思想工作的总体布局，坚持正确的舆论导向，大力宣传党和国家安全生产方针政策、法律法规和加强安全生产工作的重大举措，宣传安全生产工作的先进典型和经验；对严重忽视安全生产、导致重特大事故发生的典型事例要予以曝光。在大中专院校和中小学开设安全知识课程，提高青少年在道路交通、消防、城市燃气等方面的识灾和防灾能力。通过广泛深入的宣传教育，不断增强群众依法自我安全保护的意识。

各地区、各部门和各单位要加强调查研究，注意发现安全生产中出现的新情况，研究新问题，推进安全生产理论、监管体制和机制、监管方式和手段、安全科技、安全文化等方面的创新，不断增强安全生产工作的针对性和实效性，努力开创我国安全生产工作的新局面，为完善社会主义市场经济体制，实现党的十六大提出的全面建设小康社会的宏伟目标创造安全稳定的环境。

[点　评] 本文件的各项格式均符合1999年版的《国家行政机关公文格式》的规定，决定的事项清楚、坚定不移，段落层次分明，全文包括五大部分、二十三条具体内容，而且每条具体规定使用序号表明，便于阅读和理解执行。

另外，其文件开头、结尾的写法都具有借鉴意义。监理工程师还可以将此文件作为工程建设法规学习和使用。这是引用此文的真正目的。

【案例 3.6-2】 惩罚性决定

关于第三监理组驻地组长王大山超前计量问题的处理决定

各驻地监理办:

××高速公路是国道主干线——××线××省境内的一段，利用世行贷款××亿美元，工程开工4个月来，工程质量、进度始终处于受控状态，赢得了省厅、世行贷款协调小组和外籍副总监的好评。但是，最近全线月度检查巡视发现，第二驻地监理办管辖的第三合同段驻地监理组长王大山默认三合同段施工单位的超前计量现象，已经签认的6月份的《中间计量单》表明，土方填筑计量数量比实际完成数量超前签认19.6万m^3、钻孔灌注桩（直径1.2m）计量数量比实际完成数量超前签认36.7延米。这是严重违背《合同条件》、《监理程序》和《监理职业道德守则》的事件。

为严肃监理工作纪律、严格执行《合同条件》和《监理程序》，在对第三合同段施工单位扣减超前计量工程款的同时，总监办会同项目建设单位决定给予第三合同段驻地监理组长王大山同志撤职处分，并通报全线各监理机构和第二驻地监理办的法人单位，要求第二驻地监理办法人单位7月20日前按照《监理招标文件》关于更换主要监理人员的有关规定更换合格的驻地组长，经总监办、建设单位考核合格后上岗。

希各驻地监理办引以为戒，严格履行《合同条件》、遵守《监理程序》和《监理职业道德规则》，切实为项目建设单位把好工程质量、进度、投资关，圆满完成××高速公路的全面监理工作。

二〇〇六年七月十一日

（注：本文件抄送各驻地监理办的监理法人单位，以下略）

［点　评］本实例是总监理工程师办公室对属下第三监理组驻地组长超前计量问题的处理决定，文种选用正确，以说明问题的重要性，决定的严肃性。监理同仁要严格执行合同，不可违背监理职业道德，不可损害建设单位的利益。处罚决定的标题可以全称，如本文；也可以简写，如本文可写为“关于超前计量问题的处理决定”。

3.7　工程监理指令文件的编写

一、法定公文中“指示”的含义、特点和类型

在介绍工程监理工作指令文件之前，让我们先认识一下党、政法定公文种类中的指示和命令。

（一）指示的含义

国务院办公厅和中央办公厅都曾经将“指示”列为法定文种。

2001年版《国家行政机关公文处理办法》将“指示”从主要公文种类中删除，意味着国家和地方行政机关一般情况下不再使用“指示”文种。

1996年版《中国共产党机关公文处理条例》保留“指示”文种，对指示功能的表述为：

用于对下级机关布置工作，提出开展工作的原则和要求。

指示是中国共产党的机关的一种特有法定公文，是要求中国共产党的有关单位贯彻执行的一种下行文，但它没有命令（令）、决议、决定那样鲜明的、强制的指挥色彩。

中国共产党的机关和国家、地方行政机关可以联合下达指示。也可以说，国家和地方行政机关可以与中国共产党的机关联合下达指示文件。例如，《中共中央、国务院关于制止乱砍滥伐森林的紧急指示》。

（二）指示的特点

“指”是给人以方向，“示”是指点、示意。指示具有下列特点：

1. 指导性

指示有着较强的指导性。在指示中，要对受文机关布置工作，具体包括任务、措施、方法、要求等，还要对开展工作的原则进行阐述和解释。

这里所说的指导性，有别于命令、决议、决定那些文体的指挥性。指示虽然也是对受文机关有约束力的下行文，但跟命令等文体相比，有较多的不同，主要体现在：

（1）对发文机关级别的要求不同。命令、决议、决定等文种，发文机关的级别都比较高，基层单位无权发布。而指示，凡县以上党的领导机关，或者是与受文机关有隶属关系的上级机关，均有权发布。

（2）内容的重要程度不同。命令、决议、决定等指挥性的下行文，涉及的内容都是法规规章、重要事项、重大行动等，本身就有很强的方针政策性。而指示涉及的事件或问题通常比较具体，是对上级机关的某一方针政策进行贯彻落实，是对下级单位布置工作并阐明工作活动的原则，以指导下级单位更好地完成工作任务。

（3）行文的语气、措辞不同。指示的强制性和法规效力没有命令、决议、决定那么强，因此语气比较和缓，没有上述文体那么强硬，措辞也比较灵活。

2. 说理性

2000年之前的《国家行政机关公文处理办法》和1996年版《中国共产党机关公文处理条例》都要求指示要阐明或提出工作活动的指导原则，“原则”和实务不同，有一定的抽象性、说理性。另外，指示不能像命令那样只需说明要求对方干什么、怎样干、何时干即可，不需说明理由，有“理解要执行，不理解也要执行”的强制性。而指示文件，不仅要说明要求对方干什么、怎样干、何时干，而且要说清理由，要阐明原则，必要时还要对现实状况进行分析，要指出存在问题的严重性。总之，不仅要让下级明白做什么，还要让下级明白为什么做、怎样才能做好等。

3. 主动性

指示的主动性是相对于另一个指导性下行文“批复”而言的。批复是被动行文，下级有请示，上级才会有批复。而指示是主动行文，是上级机关出于指导工作、解决问题的需要，主动制发的。

4. 明确性

指示的内容包括布置的任务、交办的工作、规定的事项、提出的要求，一般都比较明确具体。

5. 时效性

指示一般都具有明确的时间要求。有的指示是在紧急情况下发出的，要求下级单位必须在一定期限内完成。因此，指示具有明显的时效性特点。

（三）指示的种类

1. 紧急指示和一般指示

根据内容是否重要、执行时间是否立即、是否紧迫，指示可分为紧急指示和一般指示两种。例如，《中共中央、国务院关于制止乱砍滥伐森林的紧急指示》、《中共中央关于防御特大洪水的指示》，都是用来处理迫在眉睫的紧急问题的，从制发、传递到贯彻落实都非常紧迫、刻不容缓。而《中共中央、国务院关于认真做好第三次全国人口普查工作的指示》、《中共中央关于“坚持少宣传个人”的指示》，时效性没有上述指示那么紧迫，属于一般性指示。

2. 全局性指示和局部性指示

事关全局，涉及社会多个方面的指示是全局性指示。例如，《中共中央、国务院关于认真做好第三次全国人口普查工作的指示》，所涉及的工作，需要各级党委和人民政府切实加强领导，需要各级党委宣传部门进行广泛深入的宣传，需要各省、市、自治区和各部门共同努力，所以是全局性指示。而《中共中央、国务院关于制止乱砍滥伐森林的紧急指示》涉及面就比较窄，就是局部性指示。

3. 方针政策性指示和布置工作的指示

（1）方针政策性指示。指示的主要任务是传达党和国家的方针、政策，指导下级单位如何贯彻执行，或对违背、歪曲方针、政策的现象如何加以纠正提出指导性意见。

（2）布置工作的指示。指示主要是向下级单位布置工作、交代任务、阐明工作活动的指导原则和方法，可以对下级单位某项工作问题发出指示。

二、法定公文中“指示”的写法

（一）标题

指示的标题，一般都要显示发布指示的机关名称，并且要显示主要内容。因此，指示的标题都要采用公文标题最常规的写法：发文机关名称＋关于＋主要内容＋的＋文种。例如，《中共中央关于各级领导干部要亲自动手起草重要文件不要由秘书代劳的指示》。如系紧急指示，可在文种前加“紧急”二字。

（二）主送机关

指示一般都有主送机关，如《中共中央国务院关于制止乱砍滥伐森林的紧急指示》的主送机关是：“各省、市、自治区党委、人民政府”。但有些面向全社会发布的指示，可以省略主送机关这一项。如《中共中央关于坚持“少宣传个人”的指示》是在报纸上公开刊登的，就没有主送机关。

（三）正文

1. 开头——指示的缘由

写发布指示的背景、原因、根据、目的、意义等。由于指示的针对性比较强，有时涉及的事件和问题很复杂，这部分的篇幅可以长一些。如《中共中央关于坚持“少宣传个人”的指示》在开头列举了一些宣传个人的现象，然后才有针对性地作出五条指示，开头的篇幅将近全文的四分之一。

2. 主体——指示的事项

指示的主体，包括工作任务、指导原则、方法步骤、措施要求等方面，一般都分条排列，写作的关键是条款归纳要适当，内容要完整，表达要简炼明白。

3. 结尾——指示的执行要求

指示的结尾应写执行要求或重申意义、或发出号召、或要求对方汇报落实情况等等。例如：

> 各级党委和人民政府一定要高度重视、加强领导，有计划、有步骤、高标准、严要求地做好每个环节的工作，胜利完成第三次全国人口普查任务。
>
> 请各省、市、自治区党委，人民政府于今年年底前向中央、国务院写出报告。

因指示提出开展工作的指导原则，指示类文件结尾往往有“望结合实际情况，认真贯彻执行”之类的结束语。

在不影响文章结构完整的前提下，也可以不单独的写结尾。主体结束，文章就自然收束。

三、法定公文中“命令”的含义、特点和类型

（一）命令的含义

命令是一种法定行政公文。

2001年版《国家行政机关公文处理办法》对“命令（令）”的功能阐述如下：

> 适用于依照有关法律发布行政法规和规章；宣布实行重大强制性行政措施；奖惩有关单位及人员。

“命令”和“令”曾被视为两种文体，1987年后合并为一个文体。如果标题中有主要内容这一项，一般有“命令”这一名称，如发布行政法规时。如果标题中没有主要内容这一项，由发令机关名称加文种（令）组成，一般用“令”这一名称，如《任免令》、《嘉奖令》、《中华人民共和国国家主席令》、《中华人民共和国建设部令》等。

（二）命令的法定作者

命令的法定作者是由法律规定的。

根据《宪法》及有关法律规定，有权发布命令（令）的机关和个人是“中华人民共和国主席，国务院、国务院各部委办以及县以上各级地方人民政府的行政长官”。

国家主席令，以国家主席个人名义发布；

国务院令，以国务院的名义发布，由国务院总理签署；

国务院各部、委、办的命令（令），以政府名义发布，由政府部门的首长签署。

（三）命令（令）的特点

1. 专用性

使用权限有严格限制，仅限于县级人民政府以上部门，直至国务院、国家主席。

2. 权威性

命令（令）作为指挥性下行公文，具有行政公文的权威性和约束力。

3. 强制性

命令（令）一经发布，受令者必须绝对服从，不准延误，不准讨价还价，更不准抵制和违反，即“令行禁止”。

4. 严肃性

命令（令）的强制性、权威性和不可逆转性，要求制发命令的机关必须极其慎重，既不能随意发布，更不能朝令夕改。行文要使用指挥性语言，态度明确、结构严谨、文字简约、语气坚决、语态肯定。但也要防止盛气凌人、强词夺理、高压粗暴。

（四）命令（令）的种类

1. 发布令。如公布法律、行政法规和规定、办法、实施细则等。

2. 行政令。包括动员令、特赦令、戒严令等。

3. 任免令。指国家主席任免国务院有关干部职务的命令。

4. 嘉奖令。指国务院、县级以上地方人民政府表彰有卓越功勋和杰出贡献的单位和人员的命令。

四、监理“指令”的含义与编写要点

（一）工程监理指令的含义

一般地说，监理工程师在施工阶段开展监理工作的常用手段有如下几种：测量与试验；旁站与巡视；提示与指令；停工整改与返工整修；计量与支付；工地例会与工程现场会；约见施工单位的法人代表到工地现场与建设单位、监理对话等。其中，监理工作提示是在分项工程、重要工序施工之前工程监理人员通过口头语言或书面文字要求施工单位注意什么，而监理工作指令是在施工过程当中监理工程师通过口头语言或书面文字要求施工单位在施工过程中必须怎样做、必须做什么等。

国际咨询工程师联合会制定的 FIDIC 合同条件中规定，施工单位应严格执行“工程师”对工程事项发出的指令。同时又规定，“工程师”的指令应采用书面形式，即称之为指令性文件。采用指令性文件对施工单位的履约情况、施工质量等进行有效控制，这是 FIDIC 合同条件下工程监理的特点。

那么，监理指令的含义是什么呢？

1. 法定公文中是否有“指令”文种

法定公文的种类随着社会的进步、时代的变迁而不断发展、不断完善和不断更新。

党的机关和国家行政管理机关的现行的法定公文中有指示、命令、令的文种，而没有“指令”这一法定文种。但为什么常见到“指令”一词呢？“指令”是否是一个法定文种呢？

1981 年 2 月，国务院办公厅发布的《国家行政机关公文处理暂行办法》将国家行政机关的公文种类归纳为九类十五种，即命令、令、指令、决议、决定、指示、布告、公告、通告、通知、通报、报告、请示、批复、函。其中，具有强制执行性的文件就有命令、令、指令、指示、决定、决议等六种。

可见，“指令”曾经是一种法定公文，使用于 20 世纪 80 年代，其含义如下：

指令，是国家行政机关发布经济、科研等方面的指导性和规定性相结合的措施或要求而使用的一种公文。

指令和命令的区别，主要表现在适用范围上。命令所及的范围广，指令却是以某些特定机关或部门为对象的。另外，在强制执行的程度上，指令也没有命令那样严格。

指令写作中的要求必须具体，规定必须明确，措施必须有力。在“命令、令、指令、指示、决定、决议”等强制执行性的文件和“通知、通报、批复”等指导性的文件中，只有“指令”这一种文件可以在明确要求、明确措施后使用“否则”词，以进一步强调限时完不成者、达不到某一方面的要求者的处罚措施等。

2. 工程监理工作指令的含义

在《现代汉语词典》中，将“指令”解释为旧时公文的一类，现指指示、命令。所谓指示，即上级对下级或长辈对晚辈说明处理某项问题的原则和方法。而所谓指令，即上级对下级有所指示，指示下级或晚辈的话或文字。

由此可将“监理工程师指令”的含义归纳为：

监理工程师针对工程施工现场存在的问题向被监理者（工程施工单位）发出的说明某一项问题的处理原则、时限、方法和要求的话或文字。

监理工程师指令，又称为监理工作指令或工程监理工作指令、监理工作指令等。

（二）工程监理指令的种类

1. 按表达方式的不同分类

按表达方式，监理工作指令有两种，即现场口头指令和书面文件指令。

根据 FIDIC 土木工程施工合同条件（第四版）第 2.5 条的规定，监理工程师发出的指令应是书面的，在第 1.1 条中将“书面”规定为“手写、打印或印刷的通信函电，包括传真、电报和电子邮件”。但是，由于某种原因，监理工程师可在工地现场先发出口头指令，事后应立即以书面确认。

2. 按监理管理的侧面不同分类

按监理管理的不同侧面分，监理工作指令也有两种，即工程项目合同管理指令（包括监理对施工单位、指定分包人的指令）和监理机构内部管理指令（包括总监对驻地监理工程师、驻地监理工程师对专业项目工程师的管理指令）。

3. 按指令的内容不同分类

根据工程监理工作指令的内容不同，监理工作指令大致分六种，即：

（1）工程开工令。应该说，合同工程开工命令是监理工程师在工程施工阶段监理工作中发出的第一个书面指令。2006 年版《公路工程施工监理规范》明确规定总体工程具备开工条件时由总监理工程师发出开工命令。

（2）工程暂时停工与复工指令。建设部 2000 年版《建设工程监理规范》第六章第一条规定总监理工程师签发工程暂停令。为保证工程质量或工程安全、环保，由于某种原因监理工程师可以指令施工单位于何时对某某工程暂停施工；待停工整顿合格或影响安全、环保的因素消除后施工单位应申请复工，监理审查合格后可下达复工指令。

（3）停止与恢复工程支付的指令。FIDIC 合同条件下规定，施工单位任何工程款项的支付均需要由“工程师”确认并签署证明（即支付证书）。如果施工单位的工程质量没有达到合同文件规定的标准或者施工单位没有全面履约，“工程师”有权采取拒绝支付的手段，暂时停止对施工单位部分或全部工程款的支付。这是对施工单位十分严格的约束，也是监理工程师特别重要的监理权力。

（4）工程设计变更指令。FIDIC 合同条件规定，没有“工程师”的指令，施工单位不得变更任何工程的设计而进行施工。

（5）监理工作指令。上面所述四种指令不能包括而又必须要求施工单位去做、做到何种标准、何时做完的事项，尤其是工地巡视发现的、需要向施工单位说明并要求其处理的问题，均应以《监理工作指令》的形式发出，有的工程项目或监理书刊亦称之为“监理工地指示或监理现场指示”。

以上五种监理工作指令性文件，均有固定的格式、专用的表式，一般均列在“监理工程师用表”中，其编号为“监表—××”。因在工程监理实践中被广泛应用，此处不再详列。

（6）监理通知单。在 FIDIC 监理模式下，监理工程师主动地控制施工单位的指令性文件工作，除监理指示、监理工作指令外，还有监理通知。“监理工程师通知单”是建设部 2000 年版《建设工程监理规范》规定的基本监理表式，是指监理发出的把有关工程事项告诉施工单位知道的口信件或文书，适用于监理工程师必须将自己的意见、要求、决定，以及同意与否、批准与否的内容告诉施工单位知道的情况。监理通知单的强制性、时限性低于监理工作指令。监理工程师可以下达的监理通知主要包括：任免通知、会议通知、一般性通知、批示性通知、指示性通知等。监理对施工单位某项工作有所指示和安排，而根据公文内容又不必用“命令或指示”时，用指示性通知。如某分项工程质量不合格，可通知施工单位拆除而不必下达停工指令。

（三）工程监理指令的特点

监理工程师适时下达工程监理工作指令，是监理工程师依据《合同条件》、《技术规范》的规定开展正常监理工作的一种主要手段，是监理工程师履行岗位职责的表现。一般地说，工程监理工作指令具有以下 6 个特点：

1. 签发者的唯一性

发送给施工单位的工作指令，只能由具有监承关系的监理工程师一方发出，而且是由总监理工程师和经总监理工程师授权的驻地监理工程师、专业监理工程师等三类监理人员发出。建设单位、建设单位代表不应对施工单位直接下达指令（可通过监理或以通知、决定等文件形式发出），设计单位及质量监督部门更不得向施工单位下达指令（有问题可通过建设单位、监理机构要求施工单位落实）。

2. 指令运作时间的全过程性

监理工程师有权根据工程施工项目的《合同条件》、《技术规范》的规定及时向施工单位发出指令，其签发时间贯穿于合同工程的整个施工过程，包括开工前施工准备阶段、施工阶段、交工试运行阶段、缺陷责任期阶段等。

3. 指令内容的广泛性

监理工程师指令施工单位处理工程问题的内容广泛，包括处理某一技术问题的工作指令及工程暂时停工指令、复工指令、机械设备到达现场指令、防止环境污染指令等等。

4. 指令表格的专用性

监理工程师向施工单位下达工程开工命令、暂时停工指令/复工指令、停止工程支付指令/恢复工程支付指令、工程变更（设计）指令、监理工作指令时，涉及内容特别重要的监理工作指令可以使用红头文件的方式印发。涉及内容不是特别重要的监理工作指令而且有规范的、通用的表格时，应使用国家建设部或所属专业部门印发的专用或统一表格，以提高指令下达的效率和准确性。

(1) 建设部《建设工程监理规范》规定的“监理工程师通知单”、“工程暂停令”专用表格如下所示。

监理工程师通知单（B1表）

工程名称： 编号：

致：
事由：
内容：
项目监理机构：__________ 总/专业监理工程师：__________ 日　　期：__________

工程暂停令（B2表）

工程名称： 编号：

致：（承包单位）
由于____________________的原因，现通知你方必须于___年___月___日___时起，对本工程的__________部位（工序）实施暂停施工，并按下述要求做好各项工作。
项目监理机构：__________ 总监理工程师：__________ 日　　期：__________

(2) 交通部1995年版《公路工程施工监理规范》规定了监理工作指令的专用表格，2006年版《公路工程施工监理规范》进行了调整，在附录C中只将《监理工作指令单》列为规范表格，如下表所示。

附录C ＿＿＿＿＿工程项目监理工作指令单

编号：＿＿＿＿＿

施工单位		合同号	
监理单位		监理机构	
签发人		日期	
致＿＿＿＿＿ （阐述指令依据、施工单位不符合规定的事实及整改要求等） 请于＿＿＿＿年＿＿月＿＿日前回复。 抄报（送）：			
签发人		日期	

5. 执行指令的强制性

监理工程师编写的工作指令一经发出，即具有强制性和约束力，施工单位无权拒绝而且必须立即落实，除非监理工作指令错误、要求事项超出合同规定等。

监理工作指令用词严谨，一般用“必须、严禁、杜绝、不得、立即、限期、否则”等，原则上不用“应、应该、宜、或者”等，不得使用“建议”一词，用“请”、“希”时后要加“必须、严格”等词。

6. 执行指令的回复性

《建设工程监理规范》在施工阶段监理工作的基本表式中给出了18个固定表格，供施工承包单位、监理单位专用或共同使用。其中，明确给出了“监理工程师通知回复单”，要求施工承包单位完成了第××号“监理工程师通知单”的指令内容后及时填写和回复，要求项目监理机构进行复查并填写监理意见。《公路工程施工监理规范》的1995年版、2006年版中规定了监理工作指令表格，但没有规定监理工作指令的回复单，在公路工程施工监理的实际工作中，大部分公路监理工程师、监理机构均要求施工单位落实监理工作指令后进行书面回复，且各个工程监理机构制定了各自的“监理工作指令回复单”。实践证明，监理工作指令必须具有回复性，只有要求施工单位回复××号监理工作指令的执行情况，才能保证监理工作指令的落实。落实的结果如何，还要求监理工程师复查签证。

（四）工程监理指令的编写要点

由于监理工作指令具有强制执行性，往往涉及工程质量、安全、环保、进度、人员、机械设备以及工程费用，必须认真而有针对性地正确下达。作为监理工程师应掌握以下原则：

1. 指令的内容必须明确

监理工作指令中的内容必须明确且符合实际，应明确存在什么问题、何处存在等，应明确问题的解决要求、完成时限、达到何种标准等。

2. 指令的内容必须正确

监理工作指令中的内容除了明确之外，还必须正确。

监理工作指令正确的含义包括格式正确、引用条款正确、指出的事实客观存在、指令要求适当等。包括指令的用语、口气、标点符号等都要合乎语法逻辑，包括指令的签认手续齐全等。

另外，监理工程师应胸怀坦荡、光明磊落，敢于接受批评、勇于改正错误，针对施工单位对某一个监理工作指令提出的异议，善于倾听对方意见、认真分析、正确判断。经判定属于正确的监理工作指令，应耐心细致地做好施工单位特别是有抵触情绪的施工队伍的工作，把监理工作指令落实好。经判定是不完全正确的、不符合实际的监理工作指令，应立即修改或者撤回，并适当向施工单位致歉。

3. 指令的编写依据必须准确

监理工作指令必须充分依据本工程的《合同条件》、《技术规范》和国家工程主管部门颁发的现行的《工程质量检验评定标准》等，引用标准、规范条文时应加强校对，做到引之有据、用之无误，不可想当然，不可引用过时的质量检验评定标准。

4. 指令下达的时间必须及时

监理工作指令必须及时下达，要注意时效性，防止指令延误。《建设工程监理规范》第5.4.12条规定“监理人员发现施工存在重大质量隐患，可能造成质量事故或已经造成质量事故时，应通过总监理工程师及时下达工程暂停令，要求承包单位停工整改”。假若一段路基第5层填土的压实度不合格，监理没有及时指令继续碾压，而施工单位却又上了第6层土且已开始整平碾压，这时监理工程师才指令第5层土重新碾压，监理工程师就有失职之嫌。

《建设工程监理规范》第6.1.2条规定“在发生下列情况之一时，总监理工程师可签发工程暂停令：建设单位要求暂停施工且工程需要暂停施工；为了保证工程质量而需要进行停工处理；施工出现了安全隐患，总监理工程师认为有必要停工以消除隐患；发生了必须暂时停止施工的紧急事件；施工承包单位未经许可擅自施工或拒绝项目监理机构管理”。

另外，在施工过程中出现下列情况之一时，总监理工程师有权力下达、有义务及时下达《工程暂停令》，指令施工单位停工整改或者返工：① 未经监理工程师审查同意，擅自变更设计或修改施工方案进行施工者；② 为通过建立工程师审查的施工人员或经审查不合格的施工人员进入施工现场施工者；③ 擅自使用未经监理工程师审查认可的分包人；④ 使用未经监理工程师检查验收或不合格的材料、构配件、设备、代用材料的；⑤ 工序施工完成后，未经监理工程师验收或验收不合格而擅自进入下一步工序施工的；⑥ 隐蔽工程未经监理工程师验收确认合格而擅自隐蔽的；⑦ 施工过程中工程质量出现异常情况，经监理工程师指出后未采取有效改正措施或措施不到位的；⑧ 施工现场已经发生工程质量事故，迟迟不按监理工程师的要求进行处理的或隐瞒不报、私自处理的。

5. 指令的文字必须简练

监理工作指令的文字必须言简意赅，字清词准，不得发生歧义。同时，不得在指令中指责、辱骂施工单位、推脱监理责任。

6. 指令与提示、通知不得混淆

一个合格的监理工程师对重要的合同管理事宜、重要的分项工程、易出质量问题的工程项目等应在事前向施工单位进行书面提示，提示其做什么、何时做、如何做、做到何种标准等。在实施过程中，施工单位没有注意或违背了《合同条件》、《技术规范》及有关文件规定，达不到监理工程师和建设单位满意时，应及时下达监理工作指令。

需要注意的是，不论什么情况下，对同一具体事项，绝不能先下了监理工作指令，后又发出工作提示。也就是说，事前可以不提示，但事中可以有指令。监理工程师的指令可以一次、再次，却不可以三次及其以上。如果同一事项三番五次地下达监理工作指令，那么，这个监理工程师的权威问题、这个施工项目经理的称职问题就该认真考虑了。

另外，还应注意"监理工作指令"与"监理通知"的区别，作到该通知的用通知、该指令的用指令。监理工程师通知单或监理工程师通知（红头）文件中的通知事项、内容具有普遍性，需要面上解决，被通知的单位至少是一个，甚至是监理范围内所有几个施工单位。对通知的落实执行情况，下属单位应接受上级检查，但不一定要书面报备。而指令的事项、内容具有特别性，就点上的问题解决点上的问题，而且具有严肃性，非这样、这时解决不行，被指令的单位一般为一个，可以抄送其他下属单位注意。但面上存在的问题，因其重要，非严肃指出并强制执行不行，也可以指令所有下属单位，签发指令者关注落实结果，被指令者必须将落实结果书面上报备查。

（五）工程监理指令的常见错误与分析

在工程监理实践中，正确的监理工作指令占多数，但错误的监理工作指令也不胜枚举。笔者将其收集、分类、归纳总结为 10 种类型，今列举如下，希监理同仁们能从错误的监理工作指令中感悟监理工作指令的正确下达。

1. 监理工作指令延误，该下达时不下达

按照《土木工程施工合同条件》中的第 6.2 条、6.3 条的规定，监理工程师没有在合理的时间内发出工程需要的详细或补充的图纸，或发出了不适合的图纸和指示，因此可能影响工程计划而延误工期，以致可能造成费用的增加，导致工程质量问题或发生工程安全事故时，称之为监理工作指令延误。再如，桥梁 30m 后张预应力箱梁工地使用的原材料之一的砂，其细度模数应大于 2.3，即必须使用中砂。但是，施工单位每天采购进场的砂，试验监理员并没有每天抽检，待采进一、二百立方米后，工地料场上形成了一个"砂山"，驻地监理工程师巡视工地发现砂偏细，要求试验监理和施工单位分别进行试验，结果其细度模数都小于 2.3，达不到中砂的标准，于是，驻地监理工程师下达指令清除出预制场地。这个监理工作指令，看似及时，实际上还是因为施工单位的质量意识不强（没有认真、及时地自检等）、试验监理的工作失职，而导致监理工作指令延误下达。

2. 监理工作指令的内容范围扩大，无限停工或停止支付

作为总监、驻地监理工程师或专业监理工程师，因监理的工地范围广、权限相对于监理员较大，在下达监理工作指令时应注意监理工作指令内容的广度和时间的长短，尤其是在工程暂时停工令、工程质量返工整改令、停止工程支付令三个方面。

（1）工程暂时停工的内容范围。根据《FIDIC 合同条件》第 40.1 条规定，因气候原因（如施工气温低于 10℃时不得摊铺热拌沥青混合料）可以按各分项工程的施工气温需要而相应下达停工令。因工程施工质量问题可以指令一个分项工程中的某个工序、某个工点暂时停工，可以指令若干个分项工程中的一个或同类分项工程的全部，可以指令一个分部工程或一个单位工程暂时停工。一般情况下，宜点上的问题解决点，面上的问题解决面，线上的问题解决线，不应无限扩大。如高速公路一个合同段中的某座小桥，其基础砌

石工程质量有问题，应及时暂停施工进行整改，驻地监理工程师可指令该小桥停止基础施工、也可指令该小桥的一切工序停止并整顿、也可指令全合同段内的所有小桥停止基础施工（开反面现场会、总结提高），但不应指令所有桥涵工程停工，更不应指令全合同段的一切路基桥涵工程停工。同样，工程质量的返工亦应如此掌握。

（2）工程暂时停止支付的内容范围。为使工程质量达到规定要求，监理工程师在关键时间动用停止支付权或折减工程款权的指令，这是符合《FIDIC 合同条件》第 60 条、2006 年版《公路工程施工监理规范》第 5.4.3 条和 2000 年版《建设工程监理规范》第 5.5.1 条的规定的。其表现形式为“关于暂时停止×××工程支付的指令”。作为监理工程师行使这一指令权力时，应本着既要严格，又能使施工单位承受（或能承受）的原则进行。当某一分项工程的实施情况不能令监理满意时，可以暂停其工程支付（但其工程数量必须按时进行测算和签认）。如正在进行的二灰碎石路面基层的某 300m 作业段，因洒水不及时影响养生效果，监理工程师发现后应及时下达指令，要求施工单位立即洒水并覆盖土工布等保湿养生，同时，指令文件中也可明确本月停止该 300m 的工程支付或停止本月完成的一切二灰碎石基层的支付。但是，不应下令停止本月合同项目的一切支付。

（3）暂时停工、停止支付的时间范围。FIDIC 合同条件赋予“工程师”的停工权、停止或折减支付权并非无限的大，而是明确地指出为“暂时的”，甚至还应报建设单位批准。这个“暂时的”时限不宜过短，更不宜过长。为体现监理工作的公正性、权威性，工程暂时停工的时间长度应使施工单位有充分的时间进行整改、提高质量意识，形成落实情况报告和“复工申请”为度，既不能走形式（如上午 9 时 17 分下达停工令，9 时 30 分又下达复工令），又不能造成监理工程师刁难施工单位的印象。同样，停止工程支付也要注意工程的正常进展问题，不能因为一片预制板的质量问题而停止整个合同工程的一切支付，更不能一停止工程支付就停付二三个月。否则，只能说明监理工程师在耍权威、瞎指令，同时也会影响工程的质量和进度。监理工作要有激情，但不可有恶劣的情绪。

3. 逆向下达监理工作指令，指令的下达跨度过大

从指令的词义上讲，指令的方向应为自上而下，其跨度一般为一层（即一级下一级）。具体而言，项目建设单位可以指示监理，反之不可，监理可以向建设单位建议或提出要求；监理工程师可指令施工单位的工地现场全权代表——项目经理，但不能指令其法人代表，更不能指令其法人代表的上级管理者，对其法人代表可以约见、邀请他们到工地协调有关事宜。监理工程师不能指令设计院变更工程设计，但可以提出修改、变更、补充设计的意见。监理工程师不能指令质监部门、政府主管部门参加第一次工地会议或到工地现场进行检查或协调，只可以邀请。

从指令的跨度上讲，总监理工程师可以指令全线整个工程项目的各个施工单位处理某一具体的共性问题，而不应直接指令某一个子项目的施工单位，除非该子项目的监理工程师三令五申后仍未解决某一问题，总监理工程师才可指令子项施工单位，但不能直接指令其分包人、劳务队伍或其项目经理部的工程部、计划部、试验室等。

4. 越权下达监理工作指令，没有注意监理指令权的受约束性

下达工程监理工作指令是 FIDIC 合同条件和项目建设单位赋予监理工程师的职责和权力之一，但是，监理机构中的各级监理人员的职权呈层减关系。因此，具有指令权的总监、驻地监理或专业监理工程师在下达监理工作指令时应注意工程招标文件和监理服务合

同中监理权力的有限性，不可越权。如《建设工程监理规范》第5.4.12条规定“总监理工程师下达工程暂停令和签署工程复工报审表，宜事先向建设单位报告”。再如交通部2003年版《公路工程国内招标文件范本》第2.1条“监理工程师的职责和权限”中规定总监在行使下列规定的职权之前，应先取得建设单位的专门批准：发布工程项目全线的工程开工命令、暂时停工指令/复工指令；延长工程合同工期；发出其单项工程变更涉及的金额超过了该单项工程原合同金额的5%或累计变更超过了原合同总价的3%的工程变更指令等等。

5. 监理工作指令所指不明，无强制性特点，起不到监理工作指令应有的作用

监理工作指令作为控制工程质量、安全、环保、进度、费用等达到合同要求的一种监理手段，其显著的特点是内容的不可选择性、执行的强制性。如指令施工单位安装调试沥青混合料拌合楼一事，如果指令中写道“希望施工单位3月下旬安装并调试完毕”，施工单位就可能因种种原因而导致沥青拌合楼不能按时生产。倘若指令中明确要求“为确保沥青下面层4月10日前铺筑试验路段，今指令你部必须于3月27日前将沥青拌合楼安装并调试完毕，否则，监理工程师将约见你单位法人代表到工地现场协调。”同一个内容和目的的两种不同写法的监理工作指令，所达到的效果肯定不同，显然，后者更有效。

6. 监理工作指令的内容与现场实际不符，与技术规范相矛盾

监理工作指令运作中的这一错误，突出反映了个别监理工程师不学无术，在现场监理过程中旁而不站（起不到旁站的作用）、巡而不视（达不到巡视的目的）的飘浮作风。因而发出了本该指令A涵洞基础砌石返工的，却指令了B涵洞基础。还有的监理工程师指令施工单位正在进行的台背回填的压实度必须与路基填土同标准（意即按不同填土高度分90%、93%、95%）控制，其本意是加强桥涵台背填料的压实度控制，但因为其想当然、没有熟读规范，反而降低了质量标准。因为，在《公路桥涵施工技术规范》中第148页第13.5.2条规定：高速公路的桥台、涵身背后和涵洞顶部的填土压实度标准，从填方基底或涵洞顶部至路床顶面均不小于95%。

7. 监理工作指令的书面格式不标准，指令用词不严格

监理工程师发出的书面指令同其他监理文件写作一样，也有一定的格式要求。但实际运作中，有的监理工作指令无编号、无签发人签字、无签发时间，有的监理工作指令无“抄报”（即现在常说的“抄送”，送建设单位或上级监理机构，）、无抄送（即印发专业监理工程师或监理员去监督落实），更有甚者文中未写明被指令对象。

在监理工作指令的用词方面，该用短句明确要求的却使用长句，本该用表示很严格、非这样不可的“必须”词，却使用了“宜、可”等不十分严格的词，更有甚者使用了“建议、希望、请求”等歉词，使得指令不是指令、提示不是提示。

8. 监理工作指令发布频率不当，与监理提示、监理通知相混淆

在工程监理过程中，有的驻地监理工程师在整个合同工期内几乎不发出一个监理工作指令，而有的却又指令“满天飞”：总监理工程师发，总监理工程师代表发，专业监理工程师发，现场监理员也发，形成了人人发指令、时时发指令的情况，让施工单位尤其是项目经理无所适从、无法落实。反过来，有的监理机构却又不重视监理工作指令的作用，甚至在整个施工期内都不印发一个监理工作指令。

还有的监理机构不重视超前提示的作用，该事前提示的不提示，工程现场发生了质量

问题时不是及时发出如何处理的指令，而是想起了发提示、发通知。另外，有的驻地监理工程师就某一个具体的工程问题三番五次地下达指令，而不是全面考虑后一次性列明，写全对施工单位的各项严格要求，使得施工单位处于应对状态，甚至产生抵触情绪。

9. 对指令的落实情况不检查、不督促，对落实不到位的监理指令无进一步的合同制约措施

在监理工程师发出的一切书面文件中，监理工作指令性文件最具严肃性，要求施工单位无条件地接受并执行指令，而且必须形成落实情况的书面报告。对待工程暂时停工指令，还要求施工单位提交复工申请。作为监理人员应认真旁站、检查监理工作指令的落实情况并做好巡视、旁站、抽检记录。但是，有的监理人员缺乏监理力度，当施工单位不落实监理工作指令或落实不及时时、不到位时，没有采取进一步的合同管理措施，如暂停施工、停止月支付、约见法人代表、向建设单位建议解除承包合同等。如此运作的监理工作指令，只能是文字游戏、形式主义。

10. 监理工作指令的记录不规范，归档不及时

建设部2000年版《建设工程监理规范》第7章和2006年版《公路工程施工监理规范》第8章规定，工程开工及停工指令、监理工作指令、工程监理通知同工程质量检查表、试验表一样，同属监理文件与资料档案的一部分，应加强记录和归档。但是，有的监理工程师在下达指令时没有按合同段号、签发的内容分类、时间顺序进行编排指令号。有的监理工程师在汇总归档时没有将施工单位的落实情况报告、监理检查记录附后一并装订成册。有的监理工程师没有注意暂时停工指令与复工指令、暂时停止支付指令与恢复支付指令建立一一对应的关系，造成了前有停工指令、后无复工指令的不闭合现象。

五、编写工程监理指令的注意事项

一个合格的工程监理机构、一个优秀的监理工程师应该掌握监理工作指令的正确运作方法，并学会使用指令手段去控制工程现场、督促施工单位履约。为此，监理工程师在运作监理工作指令过程中，应注意以下几点：

1. 认真学习《合同条件》、《技术规范》、《监理规范》等规范、标准，全面掌握施工图纸、变更文件以及建设单位、总监办发出的工作文件或会议纪要等。

2. 经常深入工地检查和调研，旁站要抓点，巡视要抓面，点面结合，及早地发现问题，及时地指令施工单位解决问题。

3. 注重抓好书面文件工作。主要分项工程或重要合同管理事项要事先提示，提示没落实或落实速度慢时及时下达指令、通知进行督促。监理工作指令必须正确、严肃、秉公办事并经受检查，如有不当之处应主动进行修正，不可凭一时冲动下达监理工作指令制裁施工单位，更不可下达错误的监理工作指令贻误施工。

4. 及时下达正确的、内容详细的、格式规范的监理工作指令很有必要，而监督检查监理工作指令的执行过程、落实结果更为重要。

5. 监理工作指令的下达方式，应本着首先选用监理规范中的固定表式的原则。因为工程行业的不同、业主招标文件的不同、总监理工程师机构管理的不同，也可以使用红头文件的形式下达监理工作指令。不论如何，监理工作指令必须加盖项目监理机构的公章，必须经总监理工程师签字（或经授权的驻地监理工程师、专业监理工程师签字），两者不

得缺一，而且不得代签，不得加盖手章。

六、案例

【案例3.7-1】法定公文中“指令”文件的范文

国务院关于节约工业锅炉用煤的指令

（一九八二年七月二十四日）

×××××××：

工业锅炉是发展国民经济和提高人民生活不可缺少的热力设备。我国现有锅炉，大多数设备比较落后，运行管理水平比较低，不仅浪费大量燃料，而且严重污染环境。为了改善工业锅炉设备状况，加强运行管理，以提高热效率，节约燃料，减少污染，特发布如下指令。

一、对工业锅炉（不包括电站、机车、船舶锅炉）实行燃料定量供应制度。由燃料供应部门会同用户的主管部门，定期核定锅炉的燃料消耗定额和供应量，并由燃料供应部门颁发燃料供应证。从一九八三年一月一日起实行燃料定量凭证供应，节约留用，超耗不供或加价。各用户要加强对锅炉用煤的管理，做到有计量、有考核。

二、煤炭生产部门和燃料供应部门要共同负责逐步做到供应各地区的煤炭品种、质量相对稳定。一九八三年要选择重点企业开始进行煤炭定点供应的试点。对供应煤炭品种较多的大中城市，由燃料供应部门负责，根据煤炭资源情况和企业需要，加工供应粒度在15mm以下的动力配煤。

三、提高用热设备的热能利用率，节约蒸汽。各厂矿企业要建立健全工艺用汽定额管理制度，逐步做到用汽有计划、有定额、有计量。要有计划地改造落后的用汽工艺和设备。要加强热力网路管理，设备管网保温要达到设计要求。保持管道、阀门、疏水器等的总泄漏率不超过2‰。间接用汽时，凝结水回收率不得低于60%~80%。

四、把蒸汽取暖改为热水取暖。今后新建取暖系统要采用热水取暖，现有蒸汽取暖系统，除经节能主管部门同意的以外，要在一九八四年取暖期以前改为热水取暖，逾期不改的，燃料供应部门要减供煤炭。

五、严格限制盲目扩大锅炉容量。凡新增和更新、改造锅炉，要扩大锅炉蒸发量的，必须事先由当地节能部门会同燃料供应部门和用户主管部门审核同意，办理锅炉增容手续，否则，不供应煤炭。

六、限期更新改造低效锅炉。兰开夏等老式锅炉最迟要在一九八六年底以前更新完毕。其他锅炉运行热效率低于下列最低要求的要进行改造，如果改造仍然达不到或虽能达到但改造费超过购置费65%的必须更新，最迟要在一九九__×__年底以前更新改造完毕。逾期不更新改造的，停供燃料。更新下来的锅炉一律报废，由各地物资回收公司收购处理，严禁转移使用。

工业锅炉运行热效率的最低要求（在燃烧二、三类烟煤、褐煤的条件下）是：

锅炉容量小于1t/h的，50%；

锅炉容量1t/h到1.5t/h的，55%；

锅炉容量2t/h的，60%；

××××××××××××××。

七、要安装必要的仪表和水处理等装置。在一九八五年底以前，各工业锅炉房要安装热工监测、计量仪表和除尘设备，配备吹灰和水处理装置，或采取有效的水处理措施。

八、锅炉更新改造要同有重点地发展集中供热、热电联产结合起来安排。各省市自治区计委、经委要会同生产、节能、电力、城建部门在城市总体规划基础上做好统筹规划，并与烧油、烧气改烧煤结合起来，有效地使用节能资金。

今后新建工业区和住宅区，应由当地人民政府负责组织有关部门做好规划和设计，实行集中供热。否则，城建部门不准施工，燃料供应部门不供应燃料。

九、用户必须根据当地供应煤炭品种选购适应的锅炉，×××××××。锅炉制造企业不按合同规定生产的，由锅炉制造企业赔偿经济损失；用户不按当地供应煤炭品种选购适应的锅炉的，由用户赔偿经济损失。

十、任何单位，凡未经机械工业部和劳动人事部审查批准并发给锅炉制造许可证的，不准制造锅炉。凡不符合国家规定的产品质量标准的锅炉不准出厂。凡1t/h和1t/h以上的手烧锅炉不准制造。锅炉产品要按《工业锅炉成套供应范围》的规定供应，并配备必需的热工测量、记录仪表。

十一、锅炉用户必须对操作人员进行操作技术培训和考核。司炉工必须经过考试，取得当地锅炉压力容器安全监察机构颁发的合格证，方准独立操作。各用户要加强锅炉维护管理，建立健全检修制度和日常考核制度，保证锅炉设备完好，安全运行。

十二、锅炉更新、改造所需资金，主要靠地方和企业自筹解决。确有困难的，可向银行申请卖方贷款或由国家酌情给予补助。

十三、军队可以根据本指令的精神，制订节约锅炉用煤的具体实施办法。

[点　评] 新中国成立后，国务院办公厅先后发布过五个版本的行政公文处理办法。1981年2月，国务院办公厅发布的《国家行政机关公文处理暂行办法》中规定法定公文九类十五种，其中就有“指令”文种。这篇指令范文是1982年第13号《中华人民共和国国务院公报》登载的一篇指令文件，是国家行政机关公文中少见的“指令”文件，更是少见的“指令”文件的范文。因为1981年2月之前、2000年12月之后的《国家行政机关公文处理办法》中没有“指令”文种。

本指令围绕节约工业锅炉用煤的问题，以条文的形式简洁直接地提出了对工业锅炉实行燃料定量供应制度、提高用热设备的热能利用率、把蒸汽取暖改为热水取暖、限制扩大锅炉容量、限期更新改造低效率锅炉、锅炉用户必须对操作人员进行操作技术培训和考核等十三项要求，要求具体明确、措施全面可行，指令语气坚定有力、态度毫不含糊，多处使用“必须”和“否则”，违令处罚的事项和规定清楚。今摘录如下，大家可从中进一步体会“指令”文件的写法。

【案例3.7-2】 以红头文件形式印发的监理指令

关于立即驱逐九合同五工区施工队长孙晓涛的监理工作指令

九合同项目经理部：

2004年7月21日下午6时10分，在K97+345箱涵台身钢筋绑扎施工现场，你部五工区负责人孙晓涛因反感现场监理王冠平（化名）同志旁站其钢筋绑扎质量的自检过程，又加之现场监理要求其一根钢筋一根钢筋的检测钢筋间距、焊接质量和除锈情况，劳动强度较大又繁锁又浪费时间，认为监理与他过不去，一气之下出手，拳打脚踢现场监理王冠平同志，致使王冠平耳鸣、头晕，后有呕吐现象。自21日下午8时许入住××县人民医院，至7月23日早仍在住院输液。

监理工程师受聘于建设单位，负责工程质量、进度、费用等监理工作，在现场旁站巡视过程中，时刻不忘监理职责和监理委托合同的要求，时刻牢记建设单位和总监办倡导的严把质量关就是对施工方负责的要求，在工程开工6个多月的时间里，一手抓质量、一手促进度，白天忙现场、夜间整资料，使得九合同的工程质量、进度走在了全线的前列。但是，7月21日下午你合同段五工区负责人在其下属面前、在众多民工面前，殴打现场监理的突发事件极大地污辱了监理人员的人格尊严，严重地威胁着监理人员的生命安全，这是高速公路施工监理过程中少见的恶性事件，发生在××××路桥集团（注：九合同项目经理部的法人单位）是令人不可思议的，在××高速公路全线12个合同段首次发生施工方负责人殴打监理事件更是令人难于理解。

《合同条件》第16.2条规定“工程师有权反对并要求施工单位立即从工程中撤换在工程师看来行为不轨或在履行其职责权时不能胜任……或工程师认为其留在现场是不受欢迎的人员”，而且还规定“这种人员一旦撤换，无工程师的批准不得重新在现场工作”。根据这一规定，结合你合同段殴打现场监理的事实，今以监理工程师的名义指令你部必须于7月25日前将五工区负责人孙晓涛同志撤离××高速公路第九合同段工地现场，并按《合同专用条件》第15.1条的规定程序补充合格的人选报监理审批后代替其工作。

特此指令。

附件：1. 九合同监理组记录的经过
　　　2. 九合同五工区孙晓涛记录的经过

驻地监理工程师：×××（签字）

二〇〇四年七月二十三日（印章）

[点　评] 监理工程师下达本监理工作指令，起因于施工单位的工区（相当于施工分部）负责人在工程施工现场殴打现场监理的特殊事件，现场监理在工程施工现场履行监理应尽的职责，应该受到人身安全、财产安全的保护。即使现场监理没有及时的、正确的履行监理职责，损害了施工单位的正当利益，施工单位也不应该进行殴打。而且，《合同条件》的第15、16条就专门规定了施工单位的不合格人员的处理规定。因此，这个驻地监理工程师下达的立即驱逐九合同五工区负责人孙晓涛的监理工作指令是正确的、及时的。

【案例 3.7-3】住宅楼工程暂停令

工程暂停令 表 B2

工程名称：世纪泰华小区 3 号住宅楼 编号：3-027

致：红场建筑工程公司世纪泰华住宅楼项目经理部（承包单位） 由于你方原因 3 号住宅楼基础底板梁混凝土试验报告，我监理部至今没有收到；虽然①—⑩轴基础底板、梁的钢筋以及进场的水泥、砂、碎石已申请检验，并经试验验收合格，但因为①—⑩轴基础混凝土试配报告未报经监理审批、未进行开盘鉴定等原因，现通知你方必须于 2007 年 5 月 22 日 8 时起，对本工程的 ①—⑩轴混凝土 部位（工序）实施暂停施工，并按下述要求做好各项工作。 你部应注意对已经验收合格的钢筋、模板工程进行保护，同时抓紧将①—⑩轴基础混凝土试配报告报监理部审批，并配合监理进行开盘鉴定。 项目监理机构：××监理公司泰华监理部（章） 总监理工程师：孙亮锦（签字） 日　期：2007 年 5 月 21 日

【案例 3.7-4】工程暂时停工指令

工程暂时停工指令（监表 13）

承包单位：××工程公司 合同号：×

监理单位：××工程监理咨询公司 编　号：××××

停工依据：《合同通用条款》第 40.1、40.2、60.1、60.2、60.15、69.1、69.4 款和工程施工承包合同
停工范围：××工程×合同段全段
停工原因：（1）建设单位资金不到位，使期中支付拖延；（2）进场道路受阻、江面封渡，材料无法进场
停工日期：20××年 7 月 5 日 8 时
停工后应做如下处理： （1）剩余材料入库覆盖； （2）对施工场地进行清理，保持现场文明、整洁； （3）施工及管理人员 236 人原地待工； （4）对混凝土进行正常养护； （5）对机械设备进行维护； （6）做好工地安全防护及防火、防洪工作。
总监理工程师意见： 请项目经理部妥善保护好混凝土成品，作好安全防火工作及防洪工作，在停工原因解决后应立即申请恢复施工；在此期间可安排员工进行安全生产学习和技术、业务学习。 总监理工程师：××（签名） （项目监理机构公章） 20××年 7 月 4 日 8 时
施工单位意见： 承诺按指此令执行。 ×合同段项目经理：×××（签名） （×合同段项目经理部公章） 20××年 7 月 4 日 10 时

【案例 3.7-5】 表格式复工指令

工程复工指令

承包单位：××工程公司　　　　合同号：××

监理单位：××工程监理咨询公司　　　　编　号：××

复工依据：合同协议书、《合同通用条款》第 69.5 款、工地会议纪要（17 期）
复工范围：××工程×合同段全面复工
复工原因： （1）经协商已达成谅解； （2）至 7 月 31 日，原来拖欠的工程款已累计给付施工单位 960 万元，第 11 期支付款额将在 8 月 15 日前给付； （3）原材料进场通道问题已基本解决。
复工日期：2006 年 8 月 3 日 8 时始。
复工后应做如下工作： （1）8 月 3 日前作好复工准备，对施工人员进行教育、动员； （2）检查设备完好情况，进行必要的维护修理； （3）组织施工所需材料进场； （4）清理施工工作面；报请现场监理人员验收； （5）进一步熟悉设计文件； （6）对洪水毁损的设施进行清理、拆换。
总监理工程师意见： 希项目经理部严格按要求作好复工前的准备工作，必须在 8 月 3 日全面复工。 总监理工程师：×××（签名） （项目监理机构公章） 2006 年 8 月 1 日 9 时
施工单位意见： 承诺按总监指令的要求作好复工准备，并按时复工，保证工程质量、执行监理程序。 ×合同段项目经理：×××（签名） （×合同段项目经理部公章） 2006 年 8 月 1 日 10 时

【案例 3.7-6】 《公路工程施工监理规范》的监理工作指令单

××高速公路××至××段工程项目

监理工作指令单

编号：5—134

施工单位	中铁××局三处	合同号	五合同
监理单位	××省新东方路桥监理公司	监理机构	五合同驻地监理办
签发人	隋××	日期	2007 年 6 月 11 日
致中铁××局三处五合同项目经理部： （阐述指令依据、施工单位不符合规定的事实及整改要求等） 你项目经理部负责施工的 K49+600 至 K50+700 段二灰稳定碎石底基层，6 月 10 日上午 11 时已经碾压完毕并经自检、监理抽检合格，但 6 月 10 日下午 6 时驻地监理工程师巡视工地时发现没有全面覆盖草帘、没有进行洒水保湿养护。			

续表

<table>
<tr><td colspan="4">根据《公路工程国内招标文件范本（2003 年版）》第二卷《技术规范》第 305.04 条的规定，今指令你部必须于6月11日上午8时前全面覆盖草帘、并进行洒水保湿养护，养护时间不少于7天。

请于 2007 年 6 月 11 日 10：30 前回复。
抄报（送）：总监办、建设项目办</td></tr>
<tr><td>签收人</td><td>王××（项目副经理）</td><td>日期</td><td>2007 年 6 月 10 日 20：30</td></tr>
</table>

［点　评］以上4个监理工作指令表格，分别介绍了《工程监理规范》建设部版和交通部版的表格，示例了工程暂时停工指令的山东表式。应该说采用格式化的固定表格下达监理工作指令易于操作，也是规范规定的，因此，希望监理同仁们尽量使用规范的指令表格。但是，特别重要的指令或者用一般的指令表格三令五申后不见效果的时候，监理同仁们还可以使用红头文件的形式印发，并可以抄送业主单位、施工单位的法人机关。

3.8 工程监理提示文件的编写

一、工程监理提示的含义

监理工作提示，不是一个法定的文种，但是监理文件写作中运用最广泛的“下行文”之一，是工程监理单位“超前提示，严格监理”的从业原则，是工程建设主管部门和各级建设单位对监理单位、现场监理机构的一项工作要求。

在工程监理过程中，监理工程师随着工程施工进展情况，在分项工程、重要工序施工之前以口头或书面的形式要求施工单位注意的有关事项，这一过程即是监理工作提示。

监理工作提示文件的性质同指导性通知、指示性通知，在公路工程施工监理过程中使用较多。

二、工程监理提示的特点

1. 事前性

提示具有明显的防范意识、超前意识，具有未雨绸缪性。事后提示，就是事后诸葛亮。

2. 建议性

提示的工作内容是施工单位应予完成的工作，监理人员不进行事先督促要求，施工单位也应按照《技术规范》、《施工图纸》、《合同条件》、《监理程序》、《施工承包合同协议书》等规定完成。监理人员的书面提示以事前督促、建议为主。

3. 义务性

监理人员对施工单位下达书面的工作提示，不是《建筑法》、《建设工程质量管理条例》、《公路工程施工监理规范》中的规定内容。也就是说，监理人员对施工单位下达书面的工作提示是监理人员对施工单位的友好义务，趋于目标一致而共同努力的一种义务。

三、工程监理提示的种类

1. 按表达形式分

按表达形式分，可分为口头的监理工作提示和书面的监理工作提示。《公路工程施工监理规范》、《招标文件合同条件》等法规文件、行业标准中，没有规定口头的监理工作提示必须事后书面确认，这与监理工作指令不同。

2. 按下达提示的内容分

按下达提示的内容分，可分为工程质量工作提示、工程进度计划方面的工作提示、工程费用控制方面的工作提示、合同管理方面的工作提示、施工环境保护和施工安全等方面的工作提示等。

3. 按下达监理提示的人员层次分

按下达监理提示的人员层次分，可分为现场监理员的口头工作提示和专业监理、驻地监理、总监工程师的书面工作提示等。

四、工程监理提示的编写要点

监理工作提示文件的性质同指导性通知、指示性通知类文件的性质。因此，其编写要点可参考通知类文件和下行意见类文件的编写要点，在此不再重述。

五、编写工程监理提示的注意事项

1. 必须在事前编写

工程项目施工前，监理工程师应印发技术问题、工艺问题、方案问题、时限问题、合同问题的工作提示，提示得是否及时、是否超前，反映一个监理机构、一个监理工程师的执业水平和态度，反映监理工程师是否真正负责和服务于建设单位、施工单位的问题。

2. 监理提示的内容要符合《招标文件》、《技术规范》、《监理规范》等有关规定

监理工作提示的写作水平、内容质量，是否言简意赅、要点明确、时限宽严适度，反映一个监理机构、一个监理工程师的执业水平和能力。监理工作提示文件中的内容应符合《招标文件》、《技术规范》、《监理规范》等有关规定。

3. 提示的用语是建议性的、协商性的

提示的用语是建议性的，不得带有强制色彩，不得变为强制执行的指令。用语中不得独立使用“必须”、“限时”、“坚决”等词。可以用“应按《技术规范》第几条的规定必须采用”、“应严格”、“应认真”、“应注意”、“应按时”、“参照执行”等词。

4. 监理提示有区别于监理通知

提示有区别于通知，提示不要求什么时限内具体完成什么，而是要求注意什么。在某种程度上，有防止施工单位盲目施工、错误施工之意。监理机构下达工作提示，是监理工程师想工程所想、尽职尽责的表现，是监理工程师免除或减轻监理责任的手段之一，如果施工方施工过程中出现了什么质量、技术、合同、安全等问题，追究责任时，监理工程师在开工之前就已经尽了监理提示义务。

六、案例

【案例 3. 8-1】 施工管理工作的监理提示文件

关于执行《技术规范》第 100 章有关工程管理问题的监理提示

V6、V7、V8 合同段项目经理部：

××工程招标文件《技术规范》卷就工程管理、路基施工、桥涵施工的技术要求、计量要求等进行了详细规定，今就其中第 100 章有关工程管理应注意的问题提示如下：

1. 关于工程测量放样。各施工单位应根据第 102. 03 条、第 101. 06. 5（4）条和第 202. 02. 2 条的规定，在设计单位重新布设导线点、水准点后，应对已加固补设的标志进行保护，并及时进行复测，应在 5 月 20 日前将原设计的、冲击压实后或强夯处理后的路基横断面图测量完并报驻地监理办审核，其中包括各阶段标高测量成果、路基挖填方土方的面积和体积，驻地监理办审核后进行抽检，并形成报告报总监办。

2. 关于分项工程划分。根据第 102. 05 条的规定，在工程开工前，应按《工程质量检验评定标准》的规定，并结合工程特点进行分项、分部、单位工程的划分，宜在 5 月 20 前报驻地监理办审核，以便于总监办批复后及早开工。现场质检资料按划分的分项工程归纳收集，以利于竣工资料的编制。

3. 关于工程整体开工报告。根据第 102. 01. 1 条的规定，应提交总工期开工报告、分部工程开工报告，各施工单位应抓紧现场准备，使用工程质检用表“项目开工申请报告”的格式尽早编报。

4. 关于工地试验室的建设与启用。根据第 104. 03 条的规定，各施工单位应按投标书的承诺和建设单位、总监办的要求，在各合同段项目部驻地建立仪器设备齐全、数量足够、性能良好的工地试验室。试验人员应按投标书的承诺到位，未经监理工程师同意不得更换。在施工合同签订 14 天内向监理工程师提交自检报告（附仪器设备、人员清单），驻地监理办审核后报总监办，之后由省质监站查验并发证。

5. 关于工程试验路段、试验桩的开工与总结。根据第 102. 05. 2 条的规定，施工单位在正式开工前应通过组织试验路段、试验桩等总结施工工艺、机械适应性、工程进度、工程质检等，以指导大面积施工。湿陷性黄土处理的冲击压实、强夯、隔水墙以及路基填筑、桩基钻孔或挖孔、桩基灌注、预制梁板等均应先提交试验路段开工报告，经驻地监理办审批后实施。未经监理工程师批准或不报知监理工程师，擅自试验或施工，驻地监理办将根据合同条件第 40 条的规定下达工程暂时停工令，并印发施工单位的法人代表。

6. 关于工程照片与录相资料。根据第 102. 07. 1 条的规定，施工单位应随工程进展拍摄工程照片，对分项工程开工前的准备情况、各工序施工情况、质检与试验情况、成品状态等拍照并编写文字说明。对关键性的施工工艺、工序以及有可能增加工程费用的变更项目、特殊项目（如考古坑的回填、水井的回填、砖窑的拆除等）应在监理在场的情况下用摄相机拍摄其范围、平面位置、几何尺寸、处理前后过程等资料，为费用评估提供依据，尤其是外国专家尚未到达现场的情况下。

7. 关于黄土地段路基处理。V6、V7、V8 合同多为Ⅱ、Ⅲ级湿陷性黄土地段，应按第205.05条的规定和特殊路基设计图的规定进行逐段处理，或冲击压实后回填石灰土、或冲击压实、或强夯、或设隔水墙。V7、V8合同冲击、强夯试验段已经结束，在总监办、建设单位没有批复施工方案、检验指标与方法的情况下，不应展开路基填筑范围内的冲击，可适当冲击施工便道范围。

8. 关于施工用表。工程监表、施表、检表、记录表、试验表虽没正式印发，但目前正在施工的项目应加强施工记录，能利用“施表”工作的利用“施表”，土工击实、砂石材料及桩基混凝土配合比试验亦应尽量使用“试验表”，待正式印发后再做整理。

9. 关于水井回填等特殊项目的施工管理。路基清表过程中，在路基用地范围内的考古坑、坟穴、水井、砖窑等特殊地面附着物的拆除、回填等工作，应事先与各合同驻地监理组长一起进行全线调查并丈量面积、测算体积，之后呈报专项处理技术方案，待总监办审批后方可在监理工程师旁站下开始处理，并做好摄相、文字记录。

以上提示，希结合××工程施工项目的《合同条件》、《技术规范》的有关规定执行。

二〇〇四年五月六日

[点　评] 本实例是一个驻地监理工程师2004年5月根据2003年版《公路工程国内招标文件范本》第二卷《技术规范》第100章的有关技术管理规定编写的监理工作提示，目的是强调技术管理的重要性，希望施工单位在工程开工之前学习、在施工管理过程中注意。其突出特点是引用标准、规范的条文正确、标题清楚统一、施工准备工作的内容具体准确可行等。可供监理工程师参考。

【案例3.8-2】交工验收的监理提示

关于做好工程交工验收准备工作的提示

第一、二、三合同项目经理部、监理组：

目前，××工程的施工已临近尾声，剩余工程正抓紧施工，交工验收工作即将全面展开。现根据《合同条件》第48.1款、交通部令〔2004〕第3号《公路工程竣（交）工验收办法》的规定和本工程的具体情况，结合建设单位8月17日工程调度会议确定9月20日前为交工验收准备阶段的要求，今对交工验收前各方应完成的工作提示如下：

一、交工验收应具备的条件

1. 主体工程已实质完工，具备了正常使用条件，剩余工程量不多并能在缺陷责任期内尽快完成。

2. 已合格地通过了按合同规定的交工质量检验。

3. 已按规定编制了竣工文件和质量评定报告。

4. 现场清理等附属工作基本完毕。

5. 施工单位提出了书面申请。

二、交工申请的主要内容

1. 各施工单位根据合同协议和工程实际情况写出施工总结报告。

2. 依据《合同条件》和《竣工资料编制办法》的规定，按时、准确地编制好竣工资料，并呈报交工申请。

3. 施工现场已清理完毕。

4. 调查并列出交工验收前完未完工程、缺陷问题清单。

5. 编报缺陷责任期的施工组织方案和机具配备等一览表。

三、监理组长在交工验收中应做的工作内容

1. 审核工程实际完成情况

① 确认已完成工程项目和工程量。

② 调查未完成及遗留工程是否影响正常使用，核定未完及遗留工程应扣质保价款。

③ 检查现场清理情况（临时用地、垃圾和拌合场等），核定剩余工作的应扣价款。

2. 评定工程质量

① 完成监理的质量检测评定工作，工程质量符合规范及招标文件要求。

② 提出存在的问题及修复建议和时限。

③ 提交合同段监理工作总结。

3. 检查竣工资料完成情况

施工单位应根据合同规定和竣工资料编制要求完成编制工作，经驻地监理工程师审查签认后提供质量监督部门进行质量检测必须的资料：

① 单位、分部、分项工程的合格率及评定得分。

② 质量检测资料。

4. 审查缺陷责任期的施工计划

① 审查未完及遗留工程的施工计划和方案，并控制其质量、进度和费用等。

② 审查缺陷责任期的施工组织方案、项目经理及技术负责人、施工机械设备配备情况。

四、准备工作的最终时限

交工验收工作是合同管理过程中的一项重要工作，各单位应引起高度重视，××工程的交工验收的准备阶段将于9月20日结束，各合同段的交工验收准备工作应立即开始并应尽早完成。各驻地监理组负责的相应合同段的工程监理总结、抽检资料以及质评表等竣工资料也应于9月20日前完成。

附件：未完工程、缺陷问题清单样表（略）

二〇〇五年八月二十三日

[点　评] 本实例是驻地监理根据《合同条件》第48.1款、《工程竣（交）工验收办法》的规定，在工程交工验收前二十多天即向施工单位提出了应该注意的事项，不至于工作被动，体现了驻地监理工作的超前性和责任心。可供驻地监理办编写交工验收工作提示文件时现查现用参考。

【案例3.8-3】路基工程施工质量控制提示

关于加强路基施工质量控制的工作提示

各监理办:

在路基开工试验段结束后，路基施工即将全面展开。为规范路基施工，确保路基工程质量。各监理、施工单位除严格执行路基施工规范要求外，还应按总监代表处对路基施工提出的以下具体要求，开展工作:

一、测量放样及时调整纵横坡

路基施工过程中应注意中桩和边桩的恢复，要求90区至少两层恢复一次，93区、95区一层恢复一次，并且填土路堤施工增宽值每侧不少于30cm，填石路堤施工增宽值每侧不少于50cm，以保证路基边坡修整后路堤边缘有足够的压实度。路堤施工本着先低后高的原则按路面平行线分层填筑。原则上，进入95区之前，完成纵、横坡的调整。

二、松铺厚度的控制

路堤填筑松铺厚度的控制，采用打方格法上料，无论填土或填石路堤，均在碾压合格的路堤上用白灰划出间距a×b米方格（a、b值视松铺厚度与每车料方数而定)，一方格内卸一车料，保证每层填料不超厚。

三、填土路堤与填石路堤的划分

在公路路基土石挖方中用不小于112.5kW（150马力）推土机单齿松土器无法松动，须用爆破或钢楔大锤或用气钻方法开挖的，以及体积大于或等于1m^3的孤石为石方，余为土方。挖方段或借土场开挖后由监理办确定土石方分界线，测量地面标高，绘制出石方开挖断面图，计算出土石方数量，并报总监代表处确认。否则，一律按土方计量。路堤填料中石料含量≥70%，按填石路堤施工；石料含量<70%时按填土路堤施工。

四、填土路堤

1. 施工前除按规范规定的要求进行场地清理外，对梯田范围内人工堆积的种植土和石砌田坝应清除至原地面，然后开挖台阶，基底碾压后方可填筑路基。

2. 松铺厚度应控制在30cm以内。

3. 路基填挖交界处应注意充分压实。

4. 路堤填土高度小于80cm（不包括路面厚度）的路段，对于原地表清理之后的土质基底，再翻松30cm，整平压实，压实度符合规范要求。

5. 地面自然横坡或纵坡陡于1∶5时，应将原地面挖成台阶，宽度不小于1m，台阶顶作成2%~4%的内倾斜坡。

6. 在路堤范围内修筑的临时便道，不得做为路堤填筑的部分，应挖除后重新填筑。

7. 填土路堤分几个作业段施工时，两个相邻段交接处不在同一时间填筑，则先填段应按1∶1坡度分层留台阶；如两段同时施工，则应分层相互交叠衔接；其搭接长度不小于2m。

8. 如使用核子仪检测压实度，使用前必须用灌砂法对其进行标定，测点数不少于规范要求。

五、填石路堤

1. 应将石块逐层水平填筑，分层厚度不得大于40cm，石料强度不小于15MPa，石块最大粒径不得超过压实厚度的2/3。大面向下摆放平稳，紧密靠拢、所有缝隙填以小石块或石屑。

2. 在路床顶面以下1m的范围内应铺填有级配的砂石料，最大粒径不超过10cm。

3. 填石路堤必须使用50t振动压路机分层洒水压实。压实时继续用小石块或石屑填缝、直到压实层顶面稳定，不再下沉（无轮迹）、石块紧密、表面平整为止。

4. 施工中压实度由压实遍数控制。压实遍数由现场试验确定，并报经监理工程师检验批准。

六、路堤填料最小强度和最大粒径

路堤填料最小强度和最大粒径应符合规范要求；路床填土CBR值达不到规范要求时，施工单位应自行考虑掺灰或更换填料等处理措施，以达到施工要求，其费用自负。

七、特殊路基

特殊路基施工前，施工单位按图纸要求提出切实可行的处理方案报驻地监理办，驻地监理工程师提出审核意见，报总监代表处批准，方可开工实施。

特此提示。

二〇〇二年三月十一日

［点　评］ 本提示是山东省××高速公路总监代表处印发给各个驻地监理办的一份路基施工质量控制的监理工作提示，此文没有抄送施工单位。其目的是由各驻地监理办掌握，在执行《招标文件》、《技术规范》的基础上参照执行。本文件写于2002年3月，所以，路基压实度的标准要求还是90%、93%、95%，特此说明。

第三部分 关于平行文

行文是指一个机关给另一个机关发文，这一发一收之间就构成一对行文关系。

机关单位之间的行文关系，有三种情形，一是上下级之间领导被领导的关系，二是上下级之间系业务指导与被指导的关系，三是平行或不相隶属的关系。公文的行文关系必须根据隶属关系、职权范围确定，一般不得越级请示和报告，这是公文行文的基本原则。

公文行文一般有三种方向、六种方式。其中，平级机关或不相隶属机关之间的行文称之为平行方向的文件，简称“平行文”。

平行文的种类包括会议纪要、意见、函等三种。其中，在介绍平行性意见文件的编写时，在这里一并介绍上行性意见、下行性意见的编写。

3.9　工程监理会议纪要的编写

一、会议纪要的含义

（一）会议纪要的含义

会议纪要是1987年2月才被列入法定公文文种的。国家行政机关公文和党的机关公文，都有会议纪要这一主要的、法定的公文文种。

会议纪要可以在报刊上公开发表，也可以用“通知”文件作载体印发有关部门、单位或个人。带有“版头”的会议纪要可以直接印发有关部门、单位或个人。2001年版《国家行政机关公文处理办法》将“会议纪要”释义为：

适用于记载和传达会议情况和议定事项。

1996年版《中国共产党机关公文处理条例》将“会议纪要”释义为：

用于记载会议主要精神和议定事项。

（二）会议纪要与会议记录的区别

会议纪要容易和会议记录相混淆，按照《辞海》中的解释，“纪”有“找出散乱的头绪”，有“整理、综合”的意思；而“记”是“记录、记载”、“思念、不忘”的意思。可见，二者有着本质的不同，主要体现在以下四个方面：

其一，从文体性质上看，会议纪要是法定的公文文种，而会议记录是会议情况的记录，只是原始材料，不是正式公文。

其二，从内容上看，会议记录无选择性，会议上的情况都要一一记录下来，与会者的言论原话照记不加取舍；而会议纪要有选择性、摘要性，不一定要包容会议的所有情形和内容。

其三，从形成的时间方面看，会议记录是随着会议的进行同步产生的，而会议纪要则要在会议后期、甚至会议结束后通过选择归纳、加工提炼之后才能形成。

会议纪要具有公开性，一般情况是向外印发，还可公开发表在报刊上。而会议记录是内部资料，甚至是保密资料，不外传，作为机关单位的内部档案材料，供内部查阅参考使用。

会议纪要通过记载会议基本情况、会议主要成果、会议议定事项，综合概括性地反映会议的基本精神，以便与会单位统一认识，在会后贯彻落实或参照执行或备忘。

会议纪要基本上是下行文，但与会单位不一定都是召集会议机关的下属单位，主要是为着某一个共同事件而能够坐在一起磋商并形成了一致的意见或看法，需要大家回去执行和共同遵守。与会的单位，有时是协作单位，有时是平行的或不相隶属的单位，有时是开会时无工作关系，但过一阶段后可能成为合同关系或者上下级关系（如公路建设的招投标开始和结束后的有关单位）。它作为下行文是相对而言的。

事实上，会议纪要可以借助于“通知”载体向上级机关呈报，向同级机关发送，向下级单位印发，向为着某一个共同事件而发生工作关系的单位印发。

二、会议纪要的特点

（一）纪实性

会议纪要是根据会议的宗旨、议程、决议等整理而成的公文，它是对会议基本情况的纪实。会议纪要的撰写者，不能改动会议议论的事项，更不能改动会议上达成的共识和形成的决定。除此之外，撰写者也不能对会议内容进行评论。总之，会议纪要必须忠实反映会议的基本情况，传达会议议定的事项和形成的决议。会议纪要的纪实性特点，使得它具有凭证作用和资料文献价值。特别是一些重要的会议纪要，多年后还会作为人们确认那段历史的依据。

（二）概括性

会议纪要是根据会议记录（大型会议还有会议中间的会议简报等）整理而成，不是有闻必录，不是把会议的所有内容都原原本本地、一字不落地记录下来，它要有所综合、有所概括、有所选择、有所强调地择其要点，即其纪要性。在一个会议上，与会代表的话题涉及面是宽泛的，观点也是多种多样的，水平也是有高有低的，这些内容全部进入会议纪要，不现实也不必要。会议纪要重点说明会议的主要参加者，基本议程，与会者有哪些主要观点，最后达成了什么共识，形成了什么决定或决议，就可以把会议的基本情况如实反映出来，不必像记流水账那样事无巨细一律照录。所以，会议纪要需要在会议后期甚至会议结束之后通过概括整理才能写出，而不像会议记录那样随着会议的进行自然而然地产生。

（三）指导性

除凭证作用、资料作用之外，多数会议纪要具有指导工作的作用。它要传达会议情况、会议精神，要求与会单位和相关部门以此为依据展开工作，落实会议的议定事项。但是，它不是法规性文件，对公民、法人和其他组织不具有普遍约束力。

（四）执照备忘性

有的会议纪要并不要求有关单位执行，只是为了通报会议情况，使有关人员了解知道。

（五）约束性

有的会议纪要的内容具有“决议”的性质，要求与会单位、人员贯彻执行或遵守。若需要在更大的范围内发挥作用，则要由主持会议机关用“通知”文件印发。

（六）条理性

会议纪要表现为对会议讨论的意见、议定的事项分类、分层次、按顺序予以归纳、概括，使其条理清楚、眉目清晰。

三、会议纪要的种类

会议的内容和目的不同，产生的会议纪要也有所不同。每一份会议纪要都可以从不同的角度进行不同的分类：

1. 按会议类型的名目来称呼会议纪要

按会议类型的名目来称呼会议纪要，将会议纪要分为办公会议纪要、座谈会议纪要、专题会议纪要、经验交流会纪要、学术会议纪要等等，这种分法重复了会议名称，对写作来说并无太大意义。

2. 根据会议是否作出决定或决议分

根据会议的任务，根据会议是否作出决定或决议，是交流为主还是研讨为主，将会议纪要分为决策型纪要、通报交流型纪要、研讨型纪要。

（1）决策型会议纪要

以会议形成的决定、决议或者议定事项为主要内容的会议纪要，称为决策型会议纪要。

这种会议纪要的特点是指导性强，会议上确定的工作重点，对工作的步骤、方法和措施的安排，都要求与会单位共同遵守或执行。这种会议纪要的内容类似于指示文件和安排工作的通知，只是发出的指导性意见不是由领导机关作出的，而是由会议讨论议定的。这样的会议纪要，除大家共同遵守的内容外，还常常会有一些工作分工，每个与会单位除完成共同任务之外，还要完成会议确定自己承担的那些工作。

如《关于改革北京、太原铁路局管理体制的会议纪要》，就议定了成立北京铁路管理局，下设北京、太原、天津、石家庄四个铁路局，不再设铁路分局。确定山西省煤炭运输主要由北京、太原及相关的郑州铁路局承担，有一些具体的分工，并对各方如何协调工作进行了安排。由于最后议定的事项是与会单位的共识，这样的指导性公文落实起来应该是比较顺利的。

（2）通报交流型会议纪要

以沟通思想、传达精神、交流情况为主要内容的会议纪要，属于通报交流型会议纪要。它的主要特点是：以统一思想、达成原则共识或树立学习榜样为目的，而不布置具体工作，有明显的思想引导性，但没有明显的工作指导性。一些理论务虚会、经验交流会形成的会议纪要，大多属于这种类型。这样的会议纪要，往往多处采用“会议认为”的说法来表达会议在原则问题上达成的共识。或者将会议上介绍的先进经验以及与会单位的评价、态度作为主要内容。

（3）研讨型会议纪要

这种会议纪要的鲜明特点是并不以共识和议定事项为主要内容，而是以介绍各种不同的观点和争鸣情况为主，既可以归纳经过讨论取得一致的意见，也可以概括各种分歧的观点。研讨会和学术讨论会的纪要多是这种类型。会议开完了，各家的观点也发表过了，但是并没有形成统一意见，当然更谈不上确定什么议定事项，在这种情况下，仍然有必要编发会议纪要，以便让更多的人了解会议的情况，了解不同的观点及其争鸣过程。这对启发和活跃思想，对百花齐放、百家争鸣的学术气氛的形成是有促进作用的。

3. 根据会议议定的内容分

按会议议定的内容，分为综合性会议纪要和专题会议纪要。专题会议是为解决具体的问题而专门召开的会议，会议专门研究、讨论、解决实际工作中的重点、难点、需要协调的问题。

4. 监理工程师主持召开的监理会议纪要的种类

在工程监理工作中，常见的监理会议纪要有第一次工地会议纪要、工地例会纪要、专题工地会议纪要和座谈会议纪要、经验交流会议纪要、现场会议纪要、约见会议纪要等。

四、会议纪要的编写要点

一般地说，行政机关的会议纪要由版头、标题、正文、落款四部分组成。业务部门包括工程建设项目的建设单位、施工单位、监理单位的会议纪要由标题、正文、落款三部分组成。

（一）会议纪要的版头

1. 行政机关会议纪要的版头

工程建设管理机关日常工作会议、机关办公会议的版头是固定的，一般由会议纪要的种类名称、期数、制发单位名称和时间四部分组成，只是排列的方式不一定。例如：

办公会议纪要

第 10 期

××市建设局　　　　　　　　　　　　　　　　2005 年 5 月 28 日

---

2. 工程建设单位会议纪要的版头

××高速公路建设有限公司

工程协调会议纪要

第 5 期（总第 9 期）　　　　　　　　　　　　　2005 年 5 月 28 日

---

3. 工程监理机构会议纪要的版头

（1）建设部《工程建设监理规范》中的规定表式

建设部 2000 年版《工程建设监理规范》中没有规定监理机构工地会议纪要的专用表式。但是，在房建等城市建设工程监理过程中，许多优秀的监理公司创造和积累了一些好的做法。例如，监理会议纪要文件的格式，有的监理参考书介绍了如下表所示的资料表式：

监理＿＿＿＿会议纪要（第＿＿次）

时间： 地点： 主持人： 与会单位及其人员：
会议主要议题：
通报上次会议议定事项的落实情况： 本次会议解决和议定的事项： 尚未解决的问题与初步处理意见： 与会单位负责人签字确认： 建设单位：＿＿＿＿＿＿＿＿　　20　年　月　日 监理单位：＿＿＿＿＿＿＿＿　　20　年　月　日 施工单位：＿＿＿＿＿＿＿＿　　20　年　月　日 其他单位：＿＿＿＿＿＿＿＿　　20　年　月　日

（2）交通部《公路工程施工监理规范》中的“监表10”

在高速公路或一般工程项目的监理工作中，总监办或驻地监理办召开的工地会议形成的会议纪要，一般用交通部1995年版《公路工程施工监理规范》中的“监表10”作为版头。2006年版的《公路工程施工监理规范》中没有刊印“监表10”等常用监理用表。今将“监表10”示例如下表所示。

工地会议纪要

承包单位：　　　　　　　　　　　　合同号：

监理单位：　　　　　　　　　　　　编　号：

时　间： 地　点： 主持人：		
参　加　者		
监理人员	承包人	其他人员
记录整理人：		本次会议纪要共　页
抄　　送：		
监理工程师：		日期：
承　包　人：		日期：

（二）会议纪要的标题和成文日期

1. 会议纪要的标题

会议纪要的标题与一般公文不同，因为会议纪要是以会议的名义发出的，而不是以领导机关的名义发出的，所以会议纪要的标题多是以会议名称或会议性质加文种（纪要）两个要素构成。例如，《××物理学会x射线专业委员会第三届学术交流会会议纪要》、《全省在建高速公路工程质量管理研讨会会议纪要》。

也有采用一般公文标题的写法，由制发机关、主要内容（事由）加文种（纪要）组成。例如，《总监办交工初验准备工作的会议纪要》。

另外，还有“三要素”齐全的标题，由介词“关于”、主要内容（事由）加文种（纪要）组成。例如，《总监办关于加强桥涵台背回填工程质量控制的研讨会议纪要》。

还有的会议纪要有正题和副题，正题提炼标明会议的主要精神，副题标注会议名称和文种（纪要）。例如，《探讨新时期文学的发展——中国当代文学研究会第二次学术讨论会纪要》。

2. 会议纪要的成文日期

会议纪要的成文日期一般加括号标写于标题之下正中位置，以会议通过日期或领导人签发日期为准，也有的写在正文之后。

（三）会议纪要的正文

会议纪要的正文分为会议概况、会议成果、结尾三大部分。

1. 会议概况

会议概况的写法与一般公文区别较大，主要用来记述会议的基本情况。包括以下基本情况：召开会议的目的、时间、地点、会议名称、会议的主持单位和主持人、会议的参加单位和主要参加人、会议的主要议程、讨论的主要问题、取得的主要成果等。这部分也称为导言。例如：

> 1994年7月28日至30日，东北三省四市工商行政管理工作第五次协作会议在沈阳召开。黑龙江省、吉林省、辽宁省工商局和哈尔滨市、长春市、大连市和沈阳市工商局的主要领导及有关处（室）的负责同志共58人参加了会议；应邀到会指导的有国家工商局副局长杨培青、办公室副主任杨沫以及沈阳市委、市人大、市政府、市政协、市纪委的领导同志。杨培青等领导同志分别在会上讲了话。与会同志紧紧围绕国家工商局提出的“建立有权威的市场执法和监督机构”问题进行了研讨。

对会议基本情况的介绍，要根据需要把握好详略。这部分表达完毕后，可用“今将会议内容纪要如下”、“现纪要如下”或“会议确定了如下事项”为过渡，转入主体部分。

2. 会议成果或者会议议定事项

会议成果或者会议议定事项部分是会议纪要的核心部分、主体部分，会议的主要精神、会议议定的事项、会议上达成的共识、会议对与会单位布置的工作和提出的要求、会议上各种主要观点及争鸣情况等等，都在这一部分予以表达。这部分的写法有三种常见形式：

（1）条文式写法

根据与会各方的发言、讨论等形成的一致意见或分歧意见，用概括性的语言一条一条地分类整理，用数字小标题标明次序和内容。例如：

> 一、工程质量控制
> 二、工程进度控制
> 三、工程计量与支付控制
> 四、工程检测资料整理
> 五、…………

办公会议和专业会议，多用“条文式”写法。

（2）综述式写法

将会议内容综合归类，逐一分析、解决，即反映全面，又突出重点。表述时常用“会议”作主语，多用“会议认为”、“会议指出”、“会议提出”、“会议要求”、“会议讨论了”、“会议决定”、“会议通过了”等惯用语作为各层意思的开头语，以体现内容的层次感。

综述式写法适用于政策性较强的会议、涉及事项多又复杂的会议，如工作研究会议、经验交流会议、学术研讨会议、技术研讨会议等。

（3）摘记式写法

按发言人的顺序、发言内容的要点进行归类，特点是保留各发言人的观点，让读者了解不同观点。或者按发言单位的顺序整理，如监理召开的工地会议，有的驻地监理办就是按照施工单位的汇报、监理发言、建设单位强调、讨论的顺序写了会议纪要。

摘记式写法适用于各种座谈会、专题研讨会。

3. 结尾

结尾有时也可不写。但大多比较简短地写，通常用来强调意义、提出希望和号召等。如下面这段结尾：

改革铁路管理体制是一项复杂的工作，步子一定要稳妥。北京、太原铁路局管理体制的改革，作为全国铁路管理体制改革的试点，今年下半年作好准备，明年初开始实行。铁道部和有关省市要密切配合，加强领导，注意研究解决出现的问题，不断总结经验，把这项工作扎扎实实地搞好。

结尾处还可以对会议的情况作一些补充说明，如：

会议在广泛研讨主题的同时，还就工商行政管理部门如何立足职能支持搞活搞好国有大中型企业，促进建立现代企业制度；培育和发展市场体系；发展个体私营经济等方面工作进行了书面经验交流。

注意，在不影响全文结构完整的前提下，有的会议纪要还写上对会议召开作了大量准备工作的单位和个人表示感谢等，有的会议纪要也可以不写专门的结尾部分。

五、监理工地会议的组织及会议纪要的编写

工程施工监理工地会议是工程监理项目管理过程中常用的会议形式，包括第一次工地会议和经常性工地会议、专题工地会议三种。会议的参加者、组织者、主持者，因为工程类别的行业规范不同而不同。会议的内容从大的方面将包括质量、进度、费用、安全、环保和合同其他事项，这是相同的；从具体的某次会议来讲，因某个时刻的工程施工进展和环境不同，会议的内容是不同的。下面主要介绍国家建设部、交通部的监理规范对工地会议的组织及其会议纪要的内容等。

（一）第一次工地会议的有关规定

第一次工地会议是项目监理机构正式接触施工单位和全面开展监理工作的起点。

1. 建设部《建设工程监理规范》对召开第一次工地会议的有关规定

国标 GB 50319—2000《建设工程监理规范》重点就施工阶段的监理工作内容和做法进行了规范。其中，第一次工地会议是施工准备阶段监理工程师的重要工作内容之一。

（1）第一次工地会议的主持人

《建设工程监理规范》第 5.2.9 条规定“工程项目开工前，监理人员应参加由建设单位主持召开的第一次工地会议”。

（2）第一次工地会议的内容

《建设工程监理规范》第 5.2.10 条规定第一次工地会议应包括以下主要内容：

1）建设单位、承包单位和监理单位分别介绍各自驻现场的组织机构、人员及其分工；

2）建设单位根据委托监理合同宣布对总监理工程师的授权；

3）建设单位介绍工程开工准备情况；

4）承包单位介绍施工准备情况；

5）建设单位和总监理工程师对施工准备情况提出意见和要求；

6）总监理工程师介绍监理规划的主要内容；

7）研究确定各方在施工过程中参加工地例会的主要人员，召开工地例会的周期、地点及主要议题。

（3）第一次工地会议的纪要文件

一般地，会议纪要可作为合同文件的一部分，会议中决定执行的有关部门事项，仍应按规定的监理程序办理。

《建设工程监理规范》第5.2.11条规定“第一次工地会议的纪要应由项目监理机构负责起草，并经与会各方代表会签”。

2. 交通部《公路工程施工监理规范》对召开工地会议的有关规定

（1）《公路工程施工监理规范》关于工地会议的概念

《公路工程施工监理规范》1995年版的第九章为“工地会议制度”，2006年版的第七章为“工地会议”，其中规定了工地会议的有关问题。

2006年版《公路工程施工监理规范》删去了1995年版的“按合同段分别召开”的规定，删去了1995年版中的“工地会议的目的”、“本次工地会议确认上次工地会议记录”等内容。

2006年版《公路工程施工监理规范》增加了“在第一次工地会议上，建设单位应宣布对监理工程师的授权”、增加了“第一次工地会议应邀请质量监督部门参加”，增加了“第一次工地会议，建设单位、施工单位法定代表人或授权代表必须出席”等内容。

2006年版《公路工程施工监理规范》调整了工地会议的三种形式的称谓，“第一次工地会议”没变。将1995年版中的“经常性工地会议”改为“工地例会”，将1995年版中的“现场协调会”改为“专题工地会议”。

（2）第一次工地会议的主持人

1995年版第9.2.1条规定，第一次工地会议应由监理工程师主持。2006年版第7.2.1条规定，第一次工地会议应由总监理工程师主持，同时规定“工地例会应由总监理工程师或驻地监理工程师主持”，而1995年版规定“应由监理工程师主持”。可见，2006年版要求更为严格。

（3）第一次工地会议的组织及会议内容

2006年版《公路工程施工监理规范》第7.2条规定第一次工地会议的组织及会议内容如下：

7.2.1 会议组织

第一次工地会议应在工程正式开工前召开。

总监办应事先将会议议程及有关事项通知建设单位、施工单位及其他有关单位并做好会议准备。会议应由总监理工程师主持，建设单位、施工单位法定代表人或授权代表必须出席。各方在工程项目中担任主要职务的人员及分包单位负责人应参加会议。

第一次工地会议应邀请质量监督部门参加。

7.2.2 会议内容

1. 第一次工地会议上，各方应介绍各自的人员、组织机构、职责范围及联系方式。建设单位应宣布对监理工程师的授权；总监理工程师应宣布对驻地监理工程师授权；施工单位应书面提交对工地代表（项目经理）的授权书。

2. 施工单位应陈述开工的各项准备情况；监理工程师应就施工准备以及安全、环保等予以评述。

3. 建设单位应就工程占地、临时用地、临时道路、拆迁、工程支付担保情况以及其他与开工条件有关的内容及事项进行说明。

4. 监理单位应就监理工作准备情况以及有关事项作出说明。

5. 监理工程师应就主要监理程序、质量和安全事故报告制程序、报表格式、函件往来程序、工地例会等进行说明。

6. 总监理工程师应进行会议小结，明确施工准备工作还存在的主要问题及解决措施。

（4）第一次工地会议的纪要文件

《公路工程施工监理规范》第 7. 1. 2 条规定“工地会议应由主持单位做好记录，会议形成的纪要应由参加单位确认，并可作为合同文件的一部分。会议中决定执行的有关部门事项，仍应按规定的监理程序办理”。

（二）工地例会的有关规定

所谓例会，是指在一定时间跨度周期范围内、参加人员相对固定的、按时参加的、定期召开的工作会议。所谓监理工地会议，是指监理工程师在施工工地现场定期主持召开的有关工程施工管理、协调的工作会议。

1. 建设部《建设工程监理规范》对召开工地例会的有关规定

国标 GB 50319—2000《建设工程监理规范》重点就施工阶段的监理工作内容和做法进行了规范。其中，工地例会是施工阶段监理工程师的重要工作内容之一。

（1）工地例会的主持人

《建设工程监理规范》第 5. 3. 1 条规定“在工程施工过程中，总监理工程师应定期主持召开工地例会”。

（2）工地例会的内容

《建设工程监理规范》第 5. 3. 2 条规定工地例会应包括以下主要内容：

1）检查上次例会议定事项的落实情况，分析未完事项原因；

2）检查分析工程项目进度计划完成情况，提出下一阶段进度目标及其落实措施；

3）检查分析工程项目质量情况，针对存在的质量问题提出改进措施；

4）检查工程量核定及工程款支付情况；

5）解决需要协调的有关事项；

6）其他有关事宜。

（3）工地例会会议的纪要文件

《建设工程监理规范》没有明确规定，但是，为规范监理行为，监理工程师应起草会议纪要文稿、经总监理工程师认可后联系与会各方代表会签。

2. 交通部《公路工程施工监理规范》对召开工地例会的有关规定

（1）工地例会的主持人

2006 年版《公路工程施工监理规范》第 7. 3. 1 条规定了会议的组织，规定“工地例会应由总监理工程师或驻地监理工程师主持，宜每月召开一次，建设单位代表和施工单位现场主要负责人及三方有关人员参加”。

（2）工地例会的内容

2006 年版《公路工程施工监理规范》第 7.3.2 条规定工地例会应包括以下主要内容：检查上次会议议定事项的落实情况，并就工程质量、安全、环保、费用、进度及合同其他事项等进行讨论，提出解决问题的措施并确定下一步工作的具体安排和要求。

（3）工地例会的纪要文件

2006 年版《公路工程施工监理规范》也没有明确规定，但是，为规范监理行为，监理工程师应起草会议纪要文稿、经总监理工程师或者驻地监理工程师认可后联系与会各方代表会签。

（三）专题工地会议的有关规定

1. 建设部《建设工程监理规范》对召开专题工地会议的有关规定

国标 GB 50319—2000《建设工程监理规范》重点就施工阶段的监理工作内容和做法进行了规范。其中，专题工地会议是施工阶段监理工程师的重要工作内容之一。

（1）专题工地会议的主持或者组织人

《建设工程监理规范》第 5.3.3 条规定“在工程施工过程中，总监理工程师或专业监理工程师应根据需要及时组织专题会议，解决施工过程中的各种专项问题”。

（2）专题工地会议的内容

《建设工程监理规范》第 5.3.3 条规定“及时组织专题会议，解决施工过程中的各种专项问题”。

（3）专题工地会议的纪要文件

《建设工程监理规范》没有明确规定，但是，为规范监理行为，监理工程师应起草会议纪要文稿、经总监理工程师或者专业监理工程师认可后联系与会各方代表会签。

2. 交通部《公路工程施工监理规范》对召开专题工地会议的有关规定

2006 年版《公路工程施工监理规范》第 7.4 条规定专题工地会议的组织及会议内容如下：

（1）专题工地会议的主持或者组织人

《公路工程施工监理规范》第 7.4.1 条规定“专题工地会议应由监理工程师主持，根据工程需要及时召开，建设单位代表和施工单位代表及其他有关人员参加，必要时应邀请有关专家参加”。

（2）专题工地会议的内容

《公路工程施工监理规范》第 7.4.2 条规定“会议对施工期内出现的工程质量、安全、环保、费用、进度及合同管理等方面的重点、难点和需要协调的问题进行研讨，并提出明确的解决方案和落实措施”。

（3）专题工地会议的纪要文件

《公路工程施工监理规范》没有明确规定，但是，为规范监理行为，监理工程师应起草会议纪要文稿、经总监理工程师或者专业监理工程师认可后联系与会各方代表会签。

（四）监理工地会议的次数及其会议纪要的正确编号

1. 第一次工地会议的编号

第一次工地会议应在总体工程正式开工之前召开，是有固定的、专用的会议日程的唯一一次会议。一个合同工程项目、一个总监办只能组织召开一次第一次工地会议，只能有一个第一次工地会议纪要。

应该注意的是，总监理工程师必须保证第一次工地会议的一次召开成功，不能组织召开第二次“第一次工地会议”，也不能召开第二次工地会议，不能有第二次工地会议纪要；因为监理规范规定的“第一次工地会议”之后的一次监理工地会是“第一次工地例会”。

2. 工地例会的编号

所谓例会，是指在一定时间跨度周期范围内、参加人员相对固定的、按时参加的、定期召开的工作会议。

监理召开的工地例会即是其中之一，工地例会不论是总监理工程师主持，还是驻地监理工程师主持，都是“宜每月召开一次”。因此，同一个合同工程、同一个总监理工程师（或驻地监理工程师）主持召开的工地例会有若干次。其正确的编号应从第一次工地例会、第二次工地例会、第三次工地例会至第 N 次工地例会，其会议纪要就有第一次工地例会纪要、第二次工地例会纪要、第三次工地例会纪要和第 N 次工地例会纪要等。

3. 专题工地会议的编号

专题工地会议由监理工程师主持，根据工程需要及时召开，建设单位代表和施工单位代表及其他有关人员参加，必要时邀请有关部门专家参加。可见，专题工地会议具有不定期性，关键在于针对重点、难点、新问题及时召开。同一个合同工程、同一个总监理工程师、驻地监理工程师、专业监理工程师主持的专题工地会议可能只有一次，也可能有多次，其会议次数可以编号、也可不编号。但是，笔者认为一个总监办、一个驻地监理办组织召开的专题工地会议应该统一编号，以便于存档和查找，如第一次专题工地会议纪要、第二次专题工地会议纪要、第三次专题工地会议纪要和第 N 次专题工地会议纪要等。

（五）召开第一次工地会议过程中的常见错误

在日常的工程监理工作中，笔者调查发现部分监理工地就第一次工地会议的召开时间、会议主持人及其会议纪要等有关事项的执行情况，常常与规范规定的要求不一致，常见的错误问题有以下几种：

1. 召开的时间不适当

《公路工程施工监理规范》规定第一次工地会议应在工程项目正式开工前召开。之所以在工程项目正式开工前召开，其目的就是工程建设各方一起检查工程施工的准备情况，为工程项目正常施工奠定一个良好的开端。

就一个具体的工程施工监理项目而言，第一次工地会议召开的时间不规范表现为三种形式：一种表现为以领导（建设单位）忙或不具备开工条件而迟迟不召开第一次工地会议；第二种表现为早晚要召开但暂时不召开、先行施工；第三种表现为总监理工程师先下达开工令后召开。

2. 主持人错位

有的城市建设工程，建设单位不“亲自”主持召开第一次工地会议，而是认可或者安排总监理工程师主持召开第一次会议。有的公路工程施工项目，总监理工程师不“亲自”主持召开第一次工地会议，而是认可或者敬请建设单位主持召开第一次会议，或者委托副总监理工程师、总监理工程师代表甚至委托总监办主任、技术室主任等同志主持。

3. 会议准备不充分

一般地说，第一次工地会议是总体工程项目开工前的一次重要会议，旨在相互介绍主要人员、建立通畅的工作渠道、理顺工作程序、明确各方职责，检查督促建设单位、施工单位、监理单位和现场监理机构的准备情况等。但是，在实际工作中，有的工程项目的施工图纸没到、技术交底没进行、施工组织设计方案编制和报审没完成、分包单位资格未审查、测量放线没出成果或者不闭合、现场机械人员材料没到位、监理的《监理规划》没编完等，便召开了第一次工地会议，失去了召开第一次工地会议的意义。

4. 会议某方主要人员缺席

建设单位或施工单位、指定分包单位和监理机构的主要负责人，有一方或几方没有出席第一次工地会议，或没有按时出席，或中途离开没有全过程出席。

必须出席第一次工地会议的建设单位、施工单位法定代表人或授权代表，没有出席，或没有按时出席，或中途离开没有全过程出席。

第一次工地会议应邀请质量监督部门参加，而总监理工程师没有出面邀请。

5. 会议议程及主要内容与规范要求不一致

重视介绍施工准备情况，忽视相互介绍，忽视对总监的授权，总监理工程师忽视或者不进行会议小结等。也有的项目，施工单位在第一次工地会议上汇报工程进度时汇报已经完成了土方填筑若干、钻孔灌注桩完成多少根等。

6. 会议纪要的整理及其签字确认错误

有的工程项目将会议签到表的与会人员签字作为会议纪要的签字。有的工程项目工地会议纪要的确认不用签字，而是用各方的公章确认。三是将会议记录代作会议纪要。四是施工单位整理了会议纪要，五是各方签署会议纪要的时间偏长（有的超过一周），导致印发各方执行、备忘时间慢。

六、编写会议纪要的注意事项

1. 要掌握会议的目的、议程等全部情况，掌握第一手材料，充分依据会议的书面记录和录音记录进行整理和编写，强调的是整理。

2. 要如实记录、简明扼要，突出会议主题。纪要，必须摘其“要”，即突出会议成果、议定事项、争议事项等，要善于对原材料进行筛选、压缩、归类、综合，举其要点而“纪”之。突出会议内容的“真实性”、“完整性”、“要点突出性”。

3. 条理要清楚，文字要简练。会议纪要的篇幅不要太长，叙述中语言要简明扼要，不重复、不颠倒。

4. 要及早印发。在会议召开过程中，会议记录人应把会议发言、讨论决定或讨论未通过的事项随时逐一整理，在会议即将结束时或者由一人宣读（或者快速打印后发人手一份阅读），由与会同志提出意见、讨论，能通过的一条一条的通过，不能通过的一条一条的修改、直至通过。口头通过后立即打印正式的会议纪要，并请与会各单位主要负责人阅读无误后签字，全部签字同意后，立即复印并发至各单位。对会议时间紧或者会议纪要不需要立即通过、不需要立即执行的，可以在会议之后进行整理打印，适时将打印稿分送到各单位主要负责人阅审修改。最后，将一切修改意见汇总整理成会议纪要。

5. 会议纪要的编写者应全过程参加会议。纪要初稿形成后，应请会议主持人审核、签发；重要会议纪要应经与会者全体签字认可。

6. 会议纪要以第三人称叙述，多用“会议认为、会议指出、会议强调、会议决定、会议明确、会议要求”等，不用第一人称。

7. 会议纪要文本不加盖印发单位的公章，以签字确认为准。用“通知”印发时，在“通知”文件上加盖印章。

8. 为了全面反映会议情况，在纪要正文之后还可以将参加会议的人员姓名及其代表单位、职务、性别等详细列出，作为会议纪要的附件。经常性例会，也可以仅列出缺席人员的名单。

七、案例

【案例 3.9-1】 住宅楼工程监理例会纪要

×××小区住宅楼工程监理工地例会纪要

编号：监会 2006-017

会议时间：2006 年 6 月 21 日（周二）下午 2：30

会议地点：现场会议室

会议主持人：×××总监

会议记录人：×××

参加人员：

建设单位：项目负责人：××× 土建工程师：×××

暖通工程师：××× 电气工程师：×××

监理单位：总监理工程师：××× 土建工程监理工程师：×××

暖通工程监理工程师：××× 电气工程监理工程师：×××

施工承包单位：项目经理：××× 生产副经理：××× 项目技术负责人：×××

质检员：××× 各专业工长：×××、×××、×××、×××、×××

会议主要内容：

一、上周议决事项落实情况

1. 监理单位要求承包单位对 B 座地下室外墙防水层施工和肥槽回填土质量问题进行整改的事项，已落实。

2. 确定 B 座四层结构以下插入安装工程施工的安排，已落实。

3. 要求 A 座装修队伍 2006 年 6 月 10 日进场，已落实。

4. A 座装修材料的采购、供应计划，已报审完毕。

5. C 座装修抹灰裂缝问题，已解决。

6. 对现场安全生产和文明施工提出的 3 项要求，已整改完毕。

上周提出的六项议决事项全部落实。

二、本周施工进度计划完成情况

1. C 座情况

本周装修按计划完成 22 层隔墙板安装，内墙面修整 16～18 层，暖沟抹灰完成。

2. A 座情况

本周装修及安装人员进场教育已完，开始屋面施工，室外做外墙修整。

3. B座情况

本周完成八层结构，完成一、二段墙体混凝土，三、四段墙体钢筋，一段顶板钢筋，按计划差二层一段顶板混凝土未完。主要因是本周刮6级大风一天，塔吊不能工作。

三、下周施工进度计划安排

1. C座

下周计划完成：卫生间防水14~20层，外墙外保温14~20层，室内隔板安装24层，室内墙面修整13~20层，外墙面修整9~12层，室内隔墙抹灰14~18层。

2. A座

下周屋面找平施工完，室内墙面刮腻子，室外做外墙修整。

3. B座

下周计划完成八层1、2段顶板混凝土，3、4段墙体混凝土，3段顶板混凝土，4段顶板钢筋。地下室外墙防水保护墙及部分回填土。

四、材料、构配件和设备供应及质量情况

本周进场的砂、石、水泥及钢筋保证材料齐全，现场验收合格。

但根据工程进度情况，砂、石的进场量要增加，防止临时短缺影响工程施工。

五、工程技术、质量情况

1. B座钢筋绑孔质量基本稳定，模板安装有个别洞口封闭胶条不严，使混凝土跑浆，此问题已进行整改解决，混凝土浇灌质量符合要求。

2. C座装修质量主要问题是抹灰有裂缝现象，经分析主要原因砂偏细，挂玻璃丝布不到位，已进行整改处理。

3. 加强技术质量管理的责任制度的落实：

针对施工中出现的各类技术问题进一步落实到人头，增加管理力度，重点抓好工序过程的控制，杜绝质量事故发生，确保质量目标实现。

六、监理单位对质量和进度的要求

1. B座结构施工的质量要继续保持稳定提高。注意拆模时间不能过早。施工进度要保证。

2. A座装修工程开始时间不长，注意抹灰砂浆质量和玻璃丝布粘铺到位，施工进度安排得比较合理，但要保证实施。

3. C座装修工程的施工质量较好，还要保持和提高。目前的施工进度基本按计划进行，还要抓紧施工。

七、议决事项

1. A座的塔吊7月5日前要拆除完毕，屋面施工要抓紧，拆除方案报项目监理部，审批同意后进行拆除，要注意安全。

2. A座23层改门事宜，由承包单位负责安排，费用问题按工程变更处理，要求2006年7月5日前完成。

3. 要建立工程变更管理台账，将已办理的工程变更重新登记，施工中有工程变更，要先办理手续施工。

4. 各单位工程的室外场地临时设施要拆除，为市政管线施工清理场地，要求

2006年6月31日前完成，承包单位的项目经理负责落实。

建设单位代表签字：×××
监理单位代表签字：×××
施工单位代表签字：×××

（注：会议纪要一式三份，建设单位、监理单位、承包单位各一份。）

[点 评] 该会议纪要是一个比较典型的城市住宅楼工程总监办组织召开的每周一次的监理工地例会，是在住宅楼持续施工的6月21日召开的。

从会议纪要的内容看，这个月的工程进度比较理想，质量控制有效，合同履行比较正常。会议检查了上周会议议定情况的落实情况、检查了本周计划完成情况，制定了下周工程施工计划，议定了A座的塔吊拆除时限、A座23层改门事宜、重新登记变更台账等事宜。会议纪要内容完整，条理清楚，格式统一，签字手续齐全。

【案例3.9-2】第一次工地会议纪要

总监代表处第一次工地会议纪要

为全面检查工程开工前的各项准备工作，确保××高速公路施工有一个良好的开端，总监代表处根据《公路工程施工监理规范》的规定和会议各方的准备情况，于2005年3月16日、17日、18日分别召开了××高速公路××段、××段、××段的第一次工地会议。

第一次工地会议的主要议程为总监代表处、各监理办、施工单位和建设单位分别介绍各自的组织机构和主要人员；各监理办、施工单位汇报前期工作进展情况以及存在的问题；总监代表处对监理机构的设置及其职责、文件传递程序、监理程序等作说明，总监代表处对前期工作进展情况进行回顾和汇总，根据当前的实际情况，对下一步工作进行重点提示和部署。××段、××段和××段建设单位分别通报征地、拆迁等外部协调工作进展情况，并对下步工作重点和应注意的问题作重要的指示和部署。

参加这次会议的有××市、××市、××市公路局（建设单位代表）的有关领导，各监理办的正、副驻地和各专业监理工程师、第1～××施工标段的项目经理、总工、合同、计划、试验、质检等方面的负责人，总监代表处的各专业监理工程师。会议由总监理工程师×××同志主持，议程及要点如下。

一、建设单位任命总监理工程师

×××副局长受建设单位的委托，任命××××工程监理咨询有限公司的×××同志为××至××高速公路的总监理工程师，×××同志为副总监理工程师；根据建设单位的授权和合同有关规定，总监理工程师×××同志任命了总监代表处的各专业监理工程师和第1～××驻地监理办的正、副驻地监理工程师。

总监代表处、各监理办、施工单位和建设单位代表分别介绍了各自的组织机构和主要人员 。

二、各驻地监理办、施工单位汇报工程开工前的准备情况从总监代表处掌握的情况和各监理办、施工单位的汇报来看，驻地建设已基本完成，试验仪器已经到位并标定完毕，监理人员全部进场，所辖标段的导线点复测工作已经完成，中桩恢复的工作基本结束，横断面的复测工作正在进行，各监理办正根据工作的特点，按照总监代表处的要求，制定监理实施细则，主要监理人员正在熟悉图纸，进行岗前的业务学习，开工前准备工作已基本完成。各施工单位的驻地建设已经完成，试验仪器（除第二、三标段外）已经标定，主要管理人员已基本进场，部分机械设备已经进场，正在编制总体施工组织设计，办理临时用地、施工用电等手续，施工现场的临时住处、办公设备、预制场地硬化等前期工作正在紧锣密鼓地进行，料场和土场的调查也正在进行……

从总的情况来看，前期准备工作虽然取得了较大进展，但仍存在一定的问题，主要有以下几点：

1. 征地问题。征地尚未得到批准，补偿资金没到位，导致该项工作进展与预期的目标有一定的差距；

2. 永久用地内附着物、光缆等专用线路迁移行动缓慢，影响开工；

3. 图纸问题。施工图尚未全部下发，致使总体施工组织设计、年度施工计划、月度施工计划的编制工作难以进行。

三、总监代表处副总监理工程师×××对总监代表处的职责、监理工作程序、文件传递等作了明确，并对下一步工作进行了提示

1. 关于监理程序问题

① 必须严格按监理程序办事，做到没有被批准的分项工程开工报告不准开工；没有被批准的施工方案不准实施；上道工序未经验收合格确认，不准进行下道工序施工；未经批准的材料不准进场；资料不全或质量不合格的项目不予计量。

② 各施工单位是工程的实施者，是工程质量的责任主体。在编制分项工程开工报告时，一定要认真、细致，做到可操作性强。各监理办必须严格把关，施工单位在开工报告中凡是没有详细的安全、环保等方面切实可行地措施的，不予以审批。

③ 施工当中的质量检验程序是：施工单位完成分项工程，自检合格后，将资料报监理工程师抽检和确认；施工自检资料与工程进展要同步进行，没有进行自检或已经自检但没有合格自检资料的，监理工程师拒绝抽检。

④ 关于工程变更问题，凡涉及到工程量变化的，必需搜集和保存完整的资料（如照片、会议纪要、检测记录等）。要根据变更管理办法的规定，由施工单位、设计代表、监理办、总监代表处集体现场办公决定，必要时请建设单位参加开工前土石方量的确认，各单位必须严格按照《招标文件》（专用本）的有关要求进行清表前的复测工作。为了尽早开工，可分段（如1～2km）进行复测，每段复测前完成相关确认程序后方可进行。

2. 近期工作提示

① 各监理办和施工单位的人员还未到场的抓紧到场，没有完善驻地建设的抓紧完善。施工图到位后，抓紧熟悉和审核图纸，对发现的问题由各监理办汇总后，上报总监处；抓紧进行中线恢复、地表复测和工程量复核工作。尤其是注意复核小桥涵和通道交角、位置及铺底高度是否符合当地的实际情况和用途；核对取土场的土质是否与设计描述相符，并应进行必要的钻探；对低洼的填方路段的基底要注意调

查是否有人工造田的填土，是否有塑性指数比较大、且遇水容易产生沉陷的黏土；督促施工单位上报总体施工进度计划，年度施工进度计划、月施工进度计划；审查施工单位的施工组织设计，提出初审意见后于本月28日前报总监代表处审批；要注意审查施工组织设计中的环保方案和安全生产方案。各监理办在搞好自身人员和试验设备进场的同时，监督和督促施工单位的人员、机械设备进场，并认真审查施工单位所投入主要人员、设备是否与投标书相符；认真审查施工单位的开工申请报告。

② 根据建设单位关于要将此路建成生态路、环保路的要求，各监理办要特别注意对生态和环境的保护，在严格审核施工单位总体施工组织设计的基础上，在对分项或分部工程开工的审批时应重点做好以下几点：

a. 根据不破坏即是最大保护的原则，路堑段要精确确定开挖眉线，隧道的进出口要绘制大比例尺地形图，利用等高线法精确确定开挖范围（开挖范围为保证工程实施的最小空间），挖槽等大开挖应明槽暗做，尽量减少扰动范围；施工便道应本着少开挖、易恢复原则，确定行走方案。以上方案没有得到批复不得实施。

b. 严格控制弃方，设计方案正在优化，总的原则是填挖平衡，所以设计调方要坚定不移地调往指定地点。

c. 充分考虑雨季施工的影响，有关的排水系统要在雨季前完善，防止施工污染农田或引起滑坡和泥石流。

③ 各监理办应编制分项工程监理实施细则，并于3月底前报总监代表处审批。

④ 总监代表处将统一提供检表、监表和支付报表样表，试验表格由省监督站统一以软件形式提供。总监处将对以上表格的填写进行培训，具体时间另行通知。

⑤ 本次会后，各监理办组织召开所辖标段的第一次工地例会，利用工地会议传达和贯彻上级的有关文件，贯彻本次会议精神，总结前段工作，布置下阶段的工作任务。

⑥ 做好料场调查工作，施工单位应与监理工程师一起做好料场调查，为配比设计和对工程质量进行有效控制提供可靠的第一手资料。这里应注意的是，拟采用材料和所取的样品必须有代表性和稳定性，代表性是指取样必须能够代表所要采购的材料，稳定性是指拟采用材料的生产厂家所生产的材料质量稳定且有一定的储量。

⑦ 抓紧开工前的试验工作。各施工单位和监理单位对此项工作必须引起高度的重视，特别是要对一些要求时间比较长，失败可能性比较大的试验要抓紧进行，试验的质量和频率必须保证，因此要早安排早行动，试验工作要根据总体进度计划统筹安排，以免因试验问题使有关工程不能开工。

3. 对监理工作的几点要求

① 提高合同意识，正确认识监理的地位和作用。

② 严格按“严格监理、热情服务、秉公办事、一丝不苟”十六字工作方针开展工作，处理好严格监理与热情服务的关系，严格监理是指在质量、进度和费用的控制方面要坚持原则，严肃认真，一丝不苟；热情服务是指工作中要加强超前提示和事中控制，对完成的工序或产品及时抽检和确认，决不能一提到严格监理就这也不行，那也不行，一提热情服务就丧失原则。

③ 加强巡视、旁站、测量、试验等质量控制力度，确保达到规定的频率；

④ 严格按合同履行自己的职责，做到公平、公正，按合同维护建设单位和施工

单位的利益。

⑤ 加强职业道德教育，加强廉洁自律。各监理办要加强全体监理人员的职业道德教育，建立和完善各级监理人员巡视制度、工程量确认制度、变更制度和相互监督制度，从制度上堵塞漏洞，打消监理人员的不健康想法；各监理办均要设立廉政举报箱，签订廉政合同。与此同时，诚请建设单位、各施工单位和社会各界对监理的工作进行监督，促进廉政工作，确保廉政建设不出问题。

⑥ 加强安全生产管理。各监理办在监理工作中必须高度重视安全生产的监督与管理，在安全生产方面，在保证监理人员安全前提下，重点做到以下四点：

a. 没有安全生产方案或安全生产方案不可行的，不予批准。

b. 安全生产方案未落实的工程不准予以开工。

c. 出现苗头或隐患不排除的相关工程不得进行。

d. 出现安全问题必须按国家安全生产规定和本工程的安全生产管理办法上报和处理。

⑦“监理施工单位之前，必须先监理自我”，认真学习专业知识，熟悉合同文件和设计图纸，不断提高自身的业务水平和管理水平。

4. 对施工单位的几点要求

① 项目经理、总工和质检工程师必须按投标书中的承诺到场。施工组织设计中的主要管理人员必须按计划进场，且所进场的管理人员必须适应本工程的要求。监理和施工单位的人员进场后，要迅速建立健全质量保证体系，质量保证体系要做到定岗定责。横到边，竖到沿，全面覆盖，不留死角，并高效迅速的运转起来，这里要强调的是，按照监理程序工程实施的主体是承包单位，监理的职责是对工程的实施进行监督和管理，因此所有工程的实施，施工单位的技术和管理人员必须在场，并进行有效管理，施工单位的技术和管理人员不在现场，相关工程不得进行，如果发生上述情况，监理方面将撤回相关监理人员，但要注意的是，发生该类问题要注意保留现场，及时向上一级监理人员或机构反映情况，问题比较大需要采取比较严厉的措施的，要征得总监代表处或建设单位同意，要注意现场监理、项目工程师、驻地监理工程师及总监代表处在处理暂停或停工方面的权力。

② 与工程进展相适应的机械设备必须按已经批复的施工组织设计中的时间和数量进场，如性能和数量不能满足需要，还应根据监理的要求调整或补充。

③ 加强文明施工管理。在这方面首先要做好施工场地的计划和建设，场地应按要求硬化，排水系统要完善。其次要搞好进场设备、材料的排列和堆放，在这方面，总监代表处的监理实施细则中做了明确的要求。望各监理办和施工单位予以执行。

四、总监理工程师讲话

各参建单位一定要按照省局的要求，搞好驻地建设，树立良好的形象，规范施工行为，营造一个良好的施工环境，确保将此路建成生态路、环保路；同时要求监理单位严格工程变更和计量支付程序，做好费用控制工作；施工单位要精心组织，从严把关，严格控制工程质量，丝毫不能放松。

五、建设单位强调

建设单位分别就所辖境内施工单位提出的问题进行了有针对性地答复。对征地问题，三家建设单位代表均表示要加大协调力度，近期将和地方政府出台一些办法加快解决，施工图纸将于近几天到齐；拨付动员预付款的问题，会后按照程序办理，对路基界内的电缆、坟墓等迁移问题将统一由建设单位代表协调解决；对一些连接线、互通立交、永久征地等未落实的问题，建设单位代表将组织有关人员逐项解决。关于征地问题，××段建设单位要求施工单位对林地、果园、建筑物较多的地段不要征用。

三家建设单位代表要求各参建单位要转变观念，打造精品工程，抓住有利时机，迅速掀起大干的热潮；施工中要依据合同，规范化施工；积极协调并处理好与沿线村民的关系。

六、其他

各单位均表示要以这次工地会议为契机，总结前期准备工作的经验，找出差距和存在的问题，迅速行动起来，创造一个和谐的施工环境，为将××高速公路建设成生态路、环保路而努力！

二〇〇五年三月二十日

［点　评］这是某高速公路总监代表处根据1995年版《公路工程施工监理规范》的规定和会议各方的准备情况召开的第一次工地会议的会议纪要。因该工程的项目业主为省公路局，业主代表涉及三个地市公路局，会议是利用三天的时间分别在××市段、××市段、××市段召开的，第一次工地会议的会议纪要是按整个高速公路全线统一管理而形成的一个会议纪要。会上总监代表处、各监理办、施工单位和建设单位分别介绍各自的组织机构和主要人员；各监理办、施工单位汇报前期工作进展情况以及存在的问题；总监代表处对监理机构的设置及其职责、文件传递程序、监理程序等作说明，总监代表处对前期工作进展情况进行回顾和汇总，根据当前的实际情况，对下一步工作进行重点提示和部署。××段、××段和段建设单位分别通报征地、拆迁等外部协调工作进展情况，并对下步工作重点和应注意的问题作重要的指示和部署。可作为总监代表处召开全线的第一次工地会议而编写会议纪要时参考。

但是，实事求是地讲，本实例也有不足之处。1. “二、各驻地监理办、施工单位汇报工程开工前的准备情况”部分，第一段叙述了监理方、施工方的准备情况，但总述与分述不明。2. 文中两次提到“总体施工进度计划、年度施工进度计划、月施工进度计划”的编审，存在着谁依据谁编制的问题，不可能同时编制和审批。3. 多处使用“被”字句，导致语句不通顺，如“做到没有被批准的分项工程开工报告不准开工；没有被批准的施工方案不准实施”。多处“宾语前置”，如“施工单位在开工报告中凡是没有详细的安全、环保等方面切实可行地措施的，不予以审批”、“各施工单位和监理单位对此项工作必须引起高度的重视”，如“必要时请建设单位参加开工前土石方量的确认”等。4. 第“三、4、① 项目经理、总工和质检工程师必须按投标书中的承诺到场”一段中多处使用“逗号”，属于标点符号错误。5. 第“三、4、③ 总监代表处的监理实施细则中做了明确的要求”，根据监理规范的规定以及监理常规做法，总体工程开工令最早在第一次工地会议上下达，下达总体工程开工令之后、分项工程开工之前编制监理实施细则，请问总监代表处的监理实施细则怎么早编出来了？6. 大标题中的“总监代表处”几字应删去。

【案例3.9-3】 约见座谈会议纪要（综述式）

约见三合同段施工单位法人代表座谈会议纪要

（2005年6月2日）

某某城市主干道三合同由××建设集团中标承建，于2004年5月28日开工，开工当年工程进度、工程质量能够达到《技术规范》和《合同条件》的要求。进入2005年后，工程进度、工程质量控制情况不尽理想。建设单位、总监办自2月20日春季复工后曾多次进行督促协调，尤其是4月29日东河公司（建设单位）总经理×××、总监办×总监专题协调并形成了第一次专题协调会议纪要。

2005年6月2日上午，针对三合同工程进度仍然滞后、工程质量有所"滑坡"的情况，而且4月29日专题协调会议的精神落实也不到位，某某城市主干道建设有限公司×××总经理、总监办×总监专门约见××建设集团法人代表陈××、处长李××在东河公司五楼会议室就工程质量、工程进度等问题进行了座谈，第一驻地监理办×××高监、三合同项目经理谭××同志参加了会议，形成了初步会议纪要。

6月3日上午，某某城市主干道建设有限公司×××总经理、×××副总经理、×××处长及第一驻地监理办×××高监、三合同施工单位代表李处长、项目经理谭××等再次讨论并修改了会议纪要。今将第二次专题协调会议的会议内容纪要如下：

一、4月29日专题协调会议纪要的落实情况

4月29日三合同专题协调会议是建设单位、总监办在三合同段召开的第一个专题协调会，建设单位、总监办十分关注三合同的施工资源投入、工程进度、工程质量和地方关系。但是，实事求是地讲，4月29日专题协调会议的精神落实得并不理想，没有达到预期目标，建设单位和总监办表示不满意。主要表现在以下5个方面：

1. 马家水库大桥

4月29日专题会议纪要明确要求加大施工资源投入，6月20日完成40片30m箱梁的预制任务。截止5月30日仅完成10片，剩余30片在6月20日前预制完的压力很大，原定5月20日开始安装30m箱梁，截止5月30日一片也没有安装。目前看，原材料采备不充分、施工队伍后劲不足、质量波动大。

2. K87+712分离立交桥（6孔—20m箱梁）

4月29日专题会议纪要明确要求三合同抓紧生产，5月20日前必须将60片箱梁全部预制完成，为30m箱梁提供预制场地。截止5月30日仅完成40片，剩余20片，而且质量存在着不稳定性。

3. K92+412分离立交桥（3孔—20m箱梁）

4月29日专题会议纪要明确要求三合同抓紧生产，5月20日前必须将30片箱梁全部预制完成，5月15日开始安装、5月28日完成右幅桥面铺装。截止5月30日仅完成23片，剩余7片，而且质量存在着问题。

4. 天桥工程

4月29日专题会议纪要明确要求三合同抓紧生产，6月28日前必须将7座天桥全部完成。截止5月30日仅有两座天桥已浇完底板和腹板，进度明显滞后，雨季即将来临，天桥施工的压力很大。

5. K81 +607 连续梁桥（40m +50m +40m)

4 月 29 日专题会议纪要明确要求三合同抓紧生产，5 月 28 日前必须浇完右半幅混凝土。截止 5 月 30 日，仅完成了钢筋绑焊、模板支设，但调平、纠正局部问题正在进行。

二、下一阶段工程施工管理措施

会议认为三合同2004 年下半年调度得力、质量有保证、进度欠账追赶较快。但2005 年春季复工后施工资源（人、机、料、资金、时间等）投入不足、工程质量自检自控不力，既有资金短缺问题、更有内部管理问题。客观原因是次要的，主观不努力是主要的，困难多、办法少，措施写在纸上没有落实在工地现场上。

会议要求三合同项目部上级机关（法人代表等）必须摸透工地现状、找准被动症结，对症下药、迎难而上，6 月份必须打一个翻身仗，给建设单位、给亚行办事处有个交待。如果继续滞后，一旦滞后的进度超过 20%，亚行将采取停止支付等惩罚措施，这一点必须高度重视。

会议确认三合同项目部和法人代表采取的以下赶进度、保质量的措施：

1. 调整施工队伍、加大外协劳务队伍的调度和奖罚。6 月 10 日前加强马家水库大桥场地上的 20m、30m 箱梁预制队伍；天桥将增加 2 个施工队伍约 80 人，确保天桥工程 6 月 20 日前全部完成。

2. 内部动员，摆出问题、落实大干措施。集团公司 × × × 处长在三合同工地至少现场办公两个月，直至主体工程完工再离开。内部技术力量重新分工，把思想统一到抓质量、促进度上来。正视问题，不回避问题，有一个问题解决一个问题。

3. 集团公司注入流动资金 700 万元，6 月 7 日前到账。建设单位表示只要集团公司法人代表的流动资金到账，建设单位将予以配套支持政策。

4. 高度重视工程质量，严格自检，严格监理程序。集团公司将于 6 月 7 日前调副总工程师李 × × 到达三合同工地，指导、解决技术方案和质量问题，不合格的梁、板坚决报废，并于 6 月 10 日前处理完毕。6 月 2 日自我停止混凝土拌合站的生产，进一步查找原因，确保后续生产的混凝土构件片片合格、件件合格。

5. 工程建设三方密切配合，苦干一个月，促成三合同 8 月 28 日完成施工任务。监理方面要坚持质量第一的观念，同时要帮促结合，做好超前提示的工作，把问题解决在萌芽状态，要及时反映工地现场情况，不得隐瞒质量问题。施工方要尊重监理、遵守《监理程序》，发挥质检体系的作用，不要把质量矛盾交给监理去处理。杜绝擅自施工、强行施工现象。

6. 抓好雨汛期的工程施工安排和安全工作。本地区每年 6 月份都可能下两次大的暴雨，这对路基、天桥施工是一个考验，必须利用 6 月 20 日前的 20 天时间抢进度。切实加快砌石边坡防护施工进度、切实加快天桥混凝土的浇注进度。

7. 充分协调地方关系，将施工干扰、纠纷降至最低限度。公路工程施工属野外作业，地方环境协调十分重要，三合同应充分借助第二次在本地施工的经验和教训，改善各种环境，让和谐的施工环境、和谐的人文环境为工程施工服务、增效。

参加会议各方签认：(略)

二〇〇五年六月三日

［点 评］这是某城市主干道路的一个施工合同段因为工程进度严重滞后经建设单位、监理机构几次督促检查和协调后，加快进度的迹象不明显，工程质量也不令监理满意的情况下，建设单位决定约见施工单位的法人代表到工地面谈，6月2日施工单位的法人代表如约而至，在某某城市主干道建设有限公司五楼会议室就工程质量、工程进度等问题进行了友好的座谈，建设有限公司×××总经理、总监办×总监、第一驻地监理办×××高监、三合同项目经理谭××同志参加了会议，形成了初步纪要，6月3日又专门通读会议纪要草稿、并修改定稿和签字。应该说本座谈会会议纪要层次清楚、内容事实求是、解决问题的措施有力而且可行，便于检查落实。可供监理同仁参考。

【案例3.9-4】中期工地例会纪要

第一驻地监理办第6次工地会议纪要

为检查3月3日召开的第5次工地例会的落实情况，总结近期工程施工质量控制情况、分析工程计划完成情况，为贯彻落实总监办4月9日下午召开的监理工作例会精神，第一驻地监理办于4月12日上午召集V1、V2、V3合同项目经理部和V1、V2、V3合同监理组负责人在第一驻地监理办会议室召开了第6次工地例会，会议由高级驻地××同志主持。今将会议内容纪要如下：

一、截止4月10日工程计划的执行情况

春季复工以来，三个合同段均展开了大面积施工，但三个合同段工程进展不均衡，总体上V2、V3合同段工程进展较快，主要表现为已开始铺筑上路床砂砾、砌筑边坡方格网、砌筑桥涵锥坡、浇注大中桥防撞护栏、开始桥面防渗混凝土铺装。V1合同前期欠账多，后期进度较快，但按合同工期交工形势严峻，制约合同工期的主要因素就是马家水库大桥。截止4月10日，各合同段的主要工程进度情况为：

1. V1合同

① 土方工程

路基挖方已完成31.2万m^3，占总量37.9万m^3的82.2%，剩余6.7万m^3土为排水沟挖方；

路基填方已完成147万m^3，占总量170.4万m^3的86.3%，主线剩余2.4万m^3、匝道剩余3.4万m^3；

上路床砂砾垫层共15.7万m^3，尚未开始。

② 箱型构造物工程

已完成28道，占总量30道的93%，剩余2道。

③ 桥梁工程

桩基486根，已4月1日全部完成；

承台、系梁已完成121个，占总量125个的96.8%，剩余4个在马家大桥；

墩台柱已完成213个，占总量225个的94.7%，剩余12个在马家大桥；

墩台帽已完成54个，占总量96个的56.3%，剩余42个。

④ 梁板预制工程

空心板已完成280片，占总量390片的71.8%，剩余110片；

20m箱梁已完成42片，占总量90片的46.7%，剩余48片；

30m 箱梁已完成 0 片，共 80 片。

⑤ 梁板按装工程

空心板已完成 52 片，占总量 390 片的 13.3%，剩余 338 片；

箱梁一片也没安装。

⑥ 现浇箱梁工程

包括 8 个天桥、1 个跨线桥、1 个后张法连续梁桥（K1 +604），已完成 77m/4 跨，占总量 714m/77 跨的 10.8%，剩余 637m/73 跨。

⑦ 台背回填工程

基本完成的 10 道，占总量 33 道的 30%，余 23 道。

2. V2 合同

① 土方工程

路基挖方已完成 26.6 万 m^3，占总量 33.8 万 m^3 的 78.7%，剩余 7.2 万 m^3 为排水沟挖方；

路基填方已完成 72.9 万 m^3，占总量 77.5 万 m^3 的 94.1%，剩余 4.6 万 m^3；

砂砾垫层共 9.2 万 m^3，已完成 4 万 m^3/3km，剩余 5.2 万 m^3/7km。

② 箱型构造物工程

共 25 道，已全部完成。

③ 桥梁工程

桩基 302 根，已全部完成；

承台、系梁共 84 个，已全部完成；

墩台柱共 161 个，已全部完成；

墩台帽已完成 85 个，占总量 90 个的 94.4%，剩余 5 个在 K17 +121 泉掌分离立交桥。

④ 梁板预制工程

空心板 260 片，已于 2005 年 1 月 23 日全部完成；

20m 箱梁已完成 50 片，占总量 90 片的 56%，剩余 40 片；

30m 箱梁已完成 92 片，占总量 120 片的 76.7%，剩余 28 片在西社大桥。

⑤ 梁板按装工程

空心板已完成 182 片，占总量 260 片的 70%，剩余 78 片；

20m 箱梁共 90 片，尚没安装；

30m 箱梁已完成 61 片，占总量 120 片的 50.8%，余 59 片。

⑥ 现浇箱梁工程

已完成 266m/14 跨，占总量 392m/22 跨的 67.8%，余 126m/8 跨。

⑦ 台背回填工程

已完成 31 道，占总量 38 道的 86.8%，余 7 道正在回填。

⑧ 桥梁防撞护栏

K18 +327 桥中桥已于 4 月 3 日完成两侧防撞护栏。

3. V3 合同

① 土方工程

路基挖方已完成 11.8 万 m^3，占总量 18.6 万 m^3 的 63.4%，剩余 6.8 万 m^3 为排

水沟挖方；

路基填方已完成135.8万m^3，占总量137.6万m^3的98.7%，剩余1.8万m^3；

砂砾垫层共9.5万m^3，已完成0.75万m^3/1.0km，剩余8.8万m^3/9km。

② 箱型构造物工程

已完成31道，占总量32道的97%，余1道在互通立交N匝道未征地。

③ 桥梁工程

桩基290根，已全部完成；

承台、系梁共53个，已全部完成；

墩台柱共103个，已全部完成；

墩台帽已完成40个，占总量48个的83%，余8个在付家庄桥。

④ 空心板预制工程

空心板共338片，已于3月24日全部完成。

⑤ 空心板安装工程

空心板共338片，于4月12日全部安装完成。

⑥ 现浇箱梁工程

已完成203m/9跨，占总量422m/20跨的48.1%，余219m/11跨。

⑦ 台背回填工程

已完成39道，占总量44道的88.6%，余5道。

⑧ 桥面铺装工程

K33+259通道桥于4月5日开始至6日完成左右幅桥面铺装。

二、传达落实总监办4月12日监理例会精神

总监办于4月12日下午召开了各驻地监理办监理组长以上人员会议，会上总监×××同志、建设单位江副总经理等领导和部处负责人讲了话，总结了前段监理工作情况、现场三大控制情况，强调了下一阶段应注意的几个问题。本次工地会议要求各合同段项目经理部应加强落实以下要求：

1. 路基工程薄弱环节的控制。上土坡道、填挖交界等薄弱环节必须实施重夯。路堑段压实控制，铺灰土前的30cm素土压实度≥96%，灰土压实度检测合格后没有形成强度前立即作弯沉，而不是7天以后，有问题立即处理。

2. 路槽验收。由驻地监理办组织，验收结果报总监办，验收一段报一段，总监办将进行抽查。其中，挖方段的弯沉总监办参加检测，由驻地监理办邀请。

3. 桥面铺装。每座桥完成了体系转换或空心板铰缝后可进行桥面铺装，桥面铺装必须用防渗混凝土，且报批施工技术方案，铺装前必须布设网格实测梁、板顶实际高程，每10m一个断面，每个断面测3点高程。存梁时间已超过3个月，要保桥面铺装层的最小厚度（≥8cm），否则，单独报方案，总监办审批后处理。桥面铺装的水泥混凝土层顶面要横向拉毛并凿除浮浆。

4. 挖方段防护砌石。除V2标已施工的K109+685大桥两侧大挖方段外，其余的路段暂停，集中力量进行路堤边坡砌石，先挖槽后砌筑，砂浆饱满，勾缝必须勾凹缝，不允许平缝、更不允许勾凸缝。

5. 通道桥泄水管问题。通道桥中间泄水管暂不取消。

6. 通信管道过桥问题。托架的施工单位有待明确，但预埋件应由现施工合同段

负责。

7. 沉降量观察点的布设与测设。填方高度≥5m 处要观测沉降量，点的布设与测设由驻地监理办负责控制。

三、切实抓好“路槽”质量验收工作

2月20日复工后，V1、V3合同均形成了成品路基并完成了部分路段的“路槽”——下路床顶面的质量验收工作，但验收工作不尽规范、指标不尽全面、组织不尽得力。为确保下路床顶面的质量验收有效进行，今就有关注意事项明确如下：

1. 验收的组织。下路床顶面的成品路段验收，必须成立验收小组。各合同段项目部负责生产的副经理或总工必须参加并组织实施，各合同监理组长必须应邀参加，驻地监理办高级驻地适时参加、监理试验室主任谢振生必须参加。

2. 验收的程序。① 各合同段项目部在相应路段下路床完成碾压并经压实度、高程、横坡度、中线偏位、宽度等5个指标自检合格并形成资料监表后报请相应监理组长审查。② 监理组长审查合格后，按30%的频率抽检压实度、高程、宽度、横坡度、中线偏位，合格后由监理组长批准进入弯沉实测阶段。③ 实测弯沉前，必须选定适宜的汽车，在一名监理员监督下称后轴重、测轮胎气压、触地面积等。之后实测并记录弯沉测量值。④ 弯沉值检测的起止桩号必须明确，不得遗漏路段，建立弯沉检测路段、代表值计算台账，并要求在弯沉检测的第2天内上报监理组审查签认，第3天由驻地组长报驻地监理办试验室汇总；驻地监理办试验室应立即审查并建立台账，及时报总监办备案。⑤ 总监办审查同意并通过后，方可铺筑上路床砂砾。上路床砂砾铺筑必须有监理组长批准的施工技术方案报审表。

3. 应注意的问题。① 压实度、弯沉值不合格的个别点或局部路段，必须在监理组长的监督下进行压实、挖除换填灰土等处理，尤其是台背与路基结合部、半填半挖处、挖方段、高填方段。② 高程控制偏差不得超过：+10mm；否则，应用人工挂线方式找平削低。严禁薄层贴补。③ 包括压实度、高程、弯沉在内的指标，监理组长必须亲自参加检测，分管路基或质量的生产副经理不在工地现场，不得检测和验收。④ 下路床顶面验收合格后应立即组织铺压合格的砂砾，不得停滞7天以上。雨后没上砂砾前，应再对下路床顶面进行压实和检测。如砂砾料源等没有落实，监理组长可以决定不报检压实度、弯沉等。⑤ 必须及时计算和传递弯沉检测结果，以便于驻地监理办报总监办审查。如上一段弯沉结果没有报监理组长审签，监理组长应拒绝验收下一段的压实度、弯沉等。

四、严格路基挖方段质量控制和验收

1. 冲击碾压。挖方路段大多在天桥下或用作预制场地，其冲击碾压2004年底前部分路段已冲击，但也有部分路段没冲击碾压。V2合同段已于2005年4月10日下午对K125+110天桥下（挖方段）进行了冲压并对其他冲击的挖方段实施冲压。今要求V1、V2、V3合同高度重视冲击碾压空白路段的冲压工作，严格按照路基处置的相应典型方案进行处置，要求按图纸设计的遍数（24遍）冲压，冲压时项目部质检员及监理组副组长、监理员共同在场记录遍数、监督冲击速度、轮迹重叠、冲压起止点等，项目经理部必须拍照。对不具备冲压条件、不能冲压的个别路段，必须报批强振等处理措施。

冲击压实后应对冲击面整平、洒水再用重振压路机碾压，必须检测压实度、高程、横坡、宽度、中线偏位，压实度必须≥96%，其最大干密度应从冲压现场取样击实作标准试验。

2. 路基填土。冲压合格后方可进行路基填土，厚度为30cm，应分两层铺压，必须保证压实度≥96%。该层填土必须由项目经理部的生产副经理、监理组的组长共同实测压实度，双方试验工程师参加。其中，必须杜绝平整度不合格现象（按15mm控制）。

3. 石灰土防水层。总监办于2004年8月17日印发“××总监办字［2004］40号”文件，将原设计进行了灰土倒置（即灰土在下），将原设计的Ⅷ型处理方案的15cm厚10%石灰土与40cm厚砂砾进行结构置换，将原设计的Ⅰ型处理方案的20cm10%厚石灰土与30cm厚砂砾进行结构置换，将其他填方路段在上路床全部设置30cm厚的砂砾垫层。施工前必须先报请监理组长检验下路床，合格后方可铺土、铺灰进行路拌，严格控制灰剂量和压实厚度，压实度按96区控制。

4. 砂砾垫层。石灰土防水层完成自检、监理抽检压实度、高程、宽度、横坡、平整度、中线偏位、弯沉值等指标合格后方可铺筑砂砾垫层。铺砂砾前应先上包边土和中央分隔带填土。砂砾垫层应每段完成即时报检压实度、高程、横坡、宽度、平整度、中线偏位等6个指标。包边土和中央分隔带填土必须压实并略高于砂砾垫层，压实度按96区控制。局部路段行车松散、凹陷后应及时处理。

V2合同段K121+050～K123+700段上路床砂砾垫层已压完，但中央分隔带填土前没清除大粒径砾石、填土的路段厚度不足且没压实，必须在4月20日前落实。

五、路堤边坡防护砌石工程的质量控制

进入4月份后，各合同段纷纷展开了护面墙或路堤方格网砌筑施工，但施工中普遍存在着砌石平整度不合格，挡水块安装不合格，勾缝不标准等现象，在4月12日总监办召开的监理例会上，总监办要求暂停护面墙施工，集中力量砌筑路堤方格网。现结合《技术规范》及建设单位、总监办的有关要求，就路堤方格网砌石提示如下：

1. 原材料。水泥、砂、片石等原材料应先自检，合格后再报请监理抽检，抽检合格后才可使用。片石应符合规范的要求，厚度不小于15cm，至少有一个面平整，且应大致修整。砌筑使用M7.5级砂浆，砂要使用合格的中砂，严格按照配合比采取机械拌制，严禁人工拌合，每工班或单幅100m制作两组试块。

2. 沟槽开挖。应先挂线放样，确保沟槽的宽度、深度和顺直度，砌筑前应将基底夯实平整。每侧每100m报经现场监理验收合格后方可进入砌石阶段。

3. 砌筑。施工人员必须熟悉图纸，严格按照设计的几何尺寸，使用坐浆法施工，严禁手摆片石灌入砂浆。挡水块安装应高于砌石表面5cm，与片石之间的缝隙要用水泥砂浆嵌缝，以防漏水。

4. 安装混凝土预制块。混凝土预制块安装在第一层砌石之上，与上层砌石密贴，必须确保顺直、高程合格，坚决杜绝线形不顺直、左右倾斜、顶面有台阶、高差不均为5cm的质量通病。

5. 勾缝。勾缝采用凹缝，略低于片石表面2cm，砂浆要饱满密实，不得采用凸缝，严禁用砂浆抹面。

6. 成品养生。砌筑成品应覆盖草帘、塑料布洒水养生。

7. 验收。砌筑成品按每侧100m或每两构造物间为一段进行报验。报验前应将砌筑残留予以清除，对个别不合格地方进行修补，先自检合格后填写“检表5”，然后再报请监理抽检。检验项目包括砂浆强度、顶面高程、表面平整度、坡度、厚度、底面高程、网眼尺寸等。

六、桥面系工程的质量控制

桥面系包括梁湿接缝、板企口缝、桥面铺装、防撞护栏等。

1. 箱梁湿接缝。施工时，应先将原混凝土面凿毛，然后焊接钢筋，自检合格后，再报监理验收，监理验收合格再进行模板安装。C30以上混凝土必须用中砂，严格按配合比拌合。

2. 空心板企口缝。企口缝连接钢筋应搭接在一起，如搭接不在一起，应自费增加钢筋连接，要先做一个试验段。

3. 桥面铺装。应特别注意桥梁顶面清理，附着的混凝土必须清除，原桥面拉毛不合格的必须打毛。桥面钢筋网应搭接在一起，铺设钢筋网前测量高程，超标高的应予凿除。桥面铺装混凝土浇筑前必须单独编报施工技术方案报批，施工时应注意平整度、厚度、拉毛、混凝土配合比，要先做一个试验段。

4. 护栏。应特别注意钢筋焊接及其与桥面铺装的连接，模板安装应注意顺直度，浇筑时，应防止模板上浮，注意振实，护栏要特别注意外观质量，要先做一个试验段。

七、关于执行监理程序、杜绝擅自施工问题

1. 严格执行监理程序。今年工程施工的特点是原开工项目续建、新开工项目增多，工序交叉、互相干扰。既有必须旁站的混凝土浇筑项目，又有以巡视和验收控制质量为主的路基桥梁附属工程。因此，执行监理程序就显得尤为重要。本次工地会议要求三个项目经理部必须做到施工技术方案（或开工报告）报批先行、加强自检和报验工作、配合监理抽检和验收、加强工程计量控制。坚持“标准段”先行制度，杜绝大面积质量不合格的现象；坚持实地实测自检制度，杜绝不自检或自检不合格也上报监理验收的现象；坚持事前沟通和事后报验制度，杜绝违规计量现象。监理组长要用工程计量的签署权控制工程质量、控制自检资料、控制分项工程质评。

2. 杜绝擅自施工现象。今年3月份后，因施工方急于抢进度，擅自施工现象时有发生，突出表现在E1、E2合同段，必须坚决予以制止。今规定有关项目开始施工时间：

① 必须白天开盘浇混凝土的项目：桥梁工程混凝土方量相对较小、外观指标重要的项目包括立柱、盖梁、台帽、板企口缝、箱梁固结端、湿接缝、桥面铺装、防撞护栏，必须在白天报检钢筋、模板和混凝土拌合站准备情况，经监理检验合格并批准后方可浇混凝土，且必须在白天内浇筑完全部混凝土。

② 可以夜间开盘浇混凝土的项目：为确保工程进度按期履约，《技术规范》也允许部分混凝土工程夜间施工，今规定可以夜间开盘浇混凝土的项目包括空心板预制、箱梁预制、承台系梁、现浇天桥或分离立交的连续箱梁、个别没施工的通道涵洞。

夜间开始浇混凝土的前提条件：钢筋、模板、混凝土拌合站等已经自检并于白天时刻报请现场监理验收合格，且是夜间8时前能够开盘浇筑。现浇箱梁的浇混凝土，必须经驻地组长查验通过后方可开始浇混凝土。

驻地监理办规定：夜间只旁站，不抽检。中午12时至13时也不抽检。

③ 严禁夜间（下午19时－次日早上7时）进行的项目：钢铰线张拉、预应力管道压浆，预应力空心板和箱梁的安装，预应力桥面系梁端固结、湿接缝、桥面铺装、

防撞护栏等。

3. 严禁强行施工。今年复工后，个别台背回填、路基填土、空心板钢绞线张拉、边坡防护砌石施工队伍急于抢进度，未经监理同意强行施工，突出表现在V2合同段的台背回填、V1合同段的空心板钢绞线张拉。本次工地会议以后，严禁再次发生，否则，将报请总监理工程师下达停工指令并抄送合同段项目经理部的法人单位。

八、尊重监理，坚决杜绝辱骂殴打监理现象

执行监理程序、态度上尊重监理、行动上配合监理是一个合格的施工单位必须具备的素质。工程质量控制过程中发生冲突是正常的，是双方利益和出发点不同所致。

今春复工以来，V1合同3月27日土方施工队曾发生过袭击驻地监理事件、10天后的4月7日下午××合同砌石施工队因砌石方格网返工问题与驻地监理发生冲撞。这是项目经理部管理协调的失职、是东河路上的耻辱，给监理人员造成了身心上的伤害。项目经理部和项目经理与其事后道歉承诺，不如事前教育防范。

监承双方发生冲突的根本原因是工程质量不合格，表面原因是监理工程师与施工队发生了质量冲撞关系。但是，项目经理部形同虚设的自检人员、自检不合格便报验的转嫁质量风险、转移质量矛盾现象不彻底解决，10天前有冲突事件，10天后还会有冲撞现象。因此，工地会议要求各项目经理部整顿自检体系、教育自检人员，认真履行承包方的质量自检职责，将实地检测合格的工序、分项工程报监理检验，确保报监理检验的项目监理抽检后一次通过，而不是一改再改、一检二检。同时，高级驻地要求各项目监理组正确进行旁站、巡视和检验，除混凝土工程、钢绞线工序、压浆、移梁和冲压、重夯工序必须实施旁站外，今年巡视的项目多，以巡视为主。驻地组长巡视可自我进行也可要求项目副经理以上人员共同进行；不论如何，发现正在施工的工程有质量问题不宜直接与各个施工队、民工对话，现场监理不要在工地现场乱说话，驻地组长要在项目经理部和项目经理对话、现场监理要面对项目部的质检员、工队长说话。如果监理员“旁站”站错了位、如果驻地组长“巡视”变为了“巡训”，施工单位或民工的辱骂和殴打就会和你亲密接触。

会议要求各项目经理部在仅有的两个月时间内进一步配合监理抓质量、进一步配合监理促进度、进一步关心监理的身心健康、进一步保护监理的人身安全。要知道监理工程师不会为施工单位承担质量责任，除非监理岗位失职、检验失误、指令错误。本次工地会议后，凡是与监理发生冲突、打骂监理的路段，监理员将退出相应路段的工地现场，不予旁站、不予验收、不出抽检资料，其工程计量视项目经理部的整改情况由驻地组长决定缓支还是不支。

下次工地例会的时间另行通知。

［点　评］该会议纪要是一个比较典型的驻地监理办的一次工地例会，是在路基桥涵持续施工的4月12日召开的。

从会议纪要的内容看，这个月的工程进度比较理想，质量控制有效，合同履行比较正常。会议传达了总监办的会议精神，强调了路槽整修的技术要求，就路基挖方工程、边坡砌石防护工程、桥梁的桥面系工程施工质量控制进行了研究。同时，针对近一个时期来工地上发生的擅自施工、强行施工和殴打现场监理事件，驻地工程师进行了原因分析、提出了整改措施，进一步强调了监理纪律和施工、监理双方的工作配合问题。

3.10　工程监理意见类文件的编写

一、意见的含义

“意见”类文件，是国家党的机关和行政机关的法定文种之一，目前仍在使用。

2001年版《国家行政机关公文处理办法》的13种法定文体里有“意见”一体，并定义为：

适用于对重要问题提出见解和处理办法。

在1996年版的《中国共产党机关公文处理条例》中将“意见”列为一个文种，并定义为：

用于对重要问题提出见解和处理办法。

作为下行文，上级机关对重要的问题提出见解和处理方法，要求下级单位执行，属于指示性意见，一经上级机关主动发出，“意见”中的意见即转化为指示。

作为上行文，下级单位可对重要的问题提出见解和处理办法，即建议性意见，一经上级机关批准，建议性意见即转化为指导意见和实施性意见。

国务院办公厅2001年1月1日以“国办函〔2001〕1号”印发的《关于实施〈国家行政机关公文处理办法〉涉及的几个具体问题的处理意见》一文中就“意见”文种的使用明确以下几点：

1. “意见”可以用于上行文、下行文和平行文。

2. 作为上行文，应按请求性公文的程序和要求办理，所提意见如涉及其他部门职权范围内的事项，主办部门应当主动与有关部门协商，取得一致意见后方可行文；如有分歧，主办部门的主要负责人应当出面协调，仍不能取得一致时，主办部门可以列明各方理据，提出建设性意见，并与有关部门会签后报请上级机关决定。上级机关应当对下级单位报送的“意见”作出处理或给予答复。

3. 作为下行文，文中对贯彻执行有明确要求的，下级单位应遵照执行；无明确要求的，下级单位可参照执行。

4. 作为平行文，提出的意见供对方参考。

二、意见的特点

（一）多向性

意见的行文方向不但具有双向性，而且具有三向性。可以是下级写给上级，类似建议。一般情况下，上级收到后应给下级行文，表明是否接受或同意。也可以是上级发给下级，似同指示，类似通知，表明主张，阐明工作原则、方法和要求。还可以发给平级，提供意见供对方参考等。

（二）指导性

作为下行文的“意见”，虽然在文种的字面含义没有“指示”、“通知”、“指令”那样明显的的指导色彩，似乎只是对某一工作提出些参考意见，可实际具有很强的指导性。因为有的部门虽对下级同类部门有业务指导权，但没有行政领导权，采用“指示”、“通知”不比采用“意见”更合适。

（三）事前性

作为上行文的意见，必须在重要问题的解决和处理之前将处理意见呈报上级机关批准，以指导工作。作为下行文的指示性意见亦是如此。

（四）针对性

意见有着较强的针对性。它总是根据现实的需要，针对某一重要的问题提出见解或处理意见。例如，我国在提倡开展素质教育以来，中小学的现有教育技术装备显得不能适应素质教育的需要，教育部就及时对加强这一工作提出了意见。党内的民主生活会质量有待提高，中组部就及时下发了《关于提高县以上党和国家机关党员领导干部民主生活质量的意见》。这些意见对于解决目前存在的问题，都起了积极的作用。

（五）原则性

意见通常不是具体的工作安排，总是从宏观上、从大的方面提出见解和意见，要求受文单位结合具体情况，参照文件中提出的精神来办理。下级单位在落实意见精神时，比起执行指示有灵活处理的余地。

三、意见的种类

（一）上行意见类公文的分类

1. 建议意见

建议性意见是下级单位对涉及本单位、本行业的重大问题所提出的建议，要求上报机关批准、答复或批转，要求上级机关注意某类问题的一种上行公文。

2. 审核意见

审核意见不等于审批意见，更不是批复。多层次管理的组织机构中常用审核意见或者初审意见。初审意见是一种特殊的意见，常用于三级管理的中间层，更多用于三、四级管理的第三、四层，或第二、三、四层。在公路工程施工监理工作中，对最基层（合同段施工单位）报来的请示，驻地监理办提出初步审核意见转报最高上级审批时使用。

例如，在工程监理过程中，合同段施工单位报来《关于在 K56+789 处增加一道 4×4m 箱型通道的请示》，合同段驻地驻地监理办可提出《关于 V1 合同 K56+789 处增加一座 4×4m 箱型通道的初审意见》报项目总监办审批。如果总监办无权批复，总监办在审查驻地监理办的初审意见的基础上提出审核意见，再向建设单位行文，请建设单位批复。

（二）下行意见类公文的分类

1. 计划意见

计划性意见是对某一时期的某一方面的工作提出的大体构想。它的特点是适用时期长，内容宏观化、整体化，类似于计划、纲要等计划性文体。它指示了一个时期内某项工作的要点、原则和努力方向，但一般没有具体的方法和措施。交通部在 2002 年 7 月 11 日发布的《关于治理整顿公路监理市场秩序的意见》一文，在分析了公路工程监理市场现状之后，提出了治理整顿的主要目标如何如何。

2. 实施意见

实施意见一般是为贯彻落实某一重要决定或中心工作所制定的实施方案，它重在阐发上级的有关精神，使下级单位对上级的文件精神有更深入的理解，同时提出较为具体的行动方案和工作安排。例如，国家交通部2004年11月22日以“交公路发〔2004〕688号”文件印发的《关于贯彻国务院办公厅进一步规范招投标活动若干意见的通知》的附件，即2004年7月12日“国办发〔2004〕56号”文件《关于进一步规范招投标活动的若干意见》，文中提出了7条实施性意见，如“充分认识进一步规范招投标活动的重要意义，打破行业垄断和地区封锁、促进全国市场统一，实行公告制度、提高招投标活动透明度，完善专家评审制度、提高评标活动公正性，规范代理行为、建立招投标行业自律机制，积极引入竞争、进一步拓宽招投标领域，依法实施管理、完善招投标行政监督机制”等。

3. 工作指导意见

对如何做好某项具体工作提出意见，所涉及的内容比较具体，有时还会有一些可操作性的办法、措施等。例如，国家交通部2004年11月印发的《关于改进公路工程施工招评标办法的指导意见》，就是比较具体化的指导工作意见。另外，行政机关的一些意见可以更具体地指向某项工作，如国务院办公厅2000年1月14日转发的，由交通部、财政部、公安部、国家计委联合印发的《关于继续做好公路养路费等交通规费征收工作的意见》。

四、意见的编写要点

（一）标题

意见的标题有两种写法。

一种是全称，多用于党政机关行文。由“发文机关+关于+主要内容+的+文种”组成。例如，××省人民政府“《关于中国教育改革和发展纲要》的实施意见”。

另一种是简称，多用于行政业务主管部门行文。由“关于+主要内容+的+文种”组成。例如，交通部1999年12月28日印发的《关于继续做好公路养路费等交通规费征收工作的意见》。

（二）主送机关

建议性意见、初审意见、指导性意见要有主送机关，主送机关的确定同一般的公文。例如，总监办印发的《关于加强工程变更管理的几点意见》就属于指导性意见，主送单位就是各合同段项目经理部和各合同驻地监理办等。需要用通知转发、印发的意见，一般没有主送机关这一项，但印发、转发意见的通知中有明确的主送机关。

（三）正文

1. 发文的背景或目的

“意见”的开头部分，主要提出发布意见的背景、根据、目的、意义等，并辅助过渡性语句转入正文，常用“今提出如下意见”、“今提出初审意见如下”或“特印发本实施意见”等过渡。例如，交通部、财政部、公安部、国家计委1999年12月28日联合印发的《关于继续做好公路养路费等交通规费征收工作的意见》一文的开头是这样写的：

> 近几个月来，一些单位和个人错误地认为《中华人民共和国公路法》修改后即可不缴纳养路费，造成了国家交通规费大量流失。为保障公路养路费、车辆购置附加费等交通规费征收工作的正常进行，现提出如下意见：

这个开头，前半部分说明了发文的背景和原因，后面指出了发文的目的是“为保障公路养路费……的正常进行”。

2. 发文的主体

重点叙述意见的主要内容，即要把主要问题的处理办法或对主要问题的见解写清楚，要做到条理清楚、表述明确，可分段、也可分条叙述。如果是计划性意见，内容繁多，可列出小标题作为各大层次的标志，小标题下再分条表述。如交通部《关于治理整顿公路监理市场秩序的意见》一文，主体就分为三大部分，各自冠以小标题，分别是：一、公路监理市场现状，二、治理整顿的主要目标和工作重点；三、治理整顿公路监理市场的工作要求和措施。每一小标题下又列出若干条文，共计 17 条。

如果是内容较单纯集中的工作意见，主体部分直接列条即可，不必再设小标题。如《关于继续做好公路养路费等交通规费征收工作的意见》，主体部分就直接分为五条。

（四）结尾

意见的结尾可有可无。建议性意见写完建议即可收尾，不必提出答复的要求。也可写“以上意见如有不妥，请批示”或“以上意见如无不当，请批转执行”。初审性意见，写完审核意见后要有结尾，一般同请示类文件，写“当否，请审批”或“以上审核意见，妥否，请批复”。指示性意见可在文后提出执行要求、落实要求等，可列入条款，也可单独在正文之后写一段简练的文字予以说明。

五、编写意见类文件的注意事项

1. 意见类文件中的问题应集中明确

编写“意见”文件，一般是针对有疑点或难点的问题而制发，因此，拟写意见首先要注意问题的反映，要反映出具体的急需解决的问题。

2. 意见类文件中的见解要措施有力

意见文件中提出的处理方法、见解措施要有针对性，要切实可行，便于有关机关答复。

3. 慎重选择“意见”这一法定文种

鉴于对“重要问题提出见解和处理方法”的文种不仅仅意见一种，所以，工程监理机构应慎重选用“意见”文种。一般地说，如果国家法律法规、部门标准明确规定了问题的处理办法的，不应使用意见行文，应该使用“通知”加以规范。通知具有指令性、规范性，意见具有指导性、参考性。例如，某地人民政府《关于禁止越权审批土地的意见》一文，使用“意见”行文，就不妥，应用“通知”，因为国家已经在有关土地法规中明确了土地审批权，用《关于禁止越权审批土地的紧急通知》行文就严肃得多、有效得多。

六、案例

【案例 3.10-1】 指导性意见

关于改进公路工程施工招标评标办法的指导意见

《公路工程国内招标文件范本》(2003 年版）自实施以来，对指导和规范施工招标评标工作起到了重要作用，但也存在一些问题。为进一步完善评标办法，经广泛调研，并征求有关方面的意见，借鉴各地一些好的经验和做法，现提出以下四种评标办法。请各地根据招标项目的具体情况，选择合适的评标办法，并可根据在工作中的实际情况，及时总结经验教训，提出意见，报部公路司研究修正。

一、合理低价法

（一）方法简介

对通过初步评审和详细评审的投标文件，按其投标价得分由高到低的顺序，依次推荐前3名投标人为中标候选人（当投标价得分相等时，以投标较低者优先）。在评标时，一般按照投标价得分由高到低的顺序，对投标文件进行初步评审和详细评审，对存在重大偏差的投标文件按废标处理。对施工组织设计、投标人的财务能力、技术能力、业绩及信誉不再进行评分。

为防止哄抬标价，招标人可以设定投标控制价上限，由招标人自行编制或委托有资质单位编制，并在开标前公布。投标价超出招标人控制价上限的，视为超出招标人的支付能力，作废标处理。

在开标现场，宣读完投标人的投标价后，应当场计算评标基准价。评标基准价的计算一般有两种方式，一是采用所有被宣读的投标价的平均值（或去掉一个最低值和一个最高值后的算术平均值）并对所有不高于平均值的投标人的投标报价进行二次平均，作为评标基准价；二是计算所有被宣读的投标价的平均值（或去掉一个最低值和一个最高值后，取算术平均值），将该平均值下降若干百分点（现场随机确定）作为评标基准价。评标基准价在整个评标期间保持不变，不随通过初步评审和详细评审的投标人的数量发生变化。

投标人的投标价等于评标基准价者得满分，高于或低于评标基准价者按一定比例扣分，高于评标基准价的扣分幅度应比低于评标基准价的扣分幅度大。

（二）选用范围

除技术特别复杂的特大桥和长大隧道工程外，采用合理低价法进行评标

（三）应注意的问题

招标人在出售招标文件时，应同时提供“工程量清单的数据应用软件盘”，“工程量清单的数据应用软件盘”中的格式、工程数量及运算定义等应保证投标人无法修改。投标人只需填写各细目单价或总额价，即可自动生成投标价，评标阶段无需进行算术性复核。

二、最低评价法

（一）方法简介

评价委员会按评标价由低到高顺序对投标文件进行初步评审和详细评审，推荐通过初步评审和详细评审且评标最低的前三个投标人为中标候选人。若评标委员会发现投标的评标价或主要单项工程报价明显低于其他投标人报价或者在设有标底时明显低于标底（一般为15%以下）时，应要求该投标人做出书面说明并提供相关证明材料。如果投标人不能提供相关证明材料证明该报价能够按招标文件规定的质量标准和工期完成招标工程，评标委员会应当认定该投标人以低于成本价竞标，作废标处理。

如果投标人提供了证明材料，评标委员会也没有充分的证据证明投标人低于成本价竞标，为减少招标人风险，招标人有权要求投标人增加履约保证金，一般在确定中标候选人之前，要求投标人作出书面承诺，在收到中标通知书14天内，按照招标文件规定的额度和方式提交履约担保。履约担保增加幅度建议如下：

1.（A—B）/A≤15%时，履约担保为110%合同价的银行保函。

2.5%＜（A—B）/A≤20%时，履约担保为10%合同价的银行保函加5%合同价的

银行汇票。

3. 当20%＜（A—B）/A≤25%时，履约担保为10%合同价的银行保函加10%合同价的银行汇票。

4. 当25%＜(A—B)/A时，履约担保为10%合同价的银行保函加15%合同价的银行汇票。

其中：B为中标候选人的评标价；A为招标人标底或所有投标人评标价的平均值。

若投标人未作出书面承诺或虽承诺但未按规定的时间和额度提交履约担保，招标人可取消其中标，并没收其投标担保。

（二）适用范围

使用世界银行、亚洲开发银行等国际金融组织贷款的项目和工程规模较小、技术含量较低的工程采用最低评标价法进行评标。

（三）注意的问题

为防止投标人以低于成本价抢标，并减少由于低价中标带来的实施阶段的问题，建议招标人设立标底，严格控制低价抢标行为，标底应在开标时公布；在签订合同时要特别明确施工人员、设备的进场要求、工程进度要求，以及违约责任和处理措施。

三、综合评估法

（一）方法简介

评标委员会对所有通过初步评审和详细评审的投标文件的评标价、财务能力、技术能力、管理水平以及业绩与信誉进行综合评分，按综合评分由高到低排序，推荐综合评分得分最高的三个投标人为中标候选人。

根据招标项目的不同特点，可采用有标底招标和无标底招标两种形式：

1. 有标底方式。标底应在开标时公布，在评标过程中仅作为参考，不能作为决定废标的直接依据。评标价得分计算方法如下：

计算所有通过初步评审和详细评审的投标文件的评标价的平均值，将标底同评标价的平均值进行复合，得到复合标底；将复合标底下降若干百分点（现场随机确定）作为评标基准价，投标人的评标价等于评标基准价得满分，高于或低于评标基准价按不同比例扣分。

2. 无标底方式。评标价得分计算方法如下：

计算所有通过初步评审和详细评审的投标文件的评标价的平均值，将该平均值下降若干百分点（现场随机确定）作为评标基准价，投标人的评标价等于评标基准价得满分，高于或低于评标基准价按不同比例扣分。

高于评标基准价者扣分幅度应低于评标基准价者的扣分幅度大，具体比例应在招标文件中规定。

（二）适用范围

本办法仅适用于技术特别复杂的特大桥梁和长大隧道工程。

（三）应注意的问题

为控制投标报价，建议招标人设立标底，或设定投标控制价上限。设立标底的，中标人应采取有效措施，确保开标前的标底保密。

四、双信封评标法

（一）方法简介

要求投标人将投标报价和工程量清单单独密封在一个报价信封中，其他商务和技术文件密封在另外一个信封中。在开标前，两个信封同时提交给招标人。评标程序如下：

1. 第一次开标时，招标人首先打开商务和技术文件信封，报价信封交监督机关或公证机关密封保存。

2. 评标委员会对商务和技术文件进行初步评审和详细评审：

（1）若采用合理低标价法或最低评标价法，评标委员会应确定通过和未通过商务和技术评审的投标人名单。

（2）若采用综合评估法，评标委员会应确定通过和未通过商务和技术评审的投标人名单，并对这些投标文件的技术部分进行打分。

3. 招标人向所有投标人发出通知，通知中写明第二次开标的时间和地点。招标人将在开标会上首先宣布通过商务和技术评审的名单并宣读其报价信封。对于未通过商务和技术评审的投标人，其报价信封不予开封，当场退还给投标人。

4. 第二次开标后，评标委员会按照招标文件规定的评标办法进行评标，推荐中标候选人。

（二）适用范围

适合规模较大、技术比较复杂或特别复杂的工程，但应按照本指导意见和项目的不同特点，采用合理低价法、最低评标价法或综合评估法。

（三）应注意的问题

采用本办法评标程序比较复杂、时间较长，但可以消除技术部分和投标报价的相互影响，更显公平。特别注意技术评标期间的信息保密和报价信封的保管工作。

[点　评] 本案例选自交通部的一份文件，应该说既是一篇指导性意见写作的范例，又是一篇监理人员应知应掌握的部门法规文件，这是选择此文的两个目的。

本案例的题目是“关于改进公路工程施工招标评标办法的指导意见”，标题构成要素标准，概括了整个文件的核心内容。目的清楚，即为进一步完善评标办法。指导意见的下达是经过广泛调研，并征求有关方面意见，借鉴了各地一些好的经验和做法。文件中提出以下四种评标办法可以供各地根据招标项目的具体情况，选择合适的评标办法，每一评标办法都是按照方法简介、适用范围、应注意的问题的顺序进行说明。

【案例 3.10-2】 工程指导性意见

关于防治高速公路沥青路面早期损坏的指导意见

近年来，我国公路建设迅速发展的同时，一些路段高速公路沥青路面出现了早期损坏现象，不仅造成经济损失，而且影响交通行业的社会形象和可持续发展。为认真贯彻落实科学发展观和建设资源节约型社会的要求，按照“增强质量意识，完善综合设计，严格施工控制，加强养护管理”的原则，对高速公路沥青路面早期损坏防治工作提出如下指导意见：

一、增强质量意识，完善质量管理体系

各级交通主管部门、工程建设勘察设计、施工、监理、质量监督和养护管理单位，要从贯彻落实科学发展观的高度，充分认识高速公路沥青路面早期损坏的危害，采取切实措施，完善工程质量管理体系。要树立全寿命成本理念，避免产生早期损坏的返修成本。

（一）各级交通主管部门和建设单位要切实处理好质量与速度的关系，严格按照部《关于在公路建设中严格控制工期确保工程质量的通知》(交公路发〔2004〕309号）的规定，保证合理建设工期。当质量和工期发生矛盾时，应当首先保证质量，把工作一环扣一环地做精、做细，按科学规律办事。要进一步完善质量管理体系，落实施工、监理、质量监督等单位的职责和管理权限，充分发挥各自在质量控制中的作用，依靠科学管理，保证工程质量。

各级质量监督机构要加强监督，加大责任追究力度，规范检测市场。要委托具有公路质量检测资质的单位对工程质量进行不定期独立检测，对伪造试验数据的单位和个人，要严肃处理。

（二）设计单位要树立全寿命成本理念，加强调查与材料试验工作，加强路面结构设计方案比选，避免简单地照搬照抄规范和其他项目设计成果。

（三）监理单位要认真履行职责，加强质量动态监控，独立完成各项现场试验检测工作。对原材料、拌合、摊铺碾压等影响质量的重要环节和工序要加强旁站和监控。每道工序完成后，应按规定及时抽检，抽检全部合格后方可批准进入下一道工序。

（四）施工单位要不断提高施工人员的整体素质和质量意识，建立健全施工自检体系，对于原材料质量控制、施工配合比试验、混合科拌合、运输、摊铺、碾压等各道工序均要明确质量目标，并落实到各道工序的施工责任人与自检责任人，做到层层把关，分级负责，精心施工。

（五）鼓励工程建设向设计与施工总承包的模式发展，适当延长质量保证期，促使施工单位用心设计，精心施工。

二、总结国内外成功经验，加强综合设计

设计人员要深刻理解规范中有关指标的使用前提和适用条件，因地制宜，就地取材，结合当地行之有效的路面结构设计实践，借鉴国外成熟的设计方法，强化系统综合设计。

（一）做好实际交通荷载调查和预测

对现状实际轴载谱以及变化规律进行深入的调查分析，结合未来区域经济发展、路网情况和车辆载重等情况，科学预测，计算预期的车辆累计标准轴载次数，依此进行路面结构设计和厚度计算。

（二）完善结构和厚度设计

路面结构设计及各层厚度要充分考虑交通量轴次、材料、施工条件、气候等实际情况。要加强路面结构方案比选工作，根据交通量大小、重型车辆构成比例，选定合理的路面厚度。对重车方向、长距离陡坡路段应进行专门设计。

1. 路面结构厚度的确定，要有利于防治路面早期损坏；有利于增强工程的耐久性、减少后期养护费用；有利于延长路面使用寿命和降低全寿命成本。

2. 半刚性基层是目前常用的基层型式，对出现的质量通病要进行认真反思和总结，特别是对防止半刚性基层反射裂缝的措施要给予高度重视。要严格控制半刚性基层及底基层的强度，不仅要控制低限，同样要控制高限，防止走入半刚性基层强度越高越好的误区，减少半刚性基层沥青路面反射裂缝的发生。

3. 柔性基层是许多发达国家常用的路面结构形式，鼓励各地加强柔性基层试验研究，在试验路段铺筑成功的基础上加以推广。

（三）加强材料设计

材料设计是路面设计的重要内容，要认真做好路用材料的调查、试验与筛选工作，针对材料质量及供应情况，提出适合路面结构功能需要和实际情况的各种路用材料的品质要求。

1. 保证路面各层混合料配合比设计的科学性、合理性，是预防沥青路面早期损坏的基础。混合料组成设计除满足规范要求外，更要注重原材料指标、体积指标、混合料性能指标的相互匹配与合理性。要针对当地实际情况对混合料技术性能指标做适当的调整、增加，如现场空隙率和路面渗水系数的检测。

2. 矿料级配组成设计要按照“均匀、嵌挤、密实”的要求进行，不能简单照搬规范规定级配范围的中值，可适当增加中间档次粗集料的用量，调整为骨架密实型结构，提高混合料的抗车辙性能。

3. 对于夏季炎热、交通量大、重载交通多的地区，要适当提高高温性能和水稳定性检验的技术要求，以增强沥青面层的抗车辙能力和抗水损害能力。

（四）重视防排水系统设计

水是造成路面损坏的主要原因之一。要高度重视路基路面防排水设计，尤其挖方路段及中央分隔带、土路肩等部位的排水问题，按照“以防为主，防排结合”的原则，做好路基、基层、面层的防排水综合设计。

1. 对于设置拦水带或路缘石的路段，尤其纵坡平缓、降雨量大的路段，应适当加密开口及边坡排水设施。路基水文状况不良路段，应设置横向盲沟和排水垫层。

2. 对于中央分隔带防排水设施、通讯管道设施与绿化美化工程要做到协调统一。中央分隔带需要植树绿化时要认真做好防排水层，对防排水难以做好的路段，可采用表面封闭的中央分隔带形式。为保证防排水设施的有效性，可适当提高设计富余量。对于超高路段宜尽量采用内外半幅单独排水方案。

3. 土路肩宜尽量选用碎石或砂砾等透水性材料填筑，以利路面横向排水。年降雨量较大地区的高速公路，可在结构内部及边缘土路肩内设置排水设施。对于植草的土路肩，其排水设计还要考虑土路肩与硬路肩标高差、横坡及植草的疏稀程度以保证排水通畅。

三、严格环节控制，完善施工质量管理

施工质量是保证路面质量的关键因素之一，应严格控制，强化管理。

（一）强化路基质量

路基质量直接影响路面质量，其中路基压实不足和不均匀沉降影响最大。首先要严格压实控制，确保压实质量；对于易产生不均匀沉降的部位，如软土等不良地基路段及高填、半挖半填路段及填挖交界处，要采取有效措施，认真进行处理，并加强观测，达到沉降要求后，方可进行路面施工。

（二）严格材料控制

路面材料质量控制的好坏，是路面质量的关键，应根据当地实际，择优选材，严格进场材料控制及场地管理。

1. 沥青的选择应按照公路等级、气候条件、交通组成、路面结构类型及层位、施工方式等，并结合当地使用经验，经技术论证后确定。

2. 沥青混合料所用集料必须专业化集中生产、集中供料。粗集料必须严格控制针片状颗粒含量、压碎值和含泥量；细集料必须严格控制砂当量和棱角性。

3. 沥青路面使用的各种材料运至现场后，各方要根据进货批量取样进行质量检验，检验合格的材料方可使用。不得以供应商提供的检测报告或商检报告代替现场检测。对不合格材料，要限期退货和清理出场。

4. 材料的堆放应予以重视，不得混放，避免雨淋，堆放场地必须硬化。

（三）改进施工组织

施工前必须制定科学、周密的施工组织设计并严格按设计进行施工。应合理确定各结构层的施工周期和施工间隔及机械组合，路面基层应有足够的养生时间，达到强度要求后，方可进行下一层施工。面层必须防止层间污染，特别是中央分隔带、绿化、路肩等的施工不得与沥青面层施工交叉作业，以保证路面的强度、整体性和均匀性。

（四）控制施工工艺

施工工艺方面应注意如下五点：一是要高度重视配合比试验和试验段试铺工作，根据试验段结果，调整确定合理的生产配合比；二是要采用自动化程度高、计量准确、产量大的拌合楼，并在生产过程中加强对拌合楼稳定性的控制；三是在运输、装卸、摊铺、碾压过程中要采取严格措施减少温度离析和材料离析；四是要严格控制摊铺宽度，并加强接缝处的质量控制；五是要高度重视路面压实，配备数量、吨位满足压实要求的压实设备，控制压实工艺。

四、加强预防性、及时性养护，延长路面使用寿命

高速公路养护管理单位要按照《高速公路养护质量检评方法》(交公路发〔2002〕572号）规定的频率，定期对路面结构强度、抗滑性能、平整度和路面破损状况等进行检测，并采用路面管理系统对路面使用状况进行评价，科学制订养护计划，针对路面早期损坏加强预防性、及时性养护工作，延长路面使用寿命。

五、加深技术研究和引进工作

采用新技术、新材料、新方法和新工艺，是防治高速公路沥青路面早期损坏的基础。各地交通主管部门要针对本地区高速公路沥青路面损坏的特点及自然环境条件，组织有关单位和人员结合工程建设进行研究和攻关，提出防治措施和方法，成熟经验要及时总结推广。要积极借鉴、吸收国外，特别是发达国家先进技术经验，高度重视有关技术标准、规范的制定、修订、完善工作，争取在短时间内实现国内技术领域新的跨越，全面提升我国高速公路沥青路面建设水平。

六、加强对从业人员的培训

路面质量最终取决于一线从业人员，要加强对公路设计、施工、监理、管理等各方面从业人员，尤其是一线从业人员的岗位技能培训，有计划、有步骤地开展多种形式的防治沥青路面早期损坏的业务培训，使之掌握正确的技能，增强责任心，不断提高业务素质。

二〇〇四年七月十二日

［点　评］本案例选自交通部的一份文件，应该说既是一篇指导性意见写作的范例，又是一篇监理人员应知应掌握的部门法规文件，这是选择此文的两个目的。本指导意见强调了沥青路面质量控制的设计要求和施工技术，强调了施工质量控制和养护质量控制，强调了人员素质和新技术研究等，以防治高速公路沥青路面早期损坏。

【案例3.10-3】 工程审查性意见

关于N5合同段交工验收申请的审查意见

××市政道路建设管理处：

我单位负责监理的××市政道路N5合同段所有工程项目于已经全部完成，施工单位于2005年10月14日提交了N5合同段交工验收申请报告。经审查N5合同段具备交工验收条件，工程质量评定合格，同意进行交工验收。

本次申请验收的工程范围为N5合同段，全长5.14km，里程桩号为K25+840~K30+980，其中包括大桥5座（K27+682.5桥、K28+150桥、K28+802.5桥、K29+340桥、K30+013桥），中桥2座，涵洞13道，支挡工程21段。

我单位按照《工程质量检验评定标准》及相关规定的要求对工程质量进行了评定，共划分为8个单位工程。在对每个分项工程、分部工程、单位工程进行检查、评定后，汇总得出N5合同段工程质量评定得分为96.9分，且所有单位工程质量等级均合格，故本合同段工程质量等级为合格。

通过对本合同段工程量逐项核查、核定后，最终工程量及费用明细见下表（略）。

在对工程实体进行检查时，也发现了一些问题：① K26+700~K27+180段落内局部下边坡坡面不平整；② K28+150桥、K30+013桥的施工垃圾未清理干净。建议施工单位在交工验收前组织人员对上述问题进行处理。

附件：1. N5合同段工程质量评定报告
　　　2. N5合同段监理工作报告

监理工程师：（签字、盖章）
二〇〇五年十月二十八日

［点　评］本案例选自某市政道路建设管理中的一份实际文件，本文件实际上是一份审查性意见报告，应属于报告文件。但实际工作中，应该说是常见的审查意见文件，工程建设项目的业主单位、监理单位、施工单位均认可并通用。该监理工程师在交工审查意见中明确同意进行交工验收，叙述了监理办的质量评定情况和得分，提出了还存在的工程施工问题，应该说此文比较标准、规范。只是此文的“附件”标识不规范，正文最后一句“建议……”，应改为“我办将督促……”，因为这是监理办上报业主的一份报告。

【案例3.10-4】 监理建议性意见

关于一合同工程进展情况的分析与意见

××公司项目经理部：

目前，工程施工已处于黄金季节和今年第一个“大干一百天”阶段，你部虽已展开工程施工局面，但未展开大面积施工，没有形成大干势态。为确保年度计划的完成和“大干一百天”任务目标的实现，驻地监理办今对工程进展的情况分析并建议如下：

一、第一季度工程进展的实际情况

1. 第一季度你部计划完成工作量757.9万元，实际完成363.25万元，仅占计划的47.9%。

2. 主要形象进度指标完成与滞后情况

① 路基填方计划完成100万m^3，滞后5.03万m^3；

② 二灰土底基层计划完成11km^2，滞后11km^2，二灰碎石基层计划完成10km^2，滞后10km^2；

③ 预应力空心板计划预制270片，滞后81片，空心板安装计划完成340片，滞后160片。

二、四月份计划及上旬工程实际完成情况

1. 四月份计划完成指标

4月份计划完成工作量777.1万元。主要形象进度计划完成：① 土方15万m^3；② 底基层33km^2；③ 基层50km^2；④ 盖板涵70Lm（延米）；⑤ 预制空心板160片；⑥ 安装空心板90片。

2. 四月上旬实际完成情况

截止4月10日，各分部实际完成情况很不理想，完成月计划超过20%的分部有：① 一分部实际完成21%；② 二分部，实际完成25.8%；③ 三分部，实际完成23%；其他有三个分部均在10%~20%之间，有一个分部少于10%。

3. 具体情况

① 没有开工的工程项目有：

一分部，零点段清表工作。

三分部，K13+800天桥、K14+045圆管涵。

工程一处，K19+241通道、K18+750桥台背回填。

工程二处，K8+200分离立交。

② 已开工但投入不足、进度不快的工程项目有：

主线填土：一分部、二分部。

台背回填：K1+488圆管涵自批复开工报告至完工仅用了1个月的时间，而四分部一个月内仅完成4个台背的回填，K10+426通道自去年9月开工，今年3月底方完成。

五分部有10个台背回填，虽然全面开工半月有余，但至今未完成1个。

工程一处K15+599（6孔-20m）分离立交2个砌石桥台，仅开工西台，东台未展开。

工程二处K11+568分离立交的立柱至4月10日完成2个，占总数12个的1/6，模板仅有一套，为保质量促进度，驻地监理要求增加2台混凝土拌合机，还在讨价还价。

三、实际进度滞后的原因分析

1. 投入不足，调度不力

项目经理部虽然落实了4月2日省办第一季度检查总结会议精神，下达了4月份内部控制计划，制定了“大干一百天”计划和旬检查的制度，明确了奖罚指标，召开了协调加压会议，但机械设备和施工队伍投入不足。例如，一分部1.75km范围内，虽有变更频繁的原因，但3座通道进场晚、民工少、施工方法也存在不利于进度的方面（如通道基础砌石在原地面以下的外露面石块也进行修凿）。土方虽有作业面，但运输车、压路机迟迟不到位，使路基工程得不到进展。三分部在铁厂处路基填土高度变更抬高后，有土方作业段，但1~3月份1层土也没填，4月初才完成了去年最后一层土的重新压实，其原因是1~3月份仅有一台压路机。五分部的10个桥涵的台背回填仅有2台压路机，一个作业队，且又将民工一分为三个组分别填不同的桥涵，不能集中作业。

2. 等靠徘徊，一昧看重成本

各分部面对困难无计可施，“等”经理部和其他机关、“靠”天气和施工环境，面对独立核算和经济效益，一昧看重成本。例如，三分部今年2月初进场，3月份虽不足20天施工时间，但路基填土含水量大，一周翻晒不足3遍。一分部1.75km范围内的路基高度发生变更，考虑加宽段征地未办完手续，而停止中间部分的上土。

3. 多次降雨，气温回升较慢

2月份处于农历春节期间，仍有冰冻。3月14日降雪，之后又有4次降雨过程。4月份，1日降雪、4日和12日降雨。气温最高为18℃，最低为零下5℃（3月21日）。这在一定程度上直接影响了土方中水份的蒸发，影响了台背灰土回填，影响了路槽整理和板梁预制等工作。

4. 工程变更多

截止4月上旬，今年共发生工程变更20余项，小至水管、水沟处理，大到1.75km路基高度二次变更。即使在总监办、建设单位加快变更问题的现场调查、方案批复的情况下，终因变更多且需经一定程序办理，而影响了正常施工的进行。

5. 个别土场征用困难和滞后

6. 监理工作严格有余、帮促不足

一合同全长19.6km，监理合同中仅有16名监理技术人员，其中现场监理人员为9名，面对点多、线长的实际，忙于按《技术规范》监控，而忽视帮促工作。

四、已经采取的加快工程进度的措施

1. 项目经理部采取的措施

针对3月份和第一季度未完成计划的实际，经理部分别于3月28日下达了《关于目前工程进展情况的通报》、3月31日印发了《关于下达四月份施工计划的通知》，并于4月2日由市局党政一把手主持召开了相关县局局长、各分部经理会议。之后，针对个别分部4月初仍无较大起色的情况，分别下达了内部通报。如五分部K16+890~K19+600段进展迟缓，项目经理部于4月10日下达了通报，要求其4月中、下旬的20天内必须采取强有力措施在保证质量的前提下追赶进度。

为全面调动各分部的积极性、主动性和严肃工程计划，经理部印发了书面通知，明确奖罚措施：对完成计划的分部奖30000元，每超额10%加奖500元，对完不成计划的分部，扣除当月支付金额的20%在三个月后支付。

2. 监理办采取的措施

一是跟踪工程进度情况，做到及时统计和评估。

二是针对3月份和第一季度没有完成计划的实际，于3月30日以“一监字（98）47号”文印发了《关于加快工程进度的指令》，指令经理部调整第二季度计划，将第一季度的欠账消解在第二季度中，要求经理部督促各分部加大机械、人力、资金投入。

三是驻地监理始终与项目经理、总工保持沟通，将巡视中发现的质量问题、进度问题进行通报和现场落实，就某一段路、某一个构造物、某一个分部在进度上应如何落实等问题进行沟通。

四是改进监理人员的工作方法。通过召开全体会议、个别交谈等手段，使得各个监理明确了今年的任务以及怎样努力去完成，就监理工作中存在的“旁站茫茫然、教条又呆板，巡视来回走、不动手只是看”的问题，驻地监理进行了整顿，并制定了《监理内部自查与考核办法》、《夜间工地值班制度》和《确保工程基本尺寸、座标、高程正确的内部规定》等措施。

五、加快工程进度的几点意见

1. 驻地监理依据《合同条件》第15.1条的规定，要求各项目经理和主要技术负责人常驻工地，并保持岗位的相对稳定。敦促四分部、六分部、工程一处等分部主要技术负责人到岗履行分部项目经理职责。

2. 切实加大施工资源投入。目前，除六分部机械挖掘、运力已增大投入外，其余分部均没有实质性加大投入，尤其一分部的土方填筑机械、三分部的土方填筑机械、五分部的台背回填队伍与土方填筑机械等。

3. 工程变更及有关请示问题的处理，必须按程序，按合同、规范进行准确而又及时地传递，传递过程中可结合实际请求上级多少天内予以处理。

4. 建议公司法人代表每月察看工地2次以上，便于发现问题、解决问题，便于加大各分部的投入。

一九九八年四月十六日

［点　评］本实例是一篇建议性意见写作的实例，驻地监理工程师对工程施工现状了如指掌，对工程施工技术和管理尽职尽责，急工程所急。在批复了年度计划、月度施工计划和召开了工地会议之后，又以书面形式给施工单位的项目经理部提出了加快施工进度的建议。可供驻地监理人员编写工程进度分析报告和加快施工进度的建议文件时参考。

3.11　工程监理公函类文件的编写

一、函的含义

函是公文中惟一的平行文，行政机关公文和党的机关公文都把“函”列为法定文种。2001年版《国家行政机关公文处理办法》对“函”的功能作如下表述：

适用于不相隶属机关之间商洽工作、询问和答复问题；向有关主管部门请求批准等。

1996年版《中国共产党机关公文处理条例》对“函”所下的定义与之相似：

用于机关之间商洽工作、询问和答复问题，向无隶属关系的有关主管部门请求批准等。

理解“函”的定义时，关键要把握住“不相隶属机关”这一概念。一个系统内部的平级机关是不相隶属机关，这个容易理解。另外，凡是双方在行政或组织上没有领导与被领导关系、业务上没有指导与被指导关系的，都是不相隶属机关，无需考虑双方的级别大小。

在不相隶属机关之间，级别高的一方不能向级别低的一方发出指挥、指导性公文（个别晓谕性的通知例外），级别低的一方也不需向级别高的一方发出请示和报告。不相隶属机关双方之间如果有事项需要协商或请求批准，都要使用“函”这种平行文体。

除作为平行文种出现之外，“函”有时也可用于有隶属关系的上下级单位之间：

第一，上级机关向下级单位询问有关情况，用别的文体显然不合适，可以用函，但下级的答复最好用报告。

第二，上级机关向下级单位催办有关事宜，如要求下级单位呈报有关报表或材料时，也可以用函，下级要回以报告。

第三，上级机关的部门，如办公厅（室）可以向下级单位发“函”，要求办理落实有关事项，征求意见等。例如，国家建设部办公厅和国家安全生产监督管理总局办公厅2006年12月31日联合印发的《关于征求〈建设工程安全生产费用管理规定（征求意见稿）〉意见的函》（建办发函〔2006〕863号）一文。

第四，下级单位答复上级机关询问函时，使用函，这种答复问题的函和报告不一样，如果是答复上级单位的重大问题的询问，最好是用报告的形式，因为这样郑重。

二、函的特点

（一）平等性和沟通性

“函”主要用于不相隶属机关之间商洽工作、询问和答复问题，体现着双方平等沟通的关系，这是其他上行文和下行文所不具备的特点。即使是向有关主管部门请求批准，在双方不是隶属关系的时候，也不能使用请示和批复，只能用函，并且姿态、措辞、口气也跟请示和批复大不相同，也要体现平等性和沟通的特点。

（二）灵活性和广泛性

“函”对发文机关的资格要求很宽松。不论是高层机关、基层单位，党政机关、社会团体、企事业单位，均可发函。“函”的内容和格式也比较灵活，函是公文中最轻型的文种，行文自由，内容简单，篇幅短小，所以运用得十分广泛。

（三）单一性和实用性

“函”的内容必须单纯，一份函只能写一件事项。“函”不需要在原则、意义上进行过多的阐述，不务虚重在务实。

（四）具有公文的法定效用

行政公文和党的机关公文都把函列为法定文种。

三、函的种类

（一）公函与便函

公函是正式的公文，像一般公文一样，使用红头文件版头，有发文字号，有标题，有公章等。总之，严格按照公文格式撰写制作。便函不属于正式公文，格式比较随意，没有文件头，甚至可以没有标题。但正文之后，要有机关署名、日期和公章。本节介绍的，主要是作为法定文件的公函。

（二）发函和复函

主动制发的函为发函，回复对方来函的函称为复函。一般情况下，对方发来的是函，回复的也应该是函，但有时可以灵活处理。譬如前面说过，上级发函向下级询问有关情况，下级回复时用函虽然不为错，但有更合适的文种可选择，那就是答复报告。

再如，对下级单位的请示，上级机关的机关部室（一般与下级单位在级别上是平级的）在接到授权的情况下，可以给以答复，但不能使用批复，只能用函的形式。也就是说，总监办的技术室可以用函回复某一驻地监理办、项目经理部的请示文件。

（三）商洽函、询问函和请批函

按内容和目的分类，函可以分为多种类型。主要是商洽函、询问和答复函、请批函。此外，还有通知事项的函、催办事宜的函、转送材料的函等等。

平行机关或不相隶属机关之间需要“请示、批复、通知、报告”时，通常改用“函”来行文。

请求批准的“函”相当于“请示”，答复请求的“函”相当于“批复”，商洽工作、告知事项的“函”相当于“通知”或“报告”。

四、函的编写要点

（一）标题、发文字号和主送机关

1. 函的标题

作为法定公文的函，其标题和一般公文的写法一样，由发文机关名称、主要内容（事由）、文种组成。较完全的写法如《国务院办公厅对国家工商行政管理局关于贯彻〈食用盐加碘消除碘缺乏危害管理条例〉有关问题请示的复函》、《国务院办公厅关于羊毛产销和质量等问题的函》等。也可以采用省略发文机关名称的写法，如《关于请求批准××市节约能源中心编制的函》。

2. 函的发文字号

函，一般单独编号，以区别于请示、报告等其他公文。公函要有正规的发文字号，写法与其他法定公文相同，由机关代字、年号、顺序号组成。大机关的函，可以在发文字号中显示“函”字。例如，《国务院公报》2000年第10期同时发表了国务院办公厅以“国办函〔2000〕××号”为发文字号的七篇复函。

3. 函的主送机关

函的行文对象一般情况下是明确、单一的，所以函的主送机关只有一个。但有的内容涉及部门多，也有排列多个主送机关的情况。如《国务院办公厅关于羊毛产销和质量等问题的函》（国办函〔1993〕2号）的主送机关，有七个之多：“国家计委、经贸办、农业部、商业部、经贸部、纺织部、技术监督局”。复函的主送机关与来函的发文机关应一致。

（二）正文

函的正文一般由原由、事项、结尾三部分组成。

1. 发函缘由

这是函的开头部分，主要用来说明发函的根据、目的、原因等。如果是复函，则先引用对方来函的标题、发文字号，然后再交代根据，说明缘由。之后，写“现将有关情况说明如下”、“现就有关问题复函如下”等常用语转入下一部分。

2. 事项

这是函的主体部分，有关某项工作展开商洽、有关某一事件提出询问或作出答复、有关事项提请批准等主要内容，都在这一部分予以表达。

3. 希望或请求

这是结尾部分，向对方提出希望或请求。或希望对方给予支持和帮助，或希望对方给予合作，或请求对方提供情况，或请求对方给予批准等。最后，另起一行以“特此函商”、“请即复函”、“特此函告”、“此复”等惯用语收束。

五、编写公函的注意事项

1. 一般不用红头文件的版头发函，常用带有机关单位名称的红色公用信笺格式。
2. 要以简要的文字将要商洽、询问（答复）、申请、知照的事项交代清楚。
3. 要讲究用语平和、谦和，不使用告诫、命令性词语，也不要客套、恭维逢迎。
4. 函是法定公文之一，不可忽视其法定效用，所以必须郑重行文、严格签发手续、认真存档。
5. 公函、私函的结尾可使用致意性的词语，如“致礼”、“谨致谢忱”、“为盼”、“为荷”等专用语结束全文。
6. 答复函、审批函需要抄送其他单位、部门知照遵守时，可以抄送并把来函作为附件。
7. 要注意针对性和时效性。

六、案例

【案例 3. 11-1】 审批公函

关于批准录用郭××等 4 名同志为国家公务员的函

省安全厅：

你厅《关于拟录用 2002 届大中专毕业生的函》(国安政〔2002〕××号）收悉。

根据中共××省委组织部、××省人事厅《关于部分省级机关从 2002 年应届高校、中专毕业生中考试录用国家公务员和机关工作人员的通知》的规定，经考试、考核合格，批准录用郭××等 4 名同志为国家公务员。

特此复函。

附件：录用人员名单（略）

××省人事厅

2002 年×月×日

【案例 3.11-2】 审批便函

××工程施工项目总监理工程师办公室便笺

总监技便字〔2006〕36号

关于同意使用砂砾回填大中桥梁台背的批复

第五监理办:

你办五月二十九日报来的《关于使用砂砾回填桥涵台背的请示》一文收悉，经总监理工程师研究和现场考察，技术部批复如下:

一、鉴于沿线范围内的古河道中有大量的砂砾材料，同意特大桥、大桥、中桥(包括互通立交桥、分离立交桥中的大中桥梁）的台背使用砂砾回填。但是，小桥、涵洞和箱型构造物仍使用石灰土回填。

二、应注意的几个问题

1. 使用砂砾回填台背的开始时间是2006年6月1日。

2. 你办应建立台背回填的监理台账，并督促项目经理部建立施工台账。台账中记录清楚桥涵的桩号、台背的编号、使用的材料是砂砾还是石灰土、基底标高，记录回填的层数及其标高、宽度、厚度和压实机械、压实度，记录施工单位在现场负责的施工技术负责人、质量自检员，记录监理机构在现场负责的专业监理人员、旁站人员。

3. 已经使用石灰土回填但尚未填完的K23+210、K24+796、K29+035三座大中桥，继续使用石灰土材料回填，不得更换为砂砾材料。

4. 应严格控制砂砾的级配、含水量、含泥量，特别控制超大粒径。

5. 自2006年6月1日开始，每个桥涵的台背回填每至3的倍数层，监理办旁站并抽检合格后由专业监理工程师电话报告总监办技术部，总监办技术部将派员现场验收，共同验收合格后方可继续回填。

此复。

二〇〇六年五月二十九日

[点　评] 本实例是总监办技术部批复使用砂砾回填大中桥梁台背的一份审批便函，这是工程施工监理过程中常见的一种批复函。可供监理工程师审批施工单位、下级监理机构的请示文件时参考。

【案例 3.11-3】 监理公函

关于加快××主干道路面工程施工准备的函

××工程建设有限公司:

贵公司中标承建的××主干道工程第六合同段自工程开工以来，项目经理部对内加强了管理，对外加强协调，工程进展比较顺利，截至2006年底，基本完成了年度进度计划目标，工程质量也处于受控状态。但是，第六合同段的路面工程施工准备工作非常缓慢。

总监办和业主建设办公室从2006年8月份就开始部署此项工作，并制定了路面工程施工准备工作计划，具体安排为2006年9月份完成沥青面层和基层施工场地的征地手续和丈量工作，10月份完成施工场地规划和硬化处理，11月份完成基层拌合站的进场、安装、调试和路面试验室的建设及试验仪器的安装、调试、标定工作，利用冬季采备路面基层和沥青面层材料的50%以上，2007年3月底以前完成沥青拌合站的安装和调试工作。

截至2007年1月10日，全线80%以上的合同段的路面施工准备工作都按计划要求正常地进行，遗憾的是贵公司承建的六合同现在只完成基层施工场地占用手续和丈量工作，其他的一切施工准备工作尚未开展，离业主的计划要求相距甚远，与其他合同段相比也存在很大的差距。

根据市建设局对××工程总体工程施工计划的安排意见，2007年度计划完成沥青上面层以下的各结构层的施工，施工任务非常繁重，而施工准备工作非常关键，特别是砂石材料和沥青的储备工作尤为重要。为此，致函第六合同段施工单位的法人单位，希望贵公司立即督促第六合同段项目经理部加强路面施工准备工作的领导和管理，制定切实可行的措施，加大工作力度，加快路面施工准备工作的步伐，为全面完成2007年的工程施工进度计划目标创造条件。

二〇〇七年元月二十一日

［点　评］ 本实例是总监办发给与其没有隶属关系、合同关系的××建设工程有限公司的一篇公函。公函中肯定了××工程有限公司中标施工的第六合同段项目经理部2006年的工作成绩，指出了路面施工准备的落后问题，希望第六合同段的法人单位进一步督促项目经理部加快路面施工准备、进一步支持××主干道的工程建设。可作为公函编写的范文参考。

4 工程监理日常应用文的编写与案例

4.1 工程监理大纲的编写

在工程施工监理项目的招投标阶段，工程监理单位为中标而编制的《工程监理大纲》，签订监理合同以后、总体工程开工之前编制的《工程监理计划》，分部和分项工程开工之前编制的《工程监理细则》等三个文件是工程施工监理工作的主要文件。这三个监理工作文件的编写时间、编写人、审批人、作用、性质、内容等是不同的，但又是相互联系的，今分三节进行介绍。

一、工程监理大纲的含义

《工程监理大纲》又称《工程监理方案》，它是工程监理单位在工程施工监理项目招标过程中，为承揽到工程监理业务而编写的监理技术性方案文件，是工程监理投标书的重要内容之一。它根据工程建设单位《工程施工监理招标文件》的要求和部颁工程施工监理方面的技术标准、规范的规定，结合本监理单位和本招标工程项目的实际，阐述自己对该工程监理招标文件的理解，提出工程监理工作的目标，制订相应的监理措施，写明实施的监理程序和方法，明确完成的时限、分析本工程监理的难点和重点等。

《工程监理大纲》的具体内容，应参照《工程施工阶段监理招标文件》的规定，不同的工程施工监理项目的建设单位有着不同的要求。

二、工程监理大纲的特点

1. 总体计划性、规划性

工程施工监理活动的监理大纲具有总体计划性，不具有实际操作性，以指导性为主。

2. 技术及其管理的初步方案

工程施工监理活动的监理大纲具有粗线条的特点，监理技术方案是初步的，阐述监理工程师做什么为主，而不展开论述为什么做、如何做、做到何种程度等。

3. 内容相对具体，涉及全过程

内容相对具体，涉及全过程，但必须系统完整性，内容应涉及施工准备阶段、施工阶段、交工验收及缺陷责任保修阶段。

4. 展示性

展示监理单位的监理业务水平、企业管理能力，争取建设单位认可的企望性。

5. 编制的一次性

监理大纲的编制具有一次性的特点，修改、完善受到开标时间的限制。

三、工程监理大纲的种类

工程项目的监理大纲因实施阶段的不同而不同，一般地说，可以分为以下三种：

1. 工程设计阶段的监理大纲。
2. 工程施工阶段的监理大纲。
3. 工程交工验收及缺陷责任保修阶段的监理大纲。

四、工程监理大纲的作用

工程监理单位向建设单位提供的是项目管理服务，因此，工程监理单位针对某一工程项目的监理投标书的核心是反映项目管理服务水平的监理大纲，尤其是主要的监理对策。

《工程监理大纲》的作用有两个：一是监理单位阐述自己对招标工程的技术、质量、合同和难点、重点的认识，使建设单位在评标时认可监理方案，进而把监理任务委托给自己；二是为中标后现场监理机构开展监理工作提供最基本的参考方案，为编写《工程监理实施计划》做参考。

五、工程监理大纲的编写人与审批人

《工程监理大纲》的编写人员应当是监理单位的市场开发经营部门或者技术管理部门，不论如何，都应包括拟任的工地监理负责人，如总监理工程师或驻地监理工程师。

《工程监理大纲》的审批人员应当是监理单位的技术管理部门或者总工程师、技术副总经理等。

六、工程监理大纲的主要内容

《工程监理大纲》的内容应当按照招标人发布的监理招标文件的具体要求来编写，交通部2006年版《公路工程施工监理规范》中没有规定工程监理大纲的有关内容。但是，工程监理投标实践证明，一般地《工程监理大纲》应包括下列内容：

1. 工程项目概述；
2. 对工程项目特点、难点的理解；
3. 拟派往项目的监理组织机构及其监理人员的基本情况、监理人员一览表、监理负责人的简介与业绩；
4. 监理岗位责任制；
5. 拟采用的监理组织管理方案，包括工程质量、安全、环境保护、进度、费用监理和合同管理的内容、措施与程序等；
6. 拟投入的监理办公生活设施，包括办公生活用品、交通工具、试验检测仪器一览表等；
7. 提供给建设单位的阶段性监理文件等等。

七、案例

每一个具体的工程施工项目的《工程监理大纲》都具有针对性，从编写字数上讲，一般在三五万字之间，限于篇幅，在此略去。

4.2　工程监理规划的编写

工程施工监理项目经投标竞标中标，工程监理单位与项目建设单位的合同谈判成功，而且签定了《工程监理服务合同》之后，工程监理单位即进入了工程施工监理工作的实施阶段。其主要工作流程包括以下几个方面：

第一、任命项目总监理工程师

公路交通部门的工程监理投标书就已经明确规定了总监理工程师的任职条件，而且一旦中标不得随意更换，在第一次工地会议上由建设单位任命并在项目经理、驻地监理工程师、建设单位代表、地方协调人员在场的情况下宣布，同时授予其合同规定的监督管理权、签字权、协调权等。

而建设部的《建设工程监理规范》规定由监理公司的法人代表任命并授权。房屋、市政工程等建设部门规定监理单位负责人应根据工程项目的规模、复杂程度、技术特点以及建设单位对监理的要求，委派符合合同要求、称职的总监理工程师，代表监理公司全面负责这个具体的工程项目的现场监理工作。

第二、组建现场监理组织机构

监理机构的人员构成是监理投标书的重要内容之一，是建设单位在评标过程中认可的或是经过问题澄清、更换以后认可的。总监理工程师负责组建现场监理班子时，必须充分考虑投标时的承诺，根据《工程监理大纲》和《工程监理服务合同》的有关规定去组建，在施工过程中可以报请上级监理或业主批准后进行调整。

第三、编制工程监理规划、明确监理程序

建设部的《建设工程监理规范》中称之为“监理规划”，而交通部2006年版《公路工程施工监理规范》中规定了监理规划的内容，但是称之为“监理计划”。

第四、召开第一次工地会议、下达总体工程开工令。

第五、分阶段编制监理实施细则

第六、规范化地、全过程地开展工程监理工作

第七、参加建设单位组织的合同段工程交工验收并签署监理意见

第八、编制、汇总工程监理资料，及时向建设单位、向监理单位提交

第九、参加建设单位组织的工程竣工验收并签署监理意见

第十、参加建设单位组织的工程缺陷责任终止的验收并签署监理意见等

下面结合建设部2000年版《建设工程监理规范》、交通部2006年版《公路工程施工监理规范》的有关规定，介绍工程施工项目的《工程监理规划》的含义、特点、编写时间、编写人、编写内容及其审核等。

一、工程监理规划的含义

（一）规划与计划的含义

计划是党政机关、企事业单位、社会团体等对即将开展的全局性工作或者某项具体工作、具体活动的设想和安排。

规划是计划性文件的一种，是带有全局性、长远性和方向性的中期计划。时间范围一

般在三年以上、是涉及一定行政或业务范围的、非个人的计划，如“十一五发展规划”。

（二）规划与计划的区别

规划与计划有着明显的区别。

从内容上看，规划比较全面，是原则性的定向；计划比较单一、具体，是任务性的定量。

从时间上看，规划期限一般较长、时间跨度较大，从三年、五年、十年乃至一个历史时期，长时间的计划即是规划，规划中的时限要求是大体上的。而计划即短期计划，时间跨度较小，短则一年、半年、一季度、一月甚至一周、一天，计划中的时限要求是具体严格的。

建设部2000年《建设工程监理规范》对“监理规划”的定义，即“在总监理工程师的主持下编制、经监理单位技术负责人批准，用来指导项目监理机构全面开展监理工作的指导性文件”。

2007年1月1日起施行的《公路工程施工监理规范》中较1995年版增加了“监理计划”和“监理细则”，并将“监理计划”定义为“由总监理工程师主持编制、在监理合同期内开展监理工作的指导性文件”。交通部的“监理计划”类似于建设部的“监理规划”。

工程施工监理规划是监理企业投标项目中标并与项目建设单位签定监理服务委托合同之后，召开第一次工地会议、下达总体工程开工令之前，在项目总监理工程师的主持下，根据监理服务合同，参考监理大纲，结合工程的具体情况，广泛收集工程信息和资料的情况下编制，用来指导现场整个监理机构全面开展监理工作的指导性文件。

二、工程监理规划的特点与种类

（一）工程监理规划的特点

1. 规划具有总体计划性、务实性；

2. 规划属于指导性文件，指导工程施工单位、监理单位进行合同管理；

3. 规划内容相对全面、具体，措施具有针对性、可行性；

4. 规划编制的非一次性，可在实施过程中根据变化了的情况进行多次修改直至工程竣工；

5. 规划具有审批和备案性，应经过监理单位技术负责人批准，应经建设单位审查同意，应该报备建设单位和工程质量监督站备案。

（二）工程监理规划的种类

工程监理规划是计划类事务性文书中的一种，是从计划的内容上划分的，也是工程建设监理行业、岗位上专用的一种业务技术工作计划。可分为：

1. 工程设计阶段的监理规划；

2. 工程施工阶段的监理规划；

3. 工程交工验收阶段和缺陷责任保修阶段的监理规划等。

三、工程监理规划的编审时间

工程监理规划的指导性、针对性、具体性特点决定了其编制、审批的时间，既有限制性又有随机性，作为编制者要留出审批时间。

1. 编审第一版《工程施工监理规划》的限制时间

所谓第一版工程施工监理规划，是指总监理工程师主持召开第一次工地会议之前编制并印发完成的工程施工阶段的监理工作计划。

它的编制、审批、备案时间是自监理单位与项目建设单位签定《工程监理服务合同》之时开始，至召开第一次工地会议之前结束，达到在召开第一次工地会议之前的监理交底会议上或在第一次工地会议上印发给工程施工单位、项目建设单位、监理内部等单位阅用的目的。

2. 编审第 N 个版本的《工程施工监理规划》的随机时间

因大型的、复杂的土木工程建设项目的施工期较长，尤其是公路桥梁建设项目的施工期较长，少则一年、多至三五年。工程实施过程中的地质、土质、材料、国家技术标准等变化，以及工程设计变更的发生，导致工程监理的目标、内容等发生变化，而且，《公路工程施工监理规范》尤其是国家建设部的《建设工程监理规范》明确要求监理规划随着工程施工进展的变化而修改。因此，作为指导性文件的《工程施工监理规划》不可能一成不变，会产生若干次修订、形成若干个版本。但是，有时也不一定对整个版本进行修改，可以用第 N 次修改补充本的形式单独印发修改补充的工程监理规划内容。工程施工结束编制竣工文件时，可一次性、全面地按照先后顺序进行装订成册。

四、工程监理规划的作用与编写原则

（一）工程监理规划的作用

工程监理规划具有以下几个作用：

1. 供现场监理机构使用，指导项目监理机构全面开展监理工作；
2. 供政府工程质量监督机构使用，是政府建设监理主管部门监督管理监理工作的依据；
3. 供建设单位使用，是建设单位全面确认监理单位履行合同、开展监理工作情况的主要依据；
4. 供监理单位使用，是监理单位考核检查单位所属监理工地的依据和存档的资料；
5. 供施工单位使用，是施工项目经理部按顺序施工、配合监理工作的依据。

（二）工程监理规划编制的原则

工程监理规划是指导监理机构全面工作的指导性文件。监理规划的编写一定要坚持一切从实际出发，根据工程的具体情况、合同的具体要求、各种规范的要求等进行编制。监理规划编制的原则如下：

1. 可操作性

作为指导项目监理机构全面开展监理工作的指导性文件，监理规划要实事求是地反映监理单位的监理能力，体现监理合同对监理工作的要求，充分考虑所监理工程的特点，它的具体内容要适用于被监理的工程。绝不能照抄照搬其他项目的监理规划，使得监理规划失去针对性，也就失去了可操作性。

2. 全局性原则

从监理规划的内容范围来讲，它是围绕着整个项目监理组织机构所开展的监理工作来编写的。因此，监理规划应该综合考虑监理过程中的各种因素、各项工作。尤其在监理规划中对监理工作的基本制度、程序、方法和措施要做出具体明确的规定。

但监理规划也不可能面面俱到。监理规划中也要抓住重点，突出关键问题。监理规划要与监理实施细则紧密结合。通过监理实施细则，具体贯彻落实监理规划的要求和精神。

3. 预见性原则

由于建筑项目的“一次性”、“单件性”等特点，施工过程中存在很多不确定因素，这些因素既可能对项目管理产生积极影响，也可能产生消极影响，使工程项目在建设过程中存在很多风险。

在编制监理规划时，监理机构要详细研究工程项目的特点，承包单位的施工技术、管理能力，以及社会经济条件等因素，对于工程项目质量控制、进度控制和投资控制中可能发生的失控问题要有预见性和超前的考虑，从而在控制的方法和措施中采取相应的对策加以防范。

4. 动态性原则

监理规划编制好后，并不是一成不变。因为监理规划是针对一个工程项目来编写的，结合了编制者的经验和思想，而不同的监理项目特点不同，项目的建设单位、设计单位和承包单位也各不相同，他们对项目的理解也各不相同。工程的动态性很强，项目动态性决定了监理规划具有可变性。所以，要把握好工程项目的运行规律，随着工程建设进展不断补充、修改和完善，不断调整计划内容，使工程项目能够在计划的有效控制之下，最终实现项目建设目标。

在监理工作实施过程中，如实际情况或条件发生重大变化，应由总监理工程师组织专业监理工程师评估这种变化对监理工作的影响程度，判断是否需要调整监理规划。在需要对监理规划进行调整时，要充分反映变化后的情况和条件的要求。

新的监理规划编好后，要按照原报审的程序经过批准后报告给建设单位。

5. 针对性原则

监理规划基本构成内容应当统一，但监理规划的具体内容应有针对性。现实中没有完全相同的工程项目，它们各具特色、特性和不同的目标要求。而且每一个监理单位和每一个总监理工程师对一个具体项目的理解不同，在监理的思想、方法、手段上都有独到之处。因此，在编制项目监理规划时，要结合工程项目的具体情况及业主的要求，有针对性地编写，以真正起到指导监理工作的作用。

也就是说，每一个具体的工程项目，不但有它自己的质量、进度、投资目标，而且在实现这些目标时所运用的组织形式、基本制度、方法、措施和手段都独具一格。

6. 格式化与标准化

监理规划要充分反映《建设工程监理规范》(GB 50319—2000) 的要求，在总体内容组成上要力求与规范要求保持统一。这是监理规范统一的要求，是监理制度化的要求。

在监理规划的内容表达上，要尽可能采用表格、图表的形式，以做到明确、简洁、直观、一目了然。

7. 分阶段编写

工程项目建设是有阶段性的，不同阶段的监理工作内容也不尽相同，监理规划应分阶段编写，项目实施前一阶段所输出的工程信息应成为下一阶段的计划信息，从而使监理规划编写能够遵循管理规律，做到有的放矢。

五、编写工程监理规划的依据

1. 工程建设的法律和法规

工程建设的法律和法规包括国家颁布实施的工程建设法律、法规和政策性文件，包括地方政府颁发的地方性建设法规、规定和制度，包括交通部、建设部等行业部门颁布的工程建设标准、规范等。

2. 工程建设的外部环境调查资料

工程建设的外部环境调查资料包括工程地质、水文、气候、地震等自然资料和社会、经济、文化环境资料等。

3. 政府批准的工程建设文件

政府批准的工程可行性研究报告、立项批文和土地、环保、安全等工程建设文件。

4. 工程监理服务合同及其补充协议等

5. 工程施工承包合同、设计服务合同及其补充协议等

6. 建设单位合法的、正当的书面要求

7. 工程监理大纲（特别是经与建设单位谈判认可的、修改承诺的监理大纲）

8. 工程实施过程中的有关信息资料

工程实施过程中的有关信息资料，包括工程方案设计、初步设计、施工图设计，包括招标投标资料、工程施工过程中的有关资料，工程变更、施工环境变化资料等。

六、编写工程监理规划的要求

1. 基本构成内容应力求统一

基本构成内容应力求统一，即工程监理目标、项目组织、监理组织、目标控制、合同管理、信息资料管理等内容应统一。

2. 具体内容应具有针对性

工程建设项目具有单件性和一次性的特点，每一个工程的施工监理规划都是针对某一个具体的、特定的工程项目的监理工作计划，都必然有其自己的费用目标、进度目标、质量目标、安全监理目标、环保控制目标，有它自己的组织形式和组织管理机构，有它独有的目标控制措施、方法，有它独到的管理协调制度。因此，不同的监理单位，不同的总监理工程师（或专业监理工程师）、不同的工程项目必然有体现自己鲜明的、独到的监理规划和针对性、指导性的监理规划。

如果该工程施工项目中没有湿陷性黄土路基、没有路面二灰土底基层，而编写并报送给建设单位的监理规划送审稿中却有湿陷性黄土路基的监理要点，却有路面二灰土底基层的质量检验指标和方法，这就是典型的无针对性。

3. 应当遵循工程建设运行的规律

工程施工监理规划由开始的“粗线条”、“近细远粗”逐步变为完整的、针对性更强的指导性文件，使工程建设始终能够在监理规划的有效控制之下。就一项工程的全过程监理规划而言，想一气呵成是不实际的，也是不科学的，即使编写出来也是纸上谈兵、没有实际的指导价值，应当遵循工程建设运行的规律。

4. 应由总监理工程师主持编制

建设部、交通部的监理规范都规定施工监理规划由总监理工程师主持编制，这是总监理工程师负责制的必然要求。

5. 应在总体工程开工前完成编制、审批工作

工程施工监理规划应在总体工程开工前编制、报批完成。施工过程中可以并应随时修改、补充和完善。经项目建设单位同意也可以分阶段编写和报批，如先编写路基桥涵部分，后编写路面和交通安全设施工程的监理规划等。

6. 表达方式应当格式化、标准化

工程施工监理规划的表达方式应当格式化、标准化。程序框图、控制表格和简单的文字说明应当是编写的基本方法。

7. 应当体现监理单位的管理水平

工程施工监理规划应当体现监理单位的管理水平，将监理单位法人代表和技术负责人的意见列为参考，应当经过监理单位的技术负责人、技术主管部门的内部审核和签字。

8. 应当充分听取建设单位的意见

工程施工监理规划编写过程中应当充分听取建设单位的意见，最大限度地满足建设单位的合理要求，应当按合同约定提交建设单位确认和监督实施。

七、工程监理规划的编写要点

1. 标题

包括制发单位、事由和文种（计划）三要素。其中，“事由”要写明时限和范围，如“国民经济十年发展规划”。对于公路工程施工监理方面的总体规划的文件，其标题一般为“××高速公路××合同段施工阶段工程监理规划”。

2. 正文

一般由工程分析、计划内容、对策措施等部分组成。工程分析部分要简要说明编制计划的依据、目的、目标等；计划的内容是正文的主体，应具体写明各个方面的“计划目标及其实施步骤”；对策措施是监理的原则、方法、程序等。

3. 制定日期

在正文之后写明编制日期，以总监理工程师审核、签字认可的时间为准。

4. 封面

工程监理规划的封面应包括计划的标题、编制单位、编制人、审批单位、审批人和日期等。封面之后，尽可能列一个目录，以便于查找和阅读使用。

5. 注意事项

（1）集思广益，适当参考其他项目的工程监理规划，熟悉本工程的施工图纸和设计要点，进行调查研究，不要闭门造车。

（2）内容要全面、准确、概括，但不要太细、太具体。详细的、具体的指标、程序等一般在“实施细则”中表述。

（3）语言要平实、通顺，结构要完整、简洁。

（4）编制人要为若干个审批人预留出审核时间，以保证第一次工地会议之前的监理交底会议上印发。

八、工程监理规划的具体编写内容

工程监理规划应当将监理委托合同中规定的监理任务、责任、义务等具体化，并在此基础上制定实施监理的具体的、详细的措施。

施工阶段的工程监理规划至少应当包括下列12项内容：(1) 工程概况、(2) 监理工作范围、(3) 监理工作内容、(4) 监理工作目标、(5) 监理工作依据、(6) 项目监理机构的组织形式、(7) 项目监理机构的人员配备计划、(8) 项目监理机构的人员岗位职责、(9) 监理工作程序、(10) 监理工作方法与措施、(11) 监理工作制度、(12) 监理设施等。

(一) 工程概况

工程的概况部分要根据《工程施工监理招标文件》和工程施工图纸、招标问题澄清答疑资料、施工承包合同、施工监理合同等文件资料编写，主要包括以下内容：

1. 工程名称。
2. 工程地点。
3. 工程组成及工程规模。
4. 主要工程设计结构类型。
5. 工程合同价及主要工程合同金额。
6. 工程计划工期。以建设工程的计划持续时间或以建设工程开、竣工的具体日历时间表示：

(1) 以工程计划持续时间表示：工程计划工期为“××个月”或“×××天”；

(2) 以工程的具体日历时间表示：工程计划工期由××年×月×日至××年×月×日，共计××个月或×××天。

7. 工程质量要求。应具体列出工程质量总目标要求及其特别指标要求。
8. 工程设计单位、施工单位和分包单位、建设单位、监理单位等名称。

(二) 监理工作范围

监理工作范围是指监理单位所承担的监理任务的工程范围。如果监理单位承担全部建设工程的监理任务，监理范围为全部建设工程。否则，应按监理单位所承担的建设工程的施工标段或子项目划分确定工程监理范围。

(三) 监理工作内容

1. 工程立项阶段监理工作的主要内容

(1) 协助建设单位准备工程报建手续；

(2) 可行性研究的咨询/监理；

(3) 技术经济论证；

(4) 编制工程投资概算等。

2. 设计阶段监理工作的主要内容

(1) 结合工程特点，收集设计所需的技术经济资料；

(2) 编写设计要求文件；

(3) 组织或参与组织工程设计方案竞赛或设计招标，协助建设单位选择好勘察设计单位；

（4）拟定设计委托合同内容；

（5）向设计单位提供设计所需的基础资料；

（6）配合设计单位开展技术经济分析，搞好设计方案的比选，优化设计；

（7）配合设计进度，组织设计单位与有关部门（如消防、环保、土地、人防、防汛、园林以及供水、供电、供气、供热、电信等部门）以及公路沿线乡镇、村庄的协调工作；

（8）各设计单位之间的协调工作；

（9）参与主要设备、材料的选型；

（10）审核工程概算、施工图预算；

（11）审核主要设备、材料用量、型号等清单；

（12）审核工程设计图纸；

（13）检查和控制设计进度；

（14）组织或参与设计文件的报批等。

3. 施工招标阶段监理工作的主要内容

（1）拟定工程施工招标方案并征得建设单位同意；

（2）准备工程施工招标合同条件；

（3）协助办理施工招标申请；

（4）编写施工招标文件并经建设单位批准；

（5）编制施工合同段的标底，经建设单位认可后报送所在地方建设行政主管部门审核；

（6）组织或参与工程施工招标工作；

（7）组织现场勘察与答疑会，和建设单位一起回答投标人提出的问题；

（8）组织或参与开标、评标及定标工作；

（9）协助建设单位与中标单位商签工程施工合同。

4. 材料、设备采购供应监理工作的主要内容

由建设单位负责采购供应的材料、设备等物资，监理工程师应负责制定计划，监督合同的执行和供应工作。具体内容包括：

（1）制定材料、设备供应计划和相应的资金需求计划；

（2）通过质量、价格、供货期、售后服务等条件的分析和比选，确定或报建设单位批准材料、设备等物资的供应单位。重要设备尚应访问现有使用用户，并考察生产单位的质量保证体系等；

（3）拟定材料、设备的订货合同；

（4）监督合同的实施，确保材料、设备的质量和及时供应。

5. 施工准备阶段监理工作的主要内容

（1）监理工程师应审查施工单位选择的分包单位的资质及其能力、信誉和分包计划、分包协议等；

（2）监理工程师应监督检查、确认施工单位提交的场地占用计划和临时增减的用地计划，并及时提交建设单位；

（3）监理工程师应检查施工单位质量、安全、环保等保证体系是否落实，重点检查项目经理、技术负责人、工地试验室负责人的资格及质量、安全、环保人员的履约到岗

情况；

（4）监理工程师应参加建设单位组织的设计技术交底工作；

（5）监理工程师应审批施工单位上报的实施性施工组织设计。重点对施工方案、劳动力、材料、机械设备的组织及保证工程质量、安全、工期和费用等方面的措施进行监督，并向建设单位提出监理意见。技术复杂或采用新技术、新工艺和在特殊季节施工的分项、分部工程和危险性较大的分项、分部工程，应要求施工单位编制专项施工方案，并由驻地监理工程师审核，总监理工程师批准后实施；

（6）审批施工单位的基准点、基准线、高程点，验收地面线。在总体工程或者分部工程开工前检查施工单位的复测资料，特别是两个相邻施工单位之间的测量资料、控制桩是否交接清楚，手续是否完善，质量有无问题，并对贯通测量、中线及水准桩的设置、固桩情况进行审查；对重点工程部位的中线、水平控制进行复查；

（7）监理工程师应检查施工单位的试验人员资质和到岗情况，检查试验仪器、设备到位情况和标定计量情况；

（8）审批工程划分，总监理工程师在总体工程开工前对施工单位提交的分项、分部、单位工程划分予以批复并报建设单位备案；

（9）监理工程师应对工程量清单复核结果进行核算；

（10）总监理工程师应在施工单位提交了开工预付款担保后，按合同规定的金额签发开工预付款支付证书，报建设单位审批；

（11）总监理工程师应在合同工程开工前主持召开由施工单位项目经理、技术负责人及相关人员参加的监理交底会议，介绍监理规划的相关内容；

（12）总监理工程师应组织并主持召开第一次工地会议，检查工程施工准备情况，明确工程监理程序等；

（13）监理工程师应监督落实各项施工条件，审查总体工程的开工报告，具备开工条件的，由总监理工程师签发合同工程开工令，并报建设单位备案等。

6. 施工阶段监理工作的主要内容

（1）施工阶段的质量监理

对所有的隐蔽工程在进行隐蔽以前进行检查和办理签证，对重点工程要派监理人员驻点跟踪监理，签署分项工程、分部工程和单位工程质量评定表；

对施工测量、放样等进行检查，对发现的质量问题应及时通知施工单位纠正，并做好监理记录；

监理工程师应检查确认运到现场的工程材料、构件和设备质量，并应查验试验、化验报告单、出厂合格证是否齐全、合格，监理工程师有权禁止不符合质量要求的材料、设备进入工地和投入使用；

监理工程师应监督施工单位严格按照施工规范、图纸进行施工，严格执行施工合同；

对工程主要部位、主要环节及技术复杂的工程，加强现场旁站检查；

旁站施工单位的工程质量自检工作，审查数据是否齐全，填写是否正确，并对施工单位的质量自评作出监理评价；

对施工单位的检验测试仪器、设备、度量衡定期检验，不定期地进行抽验，保证度量资料的准确；

监理工程师应监督施工单位制作和养护各类质量检测试件，按规定进行检查和抽查；

对施工过程进行日常巡视检查，并做好巡视记录；

监理工程师应监督施工单位认真处理施工中发生的一般质量事故，并认真做好监理记录；

对重大质量事故以及其他紧急情况，应及时报告建设单位，并按建设单位的处理意见处理。

（2）施工阶段的进度监理

监理工程师应监督施工单位编制工程进度计划；

在合同规定的时间内审批施工单位提交的进度计划，总体进度计划由总监理工程师审批，月进度计划等由驻地工程师审核并报总监办；

监理工程师应督促施工单位按监理批准的进度计划组织施工；检查实际进度情况，并与计划进度比较，发现偏差及时纠偏；

对控制工期的重点工程，审查施工单位提出的保证进度的具体措施。如发生延误，应及时分析原因，采取对策；

监理工程师应建立工程实际进度台账，核对工程形象进度，按月、季向建设单位报告施工计划执行情况、工程进度及存在的问题。

（3）施工阶段的安全监理

工程开工前，审查施工组织设计中的安全技术措施或专项施工方案是否符合强制性标准，审查合格后方可同意开工。重点审查安全管理和安全保证体系、安全管理制度、安全操作规程和施工现场临时用电方案，审查安全生产事故应急预案的制订情况，审查安全教育计划、安全交底情况和安全技术措施费用的使用计划等；

监督施工单位按照专项安全施工方案组织施工，发现违章作业应予制止。施工单位拒不整改或不停止施工的，监理工程师应及时报告主管部门；

督促施工单位进行安全生产自查、落实安全生产技术措施；

建立施工安全监理台账，总监和驻地工程师应定期检查施工安全监理台账的记录情况；

分项、分部工程交工验收时，如果安全事故的现场处理未完成，监理不得签发《中间交工证书》。

（4）施工阶段的环保监理

审查施工组织设计是否按设计文件和环境影响评价报告的要求制订了施工环境保护措施，审查合格后方可同意开工；

监理工程师在巡视、旁站中，应随时检查施工单位制订的施工环境保护措施的落实情况；

如果施工中存在违章、违规情况，监理工程师应书面指令施工单位整改，情况严重的应签发《工程暂停令》要求施工单位暂时停工，并及时报告建设单位；

施工中发现文物古迹时，监理工程师应要求施工单位依法保护现场，并报告有关部门和建设单位；

监理工程师应要求施工单位依法取得砍伐许可证后方可进行砍伐，并注意保护野生动物、植物等。

（5）施工阶段的费用监理

监理工程师应审查施工单位申报的工程计量报表，认真核对其工程数量，不超计、不漏计，严格按合同规定进行计量支付签证；

监理工程师应保证支付签证的各项工程质量合格、数量准确；

监理工程师应建立计量支付签证台账，定期与施工单位核对清算等。

（6）施工阶段的合同管理

按建设单位授权和合同条件的规定审核变更设计，须由建设单位批准的隐蔽工程的变更，还应会同建设、设计、施工等单位现场共同确认；建设单位要求工程变更时，监理工程师应按合同条件的规定下达工程变更令；

监理工程师应对符合合同规定的延期事件做好调查和记录，并进行认真审查；

监理工程师应对符合合同规定的工程索赔意向和申请予以受理，做好调查和记录，并进行认真审核，审核后编制费用索赔报告报建设单位；

监理工程师应核定价格调整、计日工；

监理工程师认为必要时，应立即签发工程暂停令，并报建设单位；在暂停原因消失后具备复工条件的，应及时签发复工指令；

监理工程师应加强分包工程的管理，审查工程分包计划和协议并报建设单位批准；

监理工程师应检查工程保险的办理情况；

监理工程师应预防违约事件的发生，违约事件已经发生时应调查核实、评估损失，提出处理意见；

监理工程师应受理争端一方或双方的协调申请，调查和收集资料，提出解决建议，参与协调。仲裁或诉讼时，监理工程师有义务作为证人向仲裁机关或法院提供有关部门证据等。

7. 交工验收阶段监理工作的主要内容

（1）督促、检查施工单位及时整理交工文件和验收资料，审核工程交工验收申请，提出监理意见；

（2）审查施工单位的质量评定报告，提出监理方面的工程质量验评报告；

（3）组织工程预验收，编写工程预验收报告和监理工作总结报告，参加建设单位组织的交工验收，在交工证书上签署监理意见。

8. 缺陷责任期阶段监理工作的主要内容

（1）检查施工单位剩余工程的实施情况；

（2）巡视检查已完工程；

（3）记录发生的工程缺陷，指令施工单位进行修复，并对工程缺陷发生的原因、责任和修复费用进行调查、确认；

（4）督促施工单位按合同规定完成竣工资料；

（5）审查施工单位提交的终止缺陷责任的申请，符合条件时，经建设单位同意，监理工程师应在合同规定的时间内签发合同工程缺陷责任终止证书，并向建设单位提交缺陷责任期监理工作总结；

（6）审核施工单位提交的最后结账单及其资料，经协商一致，总监理工程师签认并报建设单位审批；

（7）参加竣工验收，提交监理工作报告和竣工资料，在竣工证书上签署监理意见。

（四）监理工作目标

工程监理目标是指监理单位所承担的建设工程的监理控制预期达到的目标。通常以工程的投资、质量、进度三大目标的控制值来表示。2007 年 1 月 1 日之后，工程施工监理又增加了工程安全监理目标、环保监理目标。

1. 质量监理目标

工程质量合格及建设单位的其他要求。

2. 安全监理目标

不发生人身伤亡事故，不发生重大质量事故。

3. 环保监理目标

施工过程环保达标，环境保护工程合格。

4. 费用监理目标

静态投资为×××××万元（或合同价为×××××万元）；

5. 进度监理目标

××个月，或×××天，或自××××年×月×日至××××年×月×日。

（五）监理工作依据

1. 工程建设方面的法律、法规和交通部、建设部的部门标准、规范体系；
2. 政府批准的工程建设文件；
3. 建设工程监理合同；
4. 其他建设工程合同，包括施工承包合同、指定分包合同、材料供应合同、试验检测合同等。

（六）项目监理机构的组织形式

项目监理机构的组织形式应根据建设工程监理要求选择一级、二级监理组织模式。

项目监理机构用组织结构图表示（略）。

（七）项目监理机构的人员配备计划

项目监理机构的人员配备应根据建设工程监理的进程合理安排。示例如表 4.2-1 所示。

项目监理机构的人员配备计划 **表 4.2-1**

时　间	3 月份	4 月份	5 月份	……	12 月份
监理工程师	1 人	1 人	1 人		1 人
专业监理工程师	8 人	9 人	10 人		6 人
监理员	12 人	16 人	20 人		20 人
文秘人员	3 人	4 人	4 人		4 人

（八）项目监理机构或监理人员的岗位职责

一名总监理工程师只宜担任一项委托监理合同的项目总监理工程师工作。当需要同时担任多项委托监理合同的项目总监理工程师工作时，须经建设单位同意。

建设部规定一名监理工程师最多同时担任 3 个工程项目的总监。

链接资料之一：建设部《建设工程监理规范》规定总监理工程师应履行以下职责：

1. 确定项目监理机构人员的分工和岗位职责；

2. 主持编写项目监理规划、审批项目监理实施细则，并负责管理项目监理机构的日常工作；

3. 审查分包单位的资质，并提出审查意见；

4. 检查和监督监理人员的工作，根据工程项目的进展情况可进行人员调配，对不称职的人员应调换其工作；

5. 主持监理工作会议，签发项目监理机构的文件和指令；

6. 审定承包单位提交的开工报告、施工组织设计、技术方案、进度计划；

7. 审核签署承包单位的申请、支付报表和竣工结算；

8. 审查和处理工程变更；

9. 主持或参与工程质量事故的调查；

10. 调解建设单位与承包单位的合同争议、处理索赔，审批工程延期；

11. 组织编写并签发监理月报、监理工作阶段报告、专题报告和监理工作总结报告；

12. 审核签认分部工程和单位工程的质量检验评定资料，审查承包单位的竣工申请，组织监理人员对待验收的工程项目进行质量检查，参与工程项目的竣工验收；

13. 主持整理工程项目的监理资料。

链接资料之二：建设部《建设工程监理规范》规定总监理工程师代表应履行以下职责：

1. 负责总监理工程师指定或交办的监理工作；

2. 按总监理工程师的授权，行使总监理工程师的部分职责和权力。

链接资料之三：建设部《建设工程监理规范》规定总监理工程师不得将下列工作委托给总监理工程师代表：

1. 主持编写项目监理规划、审批项目监理实施细则；

2. 签发工程开工/复工报审表、工程暂停令、工程款支付证书、工程竣工报验单；

3. 审核签认竣工结算；

4. 调解建设单位与承包单位的合同争议、处理索赔，审批工程延期；

5. 根据工程项目的进展情况进行监理人员的调配，调换不称职的监理人员。

链接资料之四：建设部《建设工程监理规范》规定专业监理工程师应履行以下职责：

1. 负责编制本专业的监理实施细则；

2. 负责本专业监理工作的具体实施；

3. 组织、指导、检查和监督本专业现场监理员的工作，当人员需要调整时，向总监理工程师提出建议；

4. 审查承包单位提交的涉及本专业的计划、方案、申请、变更，并向总监理工程师提出报告；

5. 负责本专业分项工程验收及隐蔽工程验收；

6. 定期向总监理工程师提交本专业监理工作实施情况报告，对重大问题及时向总监理工程师汇报和请示；

7. 根据本专业监理工作实施情况做好监理日记；

8. 负责本专业监理资料的收集、汇总及整理，参与编写监理月报；

9. 核查进场材料、设备、构配件的原始凭证、检测报告等质量证明文件及其质量情况，根据实际情况认为有必要时对进场材料、设备、构配件进行平行检验，合格时予以签认；

10. 负责本专业的工程计量工作，审核工程计量的数据和原始凭证。

链接资料之五：建设部《建设工程监理规范》规定监理员应履行以下职责：

1. 在专业监理工程师的指导下开展现场监理工作；

2. 检查承包单位投入工程项目的人力、材料、主要设备及其使用、运行状况，并做好检查记录；

3. 复核或从施工现场直接获取工程计量的有关数据并签署原始凭证；

4. 按设计图及有关标准，对承包单位的工艺过程或施工工序进行检查和记录，对加工制作及工序施工质量检查结果进行记录；

5. 负责旁站工作，发现问题及时指出并向专业监理工程师报告；

6. 做好监理日记和有关的监理记录。

链接资料之六：交通部2006年版《公路工程施工监理规范》规定总监办应履行以下主要职责：

1. 主持编制监理规划；

2. 主持召开监理交底会议、第一次工地会议；

3. 按合同要求建立中心试验室；

4. 审批施工组织设计及总体进度计划、重要工程材料及混合料配合比；

5. 签发支付证书、合同工程开工令、单位或合同工程的暂停令和复工令；

6. 审核变更单价和总额以及延期、费用索赔；

7. 协助建设单位审查交工验收申请，评定工程质量；

8. 组织编写监理月报、编制监理竣工文件，编写监理工作报告等。

链接资料之七：交通部2006年版《公路工程施工监理规范》规定驻地监理办应履行以下主要职责：

1. 编制监理细则；

2. 主持召开工地会议；

3. 按合同要求建立驻地试验室；

4. 审批一般工程原材料和混合料配合比，审查施工单位的机械设备和施工方案；

5. 审批施工单位测量基准点的复测、原地面线测量及施工放线成果；

6. 审批分项工程开工申请，签发分项和分部工程暂停令和复工令；

7. 日常巡视、旁站、抽检，并做好记录；

8. 核算工程量清单，负责对已完工程进行计量；

9. 组织分项、分部工程中间验收和质量评定，签发中间交工证书；

10. 审批月进度计划，编写合同段监理工作报告等。

（九）监理工作程序

监理工作程序比较简单明了的表达方式是监理工作流程图，一般可对不同的监理工作内容分别制定监理工作程序，例如：

1. 工程分包审查程序（略）；

2. 路基填土工程质量控制程序（略）；

3. 工程延期管理基本程序（略）；

4. 工程暂停及复工指令的下达程序等。

（十）监理工作方法及措施

工程监理工作的方法与措施应重点围绕质量监理和安全监理、环保监理、费用监理、进度监理这五大监理任务展开。

1. 质量监理目标方法与措施

（1）质量监理目标的描述

（2）质量目标实现的风险分析

（3）质量监理的工作流程与措施

——质量监理的组织措施。建立健全项目监理机构，完善职责分工，制定有关质量监督制度，落实质量监督管理责任。

——质量监理的技术措施。协助完善质量保证体系；严格事前、事中和事后的质量检查监督。

——质量监理的经济措施及合同措施。严格质检和验收，不符合合同规定质量要求的拒付工程款；达到建设单位特定质量目标要求的，按合同支付质量补偿金或奖金。

（4）质量目标状况的动态分析

（5）质量监理表格（略）

2. 安全监理目标方法与措施

（1）安全监理目标的描述

（2）安全目标实现的风险分析

（3）安全监理的工作流程与措施

——安全监理的组织措施。建立健全项目监理机构，完善职责分工，制定有关质量监督制度，落实安全监理责任。

——安全监理的技术措施。协助完善质量保证体系；严格事前、事中和事后的安全检查监督。

——安全监理的经济措施及合同措施。对不符合合同规定、安全规定的拒付工程款；按合同支付安全补偿金或奖金。

（4）安全目标状况的动态分析

（5）安全监理表格（略）

3. 环保监理目标方法与措施

（1）环保监理目标的描述

（2）环保目标实现的风险分析

（3）环保监理的工作流程与措施

——环保监理的组织措施。建立健全项目监理机构，完善职责分工，制定有关环保监督制度，落实环保控制责任。

——环保监理的技术措施。协助完善质量保证体系；严格事前、事中和事后的环保检查监督。

——环保监理的经济措施及合同措施。严格质检和验收，不符合合同规定环保要求的拒付工程款；达到建设单位特定环保目标要求的，按合同支付环保补偿金或奖金。

(4) 环保目标状况的动态分析

(5) 环保监理表格（略）

4. 费用监理目标方法与措施

(1) 费用监理目标分解

——按建设工程的投资费用组成分解；

——按年度、季度分解；

——按建设工程实施阶段分解；

——按建设工程组成分解。

(2) 工程资金使用计划

使用计划可列表编制，如表 4.2-2 所示。

工程资金使用计划表 **表 4.2-2**

工程名称	××年度				××年度				××年度				总　额
	一	二	三	四	一	二	三	四	一	二	三	四	
××	×	×	×										
××××	×	×	×	×	×	×	×						
××									×	×	×	×	

(3) 费用目标实现的风险分析

(4) 费用监理的工作流程与措施

——费用监理的组织措施。建立健全项目监理机构，完善职责分工及有关制度，落实费用监理的责任。

——费用监理的技术措施。在设计阶段，推行限额设计和优化设计；在招标投标阶段，合理确定标底及合同价；对材料、设备采购，通过质量价格比选，合理确定生产供应单位；在施工阶段，通过审核施工组织设计和施工方案，使组织施工合理化。

——费用监理的经济措施。及时进行计划费用与实际费用的分析比较。对原设计或施工方案提出合理化建议并被采用，由此产生的投资节约按合同规定予以奖励。

——费用监理的合同措施。按合同条款支付工程款，防止过早、过量的支付。减少施工单位的索赔，正确处理索赔事宜等。

(5) 费用监理的动态比较

——费用目标分解值与概算值的比较；

——概算值与施工图预算值的比较；

——合同价与实际计量支付值的比较。

(6) 费用监理表格

——工程计量单（略）；

——工程支付证书（略）。

5. 进度监理目标方法与措施

(1) 工程总进度计划

(2) 总进度目标的分解

——年度、季度进度目标；

——各阶段的进度目标；

——各子项目进度目标。

（3）进度目标实现的风险分析

（4）进度监理的工作流程与措施

——进度监理的组织措施。落实进度监理的责任，建立进度监理协调制度。

——进度监理的技术措施。建立多级网络计划体系，监控承建单位的作业实施计划。

——进度监理的经济措施。对工期提前者实行奖励；对应急工程实行较高的计件单价；确保资金的及时供应等。

——进度监理的合同措施。按合同要求及时协调有关各方的进度，以确保建设工程的形象进度。

（5）进度监理的动态比较。进度目标分解值与进度实际值的比较；进度目标值的预测分析。

（6）进度监理表格（略）

6. 合同管理的方法与措施

（1）合同结构。可以以合同结构图的形式表示。

（2）合同目录一览表，如表4.2-3所示。

合同目录一览表 **表4.2-3**

序号	合同编号	合同名称	施工单位	合同价	合同工期	质量要求

（3）合同管理的工作流程与措施

（4）合同执行状况的动态分析

（5）合同争议调解与索赔处理程序

（6）合同管理表格

7. 信息管理的方法与措施

（1）信息分类表，如表4.2-4所示。

信息分类表 **表4.2-4**

序号	信息类别	信息名称	信息管理要求	责任人

（2）机构内部信息流程图

（3）信息管理的工作流程与措施

（4）信息管理表格

8. 组织协调的方法与措施

（1）与建设工程有关的单位

——建设工程系统内的单位：主要有建设单位、设计单位、施工单位、材料和设备供应单位、资金提供单位等。

——建设工程系统外的单位：主要有政府建设行政主管机构、政府其他有关部门、工程毗邻单位、社会团体等。

（2）协调分析

——建设工程系统内的单位协调重点；

——建设工程系统外的单位协调重点。

（3）协调工作程序

——质量监理协调程序；

——安全监理协调程序；

——环保监理协调程序；

——费用监理协调程序；

——进度监理协调程序；

——其他方面工作协调程序。

（4）协调工作表格（略）

（十一）监理工作制度

1. 施工招标阶段

（1）招标准备工作有关制度

（2）编制招标文件有关制度

（3）标底编制及审核制度

（4）合同条件拟定及审核制度

（5）组织招标实务有关制度等

2. 施工阶段

（1）设计文件、图纸审查制度

（2）施工图纸会审及设计交底制度

（3）施工组织设计审核制度

（4）工程开工申请审批制度

（5）工程材料，半成品质量检验制度

（6）隐蔽工程分项（部）工程质量验收制度

（7）单位工程、分项工程中间交工验收制度

（8）设计变更处理制度

（9）工程质量事故处理制度

（10）施工进度监督及报告制度

（11）监理报告制度

（12）工程竣工验收制度

（13）监理日志和会议制度

3. 项目监理机构内部工作制度

（1）监理机构工作会议制度

（2）对外行文审批制度

(3) 监理费用收支预算制度
(4) 办公用品采购领用制度
(5) 监理人员请销假制度
(6) 车辆使用维修制度
(7) 职业道德建设制度

(十二) 监理设施

提供满足监理工作需要的如下设施:

1. 办公设施
2. 交通设施
3. 通讯设施
4. 生活设施
5. 检测试验设施:根据建设工程类别、规模、技术复杂程度、建设工程所在地的环境条件,按监理服务合同的约定,配备满足监理工作需要的常规检测设备和工具,如表4.2-5所示。

常规检测设备和工具 **表4.2-5**

序号	仪器设备名称	型号	数量	使用时间	备注
1					
2					
3					
4					
5					

九、工程监理规划的审核

工程监理规划在编写完成后,需要进行审核并经批准。工程监理单位的技术负责人、技术主管部门是内部审核单位,其负责人应当签字。监理规划审核的内容主要包括以下几个方面:

(一) 监理范围、工作内容及监理目标的审核

依据监理招标文件和监理服务合同,审其是否理解了建设单位对该工程的建设意图,监理范围、监理工作内容是否包括了全部委托的工作任务,监理目标是否与合同要求和建设意图相一致。

(二) 项目监理组织机构的审核

1. 组织机构

在组织形式、管理模式等方面是否合理,是否结合了工程实施的具体特点,是否能够与建设单位的组织关系和承包方的组织关系相协调等。

2. 人员配备

人员配备方案应从以下几个方面审查:

(1) 技术人员的专业满足程度。应根据工程特点和委托监理任务的工作范围审查,不仅考虑专业监理工程师如土建监理工程师、机械监理工程师、安全工程师、环保工程师等能否满足开展监理工作的需要，而且还要看其专业监理人员是否覆盖了工程实施过程中的各种专业要求，以及高级、中级、初级职称和年龄结构的组成。

（2）人员数量的满足程度。主要审核监理工作人员在数量和结构上的合理性。按照交通部对已完成监理工作的工程资料统计测算，在施工阶段，监理工程师、专业监理工程师、一般监理人员和行政文秘人员的结构比例为0.1：0.4：0.4：0.1。专业类别较多的工程的监理人员数量应适当增加。

（3）专业技术人员不足时采取的措施是否恰当。大中型建设工程由于技术复杂、涉及的专业面宽，当监理单位的技术人员不足以满足全部监理工作要求时，对拟临时聘用的监理人员的综合素质应认真审核。

（4）派驻现场人员计划表。对于大中型建设工程，不同阶段对监理人员人数和专业等方面的要求不同，应对各阶段所派驻现场监理人员的专业、数量计划是否与建设工程的进度计划相适应进行审核。还应平衡正在其他工程上执行监理业务的人员，是否能按照预定计划进入本工程参加监理工作。

（三）监理工作计划审核

在工程进展中各个阶段的工作实施计划是否合理、可行，审查其在每个阶段中如何控制建设工程目标以及组织协调的方法。

（四）质量、投资、进度和安全、环保监理方法的审核

对五大监理任务的控制方法和措施应重点审查，看其如何应用组织、技术、经济、合同措施保证监理目标的实现，方法是否科学、可行、合理、有效。

（五）监理工作制度审核

主要审查监理的内、外业工作制度和组织纪律、职业道德建设制度等是否健全。

十、案例

【案例4.2-1】楼房建设工程监理规划

（封面） 工程案例——某十层全框架结构监理规划

××市×区建设环境管理局综合楼工程

监 理 规 划

编制：× × ×

审核：× × ×

××市××监理公司

××××年××月×日

（正文）　　××市×区建设环境管理局综合楼工程监理规划

一、工程项目概况

（一）工程项目名称

××市×区建设环境管理局综合大楼

（二）工程项目地点

×××市×区××路38—1号

（三）建设规模

1. 结构类型：框架结构体系，填充墙200厚，空心煤渣砖。

2. 层数总高：十层共33m。

3. 合同工期：十个月。

4. 质量等级：优良。

（四）工程特点概述

1. 总平面示意图：见施工图。

2. 该项目位于公路旁，施工对周围的环境影响必须给予充分注意。

3. 施工工期要求严格，应严格按照进度计划进行施工。

4. 施工质量必须严格控制。

二、项目目标

工期目标、质量目标、投资控制目标见表1。

××工程项目监理目标　　表1

工　程　名　称	工期目标	质量等级	投资目标
××市×区建管局综合大楼	10个月	优良	480万

三、监理范围

监理阶段：施工阶段。

四、监理组织机构

针对本项目的项目特征和工程特征，组建如下适应本项目的监理班子，根据工程的进展情况，将进行适当的补充和调整。

（一）监理组织机构框架（见图1）

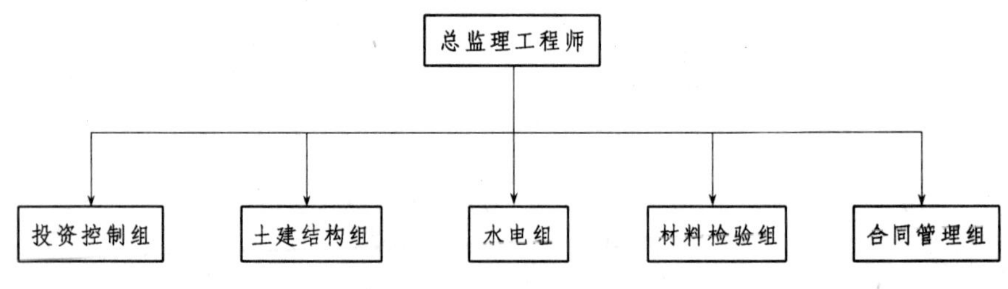

图1　监理组织机构

（二）监理人员构成

由总监理工程师和各专业监理工程师构成，见表2。

监理组织机构人员情况　　表2

序号	姓名	专　业	技术职称	监理职务	监理方式	备　注
1	×××	工业与民用建筑	高工	总监理工程师	常驻	全国监理工程师证书
2	×××	工业与民用建筑	工程师	专业监理工程师	常驻	省监理工程师资格证书
3	×××	水电安装	工程师	专业监理工程师	常驻	省监理工程师资格证书
4	×××	企业管理	经济师	专业监理工程师	流动	全国监理工程师资格证书
5	×××	工业与民用建筑	助工	监理员	常驻	监理培训

（三）各业务组的职责范围

1. 施工阶段的质量控制组（土建结构组、水电组、材料检测组）：

（1）质量的事前控制：

a. 掌握和熟悉质量控制的技术依据；

b. 施工场地的质量检验验收；

c. 施工队伍的资质审查；

d. 工程所需原材料、半成品的质量控制；

e. 施工机械的质量控制；

f. 审查施工单位提交的施工组织设计或施工方案；

g. 生产环境、管理环境改善的措施。

（2）质量的事中控制：

a. 施工工艺过程质量控制。针对监理项目的具体情况，施工工艺过程的质量控制可照表3的内容组织实施。

施工工艺过程质量的控制　　表3

序号	工程项目	质量控制要点	控　制　手　段
1	土石方工程	·开挖范围及边线（从中线向两侧量测） ·高程	测量 测量
2	基础工程	·位置（轴线及高度） ·外形尺寸 ·与柱连接钢筋型号、直径、数量 ·混凝土强度 ·地下管线预留孔道及埋设	测量 测量 现场检查 审核配合比、现场取样制作试件、审核试验报告 现场检查、量测
3	现浇钢筋混凝土主体结构工程	·轴线、高程及垂直度 ·断面尺寸 ·钢筋、数量、直径、位置、接头 ·施工缝处理 ·混凝土强度：配合比、数量、锚固	测量 量测 现场检查、量测 旁站 现场制作试块，审核试验报告
4	砌筑工程	·砌承重墙砂浆强度等级（配合比） ·灰缝、错缝 ·门窗孔位置 ·预埋件及埋设管线	砂浆配合比试验 旁站 量测 现场检查、量测

续表

序号	工程项目	质量控制要点	控制手段
5	装修工程	·材料配合比 ·室内抹灰平整度、垂直度 ·室内地坪厚度、平整度	试验 要求作样板间 要求作样板间
6	门窗工程	·木门窗：位置、尺寸 ·塑钢及铝合金门窗：嵌填、定位、安装、关闭、开关	检查、量测 检查、量测
7	屋面防水工程	·找平层：厚度、坡度、平整度、防裂纹 ·防水面层：填嵌、粘结、平整 ·水落管：安装、接头、排水	观察、量测 观察 观察
8	室内给排水管道安装工程	·安装位置及坡度、接头 ·管阀连接位置、接头 ·水压试验 ·水表、消火栓、卫生洁具、器具 ·排水系统试验	观察、量测 观察、量测 水压试验 观察、量测 通水试验
9	室内电气线路安装工程	·变配电设备安装：位置、标高、线路连接 ·附件及线中安装 ·绝缘、接地	观察、量测 观察、量测 观察、量测
10	道路及挡墙	·道路路基、路面 ·挡墙位置、尺寸、强度	观察、量测 观察、量测、试验

b. 工序交接检查。坚持上道工序不经检查验收不准进行下道工序的原则。上道工序完成后，先由施工单位进行自检、专职检，认为合格后再通知现场监理工程师或其代表到现场会同检验。检验合格后签署认可方能进行下道工序。其工作流程如图 2 所示。

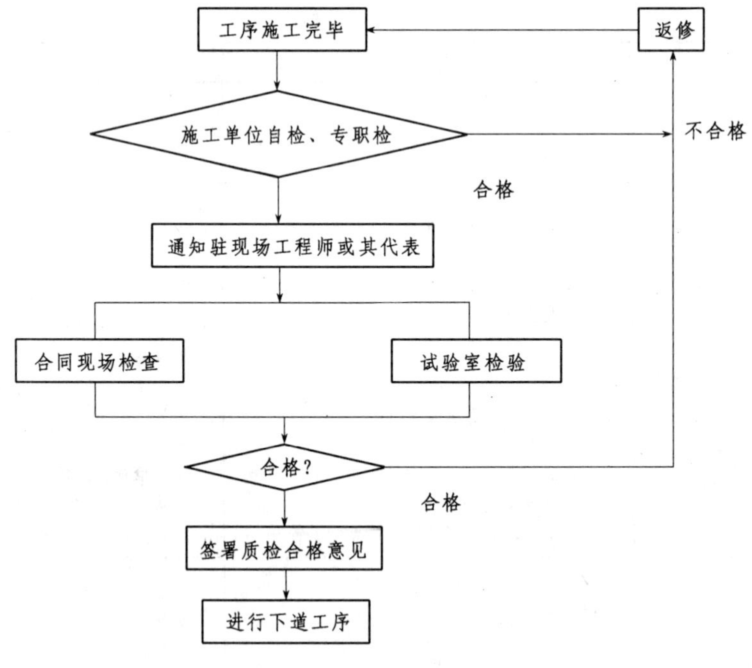

图 2 工序交接检验程序图

c. 隐蔽工程检查验收。隐蔽工程完成后，先由施工单位自检，专职检、初验合格后填报隐蔽工程质量验收通知单，报告现场监理工程师检查验收。

d. 工程变更和处理。施工单位提出工程变更的处理流程如图3所示（略）。

e. 设计变更或技术核定的处理。由业主原因提出的设计变更或技术核定的处理流程如图4所示（略）。

f. 工程质量事故处理。包括质量事故原因、责任的分析；质量事故处理措施的商定；批准处理工程质量事故的技术措施或方案；处理措施效果的检查。

g. 行使质量监督权，下达停工指令。为了保证工程质量，出现下述情况之一者，监理工程师有权指令施工单位立即停工整改。

h. 严格单项工程开工报告和交工报告审批制度。凡单位工程开工及停工后复工，均应遵照图5（略）的流程进行。

i. 质量、技术签证。凡质量、技术问题方面有法律效力的最后签证，只能由项目总监理工程师一人签署。专业质量监理工程师、现场质检员可在有关质量、技术方面原始凭证上签字，最后由项目总监理工程师核签后方有效。

j. 行使好质量的否决权，为工程进度款的支付签署质量认证意见。施工单位工程进度款的支付申请，必须有质量方面的认证意见，这既是质量控制的需要，也是投资控制的需要，其管理流程如图6所示（略）。

k. 建立监理日志。现场质量监理工程师及质量检验人员应逐日记录有关工程质量动态及影响因素的情况。

l. 组织现场质量协调会。现场质量协调会一般由现场监理工程师或总监主持。协调会后应印发会议纪要，其纪要的签发管理流程如图3所示。

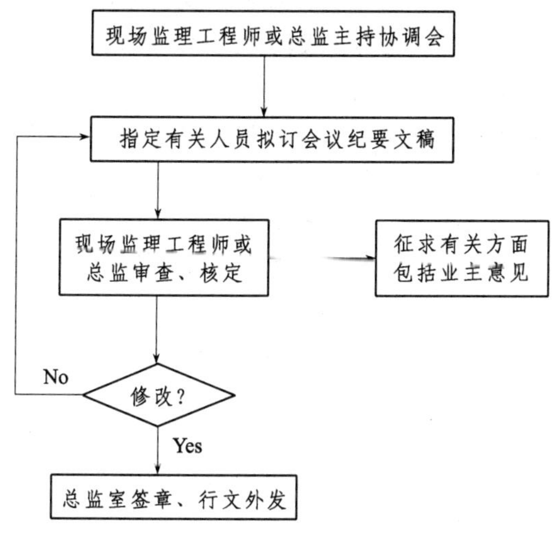

图3　协调会议纪要签发程序图

m. 定期向总监、业主报告有关工程质量动态情况。现场监理组每月向总监及业主报告有关工程质量方面的情况。重大质量事故及其他质量方面的重大事宜则应及时提出报告。

（3）质量的事后控制

a. 单位、单项工程竣工验收。凡单位、单项工程完工后，施工单位初验合格再提出验收申请表，其流程如图8所示（略）。

b. 项目竣工验收。项目竣工验收的流程如图9所示（略）。

c. 审核竣工图及其他技术文件资料。

d. 整理工程技术文件资料并编目建档。

（以下内容略去）

［点　评］本实例是某楼房建设工程总监办编制的施工+阶段的监理规划中的一部分，未全部抄录。本实例的编写突出特点是文字与表格、程序框图相结合，内容既全面、具体又简单明了，具有针对性、实用性，可供监理工程师参考。

【案例4.2-2】公路工程施工监理规划案例

1　术　语

除《公路工程施工监理规范》中“常用名词术语”外，补充以下内容。

1.1　建设单位办公室

指合同条件中指名的执行本建设项目投资计划的单位，或其指定的负责本建设项目的代表机构，以及取得该当事人资格的合法继承人（单位）。

1.2　项目管理处

是建设单位为实施工程项目，在工程现场设置的负责工程项目建设的日常管理活动的项目管理机构。

1.3　总监办

全称总监理工程师办公室，是监理单位依据委托监理服务合同，委派到工程现场负责总体工程项目监理日常工作的代表机构。

1.4　项目经理部

指施工单位为完成施工承包合同，委派到工程现场负责组织和管理合同工程日常施工活动的代表机构。

1.5　驻地监理组长

经总监理工程师或驻地监理工程师授权，负责一个具体的施工合同段现场监理业务的监理工程师。

2　总　则

2.1　监理工作依据

2.1.1　建设单位和施工单位签定的施工承包合同文件。

2.1.2　建设单位和监理单位签定的监理服务合同。

2.1.3　经政府主管部门批准的工程项目建设文件。

2.1.4　国家和地方有关工程建设监理的法律、法规、条例或规定。

2.1.5　国家和地方有关工程建设的质量标准、施工规范和试验检测规程。

2.1.6　在合同实施过程中形成的有关会议记录、函电、监理工作指令和其他文件。

2.2　监理工作范围与内容

根据建设单位与监理单位签定的监理服务合同的要求，以全过程、全方位的优质监理服务，对工程实施进度监理、质量监理、安全监理、环保监理、费用监理、合同管理、信息管理和工作协调。

2.3 监理工作目标

使监理工作充分达到委托监理服务合同和本规范的各项要求，即优质监理服务。在保证本身工作系统化、规范化、程序化、标准化和科学化的同时，严格监督施工单位履约，实现工程预期的质量、安全、环保、费用、工期控制目标，使工程质量达到优良等级。

2.4 监理控制手段

2.4.1 计划与要求：根据监理规范要求，编制项目监理规划，并就重点、难点环节制定更为详尽的实施细则，明确目标要求。

2.4.2 措施与程序：根据监理规划中的目标与要求，制定切实可行、行之有效的预防控制措施和落实执行程序，明确监理控制细节。

2.4.3 监督与指令：对措施与程序的落实或执行进行严格的监督和管理，必要时实施旁站监理。对于执行过程中发现的问题与偏差，及时发出监理工作指令进行纠偏。

2.4.4 统计与报告：对于过程或最终数据与信息，及时进行统计、分析和预测。对于重大问题和严重趋势必须及时报告建设单位。同时，要总结经验，按照2.4.1～2.4.4步骤，重新进行更高层次的规划和控制。

2.4.5 暂停工程与支付：依据合同文件，对施工单位的严重违约行为，采取全部或部分暂停工程施工和工程计量支付的手段，来促使施工单位履约。

2.5 工作监理流程（略）

3 施工准备阶段的监理

3.1 熟悉合同文件

监理工程师进场以后，总监办应组织监理人员熟悉合同文件，认真分析其特点，掌握控制重点和难点。对合同文件中存在的差错、遗漏或含糊不清等问题，应查证清楚，作出合理的解释，提出合理的处理方法。

3.1.1 熟悉合同条件

a）建设单位、施工单位和监理的合同关系；

b）合同条款所赋予建设单位、施工单位和监理工程师的责任、权力和义务；

c）合同事宜的处理原则、处理方法和处理程序；

d）专用条款中的特殊规定和处理原则。

3.1.2 熟悉施工图纸

在熟悉图纸过程中，监理工程师应仔细进行下列项目的审核。如发现问题应以总监办的名义书面及时上报建设单位或根据建设单位授权报设计单位或设计代表解决。

a）施工图纸签认手续是否齐全；

b）设计文件是否完整，是否与图纸目录相符；

c）材料、构配件和设备的选用与现行规定的相符性；

d）地基与基础的设计与地质勘测报告的符合性；

e）合同图纸中指定使用的规程、规范、标准图册的有效性；

f）合同图纸规定采用的施工工艺与现行规范、规程的符合性；

g）各图册在设计说明、坐标设计及各专业设计之间的矛盾之处；

h）原有设计是否有明显导致投资增加的项目；

i）设计是否有特殊工艺和材料要求。

3.1.3 熟悉工程量清单及其说明

a）清单栏目的划分以及其所涵盖的工程细目；

b）单价与数量的乘积是否与合价相符；

c）合价的累计是否与总价相符；

d）计量依据、计量原则和通用计量方法

e）清单数量准确性。

3.1.4 熟悉技术规范

a）工程项目的范围和主要工程内容；

b）材料试验项目、试验方法和试验频率；

c）施工工艺和技术措施；

d）监理验收和审批程序；

e）工程量计量方法。

3.1.5 熟悉施工现场

a）图纸设计是否与现场一致；

b）施工便道及其修建情况；

c）施工设备的现场安装和调试情况；

d）料源情况；

e）现场挖探情况；

f）控制桩点设置和保护情况；

g）现场试验室建设情况等。

3.2 编制监理工作计划

3.2.1 监理规划的内容

a）工程概况：包括工程名称、建设环境、项目等级、主要设计指标、主要工程数量、工程投资、工程特点、难点和重点、建设单位、设计单位、监理单位、监督单位、总承包单位、主要分包单位等。

b）监理工作依据。

c）监理工作服务范围。

d）项目控制目标：质量目标、安全目标、环保目标、工期目标、费用目标、监理工作质量目标。

e）监理一般控制措施：体系措施、预控措施、指令措施、全过程监督措施、程序控制措施。

f）质量控制：质量控制目标分解、质量控制阶段划分、质量控制要点、质量控制程序和质量控制措施等。

g）费用控制：费用控制目标分解、费用控制阶段划分、费用控制要点、费用控制程序和费用控制措施等。

h）进度控制：进度控制目标分解、进度控制阶段划分、进度控制要点、进度控制程序和进度控制措施等。

i）合同管理：合同管理原则、管理重点、管理要点、管理程序和管理措施。

j）信息管理：信息管理原则、管理重点、管理要点、管理程序和管理措施。

k）工作协调：工作协调原则、协调重点、协调要点、协调程序和协调措施。

l）监理组织机构：组建原则、组织形式、职能部门或岗位设置、人员构成、部门职责划分、监理人员岗位职责、监理人员进场与退场计划等。

m）资源配置：按照合同要求，监理在办公、交通、通讯、试验与检测、生活等方面的资源配置及其进退场计划。

n）监理工作程序与管理制度：主要监理事项工作程序、信息与资料管理制度、监理工作报告制度等。

o）监理的内部管理：监理工作通病及其预防控制措施、监理工作的内部考核管理办法、监理工作纪律等。

3.2.2　监理规划的编制与报批程序

a）在委托监理服务合同签订28天内或合同规定的其他期限内，总监理工程师应组织专业监理工程师编制项目监理工作计划。

b）监理规划编制的总体原则是：内容全面、目标明确、重点突出、措施得力、程序合理、制度健全、分工明确、职责清楚、控制有力，既有创新精神，又具有较强的项目现实指导作用和可操作性，严禁照抄规范。

c）监理规划编制完成，并经总监理工程师签字后，报工程监理部及总工程师审批，并提供建设单位备案。经批准的监理规划，是进行项目监理控制的总纲领，应下发下属监理部门或监理工程师贯彻执行。

d）未经总工程师批准，总监办不得就监理规划中的实质性内容进行修改。在项目实施过程中，如项目本身发生实质性改变或建设单位、总监理工程师认为既定的内容不适合，应及时进行修订，并报总工程师审批同意后实施。

3.2.3　监理规划实施细则的编制与审批

a）对于大型或重要的工程项目，总监理工程师应根据项目管理处的要求，组织监理工程师按专业编制监理规划实施细则。

b）监理规划实施细则一般应写明工程概况、控制目标、控制重点、控制要点、控制措施和验证措施等。

c）监理规划实施细则经总监理工程师审查同意后执行，并报建设单位备案。监理规划实施细则应下发有关监理部门和监理工程师。

3.3　参与设计交底

3.3.1　组织

设计交底由建设单位或委托监理单位主持进行。设计代表、施工单位技术负责人、施工负责人、质控负责人、有关专业监理工程师和驻地监理工程师参加。

3.3.2　主要内容

a）设计代表介绍设计构思、工程地质、水文、主体结构、主要设计指标、采用的设计规范、施工要求、施工注意事项等。

b）设计代表回答或澄清施工单位代表和监理工程师所提出的问题。

c）编制设计交底记录，设计代表、建设单位代表、施工单位代表、监理工程师代表予以签认。符合设计变更要求的，还应按设计变更手续办理。

3.4 督促编制并审批施工组织设计

3.4.1 施工组织设计的主要内容

a）文字说明：描述工程概况（地理位置、工程地质、当地气候条件、水文条件、主要设计指标等）、工程造价、工程特点、工期要求、施工总体部署、质量要求、施工技术措施、施工工艺等。

b）施工平面布置图：注明主要构造物、施工便道、生活区、料场、拌合场、仓库、机械停放场所、临时占地位置等。

c）总体施工进度计划：工期目标（说明工期总目标和阶段性工期目标）、时间计划（用网络图和横条图两种形式绘制工程进度计划，要求切实按照指导施工的原则表示出主要施工工序之间的搭接关系。在网络图中要明显表示出关键线路，注明各个工序的时间参数。按照关键线路确定的工期必须符合合同工期和阶段性工期的要求。计划的安排必须充分考虑季节变化和气候变化的影响，要预留足够的动员、清场时间和监理工程师根据合同文件对各有关事项的审批、验收、签认时间）、费用计划（根据总体时间计划安排，计算出每工程月拟完成的工作量，用“S”图的形式绘制资金流转计划）、工、料、机计划（根据总体时间计划，用直方图的形式表达出人工、主要工程材料、主要机械设备在合同期内的计划安排。人员安排必须充足，主要工程材料必须落实，主要施工机械必须配套，以满足施工规范和验收标准的要求）。

d）质量目标设计：质量目标、组织机构（描述项目组织机构及人员构成情况和质量控制系统组织机构、人员构成及岗位职责）、主要施工技术措施、施工工艺（描述本工程中采取的技术保证措施和施工工艺、关键工序的控制手段）、试验、检测和测量（说明试验室建设、配备的试验、检测设备及其主要性能指标，试验、检测人员的资质情况）、自检（说明自检的控制程序、控制手段、人员安排和验收资料的保证措施）、特殊技术保证措施（说明冬季、雨季施工保证措施，拟采用的新技术、新工艺、新方法）等。

e）施工安全：说明施工过程中的工程及人身安全保障体系及其采取的主要施工安全保证措施。

f）文明施工和环境保护：说明施工中拟采取的现行道路改道、环境保护、工地照明、文物保护、扰民控制以及其他现行设施的保护措施。应特别指出满足当地环境整治要求的环保措施。

g）施工节约技术措施：说明工程中采用的施工节约技术措施。

h）专项设计：大型或重要部位要有专门设计。如大型桥梁应有专项设计，如模板设计、支架设计、大型构件吊装设计等。新技术、新材料、新工艺应有专门设计，并有试验段。

3.4.2 施工组织设计审批要点

a）编制内容和内部审查手续是否齐全；

b）施工组织与部署是否合理；

c）施工方法和技术措施是否合理；

d）质量标准是否满足合同要求；

e）新材料、新设备、新工艺是否有切实可行的证明材料；

f）施工设备是否符合施工工艺要求；

g）专项施工设计是否全面、可行、合理、先进；

h）进度计划是否满足合同要求，施工安排是否连续、均衡，进度安排与资源配置是否协调。

3.4.3 施工组织设计审批程序

a）编制：施工单位在签定《合同协议书》后，应尽快组织各方人员进行现场踏勘、图纸审核、确定施工方案，开始编制施工组织设计。

b）申报：在签定《合同协议书》28 日或合同规定的其他期限内，施工单位应向总监办提交合同工程施工组织设计。

c）审批：总监办在收到施工单位提交的施工组织设计后14 日内，应对施工组织设计进行审批。在正式批复之前，总监办需征求建设单位意见。审批未通过的，施工单位应根据总监办的意见在7 日内予以完善，直至使监理工程师满意。经总监办审批同意的施工组织设计，应报建设单位备案。

d）调整：当监理工程师认为批准的施工组织设计已经与工程情况严重不符或不适合时，施工单位应按照监理工程师的要求及时予以调整，并按上述程序报批。

3.5 基准点复测

3.5.1 设计交桩

工程开工前，建设单位或设计人将在监理工程师在场的情况下，向施工单位进行现场交桩，并提供基准点（导线点和水准点）的详细资料。

3.5.2 基准点复测

施工单位在接到上述交桩资料后7 天内，应组织合格测量人员（具备上岗证）用合格测量设备（设备已标定，精度符合要求）对上述基准点进行复测，并延伸至相邻标段基准点。复测完毕后，书面将复测原始记录、计算结果、精度评定、测量人员资质证明、测量仪器检定证书等资料上报总监办审批。

3.5.3 监理工程师批复

总监办在接到施工单位上报的复测报告后7 天内，应对施工单位的复测结果予以批复。在正式批复以前，总监办应组织测量工程师对上述基准点进行复核，以确保基准点准确无误。当总监办的复核结果和施工单位的复测结果均满足设计和规范规定的精度要求时，总监办应批准施工单位使用上述基准点；当双方的测量结果有一方不能满足设计和规范规定的精度要求时，双方应再次组织复测，直至双方达成一致结论。若双方的测量结果均不能满足设计和规范规定的精度要求，总监办应尽快书面报建设单位，以便及时请项目管理处裁决。总监办应将施工单位的复测报告和驻地监理办的复核报告报建设单位备案。

3.5.4 基准点的使用和保护

经监理工程师批准使用的基准点作为施工单位测量定线的依据，施工单位应对其进行妥善保护，保证在施工期间不受扰动。当监理工程师认为基准点不能满足施工放线精度要求时，监理工程师有权要求施工单位对上述基准点进行重新测量，并以监理工程师重新批复的结论为准。监理工程师对基准点批准使用的结论，并不免除施工单位在测量工作中出现任何偏差造成工程不能满足规范要求的责任。

3.6 地面控制线测量

3.6.1 原始地面线测量

在路基清表以前，施工单位应对路基范围内的原始地面标高进行测量，并将测量结果报总监办审批。总监办在收到施工单位提交的原始地面标高测量结果后，应及时组织监理工程师进行核对和抽查，作为审批的依据。

3.6.2 清表后地面线测量

在清表后、总体工程开工以前，施工单位应对路基范围内的清表后地面标高进行测量（包括清淤断面），并将测量结果、土方戴帽图和土方量计算表报总监办审批。

3.6.3 土方控制数量的批复

总监办在收到上述资料后，应及时组织监理工程师对清表后地面线进行全面复核，作为审批的依据，并将监理测量结果、土方戴帽图和土方量计算表报建设单位备案。在上述资料得到总监办批复以前，总监办不得批准施工单位总体工程开工，施工单位也不得擅自开工，否则，监理工程师不予计量，或以监理工程师测量的为准。经监理工程师批准的总挖方量和总填方量作为土方工程计量的控制数量。

3.6.4 场地保护

对于建设单位已经移交了工程场地占用权，但施工单位尚未开始施工或尚未进行测定的施工段落，监理工程师应要求施工单位对工程场地的地面线进行有效的保护，不得随意开挖或倾倒垃圾、渣土等，由此而增加的工程量或工程费用也不予认可。

3.7 单位、分部、分项工程划分与备案

3.7.1 总体工程开工以前，监理工程师应督促施工单位根据合同工程范围和技术规范对所辖工程进行划分，详细列明单位工程、分部工程、分项工程、工序及涵盖关系，报总监办审批。经监理工程师批准的工程划分，作为将来审报和审批开工申请、进行质量评定和信息统计的依据。

3.7.2 监理工程师在批准单位工程划分之前，不批准总体工程开工。

3.7.3 经监理工程师批准的工程划分，须报建设单位备案。

3.8 监理工作技术交底

3.8.1 为贯彻项目监理规划，总监办应组织施工监理工作技术交底。交底会议由总监理工程师主持，施工单位项目经理、技术负责人、施工负责人、质量负责人、计量负责人、统计负责人、试验检测负责人和有关监理人员参加。

3.8.2 监理技术交底主要阐述合同文件赋予建设单位方、施工方和监理方的权利和义务，并详细介绍监理工作内容、程序和方法。

3.9 检查施工单位质保体系

3.9.1 施工单位质量保证体系的建立要求

施工单位质量保证体系应以自保为目的，以自检为手段，对施工过程进行自我控制与调节。

a）配备足额的合格管理人员、专业技术人员、试验检测人员和技术工人；

b）有明确的职责分工、工作流程、约束与激励机制；

c）建立满足工程需要的合格工地试验室和现场养生室；

d）配备足够数量、满足工程需求的仪器和设备。

3.9.2 施工单位自保体系的审批要点

a）各类人员的资质、资历和数量是否满足工程需要；

b）质量保证体系各职能部门的职能划分和工作流程是否清楚；

c）质量保证体系总负责人是否明确，并在质量问题上具有否决权；

d）工地试验室和养生室是否满足工程需求；

e）仪器设备配备是否与工程需求相适应。

3.9.3 施工单位自保体系的检查程序

a）施工单位按照合同文件的规定，在总体工程开工前，建立项目质量保证体系，并将自保体系建立、运行和约束的有关文件，书面报告总监办。

b）总监办在收到上述报告之后，应及时组织监理工程师对施工单位质量保证体系逐项进行现场核查。

c）质量保证体系未经监理工程师核查合格的，不批准总体工程开工。

3.10 督促材料、机械、设备的进场并检查

3.10.1 监理工程师应根据批准的工程进度计划，审查施工单位进场的机械设备的数量、型号、规格、生产能力、完好率与施工单位投标书是否符合，与批准的施工方案是否适应。对于数量不足或不配套的施工机械设备，应限期要求施工单位补足进场；审验不合格的机械设备，应限期撤离工程现场。机械设备，一经监理工程师批准进场，未经监理工程师同意，施工单位不得擅自更换。

3.10.2 监理工程师应督促施工单位根据批准的工程进度计划和施工方案，确定材料供应厂家、材料进场计划、材料检验计划和材料存放场地，并对首期使用的材料进行检验。

3.11 核查整体工程开工条件

3.11.1 在施工单位认为已经具备总体工程开工条件时，应向总监办审报总体工程开工申请，阐明临建情况、施工组织设计审批情况、工料机准备情况、图纸及拆迁到位情况、质量保证体系建立情况、工地试验室建设情况、测量复核情况以及存在的问题和建议。

3.11.2 总监办在收到施工单位提交的总体工程开工申请后，应组织监理工程师核查施工单位的开工条件，核查要点是：

a）政府主管部门规定的开工手续和资质证明（开工许可证、外地企业施工许可证、企业资质证明、专项施工许可证）是否已经具备。

b）施工组织设计和总体工程进度计划是否已经得到监理工程师批准。

c）基准点测量复核是否已经得到监理工程师批准。

d）质量保证体系是否经监理工程师检查合格。

e）工、料、机准备是否已经满足开工条件。

f）临建（道路、水、电、通讯、办公和生活设施）是否已达到开工条件。

g）进场设备和人员是否和标书一致。

h）环保措施是否已经制定并准备实施。

3.11.3 经过核查，如施工单位基本具备了总体工程开工条件，应准备召开第一次

工地会议。

3.12 准备并召开第一次工地会议

3.12.1 前提条件

a）监理组织机构组建完毕；

b）施工组织设计和监理规划得到批准；

c）基准点复测完毕并得到批准；

d）地面线测量完毕并得到批准；

e）工、料、机准备基本到位；

f）总体工程开工申请已经提交等。

3.12.2 会议组织

第一次工地会议由总监办组织召开，总监理工程师主持，施工单位项目经理、技术负责人、质量自检负责人、施工现场负责人、计量负责人、试验检测负责人、分包商代表、建设单位代表、质量监督部门代表和有关监理工程师参加。监理工程师应事先将第一次工地会议议程通知建设单位、施工单位及有关方面。

3.12.3 会议的主要议程

a）建设单位代表宣布对监理的授权。

b）各方组织机构及人员介绍，并宣布人员授权。

c）施工单位介绍总体进度计划按排，并从工、料、机、法、环五个方面介绍施工准备情况。

d）监理工程师对施工单位的陈述进行逐项评价。

e）建设单位代表明确开工条件，并提出工作要求。

f）监理工程师明确监理工作程序。

g）质量监督部门提出工作要求。

h）其他议程。

3.13 签发总体工程开工令

如果第一次工地会议表明，施工单位具备总体工程开工条件的，总监理工程师应签发总体工程开工令，标志着施工单位和监理方面的准备工作结束，工程进入实体实施阶段。总体工程开工令应报建设单位备案。

4 质量监理

监理工程师应依据合同条件、合同图纸、技术规范和质量标准，对施工单位的施工全过程进行检查、监督和管理，及时发现和制止可能影响工程质量的各种不利因素，使施工单位提交的工程项目符合合同图纸、技术规范和验收标准的各项要求。

4.1 质量监理原则

4.1.1 总原则：总体控制，分项管理。对应方案是总体工程施工方案和分项工程施工方案。施工方案未经批准不得批准总体工程开工，分项工程施工方案未经批准不得批准分项工程开工。

4.1.2 合同原则：按照合同文件规定的设计图纸、质量检验评定标准、施工技术规范和试验检测规程的要求进行质量控制。

4.1.3 预控原则：对关键环节、重点项目进行质量预测，制订对策，组织落实执行。

4.1.4 重点控制原则：抓住质量环节中的重点和难点环节，落实组织、落实措施、落实责任人。

4.1.5 “三全”原则：对工程项目实施全过程、全方位、全天候的质量控制，不放过任何环节。

4.1.6 “三不”原则：不合格的材料不得使用、不合格的工艺不得实施、不合格的工程不得验收签认。

4.1.7 程序原则：质量监理活动必须遵循规定的办事程序，尤其是审批程序、验收程序和事故处理程序。

4.1.8 以自保为基础的原则：监理的质量控制活动是建立在施工单位质量保证体系活动基础上的，必须充分监督和激励施工单位质量保证体系正常运转，不以监代管。

4.2 质量监理的方法与手段

4.2.1 预防：分项工程施工方案未经批准、开工条件不具备不得批准开工；施工过程中施工工艺和方法与方案有实质性不符，必须及时制止。

4.2.2 旁站：对于某一具体的工序、工艺和部位施工全过程，返工造成的损失较大或难以事后检测确定其质量状况的，应进行旁站监理。

4.2.3 验收：对工程实施以工序验收为基础的分项工程验评制度。

4.2.4 试验与检测：按照规定的项目、频率和方法进行试验和检测，为工程质量验收和评定提供基础依据。

4.2.5 测量：按照规定的项目、频率和部位，对工程定位进行抽查，为工程质量验收和评定提供基础依据。

4.2.6 指令：对施工单位违反合同文件的一般施工行为或质量后果，及时发出监理工作指令给予纠偏、整改或制止。

4.2.7 暂停工程：对施工单位严重违反合同文件的施工行为或恶劣的质量后果，及时发出暂停施工指令，防止后果进一步恶化。

4.2.8 暂停计量支付：施工单位违反合同文件和监理程序，造成恶劣或不定后果，监理工程师应暂缓相关项目的计量支付。

4.2.9 控制分包：按照合同文件规定严格控制分包项目的审批。通过施工单位对分包商进行严格的监督和管理，严禁以包代管。

4.2.10 坚持程序：监理工程师要控制施工单位的一切质量行为按照合同和监理工程师规定的程序进行，以达到对施工单位进行监督和管理的目的。

4.3 对施工单位质保体系的日常管理

4.3.1 管理要点

a）检查质量保证体系人员到位情况；

b）检查职责分工落实情况；

c）检查专业技术人员和技工持证上岗情况；

d）重点检查分项工程质量控制人员现场到位与工作情况。

4.3.2 管理方法

a）总监办应每月组织对施工单位质量保证体系进行全面检查，对于发现的不足或问题及时发出书面指令，并抄报项目管理处。

b）总监办应每月统计施工单位的首次报验合格率，作为衡量施工单位质量保证体系运转情况的定量指标。当施工单位首次报验合格率低于85%时，应及时发出指令责令施工单位整改，并抄报建设单位。

c）如施工单位质量保证体系发生重大问题，致使其不能有效运转时，总监办应暂停其永久性工程施工，限期整改并书面报告建设单位。

4.4 永久性工程材料

4.4.1 对用于永久性工程的材料进行控制，其目的在于确保用于永久性工程的材料符合规范和设计要求，并得到监理工程师的认可。

4.4.2 监理工程师必须监督施工单位按照规范规定的材料种类、试验项目、试验方法和试验频率进行试验，并通过施工单位的申报及时掌握试验结果。

4.4.3 控制要点

a）监理工程师应督促施工单位按照当地政府有关有见证取样送检的有关规定，进行工程材料的有见证取样和试验。

b）在材料进场前，监理工程师应检查施工单位用于永久性工程的材料合格证和出厂试验资料。

c）监理工程师在批准施工单位使用其所提交的工程材料以前，应抽取试样进行独立试验，在此基础上审批施工单位提交的材料使用申请。

d）在材料使用过程中，监理工程师应检查施工单位所用材料是否与报批的样品一致，发现问题，及时指令，直至撤销对该部分材料的批准。

e）监理工程师应根据工程量反算材料实际用量，掌握实际进场批次及进场数量，来控制施工单位材料申报的频率。当发现材料申报频率不足时，应对相关工程项目进行扣支或缓支，并采取补救措施保证工程质量。

f）监理工程师应建立控制性材料审批和使用台账，详细记录材料种类、总数量、进场批次、应申报次数、实际申报次数、审批结果及审批撤销情况等。

g）当施工单位使用新型材料时，须按照国家有关规定，上报国家权威部门的技术鉴定证明资料。监理工程师应要求其在有资格的试验单位进行试验，必要时，监理工程师应要求其完成一定数量的试验工程。

4.4.4 控制程序

a）在合同工程总体工程进度计划批准以后14日内，施工单位应根据被批准的总体工程进度计划按分项工程编制并向监理工程师提交总体材料进场计划和材料报验计划，供监理工程师审批。被批准的总体材料进场计划和材料报验计划应随总体工程进度计划的调整而调整，并需重新报监理工程师审批。

b）材料在进场之后3日内，施工单位应及时填报材料进场报告单，载明进场材料的种类、规格、数量、存放地点、拟使用部位等，供监理工程师查验。

c）在分项工程开工之前14日或合同规定的期限内，施工单位应向监理工程师提交工程材料报验单，并附全部详细试验资料，报监理工程师审批。

d）监理工程师在收到上述申请之后，应及时抽取试样进行试验，并根据试验结果于14日内批复施工单位的材料使用申请。

e）被监理工程师批准使用的工程材料，如在使用过程中生产厂家、生产批次、进场批次、规格、配比等发生变化，或实际使用数量已经超过规定允许代表数量，则施工单位应重新提交材料使用申请，报监理工程师审批。

f）监理工程师对施工单位所申请使用材料的批复，是以对试样的试验结果为依据的，因此，监理工程师对工程材料的批准，并不免除施工单位的任何质量责任。若监理工程师发现材料在使用过程中与试样不一致或对材料的品质有怀疑时，有权撤消其批准。

g）材料控制工作流程（略）

4.5　外购预制件、商品混凝土和混合料

外购预制件、商品混凝土和混合料按照合同管理中有关分包的规定进行办理，但监理工程师必须督促施工单位按照4.4款的规定对分包商进行管理，并敦促施工单位随时申报质量结果，以便及时掌握。

4.6　测量放线

4.6.1　进行测量放线控制的目的是保证道路、桥梁、隧道、管线等结构物的空间位置和几何尺寸符合合同图纸和技术规范的要求。

4.6.2　控制要点

a）测量放线对基准点的引用是否正确，基准点有无扰动；

b）工程控制桩（路线中桩、边桩、起止桩，临时基准点、重要构造物控制桩等）是否经过监理工程师复核，有无扰动；

c）测量放线计算和误差评定是否符合规范要求；

d）两个相邻合同段交界处的线位是否有偏差；

e）测量仪器是否经过年度标定；

f）测量人员是否具行上岗证明或具有同等资历；

g）勘测部门提交的基准点资料是否正确。

4.6.3　控制程序

a）施工单位根据监理工程师批准的基准点向现场引设的工程控制桩，其布置图、测量记录和计算资料须提交监理工程师查验。

b）监理工程师在接到上述报验后，应对工程控制桩进行复核，并根据复核结果决定是否采用。

c）在分项工程开工以前，施工单位根据设计从基准点或工程控制点进行施工放样，并应按监理工程师的要求及时提交放线资料，供监理工程师抽查。

d）监理工程师依据放线部位的重要性，对施工单位的施工放样项目进们100%抽查，频率不低于30%，重点部位应100%复核。

e）在分项工程完工验收前，监理工程师应督促施工单位提交完工测量成果资料，并应组织监理测量人员进行复核。当监理工程师认为施工单位提交的资料不能使其满意时，施工单位应就上述项目重新进行测量，直至达到监理工程师满意为止。

f）测量控制监理工作流程

4.7　试验

4.7.1　监理工程师所进行的试验旨在验证施工单位试验是否准确，确保监理工程师决策的科学性和正确性，从而保证工程质量。

4.7.2 监理工程师单独按规范规定的试验项目进行抽验，频率不低于规范规定频率的20%。

4.7.3 控制要点

a）监理试验室应配备土工、水泥混凝土、钢筋力学性能、混合料、沥青及沥青混凝土等必要的试验设备或设施；

b）总监办应设置试验检测工程师及辅助岗位人员，负责监理方面的试验检测工作；

c）监理试验室应建立收样制度，对监理送样进行严格的审查、登记和妥善保管；

d）监理试验室应对主要试验项目建立控制性台账，及时进行统计分析，发现问题及时处理或上报；

e）监理试验室对发现的不合格的试验项目应签发不合格试验项目通知单，按规定抄报有关部门解决，并跟踪记录处理结果；

f）监理试验室的试验应严格按照规范规定的试验方法和操作规程进行；

g）监理试验室应按照规定的记录和报告格式填写，分类保存。

h）监理送样不得委托他人代送，否则，监理试验室不予承接。

4.7.4 试样控制阶段划分

4.7.5 试验控制监理工作流程

4.8 分项分部工程开工审批

4.8.1 分项分部工程开工申请单的内容

a）分项分部工程概况：包括工程概况、工程项目、工程数量、工程造价、工程特点、工期及质量要求等。

b）分项分部工程施工方案：施工组织（包括人员组织机构、施工部署等）、施工方法、技术措施、特殊和重要工程的专项说明（包括模板设计、排架设计、新工艺、新材料、新设备等）。分项分部工程施工方案的格式包括施工平面布置图、施工组织机构框图、施工工艺流程图和专项施工设计等。

c）分项分部工程测量放样计算。

d）分项工程材料审批情况。

e）分项工程机械设备配备情况。

f）分项工程质量保证措施：质量目标设计、保证体系、自检方法和手段、质量标准、技术交底单、质量保证体系工作流程图等。

g）环境保护措施和施工安全措施。

h）分项工程进度计划和报验计划。

4.8.2 审批要点

a）施工方案是否合理；

b）质量标准是否准确；

c）自保措施是否得力；

d）准备工作（工、料、机）经过检查是否已经落实

e）分项工程进度计划是否合理：

f）分项工程审批要素与上级要素是否对应；

g）环境保护措施是否得当。

4.8.3 审批程序

施工单位应在分项工程开工前7天向驻地监理工程师提交分项工程开工申请。驻地监理工程师应在3天内予以审批。审批合格的分项工程开工申请报总监办备案。

4.9 监理工作现场交底

4.9.1 监理工作交底以分项工程为单位。在分项工程开工前，由总监办专业工程师对相关驻地监理工程师进行交底，并填写分项工程监理工作交底记录。

4.9.2 监理工作交底的主要内容

a）上一分项工程存在的对下一个分项工程产生不利影响的因素或缺陷；

b）工程结构型式和工程特点、难点、要点；

c）图纸中的错误、可能引起异议的问题、特别应该提请注意的事项；

d）施工方法、施工工艺控制要点；

e）质量问题预测及预防控制措施；

f）质量验收标准、验收要点和检验方法：

g）监理工作质量保证体系；

h）监理工作程序。

4.10 过程控制

4.10.1 过程控制的目的在于监督施工单位按照批准的施工方案实施工程，同时能够防患于未然，将质量问题消灭在萌芽状态。

4.10.2 过程控制要点

a）未批推开工的工程不得实施；

b）未经书面认可的变更不得实施；

c）不适当的工艺不得实施；

d）不合格的材料不得使用；

e）不适宜的设备不得使用；

f）自保体系人员是否到位并有效工作；

g）现场的过程控制是否到位，质量问题是否得到控制；

h）施工工力是否满足施工要求；

i）施工过程的检查是否按照要求实施；

j）特殊情况的处理是否得当。

4.10.3 过程控制方法

a）巡视：驻地监理工程师每天至少巡视工地两次，巡视时间不少于工作时间的60%，并填写巡视记录、监理日志，详细记录工程形象进度、抽查项目及抽查结果、工料机动态（问题）、发现的问题及其处理措施和结果、对上次发现问题的处理结果的检查情况等。

b）旁站：规定旁站的工程项目必须安排驻地监理工程师旁站，填写旁站监理记录，详细载明施工过程、检查项目和检查结果、发现的问题和处理结果。

c）指令：对于过程控制中发现的问题和隐患以及违反监理程序的现象，驻地监理工程师应签发监理工作指令，抄报有关部门处理，并跟踪记录处理结果。

4.10.4 指令的种类和权限

a）监理工作指令单和监理工程师通知：对于施工单位违反合同规定、监理工作程序、存在质量问题或安全隐患的一般问题，专业监理工程师可以签发监理工程师通知，驻地监理工程师可以签发监理文件通知，要求施工单位改正。监理工作指令单和监理通知要写明指令依据、指令项目、不符合事实和整改要求。

b）停工令和复工令：由于施工单位屡次违反合同规定、严重违反监理工作程序、存在质量问题或安全隐患时，监理工程师可以暂停部分或全部工程项目。驻地监理工程师有权对分项工程进行停工。专业监理工程师有权对工序工程进行停工。总监办有权对合同工程进行停工。总监办以文件形式签发工程停工和复工指令。专业监理工程师以监理工程师通知的形式签发停工和复工指令。驻地监理工程师以监理文件的形式签发停工和复工指令。不论何种形式，都必须详细写明停工的项目、范围和内容；停工的依据和原因；监理工程师的整改要求。在施工单位满足了监理工程师的整改要求，提交了复工申请并经监理工程师验证后，监理工程师可以签发复工指令。停工令、复工申请和复工令外延要对应。

c）监理文件：在监理工程师认为工程存在严重的质量问题或施工单位严重违反合同文件和监理工作程序规定或施工单位拒不执行监理工作指令或不接收监理工作指令时，监理工程师将就上述问题发出监理文件，并抄送建设单位及有关单位。施工单位应就监理文件中指出的问题，写出书面报告，报监理工程师审批，直至达到监理工程师满意为止。

4.11 工序验收

4.11.1 工序验收的目的在于检验施工单位的质量体系是否正常运转，体现为追究工序是否符合规范规定的质量要求。工序验收可视工程划分情况，多个工序合并为相应分项工程一起验收。

4.11.2 工序验收条件

a）工序完工；

b）施工单位自检合格；

c）施工单位自检资料真实、齐全；

d）过程中监理工程师指出的问题已经纠正；

e）提交验收申请。

4.11.3 工序验收内容

实体验收监理必须亲自动手实测实量，掌握第一手资料。资料验收包括过程记录和自检资料等一切与本工序有关的保障资料。

4.11.4 工序验收成果

a）工序验收完毕，监理工程师应填写验收记录，分类保存；

b）监理工程师应统计施工单位的首次报验合格率。

c）对于过程中指令的问题，应记录处理结果。

4.11.5 工序验收程序（略）

驻地监理工程师在接到施工单位提交的工序报验之后24小时内应予以验收。在进行实体工程验收之前，驻地监理工程师应首先检验施工单位提交的自检资料是否合格，确认合格后，才能进行实体工程验收。

4.12 分项工程完工验收

4.12.1 验收条件

a）分项工程完工；

b）施工单位自检合格；

c）分项工程资料合格；

d）过程中的问题已经纠正；

e）提交验收申请。

4.12.2 验收内容

分项工程完工验收包括实体验收和资料验收两项。实体验收包括内在质量和外在质量两部分。实体验收要求监理必须亲自动手实测实量。资料验收包括过程记录和自检资料等一切与本分项工程有关的保证资料。

4.12.3 验收结果

a）分项工程首次验收合格率；

b）分项工程质量评定结果；

c）分项工程优良品率。

4.12.4 验收程序

a）分项工程完工以后，施工单位应首先进行自检，内容包括实体验收和资料整理。自检合格后报总监办，申请分项工程完工验收。

b）总监办收到以述申请后24小时内，组织专业工程师和驻地监理工程师，对分项工程进行全面验收。在进行实体工程验收之前，应首先组织进行资料验收，确认合格后，才能进行实体工程验收。分项工程验收合格的，统一进行质量评分，并签发分项中间交工证书；验收不合格的工程项目填写不合格工程项目通知单，施工单位应重新报验。

4.13 工程质量事故处理

4.13.1 对质量事故进行处理的目的是控制质量事故影响的范围、程度和损失，并使其得到妥善处理。

4.13.2 质量事故处理

a）当发生质量事故时，施工单位应立即暂停该项目的施工，保护好现场，并采取有效措施不使后果扩大。

b）质量事故发生后12小时或合同规定的期限内，施工单位应立即填写质量事故报告单，迅速通知驻地监理工程师及有关部门，并随后以书面形式报告质量事故的发生时间、发生部位、初步认定原因、事故的性质、造成的损失、采取的应急措施和进一步处理的意见。

c）施工单位对于事故发生后3日内或合同规定的期限内，提出质量事故补救措施或处理方案，通过驻地监理工程师报总监办审批。当施工单位提出的补救措施或处理方法不能满足监理工程师要求时，将不予退回，施工单位应在3日内重新申报，直至达到监理工程师满意。

d）总监办在正式审批以前，总监办应邀请建设单位代表、设计单位代表、质量监督部门代表及其他有关方面人员召开专题会议进步讨论拟采用处理方案。讨论通过的处理方案，会后总监办以书面形式批准。

e）重大质量事故，在召开方案论证会以前，总监办还应召开预备会议。

f）在施工单位按监理工程师批准的处理方案实施完毕后，总监办应组织监理工程师对处理结果进行验证，必要的应进行试验或检测。

4.13.3 对于每一起质量事故，总监办应建立专门的台账，详细记载从发生、发展、处理到验证的整个过程和结果。

4.13.4 质量事故处理工作流程（略）

5 费用监理

监理工程师应依据合同条件、工程量清单及其说明、技术规范和合同图纸，对工程数量进行严格的计量，对工程费用的变化进行科学评估，使最终支付的合同款额合理、准确。

5.1 费用监理依据

5.1.1 建设单位与施工单位签订的施工承包合同文件，主要内容包括合同条件、工程量清单及其说明、合同图纸、合同协议书等；

5.1.2 质量检验评定标准和施工技术规范；

5.1.3 建设单位批准的施工变更协议或工程变更；

5.1.4 国家和地方有关法规、规定；

5.1.5 市场价格信息及概（预）定额、取费标准。

5.2 费用监理原则

5.2.1 总原则：总体控制、重点把握、周计量、月汇总、完工结算、交工结账，对应的记录是清单核算成果表、中间计量单、月计量汇总表、分项完工结算单和交工结账单。

5.2.2 合同原则：费用控制必须依据合同文件规定的内容、方法、程序进行。

5.2.3 技术原则：优选合理的施工和处理方案，降低技术成本。

5.3 费用控制方法

5.3.1 建立从总监办合约工程师、计量工程师、驻地监理工程师到施工单位计量人员的独立的计量支付管理工作体系；

5.3.2 依据合同文件规定的计量方法和合同图纸，对工程量清单进行准确核算，计算出每个清单栏目的控制数量，并分解到每个分项工程，得出分项工程完工结算清单；

5.3.3 凡是清单外或需要现场确认的数量，须由建设单位代表、监理和施工单位三方联测，建立专门控制台账；

5.3.4 必须执行监理工程师分级审核制度。

5.4 工程量清单的复核

5.4.1 数量核算

总监办在接到建设单位下发的中标工程量清单后28日内，应根据合同文件对原工程量清单的数量进行认真核算。首先，核算图纸数量表中的数量，确定实际图纸数量；其次，根据实际图纸数量和清单说明核算清单数量，确定清单数量控制值。

5.4.2 单价划分

总监办应督促施工单位在签定《合同协议书》后14日内或合同规定的其他期

限内，向总监办提交一份工程细目清单，说明清单栏目所包含的工程细目内容和单价构成，并对以“项”为单位进行计量的清单项目提出划分计量阶段的建议。总监办在接到上述工程细目清单后7日内应予以审核、确认，并报建设单位备案。

5.4.3 清单调整与确认

单价划分经批准后7日或合同规定的期限内，总监办应敦促施工单位在规定期限内，进一步澄清原清单是否有遗漏项目。若无，总监办应根据上述确认数量核算和单价划分对工程量清单加以调整，并报建设单位审批。经批准的调整后工程量清单，将作为合同文件的一部分，成为计量支付工作的基础依据之一。

5.4.4 清单分解

总监办应督促施工单位对调整后的工程量清单按分项工程划分进行分解，形成若干个分项工程工程量清单。总监办应对分项工程工程量清单进行严格审批，并报建设单位备案。经批准的分项工程工程量清单将作为分项工程完工计量和支付的基础依据。

5.4.5 清单变化

a）清单增补或补充协议：建设单位确定的投标时工程量清单中的暂时缺项或漏项，建设单位将在施工过程中以增补清单的形式予以增补。清单增补应视为工程量清单的部分，纳入原清单管理。

b）工程变更：由于工程变更引起的清单变化，必须以总监办签发的工程变更通知和工程变更令为准。工程变更引起的清单变化按以下原则处理：原清单项目、单价不变，数量增减，且较项目清单数量增减未超出合同规定范围的25%，直接在原清单内以变更增减的形式办理；原清单项目、单价不变，数量增减，且较项目清单超出合同规定范围的25%，按合同规定重新调整单价，纳入数量变更清单；原清单项目、数量不变，单价变化的，直接纳入变更清单；原清单项目发生变化，数量和单价随之改变的，直接纳入变更清单。

5.5 中间计量

5.5.1 计量依据

a）建设单位和施工单位签订的施工承包合同文件，主要是合同条件、工程量清单及其说明、合同图纸；

b）监理工程师下发的工程变更和工程变更令；

c）费用索赔评估报告；

d）质量验收质量保证资料，并附有监理签证的中间交工证书；

e）建设单位和监理工程师书面发布的有关文件；

f）其他规定依据。

5.5.2 计量方法

a）直接使用合同文件规定的数量；

b）根据清单说明，直接使用图纸数量；

c）根据清单说明，直接从现场测定数量；

d）使用建设单位和监理工程师以书面形式确定的数量；

e）其他合同文件规定的方法。

5.5.3　计量原则

a）按合同计量原则：计量应采用合同文件规定的范围、方法、内容和计量单位。

b）按实际计量原则：工程量清单中所列工程数量为施工图纸提供的暂估数量，不作为施工单位履行合同时应予完成的实际和准确工程量，计量工程量应是按图纸和实际要求完成的，经监理工程师计算和现场测量的工程量。

c）“按质论价”原则：所有计量工程项目均应达合同文件规定的质量等级。否则，监理工程师有权视工程质量情况，决定按质论价。

d）准确计量原则：计量工作要做到不超计、不漏计、不重计。

e）事前计量原则：立项和计量工作应在工程进行前进行。

f）三方联测原则：对于数量比较大的现场确认，应由建设单位项目管理处、监理和施工单位三方联合确定，共同签认。

5.5.4　计量程序

a）计量支付许可证：在施工单位未得到总监办颁发的计量支付许可证之前，监理工程师不办理施工单位的任何计量支付申请。施工单位得到监理工程师颁发的计量支付许可证的前提是：计量支付体系建立完毕并经监理工程师批准；工程量清单核算完成，并经总监办批准；工程细目清单编制和标价划分完成，并经总监办批准；清单分解完成，分项工程完工结算清单编制完毕，并经总监办批准；原地面线测量和清表后地面线测量完毕，结果经总监办批准；提交总体工程计量支付申请。

b）周计量：施工单位应以周为单位对符合合同文件要求的所完工程项目进行计量，填报周中间计量单；驻地监理工程师对其进行审查，总监办合约工程师对其进行审定。

c）月汇总：施工单位须以月为单位对监理工程师签认的周中间计量单进行汇总。驻地监理工程师对此进行审查。总监办合同管理工程师对此进行审核。建设单位项目管理处对此进行审定。

d）分项完工计量：施工单位应当月对质量评定达到规定等级的所完分项工程进行完工计量，同时附详细的证明资料；驻地监理工程师以分项工程支付清单为基础，以质量达标、数量准确、资料齐全为原则对其进行审查；总监办合同管理工程师对其进行审核。建设单位项目管理处对其进行审定。

e）核、扣、缓计量

被监理工程师缓计的项目和数量，施工单位在重新办理计量时，需填报返还计量单。被监理工程师核减、扣支的项目和数量不再办理计量，除非施工单位有足够的证据证明被核计、扣计项目属于监理工程师或建设单位的错误所造成。

5.6　中期支付

5.6.1　支付依据

a）合同条款、工程量清单及其说明、合同图纸；

b）清单控制数量和分项工程完工计量清单；

c）经监理工程师和建设单位项目管理处批准的月计量汇总表。

5.6.2　支付条件

a）获得计量支付许可证；

b）完成了合同文件规定的工程项目；

c）所完工程项目质量合格；

d）工程数量计量准确；

e）有准确可靠的支付依据和凭证；

f）相关监理工程师指令得到执行且结果令监理工程师满意。

5.6.3 支付方法

a）工程预付款：照合同条款规定的限额和付款阶段规定，分期支付。按照合同条款规定的回扣办法进行回扣。

b）以物理单位计量的项目：将每月经建设单位和监理工程师批准的月计量汇总表中的工程数量与工程量清单中相应的单价相乘，得出的金额作为该清单项目中期支付的金额。

c）以自然单位计量的项目：按照监理工程师批准的支付阶段和支付比例分期支付。

d）工程变更项目：依据工程变更令中监理工程师和建设单位批准的单价和工程数量办理支付。

e）索赔项目：依据建设单位批准的索赔审批书办理支付。

f）保留金：在办理支付的同时，用确认支付额乘以合同规定的保留金比例得到应扣保留金款额。

5.6.4 支付程序

a）施工单位提出申请：每月25日前，施工单位应通过总监办向建设单位提出工程款支付申请，说明当月应支付工程款及扣还的费用。施工单位在申请工程款支付的同时应出具一系列报表，包括财务支付月报、月计量汇总表、清单支付月报和变更支付月报，详细载明本月应支付的工程项目的数量及金额。此报表应按监理工程师指定格式填写，所有数量以监理工程师最终签认的数量为准。

b）总监办审核汇总：总监办对施工单位提交的支付月报应进行认真审查和核实，并于28日前编制中期支付证书和工程支付汇总表提交建设单位项目经理部审批。

c）建设单位项目经理部将于28日内予以审批。经批准的支付证书作为本月工程款拨付的依据，在28日内拨付工程款。

6 安全监理

6.1 审查安全技术措施或专项施工方案

工程开工前，监理工程师应审查施工单位编制的施工组织设计中的安全技术措施或专项施工方案是否符合强制性标准，审查合格后方可同意工程开工。

（1）安全管理和安全保证体系的组织机构，包括项目经理、专职安全管理人员、特种作业人员配备的数量及安全资格培训持证上岗情况。

（2）是否制订了施工安全生产责任制、安全管理规章制度、安全操作规程。

（3）施工单位的安全防护用具、机械设备、施工机具是否符合国家有关安全规定。

（4）是否制订了施工现场临时用电方案的安全技术措施和电气防火措施。

（5）施工现场布置是否符合有关安全要求。

(6) 生产安全事故应急救援预案的制订情况，针对重点部位和重点环节制订的工程项目危险源监控措施和应急预案。

(7) 施工人员安全教育计划、安全交底安排。

(8) 安全技术措施费用的使用计划。

6.2 审查分包单位安全生产方面的责任

监理工程师应审查分包合同中是否明确了施工单位与分包单位各自在安全生产方面的责任。

6.3 安全巡视、检查

监理工程师在巡视、旁站过程中应监督施工单位按专项安全施工方案组织施工，若发现施工单位未按有关安全法律、法规和工程强制性标准施工，违规作业时，应予制止。对危险性较大的工程作业等要定期巡视检查，如发现安全事故隐患，应立即书面指令施工单位整改；情况严重的应签发《工程暂停令》要求施工单位暂停施工，并及时报告建设单位。施工单位拒不整改或者不停止施工的，监理工程师应及时向有关主管部门报告。

6.4 督促施工单位进行安全生产自查

督促施工单位进行安全生产自查工作、落实施工生产安全技术措施，参加施工现场的安全生产检查。

6.5 建立施工安全监理台账

监理机构应建立施工安全监理台账，并由专人负责。监理人员应将每次巡视、检查、旁站中，发现的涉及施工安全的情况、存在的问题、监理的指令及施工单位处理的措施和结果及时记入台账。总监理工程师的驻地监理工程师应定期检查施工安全监理台账记录情况。

6.6 分项、分部工程交工验收时，如安全事故的现场处理未完成，不得签发《中间交工证书》。

7 环境保护监理

7.1 审查施工环境保护措施

监理工程师应审查施工组织设计是否按设计文件和环境影响评价报告的有关要求制订了施工环境保护措施，审查合格后方可同意工程开工。

7.2 巡视、检查

监理工程师在巡视、旁站中，应随时检查施工单位制订的环境保护措施的落实情况，检查的主要内容有：

(1) 是否落实了施工环境保护责任人。

(2) 是否对施工人员进行了环保教育。

(3) 施工现场的布设是否符合相关环保要求。

(4) 职业危害的防护措施是否健全。

(5) 施工现场（含临时便道、拌合站、预制场等）和料场等是否洒水防尘。

(6) 是否按有关要求采取降噪措施。

(7) 材料堆场设置环境的合理性及采取措施减少运输漏洒情况。

(8) 施工废水、渣土、生活污水、垃圾的处置是否合理。

(9) 是否按照批准在拟定的取弃土场取弃土，取土结束后是否采取了有效的排水防护和植被恢复措施。

7.3 制止违反环保的施工行为

如发现施工中存在违反有关环保规定、未按合同要求落实环保措施的情况，监理工程师应书面指令施工单位整改；情况严重的应签发《工程暂停令》要求施工单位暂时停工，并及时报告建设单位。

7.4 文物保护

施工中发现文物时，监理工程师应要求施工单位依法保护现场，并报告有关部门和建设单位。

7.5 保护野生动物、植物

监理工程师应要求施工单位依法取得砍伐许可后方可按照砍伐许可的面积、株数、树种进行砍伐，并注意保护野生动物、植物。

8 合同其他事项管理

8.1 工程变更

施工单位要求工程变更时，应提交变更申报单，报监理工程师审核，按施工合同要求须由建设单位批准的隐蔽工程的变更，还应会同建设、设计、施工等单位现场共同确认；建设单位要求工程变更时，监理工程师应按施工合同规定下达工程变更令。

变更费用应按施工合同约定计算，合同未约定的应由合同双方协商确定。

8.2 工程延期

监理工程师应对符合合同规定的延期意向或事件做好现场调查和记录，在施工单位提出正式延期申请后，对延期原因、发展情况、结果测算等资料进行审核并报建设单位。

8.3 费用索赔

监理工程师应对施工单位提出的符合合同规定条件的费用索赔意向和申请予以受理，对索赔发生的原因、发展情况、结果测算等资料进行审核。审核后应编制费用索赔报告报建设单位。

8.4 价格调整和计日工

价格调整和计日工应由监理工程师安合同规定予以核定。

8.5 工程暂停

监理工程师签发的工程暂停令，应明确工程暂停范围、期限及工程暂停期间施工单位应做的工作，并报建设单位。

8.6 工程复工

施工单位原因引起的工程暂停需复工时，监理工程师应要求施工单位提出复工申请并签发复工指令。

非施工单位原因引起的工程暂停，在暂停原因消失后具备复工条件时，监理工程师应及时签发复工指令。

8.7 工程分包

监理工程师应当加强对施工单位分包的管理，按合同规定对工程分包计划和协议进行审查，报建设单位批准。监理工程师发现有非法分包、转包时，应指令施工单位纠正并报告建设单位。

8.8 工程保险

监理工程师应根据合同规定，对工程保险办理情况进行检查。

8.9 违约处理

监理工程师认为违约事件可能发生时，应及时提示施工单位和建设单位。违约事件已发生，监理工程师应调查分析，掌握情况，依据合同规定和有关证据评估损失，提出处理意见。

8.10 争端协议

监理工程师应受理争端一方或双方提出的协调申请，并及时调查和收集相关资料，提出解决建议，对双方进行调解。仲裁或诉讼时，监理工程师有义务作为证人，向仲裁机关或法院提供有关证据。

9 交工及缺陷责任期的监理

9.1 交工验收

9.1.1 交工验收的前提

a）提交交工申请：监理工程师书面收到施工单位提交的交工申请报告。交工申请报告的主要内容应包括工程概况、工程施工过程描述、交工工程数量、交工工程质量评定情况、质量缺陷处理情况、剩余工程及完成计划、交工资料整理情况、现场清理情况和有关合约事宜办理情况等。

b）工程实际已经完成：监理工程师对施工单位申请交工的全部工程进行全面检查，确认其主体工程已经完成，剩余工程很少，可在缺陷责任期内完成，且不影响正常使用和行车、施工安全。

c）工程检验合格：监理工程师对工程质量检验和评定结果符合规范要求，且资料齐全；监理工程师以不同形式向施工单位签发的监理工作指令均得到令监理工程师满意的解决，且证明资料齐全。

d）现场清理完毕：监理工程师确认施工单位对其申请交工的工程已经进行了全面的现场清理（包括工程现场、临时用地、材料场地和取弃土场地等），结果令人满意。

e）交工资料齐全：监理工程师确认施工单位已根据合同规定完成或基本完成所有的交工资料，并整理装订成册。

9.1.2 交工验收程序

a）成立交工验收小组：成立由建设单位代表、设计代表、监理工程师代表、接管单位代表等参加交工验收小组，邀请质量监督部门参加。

b）制定工作计划：交工验收小组制订交工验收工作计划。

c）审查交工申请报告：审查的要点是交工工程范围是否明确，质量评定是否真实，质量缺陷处理是否得当，交工资料是否全面合规，剩余工程计划安排是否合理可行。小组应书面写出审查意见，并明确表明是否接受交工申请，进行工程现场检查。

d）进行现场检查：检查分成外观检查、实测实量和现场清理三部分。检查中发现的所有问题与缺陷应进行详细的记录。检查小组应对检查情况进行全面评价，重点分析工程缺陷是否已被修复或可立即修复或可作为剩余工程完成。

e）编写检查报告：无论检查小组是否同意签发交工证书，均应编写检查报告。其主主要内容包括概述、交工验收小组的组成、交工验收工作规划、交工申请中查情况、现场检查情况、资料检查情况、质量缺陷情况、小组的结论和交工申请等附件。评价报告应发给施工单位、建设单位和有关方面。

9.2 缺陷责任期工作计划

如交工验收小组同意施工单位工程交工，在签发工程交工证书之前，施工单位应根据交工申请中的剩余工程及其完成计划和交工验收小组交工评价报告的有关要求或结论，编制缺陷责任期工作计划，提交交工验收小组审批。

9.3 交工证书

9.3.1 签发交工证书的前提是交工验收小组同意、缺陷责任期工作计划得到交工验收小组批准。

9.3.2 交工证书由交工验收小组签发，日期以交工验收小组决定的日期为准。

9.3.3 交工证书必须包括以下内容：获取交工的工程范围、工程获得交工的日期、交工的主要结论、审查交工工程的单位、交工证书各方面的签字。

9.4 工程监理工作报告

9.4.1 在签发交工证书后，监理工程师应向建设单位和上级主管部门提交正式的监理工作报告。

9.4.2 根据2007年1月1日实行的《公路工程施工监理规范》第8.2.9条的规定，工程监理工作报告的主要内容为：

a）工程基本情况；

b）监理机构及工作起止时间，投入的监理人员、设备和设施；

c）关于工程质量监理、安全、环保、费用、进度监理及合同管理执行情况，

d）分项、分部、单位工程质量评估；

e）工程费用分析；

f）工程建设中存在问题的处理意见和建议。

9.5 交工结算报告

在交工证书签发以后，监理工程师应及时组织交工结算工作，并写出交工结算评估报告。报告的主要内容包括结算过程概述、结算组织和人员、结算范围、结算的原则和方法、结算结论、费用组成分析、存在的问题及其建议。

9.6 缺陷责任终止证书

9.6.1 工程进入缺陷责任期后，监理应根据施工单位的缺陷责任期工作计划，成立专门的监理组织，负责缺陷责任期的监理工作。

9.6.2 缺陷责任期监理工作的主要内容为：

a）核查施工单位缺陷责任期工作计划执行情况，发现问题，及时处理。

b）经常检查已完工程，重点是质量缺陷及其修复情况。

c）对工程缺陷发生的原因和责任进行调查，并对因非施工单位原因造成由施工单位进行修复的质量缺陷，做出费用评估。

9.6.3 签发缺陷责任终止证书的必要条件

a）监理工程师确认施工单位完成全部剩余工程；

b）全部剩余工程质量得到监理工程师认可；

c）施工单位提出书面申请。

9.6.4 缺陷责任终止证书签发程序

a）受理施工单位提出的书面申请：终止缺陷责任申请书的主要内容包括缺陷责任期工作计划的执行情况，缺陷责任期内监理工程师发现并指示施工单位进行修复工程的完成情况，交工资料的完成情况等。

b）成立缺陷责任期工作检查小组：监理工程师确认具备签发缺陷责任终止证书的条件后，应成立由建设单位代表和监理工程师参加的检查小组，建议邀请设计单位和监督单位参加。

c）检查缺陷责任终止申请：小组对申请报告的完整性、真实性、合理性进行审查，并确认是否满足合同规定。

d）最终检查和评价：最终检查重点是剩余工程及其缺陷工程的完成情况和整个工程的使用情况。评价主要围绕现场检查结果进行。除合理磨损外，工程均应达到合同规定的标准。

e）编写检查报告：检查小组必须编写检查报告，报建设单位，送施工单位。检查报告的主要内容包括工作概述、现场检查情况、对缺陷责任期工作的评议、小组结论及有关附件。

f）签发证书：监理工程师收到检查小组的报告，并确认缺陷责任期已经达到合同规定标准时，应签发缺陷责任终止证书。签发日期应以工程最终通过检验的日期为准。证书的主要内容包括获得证书的工程范围、审查缺陷责任期工作的单位工程的交工日期、合同缺陷责任终止日期和各方签字。

10 工地会议

10.1 一般要求

10.1.1 监理工程师应定期召开工地会议，在过程中检查进度、质量和费用控制情况，及时明确要求，纠正施工单位工作偏差，确保工程顺利进行。

10.1.2 工地会议由总监理工程师或驻地监理工程师主持，议程应提前议定，必要时应提前和有关方面进行沟通，确保会议效果；

10.1.3 工地会议应有正式的记录和签到，会后由监理工程师整理出会议纪要，经入会各方负责人签字确认。

10.2 第一次工地会议

10.2.1 会议组织。第一次工地会议应在工程正式开工前召开。总监办应事先将会议议程及有关事项通知建设单位、施工单位及其他有关单位并做好会议准备。会议应由总监理工程师主持，建设单位、施工单位法定代表人或授权代表必须出席。各方在工程项目中担任主要职务的人员及分包单位负责人应参加会议。第一次工地会议应邀请质量监督部门参加。

10.2.2 会议内容

（1）第一次工地会议上，各方应介绍各自的人员、组织结构、职责范围及联系方式。建设单位应宣布对监理工程师的授权；总监理工程师应宣布对驻地监理工程师授权；施工单位应书面提交对工地代表（项目监理）的授权书。

（2）施工单位应陈述开工的各项准备情况；监理工程师应就施工准备以及安全、环保等予以评述。

（3）建设单位应就工程占地、临时用地、临时道路、拆迁、工程支付担保情况以及其他与开工条件有关的内容及事项进行说明。

（4）监理单位应就监理工作准备情况以及有关事项作出说明。

（5）监理工程师应就主要监理程序、质量和安全事故报告程序、报表格式、函件往来程序、工地例会等进行说明。

（6）总监理工程师应进行会议小结，明确施工准备工作还存在的主要问题及解决措施。

10.2.3　开工条件具备的可下达开工令。

10.3　工地例会

10.3.1　工地例会由总监理工程师或驻地监理工程师组织并主持。参加人员包括施工单位项目经理、技术负责人、合同管理人员、建设单位代表及有关监理人员。

10.3.2　工地例会应定期举行，宜每月召开一次，其具体时间可根据施工中存在的问题和程度由监理工程师确定。

10.3.3　会议中如有重大问题需要解决，可召开预备会议或在会后召开专题会议解决。

10.3.4　施工单位应向监理工程师提交书面汇报资料。

10.3.5　工地例会议程主要包括：

a）确认上次工地会议纪要；

b）施工单位就上期工程的质量、进度、费用和合同执行情况进行详细汇报，分析产生问题的原因，并提出下一阶段工作的详细安排或工作设想；

c）监理工程师对施工单位上一期工程的质量、进度、费用和合同执行情况进行评述，指出存在的问题，提出要求或建议；

d）双方商讨工程中的具体问题；

e）建设单位代表（如果参加）提出建设单位方面的要求；

f）其他事项。

10.4　专题工地会议

10.4.1　专题工地会议不定期召开，一般由监理工程师组织并主持，与专题有关的建设单位代表、施工单位代表、设计代表、总监理工程师和特邀人员参加。专题工地会议应提前通知，以便与会人员进行专题调查、研究和准备。

10.4.2　专题工地会议即可就重点工程技术、施工方案、施工工艺等质量问题召开，也可就工程进度、费用事宜和合同事宜召开。

10.4.3　专题工地会议一般首先由主持人介绍与会人员和专题内容，提出解决或讨论的基本思路或方法，供与会人员讨论或论证。最后，由主持人汇总总结出专题会议的结论。

10.5　监理例会

10.5.1　为检查和协调监理工作，监理应每月召开一次监理例会。

10.5.2　监理例会由总监理工程师或其授权代表主持，专业监理工程师和现场监理工程师参加。

10.5.3 监理内部例会的主要议程有：

a）检查上次例会上布置要求的落实情况和确定问题的解决情况；

b）驻地监理工程师和专业监理工程师对上一周的工程情况和工作情况以及下一周的工作计划进行报告；

c）商讨监理工作中的具体问题；

d）总监理工程师或其授权代表进行总结，并布置下一周的工作要求和工作安排。

e）对工程中的重要问题的解决提出要求。

11 工程监理月报

11.1 基本要求

11.1.1 监理工程师应每月编制监理月报。监理月报编制细则和附表格式，须经建设单位批准。

11.1.2 监理月报由总监理工程师签发，报建设单位、监理、监督和有关单位，并下发下级监理部门。

11.1.3 监理月报的编制周期为上月26日至本月25日，在下月5日前签发。

11.1.4 监理月报应真实反映工程情况和监理工作情况，做到依据充分、内容全面、重点突出、语言通顺、描述准确，并附图表和照片。

11.1.5 所有汇总数据，采用统计表形式。既要有本期数据，又要有累计数据。

11.1.6 监理月报用A4纸规格打印，装订整齐。

11.2 基本内容

11.2.1 本月工程概述：阐述工程项目名称、地理位置、地理环境、工程地质、合同段长度、起止点、主要设计指标、主要结构物类型及数量、合同签订日期、项目负责人、合同总价、合同工期、签发开工令日期、实际开工日期、修订的完工日期、以及建设单位、施工单位、主要分包单位、设计单位、监理单位、监督单位名称等。

11.2.2 工程质量：对各合同段工程质量验收情况、工程质量评定情况、质量与缺陷处理情况、返工情况、材料审批情况、监理试验与检测情况、监理工作指令及执行情况等进行统计分析。

11.2.3 工程进度：对各合同段形象进度进行描述，对实际进度和计划进度进行对比分析，阐述影响计划执行的主要原因，已经采取或将要采取的措施和效果。绘制现金流“S”曲线。

11.2.4 安全监理：施工安全、人身安全情况进行描述。

11.2.5 环境保护监理：工程施工环保、环保工程监理情况。

11.2.6 计量与支付：对各合同段工程计量与支付情况进行描述。

11.2.7 合同管理事项：对工程变更、工程延期、费用索赔、工程分包、监理程序和监理工作指令执行情况进行描述。

11.2.8 合同执行情况：对监理人员变更、监理会议、资料整理与验收、主要监理工作等进行描述。

11.2.9 存在的问题：对一个月的施工问题、监理问题、其他问题进行描述。

11.2.10 本月监理工作小结：指出本月工作存在的问题和不足，拟采取的措施，并对上月执行情况进行总结。提出下月监理工作重点、拟采取的措施和组织落实等。

［点 评］编制公路工程施工监理规划是各个监理机构在工程进场后、总体工程开工前必须完成的一项工作，虽然1995年版《公路工程施工监理规范》没有规定编写。但是，各个监理单位在工程项目中标后，一般都组织专门班子编写施工监理规划，其目的是更好地开展好监理工作，赢得业主的信赖。2007年1月1日之后，各个监理机构就必须执行2006年版《公路工程施工监理规范》关于编制监理规划的规定。

该监理规划案例写于2006年之前，本次摘录时已将其中的部分内容按照2006年版《公路工程施工监理规范》的规定进行了修改，增加了安全监理、环保监理等内容，以供监理同仁参考。

4.3 工程监理实施细则的编写

一、细则的含义

细则是党政机关为了贯彻执行某一法律、条文，结合实际情况制定出详尽的、具体的、针对性的实施办法或作出补充、辅助说明的法规性文书。

细则是对某一法律、法规、方案、规划、意见的全部或部分内容的具体化。

实施法律的具体规定多称“实施条例”，如《中华人民共和国烟草专卖法实施条例》、《中华人民共和国进出境动植物检疫法实施条例》等。也有用“实施细则”将法律具体化的，如《商标法实施细则》等。

为了更好地贯彻执行法规（条例、规定等），往往再制定该法规的“实施细则”，例如《湛江经济技术开发区条例实施细则》、《广东省全民所有制企业临时工管理实施细则》等。有的法规在附则中预先指定可以制定实施细则的机关。如《居民身份证条例》第十九条规定：“本条例的实施细则，由公安部制定，报国务院批准后施行。”

二、细则的特点

（一）依附性

细则不是一种独立存在的法规文书，它必须依附于某一法律、法规、计划、规划、方案、办法、规定等，具有派生性、依附性。

（二）诠释性

对法律、法规、方案、办法、规划、计划等有关概念、范围、做法进行必要的诠释，使其含义更明确、做法更具体、措施更具可行性、操作性。例如，《国家行政机关工作人员贪污贿赂行政处分暂行规定实施细则》第十二条说：《暂行规定》第九条、第十一条所称“较大损失”是指有下列危害结果之一的：1. 造成直接经济损失五万元以上的；2. 造成不良政治影响，有损害国家的信誉、形象和威望的。在原文中，“较大损失”是模糊概念，经细则解释后，变得清晰、明确了。

再如，桥梁台背回填工程，在监理规划中说明其回填压实度必须达到合格标准，必须层层合格。在编制监理实施细则时，应将合格标准写具体，可以表述为“桥梁台背回填采用材料为8%的石灰土，每层的压实厚度不得超过15cm，基底的压实度按照93%控制，自基底之上的第一层石灰土开始压实度不得小于95%”。

（三）补充性

细则应对计划、办法、规定等原文不够详尽的地方进行补充。例如，《国家行政机关工作人员贪污贿赂行政处分暂行规定》第六条：“国家行政机关工作人员利用职务上的便利挪用公款的，应当根据其数额及其他情况，给予行政处分。”《细则》对此进行了补充：根据《暂行规定》第六条，对挪用公款未构成犯罪的，依照下列数额及本《细则》第六条规定的“其他情况”给予行政处分：

1. 数额在五千元以上的，超过三个月，但在被发现前已全部归还本息的，给予撤职直至开除处分。

2. 数额在三千元以上的、不满五千元的，超过三个月未还的或者归本人进行营利活动的，给予记大过至撤职处分；

…………

（四）详细性

细则是“细如发丝”而不是粗如树干，就应特别详细、便于实施，将可能遇到的问题尽可能地设想到，如何做、谁做、做到什么程度、填写什么检测表格等尽可能地编写出来。

三、细则的发布方式

细则的发布方式有两种。

（一）用命令（令）的方式发布

国务院各部、委、办和省、自治区、直辖市人民政府制定的细则，一般用发布命令（令）的方式发布。如《广东省食盐专营管理实施细则》，是用发布《广东省人民政府令》第18号的方式发布的。

（二）用通知的方式公布

党的领导机关、人民团体、具体业务部门等组织单位制定的细则，一般用发通知的方式公布。工程施工项目的总监理工程师办公室、监理部编制的工程监理规划的实施细则，可以直接印发，但是，为规范化开展监理工作和便于存档管理，大中型工程监理项目应采用通知作载体印发，以便于抄送上级监理办、业主办和监理公司。例如，某总监办“关于印发《××高速公路工程监理实施细则》的通知”。

四、细则的种类

（一）整体性实施细则

对有关法规、办法、规定、计划作出全面的、详尽的实施意见，可以分章、节排列。

（二）部分性实施细则

针对法规、办法、规定、计划文件的某一部分条款提出实施意见，可以分章、节，也可以分条款排列。

五、细则的编写要点

（一）标题

细则的标题，一般由原法律或法规名称加实施（施行）细则组成。如《中华人民共和国森林法实施细则》。也有由事由、文种构成的，如《路基工程质量监理实施细则》。还有的细则标题是由地区名称、事由、文种组成，如《广东省食盐专营管理实施细则》。

（二）正文

细则的正文有章条式写法和条款式写法两种形式。

细则正文的表现形式。一般应与该法律或法规的表现方式相一致。如果该法律或法规的形式是章、条、款式，其细则也应采用章、条、款式；如果该法律或法规的形式是条、款式，其细则亦应是条、款式。但二者不一定逐章、逐条、逐款相对应，需要增加条款时，可以增加。

1. 章条式写法

这种写法适用于内容较多的细则，全文分三大部分，即总则、分则、附则。

总则是开头部分，用来说明制定细则的根据、目的、指导思想、基本原则、实施单位等，总则一般排为第一章，分几小条。

分则是细则的主体部分，分若干章，每章再分若干条。分则用来对原法律、规定、办法、计划等进行解释、补充、细化，作出细致周密、科学可行的规定。

附则是细则的结尾部分，是对主体部分的延伸、补充和说明。主要内容包括细则的实施要求、试行（施行）日期、解释权，与原文件的关系，其他事项的说明等。

2. 条款式写法

这种写法适用于内容简单、篇幅较短的细则。前几条写根据、目的、基本原则、指导思想等内容；中间几条写解释、补充的内容，条款数较多；最后几条写执行要求、解释权、实施日期等内容。

3. 细则的内容主要应包括以下三个方面

第一，对法律或法规的某些需要解释的概念作出明确无误的解释。如《中华人民共和国公民出境入境管理法实施细则》对《中华人民共和国公民出境入境管理法》中公民"因私事"，出入境一句中"私事"这一概念作了明确界定："所称'私事'，是指定居、探亲、访友、继承财产、自费留学、就业、旅游和其他私人事务"。

第二，把法律或法规中比较原则的规定具体化。如《居民身份证条例》规定："公安机关在执行任务时，有权查验居民身份证"。而其《实施细则》把这一句话具体化为："公安机关在下列情况下，有权查验公民的居民身份证：（一）追捕逃犯、侦察案件中，遇有形迹可疑或被指控违法犯罪行为的人需要查明身份时；……。"

第三，对法律或法规所规定的条款作必要的补充。所补充的条款必须是该法律或法规所涵盖的内容，不得增加该法律或法规完全没有涵盖的内容。

六、工程施工监理细则的编写

1. 工程施工监理细则的编制依据

编制工程施工监理实施细则的依据主要包括：

——已经批准的监理规划；

——与专业工程有关的、现行的专业《技术规范》、《质量检验评定标准》、施工图纸、施工合同和其他技术资料；

——已经总监理工程师批准的施工组织设计文件；

——工程现场调查核实情况和已经完成的其他合同工程的监理细则文件等。

2. 工程施工监理细则的编制原则

编制一个具体工程施工项目的监理实施细则，应掌握以下原则：必须在相应的分项工程开工前编制并审批完毕，必须针对每一个具体工程项目的合同管理内容和具体的分项工程、主要工序编制，不可照搬照抄，做到详细具体、具有可操作性。在监理工作过程中，应根据实际情况进行补充、修改和完善。

3. 工程施工监理细则的内容

一级监理机构的总监办或者二级监理机构中的监理部（组）编制的工程施工监理实施细则应包括以下六项内容：

——工程质量监理细则；

——工程施工安全监理细则；

——工程施工环保监理细则；

——工程费用监理细则；

——工程进度监理细则；

——工程合同其他事项监理细则等。

建设部2000年版《建设工程监理规范》第4.2节规定，每一个（分项）工程施工监理实施细则应包括的内容主要有以下四个方面：

——专业工程的施工技术与特点；

——监理工作流程框图；

——工程监理要点与目标值；

——监理工作的方法及措施，例如审查、审批、旁站、巡视、试验、检测、通知、指令、签认、会议、记录、报告等。

七、案例

【案例4.3-1】章条式细则

广东省食盐专营管理实施细则

第一章 总 则

第一条 为加强对食盐专营管理，保护公民的身体健康，根据国务院《食盐专营办法》及国家的有关规定，结合我省实际，制定本细则。

第二条 本细则所称食盐，是指直接食用的盐（包括调味盐、强化营养盐）和制作食品所用的盐。

第三条 在我省行政区域内从事食盐生产、储运和销售活均应遵守《食盐专营办法》和本细则。

（第二章 分则，从略。）

……

第五章 罚 则（略）

……

第六章 附 则

第三十九条 渔业、畜牧业用盐适用本细则。

第四十条 本细则自1997年8月1日起施行。

［点 评］这是一篇政府机关的管理实施细则，它按照章、节的格式编写，分总则、分则、罚则、附则等几个标准模块，目的清楚、内容清楚。适用于纲要、计划、方案、办法的实施细则。本文限于篇幅未做全部引用。

【案例4.3-2】房建项目钢筋工程监理细则

房建项目钢筋工程监理实施细则

一、编制依据

1. 建设工程施工质量验收统一标准（GB 50300—2001）；

2. 混凝土结构工程施工质量验收规范（GB 50204——2002）；

3. 钢筋焊接及验收规程（JGJ 18—96）；

4. 钢筋机械连接通用技术规程（TGT 107—96）；

5. 无粘结预应力混凝土结构技术规程（JGJ/T 92—93）；

6. 建筑结构“长城杯”工程质量评定标准（DBJ/T 01—69—2003）；

7. 建设工程监理规范（GB 50319—2000）；

8. 建设工程监理规程（DBJ 01—41—2002）；

9. 建筑物抗震；

10. 北京×××家园东侧商务楼和5号、6号住宅楼结构设计施工图；

11. 承包单位编制的东侧商务楼和5号、6号住宅楼施工组织设计（施工方案）。

二、专业工程的特点

1. 东侧商务楼

主体结构为全现浇框架剪力墙结构，现浇楼盖采用无粘结预应力技术预应力筋Φ15低松弛绞线（1860）；基础类型为筏板、独立柱基+抗水板；建筑物层数为地下室2层，地上12层；钢筋原材料采用Φ—HPB235级，Φ—HRB335级；工程质量目标：北京市“结构长城杯”；钢筋连接分别采用直螺纹连接、闪光对焊、电渣压力焊等方式。

2. 5号住宅楼

主体结构地上为全现浇剪力墙结构，地下室为框架剪力墙结构；基础类型为筏板式基础；建筑物层数地下2层，地上6～11.5层；钢筋原材料采用Φ—HPB235级，Φ—HRB335级；工程质量目标：北京市“结构长城杯”；钢筋连接分别采用直螺纹连接、闪光对焊、电渣压力焊等方式。

3. 6号住宅楼

主体结构地上为全现浇剪力墙结构，地下室为框架剪力墙结构；基础类型为筏板式基础，建筑物层数地下2层，地上4.5～8.5层；钢筋原材料采用Φ—HPB235级，Φ—HRB335级；工程质量目标：北京市“结构长城杯”；钢筋连接分别采用螺纹连接、闪光对焊、电渣压力焊等方式。

三、监理工作流程

钢筋工程监理工作流程框图，见图1。

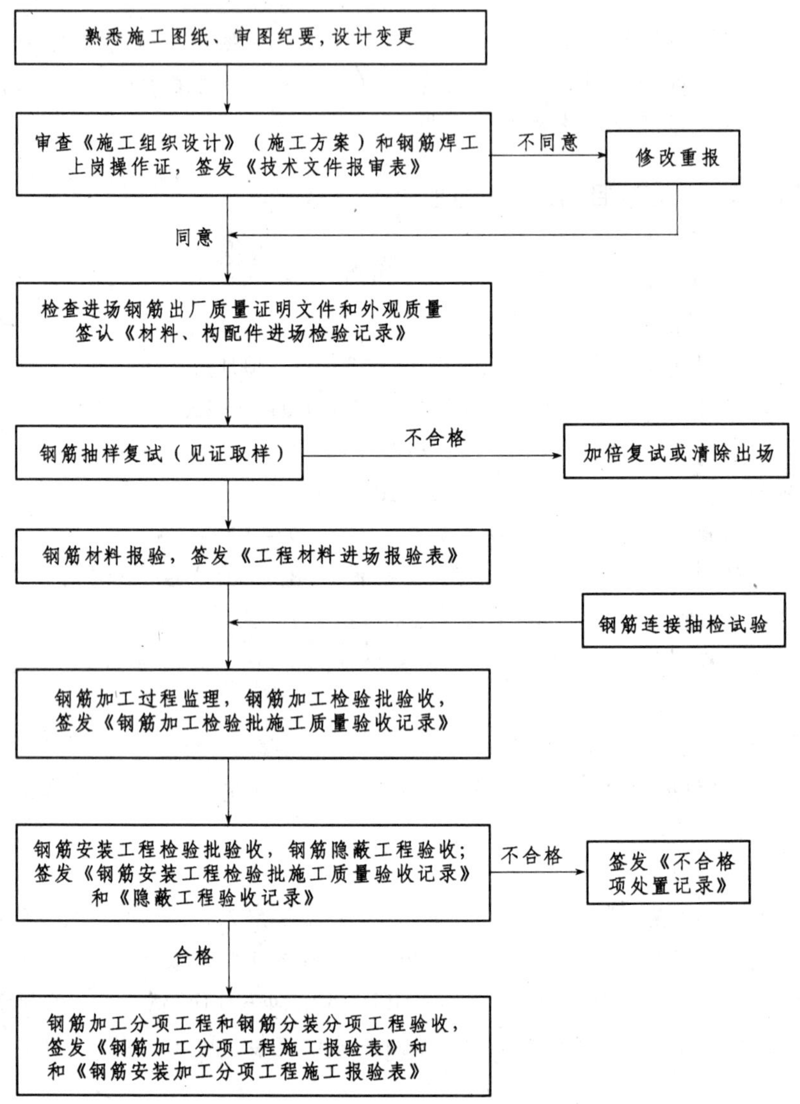

图1 钢筋工程监理工作流程框图

四、监理工作的控制要点及目标值

1. ×××家园二期钢筋工程监理工作的控制要点

钢筋工程监理工作的控制要点，如表1所示。

××家园二期钢筋工程监理工作的控制要点表　　表1

序　号	分项工程名称	监理工作的控制要点
1	原材检验	出厂质量证明文件、外观、见证抽样复试
2	钢筋加工	钢筋加工尺寸允许偏差
3	钢筋安装	钢筋安装允许偏差、钢筋连接检验、无粘结预应力
4	实体结构检验	检测钢筋保护层厚度

2. 钢筋工程控制目标值

(1) 钢筋原材料检验监理控制目标值

进场钢筋按《钢筋混凝土用热轧带肋钢筋》(GB 1499—1998) 和《低碳钢热轧圆盘条》(GB/T 701—1997) 等的规定进行力学性能检验，其质量必须符合有关标准；对一、二级抗震框架受力筋强度实测值：抗拉强度实测值/屈服强度实测值≥1.25，屈服强度实测值/强度标准值≤1.3。东侧商务楼楼盖无粘结预应力筋进场后，按《预应力混凝土用钢绞线》(GB/T 5224) 等规定抽取试件进行力学性能检验。

(2) 钢筋加工监理控制目标值，见表2。

钢筋加工尺寸要求及允许偏差　　表2

序　号	钢筋加工控制项目	钢筋加工控制目标值
1	HPB235 级应 180°弯勾	弯弧内直径≥2.5d，平直部分直径≥3d
2	HRB 级 135°弯勾时	弯弧内直径≥4d，平直部分按设计要求
3	钢筋小于 90°弯折时	弯弧内直径≥5d
4	箍筋弯勾折弯角度	一般结构：≥90°；抗震结构：135°
5	箍筋弯后平直长度	一般结构：≥5d，抗震结构：≥10d
6	钢筋冷拉率	HPB235：≯4%；HRB 级：≯1%
7	受力筋全长净尺寸	±10
8	弯起钢筋的弯折位置	±20
9	箍筋内净尺寸	±5

(3) 钢筋连接监理控制目标值

施工现场钢筋直螺纹连接、闪光对焊、电渣压力焊等钢筋连接严格按《钢筋机械连接通用技术规程》(JGJ 107) 和《钢筋焊接及验收规程》抽取试件作力学性能检验，其质量应符合有关规定。

同一连接区段，纵向受力钢筋接头面积应符合设计要求或符合下列规定：受拉区小于50%；接头不宜设在抗震梁、柱端头，无法避开时机械连接小于50%；动力荷载构件不宜采用焊接接头，机械连接头小于50%。

(4) 钢筋安装监理控制目标值

钢筋安装时，受力筋的品种、级别、规格和数量必须符合设计要求，钢筋安装位置的允许偏差和检验方法详见表3。

钢筋安装位置的允许偏差及检验方法 表3

项次	项	目	允许偏差（mm）	检查方法
1	绑扎骨架	宽、高	±5	尺量
		长	±10	
2	受力钢筋	间距	±10	尺量
		层高＞排距5m	±10	
		弯起点位置	20	
3	箍筋、横向筋焊接网片	间距	±20	尺量连续5个间距
		网格尺寸	±20	
4	保护层厚度	基础	±10	量规和尺量
		柱、梁	±5	
		板、墙、壳	±3	
5	钢筋电弧焊连接焊接	宽度≮0.7d	—	2m靠尺、塞尺
		厚度≮0.3d	—	
		长度	—	
6	电渣压力焊焊苞凸出钢筋表面		≥4	尺量
7	不等强锥螺纹接头外露丝扣	锥筒外露整扣	1个	目测
		锥筒外露半扣	—	
8	梁、板受力钢筋搭接锚固长度	入支座、节点搭接	—	尺量
		入支座、节点锚固	—	
9	两端镦头的预应力钢丝束长度	同一束钢丝长度	≯5	尺量
		同一组钢丝长度	≯2	
10	无粘结筋位置垂直偏差	板内	±5	尺量
		梁内	±10	
11	预应力筋承压板	中心线位置	—	尺量
			—	

本工程合同质量目标为“北京市结构长城杯”，因此，应严格按结构长城杯标准控制钢筋工程的允许偏差。

（5）本工程钢筋保护层厚度见表4。

钢筋保护层厚度控制值 表4

序号	构件名称	钢筋保护层厚度（mm）
1	基础	40（迎水面50）
2	地下外墙（迎水面）	50
3	梁	25
4	框架柱	30
5	楼板	15
6	其他墙体	15

五、监理控制方法和措施

1. 熟悉设计施工图纸，明确结构各部位钢筋的品种、规格、绑扎及连接要求；掌握《混凝土结构工程施工质量验收规范》(GB 50204—2002) 中的有关规定；掌握结构长城杯标准中钢筋工程的要求。

2. 严格审查施工单位编制的《施工组织设计》和施工方案，查验电焊、电渣压力焊、套筒挤压等操行人员特殊工种人员操作证。

3. 钢筋原材料进场时，审查供货方的资质、产品出厂合格证以及出厂检验报告，检查钢筋外观（有无损伤、裂纹、油污、颗粒状或片状老锈等)；按《钢筋混凝土用热轧带肋钢筋》(GB 1499—1998) 和《低碳钢热轧圆盘条》(GB/T 701—1997) 等的规定进行力学性能检验，对抽检进程进行现场见证，其质量必须符合有关标准：东侧商务楼楼盖无粘结预应力筋进场后，按《预应力混凝土用钢绞线》(GB/T 5224) 等规定抽取试件进行力学性能检验；预应力混凝土用钢绞线按100%见证试验。填报《工程物质报验表》(A4) 并签认。

4. 钢筋焊接和机械连接监理

(1) 钢筋电弧焊：焊工必须经过专业技能培训考试持证上岗；抽查接头外观质量，焊缝表面应平整，不得有凹陷或焊瘤，接头区域不得有裂纹，接头尺寸偏差及缺陷符合《钢筋焊接及验收规程》(JGJ 18—96) 中表 5.5.2 规定。接头的力学性能检验：现场以每300个同接头型式、同钢筋级别的接头作为1个批次，不足300个接头时仍作为1个批次。从每批成品中随机切取3个接头进行力学性能检验。

(2) 钢筋闪光对焊：焊工持证上岗，焊机的调伸长度、烧化留量、顶段留量及变压器级数等焊接参数要进行详细的技术交底，施工过程中不定期抽查。焊接头应逐个进行外观检查，闪光对焊接头处不得有横向裂纹，与电极接触处钢筋表面不得有明显的烧伤，接头处的弯折角不得大于4°，接头处的轴线偏移不得大于钢筋直径的0.1倍，且不得大于2mm，外观检查有1个接头不符合要求时，应对全部接头进行抽查，剔去不合格接头，切除热影响区后重新焊接；闪光对焊接头力学性能试验时应从每批接头中随机切取6个试件，其中3个做拉伸试验，3个做弯曲试验，在同一台班内，由同一焊工完成的300个同级别、同直径钢筋焊接头作为一批，当同一台班内焊接头数量较少，可在一周之内累计计算，累计仍不足300个接头，应按一批计算；钢筋闪光对焊接头力学性能试验按30%见证取样复试。

(3) 钢筋电渣压力焊：电渣压力焊接头应逐个进行外观检查，焊接头四周焊包应均匀，凸出钢筋表面现象的高度应大于或等于4mm，钢筋与电极接触处应无烧伤缺陷，接头处的弯折角不得大于4°，接头处的轴线偏移不得大于钢筋直径的0.1倍，且不得大于2mm，外观检查不合格的接头应切除重焊或采取补强焊接措施；电渣压力焊接头参照闪光对焊接头力学性能试验进行，30%见证取样复试。

(4) 钢筋直螺纹连接：钢筋直螺纹的端头和连接套筒工艺参数应符合表4-67（略）的要求。

直螺纹连接接头力学性能抽检试验：同一批材料、同一等级、同一规格接头，数量小于500个取试件一组（3根)，按不少于30%见证取样复检。

(5) 钢筋负温焊接，可采用闪光对焊、电渣压力焊、电弧焊等焊接方式。当环境温度低于－20℃时，不宜进行施焊，雪天或施焊现场风速超过5.4m/s（3级风）焊接时，应采取遮蔽措施，焊接后冷却的接头应避免碰到冰雪。

5. 钢筋加工监理

（1）钢筋加工前应先进行调查，不得有局部弯曲；钢筋调直采用冷拉时，Φ—HPB235级钢筋冷拉率不宜大于4%，Φ—HRB335级钢筋冷拉率不宜大于1%。

（2）受力钢筋HPB235级末端应作180°弯钩，其弯弧内直径不应小于钢筋直径的2.5倍，弯钩的弯后平直部分长度不应小于钢筋直径的10倍；当设计要求钢筋末端作135°弯钩时，HRB335级钢筋的弯弧内直径不应小于钢筋直径的4倍；钢筋制作不大于90°的弯折时，变折处的弯弧内直径不应小于钢筋直径的5倍，按每工作班同一类型钢筋，同一加工设备抽查不应少于3件。

（3）钢筋箍筋加工：除焊接封闭式箍筋外，箍筋末端应做弯钩，弯钩弧内径应大于受力钢筋直径，按抗震要求弯钩的弯折角度应为135°，箍筋弯后平直部分不小于10d（d为箍筋直径）。

（4）无粘结筋下料和制束：下料长度应考虑锚固端保护层厚度、张拉伸长值及混凝土压缩变形量等因素；用砂轮锯进行逐根切割，同时检查无粘结筋外包层的完好程度；钢绞线顺直无旁弯，如遇死弯必须切掉。

6. 钢筋绑扎监理

（1）检查受力钢筋的品种、级别、规格和数量是否符合设计要求，对钢筋安装位置的偏差要进一步加强检查，在同一检验批内对梁、柱应抽查构件数量的10%，且不小于3间，对大空间结构墙可按相邻轴线间高度5m左右划分检查面、板按纵横轴线划分检查面，抽查10%，且均不少于3面，钢筋安装位置的允许偏差及检查方法详见表4-65（略）。

（2）钢筋的锚固与搭接：钢筋的锚固长度应符合设计要求和国家有关规范标准；钢筋的搭接长度按搭接钢筋较小直径计算，绑扎搭接应在1.3倍搭接长度范围内相互错开，机械连接按35d（且大于500mm）范围内相互错开；其中，有接头受力钢筋截面积占受力钢筋总截面积允许百分率应符合：①绑扎接头受拉区不大于25%，受压区不大于50%；②受力钢筋焊接接头受拉区不大于50%，受压区不限制；③受力钢筋机械连接接头受拉区不大于50%，受压区不限制。

（3）无粘接预应力筋张拉：张拉机具设备和仪表要经具有相应资质单位校验和鉴定；无粘接预应力筋定位应牢固，浇注混凝土不得移位和变形，预埋锚垫板应垂直于预应力筋；预应力筋张拉锚固后实际建立的预应力值与设计规定检验值的相对允许偏差为±5%；预应力筋张拉时，混凝土强度应达到设计要求。

六、钢筋工程的隐检和施工质量验收

钢筋工程施工质量严格按图纸设计和《混凝土结构工程施工质量验收规范》（GB 50204—2002）进行验收；按楼层划分钢筋加工、钢筋安装、预应力工程3个分项，按施工流水段划分若干个检验批进行验收；混凝土浇注前应按规定进行钢筋工程隐蔽验收。

[点　评] 这是一篇城市房建工程的钢筋加工与安装的监理实施细则，它包括编制依据、专业工程的特点、监理工作流程、监理工作的控制要点及目标值、监理控制方法和措

施、质量验收等六个部分，符合建设部2000年版《建设工程监理规范》第4章第2节关于监理实施细则的编写规定，可供城市房建工程的监理人员参考。

【案例4.3-3】 模板工程监理实施细则

模板工程监理实施细则

一、质量控制的要点

1. 模板及其支架必须具有足够的刚度、强度和稳定性，其支架应具有足够的承载能力，能够可靠的承受浇筑混凝土的重量，侧压力以及施工荷载。

2. 模板的接缝不应漏浆，模板与混凝土接触表面应清理干净，并涂刷隔离脱模剂。涂刷过程中，严禁污染钢筋和混凝土的接槎处。

3. 严格认真的检查模板的轴线位移、标高、截面尺寸、平整度、垂直度等是否符合规范的要求。

4. 认真仔细的检查模板能否保证工程结构和构件各部分形状、尺寸和相对位置的正确，对结构节点及异型部位模板的设计进行检查，研究是否合理，能否可靠地承受新浇筑混凝土的自重和侧压力，以及在施工过程中所产生的施工荷载。

5. 模板的接缝处理方案能否保证不漏浆，地下室抗渗混凝土模板穿墙螺栓是否设置了止水片，间距是否符合规范要求。

6. 模板及支承系统构造是否合理简单，便于装拆，是否便于钢筋的绑扎、安装以及清理和混凝土的浇水养护。

二、模板制作安装过程中的监理工作

1. 墙柱支模前，监理人员应与施工单位的技术负责人、专业质检员共同检查模板施工前的测量放线，验收合格后，施工单位填报《施工测量放线报验单》，由监理人员签认后，方可进行下一道工序。

2. 为防止胀膜、跑膜、模板错槎等造成结构断面尺寸超差、偏置偏移、漏浆、造成蜂窝麻面，监理人员应严格控制好模板的施工质量，审查模板的支承能力是否符合模板的设计要求。

3. 柱模制作安装过程中加固时应设有斜撑和拉杆，特别是框架柱的斜撑拉杆，每边不得少于两根，与事先埋在地面或楼板的钢筋铁环相固定。然后用花篮螺栓进行调节，校正模板的垂直度。拉杆与地面的夹角45°为宜，预埋的钢筋环与柱之间的距离宜为3/4柱高。

4. 剪力墙模板采用的穿墙螺栓的规格、间距均应符合模板的直径不得小于$\phi16$，大模板剪力墙的穿墙螺栓不得小于$\phi25$，同时穿墙套管在钢筋直径的基础上必须直径增加2mm便于螺栓的拆除，穿墙螺栓的间距一般不大于60cm为宜。

5. 梁模板一般情况下采用双排支柱，间距以60～100cm为宜，双排架上面垫截面100mm×100mm的木方，控制好梁底标高，检查好木方子的稳定性以及其承载能力。双排架中间应加设剪力撑或水平拉杆。梁侧模板应用木方子50mm×100mm进行加固，梁模板上口应有卡具固定，当梁高超过60cm时，梁的中间应增加穿梁螺柱加固。

6. 楼板模的支架一般情况下为间距60～100cm，上铺100mm×100mm的木方子，木方子上面应稳固平整，不得有晃动现象，楼板模板采用竹胶板，厚度12～14mm为宜，模板表面应平整，要有足够的强度，支架要有足够的刚度及支承能力。板缝应用塑料胶带粘牢固，以防止水泥浆渗漏。竖向模板为了防止水泥浆从板缝向外溢出，所以在模板安装前，三周边应采用海棉条进行粘边镶缝，对节点位置模板的支搭情况及加固情况，应认真检查防止漏浆使石子产生离析烂根等情况的出现。

7. 梁、板、底模当跨度大于4m时，应起拱。设计无具体要求时，一般起拱高度宜为1/1000～3/1000。

8. 预埋件、预留孔的位置、标高尺寸应复核，预埋件固定方法应可靠，防止位移，基偏差应符合表4-68的规定。

9. 模板的标高、截面尺寸、轴线位置、垂直度等安装偏差应符合表1的规定。

模板安装允许偏差及检查方法　　表1

项次	项目		允许偏差（mm）	检查方法
1	轴线偏移	柱、墙、梁	5	尺量
2	底模上标面标高		±5	水准仪拉线尺量
3	截面模内尺寸	基础	±10	尺量
		柱、墙、梁	±4、-5	
4	层高垂直度	层高不大于5m	6	经纬仪吊线、尺量
		层高大于5m	8	
5	相邻两板表面高低差		2	尺量
6	表面平整度		5	方尺
7	阴阳角	方正	—	线量
		顺直	—	
8	预埋铁件中心线位移		3	拉线、尺量
9	预埋管、螺柱	中心线位移	3	拉线、尺量
		螺栓外露长度	10、0	
10	预留孔洞	中心线位移	+10	拉线、尺量
		尺寸	+10、-0	
11	门窗洞口	中心线位置	—	拉线、尺量
		宽、高	—	
		对角线	—	
12	插筋	中心线位移	5	尺量
		外露长度	+10、0	

10. 底模、支架及其侧模拆除时的混凝土强度应保证其表面及棱角不受损伤，不应对楼层形成冲击荷载。拆除的模板和支架要分散堆放并及时清运，底模及其支架拆除时的混凝土强度应符合设计要求，无设计要求时应符合表2的规定。

底模拆除时的混凝土强度要求　表2

项　次	构　件　类　型	构件跨度（m）	达到设计的混凝土立方体抗压强度标准值的百分率（%）
1	板	≤2	≥50
		>2、≤8	≥75
		>8	≥100
2	梁、拱、壳	≤8	≥75
		>8	≥100
3	悬臂构件	—	≥100

[点　评] 这是一篇城市房建工程的模板加工与安装的监理实施细则，本实施细则没有严格按照建设部2000年版《建设工程监理规范》第4章第2节关于监理实施细则的编写规定。但是，监理工作的控制要点及目标值、监理控制方法和措施、质量验收等内容明确可行，可供城市房建工程的监理人员参考。

【案例4.3-4】路基工程质量监理细则

路基土石方工程施工监理细则

一、土石方路基施工作业条件

(1) 在路基用地和取土坑范围内，应清除地表植被、杂物、积水、淤泥和表土，处理坑塘，并按规范和设计要求对基底进行压实。

(2) 路基填料应符合规范和设计的规定，经认真调查、试验后合理选用。

(3) 填方路基须分层填筑压实，每层表面平整，路拱合适，排水良好。

(4) 施工临时排水系统应与设计排水系统结合，避免冲刷路边坡，勿使路基附近积水。

(5) 在设定取土区内合理取土，不得滥开滥挖。完工后应按要求对取土坑和弃土场进行修整，保持合理的几何外形。

(6) 石方路堑的开挖宜采用光面爆破法，并在爆破后及时清理险石、松石，确保边坡安全、稳定。

(7) 修筑填石路堤时，应进行地表清理，逐层水平填筑石块，摆放平稳，码砌边部。填筑层厚度及石块尺寸应符合设计和施工规范规定。填实空隙用石渣、石屑嵌压稳定。上、下路床填料和石料最大尺寸应符合规范规定。采用振动压路机分层碾压，压至填筑层顶面石块稳定，20t以上压路机振压两遍无明显标高差异。路基表面应整修平整。

二、土石方路基施工技术要点

1. 施工材料要求

(1) 公路路基施工的主要材料为土、石方、土石混合料。淤泥、沼泽土、冻土、有机土，含草皮、树根、垃圾和腐朽物质的土不得用于路基施工。

(2) 填方材料应尽可能地利用路基开挖中挖出的可作填方的土、石等适用材料，也可使用经监理工程师同意的从借土场（取土坑）取得的适用材料。施工单位使用新材料（如粉煤灰、工业废渣等）填筑路堤，应先进行试验，并将试验报告及其施工方案提交监理工程师批准后才可使用。填方材料最小强度和最大粒径应符合表1的规定。

填方材料最小强度和最大粒径表 表1

项　目	路床顶面以下深度（m）	填料最小强度（CBR值）(%)		填料最大粒径（mm）
		高速公路及一级公路	二级及二级以下公路	
路　堤	0～0.30	8.0	6.0	100
	0.30～0.80	5.0	4.0	100
	0.80～1.50	4.0	3.0	150
	>1.50	3.0	2.0	150
零填及路堑路床	0～0.30	8.0	6.0	100

（3）钢渣、粉煤灰等材料，可用作路堤填料。粉煤灰烧失量宜小于12%，粒径应在0.001～2mm之间。为便于压实，小于0.075mm的颗粒含量宜大于45%。其他工业废渣在使用前应进行有害物质的含量试验，避免有害物质超标、污染环境。

2. 土方路基施工

（1）填方路基施工前首先要清理原有地面，对潮湿的原地面，应尽可能排水疏干，对原有地面以下洞穴、坑槽必须回填夯实。原地面要按设计或监理工程师意见进行压实。

（2）压实。填方路堤一般来说应在全宽范围内分层摊铺、整平并充分碾压。碾压压实度必须在施工单位自检合格后报请监理工程师复查验收。

填方路基铺筑应充分估计运输力量和碾压设备，当天运土最好在当天碾压完成。施工路段的最佳长度应根据试验路段的经验来确定。施工路段不宜过长，以免在未碾压前遭受雨淋而增加土内水分。

（3）各施工层表面不应有积水，填土路堤应根据土质情况和施工时气候状况，做成2%～4%的排水横坡

3. 填石路堤施工

（1）施工单位在开工前应进行路堤施工试验，其长度不宜小于100m。

（2）路堤应分层填筑，分层压实，细料嵌缝，并用重型振动压路机或25t以上的轮胎压路机碾压，使石块相互嵌挤稳定。分层松铺厚度不宜大于50cm。石料强度不应小于15MPa，石料最大粒径不宜超过层厚的2/3。

（3）压实度控制标准：填石路堤的紧密程度在规定深度范围内，以通过12t以上振动压路机进行压实试验。当压实层顶面稳定时，不再下沉（无轮迹）时，可判断为密实状态。并通过铺筑试验路来确定其压实度检测方法与标准。

（4）填石路堤的各层压实均应使用重型或振动压路机分层进行，每层铺填厚度和碾压遍数均应通过压实试验确定。

（5）路床顶面以下80cm范围内应填筑符合路床要求的土并分层压实，填料最大粒径不得大于10cm，并按设计图纸要求铺设土工布。土工布应符合的技术标准：径

向抗拉强度不小于2500N/5cm，延伸率小于25%，顶破强度不小于2500N。

4. 土石混填路基施工

(1) 路堤应分层填筑，分层压实。分层松铺厚度以300～400mm为宜。

(2) 土石混填路基的压实工作依石块的含量不等而定。

(3) 土石混合材料中所含石块强度大于20MPa时，石块的最大粒径不得超过压实层厚的2/3，超过的应清除或打碎。当所含石块强度小于15MPa（软质岩）或强度小于5MPa（极软质岩）时，石块最大粒径不得超过压实厚，超过的应打碎。

(4) 宜采用振动压路机或35～50t轮胎压路机进行碾压。碾压数遍直至使土达到要求的密实度，使各石块之间松散接触状态变为紧密咬合状态，具体的碾压遍数及压实标准需按现场试验确定。

(5) 路床顶面以下80cm范围内应填筑符合路床要求的土并分层压实，填料最大粒径不大于10cm。

三、监理巡视与检查

(1) 路基填筑工程，必须在监理工程师已验收过的地面上进行。

(2) 填方路基开始施工前，必须做100～200m试验段，以确定在所用土质条件下机具设备的合理组合和最佳碾压遍数、施工进度参数等。

(3) 填方路基是公路的关键部位之一，监理工程师应禁止不同土料的混用，并不得采用设计或规范规定的不适用土料作为路基填料。

(4) 当使用透水性差的材料填筑时，应使土料的含水量均匀，在接近最佳含水量时碾压。至于透水性好的可不受含水量限制。

(5) 路基填筑松铺厚度宜控制在30cm以内。若施工单位使用大功能压路机碾压时，可申请加大松铺厚度，并在试验路段中验证，经监理工程师同意，方可实施。

(6) 路基填筑宽度宜考虑有足够的余宽，以保证路基有效的压实宽度，使之经削坡整修后能满足设计宽度的要求。其计量支付由设计或合同文件中规定。

(7) 每两段路基新、老填土的结合部和构造物台背填土的结合部，均是路基填土中的薄弱环节，填土时应在原填土的端部按1∶1的坡度分层挖出台阶并检验其密实度已达到设计要求时，方可填筑。不可将薄层新填土粘贴在原有土层上。

(8) 修筑填土石路基应逐层水平填筑，石块应摆平稳。填筑层厚度及石块尺寸应符合设计和施工规范的规定。填石空隙用小石或石屑填满铺平，采用振动压路机分层碾压至填筑层顶面石块稳定。土石混合时，应尽量把土石分开填筑。

(9) 摊铺的松土在未经碾压前切忌被雨水淋湿。对未及时碾压而被雨水淋湿的土在雨后必须翻晒晾干后才能重新摊铺碾压。若雨水过大，监理工程师应视具体情况决定是否要对下层土重新检测压实度。

四、工程质量检验控制目标值

1. 实测项目

土石方路基施工实测项目见表2和表3。

2. 外观鉴定

(1) 上边坡不得有松石。不符合要求时，每次减1～2分。

(2) 路基表面平整，边线直顺，曲线圆滑。不符合要求时，单向累计长度每50m减1～2分。

土方路基实测项目　　表2

<table>
<tr><th colspan="3" rowspan="3">检　查　项　目</th><th colspan="3">规定值或允许偏差</th><th rowspan="3">检查方法和频率</th></tr>
<tr><th rowspan="2">高速公路
一级公路</th><th colspan="2">其他公路</th></tr>
<tr><th>二级公路</th><th>三、四级公路</th></tr>
<tr><td rowspan="5">压实度（%）</td><td rowspan="2">零填及挖方（m）</td><td>0～0.30</td><td>—</td><td>—</td><td>94</td><td rowspan="5">按JTG F80/1—2004附录B检查。
密度法：每200m每压实层测4处。</td></tr>
<tr><td>0～0.80</td><td>≥96</td><td>≥95</td><td>—</td></tr>
<tr><td rowspan="3">填方（m）</td><td>0～0.80</td><td>≥96</td><td>≥95</td><td>≥94</td></tr>
<tr><td>0.80～1.50</td><td>≥94</td><td>≥94</td><td>≥93</td></tr>
<tr><td>>1.50</td><td>≥93</td><td>≥92</td><td>≥90</td></tr>
<tr><td colspan="3">弯沉（0.01mm）</td><td colspan="3">不大于设计要求值</td><td>按JTG F80/1—2004附录I检查。</td></tr>
<tr><td colspan="3">纵断高程（mm）</td><td>+10，−15</td><td colspan="2">+10，−20</td><td>水准仪：每200m测4断面</td></tr>
<tr><td colspan="3">中线偏位（mm）</td><td>50</td><td colspan="2">100</td><td>经纬仪：每200m测4点，弯道加HY、YH两点</td></tr>
<tr><td colspan="3">宽度（mm）</td><td colspan="3">符合设计要求</td><td>米尺：每200m测4处</td></tr>
<tr><td colspan="3">平整度（mm）</td><td>15</td><td colspan="2">20</td><td>3m直尺：每200m测2处×10尺</td></tr>
<tr><td colspan="3">横坡（%）</td><td>±0.3</td><td colspan="2">±0.5</td><td>水准仪：每200m测4个断面</td></tr>
<tr><td colspan="3">边坡</td><td colspan="3">符合设计要求</td><td>尺量：每200m测4处</td></tr>
</table>

石方路基实测项目　　表3

<table>
<tr><th colspan="2" rowspan="2">检　查　项　目</th><th colspan="2">规定值或允许偏差</th><th rowspan="2">检查方法和频率</th></tr>
<tr><th>高速、一级公路</th><th>其他公路</th></tr>
<tr><td colspan="2">压实度</td><td colspan="2">层厚和碾压遍数符合要求</td><td>查施工纪录</td></tr>
<tr><td colspan="2">纵断高程（mm）</td><td>+10，−20</td><td>+10，−30</td><td>水准仪：每200m测4断面</td></tr>
<tr><td colspan="2">中线偏位（mm）</td><td>50</td><td>100</td><td>经纬仪：每200m测4点，弯道加HY、YH两点</td></tr>
<tr><td colspan="2">宽度（mm）</td><td colspan="2">符合设计要求</td><td>米尺：每200m测4处</td></tr>
<tr><td colspan="2">平整度（mm）</td><td>20</td><td>30</td><td>3m直尺：每200m测2处×10尺</td></tr>
<tr><td colspan="2">横坡（%）</td><td>±0.3</td><td>±0.5</td><td>水准仪：每200m测4个断面</td></tr>
<tr><td rowspan="2">边　坡</td><td>坡　度</td><td colspan="2">符合设计要求</td><td rowspan="2">每200m抽查4处</td></tr>
<tr><td>平顺度</td><td colspan="2">符合设计要求</td></tr>
</table>

（3）路基边坡坡面平顺、稳定，不得亏坡，曲线圆滑。不符合要求时，单向累计长度每50m减1～2分。

（4）取土坑、弃土堆、护坡道、碎石台的位置适当，外形整齐、美观，防止水土流失。不符合要求时，每处减1～2分。

［点　评］ 本监理实施细则是2006年5月一个驻地监理办编制的关于路基工程的监理实施细则，在细则中给出了土石方路基施工作业的条件、土石方路基施工的技术要点、监理巡视与旁站检查的内容和指标，最后给出了工程质量验评标准，其中包括实测项目和外

观鉴定。这是工程施工监理实施细则的一种常见写法。其中，土石方路基施工的技术要点、工程质量验评标准等内容是直接摘抄《公路工程国内招标文件范本》的《技术规范》卷和交通部颁发的《公路工程质量检验评定标准》等内容，没有按照一个分项工程包括那些工序、这些工序施工前监理应做什么工作、哪一级监理做、依据什么做、做到什么程度、检测什么项目和指标、记录什么表格和内容等顺序和监理药店进行编制，有点既指导施工，又指导监理的意思。仅供参考。

【案例 4.3-5】 桥梁钻孔灌注桩质量监理细则

××桥梁工程钻孔灌注桩工程质量监理细则

1. 施工平台的巡视检查

（1）旁站监理员巡视检查桩基施工平台的设置位置是否与桩位相符，如不相符应要求施工单位处置。

（2）旁站监理员巡视检查桩基施工平台处的地质、水位高度，评估施工单位采用的筑岛法、围堰平台法的适用性。

（3）当场地为浅水时，旁站监理可认可筑岛法施工，筑岛面积及其坚固性应与钻孔方法、机具大小等相适应。

（4）当场地为深水时，旁站监理可同意施工单位采用钢管桩平台、双壁钢围堰平台等固定式平台，也可同意施工单位采用浮式施工平台。但应巡视检查平台的稳定性、承受动静荷载情况，检查平台位置偏差是否在300mm以内。

（5）专业监理工程师应至少对每桥每桩的平台施工巡视一次，并记录在监理日记中，重要巡视内容可整理到《巡视记录》中。

2. 护筒设置的巡视检查

（1）专业监理工程师巡视检查钻孔桩护筒的设置情况，检查护筒长度是否与钻孔地基条件相适应，以保证孔口不坍塌、不使地表水进入钻孔内，并能保持钻孔内泥浆表面高程等。

（2）旁站监理员应检查护筒的材质是否为钢板或钢筋混凝土制作，确保不变形、不渗漏水。

（3）旁站监理员应检查护筒的内径，内径一般应比桩径稍大，一般大200~400mm。

（4）旁站监理员应检查护筒中心线与桩中心是否重合，平面允许误差为50mm，竖直线倾斜不大于1%。

（5）旁站监理员应检查护筒埋设的顶面高度，是否高出原地面或平台0.3m，是否高出周围水面1.0~2.0m。如钻孔内有承压水，应高于稳定后的承压水位2.0m以上；如承压水位不稳定，应提示施工单位先做试桩。

（6）旁站监理员应检查护筒的埋置深度，一般情况应埋置2~4m深，特殊情况报专业监理工程师批准后加深以保证钻孔和灌注混凝土的顺利进行。有冲刷的河床，应检查是否沉入局部冲刷线1.0~1.5m以下。

（7）旁站监理员应检查护筒的焊接、连结质量，检查筒内有无突起物等。

3. 钻孔泥浆制作的巡视检查

（1）专业监理工程师（包括试验专业）应巡视检查钻孔泥浆的配制材料是否齐

全、合格，一般由饮用水、黏土或膨润土和适当的添加剂配合而成。

(2) 旁站监理员（包括试验监理）应检查水、黏土等来源并进行考察，同时进行复核试验。

(3) 钻孔泥浆性能指标应达到《公路桥涵施工技术规范（JTJ 041—2000)》表 6.2.2“泥浆性能指标选择”的要求。

(4) 对钻孔泥浆要求较高的大直径桩，钻孔泥浆的制作应根据工程地质、孔位、钻机性能、泥浆材料等确定，专业监理工程师（包括试验专业）应督促施工单位配制并审查、复核，重要时应报驻地监理工程师审批。

(5) 旁站监理员应检查钻孔泥浆是否始终高出孔外水位或地下水位 1.0 ~ 1.5m。

4. 钻孔工序的巡视检查

(1) 钻孔就位前，专业监理工程师和旁站监理员应对钻孔前的各项准备工作进行检查。

(2) 专业监理工程师应提示施工单位按照设计资料给出的地质剖面图或施工过程重钻的地质剖面图选用适当的钻机和泥浆，并检查钻机安装后底座和顶端的平稳性。

(3) 旁站监理员应检查开孔的孔位是否准确，并做好检查记录。同时提示施工单位开钻初时慢速钻进、待导向部位或钻头全部进入地层后方可加速钻进。

(4) 当采用冲击法钻孔时，为防止冲击振动使邻孔孔壁坍塌或影响邻孔已灌混凝土的凝固，旁站监理员应要求施工单位待邻孔混凝土灌注完毕并达到 2.5MPa 抗压强度后方可开钻。

(5) 钻孔时，旁站监理员必须填写钻孔记录，并认真分析土层变化情况，与地质剖面图对比。当严重不符时，应及时向专业、驻地监理工程师汇报，并按监理工程师的指示处理。

(6) 在钻孔排渣、提钻头除土或因故停钻时，旁站监理员应要求保持孔内具有规定的水位和要求的泥浆相对密度和黏度。处理孔内事故时，必须将钻头提出孔外。

(7) 钻孔过程中，旁站监理员应巡视检查钻孔平台的情况、钻机的稳定性、孔位倾斜度及孔深等，并做好检测记录、巡视记录。其中，注意测量孔深的测绳的校准。

5. 清孔工序的巡视检查

(1) 当钻孔达到图纸设计深度后，专业监理工程师和旁站监理员应对孔深、孔径进行现场检查，符合下表要求后可批准施工单位清孔。

(2) 旁站监理员应督促要求施工单位保持孔内水位高出地下水位或河流水位 1.5 ~ 2.0m 以上，并现场检查。检查孔底钻渣及泥砂沉淀物的清除情况。清孔后孔底沉淀物厚度是检查的重点之一，对于直径小于等于 1.5m 的摩擦桩，沉淀厚度应不大于 300mm；对于直径大于 1.5m 或桩长大于 40m 或土质较差的摩擦桩的沉淀层厚度应不大于 500mm。对于支承桩，沉淀厚度应不大于图纸规定。对于嵌岩桩的沉淀层厚度应满足图纸要求，并不得大于 50mm。

(3) 旁站监理员应提示施工单位不得用加深钻孔深度的办法代替清孔，并加强监督检测，如发现此现象，必须立即制止。

(4) 在吊入钢筋骨架后，灌注水下混凝土之前，旁站监理员应再次检查孔内泥浆性能指标和孔底沉淀厚度。如沉淀层厚度超过规定，旁站监理员应要求施工单位进行第二次清孔至符合要求后方可灌注水下混凝土。

6. 钢筋骨架加工与安放工序的旁站检查

（1）旁站监理员应在钻孔过程中巡视检查钢筋骨架的加工焊接、存放等情况，钢筋骨架应有强劲的内撑架，防止运输和就位过程中变形。

（2）旁站监理员应巡视检查主筋的焊接质量，并按试验规定截取抗拉等焊接试件，并做好试验记录。同时经常检查螺旋筋的间距和绑扎质量等。其主筋间距误差为±10mm、箍筋间距误差为±20mm、骨架外径误差为±10mm。

（3）旁站监理员应巡视检查钢筋保护层的混凝土垫块或加强筋的设置情况，以确保钢筋保护层的厚度。检查这些垫块或加强筋是否等距离地绑（焊）在钢筋骨架的周径上，其沿桩长的间距是否不超过2m，其横向周围是否不少于4处等。

（4）旁站监理员应巡视检查钢筋骨架吊放的倾斜度不得大于0.5%、骨架保护层厚度误差为±20mm、骨架中心平面位置误差为20mm、骨架顶端高程误差为±20mm，应做好检查记录和巡视记录。

（5）长桩骨架应分段制作、现场焊接，旁站监理员应检查是否满足吊装条件，检查钢筋焊接接头是否错开，检查现场焊接质量等。

（6）旁站监理员应旁站检查钢筋骨架的固定方法及其质量，以防止灌注混凝土过程中的钢筋骨架上浮。监理检查认可后，严禁施工单位提升、截取钢筋骨架等。

7. 灌注水下混凝土的旁站检查

（1）旁站监理员巡视检查混凝土的搅拌机生产能力、原材料储存数量是否足够，施工用电是否有应急措施等。

（2）旁站监理员巡视检查混凝土的运输车数量与混凝土搅拌、灌注的相匹配性，是否有备用车辆等。

（3）旁站监理员巡视检查灌注水下混凝土的导管型号质量、数量等，旁站水密承压、接头抗拉试验过程。

（4）试验监理专业工程师旁站混凝土的搅拌，检查其配合比，实测其生产配合比，实测混凝土的和易性，随机制作强度试件等，其中尤其注意砂石原材料的质量。坍落度宜控制在180~220mm之内，外加剂、粉煤灰的质量也应加强巡视检查。

（5）沿海地区的桥梁桩基，试验监理、驻地监理应监督施工单位按照设计配制防腐蚀混凝土。

（6）旁站监理、专业监理人员共同旁站首批混凝土的数量、质量及其现场灌注，并检查导管首次埋深不小于1.0m。

（7）首批混凝土灌注后，应连续灌注，旁站监理员应随时检查导管的埋深是否在2~6m范围内，并及时要求施工单位调整导管的实际埋深。灌注初期，重点控制混凝土的灌注速度，以防止钢筋骨架上浮，并认真记录灌注的有关数据。

（8）在混凝土灌至桩顶时，旁站监理员检查实测高程，可超灌0.5~1.0m，以确保桩顶混凝土的质量，并督促施工单位及时凿除桩头不合格混凝土。

（9）桩基混凝土灌注过程中，旁站监理员应注意全过程旁站，注意观察异常情况并及时处理，或及时报告专业监理、驻地监理现场处理，并做好旁站记录。监理交接班要做好交接记录。

8. 钻孔基质量的检查确认

(1) 钻孔灌注桩在终孔、清孔后，旁站监理员和专业监理工程师应进行孔位、孔深和孔径、孔形、孔的倾斜度和沉淀层厚度、泥浆指标等指标的实测并记录。

(2) 桩基混凝土灌注过程中，旁站监理员（包括试验）应监督施工单位随机制取桩身混凝土抗压强度试件，同时，监理随机制取抽检试件，并做好试件的养护管理和第28d的压制工作。

(3) 旁站监理员（包括试验）参加并旁站桩基无破损检测和钻芯取样工作，并做好旁站记录。

(4) 如经检测，桩基的平面位置、桩长和内在质量有缺陷或质量不合格，旁站监理、专业监理人员应督促施工单位编报处理方案，报驻地监理办审核并按监理审定意见处理，监理人员应做好记录。

(5) 旁站监理员、专业监理工程师、驻地监理审签桩基工程中间交工证书，签署是否同意进入下一步工序的施工，应注意写明下一步工序的具体名称和部位等。

[点　评] 本监理实施细则是一个驻地监理办根据2006版《公路工程施工监理规范》规定的旁站、巡视项目而编制的关于桥梁钻孔灌注桩的质量监理实施细则，没有按照传统的监理细则编制格式编写，是按照钻孔灌注桩的施工顺序编制的，采用了一级标题的写作模式，结构简单，层次清楚，明确了桥梁监理工程师特别是现场监理员应该进行的监理工作和检测指标等，比较实际，也比较实用。可供参考借鉴。

4.4 工程监理月报的编写

一、工程监理月报的含义和作用

（一）工程监理月报的含义

工程监理月报是总结报告的一种，是监理工程师在工程监理工作中常用的日常应用文之一。

截至2007年底，建设部、交通部的施工监理规范和各种监理教科书中均没有给出工程监理月报的含义。但是，根据工程监理的理论和实践，可以将工程监理月报的含义概括如下：

工程监理月报是监理机构按照《监理规范》规定的内容和格式、由总监理工程师或驻地监理工程师主持编写的、有关月度工程施工监理工作的总结报告。

（二）工程监理月报的作用

1. 上级监理机构了解下级监理机构开展监理工作情况的依据

定期报送监理月报是合同段驻地监理工程师向总监理工程师、总监办汇报基层的、现场的监理工作的渠道之一，是总监理工程师、总监办了解下级监理机构开展监理工作情况的依据。

2. 总监理工程师及总监办向建设单位报告本月监理工作的有效手段

定期报送监理月报是总监向建设单位汇报监理工作的渠道之一。总监通过监理月报，可向建设单位汇报下列情况：月工程施工进度情况（与承包合同规定的进度作比较）；月工程款支付情况；月工程质量情况；工程实施中的主要困难与问题，如施工中的重大差错，重大索赔事件，材料、设备供应困难，组织、协调方面的困难，异常天气情况；对工程建设的发展态势和风险进行预测等。监理月报中提出的信息，往往成为建设单位了解工程并对重大问题进行决策的主要依据，因而监理月报对建设单位的宏观调控有较强的导向性。

3. 监理单位了解前方现场监理工作开展情况的依据

一般地说，工程监理单位为加强各个工地的监理工作管理，都要求派驻现场的监理机构负责人每月向监理单位报送其工程监理月报，这是监理单位了解分散在全国各地的工程监理项目的现场监理情况的有效手段。有的监理单位要求报送单位办公室书面稿一式几份，由监理单位办公室分发给董事长、总经理、总工程师等领导和经营开发、技术管理部室等。有的监理单位要求报送电子版，将每期监理月报通过电子邮件的形式报送监理单位办公室和有关领导等。

二、工程监理月报的种类与编写程序

1. 工程监理月报的分类

一般地房屋建筑工程，监理机构设置一级总监办，因此，工程监理月报只包括总监办的工程监理月报一种。

一般地公路桥梁工程，按照交通部2006年版《公路工程施工监理规范》的规定，监理机构设置总监办、驻地监理办两级。因此，工程监理月报应包括总监办的工程监理月报和驻地监理办的工程监理月报两种。

2. 工程监理月报的编写程序

工程监理月报一般由有关专业监理工程师分别按照质量监理、安全监理、环保监理、进度监理、费用监理、合同管理等几个方面进行编写。其中，合同段驻地监理办的监理月报由副驻地监理工程师审核汇总、最后由驻地监理工程师核定签发后报总监办、建设单位、监理单位等。总监办的监理月报由专业监理工程师编写、副总监（总监代表）审核汇总，最后由总监核定签发后报建设单位、监理单位、质量监督机构等。编写监理月报的程序框图（略）。

三、工程监理月报的编写内容

（一）建设部《建设工程监理规范》关于监理月报的内容

建设部2000年版《建设工程监理规范》第7章第2节规定监理月报应包括下列内容：

1. 本月工程概况

2. 本月工程形象进度

3. 工程进度

（1）本月实际完成情况与计划进度比较

（2）对进度完成情况及采取措施效果的分析

4. 工程质量

（1）本月工程质量情况分析

(2) 本月采取的工程质量措施及效果

5. 工程计量与工程款支付

(1) 工程量审核情况

(2) 工程款审批情况及月支付情况

(3) 工程款支付情况分析

(4) 本月采取的措施及效果

6. 合同其他事项的处理情况

(1) 工程变更

(2) 工程延期

(3) 费用索赔

7. 本月监理工作小结

(1) 对本月进度、质量、工程款支付等方面情况的综合评价

(2) 本月监理工作情况

(3) 有关本工程的意见和建议

(4) 下月监理工作的重点

(二) 交通部《公路工程施工监理规范》关于监理月报的内容

交通部2006年版《公路工程施工监理规范》删去了1995年版《公路工程施工监理规范》中"监理月报的正文前应附有一张工程位置图"的规定，删去了"第一期监理月报应详细提供项目名称、合同号、合同长度、起止桩号、线型、主要设计指标、主要结构物、合同总价、合同工期、建设三方名称"等等内容，强调每月都要写"本月工程概述"。

交通部2006年版《公路工程施工监理规范》规定监理月报10部分内容，删去了1995版的"认可的分包人及供应人"、"附录"，增加了"安全、环保、存在的问题"三部分。按2006版第8.2.8条的内容及顺序，具体包括：

(一) 本月工程描述

(二) 工程质量监理

(三) 工程进度监理

(四) 安全监理

(五) 环保监理

(六) 费用监理

(七) 合同管理情况

(八) 合同执行情况

(九) 存在的问题

(十) 本月监理工作小结

四、工程监理月报的编写要点

(一) 封面和目录

一般地说，工程监理月报应专门有一个封面，封面之后应建立一个目录，以便于阅读。

1. 封面应包括以下内容：

（1）工程监理项目的名称，一般写全称；

（2）施工合同编号；

（3）监理月报期数的编号，一般编写流水号，不分年度；

（4）内容提要（可以不写，而代之以一幅工程施工或监理图片）；

（5）工程监理机构名称，视建设单位或总监理工程师的要求决定是否写，同时书写监理单位名称和监理机构名称；

（6）总监（驻地）监理工程师签名，视建设单位或总监理工程师的要求决定是否写签字；

（7）编写时间，一般使用小写汉字、不用阿拉伯数字表示日期数。

2. 目录

目录应单独一页，在封面之后、正文之前。按 2006 版《公路工程施工监理规范》第 8.2.8 条的内容及顺序，可将目录列为：

一、本月工程描述

二、工程质量监理

三、工程进度监理

四、安全监理

五、环保监理

六、费用监理

七、合同管理情况

八、合同执行情况

九、存在的问题

十、本月监理工作小结

（二）本月工程情况描述

不论是城市建设项目，还是公路工程项目，一般的土木工程施工监理工程师在编写工程监理月报时，应参照以下顺序编写、描述本月工程情况，也可以列表表示：

1. 项目名称、项目地理位置；
2. 合同段长度，起讫桩号；
3. 主要建筑物的类型和数量（如路基挖填方、涵洞、通道、桥梁、隧道、路面工程、互通立交桥等）；
4. 附属建设物的类型和数量（如交通安全设施、绿化工程、房建机电工程）；
5. 施工、监理承包合同签订日期；
6. 施工承包单位或联营体的名称及项目负责人、技术负责人姓名；
7. 工程合同总价；
8. 合同规定的工期；
9. 合同规定的质量等级；
10. 开工通知书发出日期及开工日期；
11. 修订的完工期（以后如有变动，可以修订）；
12. 本月内的天气情况报告；
13. 本月发生的主要监理活动事项等。

（三）工程质量监理情况

工程监理月报的主要描述内容包括质量控制、安全控制、环保控制和进度、计量支付情况。其中，工程质量的监理控制应主要描述以下内容：

1. 月工程质量及质量控制情况。就现场各个合同段或各个工程项目的材料、机械、人员配备情况，结合工程质量的检验、核验结果予以说明。并对质量监理措施、手段、方法、效果等作出阐述。说明监理旁站、巡视、提示、指令、停工、返工、监理抽检等情况。

2. 如发生工程质量问题或质量事故，应对质量问题或事故的性质、发生的原因和时间、造成的危害及损失，对工程建设的影响程度、处理依据、方法等进行了叙述，并对由于工程质量引起的安全生产问题作详细阐述。

3. 工序或分项、分部工程的质量验收情况。对本月按合同文件规定必须列入验收的工程内容的验收情况进行说明。

4. 月内质量控制动态分析。主要对本月施工中存在的质量问题以及今后有可能影响质量的因素进行分析，为下一步质量控制提出改进措施和建议。

（四）工程进度监理情况

应叙述工程总体进度及主要工程项目和主要工程的实际进度和计划进度。通过对本月的实际进度的比较，确定完成计划进度的百分率。要对本月施工进度计划的实施情况和控制状态进行叙述，特别要注意叙述施工过程中的干扰因素和影响。在此基础上进行进度分析，着重分析本月实际进度状况（超前或滞后）对阶段性进度目标和总进度目标的影响程度，并对实现进度目标存在的问题和风险因素进行分析和预测，提出应对措施和对策建议作为下一步进度控制的改进根据。

（五）工程费用监理情况

1. 月工程计量情况，并与工程量清单进行比较。

2. 月工程投资完成及工程价款结算情况。主要对本月各单位工程投资完成情况及工程价款结算情况作出说明，其中包括合同外项目、设计变更项目及索赔项目等的结算情况。为表明投资完成情况及价款结算的态势，应分别对合同总金额、本月支付金额和月末累计结算金额进行统计及对照。

3. 月费用控制分析。主要对月实际完成工作量情况和原计划完成工作量差异进行对比分析，并预测资金支付态势，为建设单位制订或调整投资计划提供依据。对有可能影响投资控制目标的风险因素进行预测和分析。

4. 存在问题及对策。主要对本月费用监理中出现的问题进行对比分析，并提出具体处理措施或建议。预计下月可能完成的工程量和工程的发生费用金额。

（六）工程施工安全监理情况

1. 重点说明监理工程师审查施工方案中的安全技术措施的情况，审查专项施工方案是否符合强制性标准的情况，审查安全管理制度、安全操作规程和施工现场临时用电方案的情况，审查安全生产事故应急预案制订的情况，审查安全教育计划、安全交底的情况等。

2. 监督施工单位按照专项安全施工方案组织施工，是否有违章作业的情况。施工单位拒不整改或不停止施工的，监理工程师报告建设主管部门的情况。

3. 督促施工单位进行安全生产自查、落实安全生产技术措施的情况。

4. 建立施工安全监理台账情况，总监和驻地工程师定期检查施工安全监理台账记录的情况。

（七）工程施工环境保护监理情况

1. 描述监理审查施工组织设计中施工环境保护措施的情况。

2. 监理工程师在巡视、旁站中，随时检查施工单位制订的施工环境保护措施的落实情况。

3. 如果施工中存在违章、违规情况，监理工程师书面指令施工单位整改的情况。情况严重时，监理签发《工程暂停令》并及时报告建设单位的情况。

4. 施工中发现文物古迹时，监理工程师要求施工单位依法保护现场，并报告有关部门和建设单位的情况。

5. 监理工程师要求施工单位依法取得砍伐许可证后方可进行砍伐树木的情况，保护野生动物、植物的情况等。

（八）合同其他事项管理情况

1. 本月合同执行情况。主要对本月合同双方执行合同的情况进行说明，并作出评价（正常或异常）。

2. 工程变更事项。包括设计变更，进度计划变更，施工情况变更，也包括原招标文件和合同工程量清单中没有包括的新增工程以及对工程变更发生的原因、处理情况。

3. 索赔事项。说明本月索赔项目的发生原因、处理依据、协调过程、索赔金额和施工单位对索赔处理的意见等。

4. 合同管理分析。主要对以后合同管理中有可能对工程建设产生不利的影响，甚至可能导致重大损失的风险性因素进行预测和分析，以便进行预测和防范。

（九）监理工作执行情况

1. 本月监理人员变化情况。有无变化，原因和报批情况等，与原监理服务合同的差异等。

2. 本月监理机构印发监理文件、召开监理会议、开展监理工作检查等情况。

3. 本月监理人员的旁站、巡视、提示、指令、停工、返工、监理抽检的数量统计与分析等情况。

（十）存在的问题与建议

1. 工程施工过程中存在的质量、进度、费用、安全、环保等问题。

2. 施工单位存在的管理、分包、技术人员更换等问题。

3. 监理工作中的不足之处。

4. 气候和施工环境方面的问题。

5. 建设单位管理或设计变更方面应予改进的工作等。

（十一）本月工程监理工作小结

概述本月施工单位履行合同义务的表现、存在的问题、采取的改进措施、监理在“五大监理”和合同管理等方面情况进行综合评价，并对月监理工作实施情况（包括监理资源投入、重要监理活动、图纸审查及发放、技术方案审查、工程需要解决的问题、监理抽检情况和其他事项），建设单位履行合同情况的表现，对工程施工和监理的建议以及下月监理工作的重点等。

（十二）有关附表

为了全面反映本月监理工作，为了减少文字描述，为了全线便于汇总有关数据等，各监理机构宜使用附表，特别是总监办的工程监理月报。

建设部2000年版《建设工程监理规范》第7.2节规定了监理月报的具体内容，但没有要求附列工程施工与监理的数据表格，实际工作中，大部分监理办都习惯用固定的附表补充监理月报的文字内容。交通部1995年版《公路工程施工监理规范》规定对具有证明和补充作用的试验报告、会议纪要、工程照片、进度数据、合同数据、监理工程师用表等有关文件，作为监理月报的附件。

五、案例

【案例4.4-1】 小区塔楼工程监理月报

×××小区B座塔楼工程监理月报

目　录

3. 工程款到位情况分析

4. 本月采取的措施及效果

六、构配件与设备

1. 采购、供应、进场及质量情况

2. 对供应厂家资质的考察情况

七、合同其他事项的处理情况

1. 工程变更

2. 工程延期

3. 费用索赔

八、天气对施工影响的情况

九、项目监理部机构与工作统计

1. 项目监理部组织系统

2. 监理工作统计

十、本月监理工作小结

1. 对本期工程进度、质量、工程款支付等方面的综合评价

2. 意见和建议

3. 本月监理工作的主要内容

4. 下月监理工作的重点

正　　文

一、工程概况

1. 工程基本情况（见表1）

工程基本情况表　　表1

工程名称	×××小区B座塔楼		工程地点	北京市××××××	
工程性质	基建		建设单位	×××××房地产开发公司	
设计单位	×××设计所		承包单位	×××建筑工程公司	
开工日期	2001.11.6	竣工日期	2002.11.30	工期天数	420
质量等级	优良	合同价款	2666万元	承包方式	中标价

工程项目一览表

单位工程名称	建设面积（m^2）	结构类型	地下层数	地上层数	总高（m）	设备安装	工程造价（万元）
×××B座塔楼	19592.22	剪力墙	2	24	77.4	电梯两部及水暖电	2666

2. 施工基本情况

1）本期在施形象部位及施工项目

本月在施形象部位在四、五、六、七、八层，整体进度完成四层结构施工，施工项目为：四层4段顶板模板、钢筋和混凝土；五层的模板、钢筋和混凝土；六层的模板、钢筋和混凝土；七层的模板、钢筋和混凝土；八层的1段顶板模板、钢筋和混

凝土、2 段顶板模板及钢筋、3 段墙体混凝土、4 段墙体钢筋及模板。

2）施工中的主要问题

（1）由于塔吊出现故障影响了大模板的安装及其他材料的垂直运输。

（2）施工现场场地比较狭窄，砂石材料的存放能力只能保持正常施工用料，由于“五一”假日交通管制，影响了材料的运输，使工程进度受到一定的影响。

二、承包单位项目组织系统

1. 承包单位组织框图及主要负责人（图略）

2. 主要分包单位承担分包工程的情况

（1）地基处理由×××岩土工程勘察院直属工程处施工分包（甲方批定分包）该项目分包工程于2001 年 11 月 5 日完成。

（2）地下室外墙防水工程由×××防水工程公司分包。

（3）工程主体结构由××××××第二建筑公司劳务分包。

三、工程进度控制

1. 工程实际完成情况与总进度计划比较（表 2，略）

2. 本月实际完成情况与进度计划比较（表 3，略）

3. 本月工、料、机动态（表 4）

人工、材料、机械动态表 表 4

<table>
<tr><td rowspan="3">工人</td><td>工种</td><td>钢筋工</td><td>电工</td><td>混凝土工</td><td>电焊工</td><td>木工</td><td>架子工</td><td>水暖工</td><td>其他</td><td>总人数</td></tr>
<tr><td>人数</td><td>50</td><td>8</td><td>50</td><td>3</td><td>65</td><td>12</td><td>6</td><td></td><td>194</td></tr>
<tr><td>持证人数</td><td></td><td>8</td><td></td><td>3</td><td></td><td></td><td></td><td></td><td>11</td></tr>
<tr><td rowspan="6">主要材料</td><td>名称</td><td>单位</td><td colspan="2">上月库存量</td><td colspan="2">本月进厂量</td><td colspan="2">本月库存量</td><td colspan="2">本月消耗量</td></tr>
<tr><td>钢筋</td><td>t</td><td colspan="2">150</td><td colspan="2">150</td><td colspan="2">55</td><td colspan="2">245</td></tr>
<tr><td>水泥</td><td>t</td><td colspan="2">50</td><td colspan="2">600</td><td colspan="2">168</td><td colspan="2">482</td></tr>
<tr><td>砂子</td><td>t</td><td colspan="2">150</td><td colspan="2">1200</td><td colspan="2">442</td><td colspan="2">908</td></tr>
<tr><td>石子</td><td>t</td><td colspan="2">200</td><td colspan="2">1400</td><td colspan="2">261</td><td colspan="2">1339</td></tr>
<tr><td></td><td></td><td colspan="2"></td><td colspan="2"></td><td colspan="2"></td><td colspan="2"></td></tr>
<tr><td rowspan="6">主要机械</td><td>名称</td><td colspan="3">生产厂家</td><td colspan="4">规格型号</td><td colspan="2">数量</td></tr>
<tr><td>塔吊</td><td colspan="3">张家港</td><td colspan="4">QTE80F</td><td colspan="2">1</td></tr>
<tr><td>搅拌机</td><td colspan="3">扬州机械厂</td><td colspan="4">JZC500</td><td colspan="2">2</td></tr>
<tr><td>卷扬机</td><td colspan="3"></td><td colspan="4"></td><td colspan="2">1</td></tr>
<tr><td>切割机</td><td colspan="3"></td><td colspan="4"></td><td colspan="2">1</td></tr>
<tr><td></td><td colspan="3"></td><td colspan="4"></td><td colspan="2"></td></tr>
</table>

4. 对进度完成情况的分析

本月进度按计划拖后 5 天，由于塔吊故障影响 2 天，假日交通管制砂石材料进场不及时，计划进度拖后 3 天。

5. 本月采取的措施及效果

（1）对出现进度偏差及时督促承包单位进行调整投入、采取措施、延长工作时间等。

（2）为承包单位夜间施工能及时报验提供条件。

(3) 通过本月采取的措施为下月赶顺拖后的工期提供了条件。

6. 本月在施部位工程照片

(1) B座八层平面鸟瞰拍照（图略）

(2) B座东南侧拍照（图略）

四、工程质量控制

1. 分项工程验收情况（表5）

分项工程验收情况表 表5

序号	部　　位	分项工程名称	报验单号	验　收　情　况	
				承包单位自评	监理单位验收
—	基础工程				
01	地下室外墙	SBS防水层	01-05-002	合格	合格

2. 分部工程验收情况（表6）

分部工程验收情况统计表 表6

序号	分部工程名称	本　　月		累　　计	
		合格项数	合格率（%）	合格项数	合格率（%）
1	基础结构	3	100	119	100
2	主体结构	68		128	
3	电气安装	64		128	

3. 主要施工试验情况（表7）

主要施工试验情况统计表 表7

序号	试验编号	试　验　内　容	施工部位	试验结论	监理结论
01	9202-76	砂：筛分、含泥量、针片状	4至8层	合格	合格
02	9202-77	石：筛分、含泥量、针片状	4至8层	合格	合格
03	9202-85	水泥：细度、凝结时间、安定性	4至8层	合格	合格
04	2002-2112	钢筋原材：Φ20、Φ25抗拉、伸长率、冷弯	4至8层	合格	合格
……	……	……	……	……	……
08	2002-23107	混凝土抗压强度	2层墙体及顶板	合格	合格

4. 工程质量问题

本月施工质量墙体钢筋及顶板钢筋绑扎验收合格，墙体及顶板模板验收合格，地下室外墙防水局部不符合要求，回填土个别部位分层厚度过大。

5. 工程质量情况分析

地下室外墙防水层个别单位阴阳角搭接方法不当，属于工人操作不认真造成。回填土分层厚度过大，灰土拌合不均，属于管理和要求不严格。结构施工质量比较稳定。

6. 本月采取的措施及效果

项目监理部发《监理通知》要求承包单位对防水层有问题的部位和回填土分层超厚的部位进行返工处理。对返工处理后重新检查验收合格。

五、工程计量与工程支付

1. 工程量审批情况

本月核定工程量两项：

（1）一至四层结构工程；

（2）一至四层电气敷管工程。

2. 工程款审批及支付情况（略）

3. 工程款到位情况分析

建设单位已按所审批的工程款按规定扣减合同规定的金额进行支付。

4. 本月采取的措施及效果

通过严格按合同规定的标准控制工程进度的审批，达到甲乙双方共同遵守，共同收益的原则，使双方的权益不受损害。

六、构配件与设备

1. 采购、供应、进场及质量情况

目前，塑钢窗已确定生产厂家按购置计划组织订货，生产厂家根据加工订货合同开始制作，地下天之骄子部分防火门已开始进场，监理单位对报验的防火门进行检查验收，其质量符合设计要求和质量验收标准。

2. 对供应厂家资质的考察情况

本月初由建设单位、监理单位和承包单位共同对防火门生产厂进行考察，该厂资质及所生产的防火门的资质证书和产品合格证齐全，符合要求。已由经营部与厂家签定供货合同。

七、合同其他事项的处理情况

1. 工程变更

本月发生工程变更一份，内容：由建设单位提出将6层A反户型的居室门M—9由B轴/10~11轴改为在C轴/10~11间，门口位置不变。

2. 工程延期

本月由于“五一”假日交通管制影响材料进场，使工程进度拖后3天，经甲方、监理和承包单位共同协商同意工程延期3天。

3. 费用索赔

本月发生工程变更一份，但没有增加工程量，没有费用索赔。对于发生的工程延期3天，虽然是由于假日交通管制所影响，但属于承包单位预计到的风险，所以只予工程延期，不予费用索赔。

八、天气对施工影响的情况

自上月26日至本月25日的气温、风力、阴雨及其对施工的影响情况记录表如表8所示。

天气情况统计表　　表8

日期	星期	天气情况			天气对施工的影响
		气温（℃）	风力（级）	天气	
2002-04-26	五	8~18	2~3	晴	不影响
2002-04-27	六	8~19	2~3	晴	不影响

续表

日　期	星　期	天气情况			天气对施工的影响
		气温（℃）	风力（级）	天气	
2002-04-28	日	7～15	1～2	阴有小雨	不影响
2002-04-29	一	7～19	2～3	阴有小雨	不影响
2002-04-30	二	9～22	2～3	晴间多云	不影响
2002-05-01	三	10～21	2～3	晴间多云	不影响
2002-05-02	四	12～22	2～3	晴间多云	不影响
2002-05-03	五	13～23	2～3	晴转多云	不影响
2002-05-04	六	12～25	2～3	晴转多云	不影响
2002-05-05	日	12～24	1～2	晴	不影响
……	……	……	……	……	……
2002-05-25	六	1731	2～3	晴	不影响

九、项目监理部机构与工作统计

1. 项目监理部组织系统

（1）项目监理部组织结构图（略）

（2）项目监理部人员（见表9）

项目监理部人员一览表　　表9

序号	姓名	职　务	性别	职　称	专业	备　注
01	×××	总监	男	高工	工民建	北京市一级总监
02	×××	总监代表	男	工程师	工民建	注册监理工程师
03	×××	监理工程师（建筑工程）	男	工程师	工民建	注册监理工程师
04	×××	监理工程师（水暖、通风与空调）	男	工程师	暖通	全国监理工程师培训证书
05	×××	监理员（建筑工程）	男	助理工程师	工民建	公司培训证书
06	×××	监理工程师（电气安装）	男	高工	电气	全国监理工程师培训证书
07	×××	合同、信息、造价管理	女	高工	建筑经济	注册造价工程师

2. 监理主要工作统计（表10）

监理工作统计表　　表10

序号	项　目　名　称	单位	本年度		开工以来总计
			本　月	累　计	
01	监理会议	次	4	20	26
02	审批施工组织设计（方案）	次	0	1	7
	提出建议和意见	条	0	2	2

续表

序号	项目名称	单位	本年度		开工以来总计
			本月	累计	
03	审批施工进度计划（年季度）	次	1	2	3
	提出建议和意见	条	0	3	4
04	审核施工图纸	次	0	4	6
	提出建议和意见	条	0	2	8
05	发出监理通知	次	1	1	2
	内容函	条	0	0	0
06	审定分包单位	家	0	2	2
07	原材料审批	件	9	40	63
08	构配件审批	件	1	3	5
09	设备审批	件	0	0	0
10	分项工程质量验评	次	137	286	315
11	分部工程质量验评	次	1	2	2
12	不合格工程项目通知	次	0	2	2
13	监理抽查、复试	次	15	40	102
14	监理见证取样	次	19	38	57
15	监察施工单位试验室	次	0	1	1
16	考察生产厂家	次	1	2	3
17	发出工程部分暂停令	次	0	1	1

十、本月监理工作小结

1. 对本期工程进度、质量、工程款支付等方面的综合评价

本月按计划拖后5天，主要原因由于塔吊机械故障影响2天。假日交通管制影响材料进场，使工程进度影响3天。八层结构差2段顶板未能完成。结构施工质量情况处于较稳定状态，防水及回填土工程的施工质量情况存在一些问题，监理工程师及时发现，并下发《监理通知》要求施工单位进行整改和返工，通过重新检查验收符合规范要求。

本月在工程款支付方面进行了严格审核，按监理工程师确认合格的工程量进行工程款的审批。

2. 意见和建议

（1）施工单位应全面控制工程的施工质量，不能忽视结构以外的其他分项工程施工质量的控制。

（2）在进度安排上要把拖后的时间赶上，控制总体工期不拖后。

（3）在各分项工程施工质量的控制上要加大力度，对个别不称职的管理人员进行调整。

3. 本月监理工作的主要内容

（1）在工程进度控制方面

审核和审批月进度计划一次，通过四次监理例会督促承包单位按计划进度进行控制。

（2）在工程质量控制方面

施工测量放线报验。本月进行施工测量楼层放线32次。经查验，符合验收规范及质量标准。

见证取样。本月进行见证取样共19次，混凝土试块12次，钢筋接头6次，钢筋原材1次。严格按规定的数量和方法进行现场见证取样。

混凝土旁站监理。本月按要求对阳台板混凝土浇灌进行旁站监理12次，控制了钢筋的位置、混凝土的坍落度及浇灌振捣质量，对混凝土浇灌的过程进行全面控制。

分项工程验收。本月进行的分项工程验收137项，其中：基础工程3项；主体工程68项；电气安装64项。分项工程质量验收情况：结构方面所验收的分项工程质量验收基本上能达到一次验收合格。

分部工程验收。本月进行一次主体结构（一至四层）的验收，建设单位、设计单位、监理单位和承包单位参加联合验收，验收结论合格。

（3）在工程造价控制方面

对本月发生的工程变更进行把关，控制不合理的工程变更费用。

对本月的工程款的报表进行严格审核和审批，做到符合实际情况。

（4）监理例会

本月召开4次监理例会，通过监理例会解决的主要问题30多个，协调了各方面的工作，确定了每周的工作重点，为做好各项工作提出了指导性意见。

4. 下月监理工作的重点（略）

［点　评］本工程监理月报编写于2002年5月29日，是×××小区B座塔楼工程监理部编写的月度监理报告的实例。本实例按照建设部2000年版《建设工程监理规范》第七章关于监理月报的规定格式和内容编写。其中，根据工程实际和项目业主的要求，增加了构配件与设备监理情况、天气对施工影响的情况和项目监理部机构与工作统计三部分内容，使得监理月报更加充实。

【案例4.4-2】亚行贷款公路项目的监理月报

（封面）

中　华　人　民　共　和　国
亚洲开发银行贷款

××省道路发展项目Ⅱ
马×至门×高速公路土建工程

合同段：××～××
工　程　监　理　月　报

（第××期）

第×驻地监理办
二〇〇四年六月××日

（正文）

第2期工程监理月报

一、工程概述

马×至门×高速公路系国道主干线二连浩特至河口公路××省境内的一段，全长126.84km。工程项目建设单位为××建设有限公司，监理组织机构设有一个总监办、四个驻地监理办、十一个驻地监理组。其中，第一驻地监理办由持有国家建设部、交通部双甲级监理资质的××省交通工程监理公司中标组建，具体负责第V1、V2、V3三个路基桥涵施工合同段和E8、E9两个路面工程施工合同段的监理工作。

1. 监理人员进场与驻地建设

监理人员进场和驻地监理办公场所的建设直接关系到监理的工作质量和效率，也体现一个监理公司的履约能力。根据业主的工作安排计划，我们按投标书承诺于4月2日调集主要监理力量从××省来到××省，于4月3日开始分两组分别在××县、××县联系监理办公生活场所，最终选定距业主办公室和总监办较近、位置处于V1、V2、V3合同段中间又靠近县城的××县××镇××单位的二层楼房作为第一驻地监理办的办公生活地点。共租用房屋26间，新建房屋8间，共计34间，面积约为800m^2，满足办公生活需要。

截至目前，工程监理人员实际到位32人，占合同总数的30人的107%；办公用车到位6台，占合同数量6台的100%，新安装座机电话2部，微机2台，复印机1台，移动电话21部，传真机1台，均达到或超过招标文件要求数量。工程试验仪器设备、办公桌椅、档案橱柜配套齐全，工程平纵缩图、形象进度图、岗位责任制和监理职业道德纪律、廉政建设制度均已印制并悬挂上墙。

2. 主要工程量

第V1、V2、V3合同段起于××县店头镇，终止于××县化资镇，起止桩号为K0+000~K38+600，全长38.6km，合同工期为2004年4月到2005年4月，工程合同价约为29865万元。路线经过Ⅱ、Ⅲ级湿陷性黄土地段，全线共有互通立交3处，大桥6座，中桥13座，分离式立交26座，箱通41座，箱涵79座。主要工程量有湿陷性黄土冲击压实156.2万m^2，强夯21.8万m^2，路基填方565.6万m^3，路基挖方328.94万m^3。

3. 施工单位进场与材料、机械设备供应情况

V1、V2、V3合同段分别由××交通建设集团、××油田路桥公司、××路桥建设公司中标承建，项目法人分别为赵××、李××、沈××。

截至目前，各合同段人员、机械设备进场情况统计如下：

① 人员进场情况

V1合同现进场施工人员456人；

V2合同现进场施工人员535人；

V3合同现进场施工人员830人。

② 材料进场情况

V1 合同水泥 500t、钢筋 240t、砂 1300m^3、碎石 2200m^3、石灰 320t；

V2 合同水泥 500t、钢筋 500t、砂 1500m^3、碎石 2800m^3、石灰 570t；

V3 合同水泥 975t、钢筋 852t、砂 2588m^3、碎石 3329m^3、石灰 1765t；砂砾 1880m^3。

③ 机械设备进场情况（略）

二、工程进度

1. 六月份工程进度计划

总监办批复的 V1 合同六月份工作量计划为 917 万元，占合同总价 11051.2 万元的 8.3%；V2 合同六月份工作量计划为 950 万元，占合同总价 7880 万元的 12.1%；V3 合同六月份工作量计划为 704.8 万元，占合同总价 5930.33 万元的 11.9%。

2. 工作量完成情况

六月份是路基桥梁工程施工工期的第三个月，六月份是施工的黄金季节。在业主及总监办的正确领导和积极监督、帮助之下，除 V1 合同段因受多方面影响进展较缓之外，V2、V3 合同段各项工作进展的均比较顺利。

三、工程质量

1. 本月工程质量分析

本月工程施工以路基底面冲击碾压、路基填筑和箱涵、箱通基底强夯、灰土垫层和桥梁钻孔桩为重点，经施工单位自检、监理抽检，各工序、各分项工程质量达到《技术规范》要求。

2. 本月采取的工程质量措施及效果

对于路基冲击碾压、箱型构造物及桥头强夯和桩基灌注混凝土，采取了全过程旁站的方式，并严格控制夜间施工。通过控制冲击遍数、行驶速度和搭接范围，有效地保证了冲压质量，对接近桥涵部分的 5m 左右冲压不到的边角部位，提出了重夯措施。通过严格计量强夯的落距、夯沉量和击数，各箱型构造物强夯面积均达到要求，各个夯击点均达到最后两击夯沉量之差小于 5cm 的规定。

3. 施工测试及监理抽检测试情况（见附表 1-08、1-09）

四、工程费用（见附表 1-10、1-11）

1. 本月工程计量

2. 本月工程支付

五、合同管理

1. 工程索赔（无）

2. 工程变更

自 5 月 18 日正式开工至 6 月 20 日，各合同段根据工程实际情况均不同程度地提出了相关工程变更问题，主要包括冲击压实遍数增加、冲压翻浆铺填砂砾、构造物强夯击数增加、坟坑水井回填处置以及原设计无强夯的桥头、古河道处置和设计与地形、地质不符的变更等。详见表 1-13。

六、环保执行情况及存在情况

环保关系到公路沿线民众的生活和生产。在工程施工过程中，从分项工程开工报告抓起，分项工程开工报告中必须附有环保、文明施工、安全施工的方案、措施，否则，不予签发。在施工过程中，要求各施工单位抓好便道洒水、冲击碾压洒水，对灰土拌合采取集中拌合法，控制扬尘和拌合质量。

七、监理工作小结

1. 本月全体监理均能做到哪里有施工、哪里有监理，何时施工何时有监理，坚持监理程序、狠抓质量控制。针对个别施工单位合同意识差、人员不到位、冲压设备不到位及砂石料不合格情况，及时下达监理工作指令，要求施工单位整改。针对冲压、强夯作业面多，遍数直接影响工程质量的实际，第一驻地监理办监理技术人员全部到位，在此基础上又增加了三名现场旁站人员，有效地保证了旁站质量。

2. 各施工单位基本能够履行合同承诺进行工程管理，但 V1、V3 合同在技术力量上与实际施工不适应，V1 合同机械到位率低，V2 合同 6 月中上旬现场管理差。各合同段上报工程变更资料质量不高，工序质量报检不及时。

3. 下一阶段重点抓好施工现场的施工秩序控制、文明施工、料场管理控制以及内业报表工作。切实保证现场质量控制的真实性、合格率，尤其是构造物基底处理、桩基灌注等隐蔽工程的工序自检、抽检工作。各监理组长要抓好现场三控，更要抓好文件审批、方案确认、问题处理等工作，要协调好与项目经理部的关系，进一步督促桩基进度、预制板进度。

八、附件

附表 1　人员进场情况汇总表

附表 2　机械设备进场情况汇总表

附表 3　工程量完成情况汇总表

附表 4　路基工程进度情况汇总表

附表 5　桥梁工程进度状况汇总表

附表 6　涵洞工程进度状况汇总表

附表 7　通道工程进度状况汇总表

附表 8　施工测试概况汇总表

附表 9　监理工程师抽检测试概况汇总表

附表 10　费用支付一览表

附表 11　费用支付汇总表

附表 12　工程索赔与延期一览表

附表 13　工程变更汇总表

[点　评] 本工程监理月报编写于 2004 年 6 月，是某驻地监理办编写的月度监理报告的实例，按照总监办给定的格式和内容编写。

本次作为实例介绍，文中的工程项目的名称和合同段为化名。本工程是亚洲开发银行公路贷款项目之一，监理工程师不但要监理工程质量、进度、费用，还要监理环保。本监理报告还附有若干表格，在表格中填写工程数字，既简化报告中的文字部分，又统一直观，便于总监办汇总后报告亚行贷款项目办公室。

本工程地处湿陷性黄土高原地区，文中介绍了湿陷性黄土地区公路路基质量处治的冲击碾压技术（当时该技术属于实验阶段，因为交通部没有路基冲击碾压技术施工规范，2007 年 1 月 1 日方才施行冲击碾压技术施工指南）、重夯法、强夯法、灰土置换法等，可供监理工程师参考。

【案例 4.4-3】 驻地监理办的中期监理月报

第一监理办第 8 期工程监理月报

【本月工作小结】1999 年 9 月份，天气少雨多晴，作为秋季“大干一百天”的第二个月，月初工程现场以抓路槽封顶黏土、水泥稳定碎石试验段、汪河大桥梁板安装及原材料质量为主；中下旬以促 A 段二灰碎石、C 段沥青下面层试验段、C 段三座箱梁桥支架预压、钢筋加工与检验、混凝土浇筑为重点；月内二灰类结构层养生得力、B2 合同工程几近竣工、监理办先后召开 3 次工地会议强调质量协调进度。

月内全线实际完成工作量 1900. 37 万元，占月计划 2741. 6 万元的 69. 32%；至今累计完成工作量 12084. 89 万元，占合同价 21558. 84 万元的 56. 04%。

月内有总监理工程师李××冒雨巡视工地、省公路局×××科长等领导检查工地等重要活动。

一、气象情况

本月日历天数为 30 天，上旬天气多晴、中下旬阴雨 4 天，有效施工天数不足 26 天。最高气温为 30℃，最低气温降至 14℃。天高云淡的秋天气温日降，对沥青下面层的大面积施工带来了困难。

二、工程进度

1. 工作量完成情况

本月全线实际完成工作量 1900. 37 万元，占月计划 2741. 6 万元的 69. 32%；本年累计完成 10755. 62 万元，占年计划 14802. 83 万元的 72. 66%；自开工累计完成工作量 12084. 89 万元，占有效合同价 21558. 84 万元的 56. 05%。各合同完成情况如表 A 所示。

2. 形象进度完成情况（各合同完成情况详见附表 1）

① 路基工程

——成品路基：本月完成 2. 14km，累计完成 15. 75km，占年计划 18. 15km 的 86. 82%。

——路基填筑：本月完成 13. 05km^3，占月计划 15. 41km^3 的 84. 1%；本年累计完成 172. 50km^3，占年计划 174. 09km^3 的 99. 09%；自开工累计完成 211. 161km^3，占合同总量 201. 88km^3 的 104. 6%。

② 桥梁工程

——桩基础（包括设计变更 208 根）：本月完成 674. 15m/31 根，占月计划 743. 15m/34 根的 90. 72%；本年累计完成 15462. 79m/601 限，占年计划 11380. 39m/400 根的 135. 87%；自开工累计完成 21421. 84m/871 根，占合同总量 18442. 30m/670 根的 116. 16%。其中夹河大桥共有 112 棵桩，至 9 月 25 日已完成 103 棵，还剩 9 棵未灌。

——下部结构混凝土：本月完成 813. 09m^3，占月计划 3126. 4m^3 的 26. 01%；本年累计完成 12044. 32m^3，占年计划 14382. 91m^3 的 83. 74%；自开工累计完成 12381. 17m^3，占合同总量 15500. 9m^3 的 79. 87%。

——上部结构混凝土：本月完成 2435. 46m^3，占月计划 5105m^3 的 47. 71%；本年

累计完成 8854.54m³，占年计划 18774.38m³ 的 47.16%；自开工累计完成 8981.6m³，占合同总量 20078m³ 的 44.73%。

③ 路面工程

——底基层：本月完成 178.5km²（折合单层单幅长度 13.22km），占月计划 313.93km² 的 56.88%；本年累计完成 357.39km²/（单层单幅长度 24.4km），占年计划 433.63km²（单层单幅长度 29.14km）的 82.42%；自开工累计完成 357.39km²，（单层单幅长度 24.4km），占合同总量 465.4km²（单层单幅长度 35.7km）的 76.79%。

——基层：本月完成单层 132.89km²（单层单幅长度 4.32km），占月计划 276.2km² 的 48.11%；本年累计完成单层 267.49km²（单层单幅长度 8.65km），占年计划 750.82km² 的 35.63%；自开工累计完成 267.49km²（单层单幅长度 8.57km）占合同总量 1038.5km² 的 25.76%。

——沥青下面层：本月完成 13.48km²（单幅长度 1.1km），本年累计完成 13.48km²（单幅长度 1.1km），占年计划 499.44km² 的 2.7%；自开工累计完成 13.48km²（单幅长度 1.1km）占合同总量 2381.21km² 的 0.57%。

④ 小型结构物

——通道：本月完成 47.64m/3 座，占月计划 63.75m/3 座的 74.72%；本年累计完成 629.85m/32 座，占年计划 673.96m/31 座的 93.46%；自开工累计完成 696.65m/33 座，占合同总量 751.02m/33 座的 92，76%。

——涵洞：本月完成 53.78m/3 座，占月计划 20m/2 座的 268.9%；本年累计完成 787.62m/46 座，占年计划 864.96m/47 座的 91.07%，自开工累计完成 798.84m/48 座，占合同总量 871.6m/51 座的 91.65%。

3. 下月工程计划

1999 年 10 月份全线计划完成工作量 1292.54 万元，占年计划 14802.83 万元的 8.7%，占有效合同价 1558.84 万元的 6%。其中 A、B1、C 合同计划完成工作量分别为 367.77 万元、544.36 万元、380.41 万元。

三、计量与支付

本月全线支付 1864.02 万元，占合同总价 23714.24 万元的 7.86%，累计支付 13993.55 万元，占合同价的 59.01%，如表 B 所示。

四、工程质量

本月是省厅、省局“大干 100 天，高质量地打好公路建设第二个 150 战役”活动的第二个月，监理办本着“既要进度的加快，更要质量的提高”的原则积极配合大干一百天活动。

本月完成的路基填筑、二灰土底、基层、二灰碎石基层、台背田填以及钢筋工程、混凝土工程，经施二仁单位自检、监理旁站抽检各指标均达到《技术规范》的要求。

第一监理组以控制二灰土底基层工序质量为重点，从石灰进场、粉煤灰检验和二灰的码方、铺平及路拌均匀程度抓起，现场监理由 2 人增至 4 人，实施了原材料、布土与布灰、拌合碾压及检测、养生的全过程控制。同时，对超高路段横向排水管的开挖、安装、回填加强了控制。B2 合同幸福路立交桥桥头搭板因施工方法没搞定搭板设计图纸，在施工时没有铺筑二灰碎石垫层就浇筑了混凝土，9 月 11 日驻地监理工程师发现后立即指令返工，至 9 月 17 日南台搭板重作完毕、北台搭板仍在处理。

第二监理组对路槽封顶土控制有力，福搭路立交以东主线及匝道均以黏土作封顶土，保证了路槽与底基层的联结。就五贺山立交桥挡墙内侧 50cm 砂砾回填因宽度不足、密实不足而返工 30 余米；该桥 4-3 立柱混凝土 28d 强度仅为 27MPa（设计为 30MPa），监理已指令返工并于 9 月 18 日推倒，给施工单位敲响了质量警钟。9 月 6 日，沥青下面层试验段展开并取得成功。作为 C 合同段应注意路面工程各层之间的横向施工缝的错位要大于 5m，而不应重迭，尤其是二灰碎石、水泥稳定碎石基层。

五、工程变更

本月工程变更共有 8 项，详见附表。

六、质量事故（无）

七、工程索赔（无）

八、监理工作动态及下月监理工作计划

1. 监理工作动态

① 本月印发监理工作文件 32 个，年内累计印发 131 个；印发监理备忘录 3 个，印发工程监理工作指令 4 个，召开监理工程师例会 2 次。

② 9 月 1 日，驻地主持召开各合同段 1999 年剩余工程计划确认会，重点分解底基层、基层及沥青中、下面层形象进度计划。

③ 9 月 2 日，召开第 8 次工地会议，重点研究大干期间工程质量控制、监理程序执行，提示路槽验收方法、路面工程开工报告及质量检验评定等，总监到会强调 4 个具体问题、提出 3 项要求。

……

⑧ 9 月 28 日，驻地监理工程师致函 A 合同施工单位法人代表，邀请法人代表速到工地落实路面施工队伍、设备等。

2. 十月份监理工作计划

① 国庆期间，全体监理坚持工地全过程旁站，既控制好工程质量又配合施工单位大干一百天，以实际监理行动庆祝建国 50 周年。

② 督促沥青路面设备到位、备料到位、配合比设计上与试验到位。

③ 以检查工程计量与支付为主，组成内业检查组全面检查工程检测、试验资料、计量标准与依据、工程变更管理以及文件处理情况。

④ C 合同沥青下面层展开大面积施工，重点抓级配控制及现场摊铺、碾压的工艺、温度控制，抓好料车保温覆盖。

⑤ 加强路面基层、沥青中、下面层的料场管理并进行专项检查。

⑥ 对二灰碎石基层、分项工程质量检验评定分两个专题进行监理人员应知应会培训。

⑦ 参加并配合建设单位部门对 B2 合同进行交工验收。

九、问题与建议

1. 各监理组应注意内业检测资料的收集，确保独立抽检达到 20% 以上，为整编监理竣工资料提供条件。

2. ……。

十、附表

附表1：主要工程项目施工进度一览表；

附表2：工程质量监理抽检及试验检测一览表；

附表3：本月工程变更/索赔一览表；

附表4：印发文函摘要一览表。

一九九九年十月三日

[**点　评**] 本工程监理月报是某条高速公路的驻地监理办编写的月度监理报告的实例。本案例中编写的10项内容与2006年版的《公路工程施工监理规范》不一致，因为其编写于1999年10月。本次作为实例介绍，大家可将其与上一个案例对比学习参考。

文中第一部分写为“气象情况”不当，应改为“天气情况”，这是大多数监理月报常见的一个内容，主要描述晴天、阴天、雨雪、降温、大风等影响施工的天气信息。

4.5　工程监理日记（志）的编写

一、工程监理日记（志）的含义

1. 工程监理记录的表现形式

在工程施工阶段，监理工程师监督管理的主要对象是施工单位及其合同工程的施工过程和缺陷责任维护过程。在监理的过程中，主要依据《招标文件及其合同条件》、《施工技术规范》、《施工图纸》、《工程施工组织设计文件》、《监理规划及其实施细则》、《施工监理规范》以及项目建设单位、总监办的合理要求等等。

建设部2000年版《建设工程监理规范》第3章在专业监理工程师、监理员的岗位职责中要求专业监理工程师“根据本专业监理工作实际情况做好监理日记”，要求监理员“做好监理日记和有关的监理记录”。

交通部2006版《公路工程施工监理规范》明确了两个监理记录：

5.1.9　巡视

监理人员应重点巡视：正在施工的分项、分部工程是否已经批准开工；质量检测、安全管理人员是否按规定到岗；特种作业人员是否持证上岗；……；试验检测仪器、设备是否按规定进行了校准；是否按规定进行了施工自检和工序交接。

监理人员每天对每道工序的巡视应不少于1次，并按附录B.1的格式详细做好巡视记录。

5.1.10　旁站

监理人员应对试验工程、重要隐蔽工程和完工后无法检测其质量或返工会造成较大损失的工程进行旁站，宜旁站的项目见附录A。

旁站监理人员应重点对旁站项目的工艺过程进行监督，并对本规范第5.1.9条规定的内容进行检查，对发现的问题应责令立即改正；当可能危及工程质量、安全或环境时，应予制止并及时向驻地监理工程师或总监理工程师报告。

旁站监理人员应按附录 B.2 的格式如实、准确、详细地做好旁站记录。

旁站项目完工后，监理工程师应组织检查验收，验收合格后方可进行下道工序施工。

2006 版《公路工程施工监理规范》共有 4 个附录、7 个表格。其中，“监理记录”的三个表格，即巡视记录（附录 B.1）、旁站记录（附录 B.2）、监理日志（附录 B.3）。而且，这个监理日志是整个监理机构的监理工作日志，而非是监理技术人员个人的监理工作的监理日记。附录 C 为监理工作指令单，附录 D 为中间交工证书。

可见，工程监理人员应依据监理规范的规定写好监理日记、填写好监理日志。

2. 工程监理日记的含义

经查找监理规范和各种监理教科书、参考书，尚未发现工程监理日记的定义。让我们先看一下“日记”的定义。

（1）语文出版社 2004 年 1 月出版的，由李行健、吕叔湘主编的《现代汉语规范词典》关于日记、日志的释义如下：

【日记】关于每天工作、生活或感想的书面记录，多指个人的。

【日志】集体单位对每天发生的情况所作的书面记录。

（2）商务印书馆 2005 年 6 月出版的、第 5 版《现代汉语词典》关于日记、日志的释义如下：

【日记】每天所遇到的和所做的事情的记录，有的兼记对这些事情的感受。

【日志】同日记，多指非个人的。

（3）《公文写作学》对日记的定义：日记就是把自己一天中的所言、所行、所见、所闻、所思、所感，通过提炼总结记录下来的一种书面文体。日记是日常应用文之一。

根据上述关于“日记、日志”的释义，笔者今将“工程监理日记（志）”的含义归纳如下：

所谓工程监理日记，就是工程监理人员的日常监理工作日记或者整个工程监理组织机构监理工作活动的日志。日记（志）就是把一天中所遇到的、所看到的、所说到的、所做到的、没做到的、所感受到的事情等，通过提炼其精华、总结其要点如实记录下来的一种书面记录文体。

二、工程监理日记（志）的种类

如果要对工程监理日记进行分类，土木工程的施工监理日记（志）可分为以下两类 8 种，即：

1. 第一类：工程监理人员个人的监理工作日记

工程监理人员个人的监理工作日记，主要有 5 种：

（1）旁站监理员的监理日记（包括现场监理、试验监测员的）；

（2）专业监理工程师的监理日记；

（3）驻地工程师（驻地监理组组长或高级驻地工程师）的监理日记；

（4）总监理工程师的监理日记；

（5）监理办主任的监理日记（如设此岗时）。

2. 第二类：监理组织机构的集体的监理工作日志

监理组织机构的集体的监理工作日志，主要有3种：

（1）专业监理组（或者驻地监理组）的监理日志；

（2）驻地监理办（或高级驻地监理办）的监理日志；

（3）总监办（或总监代表处）的监理日志。

三、工程监理日记与监理日志的区别

1. 记录人资格的区别

监理日记是监理工作人员的个人的工作日记，每个监理工作人员都有义务记录。

监理日志是整个现场监理组织机构的、集体的监理日志，每一个监理工作人员不一定有权力去记录，它由驻地（总监）指定专人负责汇总和记录。

2. 记录册（本）数的区别

整个监理组织机构中，同一个时段内有若干本监理日记（每天有若干页）。

一个相对独立的监理组织机构中，同一个时段内只能有一本监理日志（每天只能有一页至几页）。

3. 记录时间的区别

个人的监理日记必须天天记录，即当天必须记录完当天的工作内容，严禁追记、补记。

集体的监理日志也必须天天记录，但当天的记录不一定当天记录完，或者说不应要求当天记录完毕，因为每个人的监理日记有一个向驻地监理办（总监办）传递的过程，驻地监理办（总监办）有一个审阅、汇总的过程，特别是路线长、人员分散、交通工具或传真、电脑设施相对有限的情况下。可以要求本周必须审阅、汇总完上一周的监理工作内容。即记录整理的时间相对于监理日记宽松。

4. 记录依据的区别

监理日记的记录依据包括《监理规范》、业主和总监办的合理要求以及工程现场监理工作的条件、工作内容、完成结果、存在的问题等。

监理日志的记录依据除包括《监理规范》、业主和总监办的合理要求、工程现场监理工作的条件、工作内容、完成结果、存在的问题之外，同时，还应依据全体监理人员的监理日记和相对下一级监理组织机构的监理日志。其中，重点依据经驻地（总监）审阅的每个监理工作人员的监理日记。

5. 监理日志与监理日记的联系

如果将一本监理日记或监理日志视为数学概念中的一个“集合”，那么：

一个驻地监理办的监理日志的内容是驻地监理办的若干个监理工作人员（包括正、副驻地工程师个人）的监理日记内容的“交集”；

一个驻地监理办的监理日志的内容是驻地监理办的若干个监理工作人员（包括正、副高级驻地工程师个人）的监理日记的内容和几个驻地监理办的监理日志的内容的“交集”；

一个总监办的监理日志的内容是总监办的若干监理工作人员（包括正、副总监理工程师个人）的监理日记的内容和几个驻地监理办的监理日志的内容的“交集”。

四、记录工程监理日记（志）的重要性

监理工程师在履行岗位职责过程中，为什么要编写监理日记（日志）呢？

一是规范监理行为的需要。自 2001 年 5 月 1 日起实施的 GB 50319—2000《建设工程监理规范》第 3. 2. 5. 7 条规定专业监理工程师应根据本专业监理工作实施情况做好监理日记，第 3. 2. 6. 6 条又规定监理员应做好监理日记和有关的监理记录。

国家交通部规定于 1995 年 10 月 1 日实施的 1995 版《公路工程施工监理规范》第 10. 1 条规定监理记录和报告是整个监理工作的重要组成部分，是强化监理工作管理和实行三大控制的不可缺少的内容。

国家交通部规定于 2007 年 1 月 1 日实施的 2006 版《公路工程施工监理规范》取消了 1995 版的监理日报表，全国统一的监理用表仅有 7 个附表，其中有 5 个硬性规定格式的表格，而监理日志表格是其一。可见，监理日志的重要性。

二是监理人员履行岗位职责最原始的、最有佐证价值的第一手资料，也是工程监理档案的重要部分。

三是国际 ISO9000 质量认证及其复审的要求。

四是为公平、公正地处理工程索赔、工程变更、工程质量事故及违约事件提供现场真实资料。

五是通过检查监理日记（志），可以评估监理工作的到位情况、履约情况以及监理工程师们的“监理工作质量”等。

五、工程监理日记（志）的编写现状

现状之一：监理日报表、监理日记本的格式不一

建设部 2000 年版《建设工程监理规范》没有给出监理日记（志）的规定表式。

交通部 1995 版《公路工程施工监理规范》中给出了《监理日报》表的格式，但是，因其记录空间的局限性、难操作性，大多监理单位或总监代表处以《监理日记》或者《监理日志》取而代之；有的从商店中购买硬壳的或软皮的日记本充当《监理日记本》；有的到印刷厂专门印刷《监理日记本》；也有的印刷活页形式的“监理日记”表格。也有的监理单位或监理工地要求日常的记录记在小的日记本上，返回监理办公室或一个阶段后再整理到部颁《公路工程施工监理规范》中的《监理日报》表中。还有的监理单位或监理工地用各种《现场旁站记录表》取代《监理日报》表、《监理日记本》。各种《现场旁站记录表》的样式，有的自制，有的参照建设部的规范表。

现状之二：编写监理日记的记录方式不准确

据调查了解，部分监理工程师填写的监理日记，其记录的方式没有针对监理工作的特点选择备忘式、实录式。而是采用了如下 5 种记录方式之一或兼而有之：

① 流水账式。主要表现为一天的监理工作做了很多，从早上一起床记到晚上休息前，有的一天记录了五六页纸，有的甚至更多，而且毫无层次性，一篇日记一段到底。

② 随感式。主要表现为既记录了一天的重点监理工作，又随时发表了有关感想。如一个监理员在记录了今日抽检的 K78 + 509 箱通的东、西台背回填的石灰土压实度检测点数为 6 个、合格率为 100%、但西台背的耳墙处不成型后，本该写要求施工单位立即处理西台背的耳墙处的不成型以及今后如何防止再次发生，但这个监理员却在监理日记中又写到：

台背回填的质量十分重要，切不可忽视。我真是不理解施工队为什么总是忽视边角部位的压实和养生呢？（评析：施工队忽视台背回填的质量管理，不需要你去理解，需要你去严格监理，该进行技术交底进行交底，该下达监理提示或监理工作指令则下达）

③ 研讨式。主要表现为记录了一天的重点监理工作后，又随即对《技术规范》、《监理规范》甚至对业主、对总监办的领导水平、工作方法发表了个人的观点或者评论。例如，一个监理员在记录了台背回填的抽检结果后，在监理日记中又写到：

我认为台背回填的压实度每层每侧每 50m² 至少检测 2 点，不便于现场操作，还不如改为每层每侧施工单位检测 5 点、监理抽检 3 点。（评析：不能说这是错误的观点，但你仅仅写在监理日记中，而没有向你的驻地工程师提出建议，你的观点再正确、再实用也不可能被上级接受，何况这是个涉及修改《公路桥涵施工技术规范》的问题）

④ 白描简写式。监理日记应该记录一天的重点监理工作，但是，重点的监理工作应重点写，一般的监理工作也要进行描述，不可只写自己愿意写的所谓的“重点”。例如，有的监理员的某天的监理日记记录为：

今日绑筋，明日灌桩。

也有的专业监理工程师的监理日记记录为“今日计量”。

这是不负责任的表现，既是对工作不负责任，更是对自己不负责任，请问“哪里绑筋、哪里灌桩？哪里计量？质量怎样、数量几何？”

⑤ 罗列数据式。一篇优秀的监理日记的内容应由一般的文字描述和一部分数据，甚至个别图表一起组成。而实际上，监理在旁站、巡视和检测工作中，用于描述工程质量和表现监理工作质量的数据还是很多的，关键是如何结合。有的监理员只用文字进行描述，有的监理员用文字进行描述的同时引用部分结论性的数据，有的监理员则文字说明部分写得少、罗列数据的篇幅大。

例如，检测路基的填土压实度时，有的监理员一天就记了七八页日记纸，为什么这样多？因为他今天现场抽检施工单位已经自检合格且已报检的这三四段路基的填土压实度时，将实测的每个含水量数据、每个压实度数据都记录在他的监理日记本上了，而没有记录在“路基压实度检验记录表（核子仪法）”中。

在现场抽检时，应该是将实测的每个含水量数据、每个压实度数据都记录在“路基压实度检验记录表（核子仪法）”中，之后，将结论性的、汇总性的数据摘抄到他的监理日记本上，如下例所示：

2. ……………………。

3. 今日下午与试验监理员王国宝一起抽检了 K12+200~900 第 8 层、K13+000~774 第 8 层、K14+809—K15+500 第 8 层等 3 段路基的压实度，共抽检 16 个点，全部合格。经请示道路专业工程师批准，同意施工单位立即上第 9 层土。当即要求施工单位李队长和质检员杨中天注意松铺厚度，不得超过 30cm。并提示施工单位明天尽力上完压完，后天可能下雨。

现状之三：监理日记中的术语不专业化，记录的工程数据不科学

将预应力空心板中的“钢绞线张拉”写成“预应力筋张拉”是可以的，但是记录成“预应力张拉”就不规范了。如检测路基的压实度时，将压实度写为“密实度”，含水量保留一位小数即可，却保留了两位小数。甚至，同一个驻地工程师监理的两个合同段的路基压实度的含水量，有的保留了两位小数，有的保留了一位小数。

又如，沥青路面试验的监理记录中，用离心分离法测试沥青混合料中沥青的含量时，一是有的试验监理将沥青用量写为“沥青剂量”，二是每次取样记录中的“试样重量”一项均为1500g，实际试验称重时怎么可能称得如此准确呢？要知道，《沥青试验规程》规定为“粗粒式沥青混合料的试样质量应为1500g”，这是个指导数量，具体操作时只要控制在1500g左右即可，只是称重时准确至0.1g。

再如，检查路基填土的松铺厚度是现场监理员的岗位职责之一，路基松铺厚度指标不是个精细的控制指标，而且该指标是比较容易修正的、也是经常变化的。个别监理员的记录中就有“29.57厘米”这样的松铺厚度抽检数值。路基填土的松铺厚度检测到29厘米就已经是履行了监理职责了，记录到29.5厘米就已经是个很优秀的监理员了。但是，记录为29.57厘米就是一个不懂业务、混饭吃的人了。请问路基填土的松铺厚度用什么工具测量？5.7毫米又是怎么测量出来的？路基填土的松铺厚度需要这么精确吗？

监理日记是要经受各级业务部门检查的，记录时必须有意识地使用本专业的术语、名词、固定提法、技术性语言。否则，就很容易出错，贻笑大方。例如，一位驻地工程师巡视工地后在监理日记中写到：

今日，巡视西平大桥，发现部分Ⅱ级钢筋焊接的长度不够双面焊的5D。10时许，天突降大雨，安排现场监理王东阳立即通知施工队抓紧覆盖焊接完和没有焊接的钢筋，并要求天晴后一定要将双面焊补够焊长，施工队长表示接受。10时50分，回到驻地监理办审核A3合同报送的A3—57号工程变更文件。（评析：从监理职责方面看，这个驻地工程师已经履行了监理岗位职责，因为他已经“巡视、发现问题、安排现场监理员、要求、审核工程变更……”。但是，从技术性语言、本专业的术语方面看，还是有问题的，请问：钢筋焊接的长度是指什么？如果是焊缝的长度不够，还是可以重新焊够长度；如果是两根钢筋的搭接焊的搭接长度不够，只能是返工或者是报废！）

另外，监理日记中记录的内容不能违背工程监理的岗位职责规定、更不能越权、也不能违背监理行业的习惯性做法。例如，参加业主组织的年终检查时，发现某个高级驻地监理办的一个现场监理的监理日记中写到：

今日上午…………

下午发现了……问题，我当即指令项目经理必须将6月13日铺筑的无侧限抗压强度不合格的K263+100~K263+590段水泥稳定碎石基层于6月22日之前全部返工。（评析：一般地说，现场监理员没有下达指令返工的权力，即使是口头的返工指令；再说，现场监理员也不宜直接与项目经理发生工作关系）

现状之四：字迹潦草，段落不分、标点不清，语法不通

有的表现为书写的字迹潦草，有的表现为时有错别字、自造字。有的表现为用墨不规范，今日用碳素墨笔写，明天又用圆珠笔记，后天又有一段是用铅笔书写的。有的表现为书写的段落不分、无标点、或者通篇文字只用小黑点相隔。

监理日记是必须存档的，其内容应该是严谨的、正确的、无懈可击的。其记录的文字应以陈述句、肯定句或否定句为主，但有的监理的日记却不是这样，有不实之词、有夸张之句，语法也不通、监理手段也不对。

工程资金短缺，难道就不执行《技术规范》了吗？（反问句）

检查桥面铺装的钢筋网时，发现$\phi 8$的圆钢没有调直，看上去弯弯曲曲简直像一堆乱草！（评析：比喻句，文字罗唆了不少，发现了问题却没有解决问题的记录，是没有要求调直

吗？不知道）

个别施工队为了降低质量标准，偷工减料，采取了擅自施工的方法，在基底未经监理验收的情况下擅自回填了3层砂砾，已提示质量自检员返工。（评析：请问降低质量标准是施工队的施工目的吗？请问擅自施工是一种施工方法吗？擅自施工的情况已经发生，请问监理发现后是提示他返工吗？施工队的目的是偷工减料，擅自施工是施工过程中存在的一种现象而不是一种施工方法，擅自填筑的工程质量没经监理认可，就必须返工；监理工程师处理返工的手段是必须用指令而不是用提示的形式）

现状之五：记录的内容重点不分，表现为在现场说的多做的多、记的少甚至图省力不记录

部分监理人员没有将一天来在现场监理过程中检查的、督促的、要求的、整改的、落实的问题全部记下来，表现为在现场说的多、做的多、记的少甚至图省力不记录。即使勉强全部记下来，也是无重点、无条理。从另一方面讲，现场监理白天旁站现场检测纠偏、夜间审查自检表填写抽检表熟悉明天将要旁站的工程图纸，的确十分辛苦，还要加班加点记好当天的监理日记更是辛苦至极，但这是监理人员的"天职"。

现状之六：监理日记的内容相互之间不闭合、不对应

一个监理人员的监理日记的前后内容、上下级之间的监理日记的内容以及监理日记的内容与监理工作指令、与监理日志的内容相互之间不闭合、不对应的现象，近年来已经"凸现"出来。这个问题并不是以前不存在，只是近年来检查者的检查深度深了、检查经验多了、对监理日记的要求严了。监理日记的不闭合、不对应现象，主要表现在以下5个方面：

① 监理人员自己一个人的监理日记的内容前后不闭合。就一个监理员而言，其所监理的现场范围内，已经发生的问题，是否解决了？前后记录的不闭合。主要表现为：今天在工程施工现场发现了质量问题，今天也记录了发现的问题，但是，明天或后天、后天的后天……，也没有记录问题是否解决了；即使今天之后的某一天记录着前几天发现的问题已经解决了，但应该记录的"三要素"也是不全面（"三要素"是指监理对现场问题的处理措施或要求、监理对施工过程的监督、问题的处理结果的监理检评结论）。要么今天的记录中写明发现了3个问题，明天的日记中却只记录了实际解决的一个问题，其余的两个问题再也没有解决的记录。

② 上下级监理之间的监理日记的内容不闭合、不能互证。上下级监理人员之间的监理日记往往在天气情况、发现的问题、处理的措施、参加处理的人、处理的过程、处理的结果等方面出现不闭合、不印证。如果不对照着检查同一天的几个监理人员的监理日记，上下级监理之间的监理日记不闭合的情况一般不被人们检查到、发现到。

例如，总监今天到六合同工地巡视时，在K72+550处发现路基填土大面积"翻浆"，当前的一层是第9层，要求驻地工程师指令施工单位返工。就这一问题的记录而言，总监的监理日记中记有要求驻地工程师如何如何的记录，而检查驻地工程师的日记时却没有发现该项问题的点滴记录。这就是个监理日记的记录内容，相互之间既不闭合、也不能互证的问题。再如，天气情况、发现的问题、处理的过程、处理的结果等，有一天驻地监理组长张胜利的监理日记中记有如下内容：

上午10点，与李希望一起巡视西平大桥，发现钢筋焊缝的长度不够双面焊的5D，10点50

分天突降大雨，在现场监理王东阳在场的情况下要求项目经理立即覆盖钢筋，并要求明天补焊。（评析：驻地工程师的巡视了工地，发现了问题，要求了项目经理，可以说很好地履行了岗位职责。唯一的不足是时间格式的记录不标准，应记录为上午10时）

就是这同一天，负责该桥的现场监理员王东阳的监理日记中却将天气情况写为“晴”，他的监理日记是这样写的：

今日晴…………。

上午10点左右，驻地监理组长张工和试验工程师李希望到大桥工地检查，指令施工单位将焊接不合格的钢筋进行返工。（评析：请问全天没有下雨吗？是钢筋搭接长度合格而焊缝的长度不合格？还是钢筋搭接焊的搭接长度不合格？现场监理又是怎样落实驻地指令的？）

作为该桥的现场监理员王东阳，假设他今天的监理日记能记录出如下的内容，那么他就是一个很优秀的现场监理：

1. 今天一早便到西平大桥工地，适逢项目经理马大山，与施工队长一起询问马经理大片钢模板的进场计划…………。

2. 上午十点，驻地监理组长张工和试验工程师李希望到大桥工地巡视，发现用于3号盖梁的螺纹钢筋双面焊缝的长度达不到5D。约11点，天突然降雨，张工要求马经理抓紧覆盖焊接完和没有焊接的钢筋，并要求明天补焊焊缝长度不足的钢筋。张驻地走后，我又对施工队长进行了强调，要求他靠在现场处理，处理合格后再找我检验。

3. 下午3时40分雨停，在工棚内看盖梁的钢筋布置图。

4. 晚7：50，驻地监理组召开全体监理人员会议，张驻地首先传达了总监办…………，然后他强调…………。（评析：对王东阳来说，“今天”是特殊的一天、比较典型的一天，旁站现场、驻地来巡查、天降大雨、看图学习、晚间开会。唯一的不足是“上午十点、下午3时40分、晚7：50”三个时间的记录格式不统一，这有点求全责备）

③ 监理日记与监理工作指令、监理文件之间不闭合、不对应。主要表现为监理日记中记录为“今日发现了什么什么质量问题，已指令返工重做”，而到监理办公室查监理工作指令文件时却怎么也找不到；或者能找到已经下达的返工重做的这一指令，但永远也找不到已返工重做并验收合格的记录以及施工单位对监理工作指令执行情况的回复。这说明，要么没指令，要么指令了没落实，要么落实了没检查，要么检查了没记录。总而言之一句话，这个监理的监理日记表明这个监理没尽到监理职责。

④ 监理日记与监理日志不闭合、不对应。即每一个监理人员的“监理日记”与整个监理组织机构的“监理日志”的主要内容不对应。从理论上讲，“监理日志”的内容来源于整个监理组织机构中每一个监理人员的“监理日记”，每一个监理人员的“监理日记”的内容不一定都汇总到整个监理组织机构的“监理日志”中。但是，整个监理组织机构的“监理日志”中的内容不可能在某一个监理人员的“监理日记”中找不到；否则，你整个监理组织机构的“监理日志”中的个别内容就是编造的。

⑤ 监理日记与监理委托合同的承诺不闭合、不照应。对合同段驻地监理组（办）的监理人员数量、更换情况进行检查时，部分工地的总监办或业主、部分地区的质量监督站或省重点办已经开始通过检查《监理日记本》的形式，把所有监理人员的《监理日记本》统统收集起来，结果就会发现监理人员更换了、监理人员数量不够了，因为《监理日记本》封面上的名字都是真实的。更有的审计部门通过检查驻地监理办的中心试验室的试验

监测资料及其签字，查你的试验监理人员更换了没有。

另外，在实际检查一位驻地工程师的监理日记时，也发现过记录的内容与监理的合同管理发生歧义的案例。这位驻地工程师写到：

今日省质监站检查内业资料时，指出现场监理员孙晓平的路基压实度抽检资料与施工单位的雷同，省质监站和总监代表处要求严肃处理该监理员。今决定将孙晓平驱逐出监理队伍。（评析："驱逐"一词，在《FIDIC 土木工程施工合同条件》第 15 条中是指清除施工单位中不称职的主要负责人。驻地工程师如果将其下属监理员"驱逐出监理队伍"，有点难于理解。请问这个监理员犯法了吗？这个监理员是个临时工吗？最好这样处理、这样记录：今决定将现场监理孙晓平退回监理总公司待岗。明天晚上 7：30，召开全体监理人员会议通报，以示警戒）

现状之七：会议记录多、生活感想多，甚至记录了违纪的、违法的事实和不光彩的生活问题

监理日记应是长期存档的资料，应经受起历史的检验，监理组开周小结会、每早碰头会是正常的工作，要单独有会议记录本，监理日记本中不应过多地记录会议，即使记录也要记录会议的要点，不要喧会议之"宾"、夺现场旁站巡视之"主"。

更不可理解的是，刚刚参加工作的个别现场监理员在监理日记本中记录了如下不该记录的内容：

△·……

△·……

△·晚 6：30，张驻地打电话叫李希望和我一起到东部风情大酒店用餐。之后，我们又去桑拿洗浴中心，这是开工以来马经理第一次请客，爽……（评析：你爽什么？你已经爽出了你和你的驻地都违犯了监理职业道德的证据了。不该记录的不要记录，不该记清楚的不要记清楚，要适当注意保护自我、保护朋友）

现状之八：日记不是天天记，有后补、追记现象；更有涂改现象

天天记监理日记是每个监理工程师的岗位职责之一，有的监理没有养成记日记的习惯。但是，只要你参加的工作是公路工程监理，你就应该自我培养天天记日记的习惯。在现场监理过程中，有的现场监理白天忙于旁站忙于检测等，晚间又忙于填写抽检表，常说没有时间填写监理日记。这可以理解，但并不是的确没有时间编写监理日记，只不过是你的重视程度不够。有的监理不是天天记已经监理过的事情，而是两三天记录整理一次，表现为后补、追记。

个别的监理听说监理总公司的领导来工地要检查监理日记，就急急忙忙地编造应付，后补、追记为：

7 月 22 日，下雨，整资料。

7 月 23 日，下雨，整资料。

7 月 24 日，星期五，老天继续下雨，我在办公室学习。

7 月 25 日，下雨，整资料。

7 月 26 日，下雨，学习《技术规范》第 400 章桩基。

而查看同一个工程监理办的其他十几个监理人员的监理日记，这几天几夜并没有下雨。这不是典型的编造应付，又是什么呢？再说，第 400 章也不是桩基，后加"部分"两字即可完美。

现状之九：送审（总监审查）和封存（业主）不及时，时有丢失、缺损现象和不连续现象

有的高速公路的监理管理办法特别是世界银行、亚洲开发银行的贷款项目规定逐级审查签认每一个监理的“监理日记”和整个监理组织机构的“监理日志”，实际工作中表现为不主动送审。下级监理的监理日记送到总监代表处时，有的总监可能不看不审不签字，有的总监可能不看不审就签字。有的驻地工程师也这样。

监理日记的日期不连续的现象也是有的，例如有的月中缺少某一天，有的缺少8月31日的，个别年份缺少2月29日的；有的因为休假，休假的几天就一点记录也没有。

现状之十：个人的监理日记与整个监理组织机构的监理日志不分

每一个监理人员的“监理日记”与整个监理组织机构的“监理日志”不分，主要表现为有的总监办错把总监个人的“监理日记”当作总监办的“监理日志”存档。也有的驻地监理办错把整个监理组织机构的“监理日志”当作驻地工程师个人的“监理日记”，去应付总监和业主的检查。

六、工程监理日记（志）的编写原则

监理工程师实施有效监理过程中涉及书面文字的工作主要包括监理通知、提示、指令、请示、批复、报告、证书、总结、备忘录、会议纪要等方面。其中，有些是报给业主或上级监理审看的，有的是发给施工单位或下属监理执行的，而“监理日记”主要是写自己的工作情况、写给自己看的，以备后查，既为自我总结提高、自我保护服务，也为监理群体佐证服务。因此，一篇好的监理日记必须掌握以下的编写原则：

1. 必须用第一人称来写

日记的定义就是把自己一天中的所言、所行、所见、所闻、所思、所感，通过提炼精华、总结要点、记录下来的一种书面文体，所以，日记内容中的主人翁就是记录者自己。

而日记的特点则是记录者自己记录自己一天内的工作、学习、生活及其体会，这就决定了工程监理日记的内容必须用第一人称来写，自述自己一天内看到的、听到的、遇到的、说到的、做到的（包括没做到的）、想到的、悟到的一切一切，不能用第二人称“你怎么样怎么样”、也不能用第三人称“他怎么样、该同志怎么样”，只是可以省略主语“我”而已。

2. 必须实事求是，语言必须朴实无华

遵守监理工程师“守法、诚信、公正、科学”的从业准则，客观公正地记录工地施工、监理情况，既不可无中生有，也不可隐瞒事实。即便是追记，也要凭超常的记忆力和别人提供的真实材料认真填写而非编造。

工程监理日记仅供本部门的上级检查、处理合同纠纷、佐证费用增减和资料存档使用，不该用华丽的词语去渲染、不能用晦涩的字句去描绘。因为它不是文学作品，不具有社会读者群。监理日记的“读者”是你自己或者是自己的领导，“读者”在阅读时不是饱含着欣赏愉悦的心态，而是充满着评审求证的心思，注重的是工程监理日记的真实性、科学性、规范性、全面性、实用性、可追溯性和相互闭合性。

3. 必须条理清晰，字迹工整

应反映监理活动的具体内容及其深度、广度，体现出时间、地点、有关的人以及事情的起因、经过和结果等写作要素。钢笔固定使用黑色墨水或使用碳素签字笔签字，不过分追求美丽的字迹，但不可了草、生涩，难于辨认。

4. 必须言简意赅，重点突出，使用专业术语和规范数据

记录的内容要全面，以备忘、纪实为目的，不可白描简写，不可夸张比拟、排比假设，也不可长篇大论、事无巨细、拖泥带水。必须体现监理行业特点、技术要求和岗位职责履行情况，文字与数字相结合，检测数据及其单位要符合技术规范和质检评定标准。

5. 问题的发现和处理，必须有始有终、前后闭合

记录的问题，要有发现的时间、发现的过程、问题的程度、问题的原因、监理的要求和施工单位的整改措施、承诺的完成时间和处理的结果等。当天发现的问题，当天不一定力求闭合，但一个阶段内必须有闭合的记录。

6. 多级监理之间的监理日记必须互补、互证，体现闭合性

总监或驻地、专业监理、现场监理员三级的监理日记应互补、互证，相互对应达到闭合，尤其是在恶劣天气、施工资源（人、料、机、时间等）的投入、质量问题或事故、工程停工、工程变更、工程索赔、民事纠纷与合同争议等方面的处理情况。

7. 必须体现监理职业的正直性和对他人的公正性要求

记录的内容必须实事求是、禁止做假，不可自我吹嘘、贬低他人。严禁为了推脱责任、为了自我保护或者为了施工单位的利益而修改、编造、补写监理日记。

8. 适当关心国家大事，体现监理人员既重视技术又重视政治

可以结合党和国家的时势以及监理总公司的时事，在监理日记中写上参加“三个代表重要思想”学习的情况，可以写出参加党员先进性教育的情况。当五一国际劳动节到来之际，整个监理组织机构的监理日志中应当记录这样的内容“今日，全体监理人员以饱满的热情、辛勤的劳动、全过程的旁站、全方位的巡视庆祝五一国际劳动节”。

9. 贵在坚持，必须连续，日记日记日日记

记录今天一天内发生的事情、处理的事情、体会到的事情。昨天做了没记全面的、明天计划要做的，都可以在今天的日记中通过插述来表达，但总要以记录当天的监理活动为主线。

日记的连续性表现在两个方面，即日记的日期应连续，日记本的册数编号也应连续，万万不可编错或者丢失。另外，休班时也应记录，只是记录为“今日休班，由某某代班，工作已交接，交接情况为……”。自己的监理日记应时常翻看，一是发现错误及时修改，二是通过翻看以前的监理日记来总结业务知识、来提高工作能力。他人的监理日记也要多看多学，相互探讨、共同提高。

10. 必须坚持及时送审、签认、封存制度

要把监理日记的送审、签认、封存当作一项制度去执行，也要注意防止丢失、缺损，加强监理日记的档案管理，提高监理日记的档案使用价值。

七、工程监理日记（志）的应予记录的主要内容

工程施工阶段的监理日记，要求工程监理人员记录日记当天的天气情况、监理活动的

工程现场部位、质量检测试验情况、施工单位提出的工程问题及其监理答复、解决情况、上级的通知或指示情况、监理过程中发现的问题及其要求处理情况、对前几天提出问题的复查情况、重点部位和关键部位的旁站巡视记录、安全文明施工的监理情况、参加会议的记录、当日监理的体会与思考等等。

一篇标准的、规范的工程监理日记（志），应该记录的主要内容，至少包括下列8个大方面内容中的部分内容，只是监理岗位职责的不同而有所侧重。

1. 每日天气情况的记录

当日天气的阴晴，气温的最低、最高是多少；

当日雨、雪、雾、冰雹及其大小和开始的、持续的影响时间；

当日风力、沙尘的大小及其影响时间；

当日自然灾害情况，如台风、洪水、海啸、雷击、泥石流、地震等。

2. 每日工程质量监理的记录

当日批准开工和持续施工的分项工程的质量自检情况及其监理旁站、巡视情况；

当日工程测量放样复核、试验检测、与工程质量监控有关的《监理工作提示》（监表6）下达情况；

当日督促施工单位工序检查、分项工程报验认可（监表5）及其质量评定情况；

当日中间交工证书的审查、验收、签认（监表11）情况，尤其隐蔽工程；

当日发现的质量缺陷及其处理记录，是否发出暂停指令（监表13）或复工令（监表14），返工、加固、修补的情况如何等；

当日发生的工程质量事故（监表15）和工程安全事故的报告、处理情况等。

3. 每日施工安全监理的记录

当日施工单位安全生产责任制、安全操作规程的执行情况；

当日施工单位的安全生产专职管理人员的到岗情况和现场监督情况；

当日施工的各分项工程是否按照规范操作？是否在施工现场入口处、基坑边沿、高空作业处、爆破作业处等设置了安全警示标志；

当日施工单位的消防安全操作情况；

当日分包单位的安全生产管理情况；

当日发生安全事故时的处理情况。

4. 每日施工环境保护监理的记录

当日施工单位对施工人员环保教育的情况；

当日新设的施工场地是否达到环评报告书的要求；

当日桥梁水下作业施工是否选择在枯水期或平水期；

当日路基施工中是否按照规范先铺过水涵管，然后填筑路基；

当日施工引起的粉尘、废水、泥浆、生活污水、垃圾的处置情况；

当日野生动植物的保护情况，是否有破坏草原植被的情况、是否有毁林、乱采石砂、乱砍滥伐、乱占耕地行为；

当日强噪声、强震动作业施工是否避开了夜间，对强噪声、强震动施工机械采取的减噪、减震措施情况；

当日取土场的使用及取土完工后对取土场采取的排水防护及植被恢复情况；

当日施工单位在河道内是否弃置堆放阻碍行洪的物体、是否有破坏河道的其他活动；

当日施工中发现地下文物古迹的处置情况；

当日施工机械设备的各类废油料及润滑油分类回收情况；固体废弃物的处理情况；

当日材料存储场地设置的环境合理性，原材料、混合料运输车辆是否加盖了篷布以减少洒落等。

5. 每日工程费用监理的记录

当日完成的分项工程质量验收合格后的工程计量（支付表13）及其审查签认情况；

当日进场的永久性工程材料的质量、数量、存储及发票复印记录；

当日指令按计日工完成的变更及附加工程情况；

当日签发工程变更指令（监表7）、索赔费用审批表（监表9）情况；

当日是否发生合同纠纷、合同争端及其原因、处理情况；

当日签发工程支付证书（支付表2）、分包支付表的情况等。

6. 每日工程进度监理的记录

当日开工或持续施工的分项工程的名称、地点、部位；

当日完成的分项工程的工程量及其累计值和占总量的多少；

当日施工单位投入的工、料、机数量及停滞、发生故障的时间与数量情况；

当日批复的旬、月工程进度计划及调整计划情况、指令加快进度或暂停施工的情况；

当日发生的影响工程进度的特殊事件，如停水、停电、征地拆迁、村民干扰、资金短缺、机械设备维修、气候异常等。

7. 每日工程合同其他事项管理的记录

当日工程变更的受理、评估、协商及签发工程变更指令情况；

当日工程延期的受理、审查、协商及签发索赔时间审批表（监表9）情况；

当日工程费用索赔的受理、审查、协商及签发索赔费用审批表情况；

当日发生的合同争端与仲裁情况；

当日施工单位发生的违约事件；

当日发生的劳务协议、工程分包、指定分包和合同转让事件的审查、报批情况；

当日工程保险、发生的风险事件及其调查、评估、协商和签认情况等。

8. 每日审批文件、下达指令、召开会议和验收活动及体会思考的记录

当日监理组织机构审批文件、下达指令、召开内部监理会议、工作安排情况；

当日召开的工地会议、监理例会情况及会议纪要签发情况；

当日参加业主、总监办及其他部门召集的会议情况及其传达落实情况；

当日业主、质监站、设计单位、监理总公司的领导和专家视察工地、检查回访情况；

当日有关问题的处理体会、第二天及今后一阶段时间的工程监理规划和可能发生的问题的预防措施与思考等。

八、监理规范中的监理日志、监理记录表式介绍

（一）2000年版《建设工程监理规范》中的监理日志、监理记录表式介绍

建设部在2000年12月7日发布的第一版《建设工程监理规范》的附录“施工阶段监理工作的基本表式”中没有给出工程监理日志、监理记录表的表式。但是，优秀的总监理

工程师在编著的有关监理业务书籍中有所介绍，如中国建筑工业出版社 2005 年 7 月出版的王立信专家的著作《建设工程监理工作实务应用指南》中就介绍了建设工程的监理日志、监理记录表的表式，如表 4.5-1、表 4.5-2 所示。

监　理　日　志　　　　**表 4.5-1**

日期：　年　月　日　　气象：　　风力：　　温度：

施工记录：1. 抽检时间：
2. 检查部位：
3. 检查内容：（1）砌体材料：　（2）断面尺寸：　（3）质量：
（4）施工方法：　（5）在场施工人员数量：
主要事项记载： 1. 灰缝厚度： 2. 砌体材料： 3. 砂浆饱满度： 4. 砌体组砌与加筋： 5. 构造柱： 6. 一般项目计数检查： 总监审核签字：　　记录人：

旁站监理日记录表　　　　**表 4.5-2**

工程名称：　　　　编号：

日期：20　年　月　日	天气情况：
工程地点：	
旁站监理的部位或工序：	
旁站监理的开始时间：	旁站监理的结束时间：
施工情况：	
监理情况：	
发现问题：	
处理意见：	
其他说明：	
签字确认 施工单位： 项目经理部： 质检员签字： 年　月　日	 监理单位： 项目监理机构： 旁站监理员签字： 年　月　日

（二）2006 年版《公路工程施工监理规范》中的监理日志、监理记录表式介绍

交通部在2006 年11 月2 日发布的第二版《公路工程施工监理规范》的附录B 为“监理记录”，共有3 个规范表格，即 B. 1 巡视记录、B. 2 旁站记录、B. 3 监理日志。今摘录并重新编号，如表4. 5-3、表4. 5-4、表4. 5-5 所示。

1. 巡视记录表

＿＿＿＿＿＿＿＿＿＿工程项目　　　　表 4. 5-3

巡　视　记　录　　　　编号：＿＿＿＿＿

施工单位		合 同 号	
巡视监理		日　期	
起始时间		终止时间	
巡视范围、主要部位、工序			
施工单位主要施工项目、人员到位、工艺合规性简述			
巡视人主要巡检数据记录			
巡视人发现的问题及处理情况简述			

2. 旁站记录表

＿＿＿＿＿＿＿＿＿＿工程项目　　　　表 4. 5-4

旁　站　记　录　　　　编号：＿＿＿＿＿

施工单位		合 同 号	
旁站监理		日　期	
到场时间		离场时间	
质检人员		部位或桩号	
天气			
旁站工序或主要工作内容			
施工过程简述			
监理工作简述			
主要数据记录			
发现问题及处理结果			

3. 监理日志表

＿＿＿＿＿＿＿＿＿＿工程项目　　　　表 4. 5-5

监　理　日　志　　　　编号：＿＿＿＿＿

监理机构		合 同 号	
记 录 人		日　期	
审 核 人		日　期	
天气			
各合同段主要施工项目简述			
监理机构主要工作简述（审批、验收、旁站、指令、会议等）			
就有关问题与建设单位、施工单位等进行澄清或处理的情况简述			

九、编写工程监理日记（志）的注意事项

工程监理的特点之一就是要体现诚信、公正原则，监理工程师在执业过程中不能损害工程建设的任何一方的权力和利益，必须按照“守法、诚信、公正、科学”的准则执业，要求“该说到的说到、说到的要做到、做到的和没有做到的都要记到”。就监理工程师的“工程监理日记”、监理组织机构的“工程监理日志”而言尤其应注意以下几个方面：

1. 要确保监理日记的可追溯性

在推行无纸化办公的21世纪，每一个正在从事监理工作而且从心底里把工程监理作为一个职业来做的人还要强化纸面办公，该及时印发的文件要及时印发、该天天记的日记要天天记、该月月报的月报要月月报，确保工程监理与管理资料的可追溯性。

2. 要以一天来的监理工作开展顺序记录

监理日记以监理工作为主选材记录，可写国家大事、个人经验教训，但不可写生活锁事、喜怒哀乐。个人生活日记不宜写成流水账，但监理日记可针对一天来的监理工作展开情况以时间为顺序记成备忘录式的“流水账”。

3. 要经常翻阅和利用监理日记

监理日记有记录实事供日后备查、体现监理人员的业务素质和发现解决问题的能力、为公正地保护三方利益提供佐证等作用，不但要认真、求是、连续地记，更要经常翻阅、使用或更新以前所记内容。

4. 要与其他监表、试表等联合使用

监理日记应与常用监表、支付表、质检表、试验表以及旁站记录表、工程进度统计台账、工程计量台账、工程变更台账、工程索赔台账等联合使用，互为记录、互为补充，既提高监理工作效率又减轻监理劳动强度。

5. 要随岗位不同而作不同的监理记录

监理工作的力度、深度和广度决定着监理日记的记录数量和记录质量，监理日记内容的侧重点因监理岗位的不同而不同。

作为项目总监或高级驻地应侧重对监理工作的安排、指导、督促、检查、对监理工作和监理人员的监督考核奖惩，对施工单位的提示、指令、审批、巡查，对业主的请示配合、工作报告、征求意见以及落实业主工作要求情况等。

作为项目专业监理工程师应侧重安排、指导、督促检查现场监理员开展工作的情况，落实总监或高级驻地交办工作的情况、开展专业监理工作的具体情况以及自己解决不了的问题的报告情况等。

作为现场监理员应侧重落实专业监理工程师交办工作的完成情况以及自己在工程现场发现、解决的问题及其解决的措施、结果，还有哪些问题有待解决、哪些事项需要向上级请示和报告等等。

6. 要注意监理日记与监理日志的内容包含关系

集体的监理日志一定包含着个人监理日记的部分内容，某一天某一个监理个人的监理日记的内容不一定汇编进集体的监理日志。但是，如果某一天的集体的监理日志中的某一条内容从所有的个人的监理日记中找不到，要么是集体的监理日志编造了这一条，

要么是某个人的监理日记遗漏了这一条。这是总监办、省级质量监督站、省级重点办、省级档案管理部门检查的重点，或者说我们在他们在组织的工程大检查中常被查到的问题。

十、案例

【案例 4.5-1】工程监理日记案例三则

一、驻地监理工程师的监理日记

1987 年 5 月 11 日　星期一

上午：安排内业人员工作，包括重新复核 K9 + 250 至 K9 + 750 路段的土方工程量。

在 K6 + 250 路段检查混凝土路缘石及边沟铺砌工作，签发第 23 号工地指令，指令施工单位重铺该段路缘石，使其排列整齐并符合设计标高。

与施工单位代表及试验工程师检查沥青拌合厂及水泥稳定混合料拌合厂的生产情况，一切正常。

接着去 K4 + 900 路段检查黑碎铺筑情况，发现摊铺机的料供应不及时，施工单位代表已表示立即采取措施加快运料。

10 时 30 分大雨，整个现场停工约 2h。

下午：返回办公室准备第 2 号变更指令意见上报总监。会见施工单位代表，讨论合同图纸上没有标出的供水总管的拆迁问题。同意与自来水公司讨论解决办法。

今天施工地段：

土方工程：K10 + 200 至 K11 + 000

路基成型：K8 + 700 至 K9 + 400

底基层：K8 + 100 至 K8 + 500

基层：K7 + 500 至 K7 + 900

路面：K4 + 900 至 K5 + 900

缘石及边沟铺砌：K6 + 100 至 K6 + 500

收到施工单位明天的施工安排时间表，路面按排错误，与施工单位代表讨论后，同意更正。

安排监理组明天的工作如下：（略）

二、现场监理员的监理日记（路面面层监理员）

1987 年 5 月 11 日　星期一　晴　10 点 30 分 ~ 11 点大雨

机械设备和人工情况：进口摊铺机 2 台，6 ~ 8t 钢轮压路机 2 台，12 ~ 15t 钢轮压路机 2 台，10t 胶轮压路机 1 台，普工 18 人，铺筑 K4 + 900 ~ K5 + 900 段左侧半幅透层。

8：00 检查：K4 + 900 ~ K5 + 900 左侧半幅黑色碎石层摊铺前的准备工作，一切符合要求，后批准摊铺工作立即开始。

上午驻地监与施工单位代表检查工地，指出摊铺机供料不足，要求施工单位采取措施。

10：10 摊铺至 K5 +250 时，天气突变，中雨，摊铺暂停，5 台压实机械继续辗压，10：30大雨。

11：00 雨停，人工清除及整修压实的端部黑色碎石料并按横缝要求处理合格后于12：30恢复施工。

下午 12：40，施工单位增调 15t 运料车一台，加快摊铺供料。

13：00 检查 K4 +900 ~ K5 +900 右侧基层质量和表面清理工作，符合规范要求，且湿度适宜，同意立即洒透层沥青，施工单位于 14：00 开始，使用 8t 沥青洒布车喷洒该段透层沥青，于 16：00 结束，按洒布车喷洒前后储读数及实际洒布面积计算，沥青用量 0. 85kg/m^2。

三、现场监理员的监理日记（缘石边沟铺砌组监理员）

1987 年 5 月 11 日　星期一　晴　10：30 ~ 11：00 大雨

现场工料机情况：普工 34 人，砌工 6 人，配 8t 卡车一台，4. 5t 卡车一台，移动式砂浆拌合机一台，5kW 发电机一台及小型震动夯具，安装并铺砌 K6 +100 ~ K6 +500 段左侧缘石边沟。

由于 K6 +250 段前后缘石安装质量不合格，昨日下午 2：00 发出第 8 号现场指令后施工方仍在待令中。

上午驻地监与施工单位代表检查工地，签发第 23 号工地指令，确认第 8 号现场指令，施工单位于下午 1：30 开始拆除 K6 +100 ~ 250 段中不符合要求的缘石，重新安砌，并恢复施工。

明沟铺砌砂浆拌制时水泥计量不准，向施工单位现场负责人提出口头警告，后有所改进。

[点　评] 这里引用 IBRD（国际复兴与开发银行）“公路工程建设监理指南”附件 D 的“工程日记”典型文本，编者略加修改和删节，作为本附录所称驻地监理的一则工程日记，并据此施工梗概，参照某一级公路路面工程平均日进度 200m 的施工规模和按分项工程专业施工的组织形式撰写补充的两位现场监理员的工程监理日记。主要是介绍同一天的、同一个工地的三则监理日记的互相印证性、闭合性、关联性。

【案例 4. 5-2】神舟六号航天日志两则

飞　天　日　志

（2005. 10. 13）

4 时，航天员开始试验人扰动对飞船姿态的影响。

10 时左右，正在进行“在轨干扰力试验”的两名航天员，在舱内加大了动作幅度。

13 时 37 分，航天员进行了第二次穿舱试验。

16 时 07 分，航天员进行了第三次穿舱试验，试验表明航天员的活动对飞船姿态的影响很小，飞船可保持正常飞行，不需纠正飞船姿态。

19时46分，北京航天飞行控制中心称“神舟六号”飞船目前飞行正常，航天员在轨道舱和返回舱开展了一系列科学实验。他们的体温、血压等各项生命指标正常。

（据新华社10月13日电）

航　天　日　志　③

今天，10月15日，星期六。神舟六号航天实验的第三天。

2003年的今天，杨利伟乘坐神舟五号直飞太空，实现了中华民族的飞天梦想。

清晨，京昌高速公路上，前往八达岭长城旅游的汽车川流不息。在这条高速公路的西侧，北京航天飞行控制中心的大厅里依然灯火通明，神舟六号不断传回飞行数据。一条条指令也通过电波发给神舟六号。

这是神舟六号升空以来比较平静的一天。据中国航天员中心地面监测和航天员报告，两位航天员目前血压、体温等各项生理参数正常。飞船飞行均正常。从下传图像可以看到，航天员精神饱满，情绪放松乐观。费俊龙和聂海胜在太空中的动作越来越熟练轻松，他们一会儿穿舱、一会儿让手中的物品飘在身前，欣赏失重状态下物体的奇妙运动。

不平静的是三艘远望号测量船。远望二号传回消息，由于海况恶劣，昨晚远望二号进行了紧急转移，目前所处海域风力6~7级、浪高3~3.5米，海况依然不乐观。但，所有测控设备均能及时捕获并稳定跟踪神舟六号飞船，接收到的图像和话音清晰，遥控发令准确无误。

据中国航天员中心首席医监医保医生李勇枝介绍，费俊龙和聂海胜在神舟六号飞船里用的笔是支特殊的笔，带有压力系统。

下午3时13分，两位航天员结束午休，费俊龙一边清洁面颊，一边戴上耳机，并与北京航天飞行控制中心进行了通话。

下午4时28分，中共中央总书记、国家主席、中央军委主席胡锦涛来到北京航天飞行控制中心，与两位航天员进行了天地通话。聂海胜向总书记报告：神舟六号飞行正常，我们身体感觉很好，空间科学实验正按计划顺利进行，请总书记放心，请全国人民放心。胡锦涛说：“听到你们身体状况良好，各项实验顺利进行，我们十分高兴。神舟六号载人飞船发射成功，标志着我国载人航天事业又迈出了新的重要一步。你们作为担任这次飞行任务的航天员，做出了杰出的贡献，祖国和人民为你们感到骄傲。希望你们沉着冷静，精心操作，圆满完成任务。祖国和人民期盼着你们凯旋归来”。

（摘自《人民日报》2005年10月16日第四版）

[点　评] 这里摘录了两则非工程系列的工作日志而不是日记，由新华社的两位记者分别编写。不同的人对同一个事情的记录，其格式、内容、风格是不一样的。新华社的飞天日志，简洁、条理，不拖泥带水。人民日报的航天日志，内容全面，文风似一篇记叙文，重点明确、生动活泼。

【案例 4.5-3】表格式监理日志案例（房建工程）

监理工作日志表

<table>
<tr><td colspan="2">日期</td><td rowspan="2">星期</td><td rowspan="2">四</td><td rowspan="2">天气</td><td rowspan="2">晴</td><td rowspan="2">气温</td><td rowspan="2">14～27
(℃)</td><td rowspan="2">风力</td><td rowspan="2">1～2
(级)</td></tr>
<tr><td colspan="2">2007 年 5 月 15 日</td></tr>
<tr><td colspan="2">工程名称</td><td colspan="4">××××住宅楼工程</td><td colspan="2">监理人员</td><td colspan="2">7 人</td></tr>
<tr><td rowspan="9">施工情况</td><td rowspan="5">施工部位</td><td colspan="8">1. 四层 5 段柱模板安装。</td></tr>
<tr><td colspan="8">2. 四层 1 段柱钢筋绑扎。</td></tr>
<tr><td colspan="8">3. 三层 2 段顶板混凝土养生。</td></tr>
<tr><td colspan="8">4. 三层 3 段顶板钢筋绑扎。</td></tr>
<tr><td colspan="8">5. 三层 4 段顶板模板安装。</td></tr>
<tr><td rowspan="4">施工其他情况</td><td colspan="8">1. 楼西侧暖沟砌砖。</td></tr>
<tr><td colspan="8">2. 楼南侧肥槽回填土，民工 30 人，夯实机械 4 套。</td></tr>
<tr><td colspan="8"></td></tr>
<tr><td colspan="8"></td></tr>
<tr><td rowspan="11">监理工作记实</td><td rowspan="7">中间验收情况</td><td colspan="8">1. 下午 2：40，四层 5 段柱模板安装验收合格。</td></tr>
<tr><td colspan="8">2. 下午 4：00，三层 4 段顶板模板安装验收合格。</td></tr>
<tr><td colspan="8">3. 下午 4：20，四层 2 段柱放线验收合格。</td></tr>
<tr><td colspan="8"></td></tr>
<tr><td colspan="8"></td></tr>
<tr><td colspan="8"></td></tr>
<tr><td colspan="8"></td></tr>
<tr><td rowspan="3">旁站及见证</td><td colspan="8">四层 5 段柱混凝土浇灌 18：30 开始 22：00 结束，各工序操作符合施工规范。</td></tr>
<tr><td colspan="8">现场见证取样块 1 组，编号：128 号</td></tr>
<tr><td colspan="8"></td></tr>
<tr><td>其他工作</td><td colspan="8">上午 9：00 召开监理例会 9：30 结束，主要解决施工的机具不足和进度、质量的问题。落实了下周的进度和质量目标，确定了安装专业的插入时间。</td></tr>
<tr><td colspan="2">建设单位其他外部环境情况</td><td colspan="8">建设单位的有关领导来施工现场检查工作，对工程进度、工程质量表示满意，特别对现场文明施工十分满意。</td></tr>
</table>

汇总记录人：×××

［点　评］这里摘录了一则×××住宅楼工程项目监理部的集体的工作日志，而不是监理员个人的监理日记，是一篇格式化的、比较标准的房建工程监理日志，应该说记录、整理规范，签字手续齐全。可供监理同仁们参考学习，亦希望监理同仁们认真记录监理日记，希望监理办公室认真汇总整理监理日志。

【案例 4.5-4】表格式监理日志案例（公路工程）

××省××高速公路工程项目

监 理 日 志　　　　编号：1—67

监理机构	××市公路工程监理公司	合同号	一合同
记 录 人	李东阳	日 期	2007 年 4 月 23 日
审 核 人	张胜利	日 期	2007 年 4 月 23 日
天 气	晴，气温 5～19℃，南风，约 3 级。		
各合同段主要施工项目简述	1. 路基土方工程填筑：K6+100～K7+500、K8+160～K9+330。 2. 箱通：K5+442、K6+108、K8+411、K9+079。 3. 梁板预制：K5+774 处 16m 空心板、K7+100 处 25m 箱梁。		
监理机构主要工作简述（审批、验收、旁站、指令、会议等）	1. 印发一监 13、14 号文件，下达第 7 号驻地监理工作指令。 2. 验收 K6+100～K7+500 土方路基第 13 层压实度、纵断高程等，均合格。 3. 旁站 16m 空心板混凝土浇筑 4 片、25m 箱梁 1 片。		
就有关问题与建设单位、施工单位等进行澄清或处理的情况简述	1. 圆管涵的安装进度滞后，与项目经理口头交换加快施工意见，项目经理表示四天内增加一个安装队伍。 2. 现场监理和桥梁专业监理报告 25m 后张法预应力箱梁的底板、齿板混凝土的浇筑和振捣质量有下降趋势。近日将巡视解决。 3. 箱通 K8+411 的顶板钢筋，21 日检查焊缝长度不足的，今日补焊，经检验合格。		

［点 评］这里摘录了一则根据 2006 年版《公路工程施工监理规范》的规定表式编写的一份一合同监理办的集体的工作日志而不是日记，是一篇格式化的工程监理日志，一个驻地监理办的一天的工作全部汇总、集中到一张表格中了。应该说记录、整理规范，签字手续齐全。可供监理同仁们参考学习，亦希望监理同仁们认真记录监理日记，希望监理办公室认真汇总整理监理日志。

4.6 工程监理备忘录的编写

一、备忘录的含义

备忘录属于外交往来的专用文书，是关于某一问题的事实、经过的详细陈述，以及据此提出的有关论点、谈判或辩驳材料。

在上海辞书出版社 1989 年出版的《辞海》缩印本中对“备忘录”释义为：

【备忘录】外交上往来文书的一种。

其内容一般是对某一具体问题的详细说明和据此提出的论点或辩驳。不如照会正式。外交会谈的一方为了使自己所作口头陈述明确或不致引起误解而在会谈末了当面交给另一方的书面纪要，也是一种备忘录。此外，有些国家的政府或群众团体有时利用备忘录形式阐明对某一问题的立场、态度和要求。

在我们国家对外开放之前没有把备忘录列为通用的行政公文或日常应用文。但是，在市场经济、企业改革过程中，把备忘录延伸到厂矿企业，出现了厂长（经理）备忘录，介乎于报告和信函之间的一种比较独特的应用文体。

在工程监理过程中，因借鉴国际咨询工程师联合会编制的 FIDIC 土木工程合同条件，因为采用国外先进的工程监理咨询办法，因为外国监理（咨询）工程师中标承担中国公路、水利、农业等项目的工程监理和技术咨询工作，从而引进了国外咨询工程师常用的“监理备忘录”模式。即在双方会谈过程中或者一方在工作过程中记录自己或对方的观点、见解、要求、责任等以防止遗忘的记录材料，或单纯为自己使用的、或用以界定双方责任、或作为今后工作的依据、或用以提示双方谅解及履行诺言等。

二、备忘录的特点

1. 单方记录成文，不需要对方签认。
2. 可单方存查备忘，也可编写印发给对方阅备。
3. 可长期保存，也可短期存查。

三、备忘录的种类

（一）从外交角度分有两种

1. 合作备忘录

国际间因经济、政治、军事等领域里的交流合作，达成共识，而形成的会谈备忘录。

2. 谅解备忘录

国际间因经济、政治、军事等领域里存在着某种分歧，经会谈或互访，消除了误会和矛盾，双方不再敌对或冷对，甚至愿意重新合作，而形成的会谈备忘录。

（二）工程监理备忘录

在工程建设领域里，作为监理工程师可以编写“监理备忘录”，尤其在国际贷款（世界银行、亚洲开发银行）工程项目中，外籍监理工程师和中方监理工程师之间、和建设单位之间常用备忘录的形式交流、协调工程质量、进度、投资、环境保护情况，督促合同各方履约和承诺等。

（三）个人工作或生活备忘录

个人在工作或生活中，就有关方面的问题而做的以防止遗忘、提示自己适时注意的记录。

四、备忘录的编写要点

（一）标题

1. 全称式，甲方乙方的单位名称 + 事由 + 文种（备忘录）。
2. 简式，事由 + 文种（备忘录）。
3. 省略式，省略单位名称和事由，只写“备忘录”三字。

一般地说，标题下写备忘录的时间外，加小括号，也有在标题下用括号写备忘录的编号。例如：

河洞河大桥30米箱梁预制进度滞后的监理备忘录
（2005年6月23日）

（二）正文

开头一段，交代双方会谈或一方发现另一方问题的情况，说明备忘的要点和目的。之后，紧写“今将有关情况备忘如下”或“今将双方合作的意向备忘如下”，中间一段可分条或分段述写需要备忘的内容。最后一段为结束语，对备忘录的执行或下一步行动提出要求，也可简写“特此备忘”结束。

（三）落款

备忘录文末空一行，写双方的单位名称并签字或盖章，或仅写一方名称（也可写个人名称）并签字或盖章签字，之后一行写日期。个人工作或生活的备忘录，可不落款。

五、编写备忘录的注意事项

1. 要及时编写并根据工作需要及时传递。

2. 记录内容要公正求是，不可歪曲事实单纯追求推脱责任或对己的最大利益。

3. 依据充分科学，符合技术规范、监理程序、监理规范、招标文件、施工图纸等规定要求。

4. 不应长篇大论，宜简洁明了，允许第三者或对方查看和讨论修改。

5. 做好存档工作，重要的备忘录可以辅以红头文件印发有关单位监督或处理等。

六、案例

【案例4.6-1】质量问题的监理备忘录

关于六合同K92+712桥、K98+183桥箱梁
钻芯试件试验情况的监理备忘录
（2005年7月1日）

根据2005年6月14日《建设指挥部办公室、总监办E1合同现场办公会会议纪要》第“二、8条，会议决定不合格梁板坚决予以报废”的要求，6月20日上午总监办王总监、建设指挥部办公室工管处王处长在第一驻地监理办王驻地、六合同监理组长王组长陪同下检查了工地。之后，在六合同项目经理部会议室由王处长主持，召集六合同项目经理部王经理和监理驻地、组长参加的专题会议，布置K92+712桥、K98+183桥箱梁混凝土事件不合格的钻芯验证问题，明确自6月21日开始钻芯、芯样切磨和试件压制，要求抓紧验证、尽早完成20m箱梁的预制工作。

今依据《公路工程施工监理规范》第4.4节、依据总监办印发的《山钔高速公路监理管理办法》中的《监理规划》卷第5.3.12条、第7.3.1条、第7.3.2条的规定，今将钻芯、切磨、压制情况和第一驻地监理办的初步处理意见、总监办和业主的最终处理意见备忘如下：

一、钻芯与切磨情况

6月20日，总监办巡查工地要求21日开始钻芯，六合同项目部联系的钻芯机21

日到达工地，因28天标养强度不合格的梁已安装上桥，该钻机上桥不能施钻。后经六合同项目部专程赴省城新购混凝土钻芯机，于6月26日下午开始实施钻芯。

6月26日下午，第一驻地监理办约请总监办中心试验室王主任到六合同工地督促和检查、见证钻芯，参加人员有第一驻地监理办王驻地、驻地监理办中心试验室主任王大旺、六合同项目部王志军副经理、试验室主任王莉等。26日下午对K98+183大桥2-3中跨中梁进行了钻芯。

6月27日至6月29日，由第一驻地监理办、六合同监理组旁站六合同项目部在K92+712桥上对7片箱梁进行了钻芯。

芯样切磨过程由六合同监理组王组长全过程旁站。

二、压制情况

1. 参加人员

为慎重处理“不合格箱梁”，第一驻地监理办于6月30日上午组织六合同监理组驻地组长、六合同项目部经理、试验室主任等同志并邀请总监办中心试验室王主任旁站、监督，在总监办中心试验室压制。

2. 压制结果

① K92+712桥，混凝土28d标养强度表明不合格的7片20m箱梁的编号分别为：1-4边跨中梁、2-1′中跨边梁、3-1′中跨边梁、3-3′中跨边梁、3-5′中跨边梁、4-1边跨中梁、6-4边跨中梁。钻芯试件的抗压强度如表1所示（略）。

② K98+183桥，混凝土28d标养强度表明不合格的1片30m箱梁编号为2-3中跨中梁，钻芯试件的抗压强度为43.2MPa。

③ 根据人民交通出版社出版、同济大学道路工程教研室编的高等学校试用教材《道路建筑材料》P_{92}混凝土龄期折算系数表（见附表）换算，用混凝土28d和90d系数将龄期为n天的试块换算为28d标养强度。换算强度如表2所示（略）。

三、压件结论

1. K98+183大桥1片30m箱梁

K98+183大桥1片“不合格”30m箱梁的编号为2-3中跨中梁，实体钻芯试件表明混凝土强度$Ri=43.2\text{MPa}>0.85R=42.5\text{MPa}$，第一驻地监理办认为可不予报废。

2. K92+712桥7片20m箱梁

① 梁实体钻芯试件，压制结果表明3-5中跨边梁的混凝土实际强度为$Ri=46.55\text{MPa}>0.85R=42.5\text{MPa}$，判定为合格梁。

② 2-1′中跨边梁、6-4边跨中梁的梁实体钻芯试件的实际强度表明$Ri>40\text{MPa}$，虽小于$0.85R$但接近$0.85R$，第一驻地监理办认为可不予报废。

③ 3-1′中跨边梁、3-3′中跨边梁、1-4′边跨中梁、4-1′边跨中梁梁实体钻芯试件的实际强度Ri大多在40MPa以下，表明强度$Ri<0.85R$，应判定为不合格梁。

四、第一驻地监理办的初步处理意见

第一驻地监理办于7月1日查阅有关资料，分析后向总监办、建设指挥部办公室提出如下初步处理意见：

1. 必须立即报废的梁

第一驻地监理办从梁的28d标养强度、梁的实体钻芯强度和梁体所处的行车道位置等方面分析，本着“百年大计、质量第一，质量责任重于泰山”的原则，认为

K92 +712 桥 3-1′中跨边梁、3-3′中跨边梁、1-4′边跨中梁、4-1′边跨中梁等 4 片 20m 箱梁必须限期报废，从桥上向下吊放、砸掉等过程必须拍照录像。

2. 可不予报废但需要补强处理的梁

① K98 +183 大桥 2-3 中跨中梁可不予报废，可安装上桥。

② K92 +712 桥 2-1′中跨边梁、6-4 边跨中梁等 2 片 20m 箱梁可不作报废处理。

③ K92 +712 桥 5-5、2-5′、2-3 等 3 片中跨中梁 28d 标养强度不合格，于 2005 年 4 月 27 日委托省交通科学院钻芯验证，2-5′、2-3 中跨中梁梁体实绩强度小于 0.85R，已于 5 月底报废处理完毕。但是，对于 5-5 中跨中梁，E1 合同项目部强烈要求使用，经查科学院钻芯验证报告其梁体实际强度为 41.4MPa、44.6MPa、47.7MPa，第一驻地监理办认为不宜报废。

综上，第一驻地监理办认为 K98 +183 大桥 2-3 中跨中梁和 K2 +712 桥 2-1′中跨边梁、6-4 边跨中梁、5-5 中跨中梁等 4 片箱梁可不作报废处理。但是，安装上桥后必须做桥面补强处理，或由六合同项目部向监理工程师提出补强设计图纸和验算说明，经业主、设计代表审批后执行，或由设计代表给出补强设计图纸。不论如何，桥面补强处理费用由承包人自费支付。

五、总监办、业主的最终处理意见

总监办于 7 月 2 日收到第一驻地监理办就 K92 +712 桥、K98 +183 桥箱梁钻芯试件试验情况的监理备忘录，就其初步处理意见进行了审查，并于 7 月 5 日与业主进行了研究协商，提出了如下最终处理意见：×××××××××××××××××××××××××。

本备忘录印发六合同项目经理部，希结合备忘录意见落实；印发六合同监理组督查、印发总监理工程师阅存。

特此备忘。

附件：1. 六合同箱梁钻芯试件试验与换算表（略）

2. 同济大学教材混凝土龄期折算系数表（略）

山钔高速公路第一驻地监理办

高级驻地监理工程师：王××

二〇〇五年七月七日

[点　评] 本备忘录是一个高级驻地监理工程师根据施工单位的一起质量事故而编写的，文中记录了桥梁混凝土强度钻芯、试验、驻地处理意见、总监和业主处理意见，既实事求是又灵活机动，较好地控制了工程质量，考虑了施工单位的利益，做到了质量问题坚决不放松，而且此问题用其他方式还不能记录和说明。此备忘录可以直接存档，也可以用“通知”印发后存档。可供驻地监理们参考。

【案例 4.6-2】 监理内部管理的备忘录

关于九合同 8 个监理工作指令处理情况的备忘录

8 月 3 日，九合同驻地监理工程师王志铜结合巡查工地情况下达了 11 个监理工作指令，涉及土方工程和箱构，涉及监理程序和工程质量。至8月15日上午，总监办王总监巡视工地并重点查问了这11个监理工作指令的落实情况后，这11个监理工作指令的处理暂时划了个句号。为监承双方总结经验、教训，更好地控制工程质量和加强双方合作，今形成如下监理备忘录。

一、11个监理工作指令的要点

1. 第15号监理工作指令。8月3日K235+134箱涵在二次报检未通过的情况下，施工单位私自浇底板混凝土，监理工作指令停浇报检。

2. 第16号监理工作指令。K233+400~590段路基填第6层土时将第5层土碾起，形成松散浮土，且现场无技术人员，指令处理。

3. 第17号监理工作指令。K233+175~250路基填土第4层没报检，8月2日夜间私上第5层土，监理制止，但填土负责人常××不配合，监理工作指令清除第5层土、报检第4层。

4. 第18号监理工作指令。K232+332.6桥头灰土挤密桩未报施工技术方案、施工过程不报监理旁站、灰土不过筛，监理工作指令停工整改。

5. 第19号监理工作指令。K234+850~886、K234+889~924两段土方路基，第2层填土局部翻浆未处理、上第3层土中有草根，监理工作指令返工处理。

6. 第20号监理工作指令。K231+775~860、K233+260~300段填土，系挖孔桩的土临时铺在路基上，后施工单位想变为永久填土并强行施工，监理工作指令挖除。

7. 第21号监理工作指令。K235+414箱涵混凝土底板与30cm台身7月20日拆模，未经监理批准修饰且处理不到位，监理工作指令处理。

8. 第22号监理工作指令。K232+780箱涵、K234+255箱通底板混凝土浇筑前未报检、浇混凝土中未通知监理旁站，监理工作指令不接受此两底板。

9. 第23号、24号、25号监理工作指令（略）。

二、指令的处理情况

九合同驻地监理工程师一天内下达的11个监理工作指令，施工项目部按规定进行了签收，项目经理王大智亦立即召集五个工区负责人进行了现场查看并着手处理。

1. 对于路基填土方面的第16号、17号、19号、20号、24号指令，均进行了处理，尚未报检的要报请监理抽检。

2. 对于违背监理程序的情况，五个工区已分别写出了书面整改措施、保证措施，施工项目部应于8月18日前以合同段的名义上报一份关于保证工程质量、执行监理程序的保证措施。

3. 外观质量不符合规范的箱构底板、30cm混凝土台身进行了处理或适当修饰，在自检合格后应重新报检，报检通过后方可浇筑台身混凝土。浇台身前要按指标、按程序自检和报检。

三、下一步工作意见

1. 对11个监理工作指令的分析

九合同段7月份箱构进度缓慢，牵动着业主、总监办的精力，领导时常询问工程质量状况、进度如何。九合同项目部虽加强了现场管理、但处于时干时停的状态。驻地监理工程师之所以一天之内下达了11个监理工作指令，一方面说明五个工区现场失控的状况，另一方面说明监理对工程质量的目不忍睹。11个监理工作指令最突出的问题，不是工程质量不合格而是不执行监理程序，视监理为虚设，主要表现为以下五种情况：

① 一次报检不合格，尚能进行二次报检。二次报检不合格，施工方便不再报检，直接进入下一步工序，尤其是浇混凝土。

② 干脆不报检便进入下一步施工程序。

③ 施工过程（尤其浇混凝土）不主动报请监理员旁站确认。

④ 出现质量问题，施工单位技术负责人现场口头向驻地监理工程师承诺处理，但过后根本不落实，无可信度。

⑤ 施工单位自检不认真，不能全面发现问题，自检过程不请监理参加，自检资料与监表5传递滞后。

2. 对九合同项目部的几点要求

九合同系来自省厅直属的路桥集团的一支有能力、有经验、有信誉的施工单位，理应在全线成为执行监理程序的模范，成为确保工程质量的、加快工程进度的带头兵。自8月15日的监理工作指令处理协调会后，应注意落实以下几点：

① 进一步树立合同意识、监理程序意识。业主招聘监理说明工程需要监理，业主授权给监理说明信任监理的监控。要教育三个工区负责人和全体参建的施工员、技术员、试验员、领工员尊重监理，所谓尊重就是工作上配合，有理有据地服从而不是盲从、不卑不亢地讨论而不是无声地抗争。

② 很好地调控工地施工情绪。越是监理要求严的情况下，越要执行监理程序，执行《技术规范》，越要控制好工地参建人员的情绪，绝不允许擅自施工、强行施工的现象，绝不允许再发生殴打或袭击监理的事件。

③ 切实加强质量控制。进一步充实技术力量，加强自检，要真正地动用仪器在现场进行自检、在现场形成资料，万万不可走过场。

④ 加强与监理人员的沟通。没有真诚的沟通就没有良好的合作，三大控制不通过良好的合作不可能实现，要与监理组建立一种正常的、阳光的沟通。

3. 对九合同驻地监理组的要求

① 全面掌握《路基、桥涵施工技术规范》、施工图纸和上级监理机构的技术业务文件的要求并加强落实。打铁要先自身硬。做到关键指标不放过、关键工序不放过、关键质量不放松。

② 继续严格执行《监理程序》，用程序约束施工行为、促成工程质量。

③ 正确下达《监理工作指令》，要及时发现问题，及时解决问题，问题要一个一个地解决。下达指令，要注意及时，也要注意指令中事实的准确描述、更要注意指令整改处理的程度和范围以及时限的可操作性。不要把气愤的情绪、生活中的口语表达在书面指令中（如21号指令中说活生生一座破桥、23号指令中写钢筋像一堆乱草）。下达的监理工作指令要及时传达到监理员，整改的过程就是一个施工过程，更要派监理员旁站并要求其做好记录。

④ 监理内部要加强分工和授权，要互通信息、加强交流。驻地监理工程师的主要职责是安排现场监理的工作，检查、督促、协调现场监理的工作，既不当甩手掌柜、也不要到处救火，要带头监控以作示范，更要检查、督促。现场监理要根据分

工进行现场负责，要主动询问施工计划、要认真监督施工过程和自检过程，要亲自动手抽检、要及时填写检表和监理日记，现场有异常情况及时处理和报告。

山钔高速公路第一驻地监理办

2004 年 8 月 15 日

［点 评］摘录这篇监理备忘录实例的目的是说明监理工作指令的下达是一件严肃的工作，驻地监理、总监理工程师一定要正确地编写、及时地下达，切不可把质量问题积成团再处理。再者，监理工作指令不要使得施工单位难于接受，在同一天内同一个施工合同段的项目经理部签收 11 个书面监理工作指令，施工单位怎么处理？另外，也请监理同仁赏析这个高级驻地工程师编写的这个监理备忘录的格式、写法以及监理工程师的协调工作。

4.7 工程监理工作总结的编写

一、总结的含义

总结是各级机关、人民团体、企事业单位和个人经常使用的一种文书，主要用于对一定阶段的工作、学习、生活进行系统的回顾、分析，从中寻找出具体的经验教训，发现某些工作规律或缺点、错误及其产生的原因，以利于调整工作方向、学习方法，更加把工作做好、学习学好等。

总结也称为总结报告。

二、总结的特点

1. 实践性

总结是人们实践活动的忠实反映，其材料只能来自自身实践，其观点也只能是从实践活动中抽象出来的认识。

2. 理论性

总结是人们对客观事物规律的认识的反映，是由感性到理论对事物的内在联系作出概括，提炼出规律性的认识。

3. 指导性

总结经验的目的在于用经验指导实践，使其在原有的基础上有所创造、有所前进。

三、总结的种类

1. 根据总结内容的多少，可分为全面总结（综合总结）、专题总结。

2. 根据总结的对象，可分为工作总结、学习总结、思想总结、生产总结、会议总结等。

3. 根据总结的范围，可分为个人总结、单位集体总结。

4. 根据总结的交流形式，可分为书面上报总结、大会宣读的总结报告。

5. 根据总结的时间跨度，可分为年度总结、半年总结、季度总结、月总结、周小结或阶段性总结等。

6. 根据功能分类，可分为汇报情况的总结和推广经验的总结。

四、总结的作用

总结是做好各项工作的一个重要环节，是提高工作能力、水平的一个重要手段。一般来说，总结具有以下作用：

1. 通过总结，找出差距，去掉盲目性，提高自觉性、计划性，进一步认识客观事物的发展规律，制订出更为切实可行的政策、措施。

2. 有些总结，可能上报，可能下发，乃至在一定场合宣讲，这样有助于交流经验教训，达到共同提高的目的。

3. 自我提高，并可作为历史档案。

五、总结的编写要点

总结一般由标题、正文、落款三部分组成。

1. 标题

全称式标题，一般由总结单位名称、时间范围、文种（总结）组成。

省略式标题，一般省略总结单位名称，仅写时间范围和总结（报告）。

双标题式，用一句主题词、句作正标题，用副标题标明单位名称、时间范围和文种（总结）。

也有的总结标题只是内容的概括，并不标明“总结”两字。如《周恩来选集》上卷第251页的《一年来的谈判及前途》。

2. 正文

总结报告常采用第一人称的写法，正文一般包括四部分：

（1）基本情况。概述基本情况，包括工作背景、基础、成绩、效果或事故教训；

（2）成绩和做法。重点写成绩、做法或错误教训、事故责任分析；

（3）存在的问题不足，分析存在的问题及其原因；

（4）下一步计划。

总结的语言表述要恰当，做法和效果多用概述和说明，体会多用论述展开。在说明成绩时以数字、事实为主，可辅以对比手法和表格等。

主体部分写作的结构有三种：

第一，纵式结构。就是按照实践活动的过程安排内容，把总结所包括的时间分为几个阶段，分别叙述每个阶段的成绩、做法、经验、体会。这样写使得事物发展或社会实践活动的全过程清楚明白。

第二，横式结构。按事物性质和规律的不同分别展开，并列地叙述。

第三，纵横式结构。安排内容时按时间先后顺序体现事物的发展过程，又注意内在内容的逻辑性。一般是先采用纵向结构写事物发展的各个阶段的情况，然后采用横式结构总结经验教训。

主体部分的外在形式表现有贯通式、小标题式、序数式三种。

3. 落款

正文之后右下角书写单位名称或个人姓名，之后下一行靠右书写时间。

如在标题中或标题下用括号已标明的，文后可省略。

六、编写总结的注意事项

1. 注意总结的正文结构

总结的正文结构，应当根据工作的实际内容灵活安排，可以采用“情况——成绩——经验——问题——意见”的顺序分部依次来写；也可以按时间顺序划分出几个阶段去写；还可以在介绍工作情况的基础上，引出经验教训；也可以先总述工作情况，然后再分若干项主要工作逐条总结。

2. 实事求是，切忌虚假

撰写总结要坚持从实践中来，从群众中来，不能脱离实际，夸大成绩，编造假经验等。不能只讲成绩经验，不讲缺点不足，更不能大讲成绩、少讲缺点。那种虚报数字、遮丑扬美的做法是各种总结的大忌。

3. 突出重点，切忌平淡

总结的内容要有所侧重，突出重点部分，深入总结工作经验，深入分析错误教训，不要记流水账。

4. 写出特色，切忌平庸

必须占有第一手真实材料，努力写出能很好地反映本单位、本部门或个人特点的特色，不可拘泥于固定的写作模式，不要千篇一律。

5. 平时多积累，切忌临时抱佛脚

总结的基础是了解工作发展的全过程，并注意运用工作笔记、编大事记、搞资料剪贴复印等办法收集资料。叶圣陶先生在《认真学习语文》中说“写工作总结必须参加了某项工作，对这一工作比较全面地了解，知道这一工作的优点和缺点、经验和教训，再加上语文程度不错，才能写好”。

七、案例

【案例 4.7-1】住宅楼工程监理工作总结

×××小区B座住宅楼工程监理工作总结示例

×××建设监理公司受××××公司的委托，对×××小区B座住宅楼工程实施监理工作。项目监理部于2001年9月1日（开始进行人工地基处理）进入B座住宅工程施工阶段监理工作，经建设单位、设计单位、监理单位的共同努力，于2002年11月30日B座住宅楼的建筑工程达到基本条件，经有关部门共同验收合格。项目监理部本着“守法、诚信、公正、科学”的基本准则，完成了施工监理合同约定的服务内容，圆满地完成了建设单位的委托监理工作。

一、工程概况

（一）工程基本情况

工程基本情况表

工程名称	×××小区C座塔楼		工程地点	北京市海淀区×××	
工程性质	基建		建设单位	×××××公司	
设计单位	×××设计院		承包单位	×××建筑工程有限公司	
开工日期	2001.11.6	竣工日期	2002.11.30	工期天数	420
质量等级	合格	合同价款	26664260元	承包方式	中标价

工程项目一览表

单位工程名称	建设面积（m^2）	结构类型	地下层数	地上层数	总高（m）	设备安装	工程造价（万元）
×××小区C座塔楼	19592.22	剪力墙	2	24	77.4	电梯两部及水暖电	26664260

1. 地质概况

本工程依据北京市勘察设计院提供的《×××小区B座塔楼岩土工程地质勘察报告》(98技335）采用人工复合地基，复合地基的承载力标准值为400kPa，地下水对混凝土无侵蚀性。

2. 建筑特点

该楼为住宅楼，地下二层、地上二十四层，地下二层为五级人防、地下一层为自行车库、首层至二十四层为住宅、二十一层开始局部退台，二十五层为电梯机房、二十六层为水箱间及机房，±000＝海拔47.40m，人防面积702.86m^2，地下两层总面积1503.22m^2，地上二十四层建筑面积17069.29m^2，含阳台面积（2/1）1020.09m^2，总建筑面积19592.60m^2，181户。

3. 结构特点

本工程结构形式为剪力墙结构，抗震烈度8度，消防等级制高层一类，建筑耐火等级为一级，剪力墙抗震等级为二级。

（二）施工单位基本情况

总包单位：北京×××建筑工程有限公司

劳务分包队：×××第二建筑工程公司

CFG桩人工地基处理：北京×××直属工程处

防水工程分包单位：×××防水公司

塑钢门窗：×××塑钢门窗制造有限公司

总包单位在现场项目经理部全面负责×××小区的施工任务，各管理层人员配备齐全，资格符合要求。施工人员各专业人员岗位证书齐全，符合要求。劳务人员数量满足施工工期要求。施工各类设备规格、型号、数量满足施工要求。工程原材料、构配件、设备能按使用计划落实。根据对总包单位、分包单位、及主要工程原材料、构配件、设备供应单位的考察确定，总包单位和各分包单位及供应单位有能力完成本工程的施工项目。

（三）主要采取的施工方法

1. 混凝土现场搅拌，基础底板混凝土采用泵输送混凝土，墙体及地上主体剪力墙结构混凝土采用塔吊吊斗运输。

2. 地下室墙体模板采用600×1500等标准钢模板及100×1500等模板，地上部分墙体采用大模板，顶板采用竹夹模板。

3. 钢筋接头：地下室底板采用闪光对焊，墙体暗柱采用电渣压力焊。

4. 其他分部工程各工序为常规做法施工。

二、监理组织机机构、监理人员和投入的监理设施

（一）项目监理部组织机构框图

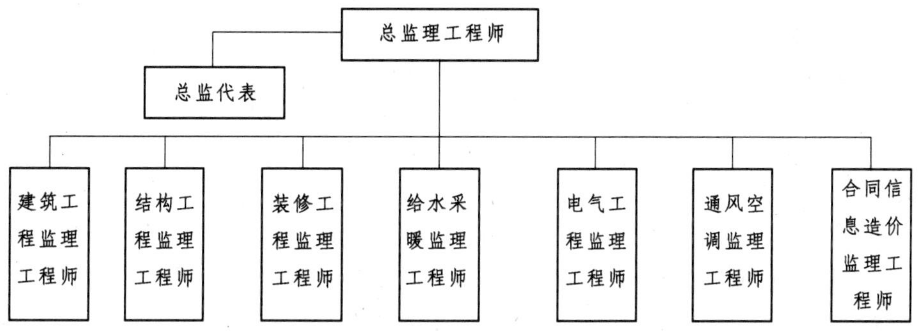

（二）项目监理部人员

项目监理部人员一览表

序号	姓名	职务	性别	职称	专业	备注
01	×××	总监	男	高工	工民建	北京市一级总监
02	×××	总监代表	男	工程师	工民建	注册监理工程师
03	×××	监理工程师（建筑工程）	男	工程师	工民建	注册监理工程师
04	×××	监理工程师（水暖、通风与空调）	男	工程师	暖通	全国监理工程师培训证书
05	×××	监理员（建筑工程）	男	助理工程师	工民建	公司培训证书
06	×××	监理工程师（电气安装）	男	高工	电气	全国监理工程师培训证书
07	×××	合同、信息、造价管理	女	高工	建筑经济	注册造价工程师

（三）项目监理部投入的主要设施

主要设施及设备清单一览表

序号	名称	数量	规格	备注
1	办公及生活用房	5间	3m×6m	业主提供
2	办公桌、椅子	9张	一头沉，三屉桌、写字台	业主提供7张，自备2张
3	电话	1架		业主提供
4	文件柜	3个	铁皮1套5节，木制2套	业主提供1套，自备2套
5	床	6张	单人	业主提供
6	电风扇	4台	台扇、落地扇	自备
7	计算机	1台	PⅡ	自备
8	打印机	1台	DELKJET610C	自备
9	复印机	1台	RICOH理光	自备

续表

序号	名　称	数量	规　格	备　注
10	照相机	2架	Konia#52623 Goko#5016897	自备
11	工程质量检测器	1套	JZC-2型03200130#	自备
12	经纬仪	1台	J6	自备
13	水准仪	1台	S3	自备
14	其他（简略）			

三、监理合同的履行情况

（一）监理合同目标完成情况

1. 工程质量目标：合同约定质量等级为合格，实际工程质量：优良

2. 工期目标：开竣工日期：2001年11月6日至2001年11月30日（不包括地基处理）。

实际工期：开竣工日期：2001年11月6日至2002年11月30日。

3. 工程造价控制目标：合同总造价×××××元（不包括工程变更费用）。实际签发工程款金额：×××××元（不包括工程变更费用）。

（二）监理服务其他方面情况

委托监理合同的服务期为500天，项目监理部的全体人员在总监理工程师的领导下，对该项工程进行了全过程的监理工作，完成了委托监理合同赋予的全部内容，取得了建设单位的认可。项目监理部在实施监理工作中坚持以下原则：

1. 坚持严格监理的原则

本着坚持严格监理的原则在以下几方面进行控制：

(1) 对施工单位上报的施工组织设计及施工方案进行审批的控制，提出和审定意见，并检查实施情况。

(2) 对进场的工程材料、构配件和设备按要求进行报验工作，对需要见证的原材料进行现场见证取样，杜绝不合格的原材料、构配件用在工程上。

(3) 认真审查分包单位的资质及人员的资格。

(4) 对施工质量进行事前、事中、事后的控制，发挥巡检、抽检、工序验收的作用，对需要旁站监督的工序和部位，做好旁站监督工作，对隐蔽工程项目的检查做到合格不漏项，且质量合格方可进行隐蔽。

2. 坚持热情服务的原则

在监理合同中承诺24小时监理，做到及时进行工序分项报验的查验，没有因不及时查验影响工期。对建设单位提出的要求本着热情服务的原则及时落实和检查，对施工过程中存在的问题能及时提出，并能提出解决问题的建议。通过热情服务，在做好协调工作中起到好的效果。

3. 本着科学的态度，用数据说话的原则

在监理工作过程中对工序验评坚持规范、规程、质量标准、设计要求进行评定，用数据说话，做到以理服人。

4. 积极工作，协调好各方关系的原则

本着积极的工作态度做好监理合同的约定的监理工作，各专业监理工程师积极

认真地做好本专业的各项工作，并做好各专业衔接沟通。做好甲方与总包单位、总包单位与指定分包单位的协调工作，充分发挥各方面的积极性完成好各项工作。

5. 保持公正的态度进行工作的原则

在监理工作的过程中保持公正的态度解决所发生的事件，在保证建设单位与总包单位双方权益不受侵害的条件下做认真细致的工作。

四、监理工作成效

（一）工程进度控制

在实施监理工作对工程工期的控制中，通过6个阶段目标的控制，圆满地完成了总工期控制目标。

1. 第一目标的实现是地基人工处理CFG桩，于2001年9月1日至2001年11月5日完成。

2. 第二个目标的实现是基础工程，于2001年11月6日至2002年1月15日完成。

3. 第三个目标的实现是主体结构封顶，于2002年3月1日至2002年8月15日完成。

4. 第四个目标的实现是装修工程，于2002年7月1日至2002年11月15日完成。

5. 第五个目标的实现是安装工程，于2002年6月1日至2002年11月15日完成。

6. 第六个目标的实现是竣工验收，于2002年11月16日至2002年11月30日完成。

（二）工程质量控制

在工程施工全过程的监理工作中，各专业工程监理工程师对工程质量严格控制，取得了比较好的成绩，圆满地完成了工程质量控制目标。得到建设单位的好评。下面按分部工程介绍质量情况。

1. 分部工程的质量状况

（1）地基基础工程质量状况。在地基处理的施工过程中，专业工程监理工程师跟踪旁站，对797根CFG桩施工全过程进行监理，对进场原材料进行审查签认；对CFG桩的长度、数量、混凝土的搅拌质量进行严格的控制。并按规定对CFG桩进行检测，检测结果：本次共检测基桩80根（抽测数量为总桩数的10%），其中：优质桩67根（占抽测总数的83.75%）、良好桩13根（占抽测总数的16.25%）。桩身质量及完整性较好，总体上达到优良桩水平，桩身强度达到设计标准，均为合格可用桩。本次检测的复合地的承载力标准值为430kPa，满足设计要求。基础工程为地下两层剪力墙结构，有垫层、SBS防水层、防水保护层、底板及墙体混凝土结构的模板、钢筋、混凝土等工序。对该分部工程的22项分项工程，进行了查验，其中结构部分的模板、钢筋、混凝土等工序感观、实测较好、评定达到优良等级，SBS防水层有局部搭接不符合要求，进行处理后评定合格，基础分部22项分项工程，其中20项为优良，优良率为90.9%，施工单位自评为优良，监理验收合格。

（2）主体结构的质量状况。主体结构为剪力墙结构及二次隔墙、结构洞、保温结构等在工过程中按工序进行巡检、抽检和工序验收检查，总体质量情况较好，其中：钢筋工程、模板工程和混凝土工程三个主要的分项工程全部达到优良，在主体施工的全过程中共查验分项工程347项（不包括模板212项预检），其中优良项数308项，优良率88.7%，施工单位自评评定等级为：优良，监理验收合格。

（3）其他分部工程的质量状况。① 屋面工程分项工程9项，其中优良8项，优良率88.9%，施工单位自评评定等级为：优良，监理验收合格。② 门窗工程分项工程27项，其中优良20项，优良率74.1%，施工单位自评评定等级为：优良，监理验收合格……⑧ 电梯安装工程分项工程8项，其中优良7项，优良率87.5%，施工单位自评评定等级为：优良，监理验收合格。

2. 单位工程质量情况

该工程承包合同规定的质量等级为：合格。施工单位的质量目标定位：确保优良，创市优工程。在投入上以确保优良，创优工程的目标进行安排的，工程质量的创优评定由工程质量协会进行评定。监理单位按工程质量验收标准的结论为，该工程质量符合设计要求和施工验收规范，验收合格。

（三）工程造价控制

该工程对造价控制的主要工作是控制工程量的确认和工程款的支付的审批工作，在监理过程中对工程进度款的审批工作做到按合同条款进行，完成了工程造价的目标。工程进度款支付情况见表（略）。

五、施工过程中出现的问题及其处理情况和建议

1. 施工过程中出现的问题

（1）回填土施工中回填土分层厚度超过标准和灰土搅拌不均匀。

（2）防水卷材在阴阳角处的粘铺方法不正确。

（3）大模板拆模过早，使混凝土表面有残缺现象。

（4）隔墙抹灰的墙面有裂缝。

2. 处理情况及建议

（1）对于回填土的质量问题的处理方法，对有问题的部位返工重做。

（2）对于防水卷材的质量问题的处理方法，对有问题的部位返工重做。

（3）对于大模板拆模过早的问题，严格按规定的拆模要求执行。

（4）对于隔墙抹灰的墙面有裂缝的问题处理采取两种方法：① 墙面已经刮涂料的有裂缝，改用弹性腻子重新做；② 对于还没有抹灰的墙面，在抹灰前检查玻璃丝布做法是否正确，砂浆的砂子颗粒是否符合要求，分层抹灰厚度要控制等。

以上问题在阶段的施工中得到了解决，重新检验合格。

六、监理工作的几点体会

1. 在承担监理工作中得到建设单位的大力支持

在监理工作的实施中建设单位为项目监理部提供了工作和生活的良好环境，在工作上给予大力支持，使项目监理部的工作顺利开展。项目监理部在监理过程中替甲方把关，将工程情况及时汇报，加强对工程质量的事前控制，避免和减少质量问题的发生。在事中控制中能及时发现工序存在的质量问题，并得到及时纠正。由于甲方的大力支持和项目监理部的积极工作，圆满地完成该工程的监理任务。

2. 在承担监理工作中得到施工单位的密切配合

在监理工作的实施过程中施工单位作为被监理单位，能认真听取监理工程师提

出的要求，及时改正施工过程中出现的问题。施工单位在上报各类报表时及时、准确，为监理工作创造了条件。在生活上给予项目监理部工作人员照顾。项目监理部为了考虑工期和施工的的连续性，不论什么时间报验，都能及时进行查验，给施工单位创造了必要的条件。

3. 监理的过程也是学习的过程

在监理工作的实施过程中建设单位和施工单位有许多的工作作风、经验值得我们学习。监理人员在工作的过程中需要不断的学习新的技术和管理知识，不断地提高管理水平，通过一项工程的竣工过程都能总结出经验和教训，是提高管理水平的过程。

4. 创社会信誉和经济效益靠监理人员的自身努力

在承担监理工作的同时也是监理单位窗口服务展示，监理人员要通过严格遵守监理人员守则，按守法、诚信、公正、科学四项准则工作，履行监理合同赋予的权利和义务，做好技术服务同时也是增加监理业绩和创社会信誉和企业经济效益的关键工作。

[点　评] 本案例介绍的是一个住宅楼工程监理部编写的一份全面监理工作总结，包括工程概况、监理组织机构、监理合同的履行、监理工作成效（进度、质量、造价）、问题与建议、监理体会等六大方面的总结，客观公正，实事求是，可供房建工程监理同志们使用、可供其他专业监理人员参考借鉴。

【案例 4.7-2】监理月度工作总结

三月份工作总结及下阶段工作安排

自三月份路面底基层施工正式开工以来，在业主的正确领导下，各施工、监理单位克服了三月份几次出现的倒春寒的不利气候影响和不同程度的地方干扰，较好地完成了材料备料，二灰土底基层施工任务，施工质量得到有效控制。今总结如下：

一、工作总结

1. 工程进度

路基复压、翻浆处理、通讯管道铺设和砂砾垫层及湾沟施工任务已基本完成，二灰土进行施工已完成任务过半，水泥稳定碎石基层施工 P1～P3 合同段已全面展开，截至3月31日，共完成二灰土底基层单幅65.88km，占总量55%，其中 P1 合同 12.78km，占 43%；P2 合同 25km，占 83%；P3 合同 21km，占 70%；P4 合同 7.1km，占 24%（因干扰已停工 6 天）。水泥稳定基层：单幅单层 16.42km，其中：P1 合同 4.4km；P2 合同 6.3km；P3 合同 5.5km；P4 合同因受地方干扰仅完成 0.22km 试验路，中央分隔带绿化 P2 合同已正式开始。

2. 工程质量

在业主的领导下，施工单位加强了内部管理，强化质量意识，两个驻地监理办加强了原材料施工配比的抽检和施工全过程的旁站巡视，已完工程质量是比较好的，从总监办几次抽检及这次公司组织的检查结果、标高、二灰土强度、灰剂量来看，标高、二灰土合格率 >70%，其中 P2 合同底基层、基层合格率均达

94.4%，各合同段灰剂量、强度合格率均达100%，从钻芯来看，二灰土7d，水稳4~5d基本上都能取出完整芯样，说明施工现场内在质量是比较好的。

3. 存在的问题

① 路基遗留工程施工进度迟缓，按照业主安排，各合同段在三月份都应完成路基遗留工程，但从目前看，没有一个合同段完成，特别是P1、P4剩余工程量很大，地方干扰是一方面，但施工单位在主动排除干扰，对能干的部位积极主动加大投入，采取见缝插针的办法，千方百计去完成任务方面做得还很不够。

② 绿化工程除P2外，其余合同段仍按兵不动，绿化工程是季节性很强的工作，错过了季节，就难以保证存活率，希望各合同段像P2那样，立即开展中央分隔带及边坡的植树工作。

③ 路基复压工作不彻底，路基完工后受社会和施工车辆影响造成不少地段都或多或少有表层砂砾（石渣）松散，特别是在搭板与路基结合部较为严重，路面施工单位在进行路基复压时，由于重视不够，个别地段路槽表面有松散石渣颗粒，从此次所钻芯样亦能反映这一现象，各驻地监理办必须督促施工单位认真重视路槽处理，严格把好下承层施工质量关。

④ 部分二灰土拌合均匀性差，土块、粉煤灰块未粉碎，且水分控制不匀，有过湿过干现象。

⑤ 压实度超百现象严重，主要的原因，一是二灰土拌合不均，粉煤灰含量少；二是现压实标准低。

各驻地监理办针对这次检查情况责成施工单位认真分析原因找出解决办法。

⑥ 文明施工做得不够，在中央分隔带和路肩培土时，将土堆在二灰土上，施工完成后又未能认真清扫，造成二灰土表层污染严重。

二、下一步工作安排

1. 除P4合同段外，预计各合同段在4月10日~20日均能完成二灰土底基层施工，在施工中，各合同段要始终坚持质量第一的原则，加强对石灰质量控制，认真消除拌合料中的土块和粉煤灰块，控制拌合均匀性。严格控制路槽质量，特别注意薄弱环节处理，继续控制标高、压实度、路拱横坡、平整度、确保灰剂量、强度和7天的保湿养生。

2. 水稳碎石基层施工已在P1~P3全面展开，施工中一定要严格控制集料中粒径>2.36mm含量，一定要满足总监办要求级配的中值至下限（即含量78%~83%），粒径<0.075mm≮2%，并有10%的粒径>26.5颗粒。严格控制水泥含量4.5%~5%，并做到即时拌合即时摊铺即时碾压，严格控制延迟时间≯2h，为保证层间结合，摊铺前一定要认真清扫浮土、松散表层，保持二灰土表面无松散表层并处于潮湿状态，由于气候干燥，气温逐渐升高，要及覆盖，洒水养生，使水稳7天内始终处于湿润，在铺第二层时，更要注意清扫和大量洒水，以保证两层结合。

3. 第二层水稳完成后要及时洒透层油和做下封层，因此各施工单位必须在铺第二层水稳施工前将下封层配比试验资料报驻地监理办初审后，上报总监办批准。

4. 路基遗留工程必须在4月20日前完成。

5. 绿化工作必须按业主安排，力争在4月15日前最迟4月20日前完成边坡及中央分隔带绿化任务。

6. 下面层施工配比及沥青拌合站的试运转应在4月底前完成。

7. 加强现场管理，做好拌合、摊铺现场安全生产，认真进行通行车辆管制及文明施工。

二〇〇六年四月一日

[点 评] 本案例介绍的是一个总监办编写的一份月度路面工程质量、进度的总结，总结中说明了本月工程施工进度、质量控制情况，实事求是地指出了存在的问题，明确提出了下一步的工作计划，符合总结的写作要求，可供监理同志们参考。

【案例4.7-3】阶段性工作总结

适应亚行程序　执行合同条件

全面完成东河高速第一、二、三合同的全面监理工作

(2005年7月12日)

东河口高速公路是国道主干线——二连浩特至河口公路PP省境内的一段，系亚洲开发银行贷款项目之一，总投资约为23.6亿元，其中亚行贷款占48%，路线全长66.8km，共分7个路基桥梁合同段、4个路面合同段。其中，第一驻地监理办负责V1、V2、V3三个路基桥梁合同段和P1、P2两个路面合同段的监理工作，合同工期自2004年4月至2006年11月。

工程开工一年多来，第一驻地监理办在建设单位、总监办和××监理总公司的支持、协助下，正在进行地段路基桥梁工程的监理工作，工程质量合格，投资控制有效，监理内部管理有序，没有发生质量事故、安全事故和廉政问题。今将工程质量、进度、投资监控情况和监理内部管理情况总结如下：

一、工程概况

某某城市主干道地处PP省的西南端，位于孙城地区境内，东起马古市、经新城、孙山、明河三县市，西至黄河洪门口，接在建的洪门口至宝安高速公路。路线全长66.8km，建设单位为PP省某某城市主干道建设有限公司，监理机构设一个总监办、三个驻地监理办、七个驻地监理组。我们××监理总公司中标第一驻地监理办及其所属三个驻地监理组，起止桩号为K0+000~K35+600，全长35.6km，包括三个路基桥梁合同段、两个路面合同段和两个交通工程合同段。

1. 主要工程量情况

某某城市主干道V1、V2、V3合同段的主要工程项目的工程量如表1所示(略)。

2. 本工程的主要特点

经过一年的监理实践，我们总结认为某某城市主干道工程具有以下几个主要特点：

① 路线经过Ⅱ、Ⅲ、Ⅳ级湿陷性黄土地区，路基、桥涵均需防治土基的湿陷性病害，采取冲击碾压、强夯、灰土挤密桩、灰土垫层等技术处治。

② 工程所在地气候干燥、砂石材料缺乏、电力供应紧张。

③ 工程项目属亚行贷款项目之一，亚行贷款占总投资的48%，支付程序复杂，工程变更程序严格，资金到位慢；而且亚行贷款项目竞标规则为最低标中标，大多投标人为中标而降价××%左右，工程初期进度较快、但后期进度滞后甚至严重滞后。

④ 路基桥梁与路面分阶段招标，存在中间交工问题。

⑤ 建设单位管理实行一路一公司制，东河路总监办是PP省高速公路建设以来设置的第一个总监办，改变了以往建设单位设监管处的做法。

⑥ 桥梁工程采用新技术，一是预制梁桥多用20m、30m后张法预应力箱梁、采取先简支后刚构技术，二是现浇箱梁桥多用30+40+30m连续预应力技术。

⑦ 检查督查多，综合把关力度大。一是亚行官员季查、年检，二是涉外项目管理单位（财政厅、审计厅）的检查，三是行业内的质监站检查，四是省交通厅督查组的定期督查。

二、工程进度监理情况

1. 进度计划执行情况

① 工作量完成情况。截至6月25日，V1、V2、V3三个路基桥梁合同段共完成工作量为2.06亿元、占合同总价2.48亿元的83.1%，其中V1合同完成8300万元、V2合同完成5940万元、V3合同完成6360万元。

② 主要工程形象进度完成情况。截至7月10日，主要工程剩余数量如表2所示(略)。

2. 工程进度计划管理情况

自去年5月开工以来，V1、V2、V3合同正在进行的工程施工为路基桥梁工程，合同工期为14个月，即2004年5月至2005年7月28日。作为亚行贷款执行FIDIC合同条件的公路项目，监理工程师的进度计划控制尤为重要，我们在工程计划管理方面主要开展了以下工作：

① 坚持进度统计报告制度，努力完成旬报、月报、季报、年报。

② 坚持月计划的编制与审批制度；

③ 坚持调整季度工程施工计划，使实际进度与计划进度的偏差控制在20%以内(特殊条件规定超过20%，属于进度严重滞后，应专题报告省厅、交通部，亚行会停止支付等)；

④ 适时向施工单位下达工程进度指标的监理工作指令，仅今年2月22日总监下达春季复工令后，我们第一驻地监理办针对V1合同进度滞后情况，分别下达了3个加快工程施工进度的指令，其中包括加快20m、30m箱梁预制生产的指令等；

⑤ 适时向建设单位报告工程实际进度和分析报告，为建设单位提供工程进度数据和建议。因V1合同去年进场误工两个月又加之7、8月份大雨影响正常施工，我们及时向建设单位报告，汇报工地主要分项工程实际进展情况、汇报工地人力、材料、机械等投入情况、分析进度滞后原因、建议邀见法人代表等，得到了建设单位的好评。一年来，我们第一驻地监理办先后编写这种报告5次，与建设单位一起两次约见V1合同法人代表，对扭转工程进度滞后局面起到了一定作用。

⑥ 适时建议建设单位实施工程任务分割。今年4月份，针对V2、V3合同梁板预制全部完成，而V1合同还剩余20m箱梁59片、30m箱梁71片的实际，积极建议建

设单位采取增援措施。建设单位于4月29日召开V1合同第一次协调会议，决定将马家水库大桥80片30m箱梁中的40片拿出由V2合同预制。V1合同仅预制剩余的31片且必须于7月28日完成。5月29日统计进度仍然滞后，我们向建设单位提供进度统计报告并建议建设单位再次约见法人代表，6月3日法人代表座谈会议纪要签发，议定除V1合同预制的11片30m箱梁外，剩余的69片全部由V2合同预制，至今还剩余45片，预计8月20日前预制完成。

三、工程质量监理情况

质量是工程建设的永恒主题。

创市场、保品牌，必须依靠质量取胜。

在湿陷性黄土地区的路基、桥梁监理过程中，我们主要抓了以下几个方面的工作：

第一，加快湿陷性黄土特点、处治技术的学习

进入工地后，我们在总监办的指导下，补充调查了湿陷性等级是否与设计图纸一致，划分了不同路段的湿陷等级。针对不同的湿陷等级学习设计图纸上的8种处治方案。如冲压、强夯、灰土挤密桩和“冲压+灰土”或“冲压+灰土+砂砾”等方案，做到不同的路段用不同的方案，不同的方案要明确处治技术指标，并整理汇编了小册子，发到现场监理手中，为合格、迅速处治湿陷性黄土路基、桥涵基底等打下了基础。

第二，充分利用工程监理手段，切实控制过程质量

一是加强超前提示。对路基冲击碾压、强夯，对路基填前碾压的压实度和高程测量，对桩基、对梁板预制张拉压浆，对台背回填、对防护砌石等主要施工过程，我们按照监理总公司“超前提示、严格监理”的工作要求，坚持事前学习《技术规范》和总监办文件，坚持超前提示，一年来先后用红头文件印发工作提示71件。

二是加强旁站和巡视，及时发现问题及早解决问题。东河路总监办开工之初就规定了旁站项目、抽检频率。在实际工作中根据工程进展情况，我们驻地监理办会同三个驻地组对冲击碾压、强夯、灌注桩、浇混凝土、钢铰线张拉、孔道压浆等项目进行了全过程现场旁站，要求现场监理必须完成这一“规定动作”，不得脱岗；要求驻地组长加强巡视检查、指导、纠偏。一年来，三个驻地组从开工报告审批入手督促施工方加强工前准备、过程控制、结果自检和报检程序，较严格地控制了工程质量、其中，对个别施工队擅自施工、个别构件不合格项目进行了记录和处理。例如，在今年复工前的越冬工程检查中，V1监理组桥上认真看、桥下认真查，发现2棵立柱冻损、1片箱梁蒸养裂纹，报告总监办后进行了推倒重做；今年4月5日V2监理组巡视发现K18+327空心板铰缝混凝土局部振捣不密实，当即要求项目经理必须返工。再如V1合同今年3月底压制的28天空心板、20m箱梁强度达不到设计强度值，驻地监理办中心试验室会同V1监理组进行了梁板取芯，经总监办中心试验室和省建科院压制结果表明只有4片不合格。目前，不合格的梁板已全部报废。

三是履行监理抽检和指令职责，用数据评估质量，用指令促进质量。分项工程质量仅靠施工方的自检决不能100%地保证合格，而监理的旁站主要是检查施工操作工艺是否符合规范、技术指标是否符合图纸、过程质量是否存在偷工减料等，而只有通过抽检用数据说话才能评估质量是否真正合格。我们在总监办的每月督查下，

特别强调全体监理人员必须按照图纸、规范、质检标准进行各项指标的现场实地抽检，通过抽检对路基压实度、石灰剂量、钢筋焊接、混凝土试件强度、混凝土构件几何尺寸等均有了监理自己的数据，做到了心中有数。对符合图纸、规范、技术标准的予以签认“监表5”，对不符合图纸、不符合规范、不符合技术标准的项目通过口头或书面的监理工作指令予以处理。一年来，路基压实度抽检计37600次、钢筋焊接抽检计910次、纵断高程抽检计9300次、混凝土构件几何尺寸抽检计58500次、台背回填压实度抽检计3410次。其中，对钢铰线张拉、压浆和路基弯沉测量实施100%的抽检。通过抽检表明质量不合格的灰土垫层、台背回填、盖梁钢筋骨架焊接、部分立柱梁板强度问题等，均下达监理工作指令进行了处理。据统计，截至6月底，V1监理组下达监理工作指令29个、V2监理组下达监理工作指令33个、V3监理组下达监理工作指令31个，驻地监理办用红头文件印发监理工作指令17个。正确的监理工作指令的已经下达和落实，就保证了工程质量、树立了监理的工作形象。

四是加强中心试验室的工作力度，用试验指导生产、衡量工程质量。一个分项工程的质量评定，要看现场操作是否达到基本要求，要看现场几何尺寸、平纵立面位置，更要看包括强度、压实度、灰剂量在内的试验数据。因此，试验监理工作尤为重要。我们除从配备试验仪器、调配试验人员入手外，更重要的是明确了中心试验室的试验员、室主任、驻地组长三者之间的工作配合关系等。要求试验监理员在质量控制上服从驻地组长的安排、向驻地组长汇报，通过报请中心试验室主任复核、审签各种试验报告，在技术业务程序上受中心试验室主任的管理和业务指导。在现场监理过程中针对黄土的湿陷等级、针对不同的取土场、不同的层深随时进行土的最大干容重试验。针对混凝土拌合用砂中粗砂料源远、材料缺、工地拌合站时有细砂进场的实际，加大旁站力量，要求旁站人员开盘前先检查砂的细度模数和中砂的存量等，否则不予开盘，仅今年上半年桥梁上部工程混凝土用砂就清除细砂、含泥量超标的中砂7次计300多立方米。针对V1合同今年3月下旬出现混凝土强度不合格的试块问题，于4月13~17日对K6、K7、K8、K10四个混凝土拌合站进行了重新标定，并对减水剂进行了品牌控制、掺量控制，有效地保证了后续梁、板预制的质量。针对十余片空心板、20m箱梁的28d标养强度小于0.85R的实际，我们会同总监办接受了施工方提出的钻芯验证的要求，经总监办组织钻芯、经PP省建科院参与钻芯，梁板实体强度换算表明仅有4片箱梁不合格，其中2片已于5月18日报废、另外2片已指令7月10日前必须报废完毕。

四、工程费用监理与合同其他事项的管理情况

东河公路系亚行贷款项目之一，执行的FIDIC合同条件是1987年的第四版FIDIC合同条件。工程施工招标的原则是先商务标后技术标，其中，商务标开标规则为标价最低者中标。从执行FIDIC条件和低价中标两方面看，给监理控制计量支付提出了严格的要求。

1. 计量支付方面的做法

一是反复复核工程数量。对路基土方采用冲击碾压或强夯或灰土垫层处理后的标高与设计顶标高进行复核计量红线。对桥涵工程量多采用图纸复核法。针对工程变更文件再复核工程最终计量红线。分章节复核，分阶段复核增加的复核，减少的也单独复核。每次复核后都是用驻地监理办的红头文件上报，总监办也是用红头文

件批复。这样做，既显示了公正性、又避免了随意性。

二是严格进行现场计量，用合格的质量、齐全的资料作为工程计量的首要条件。

三是建立工程计量的全部台账，防止错误计量、超红线计量。

四是服从亚行的支付程序，按照建设单位的意见完善相关工程项目的计量支付手续，一切为工程持续施工着想。

2. 计量支付情况

截至6月25日，东河路共发生10期工程支付，各合同段工程计量支付报表，经总监理工程师、外籍副总监、建设单位签字的有关数据如表3所示。

3. 工程变更与工程索赔审核情况

高速公路建设项目开工后，完全按照设计图纸、合同条件施工是不可能的，也从没有过先例。

某某城市主干道地处湿陷性黄土地区，又加之路基桥涵阶段的投标人是第一次接触亚行低价中标的游戏规则、为争取中标纷纷降价，企望以中标后的变更、索赔来弥补。因此，施工过程中的工程变更、工程索赔便时常出现。截至6月30日，V1、V2、V3合同上报工程变更、工程索赔数量如表4所示。

五、监理机构内部管理情况

1. 合同履约情况

某某城市主干道监理委托合同于2004年4月5日签署，第一驻地监理办由××交通监理公司中标，由其二分公司具体承担并负责完成监理工作任务。合同规定第一驻地监理办负责V1、V2、V3三个路基桥梁和P1、P2两个路面、交通工程的监理任务，监理路段长度为35.6km，下设三个驻地监理组。监理人员数量为技术人员30人（包括1名翻译）、行管1人、驾驶员6人、炊事员3人，计40人。

实际履约情况是第一批监理人员于2004年4月2日到达PP省，4月9日通过建设单位组织的监理知识水平考试，4月27日进行冲击碾压试验路段，5月18日土方开工等。2004年下半年工地冲压、强夯、桩基、箱构、梁板预制等全面进行，监理人员高峰用量达到监理合同规定的40人。车辆履约情况，合同规定6部车，去年为5部，今年为6部（高级驻地一部、三个驻地组长各一部，中心试验室与综合室两部）。

2. 加强职业道德建设，确保监理形象和监理安全

质量责任重于泰山、廉政责任重于泰山、安全责任重于泰山。

工程监理工作过程中仅抓质量是不够的，廉政、安全也必须列入监理日常管理工作。我们第一驻地监理办于是加强管理，决不能在东河路上出问题影响监理总公司的形象和信誉。在每月驻地组长碰头会上讲，在关键的节假日以身作则拒收施工方的“意思表示”。据了解，凡是接到施工方节日“信封”的都当即全部退回。另外，规定必须回驻地监理办用晚餐、夜间不准单独行动、不准夜不归宿、不准与施工方女资料员亲密接触等，驻地监理办结合浇混凝土、梁板蒸养的夜查，检查监理人员是否在岗、是否在办公室（宿舍），对个别脱岗人员进行了罚款。

另外，针对工期紧、资金不到位、施工方时有偷工减料、时有擅自施工现象的实际，我们一方面下文要求施工方杜绝擅自施工现象，规定一旦发生将不签“监表5”，质量验证合格后方予支付；另一方面要求全体监理严格旁站、超前提示、超前

沟通施工计划，要求现场监理说话文明和气，不带脏话、不准刁难施工方、不准拖延报检等，既树立了监理形象又减少了监承双方冲突、保证了监理的人身安全。

3. 参与建设单位组织的党员先进性教育活动

今年以来全党都在开展保持共产党员先进性教育活动，我们长期在外地的党员同志积极参加了建设单位组织的教育活动，从中受到了深刻的教育。

4. 努力争取监理费的回收，注重节约开支

作为一个工地负责人，不但要组织带领全体监理人员努力开展质量、进度、投资监理工作，而且还应努力协助公司回收监理费。去年，东河路工地回收监理费约×××万元。今年第一季度的监理费××万元已于5月初转回监理总公司，第二季度的××万元监理费的支付申请已于7月3日报送总监办和建设单位，目前正在办理之中。

在节约开支方面，今年一进工地，就开会强调节约、文明、高效。我们在车辆、电话、会议招待等方面均严格控制，能一趟办成的事合并一趟派车去办，能不招待的不招待。在办公生活方面做到节约一张纸、一度电，做到复印经综合室主任批准，做到人去灯关、人来窗开，能自己动手修理的自己动手，例如，核子仪曾一度不能使用，试验室主任谢××不怕辐射，本应去北京修理的自己采购配件修好了。再如，现在使用的复印机是侯曲路使用过的旧复印机，矽鼓的清洗、小型的维修保养都是综合室的人员自己动手。打印文件，也是尽量在电脑上对稿，需要打印出来校对的都是正反面用纸；给驻地组长复印的技术文件、图纸也是正反面两用，既保证了工作的需要又节约了费用。

六、下一阶段监理工作打算

东河高速的建设单位根据气候多雨、资金不到位等原因经与亚行谈判，最终确定路基桥梁阶段的合同工期延至9月28日。距9月28日仅有两个多月的时间，要做的工作还有很多，我们第一驻地监理办初步打算如下：

1. 详细排查剩余工程量，审批剩余工程计划

据统计，V3合同段主体工程已全部完成，仅剩余1个箱涵因征地问题停工、剩余4km砌石。V2合同主体基本完成，剩余2座20m箱梁桥和1座30m箱梁桥的湿接缝、固结端、桥面铺装、护栏，剩余1座新增天桥没有开工。V1合同剩余上路床砂砾3.5km、新增箱通1座，剩余20m箱梁26片没有预制、30m箱梁45片没预制、7座空心板桥面铺装没开工等。可见，V1合同剩余工程量最多，9月28日全部完成有一定的困难，尤其是马家水库30m箱梁大桥。

2. 加强剩余工程的质量控制，重点部位重点旁站

工程后期，因资金不到位，又加之雨季来临，工程质量控制更为重要。尤其注意20m、30m箱梁的预制、张拉、压浆和安装上桥后的梁端固结、负弯矩张拉、体系转换和桥面铺装的强度、厚度、拉毛等，也要加强桥头搭板、防撞护栏、防护砌石的工程质量控制。

3. 抓紧转入监理抽检资料的查错补缺阶段

东河路的内业资料不同于××省的资料做法，既有监表、质检表、试表，还有报告单、记录表等，必须吸取5月22日省质监站检查的教训，由驻地组长负责查对哪些已整、哪些没整、哪些有错、如何改补，为路基桥梁阶段交工做好准备。尤其是V3、V2监理组，借助现场旁站任务相对较少的时机，从速整改装盒。

4. 严格用核定的工程量“红线”控制工程计量工作

……

5. 既要实事求是，又要尊重建设单位意见，及时初审工程变更

……

6. 督促防汛措施的落实，加强工程安全检查

……

7. 继续加强监理内部管理，提高监理工作的质量

……

［点　评］本监理工作总结是一个实例，只是将公路的所在省和名称等化名。

本实例中，第一驻地监理办进工地后做了大量工作，也完成了建设单位、总监办交代的一切工作。这份工作总结的思路清楚、文笔有虚有实，既反映了工作情况，也说明了驻地监理善于总结和用笔。但是，作为一篇实例其中也有不足之处，一是总结的大标题中使用了两个“全面”，应删去一个；二是六个一级标题中的“工程进度监理、质量监控、费用控制”等用词不一致，应统一为“监理”；三是第“二、2”部分在工程计划管理方面主要开展的 6 项工作，每一项之后的标点符号有的用句号、有的用分号，应统一为句号或分号。其他不足略去。请监理同仁欣赏指正。

4.8　工程监理邀（约）见信函的编写

一、邀见信函的含义

邀见信函是行政机关、企事业单位、社会团体或个人为着一定的目标而邀请有关人员参加某项活动、会议或处理某项事宜的专用书信。例如邀请书、邀请函、邀见信。

邀请书信是一种比较复杂的、特殊的请柬，它除了起请柬的作用，还有向被邀请者交代有关需要做的事情的作用。

邀请信函多用于集体，即使总监理工程师以个人名义向施工单位的法人代表或建设单位负责人向监理企业的法人代表发出，也是代表集体单位。个人之间邀请，一般用请柬。

一般地说，监理工程师为项目建设单位提供项目管理服务过程中，必须依据有关的法律、法规和技术标准、规范，依据工程项目的施工承包合同、监理服务合同等。要想对施工单位的施工行为进行有效的、全面的监控，确保“质量、安全、环保、费用、进度等五大监理、合同管理、一协调”任务目标的全面实现，还要紧紧依靠建设单位、施工单位和监理单位的支持。其中，取得监理单位的领导及其相关部室对前方监理现场的工作支持，各监理工程师体会较深。而如何取得中标的施工单位（包括企业的法人代表及其设置在工地现场的项目部）的支持、配合尚待探讨。

二、邀见是一种协调方法

在工程施工阶段，不论是准备开工、施工过程目标控制与纠偏，还是竣工验收过程中

的一切正常工作，均应由合同工程的项目经理部和监理工程师共同按投标文件的承诺、按合同条件、技术规范的规定进行处理。作为监理工程师有效控制施工现场的手段包括现场旁站、工地全过程巡视、平行检验、见证取样、监理通知单、监理工作指令等。

近年来，监理培训教科书、工程监理专家等都十分重视工程施工现场协调的作用，监理工程师常用的协调方法包括会议协调法（如工地会议）、书面文件交流法（如工程进度报告）、电话交谈法、约（邀）请见面交谈法等。

监理工程师尤其是总监理工程师更应掌握和使用协调方法，协调施工单位与监理机构之间的关系、协调施工单位与建设单位之间的关系、协调监理机构与建设单位之间的关系。

三、邀见信函的种类

约请见面交谈法是某一事件的双方坦诚的、友好的、面对面的坐在一起为解决问题而交谈的一种协调方法，常被监理工程师用来约见项目经理。

当出现下列两种情况时，监理工程师应采用比“约见”更进一步的监理协调方法——邀见，即通过书面的方式邀请施工单位的法人代表前往工程施工现场与监理或与建设单位见面商谈并共同关注、共同解决有关问题：

1. 总结庆贺式邀见

当合同工程的施工目标控制得比较理想，实现了某一阶段目标而进行总结或庆典时，或采用新技术、新工艺取得成功而进行研讨或祝贺时邀见。笔者称之为总结庆贺式邀见。

2. 解困去忧式邀见

当合同工程的施工目标控制出现负偏差（如实际进度严重滞后、如工程质量出现问题），或工地施工现场遇到了项目经理解决不了的实际困难（如关键设备不到位、流动资金短缺、项目经理部班子不团结），或施工单位出现了违约事实（如项目经理拒绝监理的工作指令），或已就同一问题数次（如三次及其以上）、多层次（如总监代表、总监理工程师、项目建设单位）约见项目经理仍没有解决，或工地发生了工程质量事故或安全责任事故需要整改、停工时邀见。笔者称之为解困去忧式邀见。

解困去忧式邀见常用在工程项目迟迟没有开工之时或工程施工过程之中，有其明确的目的性，施工单位的法人代表必须按时到指定地点参加面谈，即必须为合同工程、为项目经理去忧解困，它具有紧迫性、被动性和强制性。而总结庆贺式邀见一般在项目经理部取得可喜成绩或工程顺利完成时欣然相邀，施工单位的法人代表可以在方便的时候参加奠基仪式、阶段性总结会、表彰会或投料试车、试生产、竣工通车等庆典仪式，也有其明确的目的性，但它不具命令般的强制性。

四、邀见施工单位法人代表的实施者

作为土木工程的施工承包企业，每年签订施工合同的项目和续建项目少则一个多则若干，其在一年内正在施工的工程项目也不只一个，其法人代表不可能、法规也不允许其兼任若干个工程项目的项目经理，其更不可能常驻某一个工地现场指挥生产。

一般说来，法人代表到工地现场的时间有两种：一种是主动行为，即自己主动安排时间或在现场项目经理的邀请下约定时间，以领导者、指挥者、布施恩惠者的身份到工地去视察、督查、鼓舞士气、慰问下属；另一种是被动行为，即监理或建设单位要求其适时或必须何时赶往工地，以合同履约者、问题落实者、责任承担者的身份到工地去落实合同承诺、解决现场问题、承担有关问题的责任等。

土木工程施工监理实行总监理工程师负责制，建设部《建设工程监理规范》规定一个监理单位中标某一个工程项目签约后10天内，监理单位的法定代表人应书面任命总监理工程师并授权其全面负责委托监理合同的履行、主持项目现场监理机构的日常工作。总监理工程师一方面代表监理单位，另一方面代表项目现场监理机构，在项目建设单位的授权范围内行使工程建设管理过程中的有关主持权、审批权、协调权、支付权和指令权等。

从施工单位的法人代表工作时间受限而不可能经常出现在某一个具体工程的施工现场的角度和邀见是工程建设管理过程中极为重要的合同管理行为的角度以及总监理工程师的岗位职责的角度分析，笔者认为：在一般的土木工程项目上，只有总监理工程师才有权代表工程项目监理机构甚至有权代表项目建设单位邀见施工单位的法人代表；在城市主干道、成片开发的安居工程、高速公路等大型项目上实施总监理工程师办公室、合同段监理办公室、子项工程监理组等多级监理组织机构模式时，总监理工程师、高级驻地监理工程师（或总监代表）才有权代表工程项目监理机构邀见施工单位的法人代表。

五、邀见施工单位法人代表的程序

当合同工程施工项目经理部的项目经理不是由施工单位的法人代表亲自担任，而且具备上述邀见条件时，总监理工程师应及时按下列程序邀见施工单位的法人代表。

（一）邀见的准备

视项目建设单位的要求或合同授权情况，可由总监理工程师直接邀见、也可由总监理工程师征得项目建设单位同意后邀见，也可以是项目建设单位通知总监实施邀见，也可以由项目建设单位直接邀见、总监参加。当决定邀见时，总监理工程师应与项目建设单位的代表人充分商定邀见的具体时间、地点、交谈内容及日程安排，并讨论邀见顺利与否的对策以及工程建设三方的参加人员和分工等。

（二）编写书面邀见信

邀见信应由总监理工程师主持编写和签发。

邀见信的内容包括标题、称呼、正文和落款等四部分。

1. 标题

文件标题应为“关于邀请××合同施工单位法人代表现场办公的函”、“致××合同施工单位法人代表的邀请信（函）”，也可简写为“邀请信”、“邀请函”。

2. 称呼

在正文的上一行顶格书写被邀请者名称，姓名之后可加其职务或称“先生”、“女士”等尊称，之后加冒号。

3. 正文

信函中应首先说明邀见贵单位法人代表的原因和背景，其次必须明确指出法人代表前往工地的时间、交谈的地点、需要携带的材料、到达工地后应解决的问题及其解决的时限和程度等。邀见信应主送施工单位的法人代表（应写中标施工单位的法人名称的全称和法人代表的姓名，可在姓名后加先生或女士以示尊重）、抄送项目建设单位和施工项目经理部，发送的方式可用特快专递、传真或电子邮件等。一般不得使用口头的形式邀见，但可以先口头约定再立即书面相邀。

4. 落款

在正文右下方书明主动发出邀请信函的单位名称及其邀请人岗位职务、姓名和发出邀请信函的时间年、月、日。

邀请信函经监理机构负责人签名后，可不加盖单位公章。

如用红头文件形式发出邀请信函，文末由监理机构负责人签名后还应加盖公章。

（三）邀见的实施

法人代表收到邀见信函后，一般应立即亲自作出回复或通过项目经理作出回音，表示如约而见。

如约而见时，总监理工程师应主持或者与项目建设单位的代表人共同主持并按预定的方案进行。

需要向施工单位的法人代表报喜的邀见，见面时的气氛应宽松热情，以为继续施工加油鼓劲、以为继续合作增加感情为目的。

需要施工单位的法人代表来工地解困去忧的邀见，见面时的气氛宜严肃但应保持友好，首先要向施工单位的法人代表讲清为什么进行邀见、指出工程存在的问题及其严重程度、分析问题的成因、提出解决问题的要求。其次，倾听施工单位的法人代表和项目经理的承诺、解决问题的具体措施与落实时限。之后，审查评议和确认解决问题的措施等。在见面交谈过程中要以督促履约、解决问题、实现工程建设目标为前提，求得各方的支持、谅解，直至问题的彻底解决，不宜相互指责、推委责任，更不宜使见面不欢而散。如交谈陷入僵局，应变换角度或地点，冷静后再次会商，或者暂时停止交谈而共同查看工地现场等以备适时再谈。

（四）邀见会议纪要的签认或备忘录的形成

邀见结束时，总监理工程师应主持编写邀见会议纪要，经与会各方签认后或备考或落实，尤其是解困去忧式邀见更应形成详细的会议纪要。

如果邀见不欢而散、或见面只是开端而问题没得到彻底解决需要择时再见再商，则应形成邀见备忘录（编号为第××号），并注意适时再约，成功后立即形成最终的邀见会议纪要。

（五）邀见会议纪要的落实问题

对于总结庆贺式的邀见，一般不写邀见会议纪要，也不需要专题落实什么问题。

对于解困去忧式的邀见，签认邀见会议纪要后，作为监理方，总监理工程师应组织成立专门的监理小组负责督促落实，跟踪监控，做好记录，直至达到邀见目的。之后，形成专题监理工作总结，报告项目建设单位和监理单位，亦可抄送施工单位的法人代表。作为施工方，项目经理应代表其法人代表负责全面落实，首先制定落实计划和措施，其次安排生产副经理或合同副经理具体负责实施，并注意加强过程自检和纠偏，适时填写有关检测报表、及时编写落实情况报告报请监理检查验收，并适时向施工企业的法人代表汇报进展情况。

六、实施邀见的注意事项

1. 邀见是一种有效的工作手段

监理工程师应把邀见同巡视、旁站、指令、试验、支付等手段视为一样的监理手段。近年来，监理工程师约见项目经理或邀见施工单位法人代表，作为要求合同另一方见面解决问题的一种指令方式、谈判方式，在工程监理实际工作中已被采用且证明有效，虽然监理规范中没有如此规定。

邀见施工单位的法人代表、暂停工程支付、驱逐项目经理等不应作为一个优秀总监协调关系、管理工程的日常手段。一个优秀的总监应组织、指导和带领全体监理工程师努力做好超前提示、加强事前控制和现场旁站、巡视工作，多用会议协调法、书面文件协调法、电话交谈法与项目建设单位、施工企业进行沟通和协调。

2. 合理约见项目经理或邀见施工单位的法人代表

约见项目经理或邀见施工单位的法人代表是总监理工程师岗位职责中协调项目建设单位、施工单位之间关系的一项重要职责，必须亲自履行且不应委托总监代表实施。约见项目经理应成为总监理工程师（或驻地监理）的日常工作之一。

但是，邀见施工单位的法人代表应慎重从事。项目经理能解决的现场问题应口头约见、书面指令其从速高效解决，三令五申仍不能彻底解决时，总监理工程师必须果断报请项目建设单位约见项目经理，如问题尚不能彻底解决，总监理工程师应立即书面邀见施工单位的法人代表前往工地现场办公。

总监理工程师邀见施工单位的法人代表前往工地现场办公应与项目建设单位进行事前沟通，取得项目建设单位的支持。邀见的准备工作应充分，邀见的会谈应有谈话提纲并按此进行、不可随意发挥、更不可相互指责训斥，邀见的气氛应有利于达成协议、解决问题并努力促成友好的气氛，邀见的结果应形成会议纪要并督促检查和落实，力戒议而不决、决而不行、行而不查。

3. 积极参入建设单位的邀见活动

项目建设单位也有权邀见施工单位的法人代表。当需要邀见时，一般应与项目总监理工程师进行事前沟通，取得项目总监理工程师的配合，并要求总监理工程师参加面谈。邀见结束时，也应形成会议纪要，以便于项目建设单位、监理工程师督促检查和落实。

4. 编写有利于工作的邀见信函

监理工程师编写邀见信函时，要写明必须邀见的原因，语言要平实、平和，不要充满责备训斥之意，不要威胁施工单位，要本着解决问题、保持友好的原则表述，而且要言简意赅。

七、案例

【案例 4.8-1】 京津塘高速公路总监邀见通知与纪要

京津塘高速公路总监理工程师的邀见实例

（1）邀见通知

×××先生（承包商总经理）：

×××先生（承包商项目经理）：

鉴于你们涵洞工程和土方工程的施工状态，已经严重地违反了《合同条件》。对此，我不得不遗憾地邀见你们，请你们于1990年6月20日上午9：30，在我的办公室交换意见。

总监理工程师（签字）：×××
1990年6月15日

（2）会谈记录（略）

（3）邀见纪要

会谈后，由总监理工程师办公室发出了邀见纪要，内容如下：

由于××合同承包商的土方工程和涵洞工程的施工，已经严重地违反合同规定。为此，总监理工程师×××先生于1990年6月20日上午邀见××合同总经理×××先生及项目经理×××先生。××合同段监理工程师×××先生也参加邀见。

邀见时总监理工程师×××先生指出：

自开工以来承包商在很多方面没有执行合同条件，主要包括：

——施工涵洞的队伍，不是承包商的职员，而是当地农民施工队。根据合同条件4—1款的规定，分包商必须得到监理工程师的批准，没有经过监理工程师批准的任何分包商，不能进入工地承包任何工程。而你们在没有经过监理工程师同意的情况下，进行了分包，这是合同条件所不允许的。对于他们施工的任何工程，监理工程师不予确认。

——路基土方施工，在设备不足的情况下进行施工，现场完全失去了控制，每层填土厚度达到80～100cm。因此，监理工程师对全部土方工程拒绝验收。

——造成上述问题的原因，关键在于承包商无视监理工作指令，在严重违反合同条件的情况下进行施工。这是FIDIC合同条件所不允许的。如果你们不立即停止目前的状态，监理工程师将停止对你们的任何支付，或采取其他强制的措施。

总经理×××先生，对总监理工程师的意见作了如下的答复：

总监理工程师指出的问题是存在的，我们将采取以下措施，立即改变目前的施工状态：

——从明天开始，将所有的农民施工队撤出现场，然后组织自己的施工队伍进行涵洞施工。目前已由农民施工队修建的三座涵洞工程，全部拆除。

——目前已填筑的8万m^3路基土方，未按照规范要求施工，将全部进行返工。本月底以前，将运至现场10部压路机。

——由于我们第一次参加采用FIDIC合同条件管理的工程施工，对工程监理程序认识不足，仍然按习惯的方法进行施工，这是我们管理上的问题。为了改变这种状态，从6月25日开始，我们分批对技术管理干部进行合同条件和监理程序方面的培训，提高合同管理水平，严格按合同条件进行施工。

［点　评］ 本邀请函摘自京津塘高速公路天津段高级驻地监理办的监理文件档案，属于一篇实例，其标题比较简单，仅写为“邀见通知”，通知主送施工单位的总经理和项目经理。见面交谈后解决了工地上存在的问题，形成了邀见会谈纪要。大家从中应该看到

1987 年开始试行工程监理制度时，世界银行第一、二、三批贷款公路项目的工程监理开拓者的认真、敬业和留下的宝贵的监理财富。

【案例 4.8-2】 监理邀见施工单位法人的公函

关于邀见××工程局××公司法人代表的函

××交通工程局××公司法人代表李××先生：

首先祝贺你继×××先生之后荣任××工程局××公司的法人代表！

你公司中标承建的××市疏港高速公路 A 合同段于 1998 年 10 月 25 日接到开工命令，自 1998 年 11 月 10 日起正式计算工期止 1999 年 11 月 10 日的第一个施工年度，A 合同项目经理部累计完成工作量为 3384.57 万元，占合同价 6363.89 万元的 53.18%。其中，路面底基层、基层形象进度分别完成 51.85%、23.09%，沥青面层准备工作中的场地硬化已完成 70%、面层材料进行至料场考察阶段，其余准备工作尚未展开。

××省公路局的招标文件《专用本》投标须知第 2.2 条明确规定施工工期分阶段控制：

第一年度：路基、小桥涵（含交叉工程）应完成工程量的 80%，大中桥应完成主体工程，路面底基层，基层应完成 30%，做好沥青路面施工准备工作，完成合同价的 60%。

第二年度：路面底基层、基层、面层全部完成，累计完成合同价的 95%。

而××省交通厅、公路局在 1999 年春天开始实施“第二个 150 战役”时，又书面明确提出“第一年度，路面底基层、基层应完成 60% 以上，沥青中、下面层应完成 40% 以上”。

经过比较，不难断定你公司疏港路 A 合同项目工程进度滞后，违背了《招标文件》的规定、达不到建设单位的要求。作为给你们提供“严格监理、热情服务”的总监代表处深感忧虑，亦甚为遗憾。

关于落实路面施工设备问题，我处、建设单位与你公司及 A 合同项目经理部的交谈、指令和文函往来可谓不少。今年上半年，我处曾多次以文函形式致函你公司及其在××市的项目经理部，要求落实路面施工队伍；未果后，又于 10 月 8 日邀见了时任你公司法人代表的×××先生，要求其对路面施工设备的进场时限做出承诺。7 天之后的 10 月 15 日，总监理工程师×××巡视工地时，对你公司的路面施工设备仍没进场极不满意，并指令你公司 11 月 5 日前应搞好场地硬化和设备安装的混凝土基础、12 月初安装完沥青拌合楼、12 月 20 日前开始采购中、下面层的粗细集料。我处于当日即向项目经理部印发了这一监理工作指令。令人遗憾的是，这一指令至今尚未完全落实，尤其是沥青拌合楼的一个零件也未到达工地现场。对此，监理工程师、建设单位对你公司放弃承诺的做法甚感失望。

为了解 2000 年度你公司对××市疏港路的态度、同时也为了解你公司履约的诚意，经与建设单位研究，决定邀请阁下于 12 月 31 日前亲临××省××市就以上问题进行协商。

总监代表处有必要提醒阁下，××市疏港高速公路工程是国家重点工程——同三线××省的重要一段，××省各级政府、建设单位对此工程项目极为重视，建设单位和监理工程师不会坐视工程施工的停滞状态。

我们将视你公司的诚意做出相应反应，同时，我们保留依据《合同条件》的有关规定采取进一步措施的权力。

一九九九年十二月二十日

[点　评] 本邀请函摘自同三高速公路（山东段）某总监代表处的监理文件档案，属于一篇实例。

本邀请函是以红头文件的格式发出的，有主送、抄送单位。可以说本文件柔中有刚，不似普通的红头文件那样平实、不渲染、不声情并茂，文中既说明了进度滞后的情况、业主的工期目标要求，又诚恳地邀请施工单位的法人按时会谈协商，同时也表明了监理工程师依据《合同条件》采取进一步措施的权力。作为一个知名施工单位的法人代表收到此函件后不能不放下其他工作，而事实上，这个施工单位的法人代表是称职的、明是非的或者说是优秀的总经理，他按时赶到了指定地点，怀着极大的诚意与业主、业主代表、总监理工程师进行了友好的、前进式、合作地会谈，承诺了沥青拌合楼、沥青摊铺机等的进场时间和主要施工负责人的充实数量等，事后为项目经理部召开了保证工程质量加快工程进度的动员大会，并在施工现场督战两个月，最终按照合同规定工期时间完成了一切施工任务，顺利地通过了交工验收。这其中不可忽视总监代表处及时发出的邀请函件的作用吧。

4.9 工程监理贺信的编写

一、贺信的含义

贺信是表示庆贺的书信的总称。

贺信也称贺词。以电报形式发出的贺信称为贺电。

当有关单位、个人有喜事时，都可以用贺信（电）的形式表祝贺。例如，2006 年 9 月 30 日，连接华夏人文始祖黄帝陵和革命圣地延安的黄延高速公路暨榆林——陕蒙界高速公路全线建成通车时，交通部部长专门发去署名贺信以示祝贺和鼓励。

二、贺信的特点

1. 贺信的及时性

在重大节日、喜庆节日、喜庆仪式、隆重典礼、纪念活动、成功、夺冠、工程竣工、乔迁、启用场馆等特殊时刻到来之前，必须及时编写并发出。事过境迁、时过境迁、人去室空的贺信，只有遗憾，没有祝贺。

2. 内容广泛

内容广泛，可以贺普通家庭、底层市民，可以贺婚嫁、祝寿喜；可以贺机关、企事业单位的重大会议或重要纪念活动；可以祝贺对方取得优异成绩；可以贺领导人任职等。

3. 以庆贺、鼓励为主

贺信、贺电要充分肯定成绩、歌颂功业、颂扬美好，要有赞美之词、恭贺之语。

三、贺信的种类和作用

从贺信的拟写者的角度分，包括：

1. 上级发给下属职工、群众的贺信。有的是节日的祝贺；有的是对所取得的成绩表示祝贺，并提出希望和要求。对广大群众有很大的鼓舞和教育作用。如建设局的领导发给某工程项目的总监理工程师、监理办、施工项目部等。

2. 同级单位之间的贺信。在表示祝贺之外，还表示向对方学习，互相鼓励。

3. 下级给上级的贺信。在表示祝贺之外，还表示下级单位或群众工作的行动、决心等。

从内容上分，包括：成立大会的贺信、表彰大会的贺信、取得重大成绩的贺信、提前完成任务和工程竣工的贺信，以及对重要人物、科学家、文学艺术家寿辰的贺信等。

四、贺信的写作要点

贺信包括标题、称谓、正文、结尾和署名五部分。

1. 标题

在纸张第一行正中写“贺信”两字即可，也可以写上谁给谁的什么贺信。

2. 称谓

顶格书写被祝贺单位或个人的的称呼。若是写给个人的，要加“先生、女士”等称呼，之后用冒号。

3. 正文

另起一行，空两格起写贺信的内容，可分一段或几段书写。

（1）简要说明对方所取得成绩的社会背景，或重要会议召开的历史条件等。

（2）简要说明对方在何方面取得了什么成绩，并叙述分析成绩是如何取得的。对会议的贺信要写明会议的主要内容及其重要性。对寿辰贺信应概括说明对方的贡献和品德等。

（3）表示热烈的祝贺、称赞。也可写出祝贺者的决心或准备怎么办等。

（4）写明真诚的鼓励，殷切的希望和双方的共同理想等。

4. 结尾

依据内容表达美好的祝愿，写上表示进一步祝贺的话，如“祝大会圆满成功”,“祝健康长寿”等。

5. 署名

最后一行，在右下方书写发信单位名称或个人姓名，个人姓名亦可亲自签字。下一行靠右书写祝贺的时间，可以用小写汉字，也可以用数字表示。

五、编写贺信的注意事项

1. 贺信、贺电要充分肯定成绩、歌颂功业，要有赞美之词、恭贺之语。感情要饱满、充沛，给人们鼓舞力量。冷冰冰的陈述、说明，是表达不出祝贺者的心愿的。

2. 贺信内容要实事求是，评价成绩恰如其分，表决心要切实可行，不可空喊口号。
3. 语言要精练、明快、通俗、具有针对性，不要过分堆砌华丽的词藻。
4. 篇幅一定要简短，可一百字，可三五百字，不可再多。

六、案例

【案例 4.9-1】 上级领导给下级的贺信

2005 年 10 月 12 日，全长 1956km 的青藏铁路全线铺通，中共中央总书记、国家主席、中央军委主席胡锦涛为此发出贺信。贺信共分三段，全文如下：

铁道部，青海省、西藏自治区党委和人民政府，青藏铁路全体参建干部职工：

青藏铁路全线铺通，是我国社会主义现代化建设取得的一个重大成就，对于实施西部大开发战略，对于加快青海西藏经济社会发展，对于改善沿线各族群众生活、加强民族团结、共同实现全面建设小康社会的宏伟目标，都具有十分重要的意义。我代表党中央、国务院，向你们表示热烈的祝贺和诚挚的慰问！

建设青藏铁路，是党中央国务院从推进西部大开发、实现我国各民族共同繁荣发展的大局出发作出的一项重大决策。建设这条世界上海拔最高、线路里程最长的高原铁路，是人类铁路建设史上前所未有的壮举。四年多来，各参建单位和广大干部职工坚持以科学发展观为指导，发扬挑战极限、勇创一流的青藏铁路精神，顽强拼搏，开拓进取，勇克难关，胜利完成了全线铺通的任务，谱写了我国铁路建设史上的新篇章。

希望你们再接再厉，乘胜前进，高标准、高质量地做好工程配套和运营准备工作，全面实现建设世界一流高原铁路的目标，确保青藏铁路如期投入运营，造福沿线各组群众，为全面建设小康社会加快推进社会主义现代化作出新的贡献。

胡锦涛

2005 年 10 月 12 日

（摘自《人民日报》2005 年 10 月 16 日一版//新华社拉萨 10 月 15 日电）

【案例 4.9-2】 总监办给施工单位的贺信

贺　　信

东海公路工程公司：

在天高云淡、秋高气爽、全国人民翘首期盼党的十六大即将胜利召开的日子里，由贵公司承建的×××国道大修工程第二合同段在 9 月 23 日省交通质量监督站进行的交工检测与验收中，被验评为“优良级工程”。在此，总监代表处受 204 国道大修工程指挥部的委托并代表全体监理人员向你们表示祝贺、向贵公司领导和同志们报喜！

×××国道大修工程作为××省公路局今年两个养护重点工程项目之一、作为××省争创全国文明样板路的唯一项目，大修里程长、半幅施工半幅封闭交通、路面工程和交通安全设施工程多工序交叉施工，贵公司在短短的 7 个月的时间内完成了

29.66km 的大修工程任务，实现了××市公路局提出的两个好于（今年的大修工程质量要好于去年，大修工程的整体形象要好于高速公路工程）的奋斗目标，省公路局领导称204国道大修工程是全省公路养护大修工程推向市场的示范工程、一般公路养护的样板工程。

在品尝胜利喜悦的时刻，我们不会忘记贵公司在3月4日签定工程施工合同之后立即按合同承诺调派精兵强将、备料开工的迅速；我们不会忘记以王××、李×同志为首的二项目部科学调度、精心施工的艰辛和加班加点、舍小家顾大家的奉献；我们也不会忘记贵公司的法人代表在工程施工最热火朝天的时间和工程施工资源投入最紧张的时刻亲临工地督促和调度的日日夜夜；我们更不会忘记你们对严格监理的理解和对监理工作的配合……

在高速公路工程建设市场已经走向高峰、养护大中修工程招投标市场即将全面推开的今天，祝愿东海公路工程公司再创佳绩、再铸辉煌！

×××国道××段大修工程总监代表处

二○○二年十月十二日

［点　评］ 这是×××国道大修工程总监代表处在工程顺利通过交工验收后，发给其中一个合同段施工单位的一封贺信，应该说贺信中充分肯定了施工人员的工作成绩，而且开头以“天高云淡、秋高气爽、全国人民翘首期盼党的十六大即将胜利召开的日子”来渲染气氛，最后以“再创佳绩、再铸辉煌”等祝愿语结尾，让人读来备感亲切和温暖。

4.10 工程监理慰问信的编写

一、慰问信的含义

慰问信是上级机关以组织的名义或上级领导以个人的名义向下级某一集体或下属个人表示关切和问候的信。向对方表示关怀、慰问的书信称为慰问信。

慰问信在节日或遇有重大事件时使用，多在节假日时应用。可印送给下级单位或个人，给个人的慰问信也可寄送给本人所在单位。

慰问信可以登报、广播和张贴，以示表彰、安慰、鼓励。

二、慰问信的种类

慰问信主要用在以下三种情况：

1. 表彰慰问

单位或个人做出突出成绩和贡献、为肯定成绩但又不能开总结表彰会时发出，或者在开总结表彰会之前的一定时间发出。如慰问在抗震救灾中保卫人民财产、生命安全或见义勇为的人民解放军、普通公民等。

2. 安慰慰问

人民群众遭受灾害损失或亲友病伤而不能面对面看望时发出信件以示慰问。如由于自然灾害、意外事故等而受到巨大损失的人民群众或亲人，可发慰问信表示同情和安抚，并鼓励其树立信心、战胜暂时困难，或重建家园、或战胜病魔等。

3. 节日慰问

当五一、国庆、中秋节、新年或春节以及教师节、三八妇女节、青年节、老年节等到来之前，上级机关或领导发出书面信件以示慰问和祝贺，以体现领导的关怀，以鼓舞士气。如教师节来临前写信向广大教职员工表示节日的问候，如新春佳节到来前发信给远离家乡坚守岗位的工程监理人员表示感谢和新年祝福。

三、慰问信的编写要点

慰问信作为信件的一种，但不同于一般的家书、情书，其由标题、称谓、正文和结尾组成。

1. 标题

一般的家书、情书类信件无标题，慰问信同感谢信、贺信一样必须有其标题，而且应简单明了。慰问信的标题有三种写法，常在稿纸的第一行居中写“慰问信”三个字，或写“×××致×××的慰问信”，或写“致×××的慰问信”。

2. 称谓

慰问信的第二行文字即是称谓，顶格写被慰问的单位或个人的名称，后加冒号，另起一行书写正文。

3. 正文

慰问信的第三行空两个字写慰问信的内容，主要包括以下几个方面：

① 慰问的缘起（背景）。一般书写值此××节日到来之际或欣闻×××情况或惊悉遭受××灾害等文字，写明慰问的原因和背景，单列一段。

例：值此新春佳节到来之际，向坚守节日生产的你们（全体监理人员）致以节日的问候！

② 叙述慰问的内容。应简要并重点地叙述被慰问的单位或个人做出的贡献、先进的事迹或遭遇的灾难病痛，此段占主要篇幅，可一段或两段。

③ 结语部分。根据慰问的内容，向对方表示敬意、表示鼓励、表示安慰、表示祝愿等。文末标点符号多用“！”。

④ 结尾落款

慰问信的倒数第二行靠右下处落款，书写实施慰问的单位或个人的名称。如系单位，应写单位名称并盖红章；如系个人，应亲笔签署姓名（应用黑色笔，不得使用红色笔）。最后一行靠右书写印发慰问信的时间。表明全称年、月、日。

四、编写慰问信的注意事项

1. 对象要明确。根据不同的对象确定慰问的内容和重点。
2. 感情要真挚。应从高度的政治热情，赞颂或慰勉对方，使人受到鼓舞、树立信心。
3. 语言要亲切。
4. 篇幅要简短。

五、案例

【案例4.10-1】 春节慰问信

交通部致春节期间坚守工作岗位的全国交通干部职工的慰问信

全国交通干部、职工同志们：

值此中华民族的传统节日——新春佳节来临之际，谨向你们及家属致以节日的问候和新春的祝福！

2004年，在党中央、国务院的正确领导下，各级交通部门坚持科学发展观，广大干部职工发挥积极性、主动性和创造性，认真履行做负责任部门和负责任行业的承诺，交通各项工作取得了显著成绩，为经济社会发展作出了重要贡献。一年来，交通部基础设施建设投资又创新高，高速公路和农村公路建设取得突破性进展，港航基础设施建设明显加快。公路、水路客货运输量全面增长，全年完成客运量164.8亿人次，占全社会客运量的93.1%；完成货运量140亿吨，占全社会货运量的83.4%，有力支持了社会经济发展。治理车辆超载超限运输初见成效，交通立法出现了重大突破，交通对外开放与合作交流得到拓展，交通安全监管进一步加强，党风廉政建设深入推进，行业文明建设取得重大成果，涌现出了在社会上和行业内具有重大影响的许振超、赵家富两个先进典型。

交通工作成绩的取得，是党中央、国务院正确领导的结果，是地方各级党委、政府以及广大人民群众关心支持的结果是全国交通干部职工齐心协力、求真务实、拼搏奉献的结果，同时也凝聚着交通干部、职工家属和离退休老同志的心血。

新的一年孕育着新的希望，昭示着美好的未来。2005年，交通干部职工将继续以“三个代表”重要思想为指导，全面贯彻落实党的十六届三中、四中全会精神和中央经济工作会议精神，牢固树立科学发展观，紧紧围绕加强行政能力建设，创新发展理念，增强发展能力，保障宏观调控，加快重点改革，强化行业管理，促进行业文明。

让我们在以胡锦涛同志为总书记的党中央领导下，凝聚全行业的智慧和力量，上下一心，团结一致，开拓创新，促进交通事业全面、协调、可持续发展，为国民经济发展和社会全面进步提供交通运输保障。

衷心祝愿全国交通干部职工、离退休老同志及家属度过一个快乐、祥和、喜庆的春节！

中华人民共和国交通部

二○○五年二月二日

（摘自《中国交通报》2005年2月2日A1版）

【案例4.10-2】 中秋节慰问信

中秋佳节建设集团致全体施工人员的慰问信

建设集团全体施工人员：

月缺月圆又一秋。值此中秋佳节来临之际，集团公司党委会、董事会和全体班子成员向奋战在公司各个岗位、各个工地、屡创佳绩的全体施工人员表示节日的问候，并向你们的家属表示最诚挚的慰问！

改制三年来，工程建设集团发生了巨大的变化，在公司“一年起步、两年持平、三年盈利”发展战略的指引下，公司全体干部职工以“人在工地上，工地在心上”的高度责任感和“让高山低头，使大河让路”的英雄气概，为建设集团的腾飞做出了不懈努力，并一次次地为集团增光添彩，你们是当之无愧的“建设英雄”。集团三年的发展历程是全体员工的无私奉献史，是城建人用忠诚青春和热血谱写的奉献之歌。你们为集团树立了信誉、创造了效益、赢得了市场。

展望未来，我们的事业伟大而艰巨，我们的前程光明而美好。

让我们坚持“质量第一，造福社会”的宗旨，继续发扬“自立自强，致远致胜”的企业精神，同心协力、克服困难、开拓进取、勇于争先，向着更加灿烂的明天奋勇前进。

祝你们节日快乐，万事如意，阖家幸福！

××建设集团有限责任公司

二〇〇四年九月二十六日

【案例 4. 10-3】安慰慰问信

给××市××工程第二合同段项目经理部的慰问信

××市××工程第二合同段项目经理部的同志们：

你们好！

前日暴雨突然瓢泼，我们这里因地势较高，除部分水泥受到损失外其他安然无恙。但是，从与你部王经理的通话中知晓你们那里遭受了特别大的水灾，处在河道内的几座桥梁工地上的砂石材料全部被洪水冲走，钢筋电焊设备、部分民工的住房受到很大损失，我们第七合同项目经理部的全体施工人员对你们表示十分的同情并致以亲切的慰问。

你们现在的施工生产活动一定会有困难，但我们相信在项目业主、总监办的领导支持下，经过你项目经理部所有施工队的团结合作，正常施工生产活动也会很快恢复正常。

我们第七合同项目经理部随信送你们面粉一千五百斤、猪肉三百斤、水泥八百吨，以尽一点微薄之力。同时，派一百个劳动力和三辆运输车帮你们清理施工现场，以尽快恢复生产。

愿我们携手并肩，战胜水灾，在保证工程质量的前提下，赶进度保工期，圆满完成合同任务。

××市××工程第七合同项目经理部

二〇〇七年八月二十一日

［点　评］以上三个案例分别给出了交通部致春节期间坚守工作岗位的全国交通干部职工的慰问信、中秋佳节××建设集团致全体施工人员的慰问信、××工程第二合同段项目经理部受灾的慰问信。写作格式规范，充满关爱、同情和真诚的慰问。可供监理单位在节假日时编写慰问信参考。

4.11 工程监理管理规定的编写

一、规定的含义

《中国共产党机关公文处理条例》第七条第十二款对规定的功能作了如下表述：

用于对特定范围内的工作和事务制定具有约束力的行为规范。

规定是党的领导机关、管理机关对特定范围内的工作和事务制订相应的措施，要求下级部门、内部机构贯彻执行的法规性文件。

规定可以是长期的，也可以是暂时的。中央、中央组织部、中央办公厅、中央纪检委，以及各级地方党委，近年来制定了不少规定，为党的工作、事务及党员的行为提供规范的依据。如中共中央发布的《关于实行党风廉政建设责任制的规定》(中发［1998］16号)，中央办公厅印发的《关于领导干部报告个人重大事项的规定》(中办发［1997］3号）等等。

行政公文中也大量使用规定这种文体，只是行政公文中的规定跟“条例”一样，都不作为独立的公文发布，所以《国家行政机关公文处理办法》中没有列入规定这一文种。

行政公文中的规定，重要的、政府的用命令来发布，如1999年12月18日中华人民共和国司法部长签发第56号司法部令，发布了《未成年犯管教所管理规定》；1999年8月10日中国地震局长签发第3、第4号令，分别发布了《地震行政执行规定》和《地震行政复议规定》。

行政公文中的规定，一般的、企事业单位的用通知的方式来发布，如1999年9月7日信息产业部用通知的方式发布了《电信网间互联管理暂行规定》；1999年11月8日新闻出版署以通知的方式发布了《出版物市场管理暂行规定》。

二、规定的特点

1. 制发机关较宽泛

这是跟“条例”相比而言的。前面强调过，条例的制发是有严格限定的，对于党的公文来说，高级别的立法机构和行政机构才有权限发布“条例”。而规定的制发机关就没有那么严格了，各级领导机关和职能部门都可以制定和发布“规定”。

2. 内容比较局部、具体

“规定”的内容一般都没有“条例”涉及面那么大，有较明显的局部性。如《地震行政执法规定》、《地震行政复议规定》，还有《电信网间互联管理暂行规定》等，就具有行业性和局部性的特点。因此，“规定”中的条文要比“条例”更具体一些。

3. 行动的约束力更强

与“条例”的概括性、原则性较强的特点相比，“规定”的内容比较具体，对某项任务和工作所提出的要求和标准都比较明确，操作性更强，因而在实际工作中规定比条例有更明显的约束力。

4. 制发的灵活性

规定的制发没有条例那样严格，条例在法规性文件中仅次于法律只能由党政机关或立法机关发布。而规定的制发，内部仅局限在党政机关，企事业单位、社团组织均可以制发，可以直接发布，但一般常用通知印发。

三、规定的种类

按照规定的内容、特点可将规定分为以下五种：

1. 党务类规定

对特定范围内的工作和事务制定具有约束力的行为规范。

2. 政策类规定

按照有关法规条文，制定有关具体政策，作为开展工作的主要依据。

3. 管理类规定

侧重于管理原则、职责、质量标准、措施办法、奖罚等内容。

4. 实施类规定

对某一法律、法规、办法的实施事项、要求等做出规定。

5. 补充类规定

对法规性文件内容中的某些提法、内容不够明确的加以说明、补充或解释，以便于实施。

按照规定的时间长短可将规定分为长期规定、暂行规定两种。如《监察机关参加特别重大事故调查处理的暂行规定》。

四、规定的编写要点

（一）规定的标题和制发时间

1. 规定的标题

规定的标题有两种写法。一种是全称，即制发机关名称 + 适用对象或主要内容 + 文种组成，如《中共中央纪律检查委员会、中华人民共和国监察部关于保护检举、控告人的规定》。另一种省略制发机关，由适用对象或主要内容 + 文种组成，如教育部 1999 年颁布的《中小学校长培训规定》，司法部 1999 年制发的《未成年犯管教所管理规定》。规定的标题，不能采用制发机关 + 文种的写法和只有文种的写法。第三种写法是在规定前加“若干”、“暂行”、“试行”、“几条”等修饰语，如《关于……的若干规定》。

2. 规定的制发时间

独立发布的规定，在标题下方正中加括号标明什么会议于什么时间通过，或什么机构于什么时间批准，如监察部发布的《监察机关参加特别重大事故调查处理的暂行规定》，题下标明“1990 年第九次部务会议通过”。随命令、通知等文种发布的规定，以命令或通知的发布时间为准，规定自身不再标明制发时间。

（二）规定的正文

规定的正文内容通常由三部分组成，开头部分写制发规定的缘由、目的、依据等；中间写规定的若干事项，最后说明施行范围和日期、解释权、与本规定相抵触文件的处理等附带事项。

规定的正文的表达形式有三种：

第一种是章条式。第一章写总则；中间写分则，分若干章；最后一章写附则。

第二种是条款式。不分章，只分条，前几条写制发规定的目的、依据、适用范围，相当于总则；最后几条写解释权、生效日期等，相当于附则。

第三种是不分章、也不分条式。开头一段写制发目的以“为了……，根据……”为起点，在其后用“特作如下规定”来承接上下文，相当于总则；最后一段话写解释权、生效日期、旧规定废除等内容，相当于附则；中间若干段详细写规定事项，可用“一、二、三”等序号标明，相当于分则。

1. 总则

总则是规定的第一部分，用来交代制发规定的缘由、目的、意义、指导思想、基本原则、适用范围等等。总则一般自成一章，分为若干条。如《中小学校培训规定》，第一章为总则，要求各级教育部门有计划地培训校长，第四条说明培训的宗旨，第五条规定校长每五年必须接受一次培训的时限。

2. 分则

分则分为若干章，每章有小标题，下列若干条款。如《中小学校长培训规定》的分则是：“第二章　内容与形式”，“第三章　组织与管理”，“第四章　培训责任”，每章列条不等。分则是规定的主体，规定的实质性内容与要求都在分则部分集中表达，是写作的重点所在。

3. 附则

附则是规定的结尾部分，主要用来作补充说明以及交代执行要求，如还有什么单位和个人适用这规定，规定的解释权属于哪一部门，规定何时生效等。

（三）规定的落款

如果标题中已标明制发机关、制发日期的，可不用落款，否则，应有落款，在文尾写明制发机关和制发日期。

五、编写规定的注意事项

1. 党的机关发布的规定文件属于法定的公文，其他机关和单位制定的“规定”属于日常应用文，不是正式公文，以通知的形式印发后才能成为公文。

2. 内容针对性要强，制定的具体要求、措施和办法要切合实际，并便于执行、检查和监督。

3. 条文排列要有序，一般应按主次、大小排列，条文要简明清晰，行文语气要肯定，切忌模棱两可或空发议论。

4. 注意规定的限时性，规定用于限定行为规范，制订工作准则及规范界限，要原则规范在前，具体约束在后。

六、案例

【案例4.11-1】建设部制发的规定

工程建设重大事故报告和调查程序规定

（1989年9月30日　建设部令第3号）

第一章　总　　则

第一条　为了保证工程建设重大事故及时报告和顺利调查，维护国家财产和人民生命安全，制定本规定。

第二条　本规定所称重大事故，系指在工程建设过程中由于责任过失造成工程倒塌或报废、机械设备毁坏和安全设施失当造成人身伤亡或者重大经济损失的事故。

第三条　重大事故分为四个等级：

（一）具备下列条件之一者为一级重大事故：

1. 死亡三十人以上；

2. 直接经济损失三百万元以上。

（二）具备下列条件之一者为二级重大事故：

1. 死亡十人以上，二十九人以下；

2. 直接经济损失一百万元以上，不满三百万元。

（三）具备下列条件之一者为三级重大事故：

1. 死亡三人以上，九人以下；

2. 重伤二十人以上；

3. 直接经济损失三十万元以上，不满一百万元。

（四）具备下列条件之一者为四级重大事故：

1. 死亡二人以下；

2. 重伤三人以上，十九人以下；

3. 直接经济损失十万元以上，不满三十万元。

第四条　重大事故发生后，事故发生单位必须及时报告。

重大事故的调查工作必须坚持实事求是、尊重科学的原则。

第五条　建设部归口管理全国工程建设重大事故；省、自治区、直辖市建设行政主管部门归口管理本辖区内的工程建设重大事故；国务院有关主管部门管理所属单位的工程建设重大事故。

第二章　重大事故的报告和现场保护

第六条　重大事故发生后，事故发生单位必须以最快方式，将事故的简要情况向上级主管部门和事故发生地的市、县级建设行政主管部门及检察、劳动（如有人伤亡）部门报告；事故发生单位属于国务院部委的，应同时向国务院有关主管部门报告。

事故发生地的市、县级建设行政主管部门接到报告后，应当立即向人民政府和省、自治区、直辖市建设行政主管部门报告；省、自治区、直辖市建设行政主管部门接到报告后，应当立即向人民政府和建设部报告。

第七条 重大事故发生后，事故发生单位应当在二十四小时内写出书面报告，按第六条所列程序和部门逐级上报。

重大事故书面报告应当包括以下内容：

（一）事故发生的时间、地点、工程项目、企业名称；

（二）事故发生的简要经过、伤亡人数和直接经济损失的初步估计；

（三）事故发生的原因的初步判断；

（四）事故发生后采取的措施及事故控制情况；

（五）事故报告单位。

第八条 事故发生后，事故发生单位和事故发生地的建设行政主管部门，应当严格保护事故现场，采取有效措施抢救人员和财产，防止事故扩大。

因抢救人员、疏导交通等原因，需要移动现场物件时，应当做出标志，绘制现场简图并做出书面记录，妥善保存现场重要痕迹、物证，有条件的可以拍照录像。

第三章 重大事故的调查

第九条 重大事故的调查由事故发生地的市、县级以上建设行政主管部门或国务院有关主管部门组织成立调查组负责进行。

调查组由建设行政主管部门、事故发生单位的主管部门和劳动等有关部门的人员组成，并应邀请人民检察机关和工会派员参加。

必要时，调查组可以聘请有关方面的专家协助进行技术鉴定、事故分析和财产损失的评估工作。

第十条 一、二级重大事故由省、自治区、直辖市建设行政主管部门提出调查组组成意见，报请人民政府批准；

三、四级重大事故由事故发生地的市、县级建设行政主管部门提出调查组组成意见，报请人民政府批准。

事故发生单位属于国务院部委的，按本条一、二款的规定，由国务院有关主管部门或其授权部门会同当地建设行政主管部门提出调查组组成意见。

第十一条 重大事故调查的职责：

（一）组织技术鉴定；

（二）查明事故发生的原因、过程、人员伤亡及财产损失情况；

（三）查明事故的性质、责任单位和主要责任者；

（四）提出事故处理意见及防止类似事故再次发生所应采取措施的建议；

（五）提出对事故责任者的处理建议；

（六）写出事故调查报告。

第十二条 调查组有权向事故发生单位、各有关单位和个人了解事故的有关情况，索取有关资料，任何单位和个人不得拒绝和隐瞒。

第十三条 任何单位和个人不得以任何方式阻碍、干扰调查组的正常工作。

第十四条 调查组在调查工作结束后十日内，应当将调查报告报送批准组成调查组的人民政府和建设行政主管部门以及调查组其他成员部门。经组织调查的部门同意，调查工作即告结束。

第十五条　事故处理完毕后，事故发生单位应当尽快写出详细的事故处理报告，按第六条所列程序逐级上报。

第四章　罚　则

第十六条　事故发生后隐瞒不报、谎报、故意拖延报告期限的，故意破坏现场的，阻碍调查工作正常进行的，无正当理由拒绝调查组查询或者拒绝提供事故有关情况、资料的，以及提供伪证的，由其所在单位或上级主管部门按有关规定给予行政处分；构成犯罪的，由司法机关依法追究刑事责任。

第十七条　对造成重大事故的责任者，由其所在单位或上级主管部门给予行政处分；构成犯罪的，由司法机关依法追究刑事责任。

第十八条　对造成重大事故承担直接责任的建设单位、勘察设计单位、施工单位、构配件生产单位及其他单位，由其上级主管部门或当地建设行政主管部门，根据调查组的建议，令其限期改善工程建设技术安全措施，并依据有关法规予以处罚。

第五章　附　则

第十九条　工程建设重大事故中属于特别重大事故者，其报告、调查程序，执行国务院发布的《特别重大事故调查程序暂行规定》及有关规定。

第二十条　本规定由建设部负责解释。

第二十一条　本规定自一九八九年十二月一日起施行。

[点　评] 本案例选自建设部的一份文件，也是一篇“规定”文件写作的范例。本案例中规定了工程建设重大事故报告和调查程序，规定了工程建设重大事故的分级，就工程建设重大事故的报告、现场保护、调查和责任追究进行了界定。值得埋头工作在工程施工现场的工程施工、工程监理人员阅读、学习和掌握。

【案例 4.11-2】工程监理公司的内部管理规定

监理项目驻地标准化建设与文明监理暂行规定
（征求意见稿）

第一章　总　则

第 1 条　为做大做强××工程监理咨询事业，树立公司的良好形象和品牌，加强监理规范化管理，结合工程监理项目管理的实际情况，制定本规定。

第 2 条　本规定主要包括监理办公生活用房租用、办公设施、生活设施、交通工具、文明监理等内容，视工程监理项目大小的不同而区别配置。

大型监理项目是指高速公路、一级公路新改建工程的总监办及驻地监理办中监理费收入年折算金额在 100 万元以上的监理项目。

中型监理项目是指监理费收入年折算金额在 100 万元以下、50 万元以上的监理项目。

小型监理项目是指年监理费收入年折算金额在 50 万元以下的监理项目，包括由同一个监理负责人（监理合同中的名称可能是总监、驻地监理工程师）负责的“村村通、县乡路”工程监理项目。

第3条 工程监理项目驻地标准化建设应本着“满足监理合同、经济实用、满足工作需要、满足本规定”的原则进行。

第二章 监理用房

第4条 工程监理项目中标并签署监理委托合同后，应及早考虑和选租监理办公和生活用房。

监理用房必须本着“满足工作需要、布局合理、方便生活、确保安全、文明节约”的原则选择和租用，并适当考虑地理位置、交通方便、采购办公生活用品的方便和水电供应、乡风民俗、周边环境等情况。

监理用房应包括总监理工程师（或驻地监理工程师）办公室、综合室、技术室、试验室和住宿用房、伙房与餐厅、会议室等。其中，总监办用房应租用独立管理的房区，一般改建工程和城市道路、农村道路的驻地监理办公室可以租用民房。

第5条 监理工作用房的地点应选择在所监理工地的中间位置，并根据合同规定报请建设单位（或总监办）认可。

监理用房的间数、面积数量，总监办参照表1-1执行；驻地办以表1-2所示房屋间数、面积数量为最高限并适当下调。

总监办监理用房配置数量表　　表1-1

序号	单位名称	用房间数	用房面积	备注
一	办公室			
1	总监工作办公室	1~2间	≥30m²	
2	副总监工作办公室	1间	≥18m²	
3	综合室	2~3间	≥30m²	打印、复印宜单独一间
4	技术室	2~3间	≥30m²	
二	试验室			
5	办公室、资料室	1间	≥18m²	
6	水泥室	1间	≥15m²	
7	混凝土室	1间	≥15m²	
8	土工集料、沥青混合料	2间	≥25m²	
9	力学室	1间	≥15m²	
10	混凝上标养室	1间	≥6m²	
11	化学室	1间	≥6m²	
三	会议室			
12	总监办大会议室	3~4间	≥50m²	
13	总监办小会议室	1间	≥18m²	
四	宿舍			
14	总监	1间/人	≥12m²	
15	副总监	1间/1~2人	≥12m²	

续表

序　号	单　位　名　称	用房间数	用房面积	备　　注
16	项目及其他监理人员	1 间/2～4 人	≥12m²	
17	工地行管财会人员	1 间/2 人	≥12m²	应装防盗安全门
五	餐　　厅			
18	餐厅	2～3 间	≥30m²	
19	伙房	2～3 间	≥30m²	宜另设储藏室和炊事员宿舍
20	合计			

驻地监理办监理用房配置数量表　　表 1-2

序　号	单　位　名　称	用房间数	用房面积	备　　注
一	办　公　室			
1	驻地工作办公室	2～3 间	≥30m²	
2	综合室	2～3 间	≥30m²	打印、复印宜单独一间
3	技术室	2～3 间	≥30m²	
二	试　验　室			
4	办公室、资料室	1 间	≥15m²	
5	水泥室	1 间	≥12m²	
6	混凝土室	1 间	≥12m²	
7	土工集料、沥青混合料	2 间	≥20m²	
8	力学室	1 间	≥12m²	
9	混凝土标养室	1 间	≥6m²	
10	化学室	1 间	≥6m²	
三	会　议　室			
11	驻地监理办大会议室	2～3 间	≥30m²	
四	宿　　舍			
12	驻地	1 间/人	≥12m²	
13	副驻地	1 间/1～2 人	≥12m²	
14	项目及其他监理人员	1 间/2～4 人	≥12m²	
15	工地行管财会人员	1 间/2 人	≥12m²	应装防盗安全门
五	餐　　厅			
16	餐厅	2～3 间	≥30m²	
17	伙房	2～3 间	≥30m²	宜另设储藏室和炊事员宿舍
18	合计			

第 6 条　监理用房的间数、面积数量、布局、装修费用、租金等事宜实行报批制度。其中，大、中型工地租房报公司批准，小型工地租房报分公司批准。房屋租用必须签订书面合同，并报公司备案（原件一份）。

第7条 各监理工地的监理负责人办公室严禁兼作宿舍，其他监理工作人员的办公室不得兼作伙房和餐厅。

第三章 监理办公设施

第8条 各监理工地应根据监理招标文件和监理合同的规定配备监理办公设施和办公用品，确保正常办公、文明办公。

各监理工地必须悬挂“工程监理机构”的标牌，标牌应悬挂在大院门口等醒目处。

大、中型监理项目必须悬挂监理综合室、技术室、试验室、会议室和总监办（驻地监理办）等办公室小门牌。

第9条 大、中型监理项目监理办公设施的配备要求：

大、中型监理项目监理办公设施的配备标准，如表2所示。其中，还应满足下列条件。

大、中型工地监理办公设备配置数量表 表2

序号	设备名称	单位	配置数量	备注
1	微机	台	1～2	
2	手提电脑	台	1	总监、大型工地驻地使用
3	复印机	台	1	
4	座机电话	部	1～2	
5	空调※	台	1～2	总监办公室、会议室应配置
6	照相机	架	1	数码式
7	传真机	台	1	
8	网络	套	1	总监、大型工地驻地使用
9	其他			
10	备注	※空调在较炎热的地区配置		

（1）项目工程师及其以上人员应使用写字台，总监理工程师必须使用高级办公桌椅。

（2）总监理工程师（或驻地）的办公室应配有1部座机电话。

（3）工地处于较炎热地区的监理机构，监理工地会议室、总监办公室应配备空调。

（4）监理机构的综合室、总监办公室应配备沙发（5人座）。

（5）工地会议室桌椅，可用普通办公桌围排、上覆绒布等。桌椅数量应满足监理会议需要。召开工地会议应配备会议用横幅会标。

（6）文件档案橱，总监理工程师的办公室至少配备1组、综合室至少配备2组。

第10条 小型监理项目监理办公设施的配备要求：

（1）工地负责人必须使用写字台，其他人员可使用三抽桌，但不少于2张。

（2）监理人员在5人以上、工期在3个月以上的工地应配备电脑1套，确保自行打印监理文件。

（3）工地会议桌椅，不少于4张三抽桌，可与正常办公桌椅相结合。

（4）文件档案橱，不少于1组，并配有文件夹、档案盒等。

第四章　监理生活设施

第11条　各监理工地应根据监理招标文件和监理服务合同的要求配备监理人员生活设施。各监理工地必须独立配备监理人员的住宿、用餐等生活设施和日常用品。监理人员严禁在施工单位处吃住。

第12条　各监理工地生活设施和用品的配备要求：

（1）各监理工地必须保证每位监理工作人员在监理驻地处均有床铺一套。监理人员必须按时返回监理驻地处住宿。

（2）总监理工程师可配备双人床铺，其他监理人员配备单人床铺。床上应配有床垫子、棉褥子、床单、被子、被罩、枕头等，统一采购，保证色泽式样一致美观。其中，床单的宽度应宽于床体并适当下垂。

（3）住宿的房间应通风、采光，保持干燥。房间的面积参照表1执行。

（4）工地处于较寒冷地区的监理机构，应配置取暖设备。但严禁使用煤球炉取暖，以防煤气中毒。

（5）大、中型监理工地的监理驻地处应配备简易洗浴用房和淋洗浴设施。小型监理工地应创造条件为现场监理人员提供洗浴方便。

（6）监理机构所需的其他生活用品，参照表3执行。

大、中型工地监理办公生活用品配置数量表　　表3

序号	用品名称	单位	配置数量	备　注
一	办公用品			
1	写字台	张	若干	
2	沙发	套	1~3	
3	会议桌椅	套	若干	
4	文件橱	组	≥3	
5	电视机	台	1~2台	
6	电风扇	台	1~2台/办公室	
二	生活用品			
1	床	张	1套/人	
2	被、褥、枕头、蚊帐、电褥子、床头柜	套	1套/人	
3	被套、枕套、床单	套	2套/人	
4	简易衣橱	个	1个/2人	
5	洗衣机	台	1台	
6	脸盆等卫生洁具	套	1/人	
7	餐桌、餐椅	把	1桌/10人、1椅/人	
8	电冰箱	台	1	
9	碗柜	套	1	保证每人碗筷存放有位
10	消毒柜	台	1	
11	其他			

(7) 大、中型监理工地应建立水冲式厕所。小型监理工地应建立卫生洁净、防蚊蝇厕所。

(8) 大、中型监理工地应配备羽毛球、乒乓球等一般文体娱乐活动的用具和设施。小型监理工地应创造条件为现场监理人员提供文体娱乐方便。

第13条 大、中型监理项目监理生活设施的配备要求:

(1) 单独设立伙房和餐厅。桌椅盘杯等物品应满足节假日会餐需要。

(2) 监理工作人员在30人以上的工地，应配2名炊事员，每半年进行一次健康查体，杜绝传染性疾病。

(3) 除配备一般炊事用具外还应配有高压锅、电冰箱或电冰柜、消毒柜等。餐厅内夏有风扇、冬有暖气或电暖气。

(4) 伙房和餐厅必须满足防蚊蝇、防虫鼠等卫生条件，符合卫生防疫的有关规定。

第14条 小型监理项目的监理生活设施的配备要求:

(1) 应有一名后勤人员负责购粮、买菜、做饭、卫生清扫、安全管理等工作，禁止监理技术人员轮流做饭。

(2) 必须具备自行起灶做饭用餐的条件。

(3) 伙房与餐厅可共用一室，但中间应割离。

第五章 监理交通工具

第15条 各监理工地应根据监理招标文件和监理服务合同的要求配备交通工具，以满足监理工作和生活服务的需要。

第16条 总监、驻地监理工程师的工作用车，应按照监理投标书的承诺配备，以满足监理工作的需要。如租用社会车辆，应重视其机械性能、安全性能和外观指标的考察。

小型监理项目也应配备相应的交通工具。

各监理工地的监理负责人在工作期间不得驾驶车辆。各车辆的专职驾驶员必须遵守交通法规，文明驾驶，安全驾驶，杜绝车辆发生机械事故和交通事故。

第六章 文明监理

第17条 各监理工地必须对工程进行严格管理，在监理过程中必须实施文明监理，以体现公司的良好形象。

第18条 实施文明监理的措施要求:

(1) 驻地文明建设。各种监理岗位责任制、职业道德守则、三个重于泰山、安全生产领导小组、廉正建设领导小组、监理组织机构框图和形象进度图等图表必须上墙标示或悬挂。

其中，小型监理工地的监理负责人办公室应悬挂一个包括合同管理、工程质量、进度、费用监控和安全管理等内容在内的综合岗位责任制牌。

(2) 物品摆放整齐。办公、生活物品和试验器具、用品等必须保持洁净、摆放整齐美观。

(3) 挂牌上岗与戴小红帽。全体监理人员工作时间必须挂牌上岗，上岗牌为红底黑字，其中应印有“工程监理工地的名称、监理人员的姓名、监理岗位职务、××工程监理咨询有限公司”等字样。工程监理人员在旁站、巡视工地时，必须配戴印有“××监理”字样的小红帽。其中，大、中型监理工地的监理小红帽上至少应印有“工程监理”字样。

提倡各分公司安排监理工地负责人为每位现场监理人员配备一个装有小钢卷尺、监理日记本、监理抽检表、施工图缩印件和分项工程监理实施细则的监理工作包。

(4) 衣着整齐。全体监理人员工作时间衣着必须整齐；工地旁站巡视时不准穿拖鞋。杜绝只穿背心、短裤上岗等不文明现象。

(5) 各监理机构应建立办公、生活区域的卫生清洁制度，各监理人员应注意个人卫生。

(6) 提倡说普通话，口述表达清楚，语言文明，监理用语规范，不错位旁站、不越权处事，不歧视任何人。

(7) 各监理机构应在监理驻地大院门口或其他醒目处插竖印有“××工程监理咨询有限公司”字样的彩旗。

(8) 各监理机构必须按照公司办公室公布的最新的“××工程监理咨询有限公司的简介”进行悬挂和宣传。

第七章 附 则

第19条 本规定仅供××工程监理咨询有限公司内部试行。在试行过程中，如有修改意见，各分公司应随时报技术部。

本规定由总工程师负责解释。

第20条 本规定自2007年×月×日起试行。

二〇〇七年三月十八日

[点 评] 这是某公路工程监理企业为加强监理工地标准化建设而制定的一个内部规定。因为经过调查发现，个别监理工地尤其是一些小型的、地处偏远乡镇的监理工地，包括农村公路监理工地，十分不注意监理工作和生活设备的投入和文明办公、文明监理工作，所以，制定这个规定约束各监理工地开展标准化建设和文明监理活动。可供有关监理单位参考。

4.12 工程监理管理办法的编写

一、办法的含义

办法是行政机关、企事业单位为贯彻执行某一法令或做好某方面工作而制定的具体规定的法规性文书。

办法和规定从作用上看相近，都是为执行某一政策法令、为保证某项管理工作的正常进行而做出的规定条文。但两者也有区别，“办法”更多地在基层单位使用，约束力也没有“规定”的约束力强。“规定”严格一些，要求按章执行；而“办法”则具体一些，可以参照办理。

二、办法的特点

（一）具体性

办法和条例、规定是比较接近的文书，都有法规性内容，多按章节或章条的形式表达。但三者之间也有区别：条例的制发单位级别最高，一般只有党的办公机关和权力机关有权发布，内容重要、全面、系统、原则。规定的制发单位没有条例那么高和唯一，内容也比较局部化，办法、步骤和措施也比较详细。办法则由分管、实施某一方面工作的下级单位、职能部门制发，内容更为具体。

但是，三者的区别也不是绝对的，彼此之间的界限很难分清。例如，同时对公文办理作出的规定，中央办公厅使用的是“条例”，而国务院办公厅使用的是“办法”。

（二）普遍性

办法的应用范围广泛，使用率高。

（三）实践性

办法的内容都是贴近于工作实践的方法、步骤、措施，带有很强的实践性特点。

（四）派生性

办法是法律、规章、规定的派生物，是为贯彻执行某一法规文件而制发的。

（五）暂时性

由于办法涉及的内容具体，在执行中往往根据事情的发展变化而修改，应用时间短。因此，许多办法要加“暂行”的限制。

三、办法的种类

1. 国家法律、条例和纲要、规划、方案、计划的实施办法

国家颁发的法律、条例和纲要、规划、方案、计划等，各级地方政府、部门为贯彻执行一般来说应制定实施办法，这种办法不是法律、法规文件的派生物。

2. 国家行政主管部门的规章制度、业务技术管理的实施办法

这种办法不是法律、法规文件的派生物，有一定的独立性，是行政管理部、业务技术管理组织部门对某些法规不可能具体涉及的局部性、部门性工作而制发的。例如，工程施工质量自检管理办法、工程监理工地会议记录办法等。

四、办法的发布方式

办法的发布方式有两种。

（一）用通知的方式发布

例如，《力力高速公路工程索赔报审管理办法》，就是力力高速公路总监代表处用通知的方式印发的。

（二）用命令（令）的方式发布

用命令（令）的方式发布，多用于政府和行政机关。例如，《广东省飞来峡水利枢纽管理办法》，就是用广东省人民政府令的方式发布的。

五、办法的编写要点

（一）标题

办法的标题写法有两种。

1. 完全式标题

即包括制发机关＋事由＋文种（办法），如《国务院〈关于职工工作时间的规定〉的实施办法》，再如《××省高速公路建设工程设计变更管理办法》。

2. 省略式标题

即包括事由＋文种（办法），如《公路工程建设变更管理办法》。

如果办法属于“试行”、“暂行”的，可在标题中用括号标明。

（二）正文

编写办法的正文，可以从内容与形式两方面来说明。

1. 内容方面

办法正文的写法，最重要、最突出的一点是要说清楚“怎么办”。要详细地、具体地加以说明办的原则、要求、方式、方法、步骤、程序、防止什么、提倡什么、注意什么等等，以便于掌握和操作。以《国家行政机关公文处理办法》为例，它最重要、最突出的特点就是详细、具体地说明了“公文怎么处理”的问题。包括公文的含义，公文的适用范围，公文处理的专门机构和专职人员，公文处理的原则和要求，公文的种类，公文的书写格式、用纸格式和装订格式，公文的行文规则和行文关系，公文办理的原则、要求和程序，草拟公文的要求，公文的审核、签发和传递，公文办完后如何立卷、归档和销毁等等事项，都作了详细、具体的说明。

2. 形式方面

常见的办法有三种表达形式。一是章、条具备的条例式，包括总则、分则、附则，如《国家行政机关公文处理办法》。这是一种比较典型的表达形式。二是只有条的一条到底式，直接分条式编写，如《建设工程项目枢纽管理试行办法》。这种形式适用于内容比较简单的办法。三是序言加条款式，即在序言下分条编写，是完整格式的简化式。

六、编写办法的注意事项

（一）内容要求详细具体

办法是一种操作性很强的文书，因此对制发的目的、依据、实施范围、措施、要求等要一清二楚，明确具体，要便于人们理解，不致产生歧义。

（二）结构要条理清楚

办法的写作结构一是条例式，即办法的完整格式；另一种是分条式，从头到尾用条款贯穿，是办法的最简要格式。不论用哪一种格式，必须做到条理清楚、层次有序。

七、案例

【案例 4. 12-1】 建设工程试行办法

建设工程质量责任主体和有关机构不良记录管理办法（试行）
（2003 年 6 月 4 日　建设部建质 113 号）

第一条　为规范建设工程质量责任主体和有关机构从事工程建设活动的行为，强化建设行政主管部门对其履行质量责任的监督管理，根据有关法律法规制定本办法。

第二条　本办法所称的建设工程质量责任主体和有关机构不良记录，是指对从事新建、扩建、改建房屋建筑工程和市政基础设施工程建设活动的建设单位、勘察单位、设计单位、施工单位和施工图审查机构、工程质量检测机构、监理单位违反法律、法规、规章所规定的质量责任和义务的行为，以及勘察、设计文件和工程实体质量不符合工程建设强制性技术标准的情况的记录。

已由建设行政主管部门给予行政处罚，按建设部《关于加快建立建筑市场有关企业和专业技术人员信用档案的通知》（建市〔2002〕155 号）列入信用档案的，不属于本办法记录和公布之列。

第三条　勘察、设计、施工、施工图审查、工程质量检测、监理等单位的不良记录应作为建设行政主管部门对其进行年检和资质评审的重要依据。

第四条　建设单位以下情况应予以记录：

1. 施工图设计文件应审查而未经审查批准，擅自施工的；设计文件在施工过程中有重大设计变更，未将变更后的施工图报原施工图审查机构进行审查并获批准，擅自施工的。

2. 采购的建筑材料、建筑构配件和设备不符合设计文件和合同要求的；明示或者暗示施工单位使用不合格的建筑材料、建筑构配件和设备的。

3. 明示或者暗示勘察、设计单位违反工程建设强制性标准，降低工程质量的。

4. 涉及建筑主体和承重结构变动的装修工程，没有经原设计单位或具有相应资质等级的设计单位提出设计方案，擅自施工的。

5. 其他影响建设工程质量的违法违规行为。

第五条　勘察、设计单位以下情况应予以记录：（略）

第六条　施工单位以下情况应予以记录：

1. 未按照经施工图审查批准的施工图或施工技术标准施工的。

2. 未按规定对建筑材料、建筑构配件、设备和商品混凝上进行检验，或检验不合格，擅自使用的。

3. 未按规定对隐蔽工程的质量进行检查和记录的。

4. 未按规定对涉及结构安全的试块、试件以及有关材料进行现场取样，未按规定送工程质量检测机构进行检测的。

5. 未经监理工程师签字，进入下一道工序施工的。

6. 施工人员未按规定接受教育培训、考核，或者培训、考核不合格，擅自上岗作业的。

7. 施工期间，因为质量原因被责令停工的。

8. 其他可能影响施工质量的违法违规行为。

第七条 施工图审查机构以下情况应予以记录：（略）

第八条 工程质量检测机构以下情况应予以记录：（略）

第九条 监理单位以下情况应予以记录：

1. 未按规定选派具有相应资格的总监理工程师和监理工程师进驻施工现场的。

2. 监理工程师和总监理工程师未按规定进行签字的。

3. 监理工程师未按规定采取旁站、巡视和平行检验等形式进行监理的。

4. 未按法律、法规以及有关技术标准和建设工程承包合同对施工质量实施监理的。

5. 未按经施工图审查批准的设计文件以及经施工图审查批准的设计变更文件对施工质量实施监理的。

6. 在竣工验收时未出具工程质量评估报告的。

7. 其他可能影响监理质量的违法违规行为。

第十条 省、自治区、直辖市建设行政主管部门，应定期在媒体上公布本行政区域内的不良记录。

市（地）建设行政主管部门也可定期在媒体上公布本行政区域内的不良记录。

第十一条 省、自治区、直辖市建设行政主管部门可根据本办法制定实施细则。

第十二条 本办法自2003年7月1日起施行。

［点 评］本案例选自建设部的一份文件，应该说既是一篇“办法”文件写作的范例，又是一篇监理人员应知应掌握的部门法规文件，这是选择此文的两个目的。

本案例中规定了工程建设质量责任主体和不良行为记录办法，本办法所称的建设工程质量责任主体和有关机构不良记录，是指对从事新建、扩建、改建房屋建筑工程和市政基础设施工程建设活动的建设单位、勘察单位、设计单位、施工单位和施工图审查机构、工程质量检测机构、监理单位违反法律、法规、规章所规定的质量责任和义务的行为，以及勘察、设计文件和工程实体质量不符合工程建设强制性技术标准的情况的记录。正在参加工程项目建设、施工、监理的人们很有必要学习和注意。

【案例4.12-2】摘要分条式办法

建设工程项目管理试行办法

（2004年11月16日 建设部建市〔2004〕200号）

第一条 ［目的和依据］为了促进我国建设工程项目管理健康发展，规范建设工程项目管理行为，不断提高建设工程投资效益和管理水平，依据国家有关法律、行政法规，制定本办法。

第二条 ［适用范围］凡在中华人民共和国境内从事工程项目管理活动，应当遵守本办法。

本办法所称建设工程项目管理，是指从事工程项目管理的企业（以下简称项目管理企业），受工程项目建设单位方委托，对工程建设全过程或分阶段进行专业化管理和服务活动。

第三条 ［企业资质］项目管理企业应当具有工程勘察、设计、施工、监理、造价咨询、招标代理等一项或多项资质。

工程勘察、设计、施工、监理、造价咨询、招标代理等企业可以在本企业资质以外申请其他资质。企业申请资质时，其原有工程业绩、技术人员、管理人员、注册资金和办公场所等资质条件可合并考核。

第四条 ［执业资格］从事工程项目管理的专业技术人员，应当具有城市计划师、建筑师、工程师、建造师、监理工程师、造价工程师等一项或者多项执业资格。

取得城市计划师、建筑师、工程师、建造师、监理工程师、造价工程师等执业资格的专业技术人员，可在工程勘察、设计、施工、监理、造价咨询、招标代理等任何一家企业申请注册并执业。

取得上述多项执业资格的专业技术人员，可以在同一企业分别注册并执业。

第五条 ［服务范围］项目管理企业应当改善组织结构，建立项目管理体系，充实项目管理专业人员，按照现行有关企业资质管理规定，在其资质等级许可的范围内开展工程项目管理业务。

第六条 ［服务内容］工程项目管理的业务范围包括：

（一）协助建设单位方进行项目前期策划、经济分析、专项评估与投资确定；

（二）协助建设单位方办理土地征用、计划许可等有关手续；

（三）协助建设单位方提出工程设计要求、组织评审工程设计方案、组织工程勘察设计招标、签订勘察设计合同并监督实施，组织设计单位进行工程设计优化、技术经济方案比选并进行投资控制；

（四）协助建设单位方组织工程监理、施工、设备材料采购招标；

（五）协助建设单位方与工程项目总承包企业或施工企业及建筑材料、设备、构配件供应等企业签订合同并监督实施；

（六）协助建设单位方提出工程实施用款计划，进行工程竣工结算和工程决算，处理工程索赔，组织竣工验收，向建设单位方移交竣工档案资料；

（七）生产试运行及工程保修期管理，组织项目后评估；

（八）项目管理合同约定的其他工作。

第七条 ［委托方式］工程项目建设单位方可以通过招标或委托等方式选择项目管理企业，并与选定的项目管理企业以书面形式签订委托项目管理合同。合同中应当明确履约期限，工作范围，双方的权利、义务和责任，项目管理酬金及支付方式，合同争议的解决办法等。

工程勘察、设计、监理等企业同时承担同一工程项目管理和其资质范围内的工程勘察、设计、监理业务时，依法应当招标投标的应当通过招标投标方式确定。

施工企业不得在同一工程从事项目管理和工程承包业务。

第八条 ［服务收费］工程项目管理服务收费应当根据受委托工程项目规模、范围、内容、深度和复杂程度等，由建设单位方与项目管理企业在委托项目管理合同中约定。

工程项目管理服务收费应在工程概算中列支。

第九条 ［执业原则］在履行委托项目管理合同时，项目管理企业及其人员应当遵守国家现行的法律法规、工程建设程序，执行工程建设强制性标准，遵守职业道德，公平、科学、诚信地开展项目管理工作。

第十条 ［奖励］建设单位方应当对项目管理企业提出落实的合理化建议按照相应节省投资额的一定比例给予奖励。奖励比例由建设单位方与项目管理企业在合同中约定。

第十一条 ［禁止行为］项目管理企业不得有下列行为：

（一）与受委托工程项目的施工以及建筑材料、构配件和设备供应企业有隶属关系或者其他利害关系；

（二）在受委托工程项目中同时承担工程施工业务；

（三）将其承接的业务全部转让给他人，或者将其承接的业务肢解以后分别转让给他人；

（四）以任何形式允许其他单位和个人以本企业名义承接工程项目管理业务；

（五）与有关单位串通，损害建设单位方利益，降低工程质量。

第十二条 ［禁止行为］项目管理人员不得有下列行为：

（一）取得一项或多项执业资格的专业技术人员，不得同时在两个及以上企业注册并执业。

（二）收受贿赂、索取回扣或者其他好处；

（三）明示或者暗示有关单位违反法律、法规或工程建设强制性标准，降低工程质量。

第十三条 本办法由建设部负责解释。

第十四条 本办法自2004年12月1日起执行。

［点　评］本案例选自建设部的一份文件，应该说既是一篇“办法”文件写作的范例，又是一篇监理人员应知应掌握的部门法规文件，这是选择此文的两个目的。

为了促进我国建设工程项目管理健康发展，规范建设工程项目管理行为，不断提高建设工程投资效益和管理水平，依据国家有关法律、行政法规，建设部制定了本办法。本办法中规定了工程建设项目管理的资格、资质和服务范围、服务内容、服务收费以及执业原则、奖励、禁止行为和实施时间。可供工程施工、监理和有志于工程项目管理的人员学习掌握。

【案例4.12-3】设计变更管理办法

公路工程设计变更管理办法

（2005年5月9日　交通部令第5号）

第一条　为加强公路工程建设管理，规范公路工程设计变更行为，保证公路工程质量，保护人民生命及财产安全，根据《中华人民共和国公路法》、《建设工程质量管理条例》、《建设工程勘察设计管理条例》等相关法律和行政法规，制定本办法。

第二条　对交通部批准初步设计的新建、改建公路工程的设计变更，应当遵守本规定。

本办法所称设计变更，是指自公路工程初步设计批准之日起至通过竣工验收正式交付使用之日止，对已批准的初步设计文件、技术设计文件或施工图设计文件所进行的修改、完善等活动。

第三条 各级交通主管部门应当加强对公路工程设计变更活动的监督管理。

第四条 公路工程设计变更应当符合国家有关公路工程强制性标准和技术规范的要求，符合公路工程质量和使用功能的要求，符合环境保护的要求。

第五条 公路工程设计变更分为重大设计变更、较大设计变更和一般设计变更。

有下列情形之一的属于重大设计变更：

（一）连续长度10千米以上的路线方案调整的；

（二）特大桥的数量或结构型式发生变化的；

（三）特长隧道的数量或通风方案发生变化的；

（四）互通式立交的数量发生变化的；

（五）收费方式及站点位置、规模发生变化的；

（六）超过初步设计批准概算的。

有下列情形之一的属于较大设计变更：

（一）连续长度2千米以上的路线方案调整的；

（二）连接线的标准和规模发生变化的；

（三）特殊不良地质路段处置方案发生变化的；

（四）路面结构类型、宽度和厚度发生变化的；

（五）大、中桥的数量或结构型式发生变化的；

（六）隧道的数量或方案发生变化的；

（七）互通式立交的位置或方案发生变化的；

（八）分离式立交的数量发生变化的；

（九）监控、通讯系统总体方案发生变化的；

（十）管理、养护和服务设施的数量和规模发生变化的；

（十一）其他单项工程费用变化超过500万元的；

（十二）超过施工图设计批准预算的。

一般设计变更是指除重大设计变更和较大设计变更以外的其他设计变更。

第六条 公路工程重大、较大设计变更实行审批制。

公路工程重大、较大设计变更，属于对设计文件内容作重大修改，应当按照本办法规定的程序进行审批。未经审查批准的设计变更不得实施。

任何单位或个人不得违反本办法规定擅自变更已经批准的公路工程初步设计、技术设计和施工图设计文件。不得肢解设计变更规避审批。

经批准的设计变更一般不得再次变更。

第七条 重大设计变更由交通部负责审批。较大设计变更由省级交通主管部门负责审批。

第八条 项目法人负责对一般设计变更进行审查，并应当加强对公路工程设计变更实施的管理。

第九条 公路工程勘察设计、施工及监理等单位可以向项目法人提出公路工程设计变更的建议。

设计变更的建议应当以书面形式提出，并应当注明变更理由。

项目法人也可能直接提出公路设计变更的建议。

第十条 项目法人对设计变更的建议及理由应当进行审查核实。必要时，项目法人可以组织勘察设计、施工、监理等单位及有关专家对设计变更建议进行经济、技术论证。

第十一条 对一般设计变更建议，由项目法人根据审查核实情况或者论证结果决定是否开展设计变更的勘察设计工作。

对较大设计变更和重大设计变更建议，项目法人经审查论证确认后，向省级交通主管部门提出公路工程设计变更的申请，并提交以下材料：

（一）设计变更申请书。包括拟变更设计的公路工程名称、公路工程的基本情况、原设计单位、设计变更的类别、变更的主要内容、变更的主要理由等。

（二）对设计变更申请的调查核实情况、合理性论证情况。

（三）省级交通主管部门要求提交的其他相关材料。

省级交通主管部门自受理申请之日起15日内作出是否同意开展设计变更的勘察设计工作的决定，并书面通知申请人。

第十二条 设计变更的勘察设计应当由公路工程的原勘察设计单位承担。经原勘察设计单位书面同意，项目法人也可以选择其他具有相应资质的勘察设计单位承担。设计变更勘察设计单位应当及时完成勘察设计，形成设计变更文件，并对设计变更文件承担相应责任。

第十三条 设计变更文件完成后，项目法人应当组织对设计变更文件进行审查。

一般设计变更文件由项目法人审查确认后决定是否实施。项目法人应当在15日内完成审查确认工作。

重大及较大设计变更文件经项目法人审查确认后报省级交通主管部门审查。其中，重大设计变更文件由省级交通主管部门审查后报交通部批准；较大设计变更文件由省级交通主管部门批准，并报交通部备案。若设计变更与可行性研究报告批复内容不一致，应征得原可行性研究报告批复部门的同意。

第十四条 项目法人在报审设计变更文件时，应当提交以下材料：

（一）设计变更说明；

（二）设计变更的勘察设计图纸及原设计相应图纸；

（三）工程量、投资变化对照清单和分项概、预算文件。

第十五条 设计变更文件的审批应当在20日内完成。无正当理由超过审批时间未对设计变更文件的审查予以答复的，视为同意。

第十六条 对需要进行紧急抢险的公路工程设计变更，项目法人可先进行紧急抢险处理，同时按照规定的程序办理设计变更审批手续，并附相关的影像资料说明紧急抢险的情形。

第十七条 公路工程设计变更工程的施工原则上由原施工单位承担。原施工单位不具备承担设计变更工程的资质等级时，项目法人应通过招标选择施工单位。

第十八条 项目法人应当建立公路工程设计变更管理台账，定期对设计变更情况进行汇总，并应当每半年将汇总情况报省级交通主管部门备案。

省级交通主管部门可以对管理台账随时进行检查。

第十九条 交通主管部门审查批准公路工程设计变更文件时，工程费用按《公路基本建设工程概算、预算编制办法》核定。

第二十条　由于公路工程勘察设计、施工等有关单位的过失引起公路工程设计变更并造成损失的，有关单位应当承担相应的费用和相关责任。

由于公路工程设计变更发生的工程建设单位管理费、征地拆迁费等费用的变化，按照国家有关规定执行。

第二十一条　按照本办法规定经过审查批准的公路工程设计变更，其费用变化纳入决算。未经批准的设计变更，其费用变化不得进入决算。

第二十二条　设计变更审批部门违反本办法规定，不按照规定权限、条件和程序审查批准公路工程设计变更文件的，上级交通主管部门或者监察部门责令改正；造成严重后果的，对直接负责的主管人员和其他直接责任人依法给予行政处分；构成犯罪的，依法追究刑事责任。

较大设计变更审批部门违反本办法规定，情节严重的，对全部或者部分使用国有资金的项目，可以暂停项目执行。

第二十三条　交通主管部门工作人员在设计变更审查批准过程中滥用职权、玩忽职守、谋取不正当利益的，由主管部门或者监察部门给予行政处分；构成犯罪的，依法追究刑事责任。

第二十四条　项目法人有以下行为之一的，交通主管部门责令改正；情节严重的，对全部或者部分使用国有资金的项目，暂停项目执行。构成犯罪的，依法追究刑事责任：

（一）不按照规定权限、条件和程序审查、报批公路工程设计变更文件的；

（二）将公路工程设计变更肢解规避审批的；

（三）未经审查批准或者审查不合格，擅自实施设计变更的。

第二十五条　施工单位不按照批准的设计变更文件施工的，交通主管部门责令改正；造成建设工程质量不符合规定的质量标准的，负责返工、修理，并赔偿因此造成的损失；情节严重的，责令停业整顿，降低资质等级或者吊销资质证书。

第二十六条　交通部批准初步设计以外的新建、改建公路工程的设计变更，参照本办法执行。

第二十七条　本办法自2005年7月1日起施行。

［点　评］本案例选自交通部的一份文件，既是一篇“办法”文件写作的范例，又是一篇监理人员应知应掌握的部门法规文件，这是选择此文的两个目的。

为加强公路工程建设管理，规范公路工程设计变更行为，保证公路工程质量，保护人民生命及财产安全，根据《中华人民共和国公路法》、《建设工程质量管理条例》、《建设工程勘察设计管理条例》等相关法律和行政法规，交通部于2005年5月9日以交通部令第5号颁发了本办法。

本办法中将公路工程设计变更分为重大设计变更、较大设计变更和一般设计变更，同时规定了审批原则和程序，明确了违反规定的责任追究制度和处罚办法。可供常年工作在野外的工程施工、监理和有志于工程合同管理的人员学习掌握。

4.13 工程监理管理制度的编写

一、制度的含义

制度是党政机关、社会团体、企事业单位为强化某项工作的管理而制定的，要求有关人员共同遵守的规范性文书。

制度除作为文件存在之外，还可以张贴、悬挂在某一岗位和某项工作的现场，用以随时提醒人们遵守，同时便于大家相互监督。

二、制度的特点

1. 指导性和约束性

制度对相关人员做些什么工作、如何开展工作都有一定的提示和指导，同时也明确相关岗位、相关人员不得做些什么，以及违背了会受到什么惩罚等。

2. 鞭策性和激励性

制度可以张贴、悬挂在工作现场，随时鞭策和激励着人们去遵守、去学习和勤奋敬业。

3. 规范性和程序性

制度对实现工作程序的规范化、岗位责任的法规化、管理方面的科学化起着重要作用，制度的制定以有关政策、法规、标准为依据，因此具有规范性。制度本身要有程序性，为人们的工作和社会实践活动提供或遵循的依据。

三、制度的种类

1. 岗位性制度

岗位性制度适用于某一岗位上的长期性工作，所以有时也叫“岗位责任制”。如机关值班制度、合同管理岗位责任制、驻地监理工程师岗位责任制。

2. 法规性制度

法规性制度是对某方面工作制度的带有法令性质的规定。如《职工休假制度》、《监理人员冬季业务培训考核制度》。

四、制度的编写要点

（一）标题

制度的标题有两种结构形式，一种是以适用对象和文种（制度）构成，如《档案管理制度》；另一种是以单位名称、适用对象和文种构成，如《××市工业局廉政制度》。

（二）正文

制度的正文有多种写法，主要有三种：引言—条文—结语式、通篇条文式、多层条文式。

1. 引言—条文—结语式

先写一段引言，用来阐述制定制度的根据、目的、意义、适用范围等，之后将有关规定——分条列出，最后一段写结语，强调执行中的注意事项。用“特制定制度”一语承上启下，引出主要内容。

2. 通篇条文式

将全部内容都列入条文，包括开头部分的根据、目的、意义、主体部分的种种规定，结尾部分的执行要求等，逐条表达，形式整齐。

3. 多层条文式

这种写法适用于内容复杂、篇幅较长的制度，其特点是将全文分为多层序码，篇下分章、章下分条、条下分款。第一章叫总则，简要地说明制定制度的目的、总要求、适用范围；以后各章为分则，用小标题标出该章内容；最后一章附则，说明本制度的制定权、解释权、修订权、实施日期等。

（三）制发单位和日期

制发单位有时列在投诉标题之上，也可以书写在正文之下。

制发日期有时列在制度的标题之下用括号标明，也可以书写在正文的最后，正文最后的制发单位之下。

五、编写制度的注意事项

1. 规定的内容必须具体、准确并切实可行。

2. 内容必须全面、详尽，不要重复。

3. 章法严密，条理要清楚。

4. 注意制度的相对稳定性和长期性，不可朝令夕改。其中，奖惩措施、额度要切实可行。如《工程监理日记制度》中写上一天没记录则罚款500元就不可行。

六、案例

【案例4.13-1】钢筋加工制度

钢筋工程现场加工作业制度

1　钢筋的制作和绑扎

1.1　钢材、半成品等应按规格、品种堆放整齐，下垫上盖，制作场地应平整，工作台应稳固，照明灯具必须加网罩。

1.2　拉直钢筋，卡头应卡牢，地锚应结实牢固，拉筋沿线工作区域内禁止行人，缓慢拉紧，不得一次松开。

1.3　展开盘圆钢筋一头应卡牢，防止回弹，切断时先用脚踩紧。

1.4　人工断料，工具必须牢固，掌錾子和打锤应站成斜角，注意抡锤区域内的人和物体。切断小于30cm的短钢筋，应用钳子夹牢，禁止用手把扶，在外侧设置防护箱笼罩。

1.5　多人合运抬钢筋，起、落、转、停动作应一致。人工上下传送钢筋不得在同一垂直线上。钢筋堆放应分散牢靠，防止倾倒和塌落。

1.6　在高空、深坑绑扎钢筋和安装骨架，须搭设脚手架和马道。

1.7　绑扎立柱、墙体钢筋时，不得站在钢筋骨架上，不得攀登骨架上下。柱筋在4m

以内的，重量不大，可在地面和楼面上绑扎，整体竖起；柱筋在4m以上的，应搭设工作台。柱、梁的钢筋骨架，应支撑支牢，以防倾倒。钢筋焊接应达到搭接长度足够、焊接长度足够、焊缝饱满、无烧伤、无咬筋，用于焊接钢筋的焊条型号与钢筋型号对应。

1.8 绑扎高层建筑物的圈梁、挑沿、边柱、外墙钢筋，应搭设外挂架或安全网，绑扎时挂好安全带。

1.9 起吊钢筋骨架，下方禁止站人，必须待骨架降落到离地面1m以内始准靠近，就位支撑好后方可摘钩。

1.10 进入工地现场绑扎钢筋，必须戴好安全帽。

2 钢筋（包括钢绞线）的冷拉和张拉

2.1 冷拉卷扬机前应设置防护挡板，没有挡板时，应将卷扬机和冷拉方向成90°，并且应用封闭式导向滑轮，操作时站在防护拦板后边，冷拉场地不准站人和通行。

2.2 冷拉钢筋时应上好卡具，离开后再发开车信号。发现滑动或其他问题时，应先停车，放松钢筋后，才能重新操作。

2.3 冷拉和张拉钢筋时应严格按照规定应力和伸长率进行，不得随意变更。冷拉或放松钢筋时应缓慢均匀，发现油泵、千斤顶、锚卡具有异常，应立即停止张拉。

2.4 张拉钢筋，两端应设置防护挡板，钢筋张拉后应加以防护，禁止压重物或在上面行走。浇筑混凝土时，应防止振动捧打击预应力钢筋。

2.5 千斤顶支脚必须与构件对准，旋转平整，测量拉伸长度，加楔和拧紧螺栓应先停止拉伸，并站在两侧操作，防止钢筋断裂，回弹伤人。

2.6 电热张拉的电气线路必须由电工安装，导线连接点应包裹，不得外露。张拉时电压不得超过规定值。

2.7 电热张拉达到张拉应力值时，应先断电，然后锚固。如带电操作应穿绝缘鞋和戴绝缘手套。钢筋在冷却过程中，两端应禁止站人。

3 钢筋加工机械操作

3.1 切断机

3.1.1 机械运转正常，方准断料。断料时手与刀口距离不得少于15cm，活动刀片前进时禁止送料。

3.1.2 禁止超过机械的负载能力切断钢筋，切断低合金钢特殊钢筋，应用高硬度刀片。

3.1.3 切断钢筋应有专人把扶，操作时动作应一致，不得任意拖拉，切短钢筋需用导管或钳子夹料，不得用手直接送料。

3.2 除锈机

3.2.1 操作时，应戴口罩和手套，带钩的钢筋严禁上机除锈。

3.2.2 除锈应在基本调直后进行，操作时应放平握紧，站在钢丝刷侧面。

3.3 调直机

3.3.1 机械上不准堆入物件，以防机械震动落入机体。

3.3.2 钢筋调直到末端时，人员必须躲开，以防甩动伤人。

3.3.3 短于2m或直径大于9mm的钢筋调直，应低速加工。

3.4 弯曲机

3.4.1 钢筋应贴紧挡板，注意放入插头的位置和回转方向，不得开错。

3.4.2 弯曲长钢筋，应有专人把扶，并站在钢筋弯曲方向的外面，互相配合，不得拖拉。

3.5 冷拔丝机

3.5.1 先用压头机将钢筋头部压牢，站在滚筒的一侧操作，与工作台保持50cm，禁止用手直接接触钢筋和滚筒。

3.5.2 钢筋的末端将通过冷拔的模子时，应立即踩脚闸分开离合器，同时用工具压住钢筋端头防止回弹。

3.5.3 冷拉过程中，注意放线架，压辘架和滚筒三者之间的运行情况，发现故障应立即停机修理。

3.6 点焊、对焊机（包括墩头机）

3.6.1 焊机应设在干燥的地方，平衡稳牢固，应有可靠的接地装置，导线绝缘良好。

3.6.2 焊接前，应根据钢筋截面调整电压，发现焊头漏电，应立即更换，严禁带病使用。

3.6.3 操作时应戴防护眼镜和手套，并站在橡胶板和木板上，工作棚应用防火材料搭设，棚内严禁堆放易燃、易爆物品，必须备有灭火器材。

3.6.4 对焊机断路器的接触点，电机（铜头）应定期检查修理，冷却水管保持畅通，不得漏水和超过规定温度。

[点　评] 本案例给出了一个现场加工钢筋、钢绞线的作业制度，内容全面，简明易懂，便于现场操作工人掌握和执行。可供现场施工人员、监理人员参考。

【案例4.13-2】工地考勤制度

监理办工地考勤制度

鉴于××工程施工项目的监理人员常年工作、生活在省外工地，为认真执行监理总公司的工作纪律，规范职工行为，保护职工人身和财产安全，今依据国家法律法规和公司的各项管理制度，制定本考勤制度，望全体监理严格执行。

1. 事假管理

(1) 工作时间（每天上午8时至12时，下午2时至6时）应坚守工作岗位，监理员有事需要离开工作岗位的应向专业监理工程师请假，专业监理工程师有事需要离开工作岗位的应向总监理工程师请假。

(2) 休息时间因私外出（采购生活用品、理发、洗澡等）暂时离开驻地时，应向总监代表请假，得到批准后方可出行。出行时宜二三人同行，严禁独自外出。

2. 休班制度

按照监理总公司规定，在省外工作的监理人员在工地工作每满2个月可安排休假一次，一次假期时间约10天。

（1）请假。休假时应填写请假条，写明离开、返回工地的日期，经总监代表签字认可、报告总监理工程师批准后方可离开工地。不请假或者请假未获批准而离开工作岗位4小时以上者，视为旷工。休假结束到达休班地后，应向综合室报告安全到达。

（2）销假。假期结束，应按时返回工地，因故不能按时返回的应及时续假。无故不返回工地又不及时续假者按旷工论处。返回工地后，监理员应向专业监理工程师销假，专业监理工程师以上人员应向总监代表销假。不销假者以旷工论处。手机欠费不作为不续假、不销假的理由。

（3）工地病休。在工地病休，不视为出勤。不鼓励带病坚持工作。

（4）休班接送站。休班往返时，监理办安排车辆接送至最近的汽车、火车站。超过15km的接送，需经总监理工程师批准。

3. 旷工处罚

（1）当月累计旷工1天者，扣发当月全额奖金；

（2）当月累计旷工1天以上、3天以下者扣发当月奖金，责令写出书面检查，取消年终评选先进的资格；

（3）当月旷工3天及3天以上者或一月内两次旷工者，退回总公司待岗。

××工程监理办公室

二〇××年×月×日

［点　评］本案例给出了一个远离本省、外出作业的现场监理机构的考勤制度，规定了工作时间的请假事项，规定了休假探亲的请销假手续，规定了矿工者的处罚额度。可供现场监理机构制定考勤制度时参考。

【案例4.13-3】现场监理须知

现场监理人员须知

××省××工程施工监理项目实行两级监理管理模式，一级为总监办，一级为驻地监理办。各合同段监理组是驻地监理办的派出机构，重点控制现场的质量和进度以及与工程有关的资料。作为现场监理人员在驻地监理组长的组织、指导、协调、监督下开展现场监理的旁站、巡查、试验、计量等工作，应须知以下几点：

一、团结协作、自我保护、维护集体

一滴水虽然能见阳光之灿烂，如不容入大海，其灿烂也只能是暂时的。现场监理之间，监理员与副组长、组长之间，正副监理组长之间，现场监理与试验监理之间，都要保持亲密的、友好的团结，不相互诋毁、不相互拆台，加强监理自身人格、权益的保护，树立集体观念，不说不利于单位的话、不做有损集体信誉的事。

二、切实加强业务技能的学习和提高，努力适应监理现场工作、努力干好现场监理工作

常言道：打铁还须自身硬。业务技能是修身立业的基础，要向规范学、向图纸学、向老同志学。学要用心去体会、用脑去思考、用手去记录。学要持之以恒、要

温故而知新。要熟悉现场的地形地物、要知晓桥涵路基设计和施工状况，如填土设计多高、已填几层几米、今日填的是第几层、厚度如何、下层是否已报检等等。再如钢筋的图纸设计多少根、间距多大、直径多少、保护层多厚等等。一天要发现一个问题，一天要解决一个问题，不能飘飘然、茫茫然。每天去工地前要想一下今天应旁站什么、检测什么、督促什么？驻地组长交待的什么？去工地后要看施工是否规范、是否有序、是否按程序？离开工地后要想这段工地是否没有问题、有问题是否指出并解决了、是否需要报告驻地组长？晚上入睡前要回顾一下今天的工作是否都完成了、应抽检的抽检了吗、应填写的抽检表填了吗？应汇报的汇报了吗、应记录在本的记录了吗？明天的监理工作计划列清了吗？今天哪些话说到位了、哪些话说错了、哪些事做对了、哪些事做得不妥？

三、在明确分工的基础上各负其责、敢于负责和承担责任

分工明则责任明。驻地组长对现场监理必须明确分工，要么按施工分部（工区）分工，要么按路基、按桥涵分工。还要注意休班者走时如何交班、来时如何接班？替岗者要替好岗位，向返回者交班。正、副组长的休班更要注意有交有接。

另外，要明确授权，哪些项目或指标由监理员参加报检、进行抽检？哪些项目或指标必须由驻地组长、副组长参加报检、进行抽检？驻地组长还要思考如何评价监理员的报检旁站情况、抽检完成情况？以及如何面对监理员的旁站失误、用权失当、抽检不及时？是关门指正教育、还是在施工方面前训斥？

现场监理员要坚守工作岗位，勤于巡视、忙于旁站、善于记录和汇报、请示。要与施工方加强工作联系，取得其工作上的支持和配合，提高工作效率。在多处报检和浇混凝土旁站时，要学会安排监理规划，向有关施工分部（工区）说明你先旁站什么再旁站什么？先检什么再检什么？不要形成“找不着监理”、“监理不给检”、“监理报检摆架子”等错觉和不良影响。

当两个监理员共同负责一个分部（工区）时，本着“谁负责谁旁站，谁旁站谁签字，谁参加报检谁负责抽检及资料审填”的原则进行工作，负责路者看到桥有问题，要主动告之负责桥者，反之亦然。你负责这一路段看到另一路段施工不规范，要主动通知你的监理朋友。不得内部推脱、互不负责任。要重视过程控制，也要重视控制结果，结果分两种情况，一种是合格的、完成的结果，一种是不合格的、没有完成的结果。不论合格与否、完成与否，都要相互交流，都要向驻地组长汇报。

要敢于承担责任，勇于接受荣誉，不要轻易说“我不知道”、“我不管那段”、“那段那天不是我检的”。要会郑重地对施工方说“不行、不合格、抓紧整改”，要学会迎接检查、要善于应答领导的问话，要掌握工程进展情况和地点桩号以及结构类型等工程常识。

四、开展“回头看”活动，抓紧处理遗留问题和拖欠的工作

由于各方面的原因，有些工作可能被疏忽了、遗忘了、拖后了。从9月1日起，各监理组、各监理员要各自开展“回头看”活动，查一查哪些分项工程开工报告还没报、还没批？哪些报检的表格还没填、还没理顺入档？哪些监理抽检表还没填？哪些表格还没签字？错误的、频率不足的抽检表有没有、改了没有？个人的、监理组的哪天的日记还没写？有无错误？要检查一下哪些技术问题、变更

问题没提出？没上报？已经书面通知、批复或领导巡查工地时口头指示的技术问题、变更问题落实了没有？怎么落实的？合格与否？手续齐全与否？你监理会不会因此要承担责任？你的工作日记、书面记录能否经得起规范的检验、历史的考验？

五、严格自律，端正监理工作、生活行为，树立良好形象

公路工程监理是一项光荣的事业、光荣的工作。工程监理事业应由持有国家注册监理工程师证或交通部监理工程师、专业工程师、交通厅监理员资格的人来执业、来上岗。工程监理行为本身就是一种执法行为（执行国家建筑法、质量管理条例、监理规范、公路法等），履行的是国家质量监理、合同管理职责。所以，不论监理人员来自五湖、来自四海，代表的不是你个人，也不是你自己，你是国家质量管理条例的落实者、你是交通部公路施工监理规范的执行者、你是国家实施工程监理制度的实践者。

现场监理要有过硬的专业理论和操作能力，更要有严格的自律意识和良好的职业道德。工作要依施工图纸、技术规范、监理程序为基础，以此与施工方交流，离开技术规范、监理程序和设计图纸、建设单位的正确要求，与施工方就无共同的工作语言。既严格监理又热情服务的灵活工作作风方能迎得施工方的配合和支持，监理不应有生硬的态度、盛气凌人的作风，也不能软软绵绵、萎萎缩缩。监理与施工方打交道要有理有节、不卑不亢、平等共赢，既不能索要物品、更不可接受高档娱乐、吃请，不能索要酒局饭桌，更不可不三不四。

浇混凝土时，在工地食宿的现场监理员，还要注意办公、生活区的文明、卫生。办公桌要整齐、资料堆放要规矩。个人物品堆放要整齐、个人床单用品要常洗洁净、叠放有序文明。要做到地上无杂物、床上无杂物、墙上无杂物。要做到人去门锁、人来窗开。对待施工方来送资料、来报检等联系工作的施工员要笑迎、要让座、要和风细雨的解释、明确的指出不足、及时地退修、清晰地约定报检时间等。在施工单位的女资料员面前更要自重，言语要简洁明了、举止要大方文明，不可声高语粗、不可动手动脚、不可强留长谈。

严禁醉酒，中午不准饮酒，浇混凝土的晚间亦不准饮酒。一经发现，一是书面检查，二是罚款百元。严禁酒后闹事，严禁酒后不归，严禁酒后与女同事、女施工员独处一室。

全体监理切实加强工地人身安全，注意运输车、注意钢筋张拉、注意桩孔基坑、注意雨雾雷电，做到时时讲安全、人人防事故。

2004.09.02

[点　评] 本案例给出了一个现场监理工作须知。须知同制度，都是告诉人们应该怎样做，不应该做什么。本例强调了某一个时间跨度内工作在某一地区的监理人员怎样注意监理业务学习、监理工作方法、监理工作责任的承担等，仅供工地监理负责人参考。

4.14 工程监理工作要点的编写

一、工作要点的含义

工作要点是为了实现某一工作目的，而对计划要做的工作及步骤、方法等方面提炼出重要之点的一种计划文书。

要点就是计划的重点、主要内容。

二、工作要点的特点

1. 工作要点是一种计划性文件。

2. 与工作计划相比，工作要点是计划的提纲，比计划更加概括简要。

三、工作要点的编写要点

1. 标题

一般由制发机关、事由、文种（工作要点）三要素构成。

由于工作要点属计划性文件，因此，标题中的事由部分一定要标明年度或季度、月份等。

有时，在标题下用括号标示制发机关名称和制发时间。

2. 正文

工作要点的正文，通常包括两部分。第一部分用一段或两段文字写清某一段时间的“总目标”或“总要求”；第二部分分条目列出主要的任务、措施和方法等。一份完整的工作计划应由下列六要素组成：

（1）目标。即工作数量、质量、效果、效益、时间等。

（2）工作事项。即为实现目标需要开展的工作内容。

（3）时间。目标的实现需要一定的时间，各项工作之间相互联系，各项工作进程都要有明确的时间限制。

（4）责任部门和人员。把目标分解到具体工作部门以后，确切地指出由谁完成、由谁负责。

（5）程序。即工作步骤。

（6）工作方法。包括政策、措施、制度、方法等。

3. 落款

正文内容写完后，空几行靠右写制发时间，标全年、月、日，并加盖公章（用红头文件作载体印发的，在红头文件的落款处盖公章）。

四、编写工作要点的注意事项

1. 要从本单位、本部门的实际出发，针对本单位、本部门的工作性质、工作特点，提出科学的奋斗目标，列为计划。

2. 简明扼要，文字简练。

3. 条目式并列书写，不需要过渡句，可以使用图表（表格式）表示。

4. 必须定期检查和修订。要点一经确定，就要贯彻执行，定期检查执行情况，发现偏差或实际情况变化（如上级下级达到的指示）就应修改。

五、案例

【案例 4.14-1】中国交通建设监理协会2008年度工作要点

中国交通建设监理协会2008年度工作要点

2008年协会工作的指导思想和总体目标是：以邓小平理论和“三个代表”重要思想为指导，以科学发展观为统领，认真学习贯彻党的十七大精神，紧紧围绕建设现代交通的中心任务，深入调查研究，认真总结经验，积极推进行业自律和诚信体系建设，维护行业利益；积极组织监理人员业务培训，加强国际交流与合作，不断提高队伍整体素质；努力做好为监理企业、行业及政府主管部门服务的各项工作，为促进行业的发展和进步作出新贡献。主要工作是：

（一）组织召开协会二届二次常务理事会、二届三次理事会及杂志编委会第六次工作会议

协会拟在2008年4~5月组织召开二届二次常务理事会、二届三次理事会及《中国交通建设监理》杂志编委会第六次工作会议，总结2007年度工作，研究、部署2008年度工作目标和任务，审议有关提案。

（二）举办交通建设实施工程监理制20周年系列纪念活动

在2007年筹划的基础上，继续做好纪念活动的有关工作，包括编辑出版《交通建设推行工程监理制20周年纪念志》、组织评选突出贡献人物和优秀人物、进行中国交通建设监理20周年有关报道、召开纪念大会和监理发展论坛等。

（三）继续抓好安全、环保监理的培训考试等工作

根据部质监总站委托，协会将在总结2007年开展安全、环保监理培训、考试工作的基础上，进一步完善培训方案，继续配合各省市自治区质监站做好对已取得监理工程师和专业监理工程师执业资格人员的安全、环保监理培训工作，力争全年完成培训1.8万人科的任务；年内还将继续举办1~2期以工程项目管理为主要内容的中高级监理人员业务研修班。

与此同时，协会拟继续组织有关监理及试验检测人员进行出国考察交流和培训，学习借鉴国外先进的工程监理和试验检测技术经验，探索交通建设监理发展和加强国际交流与合作的途径，促进监理企业和试验检测单位走出国门开拓国际市场。

（四）继续开展优秀监理企业和优秀监理工程师评选活动

为表彰在交通建设监理工作中做出突出成绩的企业和人员，激励广大监理企业和监理工作者不断开拓进取，促进行业规范和谐发展，协会拟在总结评优工作基础上，2008年继续组织两年一度的优秀监理企业和优秀监理工程师评选活动。

（五）组织开展以推进新颁监理及其相关服务收费标准的施行为重点的监理市场调研

国家发改委和建设部联合发布的《建设工程监理与相关服务收费管理规定》和《建设工程监理与相关服务收费标准》的出台，为提高工程监理工作质量和水平提供

了重要保证，为监理行业的发展提供了强劲动力。协会拟组织力量，对新标准及规定的贯彻执行情况及交通建设监理市场状况开展调研，向政府主管部门提供有关材料，供决策参考。

（六）继续组织交通建设工程项目管理调研

为使交通建设监理企业更好地适应我国经济体制改革和交通建设发展的需要，了解公路水运工程建设推行工程项目管理的实际情况，促进有条件的企业向开展项目管理服务方向的发展，协会将在2006年函调的基础上，选择已经开展项目管理服务的监理企业及项目主管部门进行专题调研，就监理业务外延问题进行探讨，向政府主管部门提供有关情况、意见和建议。

（七）积极推进监理行业信用档案建设

为了更好地建立公平、公正、规范的交通建设市场秩序，根据交通部《关于建立公路建设市场信用体系的指导意见》，协会将积极配合政府主管部门做好有关工作，并拟从监理招投标、合同履约、执行国家规定的收费标准等从业行为抓起，逐步建立监理企业及监理人员信用档案。对信用差的企业、监理人员，将协同主管部门作出相应处理，并取消其参加优秀监理企业、优秀监理工程师评选的资格。

（八）继续做好信息交流服务工作

继续发挥协会网站、期刊及各分支机构简讯在提供信息交流服务中的主渠道作用，进一步加强信息联络员队伍建设和管理，使协会的信息交流服务工作上新台阶。

（九）鼓励并指导分支机构开展业务活动

鼓励协会五个分支机构根据各自的专业特点和实际情况，在加强行业自律、开展经验交流、增强自主创新能力和强化企业管理等方面进行有益探索，同时做好协会各分支机构的换届工作，共同推动交通建设监理事业的发展。

（十）认真做好部委托工作

继续加强与政府主管部门的联系、沟通，积极争取政府主管部门的支持和帮助，并做好有关准备，努力完成政府委托交办的各项任务，积极协助做好监理企业资质初审，监理及试验检测人员执业资格考试的有关考务工作以及资质证书制作等工作。

（十一）加强协会秘书处自身建设

按照“以有为求有位，以自律求自强，以创新求发展”的原则，把加强能力建设作为协会秘书处自身建设的长期任务，在观念创新、管理创新、制度创新上狠下功夫，着重提高协会秘书处的服务能力、协调能力、创新能力、自律能力和积累能力，加快协会工作人员专业化、职业化进程，努力建设服务型、学习型、进取型、自律型和和谐型协会，使协会真正成为交通建设监理人之家。

【案例4.14-2】质量监理要点

冬季混凝土工程施工质量控制的检查要点

1. 原材料的检查要点

（1）用于中高标号混凝土的砂子是否符合中、粗砂标准？含泥量是否已检且不超标？是否覆盖防雪防冻？拌合混凝土前是否实测其含水量并据此调整了施工配合比？

(2) 碎石粒径、含泥量是否合格？是否有冻块？拌合混凝土前是否实测其含水量并据此调整了施工配合比？

(3) 拌合用水是否有条件加热？混凝土用水加热温度是否在40～50℃之间？水泥浆用水加热温度是否在30℃左右？

(4) 防冻剂是否已采购？是否与防冻混凝土配合比设计中相一致？如何称重控制其用量？是否每盘料均掺加足够？

2. 施工工具仪器设施的检查要点

(1) 拌合场、施工现场是否有温度计？数量是否满足每片梁板不少于3支？

(2) 拌合场、施工现场是否有坍落度混凝土试模？混凝土试模对于承台、系梁是否有2组？对于蒸养梁板是否有5组？监理员是否同意和知晓其制作组数和存养地方？

(3) 钢模板是否事前覆盖保温和预热？覆盖或包裹措施如何？

(4) 混凝土运输车的保温措施是否包裹？

(5) 砂石料、水泥、水的供应存储量如何？电是否正常？

3. 施工项目的检查要点

(1) 施工方申请施工的项目是否是总监办下达冬季停工令的允许项目？是否是经过有关方面口头批准的工程项目？

(2) 现场施工条件是否具备？如不具备，即使是批准施工的项目也不得进行。监理组是否进行了提前检查和通知项目部？

4. 施工过程中的检查要点

(1) 施工现场是否有项目部的技术负责人、质量报检人员？如其不在施工现场，是否拒绝了报检和旁站？是否明确制止了施工队的工序施工？

(2) 混凝土拌合场地监承双方是否有人在场控制和负责与施工现场保持混凝土拌合质量、运输的联系？

(3) 钢筋加工焊接、根数、长度以及预埋筋的检查？是否已报检？

(4) 模板的除锈、拼接等检查？是否已报检？

(5) 混凝土的拌合时间是否比夏秋时节的时间延长？延长了多少？混凝土的出料温度是否不低于10℃、入模温度是否在5℃以上？

(6) 混凝土浇筑是否有突然降雪的防范措施？是否提前一天收听收看了天气预报？

(7) 混凝土的振捣是否密实？是否有漏浆？是否有过振现象？

(8) 蒸养的温度是否每1h一测？升降温速度是否满足规范？蒸养是否在48h以上？养生暖棚的最终撤离的内外温度之差是否在5℃以内？监理是否参与了温度控制？

(9) 同条件养生的试块（包括用于张拉、放张、压浆后移梁或压浆后防水泥浆受冻的所有试块）是否在现场制作？是否同条件养生？是否标志了梁板号及施工时间？堆放是否整齐？用于张拉或放张前，是否按驻地监理办印发的《试块压制传递单》传递试块和监督压制？经压制是否达到张拉或放张条件或压浆后的移梁条件？张拉是否有正规的原始记录本、保存是否完备？

(10) 后张法箱梁的压浆是否符合规范？压浆的水泥浆的拌合温度是否在10～

20℃之间？压浆时的梁体温度是否达到了5℃以上？压浆前是否先行对梁体蒸养3h左右使之温度达20~30℃之间？是否进行温度实测（每1小时）？是否保持5℃以上？是否有记录？记录表格是否装订成册？压浆后的梁蒸养是否在48h以上？

（11）同条件养生的试块是否放在梁板的最后浇筑部位且温度最低处？

（12）梁板拆模后的观察，是否因蒸养有裂纹？顶、底板是否有裂纹？是否标志了梁板号、桥号及浇筑时间？

（13）梁板的移动、存放时间及其支撑平整牢固情况？梁不准超过2层、板不准超过3层，现场是否如此？

（14）混凝土的浇筑、钢铰线的张拉、钢铰线的放张、管道压浆等过程，施工方是否提前一天通知了监理员？监理员是否及时参加了现场的检查和旁站？

（15）钢铰线的张拉、钢铰线的放张、管道压浆必须在每日上午8时后下午17时前进行，混凝土的浇筑必须在每日上午8时后下午14时前开盘浇混凝土。现场坚持的怎么样？

第一驻地监理办

2004.12.27

［点　评］本案例中给出了两个要点类文件，一个是中国交通建设监理协会编制的2008年工作要点，其中列出了11项大的工作内容，条目清楚，要点简练。第二个是驻地监理办编写的某工程施工项目冬季混凝土工程施工质量控制的检查要点，从原材料的检查、施工工具仪器设施的检查、施工项目的检查、施工过程中的检查等4个方面分列了26个具体工作，使得现场监理人员一目了然，便于自我思考、自我检查、自我落实。仅供现场监理人员参考。

4.15 工程监理大事记的编写

一、大事记的含义

大事记是以时间为顺序、用简明扼要的文字，如实记载和反映一个单位或个人在一定时间内发生的重大事项或重要活动。

一般地说，大事记是指反映和记载一个部门、一个单位的重大公务活动或一个人的重要情况，用编年体的形式、用简明扼要的文字按年月日的顺序进行系统记载的一种文体。它是非正式的、内部使用的公文，是对史实的客观记载，并不是事事都记。

二、大事记的特点

1. 记事性，按年代先后记事，在一年内按月日的先后顺序编排。
2. 编年体，以编年体的形式记载事件。
3. 语言简明、凝练，尊重客观事实。
4. 史料性，是事件发生、进展、变迁、结束的重要史料，具有历史参考价值和备查作用。

三、大事记的种类

1. 综合性大事记

一般用于一级政府、一个企事业单位、一个组织在一个年度以内的重大活动的记录。又称为大事年表。

2. 专题性大事记

一般用于特别的专题的大事的记录，时间跨度不一定是一年，可能是几天也可能是一年以上，要视大事的发展变化过程、时间范围而定。

3. 条目式大事记

在专题性大事记的基础上，加上条目顺序号。

四、大事记的作用

1. 能反映工作进展性况，便于了解掌握工作情况。

2. 具有“备忘”作用，以使有关活动、工作连贯地进行。

3. 为其他公文的撰写提供参考资料。

大事记，本来是历史学研究整理时使用的一种方法，有时也叫“编年史”。

五、大事记的编写要点

1. 标题

第一种，综合性大事记的标题，包括单位名称、时间跨度和文种三个部分。例如，《××工程总监办关于×××住宅小区工程监理大事记》。

第二种，专题性大事记的标题，包括单位名称、内容名称和文种三个要素，可以不写时间。如：《东北市人民政府2005年大事记》、《第二驻地监理办×××工程试验监理大事记》。

2. 正文

正文是大事记的关键部分，包括大事时间和大事内容两部分。一般采用分条式、每条用一句话按时间的先后顺序将本单位所发生的大事要事记清楚、记完整。每条独立一段。

写作时要遵循一事一记的原则，用简洁凝练的文字写清楚什么时间发生了什么事？这件事是发生在什么地方、是谁做的、有什么特点、有什么意义等。另外，如果所记的一个事件不是一天内发生或完成的，则要写清事件持续过程的起止时间。

3. 内容

大事记的内容一般包括下列情况：

第一，关系本单位全局的大事、要事，对本单位有影响的事件；

第二，本单位的重要活动及上级领导对本单位的视察活动；

第三，本单位的重要会议。例如，第一次工地会议、经常性工地例会、专题协调会、约见项目经理会议、质量事故分析会议等；

第四，本单位的组织变动领导的任免。例如，专业监理工程师的更换、总监理工程师代表的更换；

第五，本单位发出的重要文件、下达的重要指令、开展科研的成果、参加的外事活动等。

六、编写大事记的注意事项

1. 要真实

编写大事记必须坚持客观求实的原则，要尊重历史事实，反映事件真相。与事件有关的人、事、时、地、数字等都要真实准确，不能凭空臆断，不能根据道听途说去编造，否则，大事记就失去了应有的价值。

2. 要完整

从时间上要完整，不要间断；从事件上要完整，反映出大事记发生的起因、过程、涉及的人员和结果，不要遗漏重要事件；从要素上要完整，不要忽视事件的起因、过程、有关的部门人员和结果等。

3. 要突出，不能记成“流水账”

俗话说，大事记记大事，不能事无巨细。工程监理过程中的大事记应主要记载以下事项：

（1）全国、全党、全省、全市、全县的大事在本单位的反映；

（2）本单位召开的重要会议情况；

（3）主要监理人员的增加调整情况；

（4）印发的重要文件、监理工作指令、监理备忘录，编写的主要监理记录表；

（5）阶段性、标志性工程的交工验收、交付使用情况；

（6）本单位主要负责人参加的重要会议、活动、外出参观、讲学等；

（7）上级机关和上级负责人到本单位、本工地的检查指导情况；

（8）上级领导在本单位召开的现场会议、经验交流活动等。

4. 要陈述，不要评论

大事记具有很强的概括性，简明扼要是其写作要求，详细情况可查阅当时的有关部门的有关文件有关报纸有关档案等。

5. 要及时，有则记，无则不记

大事记必须随时记载，做到当日事、当日毕、当日记。每月底或每年底及时统计汇总，认真进行筛选，确保大事记记大事。

6. 要注意时间顺序

形式上要按年、月、日的时间前进顺序记录，切忌时间颠倒。

七、案例

【案例 14.5-1】党政机关大事记

中共中央十三届四中全会以来大事记

2001 年

1 月 8 日—11 日　全国宣传部长会议举行。江泽民在会上讲话，指出要在全社会大力宣传和弘扬为实现社会主义现代化而不懈奋斗的精神，强调要把依法治国和以德治国紧密结合起来。

2月19日　中共中央、国务院举行国家科学技术奖励大会，授予吴文俊、袁隆平2000年度国家最高科学技术奖。根据中共中央、国务院的决定自2000年起设立国家最高科学技术奖。

2月28日　九届全国人大常委会第二十次会议通过修订的《中华人民共和国民族区域自治法》。

3月5日—15日　九届全国人大四次会议举行，会议通过《中华人民共和国国民经济和社会发展第十个五年计划纲要》。

…………

【案例4.15-2】专题大事记

下面将2005年4月29日《中国交通报》编印的《润扬大桥通车纪念特刊》中的主桥主跨长达1490m的江苏镇江扬州长江公路大桥——润扬大桥的“档案成长史”摘录如下：

1992年11月，江苏省交通计划设计院开始进行镇江扬州长江公路大桥预可行性研究工作。

2000年3月2日，国务院总理办公会议讨论通过《镇江扬州长江公路大桥工程可行性研究报告》。

2000年10月13日，国家计委以计投资［2000］1674号文批准了镇江扬州长江公路大桥开工报告，并正式确定桥名为“润扬长江公路大桥”。

2001年2月1日，悬索桥北塔工程和斜拉桥工程开工。

2001年10月28日23时58分，悬索桥北锚碇地连墙施工胜利完成。

2002年8月13日，斜拉桥开始吊装第一块钢箱梁。

2003年1月28日，斜拉桥合龙。

2004年1月20日，悬索桥钢箱梁开始吊装。

2004年4月1日，机电工程开工。

2004年4月7日，悬索桥合龙。

2004年4月8日，钢桥面铺装开始。

2004年4月13日，钢桥面铺装结束。

2005年4月18日，通过交工验收。

2005年4月29日，竣工通车。

【案例4.15-3】条目式大事记

三峡工程大事记（摘自齐鲁晚报2006年5月20日第二版，据新华社）

一、1992年4月3日，七届人大五次会议表决通过《关于兴建长江三峡工程的决议》。

二、1994年12月14日，三峡工程正式开工。

三、1997年11月8日，三峡工程实现大江截流，标志着一期工程完成，转入二期工程建设。

四、1997 年 12 月 11 日，三峡工程左岸浇筑第一方混凝土。

五、1998 年 5 月 1 日，三峡工程临时船闸正式通航。

六、2002 年 3 月 24 日，三峡库区二期移民大清库全面启动。

七、2002 年 10 月 26 日，全长 1600 多 m 的三峡大坝左岸封顶，达到 185m 的设计高度。

八、2002 年 11 月 6 日，三峡工程导流明渠截流胜利合龙。

九、2003 年 6 月 1 日，三峡工程正式下闸蓄水。

十、2003 年 6 月 16 日，三峡永久船闸式通航取得成功。

十一、2003 年 7 月 10 日，三峡工程第一台发电机组实现并网发电。

十二、2006 年 5 月 20 日 14 时，三峡大坝右岸大坝浇筑完成，达到 185m 设计高程，全长 2309m 的大坝全线封顶。

【案例 4.15-4】 工程监理大事记

××高速公路第一监理办工程监理大事记

（一）1997 年主要大事

1. 3 月 1 日，由××市交通工程监理公司组建××高速公路一合同监理办，19 名监理到岗。

2. 3 月 17 日，市监办主持召开第一次工地会议，市监办张××副主任代表黄总监宣布王×任驻地工程师、张××任副驻地工程师。

3. 6 月 16 日、26 日，市政府王××市长察看工地并现场办公。

4. 7 月 16 日，省交通厅段××厅长、省重点办等领导视察工地。

（二）1998 年主要大事

5. 1997 年 12 月 31 日，总监理工程师黄××任命×××任一合同驻地工程师并授权。1998 年 1 月 16 日以新老驻地交接为重点，召开了一次特别工地会议，议定×××同志自 1998 年 1 月 16 日开始负责一合同的全面监理工作。

6. 3 月 10 日，市监理公司张××经理、李××书记到工地检查监理工作，并强调以质量控制为核心，加强监理队伍建设。

7. 4 月 25 日，市府王××市长、交通委刘××主任检查工地。

8. 5 月 21 日，省交通厅王××厅长视察工地。

9. 7 月 15 日，省指挥部刘××主任陪同省建委葛××主任视察工地。

10. 7 月 29 日，总监召开 1～9 合同驻地会，总结上半年工作，布置下半年工作重点。

11. 8 月 4 日，交通部黄振东部长视察工地。

…………

（三）1999 年主要大事

16. 1 月 30 日，省办、总监代表处联合召开 1998 年总结表彰会，一合同监理办被省指挥部评为“先进监理单位”，撒××驻地监理工程师被省指挥部评为“先进个人”，张××、李××被总监办评为“先进工作者”。

17. 3 月 9 日，市人大孙××主任、徐××、刘××主任视察一合同工地。

18. 5 月 5 日，省政府李××省长视察建设情况。

19. 6 月 20 日，省交通厅质监站组织有关方面进行交工验收。

20. 7 月 6 日，全线竣工、剪彩通车。

[**点　评**] 本案例给出了四个大事记文件，分别是党政机关大事记、润扬大桥专题大事记、三峡工程大事记、监理办工程监理大事记，四个大事记文件的条目、文字、风格等各有特点，但都把本单位、本项目的大事记载下来了。可供工程监理人员编写工程监理活动大事记时参考。

4.16　工程监理会议材料的编写

召开会议是工作的一种手段，大凡会议都要有人讲话、有人发言。就会议发言材料而言，大体包括经验交流会议材料、工作会议材料、研讨会议材料等。

一、经验交流会议发言材料

1. 含义及其特点

经验介绍是总结、交流、推广各种经验时所写的文字材料。其特点是：

（1）典型性，即代表性。具有一定典型意义和普遍的指导作用，可供同类单位、人员学习和借鉴。

（2）经验性，即抓住突出特点。总结出带有本质和规律性的东西，而不是把那些表面的、偶然的和孤立的现象交给人们。

（3）观点和材料的统一性。即总结的经验。观点要正确、集中、突出，材料要生动、具体、真实，而且必须做到观点和材料的高度统一。

2. 分类

（1）侧重于经验介绍的总结、会议材料。

（2）侧重于介绍先进事迹的材料。

（3）经验介绍与事迹介绍并重的总结、会议材料。

3. 写法

（1）标题。一般情况下，标题有三种形式，一种是完整式标题，写明单位名称、主要内容、文种（经验介绍）。第二种是简单式标题，直接书写“在××会议的发言”。第三种是用主、副标题。

（2）署名。在标题下方，署上单位名称或单位名称、个人姓名。

（3）正文。开头一般介绍基本情况、工作成绩或提出问题，并略加阐述。主体部分介绍基本经验、做法、措施、效果等。

（4）结尾。结尾要展望未来，表决心或写几句谦虚的话等。如是会议发言，其后应书写“谢谢大家！”。

（5）时间。正文之后注明经验材料的写作时间。

4. 注意事项

（1）要占有先进经验材料，精选材料，先进经验材料要真实可靠、实事求是。

（2）题目的内涵要小。内容要有针对性，不要面面俱到，要写出特色。

（3）要层次分明，结构严密，论点紧扣中心，不落俗套。

（4）要用事实、数据说话，有点有面、点面结合。

（5）要谦虚，不要张扬，更不要用教训人的口吻，不要贬低他人。特别是先进人物自己介绍经验和事迹时，不要去同不如自己的人作对比。

（6）要用通俗易懂的语言，表达生动。

二、会议讲话材料

会议报告和讲话稿都是在群众集会或重大会议中发表讲话的文稿，是进行宣传和在工作中经常使用的一种文书。

一篇好的讲话稿，可使讲话人在讲话时胸有成竹，讲得主题鲜明、条理清楚、重点突出、首尾章全。讲得全面、准确、生动、感人，使听众受到很大的启发、教育、鼓舞。

（一）讲话稿的准备工作

原则上应由讲话人自己起草，目的是充分表达讲话的思想和意图。但也离不开有关部门、人员配合。也可以由秘书班子写作，讲话人定稿。

一篇带有指导性的讲话稿，总要提出问题、分析问题、解决问题。

（二）写作要求

1. 深刻领会法规要求和上级精神

2. 准确鲜明，实事求是。在提出看法时，应持客观态度，不夸大不缩小，不自以为是，努力做到与实际情形相符合。在叙述事实时，要尊重客观事实，一是一，二是二，不要粉饰。要在全面看问题的基础上突出重点，两方面看问题。态度要鲜明，是赞成反对，还是表扬批评，都要讲得清楚明白，不能只讲问题，不讲解决要求、方法。

3. 提倡说短话，要简明扼要。无论是叙事还是说理，要直截了当，不要说与主题无关的话，更不要作一些不必要的解释。

4. 要适当口语化，避免使用文言和生僻字。

（三）讲话稿的特点

1. 针对性。不同层次的会议、听从，要撰写不同内容和口气的稿子。

2. 鼓动性。鼓舞人心，调动听众积极性。

3. 演讲性。表达要讲艺术，语言通俗流畅，富有节奏和变化。

（四）会议报告和讲话稿的种类

主要有：开幕词、主报告、领导人讲话、大会发言、总结报告、闭幕词、代表发言等，这都是会议文体。

在工程监理活动中，经常接触到的会议文体有领导讲话（如总监理工程师、驻地监理工程师、监理公司法人代表）、总结报告、大会发言、代表发言等。

1. 领导讲话稿

应指明会议的重要性、召开的背景，对有关工作做适当的评价并指出目前存在的问题和今后发展方向，指出会议应当研究讨论的中心问题，说明有关方针、政策、精神和解决问题应遵循的原则，以及对会议的要求希望等。具体可分为宣传鼓动性讲话、分析指导性讲话、总结评论性讲话三种。

（1）宣传鼓动性讲话。在誓师会、动员会、庆祝大会、成立大会、群众集会上运用较多的是宣传鼓动性讲话稿，以思想的宣传和精神的鼓舞为主，一般不作指示、不安排工作，以唤起听众献身工作的热情为目的。

（2）分析指导性讲话。这种讲话针对某项具体工作、某一些问题进行深刻的理性分析、安排工作。

（3）总结评论性讲话。总结会、表彰会、经验交流会、办公会议、工地例会及大会闭幕式上的领导讲话侧重于总结评论。

2. 工作报告

工作报告是会议的主要项目，主要是向本系统的领导和群众汇报工作、传达上级领导的文件和重要指示、部署工作和提出下一步工作目标、动员单位职工完成某重要任务等。可分为汇报性工作报告、传达性工作报告、部署性工作报告、年度工作报告等。

3. 大会发言稿

大会发言应事先写好讲稿或提纲，一般不要即兴讲话。根据大会安排进行工作汇报和经验介绍等。

（五）领导讲话稿的编写要点

1. 标题、日期

一是单标题，由讲话人姓名、会议名称和文种（讲话）组成、也可以省略讲话人姓名。

二是双标题，将主要内容概括为一句话作主标题，再将讲话人姓名、会议名称、文种组成副标题。如《把教育工作认真抓起来——邓小平在全国教育工作会议上的讲话》。

在标题之下，书写讲话当天的日期，加括号居中。

2. 称谓

根据会议性质、与会者身份，分别使用“同志们”、“女士们、先生们”等，后加冒号。

3. 正文

（1）引言。讲话稿多有引言，引言有多种写法：

一种是强调时间、空间，宣染或描述场面。庆祝大会多用。例如，1999 年 12 月 20 日江泽民《在中葡澳门政权交接仪式上的讲话》的引言：

今夜月明风清，波平如镜。中葡两国政府在这里举行庄严的澳门政权交接仪式，宣告中国政府对澳门恢复行使主权。历史将永远记住这一举世关注的重要时刻。

一种是表示慰问和祝贺。上级领导出席下属部门的会议时讲话多用。

一种是开门见山、提出核心话题。在传达精神、布置工作的会议上讲话时多用。

（2）主体。主体是讲话稿的核心部分。

（3）结尾。讲话稿一般要有结尾，或总结全文做出结论或表明态度，或提出希望要求，或鼓励，或以“谢谢大家”结束。

4. 落款

一般无落款。

（六）发言稿的编写要点

领导人在会议上的发言称为“讲话”，而一般与会人员在会议上发表的书面或口头言词为“发言”。发言稿与讲话稿的写法基本一致，但也有不同：

1. 标题

发言稿的标题由于某种原因发言者、会议名称、发言内容和文种（发言）四部分组成，有时也仅标明发言者、会议名称和文种（发言）。也可以在标题下用括号注明发言的日期。

2. 正文

发言稿的正文一般有三部分内容。

第一部分相当于“前言”或“序”，俗称“开场白”。一般写发言的缘由、引入正题。也有的开头用“各位领导、同志们”之类的称谓。

第二部分是发言稿的主体部分，写发言的具体内容。

第三部分结尾，可以概括自己的观点、表达决心或谦虚之词“谢谢”。如以上汇报，希望得到与会领导、专家们的指正。我们将认真学习兄弟单位的先进经验，进一步控制好桥梁的桥面铺装工程质量。

3. 落款

在正文之后偏右位置，书写发言人姓名、日期。

三、案例

【案例 4.16-1】先进工作者代表在表彰大会上的发言材料

努力干好一个监理工程师应该干的工作

各位领导、同志们：

我叫×××，现任××高速公路五合同段副驻地监理工程师。在领导的关怀和同志们的帮助下，在××公路开工的第一年里，干了一点监理工程师应该干的工作，总监代表处表彰我为先进监理工作者。借此机会，我向各位领导和同志们作一汇报，请批评指正。

一、积极适应社会化监理，全身心地进入××工程监理角色

大家知道，××高速公路是山东省继济青高速公路通车之后的又一条现代化大通道，是在我国结束了“要不要修建高速公路”的大讨论，进入“必须大力发展高速公路”的市场经济条件下开工建设的。我作为一名年轻的公路工作者有幸参加了济青高速公路的全过程监理。1994 年 7 月 25，我又一次迎来了参加高速公路工程监理的机会，作为××市交通工程监理公司的派出代表参加了××高速公路五合同段的标前会议和现场考察；10 月 18 日，我来到了五合同段工程所在地××县，从此，年轻的我进入了××高速公路的监理角色。

进入××高速公路工地后，总监理工程师任命我担任五合同监理办的副驻地监理工程师，××监理公司又根据工作需要让我协助驻地监理工程师李××同志开展监理工作的同时，具体承办合同管理工作，我感到肩上的担子很重。于是，我就抓紧时间学习××高速公路的合同文件和技术规范，并与济青公路的合同文件和技术规范对照比较加深理解，同时把要点整理成一本本笔记。另外，我还利用远离家庭、时间充足的夜晚，学习了《建设监理理论与操作手册》、《公路工程施工监理实务》

和《高等级公路建设与管理》等业务书籍，其中我把邹家华副总理为《高等级公路建设与管理》一书所序言（《中国需要发展高等公路》）的最后一句话：“要提倡一种作风：要么不干，要干就要干好”作为自己参加××公路工程监理的座右铭，时刻告诫自己要注意××公路的监理模式并非FIDIC，而是社会化监理。社会化监理就不同于FIDIC模式，也不会有FIDIC监理模式下的监理条件，更不能照搬FIDIC监理模式的方法和程序，而是既要完成项目建设单位委托的“三控制、两管理、一协调”的监理服务活动，又要为施工单位提供“监帮结合”的热情服务。也就是说，严格监理加热情服务等于社会化监理。明确了这些道理后，我增强了干好××高速公路监理工作的信心。当我看到我的周围有具有丰富施工经验的李××同志，还有参加过济青公路监理的年轻同志的时候，我又增强了勇挑重担的决心。

二、履行合同、执行规范、努力完成三控制两管理任务

在工程开工前期，我在驻地监理工程师的指导下，与全体监理一起，认真学习合同条件，学习技术规范，学习总监代表处编发的监理程序，学习监理职业道德，端正监理行业作风。在熟悉施工图纸和施工现场之后，绘制了上墙图表，协助驻地监理工程师召开了第一次工地会议。

工程开工后，质量就是监理工程师的生命。基于这一认识，我抓住质量控制不放松，协助驻地监理工程师李××向施工单位进行技术交底、搞预先提示；配合现场监理加强工序旁站和交工验收，使路基土方松铺厚度和压实度、小型结构物平面位置和外观质量、桥梁混凝土强度得到了有效控制。一年来，五合同段所完成度计量的工程项目合格率达到了100%，杜绝了不合格工程，避免了质量事故。

工程进度作为第二监控任务，在监理工作中也非常重要，进度对建设单位和施工单位是效益，对社会监理单位来讲是效益。因此，在进度监控方面，我作为合同管理项目工程师，主要是帮助、指导施工单位编制年度、季度和月施工计划，在审查并经驻地监理工程师、总监代表处批准后，积极帮助施工单位落实并监督执行。一年来，共参与审查月计划12期，季度计划4期，并提出了增加施工资源投入、化小施工段和集中作业等合理化建议。同时，针对1995年雨季较长，压缩了有效施工时间的实际，在总监代表处和建设单位的指导下，协助施工单位对年度施工计划进行了两次科学的调整，至年底实际完成工作量达5548万元，占合同价的33.4%，为三年内完成××公路创造了良好的开端。

工程投资控制是项目建设单位、施工单位和监理工程师共同关心的一个问题。用较少的投资在合同工期内为项目建设单位购买一个合格的公路工程“产品”也是监理工程师的一个主要职责。我认识到工程投资控制的重要性后，时刻要求自己正确理解和行使合同条件赋予的计量支付权、工程变更权和索赔审批权。首先，我认真学习了合同条件中有关计量支付、索赔、预付款和调价等内容，做到准确掌握、严格执行，做到合同外支付有手续，合同内支付有规定。其次，根据××公路工程计量的“计量单附件”。再次，我在项目工程师的配合下，建立了工程进度统计台账、计量支付台账和工程索赔台账。另外，还绘制了工程总体进度S曲线图、分项工程形象进度斜线图。一年来，我在驻地监理工程师的指导和支持下，与道路项目工程师、桥梁项目工程师共同审签中间计量单1793件无差错，审核的

11期支付申请、编制的11期支付证书及其系列报表达到了总监代表处提出的“准确无误、公正及时、符合合同”的要求，顺利通过了省办、市办根据合同条件第56.2条规定进行的计量检查和监督，既维护了建设单位的利益，又维护了施工单位的合法权益。

作为社会化监理属性的××公路监理，不仅要为项目建设单位负责担质量控制、进度控制和投资控制，还要为项目总监负责。在这方面，我与驻地监理工程师一起认真接受了总监及总监代表处的指令和指导，定期不定期地向总监报告合同段施工及监理情况。一年来，我主持起草并编写了12期“监理报告”，为总监理工程师准确掌握工地施工及监理情况提供了第一手资料，得到了总监代表处的肯定。

三、树立监理工程师的良好形象，带一支优秀的监理队伍

作为五合同段监理办的副驻地监理工程师，不但要身先士卒地干好监理工作，还要尽最大努力做好监理人员的思想工作和生活服务工作。在这方面，我以驻地监理工程师李××为榜样，首先要求自己端正监理作风，带头履行监理职业道德。在具体工作中，做到严格依据合同条件和技术规范的规定开展监理工作，对待承包单位提出的一些合同问题和技术问题，只要合同条件和技术规范有明确的规定，就立即在规定的时限内给予办理；对那些没有规定的事项，做到逐级请求，待批复后再予办理。同时，我还注意发挥现场监理的主观能动性，注意监理人员第一次迈出家门、远在他乡进行监理工作的实际情况，与驻地监理工程师一起合理安排他们的休班，做到既要干好工作，又要休息好、照顾好家庭。同时，我还积极与现场监理开展文体活动，与现场监理在工地上共庆中秋节、国庆节和元旦。今年“七·一”还和现场监理一起在工地上载歌载舞庆祝建党74周年，既活跃了工地生活，又提高了监理队伍的凝聚力和战斗力。在我的带领下，工地上涌现出了许多好人好事，有的现场监理为了确保大体积混凝土的浇灌质量，坚持旁站十几个小时不五下岗。再次，正确的处理了监理与施工单位的关系。监理工程师与施工单位的关系，虽然是“监理和被监理”的关系，但是，合同条件赋予了监理工程师一定的决定权和否定权。面对监理职权的考验，我从进入工地的第一天起，便于要求自己正确的行使手中的监理权限。我知道，监理手中的权力，只是为宗成建设单位委托的“三控制、两管理”服务的，而不能用以牟取个人私利。一年来，我和全体监理部都未向施工单位要这索那，也没有向施工单位介绍劳务队伍、推销筑路材料，拒绝吃请十余次，树立了监理工程师的良好形象。

各位领导、同志们：一年来，我在各级领导的关怀支持下，在驻地监理工程师和同志们的帮助配合下，在××公路监理岗位上干了一个监理工程师应该干的工作。我清醒地认识到：要干好××公路监理工作还要下大力气。在新的一年里，我决心严格履行合同，认真执行技术规范，努力提高工程监理理论和操作能力，圆满完成建设单位委托的、总监理工程师安排的“三控制、两管理”工作，向业主、向总监、向××市监理公司交一份优秀的答卷。

××公路五合同监理办　×××

一九九六年元月十八日

【案例 4.16-2】工程质量现场会发言材料

在某某城市主干道工程质量现场会上的发言

第一驻地监理办高级驻地×××

（2004 年 7 月 8 日）

各位领导、各位专家：

第一次工地会议宣布全线进入正式开工状态的动员令还在耳边回响，50 天后的今天我们又相聚在第三合同段，总结成绩、查找不足、交流经验、奋战明天。

大家知道，合格的工程质量是施工单位“干”出来的，优良级工程是监理工程师“监理”出来的。前一阶段，全线各个施工合同段在建设单位、总监办的全面指导、协调下，都不同程度地展开了施工作业面，工程质量、进度、投资均处于受控状态。在 6 月份质量目标考核大检查后，建设单位、总监办之所以选定在 V3 合同段召开一次质量现场会，我想与 V3 合同的路基原地面处理、路基填筑、桩基施工、箱构施工暂时走在了全线几个合同段的前面不无关系。

作为监理 V3 合同的第三监理组和监理 V1、V2、V3 合同段的第一驻地监理办，建设单位和总监办委托我代表监理工程师在这次质量现场会上做经验介绍，诚感惶恐。下面我就做一下情况介绍和表态发言吧。

一、做法介绍

第一驻地监理办由山东××工程监理有限公司中标组建，具体负责 V1、V2、V3 三个合同段的路基桥梁监理任务和 E8、E9 两个合同段的路面工程监理任务，下设 V1、V2、V3 合同三个驻地监理组，监理路线全长 35.6km。自 4 月 2 日进驻 PP 省后，在工程质量控制方面的监理做法主要是“狠抓五项工作、坚持三不放过”。

做法之一：狠抓五项工作

一是狠抓质量保证体系的建立健全和技术力量的履约到位。工程质量控制是一项系统的、持久的控制过程，人的因素排列在影响工程质量的五大因素（人、机械、材料、方法、环境）之首。在工程施工准备阶段，我们在总监办的领导下力促施工单位建立健全工程质量保证体系、自检体系，对照投标书查对施工单位实际到位的技术力量，经检查发现大多数合同段项目经理部的主要技术力量与标书不一致，突出表现在主要负责人更换、主要技术力量不到位、承诺数量不落实。针对这一情况，在东河公司 4 月 16、17 日召开的施工单位承包合同澄清会上，我们协助建设单位进行了重点澄清和明确。在 4 月 27 日的合同签约仪式上，更换的项目经理、总工均已到位。在工程实施过程中，我们对施工单位的技术人员、试验人员进行了业务技能考试，通过考试了解了技术力量状况，对考核不合格的部分技术人员要求项目经理予以调换，并对《监理实施细则》进行了相应的调整，根据施工技术力量状况派出了不同工作作风和管理经验的驻地组长。对个别合同段不按合同承诺调集试验室主任、而到位的试验室主任又不能胜任当前工作的实际，多次找项目经理交换意见，直至报告总监办，使问题得到了初步解决。但能否实现承诺仍待观察。

二是狠抓质量监控的基础性工作。质量监控的基础性工作主要包括工程测量、工程材料选定、配合比设计、机械组合、工艺流程等几个方面。我们深知，这些基础性工作监控不好，监理力量配备再强、每天即使坚持 24 个小时的旁站巡查，也难以保证监理工作的有效和工程质量的合格。

由于种种原因，导线点、水准点成果的提供直至6月21日设计院方正式提交，在此之前提交的成果或因导线点丢失、或因水准点位移，均不同程度地影响了复测。为做到早开工作面，我们第一驻地监理办在总监办测量工程师的指导下采取分段复测、分段成果平差的方式，联测了导线、水准点，保证了构造物的强夯、局部路段的冲压和填土。6月21日正式提交测设成果后，我们又与三个项目部一起进行了系统测量、平差计算，在确认符合精度要求的情况下批复各施工单位据以布设平面位置和纵断高程，为全面开工创造了条件。

××城市主干道工程地处湿陷性黄土地段，沿线砂石材料缺乏，水泥、钢材运距较远。是建设单位急施工单位之所急，通过广泛征求意见和竞标，成功地实行了全线主要材料的供应商采购，竞标成功的供应商及时与各施工单位签订了水泥、钢材、橡胶支座等供应合同。作为用量颇大的砂石材料，各施工单位一进场便与监理组长联系，共同远赴王开、近去汾河，考察料源、选定料场。在材料进场过程中，坚持按《技术规范》规定的频率督促施工单位自检，同时进行了抽检，对抽检不合格的原材料坚决不予进场，已经进场的坚决予以清除。截至目前，因砂的含泥量超标、碎石的粒径偏大（桩基）等原因，共清除600多m^3。

灰土配合比、混凝土配合比的设计质量直接决定着工程的质量、投资和能否尽早施工。我们第一驻地监理办进驻工地后，本着试验先行的原则，在总监办中心试验室的指导下，及早进行了箱构灰土垫层的配比、最大干密度试验和桩基（挖孔、钻孔）混凝土、箱构台身混凝土、立柱、盖梁及空心板的混凝土配比设计，并同时进行了平行试验，按监理权限划分进行传递报批，有效地保证了工程的连续施工。

施工机械的选型与组合、现场施工工艺流程的确定将影响着现场各施工工序的正常持续施工，但往往被施工单位所忽视。对此，我们在审批分项工程开工报告时，重点审查施工机械的组合和工艺操作流程的逻辑性。如路基冲压，我们要求冲压路段不能小于200m，因为没有一定的行驶速度将达不到相应的冲压效果。对于强夯，在强夯前我们都是爬上塔架丈量重锤的落距，以确保夯击能不少于2500kN·m。

三是狠抓监理程序。监理程序是约束施工行为、衡量监理是否尽职尽责的程序性文件。忽视监理程序就意味着忽视工程质量、就有可能发生质量问题甚至质量事故。工程开工之初，V3合同段曾一度有忽视监理程序的现象，不经驻地组长审查就随意施工，驻地组长李京文同志巡视工地发现后，毫不客气地向项目经理指出了违背监理程序引起返工整改的事实。经双方沟通，项目经理认识到监理程序是约束各施工分部、各工区规范操作、文明施工的尚方宝剑，随后项目经理带头执行监理程序，体会到了只有执行监理程序才能保证工程质量，执行监理程序不但不会影响进度还会促成进度。因为，没有质量的进度是零甚至比零还要糟。

四是狠抓质量报检，一手抓质量一手催资料。工程质量报检是分项工程中间质量验收的重要一环，一方面检验实际的工程质量，另一方面通过报检促使内业资料的填写整理和装订。实事求是地说，忽视报检工作、忽视报检资料的现象普遍存在，我们通过印发文件、下达提示和现场示范等形式，从工程开工之初，就督促规范工程报检工作，使得施工单位由被动接受变为自觉执行。V3合同驻地监理组为避免施工单位报检时在现场监理和驻地监理组长之间钻空子，规定自检合格后由各分部施工技术负责人向相应区段的现场监理报送“监表5”，由监理员接受并初验，之后报告驻地监理组长共同现场实测验收。验收合格后驻地组长认可施工下一工序并返回施工方。这样做，既增加了现场监理的责任感，又提高了其在施工方面前的权威，调动了现场监理的工作积极性，避免了监理内部的扯皮现象，也杜绝了漏检、重检现象，受到了施工单位的好评。

五是抓现场办公，发现问题及时纠偏。哪里有施工哪里就有问题。问题不怕有，就怕不能被发现、不能被解决。我第一驻地监理办在每周监理例会上都强调驻地组长一定要与项目经理、总工一起多巡查、多纠偏，采用联合办公的方式现场解决和落实。例如冲压翻浆路段的确定、低洼路段砂砾垫层的设置以及桩基钢筋笼钢筋双面焊的焊缝长度、轴线问题，都是发现在现场、解决在工地。在解决问题的过程中，强调项目经理、总工、质检科长是驻地监理工程师的对话对象而不是领工员、更不是挥锨抡锤的民工，强调一切以《技术规范》、《施工图纸》为讨论技术问题语言的基础，而不是某一省市的惯例、更不是某一个人的偏见做法。为杜绝夜间进行强夯施工、为防止桩基夜间施工发生卡管断桩事故，我第一驻地监理办与三个驻地监理组长分别组织了7次夜查，特别是灌桩时对混凝土拌合站砂的过筛、混凝土的和易性检查。

做法之二：坚持三不放过

一是自检不到位不放过。工序质量自检是施工单位实现质量控制必须履行的义务，由于工序的繁多、自检人员的不足，有时施工单位存在着自检走过场甚至不自检的现象，有时也存在着施工现场无技术员，甚至存在着监理员扮演施工员角色的现象，有时也存在着赶工现象。针对这些情况，我们一方面要求现场监理员制止施工员、领工员不在场而继续施工的现象，教育监理员不准代替施工员指挥卸土、推平或指点钢筋焊接，有效地促成了自检的真实、自检员的到位。

二是质量隐患不解决不放过。在现场监理过程中，我们严格控制土层松厚，通过挖验对超过30cm松厚的路段要求施工方必须进一步推平减薄。对桩基钢筋笼，主筋焊接绑扎虽然合格，但控制保护层厚度的辅助钢筋，我们都一个一个检查。V3合同段有一座分离立交桥夜间灌桩，有两颗钢筋笼未经监理检验即下放至孔中，驻地组长发现后，指示其吊起，经检发现侧面保护层钢筋布设间距超标，当即指令其补焊并全过程旁站。V2合同有两个箱构灰土垫层石灰剂量不足，监理抽检发现后立即指令其返工。这些质量隐患的发现和跟踪解决，有效地保证了工程质量。

三是监理工作指令不落实不放过。下达监理工作指令是监理工程师解决问题的重要手段，其作用有效于现场旁站、巡视和抽检，仅次于约见施工单位的法人代表。开工三个月来，第一驻地监理办共下达监理工作指令34件，其中V3监理组就下达16件，基本上件件有落实。对没有在时限内落实的监理工作指令、对施工单位拒不接收的监理工作指令，我们又通达下达特别备忘录，最终得到了有效地解决。实事证明，监理工作指令能够迅速解决施工方不履约的问题和质量不合格的问题。但是，也应注意监理工作指令不能满天飞，更应杜绝下达错误的监理工作指令。

二、表态

今天是建设单位和总监办在V3合同段召开的一次正面的工程质量现场会，是肯定，是激励，更是压力。我们全体监理和三个项目经理部知道成绩的取得来之不易，成绩的保持尚须百倍地努力。

会后，我们第一驻地监理办、我们三个驻地监理组将再与三个合同段进一步研究如何借这次会议的东风，加大施工技术力量的投入和现场管理的力度，确保工程质量、进度、内业资料再上一个新台阶。同时，作为第一驻地监理办也必须根据7月份雨季施工特点，既要抓路基填土高于原地面、又要抓箱构和桩基工程，更要将进度严重滞后的合同段当作调度的重点。

最后，感谢始终支持、指导我们的建设单位、总监办！感谢给予我们帮助的第二、第三驻地监理办！也恳请大家对我们的监理工作多提宝贵意见。

二〇〇四年七月八日

【案例 4.16-3】 领导讲话

交通部2005年9月24日在南京市召开了“全国交通系统基础设施建设廉政工作经验交流会”，会上，张春贤部长以“总结新经验探索新思路不断提高交通行业廉政建设工作水平”为题讲了话，讲话分三部分：

一、交通基础设施建设领域廉政工作情况及基本经验

回顾近几年来的工作，全国交通系统在党中央、国务院的坚强领导下，认真落实科学发展观，始终坚持“两手抓，两手都要硬”的方针，始终坚持标本兼治综合治理惩防并举注重预防的方针，始终坚持把交通基础设施建设领域廉政工作摆到突出位置紧抓不放，取得了明显成效，创造和积累了很多好做法和好经验，概况起来，主要有以下六条。

（一）领导高度重视，是搞好交通基础设施建设领域廉政工作的首要前提

党中央、国务院和中央纪委始终高度重视和关心交通行业的党风廉政建设和反腐败工作，中央领导同志多次作出重要批示和指示，为我们更加清醒地认识形势，更加有效地落实各项政策措施，更加注重研究探索交通行业廉政建设的特点和规律，提供了动力，指明了方向……

（二）加强行业指导，是搞好交通基础设施建设领域廉政建设的客观要求

部党组多次强调，政府交通部门要做负责任的部门，交通行业要成为负责任的行业，这个承诺是交通部门履行行业管理职责的必然要求。我们有责任有义务不断推进行业廉政建设，促进交通健康发展……

（三）推进制度创新，是搞好交通基础设施建设领域廉政工作的核心内容

（四）有效监督制约，是搞好交通基础设施建设领域廉政工作的可靠保证

（五）强化思想教育，是搞好交通基础设施建设领域廉政建设的重要基础

（六）大力弘扬正气，是搞好交通基础设施建设领域廉政建设的强大动力

二、进一步加强交通基础设施建设领域廉政工作的基本思路

（一）着力提高廉政工作的能力

一是提高廉政工作适应交通改革发展的能力。就是必须坚持以科学发展观为指导，紧紧围绕交通改革发展大局，以完善的防范制度、健全的工作机制、严格的监督检查、严格的执纪执法，为交通改革发展创造一个上下协调、内外和谐的发展环

境……

二是提高对领导机关和领导干部有效监督的能力。必须认真落实各项监督制度……

三是提高从源头上预防和解决腐败问题的能力。要按照胡锦涛总书记在中央纪委五次全会上的要求，针对交通基础设施建设领域中易发腐败问题的关键环节和部位，从权力制约、资金监控和行为规范入手……

四是提高对交通基础设施建设的组织管理能力。面对艰巨繁重的交通基础设施建设任务，面对开放的交通建设市场和多元化的投资主体，我们必须着力提高组织管理能力。实行精细管理和廉洁管理……

（二）突出重点，推动廉政工作向纵深发展

……

（三）狠抓廉政工作各项制度措施的落实

……

三、对各级领导干部廉洁自律的几点要求

………

（——摘自《中国交通报》2005年9月26日第227期B1、B4版）

【案例4.16-4】 总监在第一次工地会议上的讲话

在204国道大修工程第一次工地会议上的讲话

总监理工程师 ×××

（2002.03.18）

同志们：

继3月4日合同签定、3月14日监理交底会议、技术交底会议之后，我们今天又相聚在这里召开204国道××路段大修工程的第一次工地会议。

这次会议是总监代表处根据《招标文件》的规定和《公路工程施工监理规范》的规定程序召开的，目的在于检查各施工单位签约后的进场情况和施工准备情况；目的在于督促大家进一步强化合同意识、提高履约能力和执行《监理程序》的能力；目的在于建立和完善工程建设三方正常的工作关系、确保正常的沟通和配合、确保按期、优质、高效、安全地完成204国道大修工程的建设任务。

刚才，××市公路局作为项目业主对总监理工程师进行了授权，大修工程指挥部、总监代表处、各合同段项目经理部均介绍了各自的组织机构和主要负责人，各合同段项目经理部和各合同段驻地监理工程师分别汇报了近期的工作开展情况，结合近几天的现场检查督促情况看，各合同段从选点进场、设备调运、料源考察到工程施工组织设计、配合比试验、料场硬化等方面均做了大量的工作，一、三、四、五合同已经具备开工条件，二合同段项目经理部必须于3月20日前结束进场状态、准备转入施工状态，要求各驻地监理工程师加大检查督促力度。会后，将根据《合同条件》的规定于3月21日下达开工令，即204国道大修工程的正式开工时间为4月3日。

下面，我从工程监理的角度着重讲两个方面的问题：

第一，周密组织、科学调度，加快工程进展、提高施工质量、争创优良级工程

承担204国道大修工程的5家施工单位都是有资质、有能力、有信誉的公路工程施工企业，是经过严格评标筛选获胜的优秀公路工程施工企业。我相信各施工单位一定能够认真履行合同、精心组织施工、加强质量管理和安全管理，但是大家也必须清醒地认识到204国道大修工程建设的重要性。204国道大修工程是省局今年两项重点养护工程之一，也是我省争创全国文明样板路工程项目之一，备受省厅、省局和××市公路局领导的关注。因此，各施工单位必须努力做好以下工作：

一是严格履行合同，承诺确保主要人员、机械、设备到场并满足实际施工的需要。

二是加快工程施工准备工作，争取月底展开试验路段的施工。

① 抓紧进行并完成原材料的料源考察和选定工作，所进场的各种原材料必须经监理检验合格，凡不合格者必须清除出场。

② 拌合站的料场，必须无条件地按照《技术规范》和省局重点工程管理文件的要求立即进行硬化，决不能再等待观望。对待碎石堆放场地，不论底基层是用石灰土还是用水泥稳定砂砾，其上层必须用厚度不小于10cm的水泥混凝土硬化。对待砂砾堆放场地可适当放宽标准。所有原材料的堆放形状必须规则、隔离墙必须稳固、标志牌必须齐全、施工便道必须洒水湿润、拌合场地排水必须畅通。

③ 抓紧安装和调试稳定土拌合站、抓紧组装摊铺机械，抓紧组合压路机械和基层洒水养生车辆。

④ 抓紧申请工地试验室的启用，抓紧编报施工组织设计文件，准备分项工程开工报告，抓紧熟悉和学习各种质量检查用表和试验检测用表。

⑤ 抓紧进行水准点、导线点的复核和中线的恢复、横断面的测量，抓紧进行旧路面的病害调查和工程量清单的复核确认。

三是科学调度、集中精力、加大投入，确保正常施工的持续均衡地进行。

工程施工管理工作千头万绪，半幅封闭施工、半幅继续开放交通的施工管理难度很大。项目经理必须坚持常驻工地协调指挥、加强与建设单位与地方政府的联系和配合，确保施工环境的优化和无扰。项目总工必须天天靠在工地上紧密配合工程监理人员搞好工序控制、中间质量自检，既要狠抓质量又要猛促进度。工程质检试验人员必须依据《技术规范》和《质量检验评定标准》认真完成工序质量自检并配合现场监理人员做好旁站和质量抽检工作，共同把好质量关，用工序质量保证分项工程质量、分部工程质量和单位工程质量。

四是发扬公路系统干部职工的优良传统和作风，切实处理好地方关系、优化施工环境，确保施工顺利、施工文明、施工安全。

五是牢记“三个责任重于泰山”。百年大计，质量第一。参加204国道大修工程建设的全体人员，必须时刻把工程质量放在第一位，不可为了进度牺牲质量，必须明确没有质量的进度是零甚至比零还要糟。半幅封闭进行施工、半幅继续开放交通的施工环境决定着安全管理的难度，但必须提高对安全责任重于泰山的认识，确保施工车辆和人员的安全、确保社会车辆和人员的安全。在配合监理人员工作的过程中，能够做到执行监理工作指令、尊重监理工作意见就是对监理的最大支持；在关照监理人员的生活上，现场监理旁站检测之后能在项目部坐一坐、用个工作餐就是

莫大的关照。除此之外，施工单位没有必要额外做一些超出职业道德、法律法规约束之外的事情，监理人员的严格监理绝对不准带有任何附加条件。

第二，严格监理、热情服务，努力完成全面监理工作

××市公路局经过严格招评标之后，决定将204国道大修工程的监理任务交给××市交通工程监理公司承担，是对我们××市交通工程监理公司的极大信任。工程刚刚展开之后，指挥部又将旬检查、月考核等工作委托给总监理代表处，这是对全体监理的极大信任。信任面前，我们感到了压力。不论合同工期多么紧张，不论质量标准多么严格，不论施工条件多么复杂，参加204国道大修工程监理的同志们必须努力做好以下工作：

一是严格执行《技术规范》，依据《技术规范》的规定要求去旁站工程质量、去检查工程质量、去评价工程质量，做到不降低质量标准、不过度提高质量标准。

坚持正确而有效旁站、巡视和检查方法，旁站以工序质量为重点，巡视以过程控制为重点，检测以亲自动手操作取得真实数据为重点。坚持用程序控制工程质量，坚持用完善齐全的检验用表反映合格的工程质量。坚决杜绝旁站监理“不动手、不动嘴、不动腿、不动尺、不动笔”的懒散飘浮作风。坚决杜绝巡视过程中不能发现问题、不能解决问题、不能记录和报告问题的走过场作风。坚决杜绝旁站和巡视工作不结合工程实际、不能灵活处理现场问题的死板教条主义。

二是认真履行《合同条件》，用《合同条件》的规定去约束施工单位的履约行为和合同行为，切实控制好工程计划和工程费用。

6个月施工期的路面工程计划更为重要，施工机械的投入和旬计划的落实情况必须作为监理日常工作内容之一，工序检测的快节奏、分项工程成品质量验收的加班加点、来往文函的加快批复是加快工程进度的必要措施。

作为工程费用监理，大修工程的计量计划控制要按照《公路工程招标文件范本》的要求进行，严格正常计量的准确性、及时性，严格工程变更的报批手续，做到不违规支付、不超前支付。

三是努力做好监帮促三者相结合的文章，切实搞好现场控制和工程资料档案控制。

监理工程师的工作不仅仅是严把质量关、进度关和投资关，而且必须针对所监理工程项目的特点去工作。就204国道大修工程而言，所有监理人员特别是驻地监理工程师，必须把现场文明施工、安全施工的控制作为监理岗位职责之一，旁站现场或巡视工地时不忘文明施工、安全施工的管理责任。工程现场质量控制合格，而施工现场有不文明、不安全现象的合同段不是合格的合同段，其驻地监理工程师也不是合格的驻地监理工程师。

工程资料的收集整理工作必须从工程施工开始抓起，谁抓得越早越细，谁整理竣工文件就会越主动。所有监理人员必须认真审查各种报表、认真签署审查意见、认真做好每天的监理日记和上墙图表的及时标绘。

四是严格执行两级监理管理制度，正确处理驻地监理办与总监代表处的工作关系，团结协作，拾遗补缺，共同完成监理任务。

总监代表处本着“指导、协调、监督、检查”的原则负责全线的监理工作，充分授予驻地监理工程师应有的权力，各合同段驻地监理工程师均完全地、独立地行使分项工程开工报告审批权、指令停工/复工权、工程计划进度审批检查权、

工程计量与支付签字权、工程检验资料审签权等权力。但是，不要忘记，权力和义务是相对应的，有一份权力就要尽一份义务。我希望也相信各驻地监理工程师会找准自己的位置、扮演好驻地监理工程师的角色，要做到主动控制、控制好现场和内业；要做到全面管理、管理施工现场和监理办的监理人员；要做到请示而不依靠、服从而不盲从、主动而不越权。首先要全面地、高质量地、高效率地完成本职工作，其次要完成总监代表处安排的一切工作，再次要积极建议或监督总监代表处努力开展有关工作。

作为总监代表处，努力做到对各合同驻地监理办放权而不甩手、监督而不干涉，努力做好业务指导，工作检查考核工作、并且要努力完成指挥部交办的一切工作。

五是切实抓好监理队伍管理，严格监理职业道德建设，既要修好一条一级公路、更要带好一支一流监理队伍。

××市交通工程监理公司的领导要求各监理工地必须注意“内强素质、外树形象”问题，我们204国道大修工程监理工地也不例外，必须针对监理人员的实际情况，抓好专业知识的培训学习和提高，抓好监理职业道德建设，做到勤奋监理、廉洁监理、文明监理，任何人不准向施工单位吃、拿、卡、要，也请指挥部和各项目部经理严格监督我和我的监理同事们。

同志们：

204国道大修工程的底基层即将展开试验路段的铺筑，其他各项工作也正在积极地进行着，愿我们在××市公路局、204国道大修指挥部的组织、领导下团结奋斗，苦干六个月，圆满完成大修工程任务，以争创优良级工程的必胜信心迎接全国文明样板路的检查！

[点　评] 这是一个总监理工程师在第一次工地会议上的总结讲话，讲话稿的开头借用几个时间渲染会议气氛，吸引入会者注意力。之后说明这次会议的目的和已经进行的议题，既符合《公路工程施工监理规范》的规定程序和内容，又明确了各个合同段的开工时间。之后，作为该工程项目的总监理工程师着重强调了两个方面的问题，一是对施工单位提出了明确的、可行的、合理的要求，二是对各驻地工程师提出了工作要求和职业道德建设要求，请指挥部和各项目部经理严格监督，同时提出了总监代表处的工作态度和干好工作的决心。最后向全体入会人员发出了号召。

本讲话稿的编印质量较高，各级标题字词科学讲究，排列醒目，让人有赏心悦目之感。可作为第一次工地会议的总结讲话范文。

【案例 4.16-5】 监理公司工会工作报告

监理公司一届三次工会会议工作报告

（2007年1月×日）

各位会员：

我代表公司第一届工会委员会向大会报告工作，请审议。

2006年，工会在公司党委和上级工会的领导下，坚持解放思想，更新观念，着研现实，与时俱进，认真贯彻党的全心全意依靠职工的指导方针，紧紧围绕公司的大局和中心任务开展工作，积极履行“维权”职责，以良好的精神状态和饱满的工作热情，为全面推动公司的持续健康发展做出了应有的贡献。

一是紧密贴近职工实际，用心抓好思想教育。认真履行教育职能，使广大会员统一思想，朝着公司的既定发展目标而努力奋斗，是工会组织的份内职责。一年来，工会利用员工培训等时机，重点进行了牢固树立五种意识的教育。即永不满足，永不懈怠，牢固树立危机意识；学海生涯，永无止境，牢固树立学习意识；责任重于泰山，信誉胜过生命，牢固树立质量意识；堂堂正正做人，明明白白做事，牢固树立廉政意识；用数字说话，用事实说话，牢固树立效益意识。应当说，通过这些教育，对于统一全体会员的思想认识，凝心聚力，加快公司发展，起到了积极的促进作用。

二是全力推动公司发展，从根本上维护好职工利益。维护职工合法权益，是工会工作的重要职责。多年来的实践使我们体会到，要真正履行好这一职责，首要的是全力推动单位发展，从根本上解决“维护”的经济基础，努力当好加快公司发展的助推器，而不应成为一个旁观者，在一些具体的小事上斤斤计较。另一方面，作为工会必须摆正自己的位置，在具体工作中，对于涉及职工合法权益的问题，做到及时受理，抓紧协调，妥善解决，当好代言人，不做局外人。正是基于上述认识，无论是在职工教育、个别谈心，还是在工会的其他工作中，都充分体现了以上思路，因而能够为广大职工所接受。

三是认真探索评先树优办法，积极开展“百佳”劳动竞赛。往年的总结评比，项目多，比例大，基本上是全员先进，从而失去了评先树优的意义。为了改变这一状况，公司决定从2006年开始，探索新的评先树优办法。为此，工会会同公司办公室起草了《关于开展以争创“百佳”为主要内容劳动竞赛的意见》。从一年的实践情况看，初步收到了一定的效果，基本思路应当肯定。但在执行过程中也暴露出一些问题，需要在新的一年中进一步细化和完善。

四是因地制宜组织活动，丰富职工精神文化生活。多年来，监理工作的特点和性质决定了，要统一组织和集中开展大型文化体育活动，事实上是难以做到的，也是不切实际的。职工大面积长距离高度分散，日常工作异常繁忙，这就是我们面临的现实情形。尽管这样，各分公司、工地本着因地制宜、因时制宜的原则，力所能及地开展一些大家喜闻乐见、健康向上的文体活动；公司工会也充分利用冬季员工培训，春节前在机关人员相对较多的时机，尽可能组织一些娱乐活动，以达到增进了解，加深感情，活跃职工精神文化生活之目的。2006年，工会还积极参与了市交通局组织的迎新春文艺汇演和交通职工书法摄影比赛，我公司推荐的摄影作品《凯旋之门》获得优秀奖。

五是关心职工疾苦，当好会员的贴心人。在过去的一年中，工会委员会的全体同志，同其他骨干一样，都是一人身兼数职，分管或具体负责多个方面的工作，没有一个人是专门从事工会工作的。在这种情况下，大家在完成好监理等各项任务的前提下，还充分发挥工会成员贴近职工的有利条件，广泛开展谈心活动，了解和掌握一线职工的生活疾苦。特别是对家庭遇有特殊困难的职工，及时反映情况，开展献爱心活动，在经济上给予一定救济。所有这些，从一个侧面充分体现了会员之间那样一份真挚的感情，充分体现了公司这个大家庭的温暖。

六是严格会费管理，搞好会员福利。2006年，工会经费收入总额为×××××元，其中行政拨缴×××××元，会员缴纳会费×××××元，利息收入×××元。截至2007年1月31日，支出总额为×××××元，主要开支项目是：发放工会福利×××××元，上缴市总工会××××元，购买下发书籍、文体用品、职工救济、表彰年度工会积极分子等开支××××元。工会经费当年节余总额为××××元。

2006年工会工作存在的主要问题和薄弱环节是：工会成员的自身素质不高，与岗位职责要求相比还有很大差距；面对不断出现的一些新情况新问题，如何做好新形势下的工会工作，理论知识贫乏，思路不够清晰；尤其是在机关工作的工会成员，忙于事务性的工作太多，深入实际、深入工地调查研究不够，真正的带着问题下去，拿着解决问题的办法上来，在这一方面还存在很大差距；工会成员相互交心通气较少，尤其是与远离机关的委员交心通气更少，必要的学习及会议制度没有坚持。

过去的一年，是公司继续稳健发展的一年。广大职工精神振奋，工作积极性高涨，公司上下出现了和谐稳定的良好局面，经济效益取得明显成效。看不到已取得的成就，缺乏信心，这不是唯物主义者；而陶醉于已取得的成绩，盲目乐观，小成即满，同样是影响企业发展的大忌。在新的一年里，工会愿与全体职工交心互勉，携手努力，共同做好以下工作：

一、始终保持奋发有为的精神状态，全力推动公司加快发展

公司成立十多年来，取得了很大成绩，这是大家有目共睹的事实。越是形势好，越应当看到差距和不足，时刻保持清醒的头脑；越是形势好，越应当看到困难和挑战，未雨绸缪；越是形势好，越应当谦虚谨慎、戒骄戒躁，永不满足、永不懈怠、永不停步。这既是一种胸怀和境界，更是向更高目标迈进的重要保证。无数事实证明，无论在什么时候、什么情况下，谁的精神状态好，谁的境界就高、思路就宽、办法就多、发展就快，谁就能够抢占先机、赢得主动。保持奋发有为的精神状态，重要的是全体职工保持强烈的事业心和责任感。强烈的事业心是做好工作的基础，高度的责任感是成就事业的前提。没有强烈的事业心和责任感，就不会有良好的精神状态；保持奋发有为的精神状态，就必须居安思危、永不懈怠。面对日益激烈的市场竞争，面对各兄弟公司你追我赶的发展态势，我们决不能有丝毫的自满、麻痹和松懈，必须进一步增强危机感、压力感；保持奋发有为的精神状态，就要埋头苦干、勇闯新业。守成不是成绩，创业才是境界，只有不断创造新的业绩，才能最终成就大业。

二、继续实施多元化经营战略，尤其是实施相关多元化经营战略

1999年以前，我们走的是一条以监理为全部工作内容的单一的发展路子，并取得了很大的成绩。但如果一直这样走下去，经济收入的单一性，监理业务的局限性，开始制约着公司的发展。同时，公司的抗风险能力将面临着很大的挑战。正因为如此，公司提出在继续抓好监理主业的同时，努力开辟其他产业。从公司发展的长远观点看，这一决策是正确和必要的。多年来，经过我们艰苦的探索和大胆的实践，尽管多种经营发展的规模和效益与广大职工的期望相比还有较大差距，但在交通工程的几个相关产业上，已经初步显现出一种较好的发展势头，这是非常不容易的。所以，在今后的工作中，我们应当继续坚持两个坚定不移，这就是继续坚定不移的

坚持以监理为主业，继续坚定不移的坚持发展其他产业。只有这样，我们的事业才能又好又快的稳健发展。

三、培养引进大批优秀人才，为公司的持续较快发展提供智力支持

应当充分肯定，通过多年的学习和锻炼，我们已经培养出一批骨干力量，这些同志在各自的岗位上正在发挥着重要作用。但也必须清醒地看到，与公司的发展目标和目前所担负的繁重任务相比，我们的骨干力量尤其是较高层次的技术骨干，显得明显不足，人才问题已经构成制约单位继续发展的主要矛盾之一。为此，董事会郑重提出，要大力实施“300 名人才工程”。这是公司的一项重大战略举措。如何实现这一目标，加快内部员工的成才是根本途径。因此，在公司上下，要大兴学习之风，树立“终身学习”、“全员学习”的理念。尤其是年轻一些的同志，要刻苦向书本学习，重视在实践中学习，虚心向老同志学习，尽快成为胜任本职工作、能够独挡一面的中坚力量，这是事业发展的迫切需要。学习学习再学习，实践实践再实践，是全体员工所面临的光荣任务。

四、正确认识“双维护”之间的关系，自觉做遵纪守法的模范职工

不论是工会组织还是每一名职工，要正确认识和处理好“双维护”之间的关系。作为工会，必须旗帜鲜明的依法维护好广大职工的合法权益，因为这是工会组织的主要职责之所在，责无旁贷，这是问题的一个方面；另一方面，作为公司的每一名职工，必须自觉维护好公司的良好形象和整体利益，坚决反对一切有损公司形象和公司利益的行为，因为这是全体职工的根本利益之所在。从近几年的情况看，绝大部分职工以公司为家，十分重视对公司利益的维护，但也出现了一些与公司良好局面不相协调的问题。有的不够廉洁自律，影响到公司的形象；有的个人主义严重，法纪观念淡薄，其所作所为严重损害了公司的整体利益和外在形象。此类问题的发生，一损单位，二不利己，是工会组织坚决反对的。

五、公司连着你我他，搞好公司靠大家

从 2003 年 1 月算起，公司改制已经有四年多的时间。从那时起，我们的公司就是一个纯粹的企业，一个典型的股份合作制企业。这个企业不是哪一个人或几个人的，而是全体职工的一个公司，是全体职工的一个家，每个职工都是这个大家庭的一名成员，都有义务有责任为公司建设而添砖加瓦。所以，增强主人翁意识，这不是一句空洞而抽象的口号，而应当把它赋予具体的内容：当你看到公司自来水滴水的时候，能否主动将阀门拧紧；当你在上班时间看到走廊有常明灯的时候，能否主动关上；当你有一个解决问题的好建议时，能否主动献出来。各位职工，让我们从小事做起，从点滴做起，从各自的岗位做起，为把这个家建设得更加富裕美满、更加和谐祥和而努力奋斗。

[点　评] 本案例给出某工程监理公司一届三次工会会议的工作报告文件，回顾总结了上一年度的工会工作，安排了下一个年度的工会工作，内容充实，文词丰润，语句优美，富有教育意义和激励作用。可供监理企业的文秘人员编写单位年度工作总结、工会工作报告时参考。

4.17 工程监理会议记录的编写

一、会议记录的含义

会议记录是一种配合会议的召开而使用的文书。会议记录是由会议组织者指定专人，如实、准确地记录会议的组织情况、议程和会议内容的书面材料。

会议记录一般用于比较重要的会议或正式的会议，它要求真实、全面地反映会议的本来面目。

二、会议记录的特点

会议记录的特点主要有下列几点：

1. 内容的实录性

所谓实录性，就是会议记录的自始至终要完全忠实于会议的实际情况，真实、准确、全面地记录会议过程和会议内容。可以利用现代科技手段，与录音、录像相结合，则更能完整、准确、形象生动地反映会议的真实面貌。当然，记录也不是有话必录、有事必记。过于啰嗦和有语病的话语，可以本着去伪存真、去粗取精、去枝节保中心重点的原则进行取舍，既要保证记录的完整性精神，又要择其要点而记录。

2. 原始形态性

会议记录是记录者亲自参加会议，随会议进程把所听到的、看到的情况如实记录下来。其材料来源不是间接的，而是直接的；不需要第二手材料，而是完全依靠第一手材料。

会议记录是会议情况和内容的原始化的记录。所谓原始，就是未经整理、综合。在这一点上，它跟会议纪要、会议简报有着很大的不同。会议纪要和会议简报也是真实的，但不是原始的。虽然在内容上可能没有太大差别，但在形态上，会议记录跟会议纪要、会议简报的差别很大。

3. 完整性

会议记录对会议的时间、地点、出席人、缺席人、主持人、议程等基本情况，对领导讲话、与会者的发言、讨论和争议、形成的决议和决定等内容都要记录下来，一般没有太多的选择性。

4. 保密性

一般地说，会议记录不公开。一些特别重要的会议，具有保密工作内容，因而要求记录者与入会者必须严格遵守党和国家的保密制度，不得泄露会议内容，妥善保管好会议记录本。

三、会议记录的作用

会议记录的作用体现在以下三个方面：

1. 依据作用

会议记录忠实地记录了会议的全貌。会议精神、会议形成的决定、会议对重大问题作出的安排，如果在会议后期需要形成文件，要以会议记录为依据。如果不形成文件，与会者在会后传达贯彻会议精神和决定时，传达的是否准确，也要以会议记录为依据进行检验。

2. 素材作用

会议进行过程中连续编发的会议简报，以及会议后期制作的会议纪要，都要以会议记录为主要素材。会议简报、会议纪要可以对会议记录进行一定的综合、提要，但不得对会议记录所确认的内容进行歪曲和篡改。可以说，会议记录是形成会议简报和会议纪要的基础。

3. 备忘作用

会议记录可以作为会议情况和会议内容的原始凭证。会议记录还可以成为一个部门和单位的历史资料，若干年后，人们可以通过大量会议记录了解这个单位的历史进程和发展资料。

4. 文件作用

会议记录中有些重要内容经有关部门领导同意，可以作为文件传达，以便于相关人员能及时贯彻执行会议精神和决议，有的会议记录经整理，可以及时向上级汇报，使上级机关了解有关部门决议、决定和指示的讨论和执行情况。

四、会议记录的种类

会议记录的种类不在记录上，而在会议的种类上。

（一）常见会议记录方面

常见会议记录按照不同的依据分类有以下几种：

1. 按照会议的性质，会议记录可分为代表大会记录、工作会议记录、学术会议记录、座谈会议记录等。

2. 按照会议的规模，会议记录可分为大型会议记录、中型会议记录、小型会议记录。

3. 按照会议召开的时间频率和是否有序，会议记录可分为工作例会记录、临时会议记录。

4. 按照会议重要程度，会议记录可分为一般会议记录、重要会议记录。

5. 按照记录内容，可分为以发言为主的会议记录、以讨论为主的会议记录、以报告为主的会议记录。

6. 按照记录工具，可分为手工笔录的会议记录、机械录像、录音的会议记录。

（二）工程监理工作方面

从工程监理工作的角度可分为下列几种：

1. 从会议召开的时间先后分，包括监理交底会议记录、工地会议记录、协调会议记录、技术研讨会议记录、邀见会谈会议记录、监理内部会议记录等。

2. 从监理工程师主持召开的工地会议角度分，可分为第一次工地会议记录、第××次工地例会记录、第××次专题工地会议记录等。

五、会议记录的编写要点

会议记录通常采用专门的记录稿纸、表格或记录本。为方便记录，会议记录的基本情况部分内容，可以在会议正式开始前事先就填写在印制好的“会议记录首页”中，其参考格式如表4.17-1所示。

会 议 记 录 **表4.17-1**

<table>
<tr><td colspan="2">会议名称：</td></tr>
<tr><td colspan="2">会议时间：　　　　年　月　日　时　分到　时　分</td></tr>
<tr><td colspan="2">会议地点：</td></tr>
<tr><td>主持人：</td><td>记录人：</td></tr>
<tr><td colspan="2">参加单位及其出席人：</td></tr>
<tr><td colspan="2">列席单位及其列席人：</td></tr>
<tr><td colspan="2">缺席人（及原因）：</td></tr>
<tr><td colspan="2">会议议题：</td></tr>
<tr><td colspan="2">会议内容：

主持人审核签字：　　　　　　　　记录人签字：</td></tr>
</table>

（一）标题

标题由会议名称加文体名称组成，即《×××××××会议记录》。如果使用专用的会议记录本，可以省略“记录”两字，只写会议名称即可。

（二）会议组织情况

1. 会议时间

要写明召开会议的年、月、日以及上午、下午或晚上，要写明几时多少分至几时多少分。

2. 开会地点

如在×××号楼××会议室、××礼堂、××施工现场等。

3. 会议主持人

主持人的姓名、职务

4. 出席人

根据会议的性质、规模和重要程度的不同，出席人一项的详略也不同。有时可以只记录身份和人数，如各项目经理21人、各驻地监理11人或各部门负责人、全体与会代表等。

5. 列席人

即不属于本次会议的正式成员，但与会议有关议题相关的各方面人员，一般应写明列席人的身份、姓名。

6. 缺席人

如有缺席者，应作出记录。缺席者不多时，要写上缺席者的姓名，并注明缺席的原因；如缺席者较多，原因又不能全部搞清时，可以只写缺席人数。

7. 记录人

写明记录人的姓名和所在部门及身份。有几个人记录写几个人的姓名、职务。

（三）会议的主体内容

一般地说，记录的会议主体内容包括以下几个方面：

1. 会议的主题、宗旨、目的。

2. 会议议程。

3. 会议报告和讲话。有则记录，无则不写。

4. 会议讨论和发言情况。按发言顺序逐人记录，也可按会议的议题的顺序逐个记录。

5. 会议的表决情况。包括选举表决结果、所通过的决议、决定等，要逐条写清楚，有几条写几条。

6. 会议决定或者议定事项。

7. 会议遗留的、未解决的问题。有则记录，无则不写。

8. 其他。如主持人的总结发言、工作部署和对贯彻落实会议精神的要求等。

（四）结尾

在记录完会议主体内容之后，另起一行，将主持人宣布的散会一项记录其中。即写“散会”。

六、会议记录的记录方法

（一）详细记录法

详细记录就是要有言必录。这就要求记录人一面听、一面分析、一面判断，哪些话是重要的，必须详细记录；哪些话是不重要的，可以从略。

1. 对于一些重要会议的报告、重要讲话、重要发言，如会议之前没有印制书面材料，就要详细记录，甚至要把报告、讲话、发言人的措词、语气、风格和会场反映，也要完整实录。必要时，要借助录音、录像手段或速记方法，以便会议以后校对、整理成完整的会议记录。

2. 对于一般的会议，会议记录只做摘要式记录即可，只摘记报告、讲话、发言的重点，而一般话可以从略。

3. 对于主持人提出的议题、重点发言人的讲话要点、争论各方的观点、表决情况等必须记录全面，不能省略。

（二）速记法

要记录全面、准确，就要提高记录速度，除了借助录音、录像手段之外，可以采用速记的方法。

对于来不及书写的某些字，可以用特殊符号、省略语、缩写、简称等来代替。对于一些数字，可以列表记录。对于一时不会写的字词，可以用汉语拼音或同音字代替，以便会后补充校正。如报告人、讲话人引用某书上的一段话或典故，来不及全记，可先记上第一句话，下面省略或空格，再记上最后一句，并注明所引书名或人名，便于会后查找、补全。

（三）互补法

重要的会议，一般安排两个或多个人同时记录，或者两人事先约定好分工，一个详尽记录，一个摘记，然后共同整理；或者两人同时记录，会议之后及时对照补充，整理出完整无缺的会议记录。

七、会议记录的注意事项

1. 坚持实事求是

坚持实事求是，注意绝对忠实于会议的原始状况。要客观、真实、准确地反映发言人的意见和观点，特别是不同的意见和反对的观点。不允许记录者以自己的语言习惯和风格做任何修饰，更不能随意删改或歪曲原意。关键的地方要尽量一字不差地记录下来。

2. 坚持记录的连续性

坚持记录的连续性，力戒会议期间漏记或断记问题的发生。会议中间，如记录人临时外出，应托人记录。

3. 记录的文面要保持整洁，字迹要清楚

记录的文面要保持整洁，字迹要清楚，不要随意增删、涂抹。语句要完整，标点符号要恰当正确。段落层次要分明。记录的墨水要用国家档案局鉴定过的蓝黑墨水，以便长久保留；不能用圆珠笔和红色墨水做记录。记录纸要编写页码，不能随便撕毁。

4. 会议记录的执笔者只有记录权，没有修改权

会议记录的执笔者与其他文章的写作者有一个重要的区别就是他只有记录权，没有修改权。会议是个什么样就记录成什么样，与会者发言时说了什么就记录什么，记录者不能进行增减、加工、提炼，不能移花接木，不能张冠李戴。

5. 认真校核

会议结束之后，主持人和记录人对会议记录进行认真校核，无误后分别签字，以示负责。

八、案例

【案例 4.17-1】城市建设会议记录

时间：2006 年 6 月 21 日

地点：建设局二楼会议室

主持人：杨××（建设局副局长）

出席人：周××（工程科科长）、肖××（市工商行政管理局副局长）、李××（居委会主任）、高××（城市执法局一科科长）

会议议题：

1. 整顿城市市场秩序问题
2. 制止违章建筑、维护市容市貌
3. 城市绿化的养护收费

会议发言记录：

杨局长：今天的会议主要研究三个问题，一是整顿城市市场秩序问题、二是制止违章建筑、维护市容市貌问题、三是城市绿化的养护收费问题。请高科长首先发言。

高科长：×××××××××

周科长：×××××

肖局长：×××××××××××××××××××××

李主任：×××××××××××××××

杨局长：三个问题都研究完了，解决了制止违章建筑、维护市容市貌问题和城市绿化的养护收费问题。整顿城市市场秩序问题，下次会议再研究。

会议结束。散会。

记录人签字：×××　　　　　　　　　　主持人签字：×××

【案例 4.17-2】 监理工地例会的会议记录

时间：2006 年 9 月 29 日上午

地点：第一驻地监理办三楼会议室

主持人：张××（驻地监理工程师）

出席人：一合同项目经理部黎××（项目经理）、孙××（项目总工）、汪××（质检科科长）、孔×（试验室主任）、李××（合同部主任）。

二合同项目经理部王×（项目经理）、李××（项目总工）、许××（质检科科长）、翁××（试验室主任）、谢×（合同部主任）。

总监理工程师办公室马××（总监代表）、刘××（试验室主任）、李××（合同部主任）。

第一驻地监理办葛××（副驻地）、王××（道路专业监理）、宋××（桥涵专业监理）、杨××（试验项目工程师）、柳××（计量支付工程师）。

会议议题：（略）

会议内容记录：

上午 9：00，张驻地宣布第四次工地例会开始。

一合同项目经理部黎××（项目经理）汇报：自 8 月 26 日至 9 月 25 日的工程施工进度情况，路基填土完成 15.4 万 m^3，占月计划 12 万 m^3 的 128%，钻孔灌注桩完成 23 颗/920 延米……

二合同项目经理部王×（项目经理）说：本月总体进度进展不理想，主要完成情况是……

二合同项目经理部试验室翁主任：有两个问题需要驻地监理办明确，灌注桩的钢筋加工的焊接，能否不在成品钢筋笼上截取？……

试验监理杨工：从成品钢筋笼上截取不违背技术规范和监理规范，监理是随机抽检，质量有怀疑时检验。

葛副驻地明确指出：继续截取，但可以不全部从成品钢筋笼上截。

一合同项目部李工（合同工程师）说：30m 箱量的负弯矩区齿板的混凝土计量

数量什么时间能批下来？孙家庄鱼塘征用问题已解决，下月 3 日即可测量淤泥顶标高，请驻地监理办组织现场共同测量见证，以便于计算挖淤泥的工程量……

二合同项目经理部质检科许科长：K23 + 880.6 处的 1 – 4m × 4m 通道地基承载力不足，请驻地监理办和总监办抓紧复测，如果达不到设计要求，请明确换填沙砾还是石灰土。

总监办马总讲话：9 月份一二合同的质量控制有序，进度略滞后于计划，现场监理工作抓得比较紧，对两段路基翻浆进行了返工，对李家庄 30m 箱梁桥的立柱混凝土进行了严格控制，总的来说，成绩是主要的。但是，10 月份不可忽视以下几个问题……

驻地监理总结：今天的例会讨论了……30m 箱量的负弯矩区齿板的混凝土计量数量一周内批复……10 月份，大家除了认真落实马总监强调地六项工作以外，还要做好以下四项工作，一是迎接省质量监督站 10 月上旬的质量、安全、环保监督检查，各单位应立即开展自查自纠……二是……三是……四是 10 月 25 日前完成桥梁桩基施工、完成路基石方填筑，编制冬季施工技术方案报驻地监理办初审……

上午 11：53，张驻地宣布会议结束，第五次工地例会于 10 月 29 日上午召开。

记录人签字：×××　　　　　　　　　　主持人签字：×××

［点　评］以上摘录了两则会议记录的实例，应该说均符合会议记录的记录格式，包括会议的时间、地点、主持人、参加者、发言内容和总结内容等。尤其是监理工地例会的记录，按照会议进行时间和发言顺序记录，达到了忠实于发言内容、用词准确、简单明了、可以据此整理会议纪要的要求。可供监理工程师参考。

4.18　工程交工验收报告的编写

一、工程交工验收报告的含义

工程交工验收报告是工程施工期即将结束，主体工程或者全部工程项目已经完成且质量合格、资料齐全的情况下，为履行合同规定的义务和合法地交付使用而编写的工程管理报告。

工程交工验收报告属于“报告”文件，只是一般不用红头文件的形式印发，常用固定的、通用的表格形式，是监理机构的专用书面文件之一。

工程交工验收报告文件应包括工程交工验收报告表、各合同段工程质量评分一览表、各合同段交工验收证书表、建设管理综合评价表（设计、施工、监理）、项目执行报告（建设、设计、施工、监理、质量监督单位的总结报告）等。

交通部 2004 年 8 月 13 日以“交公路发〔2004〕446 号“文件印发了《关于贯彻执行公路工程竣交工验收办法有关事宜的通知》，文件中为贯彻落实 2004 年 10 月 1 日施行的《公路工程竣（交）工验收办法》提出了五条要求，并规定公路工程各合同段符合交工验收条件后，经监理工程师同意，由施工单位向项目法人提出申请，项目法人应及时组织交工验收。

二、交工验收报告的编写

交工验收报告是对建设项目相关内容的全面反映。报告中的主要内容包括工程项目的地点、建设依据、工程造价、建设性质、工程项目包含的主要建设内容、交工验收结论以及存在的问题和处理措施。其核心是工程质量情况和存在的问题。在报告中要体现项目法人对工程质量情况的确认，也要表述清楚所建成的公路工程项目是否达到了合格标准，是否按照批准的建设规模进行了建设。

对于工程项目较为复杂或建设过程中存在其他特殊情况的，在编写交工验收报告时均应表述清楚，使工程建设主管部门能够了解工程项目的基本情况，能够掌握工程质量状况，有利于主管部门正确判断是否能够投入试运营。

工程项目所有合同段交工验收结束后，项目法人负责及时编写整个项目的交工验收报告。

（一）工程交工验收报告的表格

工程交工验收报告的格式，因工程建设项目的不同而不同。

交通部以“交公路发〔2004〕446 号”文件印发的《关于贯彻执行公路工程竣交工验收办法有关事宜的通知》中规定，公路工程交工验收报告的格式见表 4. 18-1。表格中对填写的内容规定得较为具体，由项目法人负责填写。

××工程交工验收报告 **表 4. 18-1**

一	工程名称	
二	工程地点及主要控制点	
三	建设依据	
四	技术标准与主要指标	
五	建设规模及性质	
六	开工日期	年 月 日
	交工日期	年 月 日
七	批准概算	
八	工程建设主要内容	
九	实际征用土地数（亩）	
十	建设项目工程质量交工验收结论	
十一	存在问题处理措施	
十二	附件	1. 各合同段工程质量评分一览表 2. 各合同段交工验收证书

（二）工程交工验收报告表格的填写要点

1. 工程名称：为工程项目的全名，并与工程可行性研究报告批复的工程项目名称一致。

2. 工程地点及主要控制点：说明路线的起讫位置，项目所在区域、路线的主要控制点等与工程可行性研究报告的批复意见或初步设计批复意见相一致。

3. 建设依据：工程可行性研究报告、初步设计、施工图设计、开工报告批准的时间、部门和文号。分段或分期批复的设计文件应逐段说明，需将与整个工程建设项目有关的建设依据全部提供。

4. 技术标准与主要指标：指设计时采用的技术标准、主要技术指标的运用情况。一般可按照初步设计文件中主要经济技术指标表的内容填写。

5. 建设规模及性质：建设规模主要指公路等级、长度，属独立的桥梁工程、隧道工程应写明桥梁、隧道的长度。性质按新建、改建等选择填写。

6. 开工日期：指项目最早的合同段开工的日期。若项目开工典礼召开后因全面开工的条件并不具备，可填写为具体开工的日期。

7. 交工日期：指最后一个合同段交工验收的时间。或所有合同段交工验收完成后，项目法人在进入试运营阶段前组织进行的全面交工验收日期。

8. 批准概算：指上级主管部门批复的初步概算（或上级主管部门批准的修正概算）。

9. 工程建设主要内容：整个建设项目所完成的主要工程数量，包括路基石方、排水工程、小桥、通道、涵洞工程、路面工程、桥梁工程、隧道工程、交叉工程、沿线设施、房建工程等内容。

10. 实际征用土地数：土地面积应与征地合同、土地使用证的数量一致。

11. 建设项目工程质量交工验收结论：是对整个项目的工程质量进行综合评定，对建筑主体工程、安装工程、附属工程进行评价。对公路工程包括路线、路基、路面、桥梁、隧道、交叉工程、沿线设施、绿化工程等的评价，明确是否满足设计要求，是否通过交工验收，整个建设项目交工验收工程质量情况。由项目法人负责对所有合同段交工验收证书中关于工程质量的内容进行总结和归纳，提炼出能够说明工程质量总体情况的内容。

12. 存在问题及处理措施：将各合同段在交工验收阶段提出的存在问题、质量缺陷，以及质量监督机构交工验收前的检测意见的处理情况进行归纳汇总，在报告中必须详细说明存在的主要问题和处理措施、处理结果。

13. 附件：将各合同段（或分部工程）工程质量评分一览表（见表4.18-2）、交工验收证书、对参建单位的初步评价表进行整理，按合同段次序编排，作为交工验收报告的附件。

（三）工程交工验收报告的附件

工程交工验收报告规定的格式中提供两个附件，一是各合同段（或分部工程）工程质量评分一览表，另一附件是各合同段（或分部工程）交工验收证书。在编写工程项目交工验收报告时，根据工程项目的具体情况，需要进一步说明的问题，或建设主管部门要求提供的其他相关资料也可作为附件，在报告的格式中应具体说明附件的名称。所有的附件与交工验收报告中所反映的内容，应能够全面反映工程项目建设的基本情况，以便于有关部门对该项目的了解。交工验收报告附件的内容和填写内容分别如下。

各合同段（或分部工程）工程质量评分一览表　　**表 4.18-2**

项目名称：

合　同　段	实　得　分	备　注
合同段 1		
合同段 2		
合同段 *N*		

1. 各合同段（或分部工程）工程质量评分一览表

交工验收各合同段（或分部工程）工程质量评分一览表的填写要求如下：

（1）合同段（或分部工程）：填写所有合同段（或分部工程）的名称。一般对于同类型的工程项目在招标时分类编号，填写的合同段（或分部工程）名称应与签订合同时的名称保持一致，除写清合同段（或分部工程）标号外，还要用汉字说明工程类型。例如，路基工程分为十个合同段，合同段名称为 LJ—1～10，填写时应填写为路基工程 LJ—1～10，不能仅填写合同段的字符编号。

（2）实得分：实得分为合同段（或分部工程）交工验收时确认的工程质量评定得分。

（3）备注：补充需要说明的情况，主要是该合同段（或分部工程）初次交工验收工程质量评定为不合格，经处理后重新组织的交工验收达到合格标准，工程质量实得分为达到合格标准的得分值，在备注栏中应写明初次交工验收得分值的大小，经过整修达到合格。

2. 各合同段（或分部工程）交工验收证书

各合同段（或分部工程）交工验收证书的格式见表 4.18-3。应将所有施工合同段（或分部工程）的交工验收证书按一定的次序排列，作为交工验收报告的附件。

3. 其他附件

其他附件是指没有具体规定但该项目有必要提供的材料，一般情况下可将设计、施工、监理单位的初步评价结果作为附件提供给交通主管部门，也包括特殊情况下的内容。存在下列情况时应提供相应的材料作为附件：

（1）在工程建设过程中出现重大工程质量问题，处理后经检测和项目法人确认达到合格标准的项目，应将工程质量达到合格标准的证明材料作为附件详细说明处理后是否存在安全隐患，是否形成历史性缺陷，是否降低了设计标准。其证明材料应由项目法人提供。

（2）对于分段投入试运营的工程项目，最后一次交工验收报告应将已经投入试运营段落的交工验收报告作为附件，构成整个项目的交工验收报告。有些规模较大的工程项目，在工程项目立项、设计文件审批等建设程序中作为一个工程项目，在建设过程中按照分期修建或分段建设的工程，其分段建成后具有独立使用价值时，经竣工验收负责单位同意可分批投入运营，其每一段落投入试运营前均应提交该段的交工验收报告，所有合同段（或分部工程）完成后，在最后一段要进入试运营阶段前项目法人应负责将所有合同段（或分部工程）的交工验收情况汇总，将已经投入运营段落的交工验收报告和运营状况等资料作为附件，形成较为完整的建设项目交工验收报告。

三、合同段（或分部工程）交工验收证书

（一）交工验收证书的表格

交工验收证书的格式见表 4. 18-3。表格中对填写的内容规定得较为具体，也容易理解，填写的内容如下：

××工程（××合同段）交工验收证书 **表 4. 18-3**

交工验收时间： 合同段交工验收证书第　　号

<table>
<tr><td colspan="3">工程名称：</td><td colspan="2">合同段名称及编号：</td></tr>
<tr><td colspan="3">项目法人：</td><td colspan="2">设计单位：</td></tr>
<tr><td colspan="3">施工单位：</td><td colspan="2">监理单位：</td></tr>
<tr><td colspan="5">本合同主要工程量：</td></tr>
<tr><td>本合同价款</td><td>原　合　同</td><td></td><td>实　　际</td><td></td></tr>
<tr><td>本合同工期</td><td>原　合　同</td><td></td><td>实　　际</td><td></td></tr>
<tr><td colspan="5">对工程质量、合同执行情况的评价，遗留问题、缺陷的处理意见及有关决定（内容较多时，可用附件）</td></tr>
<tr><td colspan="5">施工单位的意见
施工单位法人代表或授权人（签字）　　单位盖章　　年　　月　　日</td></tr>
<tr><td colspan="5">监理单位的意见
监理单位法人代表或授权人（签字）　　单位盖章　　年　　月　　日</td></tr>
<tr><td colspan="5">设计单位的意见
设计单位法人代表或授权人（签字）　　单位盖章　　年　　月　　日</td></tr>
<tr><td colspan="5">项目法人的意见
项目法人代表或授权人（签字）　　单位盖章　　年　　月　　日</td></tr>
</table>

（二）交工验收证书表格的填写要点

1. 交工验收时间：填写交工验收具体日期。若几个合同段一并验收时，各合同段填写时间相同。

2. 合同段（或分部工程）交工验收证书编号：由项目法人自行编号，最好与合同段标号一致。

3. 工程名称：填写工程项目的全称，所有合同段填写的名称必须统一。

4. 合同段（或分部工程）名称及编号：填写施工合同段（或分部工程）的具体名称、编号。

5. 本合同段（或分部工程）主要工程量：填写完成的主要工程项目数量，将本合同段建安工程数量按照计量支付约定的主要章、节分类如实填写。

6. 合同段（或分部工程）价款：合同段（或分部工程）价款中填写两组数据，“原合同”是指签订合同时本合同段的工程造价，“实际”是指工程完成后本合同段实际的工程投资额。

7. 合同段工期：“原合同”是指合同中约定的施工工期，以天或月为单位。“实际”是指完成该合同段所有工程内容所用的实际时间，其单位应与“原合同”的表达方式一致。

8. 对工程质量、合同执行情况的评价、遗留问题、缺陷的处理意见及有关决定。这些内容实际为交工验收的结论和有关决定，也可根据工程项目的实际情况增加需说明的内容，是交工验收时各有关单位对完成工程的工程质量所作的总体评价和遗留问题的处理意见。形成的验收结论中应明确是否通过交工验收，对交工验收时发现的问题、遗留问题应明确由谁负责限期完成。

9. 施工单位的意见：由施工单位自己签署。应明确是否同意交工验收结论以及存在问题、遗留问题的处理意见等。

10. 监理单位的意见：由监理单位填写。表明是否同意验收结论、有关问题的处理意见和决定，是否存在其他问题并明确监理单位的处理意见，简明说明工程质量是否达到合格标准，是否完成合同规定的工作内容。

11. 设计单位的意见：由设计单位签署。明确工程质量是否满足设计要求，是否扩大或缩小建设规模，是否存在明显缺陷，是否同意验收结论，是否同意验收中有关问题的处理意见和决定，也可对下一阶段的工作提出建议。

12. 项目法人的意见：由项目法人填写。明确是否同意验收结论、有关问题的处理意见和决定，可对下一阶段的工作提出要求，对遗留问题、工程质量缺陷等提出处理意见。

（三）交工验收证书的填写要求

（1）交工验收由项目法人组织，交工验收证书可由项目法人负责起草。起草的内容包括工程建设的基本情况、工程质量情况、合同执行情况的评价、遗留问题以及有关问题的处理意见，其他参建单位的意见不能代拟。对通过交工验收的合同段，交工验收后由项目法人签发合同段交工验收证书，生效后进入缺陷责任期。

（2）交工验收时的参加人员以工地现场管理人员为主，参建各单位应严肃认真，充分发表意见，客观地评价工程质量和合同执行情况，对于存在的问题，特别是影响工程正常使用的质量缺陷要明确提出，并提出处理方案和负责单位及完成时间。

（3）项目法人、设计、施工、监理等单位的意见填写时应依据各自的主要职责，认真填写。按照工程质量终身制的原则，各参建单位对于出现的质量问题、存在的质量隐患应慎重讨论，明确负责单位和处理期限。

四、交工验收时各参建单位的工作报告

（一）编写工作报告的意义

参建单位的工作报告，是对本单位在该工程项目中所有工作的一次全面系统的总结回顾，同时也是对本单位管理制度落实情况、工作成果的全面检查。这对于单位整体管理水平及技术人员业务能力的提高具有重要意义，也对本地区相似工程项目的管理、设计、施工、监理等工作具有指导意义和参考价值。

为了更好地总结工程建设过程中的各项工作，减少各参建单位总结报告中内容的重复，真正起到总结经验、汲取教训的目的，交通部《关于贯彻执行公路工程竣交工验收办法有关事宜的通知》（交公路发〔2004〕446 号）文件的附件 5，对各单位的工作总结报告格式进行了具体的规定。

（二）参建单位工作报告的种类

工程参建单位工作报告的种类，包括以下五种：

1. 建设单位编写的工程项目执行报告；
2. 设计单位编写的工程设计工作报告；
3. 质量监督站编写的工程质量监督报告；
4. 监理机构编写的工程监理工作报告；
5. 施工单位编写的工程施工总结报告。

（三）监理机构编写的监理工作报告

监理工作报告由监理机构在工程交工验收前完成，工程竣工验收前根据缺陷责任期的工作情况对其进行完善修改，竣工验收前提交项目法人。

监理工作报告的主要内容如下：

1. 监理工作概况

简要说明合同段工程主要内容、监理机构组织形式及人员配备情况。

2. 工程质量管理

总结本合同段工程质量控制措施及运行情况，施工过程中质量检查、抽查汇总情况，工程质量问题和事故处理情况；简要说明交工验收工程质量评定结果、试运营后工程质量变化情况，对提高工程质量提出建议、措施。

3. 计量支付、工程进度和合同管理情况

概述计量支付情况，说明计量支付、造价控制的方法；简要说明本合同段施工组织安排、进度控制的措施和实际进度；阐述施工单位履行情况，是否存在工程分包情况，对分包人如何进行审查、管理，对分包工程质量如何控制。

4. 设计变更情况

概述设计变更管理程序、设计变更汇总情况、变更后工程造价变化情况等，并分析发生设计变更的主要原因。

5. 交工验收中存在的问题及处理情况

介绍交工验收报告中指出的问题和质量监督机构交工验收前的检测意见中指出问题的处理情况，简要阐述交工验收后出现的问题及处理情况。

6. 对设计单位、施工单位和建设单位的评价

以交工验收时对设计、施工单位综合评价表中考核的内容为主，体现各单位合同履行情况、管理水平、配合情况、工作质量，指出各单位在本项目建设过程中的成绩和存在的问题，可提出建设性建议。

7. 监理工作体会

通过对监理工作情况的回顾和总结，总结在工程质量、进度、投资控制、合同管理等方面所取得的成绩、经验和教训，指出在本项目中监理工作存在的问题，对今后监理工作提出建议。

五、编写交工验收报告的注意事项

交工验收报告和交工验收证书中所反映的内容均是工程项目最基本的内容，也是应该保留的重要信息。在填写时应注意下列问题：

1. 工程名称、合同段名称、项目法人、设计单位、施工单位、监理单位等的名称均应与合同中的保持一致，不应简化缩写。若个别单位在工程建设期间更名，应将原合同中所用名称用括弧注明，更换原承担单位后以补充合同中所列单位名称为准。

2. 交工验收证书的时间是交工验收组织时间，也就是通过交工验收的时间。因为此时间按照合同关系涉及到缺陷责任期的起始时间，也关系到施工单位的建设总工期。

3. 合同段价款在交工验收时往往由于索赔、设计变更等程序未办理结束，在签订交工验收证书时本合同段的实际造价不易准确确定，可以用经核实的结算价，或已经约定确认的工程造价。

4. 对工程质量、合同执行情况的评价，遗留问题、缺陷的处理及有关决定，在填写时不要受交工验收证书中所预留空间的限制，内容较多时可另加附件；同时，反映的内容也不局限于规定的内容，应将能够反映工程项目完成情况、完成效果、存在问题的处理意见等内容阐述清楚，便于在竣工验收时进一步检查。

5. 施工单位、监理单位、设计单位、项目法人等单位意见应充分表明该单位对验收结果的看法，明确是否同意有关决议和对遗留问题的处理方案，重点要说明施工单位对工程质量、工程任务的完成效果。

6. 交工验收报告和交工验收证书由项目法人签发，一式四份。参与该合同段任务的项目法人、设计、施工、监理各持一份。

六、案例

【案例 4. 18-1】 监理办监理工作报告

××高速公路第一驻地监理办工程施工阶段的监理工作报告

（2004 年 5 月——2006 年 11 月）

××高速公路系国道主干线二连浩特至河口公路××省境内的一段，路线全长 106. 84km。

工程施工阶段的监理为全过程一次招标，共分四个监理合同包，即一个总监办、三个驻地监理办。工程施工分两阶段进行招标，路基桥涵工程共分 7 个施工合同段，路面工程共分 4 个合同段，交通安全设施共分 2 个合同段。总监理工程师于 2004 年 5

月18日下达路基桥涵工程开工令，路面工程于2005年11月进场，开始准备工作。

工程开工建设三年来，第一驻地监理办在业主、总监办的领导、组织下，本着“严格监理、热情服务、秉公办事、一丝不苟”的原则，认真履行监理合同，严格执行《招标文件》、《技术规范》，采取超前提示、现场旁站、全面巡查试验检测、计量支付、指令、工地会议等手段，工程质量控制达到了《技术规范》的要求，工程进度按预期完成，投资控制有效，监理内部管理有序，没有发生工程质量事故、安全责任事故和廉政问题，圆满地完成了全部监理工作。今将侯禹高速公路监理工作总结如下：

1 监理工作概况

1.1 建设依据与主要技术指标

根据国家计委、交通部、国土资源部、亚洲开发银行与中国政府、××省政府正式签署的《贷款协议》、《项目协议》，交通部批准的××高速公路工程《开工报告》，××省交通厅下达的有关计划文件执行。

设计采用平原微丘区技术标准，路基宽度28.5m，设计行车速度120km/h，平曲线最小半径3000m，最大纵坡为3%。桥梁设计荷载为汽车—超20级，挂车—120；桥涵设计洪水频率为：特大桥1/300，大、中、小桥涵为1/100，地震基本设防烈度为七、八、九度。

1.2 监理组织、培训、变更与执行合同、规范、监理程序情况

此项目的执行单位是××省××高速公路建设有限公司，即FIDIC条款中所指的业主，行使业主的职权，根据我国的招标投标法及亚行的有关规定，采用国际竞标和公开招标的方式选择了承包商。监理咨询招标，分国际监理和国内监理两部分，国际监理采用国际公开招标，国内监理采用国内公开招标，监理体系为二级监理体系，即总监办、驻地监理办。全线共一个总监办、三个驻地监理办。第一驻地监理办由××工程监理咨询有限公司中标组建，路基桥涵施工阶段下设E12、E13、E14三个监理组，路面施工阶段下设P11、P12两个路面监理组和T11一个交通安全设施监理组。

① 进场、培训情况。2004年4月5日签订监理委托合同后，××监理公司即根据投标书承诺调集监理技术人员、试验仪器设备和办公设施、车辆，并于4月11日全面展开监理工作。主要是组织全体监理学习招标文件、技术规范、熟悉图纸和工地现场，参加并通过了业主、总监办4月9日组织的工程监理、工程试验人员业务技能考核和考试。

② 监理组织机构。根据招标文件的规定和工程监理委托合同的履约要求，第一驻地监理办的技术人员有30人、行政人员7人，包括高级驻地、驻地监理办主任、各项目工程师和驻地监理组长以及监理员等，设综合室、技术室、监理组和试验室。按直线制设置监理组织机构，如附件1所示。工程监理技术人员实际到位33人、车辆6部。

③ 履行规范、监理程序情况。中标承担第一驻地监理办监理工作任务的××工程监理咨询有限公司始终强调“内强素质、外树形象”，把认真履行监理合同、履行监理职责当作第一任务来抓，切实对工程负责、为业主服务。总监办专门下发文件要求湿陷性黄土路基冲击压实、桥涵基底强夯、混凝土浇筑、钢铰线张拉和台背回

填以及路面底基层、基层和沥青上、中、下面层必须全过程旁站，在日常工作中我们第一驻地监理办认真落实，做到每个分项工程开始施工前要求项目总工组织施工员进行技术交底、监理人员参加，做到技术标准明确、工序控制报检程序明确、质检指标和频率、误差明确。为监督监理员是否在岗，我们统一印制了带有“工程监理”字样的“小红帽”，要求只要到达工地施工现场，不论是否有报检、抽检项目，都必须头戴小红帽、胸挂上岗牌，以示监理在场、监理在行使监理职责、便于施工方监督监理执业行为。对于抽检项目，我们坚持施工方先自检，自检合格且报检资料齐全无误后方可签收“监表5”，并到现场进行实地抽检，对抽检不合格的实测项目都要求施工方立即整改或返工重做，坚持做到了上一道工序验收合格才能进行下一道工序施工，保证了工程质量。

工程质量凭数据说话，我们要求施工方自检不走过场，要求现场监理的抽检必须亲自动手，要动用必要的仪器工具亲自量、测、算、记。全体监理均能够认真抽检和亲自填整抽检资料，大部分抽检资料如压实度、高程和钢筋项目、混凝土成品项目的抽检资料在检测现场即能形成。

1.3 监理试验室情况

第一驻地监理办中心试验室有试验人员7名，试验室主任由持有交通厅试验工程师证件的同志担任，全体试验员均通过了交通部门试验监理培训考试，达到了合同的要求。

中心试验室等级为乙级，土工、混凝土、钢筋力学、沥青类等试验仪器配备齐全，能够满足本工程实验项目的要求。

1.4 各合同工程概况

××高速公路E12~E14合同段的主要工程项目的工程量如表1所示。

××高速公路路面工程P11、P12和交通工程T11合同的主要工程量如表2所示（略）。

路基工程项目一览表 表1

序号	主要工程项目	单 位	E12合同	E13合同	E14合同	小 计
1	合同段长度	km	14.9	10.4	10.3	35.6
2	路基挖土方	万m^3	37.9	33.8	18.6	90.3
3	路基填土方	万m^3	167.8	87.5	146.6	401.9
4	特殊路基处理	万m^2	75.8	49.7	58.8	184.3
5	箱涵	道	9	8	10	27
6	箱通	道	21	17	22	60
7	桩基	根	486	314	290	1090
8	预应力空心板	片	390	260	338	988
9	20m箱梁	片	90	90	—	180
10	30m箱梁	片	80	120	—	200
11	现浇天桥	座	8	8	2	18
12	现浇预应力连续梁	座	2	—	3	5
13	互通立交桥	处	1	0	1	2

1.5 现场监理范围、专业分工情况

第一驻地监理办负责路基 E12 ~ E14 合同 35.6km、路面 P11 ~ P12 合同 30km 和 T11 合同 30km 的监理任务，监理人员分路基、小桥涵、大中桥、互通立交、排水防护工程和路面底基层、基层、沥青面层的监理以及钢护栏、隔离栅、标志牌、标线的全面旁站人员，做到驻地监理组长分工明确、专业监理和现场监理人员分工明确、责任到人。

一般情况，每名现场监理员旁站巡查 2 ~ 3km 路基桥涵或监控 2 ~ 4km 路面工程。大中桥和互通立交桥设专人监理，一般是每桥安排一名监理专职旁站。另外还有试验监理员每合同配备 2 ~ 3 人，有效地协助现场监理开展质量监理工作。

1.6 现场监理交通、通讯、住宿、办公条件的满足情况

2004 年 4 月 2 日，部分主要监理人员先期赶到 × × 县，并根据工程需要租赁 × × 院内一座 3 层楼房共 28 间作为第一驻地监理办驻地，充分满足了办公、生活的需要。× × 工程监理咨询有限公司规定现场监理人员必须独立食宿，第一驻地监理办据此安排离驻地监理办驻地较近的 E12、E13 合同监理组人员在驻地监理办食宿。E14 合同离驻地监理办较远，驻地监理办为 E14 合同监理组在 K173 附近的 × × 乡租赁了 16 间房，调派了炊事人员，落实了公司独立食宿的要求。

第一驻地监理办按《监理合同》要求为每个监理组配齐了车辆，给每个现场监理员统一办理了手机号码，并按月及时交费，保证了监理工作的顺利开展，保证了与施工单位的有效沟通。

1.7 监理规章制度的建设情况（略）

1.8 监理来往文件、监理会议纪要情况

自 2004 年 5 月 18 日总监下达开工命令后，第一驻地监理办始终坚持“严格监理、热情服务、秉公办事、一丝不苟”的原则，积极开展全方位、全过程的监理工作。三年来，印发监理文件、指令、备忘录、召开工地会议的情况如表 3 所示。

印发监理文件、监理会议纪要情况一览表　　表 3

书面文件名称	监理通知提示	现场工作指示	监理工作指令	工地会议纪要	监理备忘录
印发件数	138	93	217	23 个	19

2 工程质量监控情况

质量责任重于泰山。质量不合格的工程是犯罪工程。

回顾施工监理全过程，我们第一驻地监理办始终把质量放在首位，并充分利用合同文件赋予监理工程师的权力，充分利用合同文件、技术规范、监理程序这“三把利剑”将工程质量有效贯穿于工程施工全过程。

在总监办、业主、省交通质监站的监督、指导、协调下，明确了监理岗位职责、建立了责任制度，并健全了旁站、巡视、抽检、验收制度，为质量监控提供了保障。主要监控措施与效果如下：

2.1 测量放样、放线、水准点校核

开工之初，第一驻地监理办即调派测量工程师全面监督各合同段的原地貌、地形的检测，水准点、导线点的复测，监督完成了闭和。在施工中，对结构物和路面

各层次的放样、放线实施了认真的抽检。每年雨季之后，全面测量校核水准点、坐标点，并加强了桩位保护。

2.2 工程质量监理情况

① 开工前审查。按照《监理规范》规定，第一驻地监理办要求施工方在施工前必须提交总体、分项工程的开工申请，经驻地监理组审查后，报驻地监理办审批后方可开工。重点审查施工技术方案、组织方案和安全、环保控制措施，对质量保证体系不健全、不按投标承诺到位的主要技术人员进行追踪，直至健全和到位。各合同段总体施工组织设计驻地监理办初审后报总监办审定，有效的指导了正常施工。在施工过程中，各合同项目部均能按照要求及时提交开工报告，三年来六个驻地监理组先后审批了2400多个分项工程的开工报告，起到了严把分项工程开工关的作用，达到了《技术规范》和《监理规范》的要求。

② 施工过程中的旁站、监督、指令情况。百年大计，质量第一。创市场、保品牌，必须依靠质量取胜。

在湿陷性黄土地区的路基、桥梁和路面工程的监理过程中，为了加强对施工质量的控制，我们第一驻地监理办主要采取了以下措施：

第一，湿陷性黄土特点、处治技术的学习。进入工地后，我们在总监办的指导下，补充调查了湿陷性等级是否与设计图纸一致，划分了不同路段的湿陷等级。针对不同的湿陷等级学习设计图纸上的8种处治方案。如冲压、强夯、灰土挤密桩和“冲压+灰土”或“冲压+灰土+砂砾”等方案，做到不同的路段用不同的方案，不同的方案要明确处治技术指标，并整理汇编了小册子，发到现场监理手中，为合格、迅速处治湿陷性黄土路基、桥涵基底等打下了基础。

第二，充分利用工程监理手段，切实控制过程质量。

一是加强超前提示。对路基冲击碾压、强夯，对路基填前碾压的压实度和高程测量，对桩基、梁板预制张拉压浆，台背回填、防护砌石等主要施工过程，我们按照监理总公司“超前提示、严格监理”的工作要求，坚持事前学习《技术规范》和总监办文件，坚持超前提示，开工至今先后用红头文件印发监理工作通知、提示138件，发出监理工作指令217件。

二是加强旁站和巡视，及时发现问题及早解决问题。总监办开工之初就规定了旁站项目、抽检频率。在实际工作中根据工程进展情况，我们驻地监理办按规定要求各个驻地组对冲击碾压、强夯、灌注桩、浇混凝土、钢铰线张拉、孔道压浆、桥面铺装、路面底基层、基层、沥青面层等项目进行了全过程现场旁站，要求现场监理必须完成这一“规定动作”，不得脱岗；要求驻地组长加强巡视检查、指导和纠偏。三年来，各个驻地组从开工报告审批入手督促施工方加强工前准备、过程控制、结果自检和报检程序，较严格地控制了工程质量。

三是履行监理抽检和指令职责，用数据评估质量，用指令促进质量。分项工程质量仅靠施工方的自检决不能100%地保证合格，而监理的旁站主要是检查施工操作工艺是否符合规范、技术指标是否符合图纸、过程质量是否存在偷工减料等，而只有通过抽检用数据说话才能评估质量是否真正合格。我们在总监办的每月督查下，特别强调全体监理人员必须按照图纸、规范、质检标准进行各项指标的现场实地抽检，通过抽检对路基压实度、石灰剂量、钢筋焊接、混凝土试件强度、混凝土构件几何尺寸等均有了监理自己的数据，做到了心中有数。对符合图纸、规范、技术标准的予以签认“监表5”，对不符合图纸、不符合规范、不符合技术标准的项目通过口头或书面的监理工作指令予以处理。

三年来，路基压实度抽检计37600次、钢筋焊接抽检计910次、纵断高程抽检计9300次、混凝土构件几何尺寸抽检计58500次、台背回填压实度抽检计3410次、灰剂量抽检960次、沥青用量抽检790次。其中，对钢铰线张拉、压浆和路基弯沉测量实施100%的抽检。

③ 工程检查测量、成品验收情况。在工程施工中间工序的检查验收过程中，严格“检验申请批复单”制度，上道工序验收不合格的坚决返工、坚决不准进入下一道工序。各合同段较好地执行了报验制度，每个工程最终成品均经过了监理的检查、测量、记录和评定。

④ 对隐蔽工程的检查情况。在各合同段隐蔽工程开工之前，第一驻地监理办专门发文要求各施工单位，认真做好隐蔽工程的施工工作，要求施工方在隐蔽工程施工时报请监理旁站，完成之前及时通知驻地监理现场检查，要求施工方对隐蔽工程拍摄照片资料。在整个施工中，施工单位较好地执行了驻地监理办的要求，各监理组也安排专门人员对隐蔽工程进行了检查记录、验收，并拍摄了照片资料。

2.3 监理试验情况

一个分项工程的质量评定，要看现场操作是否达到基本要求，要看现场几何尺寸、平纵立面位置，更要看包括强度、压实度、灰剂量在内的试验数据。因此，试验监理工作尤为重要。

首先，驻地监理办严格按《招标文件》和中标人的承诺检查施工单位的中心试验室、工地试验室的人员、仪器、设备和日常消耗用品的到位情况和正常试验工作开展情况。同时，我们配备了满足本工程项目检测要求的试验仪器、调配好试验人员、建立健全了各项规章制度，每年请技术监督部门标定好了试验仪器，全方位地做好了试验的准备工作。

其次，明确了监理中心试验室的室主任、驻地组长三者之间的工作配合关系，要求试验监理员在质量控制上服从驻地组长的安排、向驻地组长汇报，通过报请中心试验室主任复核、审签各种试验报告，在技术业务程序上受中心试验室主任的管理和业务指导。

三是在现场监理过程中严格按照监理抽检20%或100%的频率进行各种原材料、配合比、强度等的试验工作。针对黄土的湿陷等级、针对不同的取土场、不同的层深随时进行土的最大干容重试验。

三年来，共进行土的最大干容重试验450多次。二灰土底基层压实度抽检计1120多次，水稳碎石基层压实度抽检计1930多次，沥青上、中、下面层压实度抽检计4860多次，纵断高程抽检计2490多次，压实厚度抽检计2990多次。石灰剂量抽检计960多次，沥青用量抽检计790多次，配合比复核性试验计330多次。交通安全设施的顺直度抽检计620多次，几何尺寸抽检计1740多次等。

2.4 分项工程质量验收情况

为了加强质量管理，按照合同条件要求，第一驻地监理办成立了分项工程质量验收小组，成员由合同段驻地组长、各专业项目工程师组成，在每一个分项工程完工后具体负责工程质量的验收工作。

2.5 工程质量问题及事故的报告、处理情况

在业主、总监办的领导下，第一驻地监理办严格按照《技术规范》要求控制质量，E12~E14、P11~P12、T11合同工程质量一直处于受控状态。但是，施工过程中也不是没有质量问题，有问题不要紧，就怕不解决。第一驻地监理办针对问题，及时纠偏和解决，使得最终工程产品全部合格。

①2005年春季越冬工程检查发现的质量问题及其处理情况。2005年2月20日，总监下达复工令以后，按照总监办的安排，第一驻地监理办对E12~E14合同段越冬工程质量进行了一次彻底检查。在检查中发现E12合同有个别混凝土构件冻损，形成了质量隐患。为确保工程质量，经总监办批准，将E12合同K174+286西里支分离立交的两棵冻损立柱推倒重做，消除了该桥的质量隐患。2005年3月下旬，E12合同出现混凝土强度不合格的试块问题，经总监办组织钻芯并邀请有资质的检测单位进行了钻芯取样试验，梁板实体强度换算表明有3片箱梁不合格，其中2片已于5月18日报废、另外1片也于7月14日报废完毕。通过报废处理，遏止住了质量下滑的苗头，有效地提高了施工单位的质量意识。

②2006年夏季雨汛期暴露出的工程质量问题及其处理情况。2006年雨季以来，××高速公路路基桥涵在2005年11月完成主体工程后经受了第一个雨汛期考验。可以说，经过工程建设单位的全面监管、施工单位的科学施工、监理单位的严格监理，侯禹路的路基、桥涵和路面工程经受住了雨汛期的考验，未出现大的质量问题。但是，实事求是地说，个别桥头台背回填区及其高填路基延伸区、局部填方路段也出现了质量缺陷。例如……

就×合同部分桥头路基下沉、路面开裂质量缺陷的综合加固处治，第一驻地监理办书面向总监办提出了如下建议：

一是锥坡加固处治。包括河床挖淤排泥、基础砌石加宽加深、锥坡坡度放缓、锥坡填土夯实、坡面返工重砌等技术措施。

二是桥下河岸护坡砌石返工加固，技术措施同上。

三是路基护坡方格砌石局部变为满砌。在锥坡、桥头路基10m护坡满砌的基础上，延长路基护坡的满砌长度20~30m，满砌前对原砌石拆除、对原路基边坡填土夯实。

四是桥头路基设置反压护坡道，其长度约50m即可。

五是本着防水侵蚀的原则，对中央分隔带桥头至通讯入井约30m长度范围采用加设防渗土工布、铺砌混凝土预制块或勾砌片石的方法防水冲蚀台背回填砂砾料。

3 计量支付、合同管理情况

××公路系亚行贷款项目之一，执行的FIDIC合同条件是1987年的第四版FIDIC合同条件。从执行FIDIC条件和低价中标两方面看，给监理控制计量支付提出了严格的要求，我们主要做了以下工作：

3.1 执行FIDIC合同条件、严格计量支付程序

一是反复复核工程数量。对路基土方……

二是严格进行现场计量，用合格的质量、齐全的资料作为工程计量的首要条件。

三是建立工程计量的台账，防止错误计量、超红线计量。

四是服从亚行的支付程序，按照业主的意见完善相关工程项目的计量支付手续，一切为工程持续施工着想。

截至2006年10月30日，共发生××期工程支付，各合同段工程计量支付报表，经总监理工程师、外籍副总监、业主签字的有关数据如表4所示（略）。

3.2 工程调价情况

××路招标文件规定了物价调整的系数、公式，并写明工程签合同当年不调价、第二年调价。

路基桥涵工程已于2004年4月17日签订施工合同，当年不参与调价。2005年完成的工作量参与调价……

路面、交通工程于2005年10月份签订施工合同，当年不参与调价。2006年完成的工作量参与调价……

3.3 工程变更与工程索赔审核情况

高速公路建设项目开工后，完全按照设计图纸、合同条件施工是不可能的。××高速公路地处湿陷性黄土地区，测设时不可能都描述准确，因此，施工过程中的工程变更、工程索赔便不可避免。

截至2006年10月30日，E12、E13、E14合同上报工程变更、工程索赔数量如表5所示。

路基工程变更、索赔文件报审一览表 表5

序号	项目名称		E12合同	E13合同	E14合同	小计
1	工程变更文件（金额为万元）	承包人上报个数	41	45	40	113
		承包人申报金额	5955	3171	4312	13438
		驻地监理办初审金额	3373	2809	4002	10184
2	工程索赔文件（金额为万元）	承包人上报个数	8	3	0	11
		承包人申报金额	4190	357	0	4547
		驻地监理办初审金额	672	182	0	854

3.4 计量支付报表传递情况

××路工程计量与支付报表传递程序参与亚行贷款管理惯例，按如下程序操作：

分项工程开工报告审批——施工完成、检验合格——工程量计量——各项预付款计算——各项变更索赔、调价确认——工程支付明细表——工程支付汇总表——工程进度月报表——工程支付申请——工程支付证书——业主按规定时限拨款。

4 工程进度控制情况

4.1 进度计划执行情况

① 截至2006年10月，E12、E13、E14三个路基桥梁合同段共完成工作量为×××亿元、占合同总价×××亿元的×××%。其中，E12合同完成×××万元、E13合同完成×××万元、E14合同完成×××万元。

② 截至2006年10月30日，P11、P12合同共完成工作量×××亿元，占合同总价×××亿元的%。其中，P11合同完成×××万元、P12合同完成×××万元。

③ 截至2006年10月30日，T11合同共完成工程量×××亿元，占合同总价的×××亿元的×××%。

4.2　工程进度计划管理情况

作为亚行贷款执行FIDIC合同条件的公路项目，监理工程师的进度计划控制尤为重要，我们在工程计划管理方面主要开展了以下工作：

① 坚持进度统计报告制度，努力完成旬报、月报、季报、年报。

② 坚持月计划的编制与审批制度。

③ 坚持调整季度工程施工计划，使实际进度与计划进度的偏差控制在20%以内（特殊条件规定超过20%，属于进度严重滞后，应专题报告省厅、交通部，亚行会停止支付等）。

……

5　交工验收阶段的监理工作情况

自2006年10月以来，工程交工验收工作就提上了第一驻地监理办的议事日程，驻地监理办多次下达文件及召开会议部署交工验收。在交工验收阶段主要抓了以下工作：

5.1　竣工资料整理

第一驻地监理办要求各驻地监理组，每个监理人员都要认真做好现场旁站工作，在旁站过程中认真作好抽检，并独立整理出现场抽检资料，要求各驻地组长认真检查。要求各监理组驻地组长督促和检查施工单位的资料整理，确保资料跟施工进度同步。

5.2　工程质量评定

第一驻地监理办把分项工程质量评定工作作为交工验收阶段的工作重点，由高级驻地牵头……

5.3　遗留和缺陷工程的调查

……

5.4　遗留和缺陷工程的处理

……

6　对设计单位、施工单位和建设单位评价

6.1　对设计单位评价

工程设计方案符合国家有关标准、规范，设计文件符合编制办法的规定及亚行项目要求的设计深度。路线整体布设线位和平纵横组合合理。妥善处理桥、隧、路及农田水利、环保等诸多因素，整体路线平纵线型舒缓、顺适，视距良好。设计单位派出的设计代表常驻工地，及时与业主、监理单位、施工单位解决涉及和施工中出现的各种问题，从而使工程顺利进行。

综合防排水工程设计不完善，相当一部分通道、涵洞设计排水不畅，个别通道设计排水不畅形成“鱼塘”现象。设计中存在对地质情况探测不细不明的现象，多处发现图纸与实际地质、地形不符。

6.2　对施工单位的评价

施工单位积极响应省委、省政府及交通厅党组提出的目标，主动与设计、监理人员密切配合，严格执行各种施工规范和公司的决议、决定，建立健全了施工管理体系，制定了行之有效的质量管理办法，编制了可行的施工组织计划，对提高工程质量按期完成工程目标起到了决定性的作用。在路基处理过程中，通过试验，采用冲压、强夯、重夯、灰土挤密桩和砂砾垫层等方法，有效地提高了地基承载力的强度，确保了路基的稳定性。为保证路面铺筑质量，各路面施工单位主动增加机械设备的投入，优化机械组合，关键指标抓“五度六部”，质量控制抓工序，施工工艺抓精细。

但是，实事求是地说，个别施工单位存在着主要技术人员更换频繁，劳力、设备不足，施工进度前松后紧的问题。更有擅自施工、殴打辱骂监理、拒不执行监理工作指令的现象。

6.3 对建设单位的评价

××高速公路有限责任公司在建设过程中，克服了资金短缺、技术复杂、地方干扰大等重重困难，优质高效地完成了建设任务，具体体现在以下几个方面：

① 实行项目法人责任制，组建精干高效的业主管理机构培养造就了一支业务精、懂技术的现代化建设管理队伍，建立健全了各项管理制度和保证体系。通过制定工程质量、安全生产、文明施工等一系列行之有效的管理措施，为创造优良工程奠定了可靠基础。

② ××高速公路是××省第一次采用国际金融组织——亚洲开发银行修建的高速公路项目，标价最低，工程规模最大，地质情况最复杂。在管理过程中摸索出了一条既执行菲迪克条款，符合国际惯例和亚行指南要求，又适应中国国情和××省公路施工实际的建设管理模式，确保了“质量、工期、投资、安全、环保、廉政”六大目标的实现。

③ 按照公开、公平、公正的原则土建主线工程通过国际招投标，交通工程、房建工程通过国内招投标，选择了一批有实力、信誉高的施工、监理单位参与项目建设。

④ 健全了质量保证体系，全面推行了质量管理，贯彻实施了ISO9000系列标准及企事业内部标准，制定了严格、完善的规章制度。

⑤ 精心组织，科学安排，深入开展了社会主义劳动竞赛，认真进行检查评比，奖罚分明，以科学求管理，以管理求发展，抓重点、攻难关、促进度，圆满完成实现了工期目标。

⑥ 强化监理工作，对现场监理人员，实行定岗、定人、定标准、定职责的管理措施。不定期对监理人员进行考试和考核，要求监理单位加强旁站，加大现场抽查力度，加强试验检验工作，确保了工程质量始终处于受控状态。

7 监理工作的体会与建议

在业主和总监办的领导下，全体监理人员战严寒、斗酷暑，抓质量、促进度，第一驻地监理办圆满地完成了工程监理任务。为今后更好地为业主和施工单位服务，也为提高监理单位的整体素质，第一驻地监理办对2004年5月开工至2006年10月交工这段时间的监理工作经验教训进行了总结，体会与建议记录如下：

7.1 施工合同段的低价中标，必将增加工程建设各方合同管理的难度，在某种程度上也影响着工程质量和工程进度

…………

7.2 擅自施工、强行施工现象的发生，必将导致质量监控机会的失去，有效地控制工程质量将无从谈起

施工过程中，个别施工单位时有擅自施工甚至强行施工现象，表现在路基的“翻浆”处理不彻底便擅自填筑上层土，表现在箱梁预制过程中钢绞线张拉后擅自压浆（如××大桥），表现在个别桥梁雨季施工时遇雨不按监理要求采取有效的防雨措施便强行浇灌混凝土等。

7.3 湿陷性黄土地区必须高度重视路基、防排水综合处治技术的设计、施工和监理

由于××高速公路地处湿陷性黄土地段，特殊的地质构造和暴雨的侵蚀使得路基容易发生沉降、边坡容易滑塌，接管养护单位在通车后的日常养护管理中应特别注意检查。边坡砌石是路基防护的最重要手段，应特别注意边坡砌石的完整，植物的覆盖面积，汛期水毁边坡应立即修补，保持线形顺直排水通畅。水对路基的危害很大，挖方段应特别注意排水。

7.4 建议养管单位重视先简支后刚构箱梁固结端质量及其使用观察

固结端是先简支后刚构箱梁桥最重要的部位，固结端的完好与否直接关系着整座桥梁的安全，接管养护单位应特别注意检查固结端部位的使用情况，包括××大桥、××大桥、××大桥、××××大桥等。

7.5 建议养管单位高度注意大中桥梁台背回填和桥头高边坡的稳定性

接管养护单位应注意加强桥梁、涵洞、通道的台背回填部位及其锥护坡的观测，特别是汛期更应加强检查，防止因台背回填的沉降导致桥头“跳车”。也应注意部分高填路基和部分大桥的桥头高边坡的稳定性。尤其应注意××大桥东西桥台的高边坡稳定性，因原设计为锚杆护面墙，后变更为砌石护面墙。

［点 评］本监理总结报告文件是一篇实例，这个驻地监理办依据交通部《关于贯彻执行公路工程竣交工验收办法有关事宜的通知》(交公路发〔2004〕446号）文件关于监理工作报告的规定格式编写，总结了监理工作成绩和监理体会，文字介绍图表叙述相结合，简单明了，思路清楚，最后向建设单位、接受管养单位提出了比较重要的技术与管理建议，可以说是一篇比较规范的监理工作总结报告。供驻地监理工程师、总监理工程师参考。

4.19 工程质量评估报告的编写

一、工程质量评估报告的含义

工程质量评估报告是工程施工期即将结束，主体工程或者单位工程项目已经完成且质量合格、资料齐全的情况下，项目监理机构对单位工程施工质量进行总体评价的技术性文件。

工程质量评估报告属于“报告”类文件，只是一般不用红头文件的形式印发，常用固定的、通用的表格形式，是监理机构的专用书面文件之一。

二、工程质量评估报告的编写

1. 编写的组织与主持人

工程质量评估报告是在项目监理机构签认单位工程预验收报验单后，由总监理工程师组织专业监理工程师编写。

2. 编写的条件

单位工程或者合同工程的所有单位工程已经施工完成，施工承包单位自检合格且向项目监理机构提交了书面的《工程竣工报验单》，经项目监理机构对竣工资料及实物全面检查、验收合格后，由总监理工程师签署《工程竣工报验单》，同时编写工程质量评估报告向建设单位提交。

3. 编写的有关要求

一般情况下，在总监理工程师签署《工程竣工报验单》后一周内编制完成并报告建设单位。

工程质量评估报告应由总监理工程师、监理单位技术负责人共同审查签字，并加盖监理单位的公章。

4. 工程竣工报验单的表式

国标《建设工程监理规范》附录中给定了《工程竣工报验单》的固定表式，如表4.19-1所示。

工程竣工报验单 **表 4.19-1**

工程名称： 编号：

致：____________（监理单位） 我方已按合同要求完成了____________________工程，经自检合格，请予以检查和验收。 附件： 承包单位（章）________ 项目经理________ 日 期________
审查意见： 经初步验收，该工程 1. 符合/不符合我国现行法律、法规的要求； 2. 符合/不符合我国现行工程技术标准； 3. 符合/不符合设计文件要求； 4. 符合/不符合施工合同要求。 综上所述，该工程初步验收合格/不合格，可以/不可以组织正式验收。 项目监理机构（章）________ 总监理工程师________ 日 期________

5. 编写的依据

工程质量评估报告应坚持独立、公正、科学的原则编写，充分依据日常施工与监理过程中的质量验收记录，依据工程建设、施工、监理单位竣工预验收汇总整理的如下资料：单位（子单位）工程质量竣工验收记录，单位（子单位）工程质量控制资料核查记录，单位（子单位）工程安全和功能资料核查及主要功能抽查记录，单位（子单位）工程观感质量检查记录等。

三、工程质量评估报告的主要内容

工程质量评估报告由前言、工程基本情况、工程实体质量评价、工程质量问题或事故的处理情况、工程技术资料核查情况、观感和使用功能质量评价、室内环境质量评价、质量综合评价意见、结论和评估单位签名盖章、日期等几部分组成。

1. 前言

前言部分，应简要说明监理单位实施监理的工程项目名称、起止时间和竣工评估条件，之后转入今将质量评估情况报告如下。

2. 工程概况

主要描述项目特征，可以用表格统计列明工程名称、地点、结构类型、楼层数、建筑面积、基础埋深、总高度、开竣工日期等。之后描述工程地质情况、建筑特点、结构特点和施工单位基本情况、采取的主要施工方法（如混凝土采用商品混凝土、是否泵送，模板尺寸，钢筋焊接方式）。

3. 工程实体质量评价

主要描述主要建筑材料、地基基础工程质量情况、主体结构的质量情况、其他分部工程的质量情况等。

4. 工程质量问题或事故的处理情况

主要描述施工过程中是否发生过？程度及其处理方案、结果等。

5. 工程技术资料核查情况

主要描述工程质量控制资料、安全、功能检验资料、主要功能抽检记录等。

6. 观感和使用功能质量评价

主要描述工程观感质量的总体情况、使用功能满足情况等。

7. 室内环境质量评价

主要描述工程施工中使用的建筑材料经检测对室内环境是否存在污染。

8. 质量综合评价意见

主要描述工程施工满足国家法规、满足质量、满足设计要求、资料齐全真实，环境测试合格等。

9. 结论

主要说明工程质量等级是否达到合格标准。

10. 评估单位盖章、总监理工程师签名、日期。

工程质量评估报告的评估单位盖章、总监理工程师签名、监理单位技术负责人审核签字、日期等内容，可以编写在最后，也可以放在封面中。

四、案例

【案例4.19-1】 住宅楼工程质量评估报告

世纪泰华小区32号住宅楼工程质量评估报告

××市诚信工程监理公司经合法投标竞争，中标监理世纪泰华小区32号住宅楼工程，受×××××建设单位的委托于2006年8月26日进场。项目监理部于2006年9月1日开始对32号楼进行施工阶段的监理，经建设单位、设计单位、施工单位的共同努力，于2006年12月10日达到基本竣工条件，今将该工程的质量评估情况报告如下：

一、工程概况

1. 项目特征

该工程建筑面积4558m^2，投资×××万元。

工程名称为世纪泰华小区32号住宅楼工程，开工日期为2006年9月6日，竣工日期为2006年12月18日。

2. 建筑特点

砖混结构，地下一层，地上六层，筏形基础。地下室层高2.5m，1～6层住宅层高2.9m。梁板混凝土强度等级均为C25。梁、板主筋为HRB335级钢筋。砖体外墙370mm，内墙240mm，砂浆强度等级均为M5.0。

层面工程为60mm厚聚苯板保温，1∶06水泥炉渣找坡，1∶3水泥砂浆找平，防水层为SBS改性沥青防水卷材。

装饰工程外墙为水泥沙浆抹面，湿度合格，刮水泥腻子，刷米黄色涂料。地面为水泥砂浆找平搓毛，内门为木质三合板门，窗为塑钢窗，分户门为喷塑防盗铁门。

3. 施工单位基本情况

承包单位为××××建筑安装总公司，全面负责世纪泰华小区32号住宅楼工程的施工任务，项目经理、总工等技术人员的任职资格满足国家规定的上岗条件，人员无更换、证件齐全。施工设备的数量、规格、型号满足《招标文件》和施工要求的实际要求。工程原材料、构配件、设备按计划进场且保持合格、完好状态。

4. 采取的施工方法

混凝土采用商品混凝土，基础底板采用泵送混凝土，墙体及地上主体剪力墙混凝土采用塔吊吊斗运输。地下室墙体模板采用600×1500标准钢模板及100×1500模板，地上部分墙体采用大模板，顶板采用竹夹板模板。

钢筋采用闪光对焊和绑扎方式，其他工序为常规做法。

二、工程实体质量评价

1. 主要建筑材料

该工程基础与主体的钢筋，全部使用邯郸钢铁公司的钢材；基础与主体的水泥全部为太行山牌矿渣硅酸盐水泥，结构混凝土用砂为界中河细砂；钢材、水泥按种类、批量进场时均有合格证，且进行了现场见证取样，复试结果合格；水暖、电气材料（各种管材，电线开关、插座等）均有合格证、准用证、检测报告等质量合格证明。

2. 地基验槽

地基钎探完成后，由建设、勘察、设计、施工、监理有关单位的工程技术负责人进行了地基验槽，结论为：

(1) 基槽岩土与《岩土工程勘察报告》相符，持力层下300mm土质较软弱，但土质均匀。

(2) 钎探布点合理，钎探深度为2.1m符合要求，钎探使用的工具为N_{10}，轻便触探器符合要求。

(3) 地基钎探记录的锤击数与现场抽测得到的锤击数基本相符，钎探记录真实。

(4) 经研究确定换填2：8砂石垫层，厚度为450mm。

3. 基础工程

基础为钢筋混凝土筏形基础，基础梁为500mm×700mm，混凝土强度等级C25，施工过程中重点控制混凝土搅拌、筏形基础一次浇筑完成。混凝土严格按配合比计量，浇筑过程中经常进行砂、石料的外观（粒径、含泥量、级配情况）检查，每日检查混凝土坍落度4次，上午、下午各2次。混凝土强度等级达到120.6%。混凝土未发现蜂窝、麻面、露筋等质量缺陷。

钢筋的种类、直径、间距、排距、根数总量、绑扎等均符合设计及施工规范要求。

4. 主体结构部分

该工程为砖混结构，建设、监理、设计、施工各方参与验收，主体结构质量良好。结构实体检验同条件养护混凝土强度等级，根据混凝土试块的测试结果，混凝土平均强度：标养试块为121%，同条件养护混凝土试块为116.2%。

(1) 钢筋工程：施工中对钢筋焊接，严格检查各焊接接头外观质量，对外观质量有怀疑的进行抽样作物理性能检验。对梁、板部位的钢筋作为重点严格把关，对不符合设计施工图和抗震节点构造要求的部位进行整改，符合要求后方可进行下道工序施工。

为防止钢筋间距过大的偏差，在绑扎钢筋时，按钢筋间距，弹好墨线后进行钢筋绑扎，采取有效手段严格控制了梁、柱钢筋的水平、竖直位置。钢筋绑扎符合施工规范要求。

(2) 混凝土工程：对原材料质量控制严格把关，水泥为峰峰太行山牌硅酸盐水泥（回转窑生产）施工时对模板工程作为一道关键工序控制，保证模板位置正确，不漏浆。混凝土浇筑中，施工人员严格按操作规程作业，根据结构特点，易发生质量问题的部位，进行了严格管理，保证了梁、板的几何尺寸，混凝土没有超出施工规范规定的麻面等质量缺陷。总的来说，混凝土质量较好。

(3) 砌体工程：外墙和内承重墙为多孔砖砌体，砌筑前强调多空砖必须洇水，防止砂浆失水过快影响砂浆强度。砂浆强度测试结果符合设计要求。为保证砌体、观感质量要求，按皮数杆双面挂线进行砌筑，灰缝厚度控制在8～12mm且保持均匀，砌体质量检查垂直、平整均符合要求。

(4) 其他分部工程：屋面工程、门窗工程、地面与楼面工程、装饰工程、暖卫燃气安装工程、通风与空调工程、电气安装工程、电梯安装工程等项目，施工单位自评优良，监理验收均合格。

三、工程技术资料核查情况

1. 工程质量控制资料

建筑与结构应为115分，实际115分；给排水与采暖应为72分，实际72分；建筑电气应为55分，实际55分。

2. 工程安全和功能检验资料及主要功能抽查记录

建筑与结构应为5分，实际5分；给排水与采暖应5分，实际5分；建筑电气应4分，实际4分。

四、观感与使用功能质量评价

1. 观感和使用功能质量评价

(1) 外墙面为水泥砂浆抹面，水平、竖直分格能做到横平竖直，色泽比较均匀观感较好。

(2) 内装为初装修，墙面顶棚平整，线角基本顺直方正，观感质量尚可。

(3) 地面为初装，用30mm厚水泥砂浆找平搓毛。地面平整度、强度符合要求。

(4) 上、下水、暖气安装及管道转弯半径符合要求，细部质量一般。

2. 使用功能

(1) 门窗几何尺寸和外观检查符合要求，门窗开启灵活，不走扇。

(2) 厨、卫间地面砖、坡度坡向地漏、泼水试验，地面不积水。

(3) 卫生洁具排水通畅，接口部位不渗水。

(4) 室内设备管道、电气开关位置合理，使用方便，符合设计要求。

五、室内环境质量评价

工程中使用的建筑材料，经检测对室内环境没有污染。

六、工程质量问题的处理情况

在基础工程施工前设计变更，在⑥、⑩轴处各增加一道500mm×700mm梁，混凝土工程质量施工结果较好。

工程施工过程中，没有发生任何质量问题、质量事故和安全伤亡事故。

七、质量综合评价意见

该工程在施工的各环节中，认真执行法律、法规和强制性标准的规定。地基与基础、主体结构、建筑屋面等分部（子分部）工程满足设计要求。工程质量控制资料，工程安全和功能检验资料及主要功能抽查资料基本齐全，施工技术文件真实、完整。室内环境检测测试符合标准要求。

八、结论

该工程质量等级达到合格标准。

总监理工程师签字：袁××

监理公司技术负责人签字：田××

监理单位名称：市诚信工程建设监理公司（章）

二〇〇六年十二月十六日

[点 评] 本工程质量评估报告文件是一篇实例。该工程的总监理工程师按照常规的工程质量评估报告的编写要求，认真编写了八个部分的内容，即工程概况、实体质量

评价、工程技术资料核查情况、观感与使用功能质量评价、环境质量评价、工程质量问题的处理情况、质量综合评价意见、结论等，内容全面，实事求是，文风朴实，签字负责。如能添加个封面，则更加美观、整齐，便于存档保管。可供房建工程的总监理工程师参考。

附录一

国家行政机关公文处理办法（2001年版）

（国务院2000年8月24日颁发）

第一章　总　　则

第一条　为使国家行政机关（以下简称行政机关）的公文处理工作规范化、制度化、科学化，制定本办法。

第二条　行政机关的公文（包括电报，下同），是行政机关在行政管理过程中形成的具有法定效力和规范体式的文书，是依法行政和进行公务活动的重要工具。

第三条　公文处理指公文的办理、管理、整理（立卷）、归档等一系列相互关联、衔接有序的工作。

第四条　公文处理应当坚持实事求是、精简、高效的原则，做到及时、准确、安全。

第五条　公文处理必须严格执行国家保密法律、法规和其他有关规定，确保国家秘密的安全。

第六条　各级行政机关的负责人应当高度重视公文处理工作，模范遵守本办法并加强对本机关公文处理工作的领导和检查。

第七条　各级行政机关的办公厅（室）是公文处理的管理机构，主管本机关的公文处理工作并指导下级单位的公文处理工作。

第八条　各级行政机关的办公厅（室）应当设立文秘部门或者配备专职人员负责公文处理工作。

第二章　公文种类

第九条　行政机关的公文种类主要有：

（一）命令（令）

适用于依照有关法律公布行政法规和规章；宣布施行重大强制行政措施；嘉奖有关单位及人员。

（二）决定

适用于对重要事项或者重大行动做出安排，奖惩有关单位及人员，变更或者撤销下级单位不适当的决定事项。

（三）公告

适用于向国内外宣布重要事项或者法定事项。

（四）通告

适用于公布社会各有关方面应当遵守或者周知的事项。

（五）通知

适用于批转下级单位的公文，转发上级机关和不相隶属机关的公文，传达要求下级单位办理和需要有关单位周知或者执行的事项，任免人员。

（六）通报

适用于表彰先进，批评错误，传达重要精神或者情况。

（七）议案

适用于各级人民政府按照法律程序向同级人民代表大会或人民代表大会常务委员会提请审议事项。

（八）报告

适用于向上级机关汇报工作，反映情况，答复上级机关的询问。

（九）请示

适用于向上级请求指示、批准。

（十）批复

适用于答复下级单位的请示事项。

（十一）意见

适用于对重要问题提出见解和处理办法。

（十二）函

适用于不相隶属机关之间商洽工作，询问和答复问题，请求批准和答复审批事项。

（十三）会议纪要

适用于记载、传达会议情况和议定事项。

第三章　公 文 格 式

第十条　公文一般由秘密等级和保密期限、紧急程度、发文机关标识、发文字号、签发人、标题、主送机关、正文、附件说明、成文日期、印章、附注、附件、主题词、抄送机关、印发机关和印发日期等部分组成。

（一）涉及国家秘密的公文应当标明密级和保密期限，其中，“绝密”、“机密”级公文还应当标明份数序号。

（二）紧急公文应当根据紧急程度分别标明“特急”、“急件”。其中电报应当分别标明“特急”、“急件”、“加急”、“平急”。

（三）发文机关标识应当使用发文机关全称或者规范化简称；联合行文，主办机关排列在前。

（四）发文字号应当包括机关代字、年份、序号。联合行文，只标明主办机关发文字号。

（五）上行文应当注明签发人、会签人姓名。其中，"请示" 应当在附注处注明联系人的姓名和电话。

（六）公文标题应当准确简要地概括公文的主要内容并标明公文种类、一般应当标明发文机关。公文标题中除法规、规章名称加书名号外，一般不用标点符号。

（七）主送机关指公文的主要受理机关，应当使用全称或者规范化简称、统称。

（八）公文如有附件，应当注明附件顺序和名称。

（九）公文除 "会议纪要" 和以电报形式发出的以外，应当加盖印章。联合上报的公文，由主办机关加盖印章；联合下发的公文，发文机关都应当加盖印章。

（十）成文日期以负责人签发的日期为准，联合行文以最后签发机关负责人的签发日期为准。电报以发出日期为准。

（十一）公文如有附注（需要说明的其他事项），应当加括号标注。

（十二）公文应当标注主题词。上行文按照上级机关的要求标注主题词。

（十三）抄送机关指除主送机关外需要执行或知晓公文的其他机关，应当使用全称或者规范化简称、统称。

（十四）文字从左至右横写、横排。在民族自治地方，可以并用汉字和通用的少数民族文字（按其习惯书写、排版）。

第十一条　公文中各组成部分的标识规则，参照《国家行政机关公文格式》国家标准执行。

第十二条　公文用纸一般采用国际标准 A4 型（210mm × 297mm），左侧装订。张贴的公文用纸大小根据实际需要确定。

第四章　行 文 规 则

第十三条　行文应当确有必要，注重效用。

第十四条　行文关系根据隶属关系和职权范围确定，一般不得越级请示和报告。

第十五条　政府各部门依据部门职权可以相互级行文和向下一级政府的相关业务部门行文；除以函的形式商洽工作、询问和答复问题、审批事项外，一般不得向下一级政府正式行文。

部门内设机构除办公厅（室）外不得对外正式行文。

第十六条　同级政府、同级政府各部门、上级政府部门与下一级政府可以联合行文；政府与同级党委和军队机关可以联合行文；政府部门与相应的党组织和军队机关可以联合行文；政府部门与同级人民团体和具有行政职能的事业单位也可以联合行文。

第十七条　属于部门职权范围内的事务，应当由部门自行行文或联合行文。联合行文应当明确主办部门。须经政府审批的事项，经政府同意也可以由部门行文，文中应当注明经政府同意。

第十八条　属于主管部门职权范围内的具体问题，应当直接报送主管部门处理。

第十九条　部门之间对有关问题未经协商一致，不得各自向下行文。如擅自行文，上级机关应当责令纠正或撤销。

第二十条　向下级单位或者本系统的重要行文，应当同时抄送直接上级机关。

第二十一条　“请示”应当一文一事；一般只写一个主送机关，需要同时送其他机关的，应当用抄送形式，但不得抄送其下级单位。

“报告”不得夹带请示事项。

第二十二条　除上级机关负责人直接交办的事项外，不得以机关名义向上级机关负责人报送“请示”、“意见”和“报告”。

第二十三条　受双重领导的机关向上级机关行文，应当写明主送机关和抄送机关。上级机关向受双重领导的下级单位行文，必要时应当抄送其另一上级机关。

第五章　发 文 办 理

第二十四条　发文办理指以本机关名义制公文的过程，包括草拟、审核、签发、复核、缮印、用印、登记、分发等程序。

第二十五条　草拟公文应当做到：

（一）符合国家的法律、法规及其他有关规定。如提出新的政策、规定等，要切实可行并加以说明。

（二）情况确实，观点明确，表述准确，结构严谨，条理清楚，直述不曲，字词规范，标点正确，篇幅力求简短。

（三）公文的文种应当根据行文目的、发文机关的职权和与送机关的行文关系确定。

（四）拟制紧急公文，应当体现紧急的原因，并根据实际需要确定紧急程度。

（五）人名、地名、数字、引文准确。引用公文应当先引标题，后引发文字号，引用外文应当注明中文含义。日期应当写明具体的年、月、日。

（六）结构层次序数，第一层为“一、”，第二层为“（一）”，第三层为“1.”，第四层为“（1）”。

（七）应当使用国家法定计量单位。

（八）文内使用非规范化简称，应当先用全称并注明简称。使用国际组织外文名称或其缩写形式，应当在第一次出现时注明准确的中文译名。

（九）公文中的数字，除成文日期、部分结构层次序数和在词、词组、惯用语、缩略语、具有修辞色彩语句中作为词素的数字必须使用汉字外，应当使用阿拉伯数字。

第二十六条　拟制公文，对涉及其他部门职权范围内的事项，主办部门应当主动与有关部门协商，取得一致意见后方可行文；如有分歧，主办部门的主要负责人应当出面协调，仍不能取得一致时，主办部门可以列明各方理据，提出建设性意见，并会签后报请上级机关协调或裁定。

第二十七条　公文送负责人签发前，应当由办公厅（室）进行审核。审核的重点是：是否确需行文，行文方式是否妥当，是否符合行文规则和拟制公文的有关要求，公文格式是否符合本办法的规定等。

第二十八条　以本机关名义制发的上行文，由主要负责人或者主持工作的负责人签发；以本机关名义制发的下行文或平行文，由主要负责人或者由主要负责人授权的其他负责人签发。

第二十九条　公文正式印制前，文秘部门应当进行复核，重点是：审批、签发手续是否完备，附件材料是否齐全，格式是否统一、规范等。

经复核需要对文稿进行实质性修改的，应按程序复审。

第六章　收文办理

第三十条　收文办理指对收到公文的办理过程，包括签收、登记、审核、拟办、批办、承办、催办等程序。

第三十一条　收到下级单位上报的需要办理的公文，文秘部门应当进行审核。审核的重点是：是否应由本机关办理；是否符合行文规则；内容是否符合国家法律、法规及其他有关规定；涉及其他部门或地区职权的事项是否已协商、会签；文种使用、公文格式是否规范。

第三十二条　经审核，对符合本办法规定的公文，文秘部门应当及时提出拟办意见送负责人批示或者交有关部门办理，需要两个以上部门办理的应当明确主办部门。紧急公文，应当明确办理时限。对不符合本办法规定的公文，经办公厅（室）负责人批准后，可以退回呈报单位并说明理由。

第三十三条　承办部门收到交办的公文后应当及时办理，不得延误、推委。紧急公文应当按时限要求办理，确有困难的，应当及时予以说明。对不属于本单位职权范围或者不宜由本单位办理的，应当及时退回交办的文秘部门并说明理由。

第三十四条　收到上级机关下发或交办的公文，由文秘部门提出拟办意见，送负责人批示后办理。

第三十五条　公文办理中遇有涉及其他部门职权的事项，主办部门应当主动与有关部门协商；如有分歧，主办部门主要负责人要出面协调，如仍不能取得一致，可以报请上级机关协调或裁定。

第三十六条　审批公文时，对有具体请示事项的，主批人应当明确签署意见、姓名和审批日期，其他审批人圈阅视为同意；没有请示事项的，圈阅表示已阅知。

第三十七条　送负责人批示或者交有关部门办理的公文，文秘部门要负责催办，做到紧急公文跟踪催办，重要公文重点催办，一般公文定期催办。

第七章　公文归档

第三十八条　公文办理完毕后，应当根据《中华人民共和国档案法》和其他有关规定，及时整理（立卷）、归档。个人不得保存应当归档的公文。

第三十九条　归档范围内的公文，应当根据其相互联系、特征和保存价值整理（立卷），要保证归档公文的齐全、完整，能正确反映本机关的主要工作情况，便于保管和利用。

第四十条　联合办理的公文，原件由主办机关整理（立卷）、归档，其他机关保存复制件或其他形式的公文副本。

第四十一条 本机关负责人兼任其他机关职务，在履行所兼职务职责过程中形成的公文，由其兼职机关整理（立卷）。

第四十二条 归档范围内的公文应当确定保管期限，按照有关规定定期向档案部门移交。

第四十三条 拟制、修改和签批公文，书写及所用纸张和字迹材料必须符合存档要求。

第八章 公文管理

第四十四条 公文由文秘部门或专职人员统一收发、审核、用印、归档和销毁。

第四十五条 文秘部门应当建立健全本机关公文处理的有关制度。

第四十六条 上级机关的公文，除绝密级和注明不准翻印的以外，下一级机关经负责人或者办公厅（室）主任批准，可以翻印。翻印时，应当注明翻印的机关、日期、份数、印发范围。

第四十七条 公开发布行政机关公文，必须经发文机关经批准。经批准公开发布的公文，同发文机关正式印发的公文具有同等效力。

第四十八条 公文复印件作为正式公文使用时，应当加盖复印机关证明章。

第四十九条 公文被撤销，视作自始不产生效力；公文被废止，视作自废止之日起不产生效力。

第五十条 不具备归档和存查价值的公文，经过鉴别并经办公厅（室）负责人批准，可以销毁。

第五十一条 销毁秘密公文应当到指定场所由二人以上监销，保证不丢失、不漏销。其中，销毁绝密公文（含密码电报）应当进行登记。

第五十二条 机关合并时，全部公文应当随之合并管理。机关撤销时，需要归档的公文整理（立卷）后按有关规定移交档案部门。

工作人员调离工作岗位时，应当将本人暂存、借用的公文按照有关规定移交、清退。

第五十三条 密码电报的使用和管理，按照有关规定执行。

第九章 附 则

第五十四条 行政法规、规章方面的公文，依照有关规定处理。外事方面的公文，按照外交部的有关规定处理。

第五十五条 公文处理中涉及电子文件的有关规定另行制定。统一规定发布之前，各级行政机关可以制定本机关或者本地区、本系统的试行规定。

第五十六条 各级行政机关的办公厅（室）对上级机关和本机关下发公文的贯彻落实情况应当进行督促检查并建立督查制度。有关规定另行制定。

第五十七条 本办法自2001年1月1日起施行。1993年11月21日国务院办公厅发布，1994年1月1日起施行的《国家行政机关公文处理办法》同时废止。

附录二

国家行政机关公文格式（2000年版）

（GB/T 9704—1999）

（国家质量技术监督局1999年12月27日
批准发布，2000年1月1日实施）

前言

本标准根据国务院办公厅发布的（国家行政机关办法）的有关规定对GB/T 9704—1988进行修订。本标准相对GB/T 9704—1988作如下修订：

（1）将原标准名称《国家机关公文格式》改为《国家行政机关公文格式》；

（2）删去原标准中的引言部分；

（3）删去原标准中与公文格式规定无关的一些叙述性解释；

（4）对公文用纸的幅面尺寸作了较大调整，将国标准A4型纸作为用纸纸型；删去国内16开型纸张的相应说明；

（5）对公文用纸的页边尺寸作了较大的调整；

（6）不设各标识域，而按公文眉首、主体和版记三部分各要素的顺序依次进行说明；

（7）增加了公文用纸的主要技术指标；

（8）增加了印刷和装订要求；

（9）增加了每页正文行数和每行字数以及各种要素标识的字体和字号；

（10）增加了主要公文式样。

本标准中所用公文用语与《国家行政机关公文处理办法》中的用语一致。

本标准为第一次修订。

本标准由国务院办公公厅提出。

本标准起草单位：中国标准研究中心、国务院办公厅秘书局。

本标准主要起草人：孟辛卯、房庆、李志样、刘碧松、范一乔、张荣静、李颖。

1　范围

本标准规定了国家行政机关公文通用的纸张要求、印刷要求、公文中各要素排列顺序和标识规则。

本标准适用于国家各级行政机关制发的公文。其他机关公文可参照执行。

使用少数民族文字印制的公文，其格式可参照本标准按有关规定执行。

2 引用标准

下列标准所包含的条文，通过在本标准中引用而构成为本标准的条文。本标准出版时，所示版本均为有效。所有标准都会被修订，使用本标准的各方应探讨使用下列标准之新版本的可能性：

GB/T 148—1977 印刷、书写和绘图纸幅面尺寸。

3 定义

本标准采用下列定义。

3.1 字 word

标识公文中横向距离的长度单位。一个字指一个汉字所占空间。

3.2 行 line

标识公文中纵向距离的长度单位。本标准以3号字高度加3号字高度7/8倍的距离为一基准行。

4 公文用纸主要技术指标

公文用纸一般使用纸张定量为60～80g/m² 的胶版印刷纸或复印纸。纸张白度为85%～90%，横向耐折度≥15次，不透明度≥85%，pH值为7.5～9.5。

5 公文用纸幅面及版面尺寸

5.1 公文用纸幅面尺寸

公文用纸采用GB/T 148中规定的A4型纸，其成品幅面尺寸为：210mm×297mm，尺寸的允许偏差见GB/T 148。

5.2 公文页边与版心尺寸

公文用纸天头（上白边）为：37mm±1mm

公文用纸订口（左白边）为：28mm±1mm

版心尺寸为：156mm×225mm（不含页码）

6 公文中图文的颜色

未作特殊说明公文中图文的颜色均为黑色。

7 排版规格与印制装订要求

7.1 排版规格

正文用3号仿宋字，一般每面排22行，每行排28个字。

7.2 制版要求

版面干净无底灰，字迹清楚无断划，尺寸标准，版心不斜，误差不超过1mm。

7.3 印刷要求

双面印刷；页码套正，两面误差不得超过2mm。黑色油墨应达到色谱所标BL100%，红色油墨应达到色谱所标 Y80%，M80%。印品着墨实、均匀；字面不花、不白、无断划。

7.4　装订要求

公文应左侧装订，不掉页。包本公文的封面与书芯不脱落，后背平整、不空。两页页码之间误差不超过4mm。骑马订或平订的订位为两钉钉锯外订眼距书芯上下各1/4处，允许误差±4mm。平订钉锯与书脊间的距离为3mm～5mm；无坏钉、漏钉、重钉，钉脚平伏牢固；后背不可散页明订。裁切成品尺寸误差±1mm，四角成90°。，无毛茬或缺损。

8　公文中各要素标识规则

本标准将组成公文的各要素划分为眉首、主体、版记三部分。置于公文首页红色反线（宽度同版心，即156mm）以上的各要素统称眉首；置于红色反线（不含）以下至主题词（不含）之间的各要素统称主体；置于主题词以下的各要素统称版记。

8.1　眉首

8.1.1　公文份数序号

公文份数序号是将同一文稿印制若干份时每份公文的顺序编号。如需标识公文份数序号，用阿拉伯数码顶格标识在版心左上角第1行。

8.1.2　秘密等级和保密期限

如需标识秘密等级，用3号黑体字，顶格标识在版心右上角第1行，两字之间空1字；如需同时标识秘密等级和保密期限，用3号黑体字，顶格标识在版心右上角第1行，秘密等级和保密期限之间用“★”隔开。

8.1.3　紧急程度

如需标识紧急程度，用3号黑体字，顶格标识在版心右上角第1行，两字之间空1行；如需同时标识秘密等级与紧急程度，秘密等级顶格标识在版心右上角第1行，紧急程度顶格标识在版心右上角第2行。

8.1.4　发文机关标识

由发文机关全称或规范化简称后面加“文件”组成；对一些特定的公文可只标识发文机关全称或规范化简称。发文机关标识上边缘至版心上边缘为25mm。对于上报的公文，发文机关标识上边缘至版心上边缘为80mm。

发文机关标识推荐使用小标宋体字，用红色标识。字号由发文机关以醒目美观为原则酌定，但最大不能等于或大于22mm×15mm。

联合行文时应使主办机关名称在前，“文件”二字置于发文机关名称右侧，上下居中排布；如联合行文机关过多，必须保证首页显示正文。

8.1.5　发文字号

发文字号由发文机关代字、年份和序号组成。发文机关标识下空2行，用3号仿宋体字，居中排布；年份、序号用阿拉伯数码标识；年份应标全称，用六角括号〔〕括入；序号不编虚位（即1不编为001），不加“第”字。

发文字号之下4mm处印一条与版心等宽的红色。

8.1.6　签发人

上报的公文需标识签发人姓名，平行排列于发文字号右侧。发文字号居左空1字，签发人姓名居右空1字；签发人用3号仿宋江体字，签发人后标全角冒号，冒号后用3号楷体字标识签发人姓名。

如有多个签发人，主办单位签发人姓名置于第1行；其他签发人姓名从第2行起在主办单位签发人姓名之下按发文机关顺序依次顺排，下移红色反线，应使发文字号与最后一个签发人姓名处同一行并使红色反线与之的距离为4mm。

8.2　主体

8.2.1　公文标题

红色反线下空2行，用2号小标宋体字，可分一行或多行居中排布；回行时，要做到词意完整，排列对称，间距恰当。

8.2.2　主送机关

标题下空1行，左侧顶格用3号仿宋体字标识，回行时仍顶格；最后一个主送机关名称后标全角冒号。如主送机关名称过多而使公文首页不能显示正文时，应将主送机关名称移至版记中的主题词之下、抄送之上，标识方法同抄送。

8.2.3　公文正文

主送机关名称下一行，每自然段左空2字，回行顶格。数字、年份不能回行。

8.2.4　附件

公文如有附件，在正文下空一行，左空2字用3号仿宋体字标识“附件”，后标全角冒号和名称。附件如有序号使用阿拉伯数码（如“附件：1. ××××××”）；附件名称后不加标点符号。附件应与公文正文一起装订，并在附件左上角第1行顶格标识“附件”，有序号时标识序号；附件的序号和名称前后标识应一致。如附件与公文正文不能一起装订，应在附件左上角第1行顶格标识公文的发文序号并在其后标识附件（或带序号）。

8.2.5　成文日期

用汉字将年、月、日标全；“零”写为“○”；成文日期的标识位置见8.2.6。

8.2.6　公文生效标识

8.2.6.1　单一发文印章

单一机关制发的公文在落款处不署发文机关名称，只标识成文日期。成文日期右空4字；加盖印章应上距正文2~4mm，端正、居中下压成文日期，印章用红色。

当印章下弧无文字时，采用下套方式，即仅以下弧压在成文1间上；

当印章下弧有文字时，采用中套方式，即印章中心线压在成文日期上。

8.2.6.2　联合行文印章

当联合行文需加盖两个印章时，应将成文日期拉开，左右各空7字；主办机关印章在前；两个印章均压成文日期，印章用红色。只能采用同种加盖印章方式，以保证印章排列整齐。两印章之间不相交或相切，相距不超过3mm。

当联合行文需加盖3个以上印章时，为防止出现空白印章，将各发文机关名称（可用简称）排在发文时间和正文之间。主办机关印章在前，每排最多排3个印章，两端不得超出版心；最后一排如余一个或两个印章，均居中排布；印章之间互不相交或相切，在最后一排印章之下右空2字标识成文日期。

8.2.6.3　特殊情况说明

当公文排版后所剩空白处不能容下印章位置时，应采取调行距、字距的措施加以解决，务使印章与正文同处一面，不得采标识“此页无正文”的方法解决。

8.2.7　附注

公文如有附注，用 3 号仿宋体字，居左空 2 字加圆括号标识在成文日期下一行。

8.3　版记

8.3.1　主题词

“主题词”用 3 号黑体字，居左顶格标识，后标全角冒号；词目用 3 号小标宋体字；词目之间空 1 字。

8.3.2　抄送

公文如有抄送，在主题词下一行；左空 1 字用 3 号仿宋体字标识“抄送”，后标全角冒号；回行时与冒号后的抄送机关对齐；在最后一个抄送机关后标句号。如主送机关移至主题词之下，标识方法同抄送机关。

8.3.3　印发机关和印发时间

位于抄送机关之下（无抄送机关在主题词之下）占 1 行位置；用 3 号仿宋体字。印发机关左空 1 字，印发时间右空 1 字。印发时间以公文付印的日期为准，用阿拉伯数码标识。

8.3.4　版记中的反线

版记中各要素之下均加一条反线，宽度同版心。

8.3.5　版记的位置

版记应置于公文最后一页，版记的最后一个要素置于最后一行。

9　页码

用 4 号半角白体阿拉伯数码标识，置于版心下边缘之下一行，数码左右各放一条 4 号一字线，一字线距离版心下边缘 7mm。单页码居右空 1 字，双页码居左空 1 字。空白页和空白页以后的页不标识页码。

10　公文中表格

公文如需附表，对横排 A4 纸型表格，应将页码放在横表的左侧，单页码置于表的左下角，双页码置于表的左上角，单页码表头在订口一边，双页码表头在切口一边。

公文如需附 A3 纸型表格，且当最后一页为 A3 纸型表格时，封三、封四（可放分送，不放页码）就为空白，将 A3 纸型表格贴在封三前，不应贴在文件最后一页（封四）上。

11　公文的特定格式

11.1　信函式格式

发文机关名称上边缘距上页边的距离为 30mm，推荐用小标宋体字，字号由发文机关酌定；发文机关全称下 4mm 处为一条武文线（上粗下细），距下页边 20mm 处为一条文武线（上细下粗），两条线长均为 170mm。每行居中排 28 个字。发文机关名称及双线均印红色。两线之间各要素的标识方法从本标准相应要素说明。

11.2　命令格式

命令标识由发文机关名称加“命令”或“令”组成，用红色小标宋体字，字号由发文机关酌定。命令标识上边缘距版心上边缘20mm，下边缘空2行居中标识令号；令号下空2行标识正文；正文下一行右空4字标识签发人签名章，签名章左空2字标识签发人职务；联合发布的命令或令的签发人职务应标识全称。在签发人签名章下一行右空2字标识成文日期。分送机关标识方法同抄送机关。其他要素从本标准相关要素说明。

11.3 会议纪要格式

会议纪要标识由“×××××会议纪要”组成。其标识位置同8.1.4，用红色小标宋体字，字号由发文机关酌定。会议纪要不加盖印章。其他要素从本标准相关要素说明。

12 式样（略）

参 考 文 献

1. 中华人民共和国建设部主编．建设工程监理规范．北京：中国建筑工业出版社，2001
2. 交通部质量监督总站主编．公路工程施工监理规范．北京：人民交通出版社，2006
3. 中国建设监理协会编．建设工程监理相关法规文件汇编．北京：知识产权出版社，2003
4. 中国交通建设监理协会编．交通建设监理法律法规汇编．北京：人民交通出版社，2005
5. 中国建设监理协会编．建设工程监理概论．北京：知识产权出版社．2003
6. 中国建设监理协会编．建设工程信息管理．北京：中国建筑工业出版社，2003
7. 王立信主编．建设工程监理工作实务应用指南．北京：中国建筑工业出版社，2005
8. 徐占发主编．建设工程监理文件编制与实施指导．北京：人民交通出版社，2005
9. 中华人民共和国交通部编．公路工程国内招标文件范本．北京：人民交通出版社，2003
10. 路桥集团第一公路工程局编．公路桥涵施工技术规范．北京：人民交通出版社，2000
11. 刘兴东，高拥民主编．建设监理理论与操作手册．北京：宇航出版社，1993
12. 刘吉士主编．公路工程施工监理实务．北京：人民交通出版社，1993
13. 杜逸玲主编．监理工程师手册．太原：山西科学技术出版社，2003
14. 胡保存等著．公路工程交（竣）工验收指南．北京：人民交通出版社，2005
15. 张保忠，岳海翔著．最新公文写作答疑解惑350题．北京：中国言实出版社，2004
16. 陈才俊编著．现代公文写作（修订版）．广州：华南理工大学出版社，2004
17. 陈枫主编．最新文秘范本写作与培训全书：北京：北京工业大学出版社，2004
18. 张保忠主编．公文写作格式与技巧．广州：广东经济出版社，2002
19. 岳海翔编著．公文写作一点通．北京：中国言实出版社，2004
20. 张学增主编．新编应用写作．太原：山西教育出版社，2002
21. 范浩鸣，阳晴，黄宏丰等编著．最新公务文书写作全编（第4版）．广州：广东高等教育出版社，2004
22. 李化德主编．现代常用公文导写．重庆：重庆出版社，2003
23. 魏嘉逸，倪玉主编．公务文书写作．哈尔滨：哈尔滨出版社，2004
24. 成汝信，刘玉君，黄泽才编著．应用写作（第3版）．广州：广东高等教育出版社，2001
25. 栾照钧著．公文写作逆释答疑300题．北京：中国档案出版社，2004
26. 戴元祥编著．新编公务员公文写作与处理．北京：中国铁道出版社，2004
27. 文博编著．最新办公室标准文书写作规范．北京：蓝天出版社，2003
28. 张浩编著．最新公文处理规范与实务．北京：蓝天出版社，2005